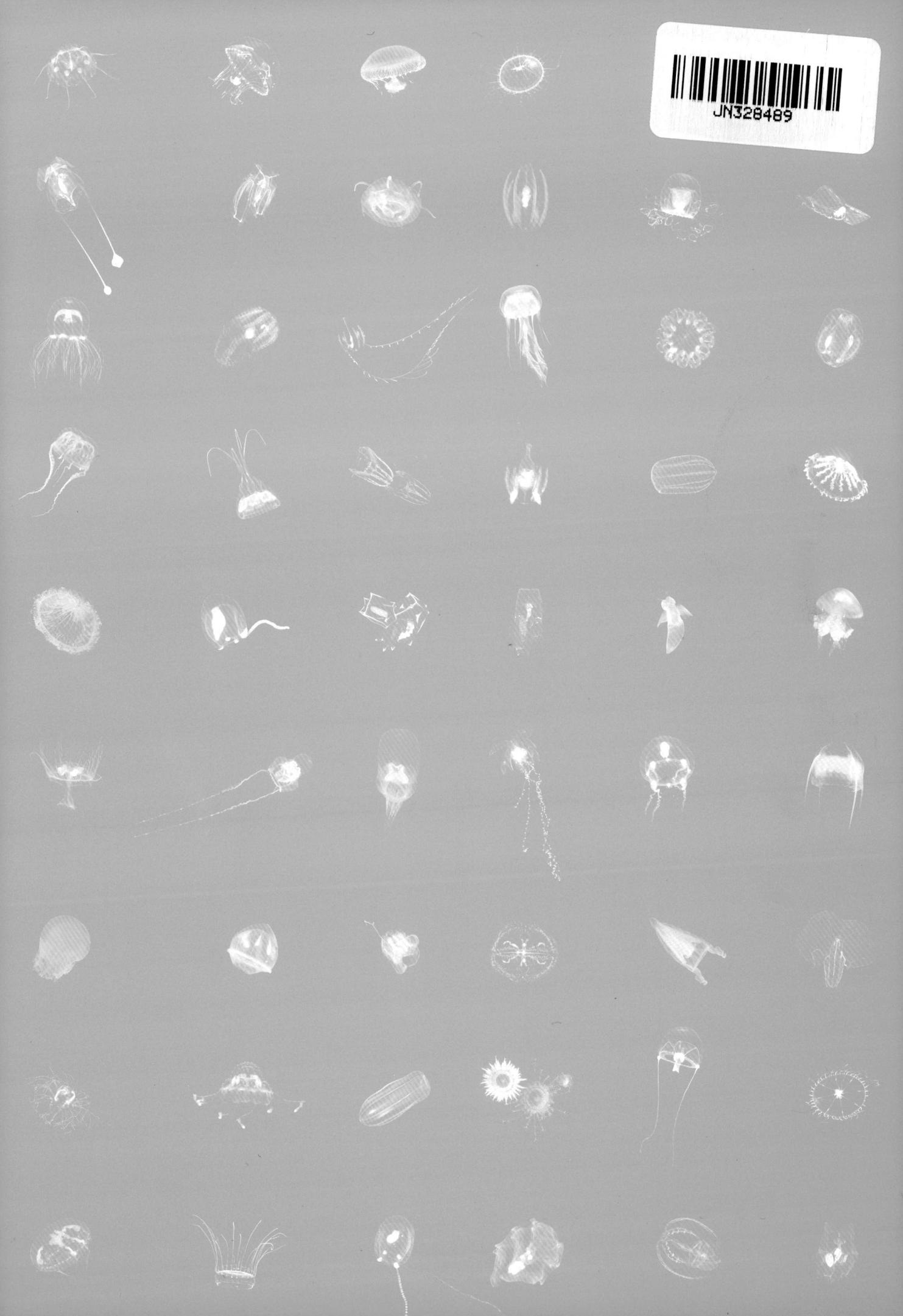

A Photographic Guide to the Jellyfishes of Japan
Ryo MINEMIZU, Shin KUBOTA,
Yayoi HIRANO, Dhugal LINDSAY

日本クラゲ大図鑑

峯水 亮・久保田 信・平野弥生・ドゥーグル・リンズィー

平凡社
HEIBONSHA

はじめに

クラゲといえば、「水母」と漢字で表されるように、体の90％以上が水分でできており、死骸を少しも残すことなく、きれいさっぱり水に還ってしまう多細胞動物である。また、少なくとも5億数千万年前から地球上に存在しているたいへん古い動物で、いまや何千種にも種分化しており、深海から淡水まで、熱帯から南極まで、どこにでも生存している。日本はこのような環境が多様にある南北に長い国なので、当然、多種のクラゲが生息することになる。

甲殻類の図鑑などでもお馴染みの峯水亮さんが、クラゲにも注目され、長い年月と労力を費やした結果、これまでに見たことのないような多数の種類の写真と標本を集められた。峯水さんはそれらを少数の専門家に預けて、写真とともに同定を依頼した。そのような相談を和歌山県白浜町で受けたのは、もう10年近く前のことだ。

峯水さんの膨大な収集標本とその何倍も素晴らしい写真との付き合わせの日々は瞬く間に過ぎゆき、原稿もそれにつれて書き上げていったが、時代の流れもあって、少なくとも小生の担当分は4度も内容を書き直させていただいた。一方で、ありがたいことに、クラゲ愛好家や水族館での飼育展示が日本中に広がり、研究者も増加し、さらに素晴らしいテクノロジーの進歩によって次々と新しい知見が集まってきた。これは世界的にも同様の現象であった。

クラゲの大量発生が社会的に問題となり、世界中の100名を優に超える研究者が一堂に集まって情報交換を行っている時代である。大量発生する悪名高いエチゼンクラゲについては甚大な損害を被るので、水産庁も対策に動いている。一方では、水族館でのクラゲ人気も高まり、グッズや食品開発なども多く行われている。こうしたさまざまな流れのなか、峯水さんは長い間、クラゲ中心の取材に取り組み、それはいまも続けられている。そうした彼の素晴らしい努力を一刻も早く世に出したいと思っていた。今となっては、もっと多くの方々に執筆を分担してもらったほうがよかったとは思うが、ほぼ当初の予定通りの担当者で、なんとか時代遅れにならぬように仕上げて出版できる運びとなった。さらにクラゲ以外のプランクトンにも言及することになり、本書の価値は倍増したであろう。

クラゲ類の分類といえば、北海道大学理学部の内田亨（とおる）先生をもって嚆矢（こうし）とする。内田先生は多くの海産無脊椎動物の系統分類を手掛けられ、日本産クラゲについてもその概略はほぼ把握されていた。また、駒井卓（たく）先生はじめ京都大学理学部瀬戸臨海実験所のスタッフが連綿として、サブワーク的ではあったが、1世紀近くをかけてクラゲ相などについても明らかにしてきた。クラゲ相の解明については、日本各地の臨海実験所などでも、当然のことながらこつこつと知見が蓄積されていった。小生は北海道大学理学部と京都大学瀬戸臨海実験所に縁があったため、院生時代にご存命だった内田亨先生から、「クラゲ研究をすすめよ！」と札幌でお会いするたびに発破をかけられた。さらに、クラゲの若い世代であるポリプの系統分類については、北海道大学理学部の山田真弓先生がご専門であり、小生の今があるのも恩師・山田先生のおかげである。

1975年からはじまった大学院生時代から今日にいたるまで、小生の研究のメインはクラゲとポリプをつなぐ生活史で、それを解明してクラゲとポリプに別々に命名された二重分類を解決することを大きな目標としてきた。本書でも、クラゲの若い時代のポリプについて簡潔に記している。

共著者の一人、平野弥生さんとは同じ山田真弓先生門下として北海道大学時代以来のおつきあいである。当時、平野さんは眼点をもつクラゲの行動生理学的研究をされていた。リンズィー・ドゥーグルさんとは、1996年にJAMSTEC（海洋研究開発機構）でお会いしたのが最初だが、いまや日本の深海クラゲ研究の発展に欠かせない研究者である。これは小生のラボに1年間、共同研究で滞在されたスペインのパゲス博士との出会いが大きいかと思われる。折しも今年はヒドロ虫学国際ワークショップがちょうど30年記念大会を迎え、イタリアのナポリ湾にあるイスキア島で6月に開催されたが、本書の主要著者3名ともが参加したのも何かの縁であろう。

前置きがとても長くなってしまったが、本書は日本産クラゲ類の大半の種についてその形態を説明したものである。素晴らしい圧巻の写真を見るだけでも相当な価値がある。峯水さんの撮影や飼育観察の記録も盛り込まれている。解説と写真がこれほど充実した本はほかにないと自負している。この本を手にとられるクラゲに興味ある方々、クラゲ愛好家やさまざまな分野の研究者には言わずもがなのことだが、「クラゲ類はシンプルだが、美しく、デザイン性に富み、多種多様で、実験動物としても最適なクローンである」ということをあらためて申しあげたい。

皆様が、ますますクラゲを愛好し、研究し、生命の神秘と歴史に触れていただくために、本書が役立つことを期待したい。とりわけ、手前味噌になるが、若返りのできるベニクラゲの不老不死は世界一のウルトラ能力なので、今後さらに、他のクラゲたちとともに注目していただきたい。

2015年7月吉日
久保田 信

クラゲ図鑑　目次

はじめに……………………………………………3
凡例…………………………………………………9
各部の名称…………………………………………10
1　クラゲとは何か………………………………11
2　クラゲのライフサイクル……………………13
3　クラゲの進化…………………………………16

刺胞動物門 Cnidaria
十文字クラゲ綱 Staurozoa

● 十文字クラゲ目 Stauromedusae ………………19（解説→264）
　ナガアサガオクラゲ科 Depastridae …………………19
　　シャンデリアクラゲ属 *Manania*　ウチダシャンデリアクラゲ
　アサガオクラゲ科 Lucernariidae ………………20
　　アサガオクラゲ属 *Haliclystus*　シラスジアサガオクラゲ／スカシヒガサクラゲ（新称）／ヒガサクラゲ／アサガオクラゲ
　　ムシクラゲ属 *Stenoscyphus*　ムシクラゲ
　ジュウモンジクラゲ科 Kishinouyeidae ………………21
　　ジュウモンジクラゲ属 *Kishinouyea*　ジュウモンジクラゲ
　　ササキクラゲ属 *Sasakiella*　ササキクラゲ

鉢虫綱 Scyphozoa

● 旗口クラゲ目 Semaeostomeae ……………24（解説→266）
　ユウレイクラゲ科 Cyaneidae …………………26
　　ユウレイクラゲ属 *Cyanea*　キタユウレイクラゲ／ユウレイクラゲ
　サムクラゲ科 Phacellophoridae …………………28
　　サクムラゲ属 *Phacellophora*　サムクラゲ
　オキクラゲ科 Pelagiidae ……………………29
　　ヤナギクラゲ属 *Chrysaora*　ヤナギクラゲ／ニチリンヤナギクラゲ／アカクラゲ
　　オキクラゲ属 *Pelagia*　オキクラゲ
　　アマクサクラゲ属 *Sanderia*　アマクサクラゲ
　ミズクラゲ科 Ulmaridae ………………34
　　ミズクラゲ属 *Aurelia*　ミズクラゲ／キタミズクラゲ
　　アマガサクラゲ属 *Parumbrosa*　アマガサクラゲ
　　リンゴクラゲ属 *Poralia*　リンゴクラゲ
　　ダイオウクラゲ属 *Stygiomedusa*　ダイオウクラゲ
　　ユビアシクラゲ属 *Tiburonia*　ユビアシクラゲ
　　ディープスタリアクラゲ属 *Deepstaria*　ディープスタリアクラゲ

● 冠クラゲ目 Coronatae ………………44（解説→271）
　エフィラクラゲ科 Nausithoidae ……………44
　　エフィラクラゲ属 *Nausithoe*　エフィラクラゲ／エフィラクラゲ属の1種
　ムツアシカムリクラゲ科 Atorellidae ………………46
　　ムツアシカムリクラゲ属 *Atorella*　ヒメムツアシカムリクラゲ
　クロカムリクラゲ科 Periphyllidae ………………47
　　ベニマンジュウクラゲ属 *Periphyllopsis*　ベニマンジュウクラゲ
　　クロカムリクラゲ属 *Periphylla*　クロカムリクラゲ
　ヒラタカムリクラゲ科 Atollidae ………………47
　　ヒラタカムリクラゲ属 *Atolla*　バツカムリクラゲ／ムラサキカムリクラゲ

● 根口クラゲ目 Rhizostomeae ………………48（解説→273）
　ビゼンクラゲ科 Rhizostomatidae ………………49
　　ビゼンクラゲ属 *Rhopilema*　ビゼンクラゲ／ヒゼンクラゲ／ビゼンクラゲ属の1種
　　エチゼンクラゲ属 *Nemopilema*　エチゼンクラゲ
　ムラサキクラゲ科 Thysanostomatidae ………………60
　　ムラサキクラゲ属 *Thysanostoma*　ムラサキクラゲ／ムラサキクラゲ属の1種
　タコクラゲ科 Mastigiidae ………………61
　　タコクラゲ属 *Mastigias*　タコクラゲ
　サカサクラゲ科 Cassiopeidae ………………66
　　サカサクラゲ属 *Cassiopea*　サカサクラゲ
　イボクラゲ科 Cepheidae ………………68
　　エビクラゲ属 *Netrostoma*　エビクラゲ
　　イボクラゲ属 *Cephea*　イボクラゲ
　根口クラゲ目の1種 ………………62

箱虫綱 Cubozoa

● アンドンクラゲ目 Carybdeida ………………70（解説→276）
　フクロクジュクラゲ科 Alatinidae ………………72
　　フクロクジュクラゲ属 *Alatina*　フクロクジュクラゲ
　アンドンクラゲ科 Carybdeidae ………………72
　　アンドンクラゲ属 *Carybdea*　アンドンクラゲ
　ミツデリッポウクラゲ科 Tripedaliidae ………………72
　　ミツデリッポウクラゲ属 *Tripedalia*　ミツデリッポウクラゲ
　　ヒメアンドンクラゲ属 *Copula*　ヒメアンドンクラゲ
　イルカンジクラゲ科 Carukiidae ………………73
　　ヒクラゲ属 *Morbakka*　ヒクラゲ

● ネッタイアンドンクラゲ目 Chirodropida ………………74（解説→277）
　ネッタイアンドンクラゲ科 Chirodropidae ………………74
　　ハブクラゲ属 *Chironex*　ハブクラゲ

ヒドロ虫綱 Hydrozoa

● 花クラゲ目 Anthomedusae ………………78（解説→278）
　オオウミヒドラ科 Corymorphidae ………………78

カタアシクラゲ属 *Euphysora*　カタアシクラゲ／コモチカタアシクラゲ／カタアシクラゲ属の1種
バヌチィークラゲ属 *Vannuccia*　バヌチィークラゲ

カタアシクラゲモドキ科 Euphysidae……………82
　カタアシクラゲモドキ属 *Euphysa*　カタアシクラゲモドキ／サルシアクラゲモドキ／カタアシクラゲモドキ属の1種
　コモチウチコブヨツデクラゲ属（新称）*Euphysilla*　コモチウチコブヨツデクラゲ（新称）

クダウミヒドラ科 Tubulariidae……………83
　ヒトツアシクラゲ属 *Hybocodon*　ヒトツアシクラゲ
　ソトエリクラゲ属 *Ectopleura*　フクロソトエリクラゲ

ハシゴクラゲ科 Margelopsidae……………83
　ハシゴクラゲ属 *Climacocodon*　ハシゴクラゲ

ハネウミヒドラ科 Pennariidae……………83
　ハネウミヒドラ属 *Pennaria*　ハネウミヒドラ

タマウミヒドラ科 Corynidae……………84
　ジュズクラゲ属 *Dipurena*　ジュズクラゲ
　サルシアウミヒドラ属 *Sarsia*　サルシアクラゲ／ニホンサルシアクラゲ／ヤマトサルシアクラゲ

オオタマウミヒドラ科 Hydrocorynidae……………85
　オオタマウミヒドラ属 *Hydrocoryne*　オオタマウミヒドラ

エダアシクラゲ科 Cladonematidae……………86
　エダアシクラゲ属 *Cladonema*　エダアシクラゲ
　ハイクラゲ属 *Staurocladia*　ハイクラゲ／チゴハイクラゲ／ヒメハイクラゲ／ミウラハイクラゲ

ジュズノテウミヒドラ科 Asyncorynidae……………88
　ジュズノテウミドラ属 *Asyncoryne*　ジュズノテウミヒドラ

スズフリクラゲ科 Zancleidae……………88
　スズフリクラゲ属 *Zanclea*　スズフリクラゲ属の1種

フチコブクラゲ科 Zancleopsidae……………88
　フタツダマクラゲ属（新称）*Dicnida*　フタツダマクラゲモドキ（新称）

ベニクラゲモドキ科 Oceanidae……………89
　ベニクラゲモドキ属 *Oceania*　ベニクラゲモドキ
　ベニクラゲ属 *Turritopsis*　ニホンベニクラゲ／ベニクラゲ（北日本型）

エダクラゲ科 Bougainvilliidae……………92
　エダクラゲ属 *Bougainvillia*　コモチエダクラゲ（新称）／エダクラゲ属の1種
　ドフラインクラゲ属 *Nemopsis*　ドフラインクラゲ
　アケボノクラゲ属 *Chiarella*　アケボノクラゲ
　ケリカークラゲ属 *Koellikerina*　ブイヨンケリカークラゲ／クビレケリカークラゲ

シミコクラゲ科 Rathkeidae……………94
　シミコクラゲ属 *Rathkea*　シミコクラゲ

コエボシクラゲ科（新称）Protiaridae……………95
　コエボシクラゲ属 *Halitiara*　コエボシクラゲ

エボシクラゲ科 Pandeidae……………95
　エボシクラゲ属 *Leuckartiara*　エボシクラゲ／カザリクラゲ／エボシクラゲ属の1種
　ズキンクラゲ属 *Halitholus*　ズキンクラゲ
　ユウシデクラゲ属 *Catablema*　ユウシデクラゲ
　ツリアイクラゲ属 *Amphinema*　ツリアイクラゲ／ホンオオツリアイクラゲ（新称）／ツリアイクラゲ属の1種
　ハナアカリクラゲ属 *Pandea*　ハナアカリクラゲ／アカチョウチンクラゲ
　ギヤマンハナクラゲ属 *Timoides*　ギヤマンハナクラゲ
　イオリクラゲ属（新称）*Neoturris*　イオリクラゲ

ウラシマクラゲ科 Halimedusidae……………103
　ウラシマクラゲ属 *Urashimea*　ウラシマクラゲ

タマクラゲ科 Cytaeididae……………104
　タマクラゲ属 *Cytaeis*　オキアイタマクラゲ／タマクラゲ

ウミヒドラ科 Hydractiniidae……………104
　ウミヒドラ属 *Hydractinia*　カイウミヒドラ
　コツブクラゲ属 *Podocoryne*　コツブクラゲ

ウミエラヒドラ科 Ptilocodiidae……………108
　ハナヤギウミヒドラモドキクラゲ属 *Thecocodium*　ハナヤギウミヒドラモドキクラゲ

スグリクラゲ科 Bythotiaridae……………108
　ホヤノヤドリヒドラ属 *Bythotiara*　コバンクラゲ（新称）／ホヤノヤドリヒドラ属の1種
　コンボウクラゲ属（新称）*Eumedusa*　コンボウクラゲ（新称）
　キライクラゲ属 *Calycopsis*　キライクラゲ

ヒルムシロヒドラ科 Moerisiidae……………109
　ヒルムシロヒドラ属 *Moerisia*　ヒルムシロヒドラ

キタカミクラゲ科 Polyorchidae……………110
　カミクラゲ属 *Spirocodon*　カミクラゲ
　キタカミクラゲ属 *Polyorchis*　キタカミクラゲ

エダクダクラゲ科 Proboscidactylidae……………112
　エダクダクラゲ属 *Proboscidactyla*　エダクダクラゲ／ミサキコモチエダクダクラゲ

ギンカクラゲ科 Porpitidae……………114
　ギンカクラゲ属 *Porpita*　ギンカクラゲ
　カツオノカンムリ属 *Velella*　カツオノカンムリ

● 軟クラゲ目 Leptomedusae……………116（解説→290）

ウミサカズキガヤ科 Campanulariidae……………118
　ウミコップ属 *Clytia*　フサウミコップ／ウミコップ属の1種
　オベリア属 *Obelia*　ヒラタオベリア／オベリア属の1種

コップガヤ科 Hebellidae……………120
　ゴトウクラゲ属 *Staurodiscus*　ゴトウクラゲ
　コップガヤ属 *Hebella*　マガリコップガヤ

ヤワラクラゲ科 Laodiceidae……………121
　ヤワラクラゲ属 *Laodicea*　ヤワラクラゲ／ツブイリスジコヤワラクラゲ
　マツカサクラゲ属 *Ptychogena*　マツカサクラゲ／シマイマツカサクラゲ（仮称）
　サラクラゲ属 *Staurophora*　サラクラゲ

マツバクラゲ科 Eirenidae······122
  マツバクラゲ属 *Eirene*　コブエイレネクラゲ／エイレネクラゲ／マツバクラゲ
  カイヤドリヒドラクラゲ属 *Eugymnanthea*　カイヤドリヒドラクラゲ
  ギヤマンクラゲ属 *Tima*　ギヤマンクラゲ
  シロクラゲ属 *Eutonina*　シロクラゲ
  コノハクラゲ属 *Eutima*　コノハクラゲ
クロメクラゲ科 Tiaropsidae······126
  カミクロメクラゲ属 *Tiaropsis*　カミクロメクラゲ
コモチクラゲ科 Eucheilotidae······126
  コモチクラゲ属 *Eucheilota*　イトマキコモチクラゲ／コモチクラゲ
ハナクラゲモドキ科 Melicertidae······126
  ハナクラゲモドキ属 *Melicertum*　ハナクラゲモドキ
キタヒラクラゲ科 Dipleurosomatidae······126
  キタヒラクラゲ属 *Dipleurosoma*　キタヒラクラゲ
スギウラヤクチクラゲ科 Sugiuridae······127
  スギウラヤクチクラゲ属 *Sugiura*　スギウラヤクチクラゲ
オワンクラゲ科 Aequoreidae······128
  オワンクラゲ属 *Aequorea*　オワンクラゲ／ヒトモシクラゲ
  カザリオワンクラゲ属（新称）*Zygocanna*　カザリオワンクラゲ（新称）
軟クラゲ目の1種······132

● 淡水クラゲ目 Limnomedusae······134（解説→296）
  ハナガサクラゲ科 Olindiasidae······134
    ハナガサクラゲ属 *Olindias*　ハナガサクラゲ
    マミズクラゲ属 *Craspedacusta*　マミズクラゲ
    キタクラゲ属 *Eperetmus*　キタクラゲ
    カギノテクラゲ属 *Gonionemus*　カギノテクラゲ
    コモチカギノテクラゲ属 *Scolionema*　コモチカギノテクラゲ

● 硬クラゲ目 Trachymedusae······138（解説→297）
  オオカラカサクラゲ科 Geryoniidae······140
    カラカサクラゲ属 *Liriope*　カラカサクラゲ
    オオカラカサクラゲ属 *Geryonia*　オオカラカサクラゲ
  イチメガサクラゲ科 Rhopalonematidae······141
    ツリガネクラゲ属 *Aglantha*　ツリガネクラゲ
    ヒメツリガネクラゲ属 *Aglaura*　ヒメツリガネクラゲ
    フタナリクラゲ属 *Amphogona*　フタナリクラゲ
    タツノコクラゲ属 *Voragonema*　タツノコクラゲ（新称）
    ヒゲクラゲ属 *Arctapodema*　ヒゲクラゲ
    フカミクラゲ属 *Pantachogon*　フカミクラゲ
    ニジクラゲ属 *Colobonema*　ニジクラゲ
    イチメガサクラゲ属 *Rhopalonema*　イチメガサクラゲ
  テングクラゲ科 Halicreatidae······143
    トックリクラゲ属 *Botrynema*　トックリクラゲ
    テングクラゲ属 *Halicreas*　テングクラゲ
  ソコクラゲ科 Ptychogastriidae······143
    ソコクラゲ属 *Ptychogastria*　ソコクラゲ

● 剛クラゲ目 Narcomedusae······144（解説→300）
  ヤドリクラゲ科 Cuninidae······144
    カッパクラゲ属 *Solmissus*　セコクラゲ／カッパクラゲ／カッパクラゲ属の1種
    ヤドリクラゲ属（新称）*Cunina*　センジュヤドリクラゲ（新称）／ヤドリクラゲ属の1種
    シギウェッデルクラゲ属 *Sigiweddellia*　シギウェッデルクラゲ属の1種
  ツヅミクラゲ科 Aeginidae······148
    ハッポウクラゲ属 *Aeginura*　ハッポウクラゲ
    ツヅミクラゲ属 *Aegina*　ツヅミクラゲモドキ／ツヅミクラゲ／ムツアシツヅミクラゲモドキ（新称）／ツヅミクラゲ属の1種
    ヤジロベエクラゲ属 *Solmundella*　ヤジロベエクラゲ
    ヒジガタツヅミクラゲ属（新称）*Bathykorus*　ヒジガタツヅミクラゲ（仮称）
  プラヌラクラゲ科 Tetraplatiidae······149
    プラヌラクラゲ属 *Tetraplatia*　プラヌラクラゲ
  ニチリンクラゲ科 Solmarisidae······150
    ニチリンクラゲ属 *Solmaris*　ニチリンクラゲ
    ペガンサ属（新称）*Pegantha*　ペガンサ属の1種

● 管クラゲ目 Siphonophora
  嚢泳亜目 Cystonectae······154（解説→305）
  カツオノエボシ科 Physaliidae······154
    カツオノエボシ属 *Physalia*　カツオノエボシ
  ボウズニラ科 Rhizophysiidae······155
    ボウズニラ属 *Rhizophysa*　ボウズニラ

  胞泳亜目 Physonectae······156（解説→305）
  ケムシクラゲ科 Apolemiidae······156
    ケムシクラゲ属 *Apolemia*　ケムシクラゲ／ミツボシケムシクラゲ（仮称）／チャケムシクラゲ（仮称）／ジュズタマケムシクラゲ（仮称）／カノコケムシクラゲ
  ヨウラククラゲ科 Agalmatidae······158
    ヨウラククラゲ属 *Agalma*　ナガヨウラククラゲ／ヨウラククラゲ
    ノキシノブクラゲ属 *Athorybia*　ノキシノブクラゲ
    シダレザクラクラゲ属（改称）*Nanomia*　シダレザクラクラゲ
  ［科の所属未定］······160
    ヒノオビクラゲ属 *Marrus*　ヒノコクラゲ（仮称）／ヒノオビクラゲ
    アナビキノコクラゲ属 *Frillagalma*　アナビキノコクラゲ
    ルッジャコフクダクラゲ属 *Rudjakovia*　ルッジャコフクダクラゲ
    属未定　パゲスクラゲ（新称）
  オオダイダイクダクラゲ科 Stephanomiidae······160

オオダイダイクダクラゲ属 *Stephanomia*　オオダイダイクダクラゲ
ナンキョクオオミクラゲ科 Resomiidae ……………… 160
　ナンキョクオオミクラゲ属 *Resomia*　ナンキョクオオミクラゲ（新称）
ヘビクラゲ科 Pyrostephidae ……………………………… 161
　ヘビクラゲ属 *Bargmannia*　ナガヘビクラゲ／ヘビクラゲ
ヒノマルクラゲ科 Rhodaliidae ………………………… 161
　ヒノマルクラゲ属 *Steleophysema*　ヒノマルクラゲ
アワハダクラゲ科 Erennidae ………………………… 161
　アワハダクラゲ属 *Erenna*　アワハダクラゲ
ツクシクラゲ科 Forskaliidae ………………………… 162
　ツクシクラゲ属 *Forskalia*　ツクシクラゲ／トクサクラゲ／オオツクシクラゲ（新称）／ネギボウズクラゲ（新称）
バレンクラゲ科 Physophoridae ……………………… 163
　バレンクラゲ属 *Physophora*　バレンクラゲ

鐘泳亜目 Calycophorae ………………… 164（解説→ 315）
ハコクラゲ科 Abylidae ………………………………… 164
　シカクハコクラゲ属（新称）*Ceratocymba*　ヤジルシシカクハコクラゲ（新称）／シカクハコクラゲ（新称）
　カワリハコクラゲモドキ属（新称）*Enneagonum*　カワリハコクラゲモドキ（新称）
　ハコクラゲ属 *Abyla*　ハコクラゲ属の1種
　ハコクラゲモドキ属 *Abylopsis*　ハコクラゲモドキ
　トウロウクラゲ属 *Bassia*　トウロウクラゲ
フタツタイノウクラゲ科 Clausophyidae ……………… 167
　オネワカレクラゲ属 *Chuniphyes*　ジュウジタイノウクラゲ／オネワカレクラゲ
　フタツタイノウクラゲ属 *Clausophyes*　カブトフタツタイノウクラゲ（新称）
フタツクラゲ科 Diphyidae ……………………………… 168
　フタツクラゲ属（改称）*Chelophyes*　フタツクラゲ
　フタツクラゲモドキ属（改称）*Diphyes*　トガリフタツクラゲ／フタツクラゲモドキ／タマゴフタツクラゲモドキ
　ナラビクラゲ属（改称）*Sulculeolaria*　トゲナラビクラゲ（新称）
　ヒトツクラゲ属 *Muggiaea*　ヒトツクラゲ
バテイクラゲ科 Hippopodiidae ………………………… 172
　バテイクラゲ属 *Hippopodius*　バテイクラゲ
　マツノミクラゲ属 *Vogtia*　マツノミクラゲ
アイオイクラゲ科 Prayidae …………………………… 173
　タマアイオイクラゲ属 *Desmophyes*　アカタマアイオイクラゲ／コアイオイクラゲ（改称）／タマアイオイクラゲ属の1種
　フタマタアイオイクラゲ属 *Lilyopsis*　フタマタアイオイクラゲ
　ハナワクラゲ属 *Stephanophyes*　ハナワクラゲ
　アイオイクラゲ属（改称）*Rosacea*　アイオイクラゲ
フウリンクラゲ科（新称）Sphaeronectidae …………… 176
　フウリンクラゲ属（新称）*Sphaeronectes*　フウリンクラゲ（新称）／パゲスフウリンクラゲ（新称）／ヤワラフウリンクラゲ（新称）

有櫛動物門 Ctenophora

無触手綱 Nuda

● ウリクラゲ目 Beroida ………………… 178（解説→ 323）
ウリクラゲ科 Beroidae ………………………………… 178
　ウリクラゲ属 *Beroe*　シンカイウリクラゲ／アミガサウリクラゲ／ウリクラゲ／サビキウリクラゲ／カンパナウリクラゲ（新称）／ウリクラゲ属の1種

有触手綱 Tentaculata

● フウセンクラゲ目 Cydippida …………… 182（解説→ 325）
トガリテマリクラゲ科 Mertensiidae …………………… 182
　トガリテマリクラゲ属 *Mertensia*　トガリテマリクラゲ
プーキアテマリクラゲ科 Pukiidae ……………………… 183
　プーキアテマリクラゲ属 *Pukia*　プーキアテマリクラゲ（新称）
テマリクラゲ科 Pleurobrachiidae ……………………… 183
　テマリクラゲ属 *Pleurobrachia*　テマリクラゲ属の1種
　フウセンクラゲ属 *Hormiphora*　ウリフウセンクラゲ（新称）／フウセンクラゲ／フウセンクラゲ属の1種
ヘンゲクラゲ科 Lampeidae …………………………… 185
　ヘンゲクラゲ属 *Lampea*　ヘンゲクラゲ
フウセンクラゲモドキ科 Haeckeliidae ………………… 185
　フウセンクラゲモドキ属 *Haeckelia*　フウセンクラゲモドキ／ゴマフウセンクラゲモドキ（新称）
ウツボクラゲ科 Dryodoridae …………………………… 185
　ウツボクラゲ属 *Dryodora*　ウツボクラゲ
ホオズキクラゲ科 Aulacoctenidae ……………………… 186
　ホオズキクラゲ属 *Aulacoctena*　ホオズキクラゲ
シンカイフウセンクラゲ科 Bathyctenidae …………… 186
　シンカイフウセンクラゲ属 *Bathyctena*　シンカイフウセンクラゲ属の1種
［科の所属未定］ ………………………………………… 186
　属未定　キョウリュウクラゲ（仮称）
フウセンクラゲ目の1種 ………………………………… 186

● カブトクラゲ目 Lobata ………………… 188（解説→ 329）
カブトクラゲ科 Bolinopsidae …………………………… 188
　カブトクラゲ属 *Bolinopsis*　カブトクラゲ／アカホシカブトクラゲ／キタカブトクラゲ
アカカブトクラゲ科 Lampoctenidae …………………… 190
　アカカブトクラゲ属 *Lampocteis*　アカカブトクラゲ
チョウクラゲ科 Ocyropsidae …………………………… 190
　チョウクラゲ属 *Ocyropsis*　チョウクラゲ

チョウクラゲモドキ科 Bathocyroidae ……………… 191
　チョウクラゲモドキ属 *Bathocyroe*　チョウクラゲモドキ／アゲハチョウクラゲモドキ（仮称）
アカダマクラゲ科 Eurhamphaeidae ……………… 192
　アカダマクラゲ属 *Eurhamphaea*　アカダマクラゲ
　キヨヒメクラゲ属 *Kiyohimea*　ウサギクラゲ／キヨヒメクラゲ
　コキヨヒメクラゲ属（新称）*Deiopea*　コキヨヒメクラゲ（新称）
ツノクラゲ科 Leucotheidae ……………… 194
　ツノクラゲ属 *Leucothea*　ツノクラゲ／ツノクラゲ属の1種
カブトヘンゲクラゲ科（新称）Lobatolampeidae ……………… 196
　カブトヘンゲクラゲ属（新称）*Lobatolampea*　カブトヘンゲクラゲ（新称）

●カメンクラゲ目 Thalassocalycida ……………… 197（解説→ *334*）
　カメンクラゲ科 Thalassocalycidae ……………… 197
　　カメンクラゲ属 *Thalassocalyce*　カメンクラゲ

●オビクラゲ目 Cestida ……………… 198（解説→ *334*）
　オビクラゲ科 Cestidae ……………… 198
　　オビクラゲ属 *Cestum*　オビクラゲ

●クシヒラムシ目 Platyctenida ……………… 200（解説→ *335*）
　クシヒラムシ科 Ctenoplanidae ……………… 200
　　クシヒラムシ属 *Ctenoplana*　オオクシヒラムシ／クシヒラムシ属の1種
　クラゲムシ科 Coeloplanidae ……………… 202
　　クラゲムシ属 *Coeloplana*　ガンガゼヤドリクラゲムシ（仮称）／ルソンヤドリクラゲムシ（新称）／コマイクラゲムシ／サクラフブキクラゲムシ（仮称）／トサカノモヨウクラゲムシ（仮称）／ベニクラゲムシ／クラゲムシ／ソコキリコクラゲムシ（新称）／クラゲムシ属の1種
　コトクラゲ科 Lyroctenidae ……………… 205
　　コトクラゲ属 *Lyrocteis*　コトクラゲ／コトクラゲ属の1種

脊索動物門 Chordata
タリア綱 Thaliacea

●ヒカリボヤ目 Pyrosomatida ……………… 206（解説→ *337*）
　ヒカリボヤ科 Pyrosomatidae ……………… 206

●サルパ目 Salpida ……………… 208（解説→ *337*）
　サルパ科 Salpidae ……………… 209

●ウミタル目 Doliolida ……………… 216（解説→ *340*）
　ウミタル科 Doliolidae ……………… 216

軟体動物門 Mollusca
腹足綱 Gastropoda

●新生腹足目 Caenogastropoda ……………… 218
　翼舌亜目 Ptenoglossa ……………… 218（解説→ *341*）
　　アサガオガイ科 Janthinidae ……………… 218
　異足亜目 Heteropoda ……………… 218（解説→ *341*）
　　クチキレウキガイ科 Atlantidae ……………… 218
　　ゾウクラゲ科 Carinariidae ……………… 219
　　ハダカゾウクラゲ科 Pterotracheidae ……………… 220

●真後鰓目 Euopisthobranchia ……………… 222
　有殻翼足亜目 Ptenoglossa ……………… 222（解説→ *342*）
　　カメガイ科 Cavoliniidae ……………… 222
　　ヤジリカンテンカメガイ科 Cymbuliidae ……………… 225
　　アミメウキマイマイ科 Peraclididae ……………… 225
　　ミジンウキマイマイ科 Limacinidae ……………… 225
　　コチョウカメガイ科 Desmopteridae ……………… 225

　裸殻翼足亜目 Ptenoglossa ……………… 226（解説→ *344*）
　　ハダカカメガイ科 Clionidae ……………… 226
　　マメツブハダカカメガイ科 Hydromylidae ……………… 227
　　ニュウモデルマ科 Pneumodermatidae ……………… 227
　　クリオプシス科 Cliopsidae ……………… 228

●裸側目 Nudipleura 裸鰓亜目 Nudibranchia ……………… 229（解説→ *346*）
　アオミノウミウシ科 Glaucidae ……………… 229
　コノハウミウシ科 Phylliroidae ……………… 229

Column & Topics

水槽からの新発見 … 22	盗刺胞をするクラゲ … 187
海藻の森にすむクラゲ … 23	サルパの形態 … 209
ミズクラゲの生活史 … 36	ゼラチン質の「家」に住むオタマボヤ類 … 217
モントレー湾水族館研究所の深海生物研究 … 38	巻貝浮遊幼生の遠距離旅行 … 230
深海研究 … 42	パララーバ──浮遊するイカ・タコ … 231
エチゼンクラゲ大発生 … 54	紛らわしい名前──クラゲダコ・クラゲイカ … 231
クラゲを食べる生き物 … 57	クラゲとともに見られる生き物 … 232
クラゲと褐虫藻 … 62	プランクトンの世界 … 238
クラゲの楽園──ジェリーフィッシュレイク … 64	クラゲの食べもの … 244
クラゲの毒 … 75	クラゲの発光 … 246
クラゲ注意報 … 76	世界のクラゲ・ギャラリー … 248
困難な幼クラゲの同定 … 84	世界一のクラゲ水族館 … 252
不老不死のベニクラゲ類 … 90	クラゲを使ったハギ漁 … 256
さまざまなヒドロ虫 … 105	有明海のクラゲ漁 … 258
スギウラヤクチクラゲの分裂増殖 … 127	クラゲと食文化 … 260
ポリプから得られたクラゲ … 151	海外のクラゲ食文化 … 262

解説 … 263
和名索引 … 347
学名索引 … 350
おもな参考文献 … 353
あとがき … 356
執筆者・写真提供者・協力者一覧 … 357
著者略歴 … 358

凡例

[分類について]
・各綱内の分類順は『日本動物大百科』無脊椎動物編などにしたがったが、新目、新科などはその限りではない。
・新しく名称をつけたものには（新称）と記した。

[写真について]
・各種の主要写真にのみ学名を付している。
・写真撮影時のデータは、撮影場所、撮影月、水温、水深、大きさの順に記している。
・写真解説の末尾の（ ）内に撮影者を記したが、撮影者が記されていないものは峯水亮の撮影による。

[解説について]
・巻末の解説は、科名は本文に出現する順、属名と種名は学名のアルファベット順とする。種名が未定のものについては各属の末尾に記し、属や科が未定なものは、それぞれ科や目の末尾に記した。
・解説の末尾の（ ）内に解説執筆者名を記した。

各部の名称

鉢虫綱
旗口クラゲ目

- 傘
- 生殖巣（内部にある）
- 縁弁
- 感覚器
- 触手
- 口腕

根口クラゲ目

- 傘
- 感覚器
- 縁弁
- 口腕
- 付属器

ヒドロ虫綱
管クラゲ目

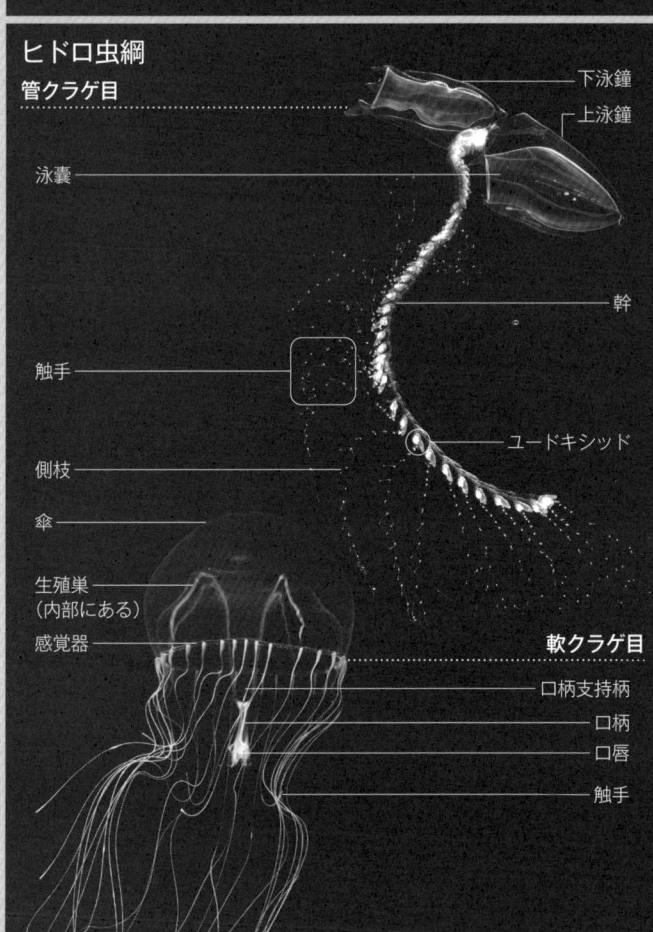

- 下泳鐘
- 上泳鐘
- 泳嚢
- 幹
- 触手
- ユードキシッド
- 側枝
- 傘
- 生殖巣（内部にある）
- 感覚器

軟クラゲ目

- 口柄支持柄
- 口柄
- 口唇
- 触手

十文字クラゲ綱
十文字クラゲ目

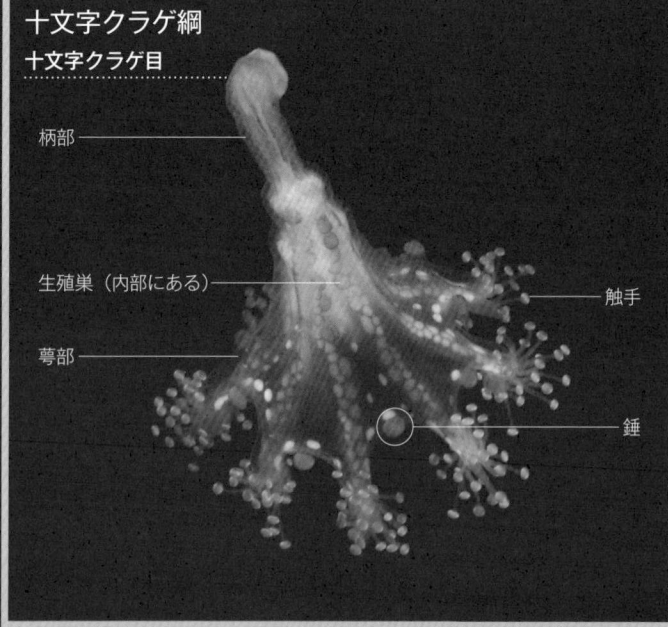

- 柄部
- 生殖巣（内部にある）
- 萼部
- 触手
- 錘

箱虫綱
アンドンクラゲ目

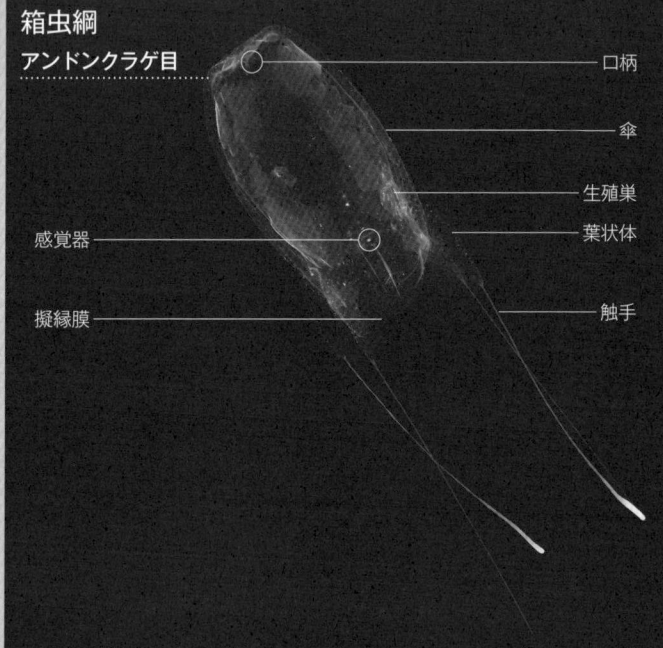

- 口柄
- 傘
- 生殖巣
- 葉状体
- 感覚器
- 擬縁膜
- 触手

有櫛動物門
カブトクラゲ目

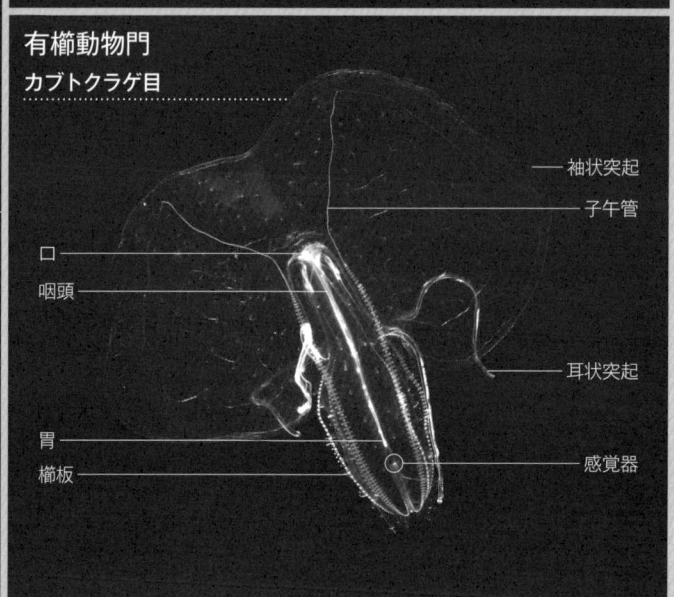

- 袖状突起
- 子午管
- 口
- 咽頭
- 耳状突起
- 胃
- 櫛板
- 感覚器

1　クラゲとは何か

【クラゲでないクラゲ？】

「クラゲ」と聞いて、どんな姿やどんなことを思い浮かべられるだろうか。お椀を伏せたようなかたちの半透明でやわらかい体、その周縁には触手が並び、下面中央にはリボンのようなものが垂れ下がっている。そんな姿を思い浮かべられる方が多いのではないだろうか。水族館でもすっかりお馴染みになったミズクラゲやアカクラゲなどの姿である。あるいは、透明な体の表面に虹色の光の列をまとったウリクラゲやカブトクラゲのことを思われるかもしれない。フワフワと水中を漂う、いかにものんびりとした風情に心が癒されるという人も多い。今やクラゲは水族館でも人気者である。オワンクラゲの緑色蛍光タンパク質の研究がノーベル賞に輝いたことを思い出される方もいるだろう。しかし、いっぽうで、クラゲは刺すので怖い生物、大量発生して漁業被害をもたらす厄介な存在だとの声も聞かれる。さまざまな注目を集めるクラゲたち。彼らはいったいどんな生物なのだろう。

ミズクラゲやアカクラゲ、少し大きさやかたちが異なるがオワンクラゲも、クラゲと呼ぶことに反対される方はいないであろう。それでは、ウリクラゲやカブトクラゲはというと、だいぶ形態が異なり、これらをミズクラゲやアカクラゲと同類に含めることには異論もありそうである。じつは、ウリクラゲやカブトクラゲは厳密に言えば、クラゲではない。同じ「クラゲ」の名がついているのに、なぜ区別しなければならないか。それは、ウリクラゲやカブトクラゲが、ずっと昔からミズクラゲやアカクラゲとは異なる、別の進化の道を歩んできたと考えられるからである。

ミズクラゲやアカクラゲも、そしてウリクラゲやカブトクラゲも私たちヒトと同じく、動物の仲間である。単細胞生物の一部も動物と呼ばれる場合もあるが、多細胞のものに限って言えば、動物は35ほどの「門」と呼ばれる、それぞれが特有の形態や性質をもつグループに分けられる。たとえば、私たちヒトは他の哺乳類、そして鳥類や魚類とともに脊索動物門に分類され、カニやエビの仲間は節足動物門、イカやタコ、そして巻貝や二枚貝類は軟体動物門に分類される。この分類にしたがうと、ミズクラゲやオワンクラゲなどの「正真正銘の」、あるいは狭義のクラゲは刺胞動物門に、いっぽう、カブトクラゲやウリク

ウリクラゲ

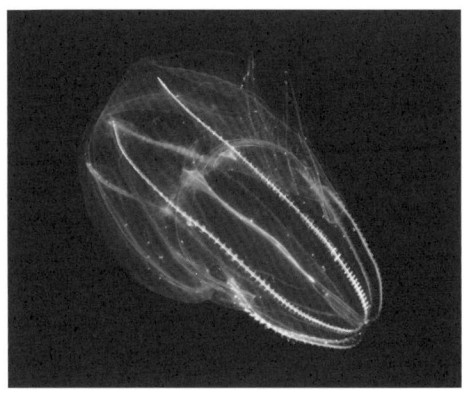
カブトクラゲ

11

ラゲは有櫛動物門に分類される動物である。それぞれの門の名が示しているように、刺胞動物は「刺胞」を、有櫛動物は「櫛」をもつことが特徴である。狭義のクラゲはすべて刺細胞と呼ばれる特有の細胞をもっている。刺胞は刺細胞によって作られる極微な構造で、クラゲは餌を捕まえたり、外敵から身を守ったりするために、この刺胞を使う。いっぽう、ウリクラゲやカブトクラゲは櫛板と呼ばれる、櫛のような形状の微小な構造をもつ。櫛板は規則正しく体表に並んでいて、有櫛動物の重要な運動器官となっている。光を反射して、しばしば虹色に光っているのは、この櫛板の列である。このように別の門に分類されている2種類の「クラゲ」は、ヒトとネコ、ヒトとメダカの関係より、よほどかけ離れた動物なのである。

【クラゲという言葉】

では、なぜ刺胞動物のクラゲのほうが「正真正銘の」クラゲなのか。それを説明するには、「クラゲ」という言葉のもつ、もう1つの意味についてお話ししなければならない。「クラゲ」という語は、いろいろな刺胞動物の名前に用いられるだけでなく、これらの動物の一生における特定の時期の「かたち」を表す言葉でもある。「世代交代」という言葉を聞いたことのある方もいるだろう。刺胞動物のクラゲは原則として、フワフワと水中を漂うクラゲの姿とは似ても似つかないかたちのポリプの世代を経て、クラゲ世代を迎える。じつは、サンゴやイソギンチャクなども刺胞動物の一員であるが、彼らは一生をポリプのかたちで過ごすので、クラゲとは呼ばれない。世代交代をしないこれらの刺胞動物はポリプ形のまま成熟して有性生殖をする。しかし、世代交代をする刺胞動物では、クラゲ世代になってはじめて有性生殖を行うことができる。ポリプ世代はというと、通常、何かにくっついて生活し、出芽や分裂といった方法で無性生殖をする。

ところで、「クラゲ」という語がもつ2つの意味を説明するために好適な刺胞動物がいる。春から秋にかけて海から強い風が吹くと、大量に海岸に吹き寄せられることのあるギンカクラゲである。海面に浮いたプラスチックの円盤のようなものの下から、多数の突起をもつ触手のようなものがたくさん垂れ下がっていて、確かにクラゲのように見える。しかし、触手のように見えるもの、それらは特殊な形に変化したポリプで、円盤のより中央寄りには、少し形状の違う別のポリプがある。よく見ると、これらのポリプの体側にはいくつかの小さな釣鐘形のものがついている。この釣鐘形のもの、じつは、それがギンカクラゲの「クラゲ」の姿である。つまり、私たちがクラゲだと思って見ているギンカクラゲ

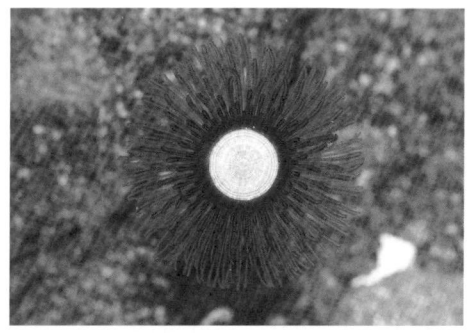

ギンカクラゲ

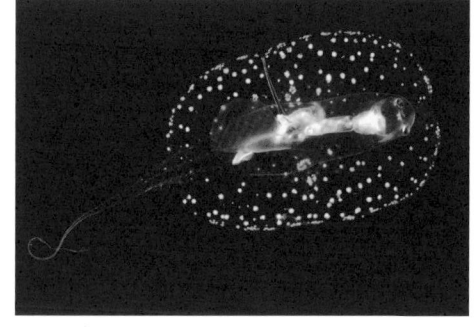

コノハゾウクラゲ

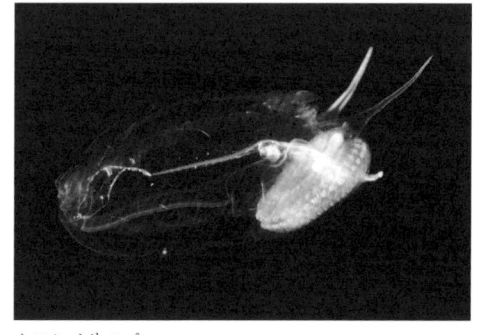

ホンヒメメサルパ

全体は、実際は「ポリプ」の群体であるが、「クラゲ」も「ポリプ」も同一生物の異なる時期のかたちにすぎないので、それぞれに別の名前をつけるわけにもいかない。「クラゲ」だけでなく「ポリプ」もギンカクラゲと呼ぶしかないわけである。

　それでは、有櫛動物のウリクラゲやカブトクラゲはというと、彼らには無性生殖を行うポリプ世代はない。一生を「クラゲ」として過ごし、世代交代をしない。そして、刺胞動物と有櫛動物の間には世代交代の有無のほかにも、いろいろな違いがある。先にも述べたように、前者はみな刺胞をもつので刺すが、後者はごく一部の例外的な種を除き、刺胞をもたないので刺さない。この一部の例外についても、それらのもつ刺胞は自らが生産したものではなく、餌の刺胞動物から取り込んだものであることが明らかにされている。また、刺胞に代わるものとして、有櫛動物は膠胞と呼ばれる特異な細胞をもっている。さらに、刺胞動物のクラゲはほとんどが雌雄異体、すなわち、個体によって雌か雄かのどちらかにしかなれないのに対し、大多数の有櫛動物は雌雄同体である。したがって、厳密には、有櫛動物は刺胞動物のクラゲとは区別して「クシクラゲ」と総称するほうがよいだろう。

【多くのクラゲはプランクトン】

　しかし、有櫛動物が厳密にはクラゲではないからといって、かれらをクラゲ図鑑から排除する必要などまったくない。なんといっても、有櫛動物もとても美しく神秘的であるのに、狭量に「クラゲ」の定義にこだわって、彼らを紹介しないのはもったいない。それに系統の違う生物と見比べることで、「正真正銘の」クラゲたちの特徴もより鮮明になるはずである。また、よくクラゲに間違われる動物たち、すなわちゾウクラゲ類やサルパ類なども、この本には登場する。前者はイカやタコ、巻貝などが含まれる軟体動物門に、後者は何と、私たちヒトと同じ脊索動物門に分類され、クラゲとは遠縁の動物である。しかし、ゾウクラゲ類やサルパ類は多くのクラゲと同じくプランクトンの一員だ。類似の環境への適応からクラゲに似た形態を獲得したものと考えられる。

　プランクトンというと、微小な生物というイメージを抱かれる方も多いと思うが、プランクトンに大きさの制限はない。遊泳力が弱い水中の漂流生活者はみな、プランクトンである。したがって、傘径1メートルを超えるエチゼンクラゲもこの範疇に含まれる。いっぽう、同じく水中生活者であっても、魚類やイカなどのように水流に逆らって泳ぐことができるほど遊泳能力の高いものはネクトンとして区別される。また、タコや巻貝のように海底を這って生活しているものやイソギンチャクやホヤなどのように海底の岩などに付着して生活しているものはベントスと呼ばれる。多くのクラゲ類がもつ、もう1つのかたち、ポリプは通常、このベントスの一員である。

　上述のように、クラゲとは遠縁でありながらクラゲと見間違われるものがいるいっぽうで、れっきとしたクラゲの仲間であるにもかかわらず、クラゲとは思えない姿かたちを獲得したものもいる。なかにはポリプ期をもたない、つまり世代交代を行わないクラゲもいる。また、無性生殖は本来、ポリプ世代の繁殖様式であるが、クラゲ世代になっても無性生殖を行うものもいる。一生の送り方も生きざまも、そしてかたちもさまざまなクラゲたち。百聞は一見に如かず。この本に登場する多様なクラゲたち自身が、クラゲとは何かを雄弁に語ってくれることだろう。(平野)

2　クラゲのライフサイクル

【ミズクラゲの場合】

　刺胞動物のクラゲのライフサイクル、すなわち生活環は世代交代をする動物の例として生物学の教科書にも登場する。受精卵と親クラゲの間にいくつかの発生段階が区別されていて、その生活環は複雑である。いっぽう、世代交代を行わない有櫛動物の「クラゲ」、

すなわちクシクラゲ類では、受精卵は胚発生を経て、基本的には親と同じつくりの体をもつ子どもになる。有触手類の子どもたちがフウセンクラゲ型幼生と呼ばれるくらいで、クシクラゲたちの生活環には、これといった発生段階の名前がない。

最近は水族館のクラゲ展示でも、クラゲ世代だけでなく、ポリプ世代など、生活環の他の段階の姿も見られることが多くなった。実物が見られないまでも、ポスターや映像による生活環の解説が行われているので、ご存じの方も多いと思うが、たとえばミズクラゲでは、受精卵は胚発生の後、まずプラヌラと呼ばれる楕円体の幼生になって、海中を泳ぐ。プラヌラは好適な場所を見つけると着底し、別のかたちへと変態する。付着端の反対側に口が開き、さらに口のまわりに触手ができると、ポリプ世代のかたちが完成する。ポリプは触手で餌を捕まえて食べ、高さ数ミリほどに成長するとともに、環境がよいとどんどん無性生殖を行って、その数を増やす。条件が整うと、それらのポリプの体には横にいくつかのくびれが入る。この時期のかたちはストロビラと呼ばれ、この時期がポリプ世代からクラゲ世代への世代交代の準備期間である。くびれはどんどん深くなり、何枚もの薄っぺらな花のようなものが重なった状態になる。よく見ると、その花のようなものは8本の腕をもち、腕を曲げたり伸ばしたりして拍動している。やがて、上端のものから十分に育った「花」は1枚、また1枚と水中に遊離していく。遊離した可憐な「花」たちはエフィラと呼ばれ、ここからクラゲ生活が始まる。エフィラは大きくなるにつれ、その腕が相対的に短くなり、やがて円い傘へと変化する。この成長途上で、まだエフィラ期の腕の名残が少し感じられる時期の姿にはメテフィラという名がつけられている。傘の成長とともに、単純な筒状だったエフィラ期の口柄はどんどん伸びて下部にリボン状の口腕を形成し、やがて、クラゲのかたちが完成する。そして、生殖巣に卵や精子が作られ、クラゲ世代の重要な役割、有性生殖を行うときがくると、親世代の卵と精子から出発したミズクラゲの生活環が一回りする。

ところで、ミズクラゲの生活環には上述の主要な生活環のほかに、ストロビラとポリプの間に小さな「環」がある。この「環」はエフィラを遊離したあと、残った基部がまたポリプへと戻ることを意味している。この「環」が永遠に続くとは思えないが、ミズクラゲのポリプはストロビラに姿を変え、エフィラという名の子クラゲを水中に送り出したあと、基部の小さな肉片からまたポリプへと成長できるのである。それらのポリプも無性生殖で数を増やし、それぞれがまた何枚ものエフィラを生産するのであるから、恐るべき繁殖力である。

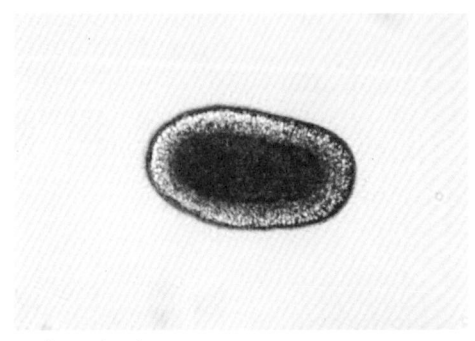

ミズクラゲのプラヌラ

ストロビラ

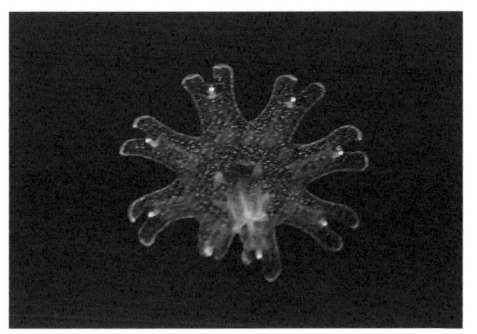

遊離直後のエフィラ

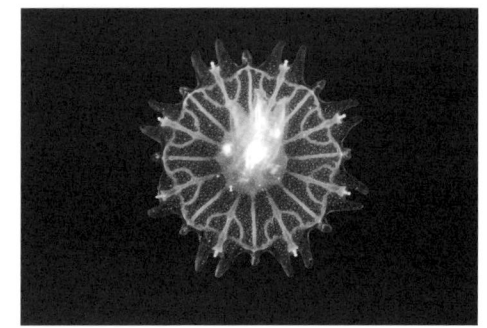

メテフィラ

【ライフサイクルの多様性】

しかし、すべてのクラゲがミズクラゲと同様の生活環をもつわけではない。プラヌラやポリプは大多数のクラゲに共通して見られる発生段階であるが、ストロビラやエフィラなどはミズクラゲやアカクラゲなどの鉢虫綱に特有の発生段階である。その他の綱のクラゲたちの生活環はもう少し簡単である。たとえば、今世紀の初めまで鉢クラゲ綱の一員であると考えられていた十文字クラゲ綱のクラゲたちは、そもそも付着生活を送る変わり者であるから、その生活環も鉢クラゲとは異なる。個々のポリプは付着したまま、それぞれクラゲのかたち（とはいってもクラゲには見えないかもしれないが）に変態する。つまり、ストロビラやエフィラのような特別な発生段階はもたない。十文字クラゲ類とは正反対の泳ぎの名手、アンドンクラゲなどの立方クラゲの生活環も基本的に十文字クラゲ類と同様である。1つのポリプが1つのクラゲに変態する。十文字クラゲではクラゲへの変態が完了してもポリプの基部がその体の一部として残り、そのまま付着生活を続けるのに対して、立方クラゲでは通常、クラゲへの変態がほぼ完了した時点でポリプの基部がクラゲとともに基質から遊離し、やがて、それがクラゲの体に吸収されて変態が完了するので、変態後の姿は、両者の間でまったく違うものになるのである。

さて、残りはヒドロ虫綱であるが、この仲間の基本的な生活環もプラヌラからポリプ世代を経てクラゲ世代へと移行するという点では、先の十文字クラゲ類や立方クラゲ類と共通である。しかし、ヒドロ虫類では1つのポリプが1つのクラゲへと変態するのではなく、ポリプ本体やポリプの群体の一部で子クラゲが形成される。そのため、通常、子クラゲ誕生後も、ポリプはその姿のまま残ることになる。クラゲの形成方法には、ポリプやその群体の一部が膨らんでクラゲ芽を形成し、それが遊離してクラゲになるものと、ポリプ群体の上にクラゲを生産する器官ができ、その中で複数のクラゲが作られるものなどがある。とはいえ、ヒドロ虫綱はかたちも多様なら、生活環の多様性も非常に高い。プラヌラ幼生期を欠くものや、ポリプに代わるアクチヌラと呼ばれる独特な無性生殖期をもつものもいる。管クラゲ類のように、明瞭な世代交代が見られないものもいる。本来はクラゲが形成されるはずの部位や器官で卵または精子が作られ、クラゲ世代を省略している種も少なくない。

また、ミズクラゲと同じく鉢虫綱に分類されるクラゲのなかにも、オキクラゲのようにポリプ世代がなく、プラヌラが水中を漂いながら直接エフィラに変態するものもいる。さ

ジュウモンジクラゲ

オオタマウミヒドラ

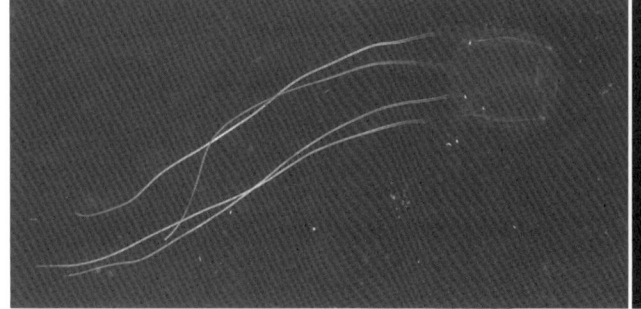
アンドンクラゲ

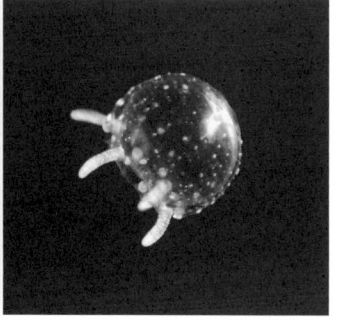
アンドンクラゲの幼体

らに、深海にすむクラゲのなかには、雌の体内や体の上で受精卵がクラゲにまで育つ、いわゆる胎生のものもいる。数千種に及ぶクラゲたちのなかで、生活環の全貌が明らかにされているものは、ほんの一握りである。実体のよくわかっていない種、形態変異に紛れている隠蔽種の存在を考えると、クラゲのライフサイクルにも、まだまだ驚きの発見がありそうである。（平野）

3 クラゲの進化

【クラゲの化石】

　地球が生まれたのは、今から46億年前のこと。最古の生命（原核生物）の化石ではないかと考えられている痕跡は、35億年前の地層から発見された。最古の真核生物の化石は19億年前の地層から、最古の多細胞生物ではないかと考えられる化石は15億年前の地層から見つかっている。では、クラゲは一体いつごろ地球上に誕生し、どのような進化を遂げてきたのだろうか。

　クラゲは動物界のなかでも、最も原始的なグループの1つである刺胞動物門や有櫛動物門に属しているので、数ある動物たちのなかでもかなり初期に誕生したと考えられる。しかし、化石の記録をたどってクラゲの進化を追うのは、容易なことではない。なぜなら、クラゲの体の大部分は水分で、硬い組織をもたないため分解されやすく、地層中に化石として残されることはきわめて稀であるからだ。特殊な環境でできた地層から、地層表面に残された型（印象化石）としていくつかの事例が報告されているだけで、断片的にしかその進化の歴史を捉えることができない。同じ刺胞動物の仲間でも、硬組織をもつサンゴが化石として非常に多く見つかり、その進化をたどることができるのとは対照的といえる。また、たとえ化石化しても触手などの細かな特徴まではなかなか残りにくいことや、クラゲに似た円形や放射状の模様が物理的な原因で作られることがあることも、混乱の元となっている。かつてクラゲの化石と考えられていたもののいくつかは、じつはカイメンなど他の生物の化石だったり、生物が残した這い痕や巣穴の痕だったり、そもそも化石ではなく地層面にできた物理的な構造だったりしたことがわかってきた。化石として残りにくい

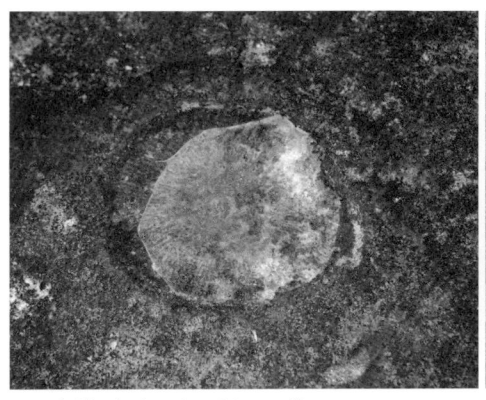

クラゲが化石になるまで（イメージ）

体の組織と、混乱を招きやすい形状や模様のおかげで、クラゲの先祖たちについてはまだわからないことが多い。

【エディアカラ生物群】

化石の記録をたどっていくと、カンブリア紀、今から5億4000万年前以降に、現在につながる動物の門が一挙に出そろったとされている。この「カンブリア大爆発」と呼ばれる、多細胞生物の急激な多様化が起こった時代よりも古い地層からは、大型で複雑な体のつくりをもつ化石らしい化石はほとんど報告されていない。唯一の例外が、5億7000万年〜5億4000万年前（エディアカラ紀の後期）の世界各地の地層から見つかる化石群である。これらは「エディアカラ生物群」と呼ばれ、殻や骨格などの硬い組織をもたない。非常に特異な形態をもつものが多く、その分類学上の位置づけを巡って今なお熱い議論が続いている生物群である。刺胞動物の起源は、分子系統学的に見て7億〜10億年くらい前に遡るのではないかという説もあるが、実際に初めてそれらしき化石が見つかるのはこのエディアカラ生物群だ。従来、放射相称の同心円状や放射状の「クラゲ」様の化石が多く含まれるため、この生物群の大部分が刺胞動物や有櫛動物ではないかと考えられ、たくさんのクラゲの姿がエディアカラ紀の復元図に描かれてきた。しかし現在では、「クラゲ」様の化石の多くは浮遊性の生物ではなく、ウミエラ類に似た生物の円盤状をした付着部だったり、あるいはまったく異なる底生の生物だったのではないかと解釈されるようになった。ただ、クラゲのような浮遊性のものがいたかどうかはともかく、刺胞動物の仲間と考えられる化石もいくつか存在している。また近年では、エディアカラ生物群よりも少し古い時代の中国南部の陡山沱層（ドウシャンツォ）から見つかった1mmにも満たない小さな化石が、刺胞動物に似ているとも報告されている。これらのことから、今のところ、エディアカラ紀にまではクラゲの仲間のルーツをたどることができると言えそうである。

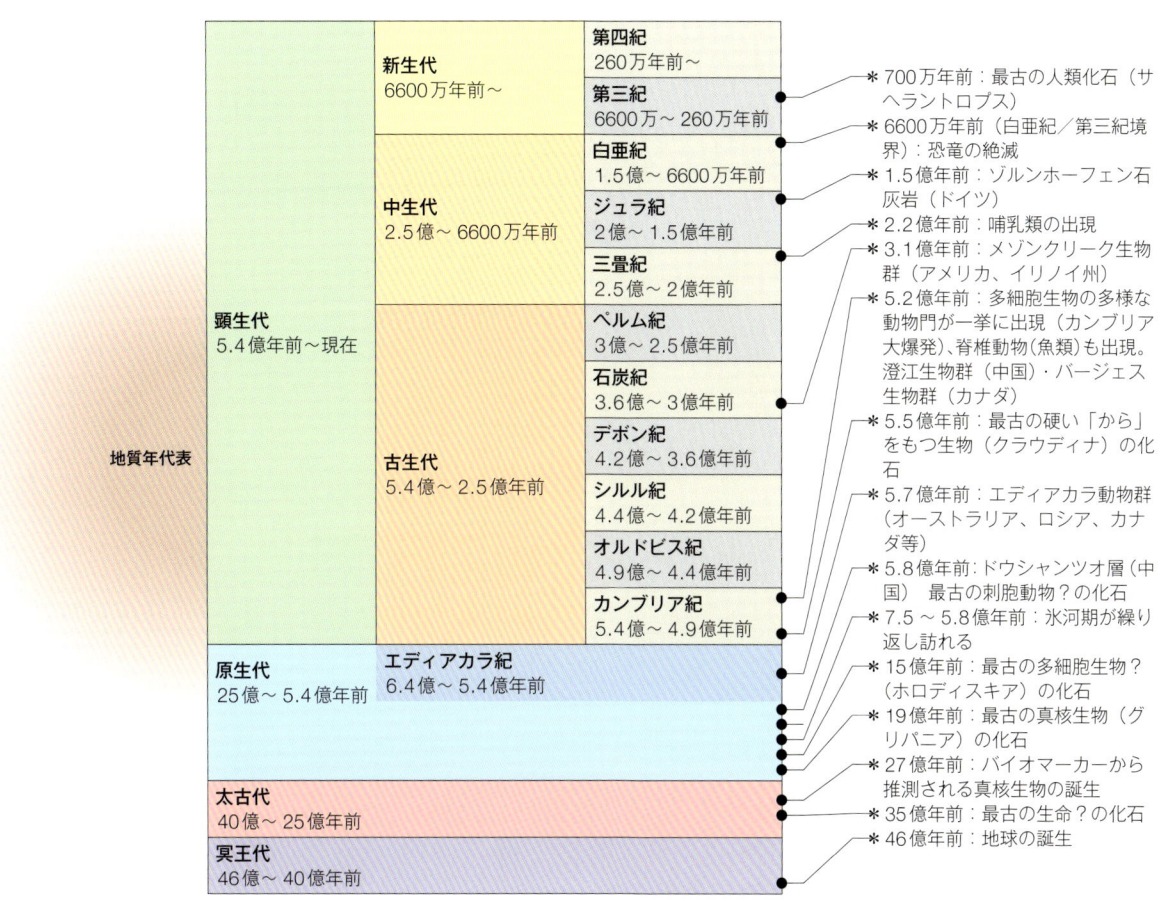

【カンブリア紀以降】

　カンブリア紀に入ると、刺胞動物門のなかでも鉢虫綱・箱虫綱・ヒドロ虫綱・花虫綱の化石、また有櫛動物門の化石も産出するようになる。カンブリア紀の保存良好な化石産地として有名なカナダの「バージェス生物群」や中国の「澄江(チェンジャン)生物群」からも、刺胞動物や有櫛動物の化石が報告されている。今から5億年以上も昔から、鉢虫綱やヒドロ虫綱といった現在に続く綱がすでに存在していたとは、驚くべきことと言えよう。アメリカ・ウィスコンシン州には、クラゲが大量に海岸に打ち上げられたようすが残されているカンブリア紀後期の地層がある。そこでは、波によって作られる砂のうねった模様（リップルマーク）とともに、クラゲの形が印象化石として何百と残されている。打ち上げられたクラゲが海に戻れなくなってしまうという、現在私たちが海岸で目にするような光景が、当時から繰り返されてきたことが想像できるだろう。

　カンブリア紀以降も、いくつかの限られた地層から、散発的にクラゲの化石が報告されている。クラゲ化石が報告されている1つの例は、アメリカ・イリノイ州にある石炭紀後期の地層から見つかる「メゾンクリーク生物群」だ。今から3億年ほど前の河口の三角州でできた地層の中に、ノジュールという丸くて硬い塊が入っており、これを割ってみるとクラゲや節足動物、植物などの化石がしばしば入っている。メゾンクリークの化石は、化石として残りにくい軟組織のみをもつ生物も、ほぼ完全な形で保存されているのが特徴である。このような形で保存されたのは、生物が死後すみやかに砂や泥に埋もれ、分解されることなく、硬いノジュールの中に残されたからだと考えられている。その他、始祖鳥が見つかったことでも有名なドイツのジュラ紀後期の地層「ゾルンホーフェン石灰岩」からも、何種類ものクラゲの化石が発見されている。こちらは、蒸発が盛んで塩分が高く酸素の不足した海の底において、腐肉食者に食べられてしまうことなく、死後直ちに堆積物に覆われてしまったため化石が残ったとされている。すぐに分解されてしまうクラゲは、メゾンクリークやゾルンホーフェンのような特殊な環境でできた地層の中でしか、化石としてその姿を後世に残すことはできない。

　多くの動物たちのなかでも早くに誕生しながら、化石として残りにくいために、その進化の証拠をなかなか見せないクラゲ。今後の研究の進展によって、そのルーツが少しずつ明らかになっていくことを望みたい。（石浜）

メゾンクリーク生物群のクラゲ化石

左右とも：ウィスコンシン州で発見されたクラゲの印象化石。
海岸に打ち上げられたようすがわかる。(J. W. Hagadorn)

十文字クラゲ目

刺胞動物門
十文字クラゲ綱

Cnidaria
Staurozoa
Stauromedusae

体は萼部と柄部からなり、柄部の末端で海藻や岩などに付着して生活する。萼部の形は円錐形、壺形、大きく開いた十字形などさまざま。その内傘中央には口が開き、ほとんどの種は萼部の周縁に有頭触手をもつ。ポリプはストロビラやエフィラを経ることなく、付着したままクラゲに変態する。寒帯から温帯にかけての浅海に分布する種類が多いが、熱帯～亜熱帯に分布する種や深海に生息するものもいる。かつては鉢虫綱の1目とされていたが、形態や生活環が特異であることから別の綱に分けることが提案され、この分類は分子系統解析によっても支持された。（平野）

ウチダシャンデリアクラゲ
Manania uchidai（Naumov, 1961）
ナガサガオクラゲ科 Depastridae
シャンデリアクラゲ属
大型個体はとくにスガモなどの海草に付着していることが多い。体色は淡褐色や淡緑色で、外傘面には計12本の褐色の筋がある。そのうちの8本は、主軸の1対の生殖巣に沿って走り、間軸の4本より太く明瞭。(北海道羅臼　8月　16℃　-5m　体長1.5cm)

刺胞動物門 | 十文字クラゲ綱 Staurozoa

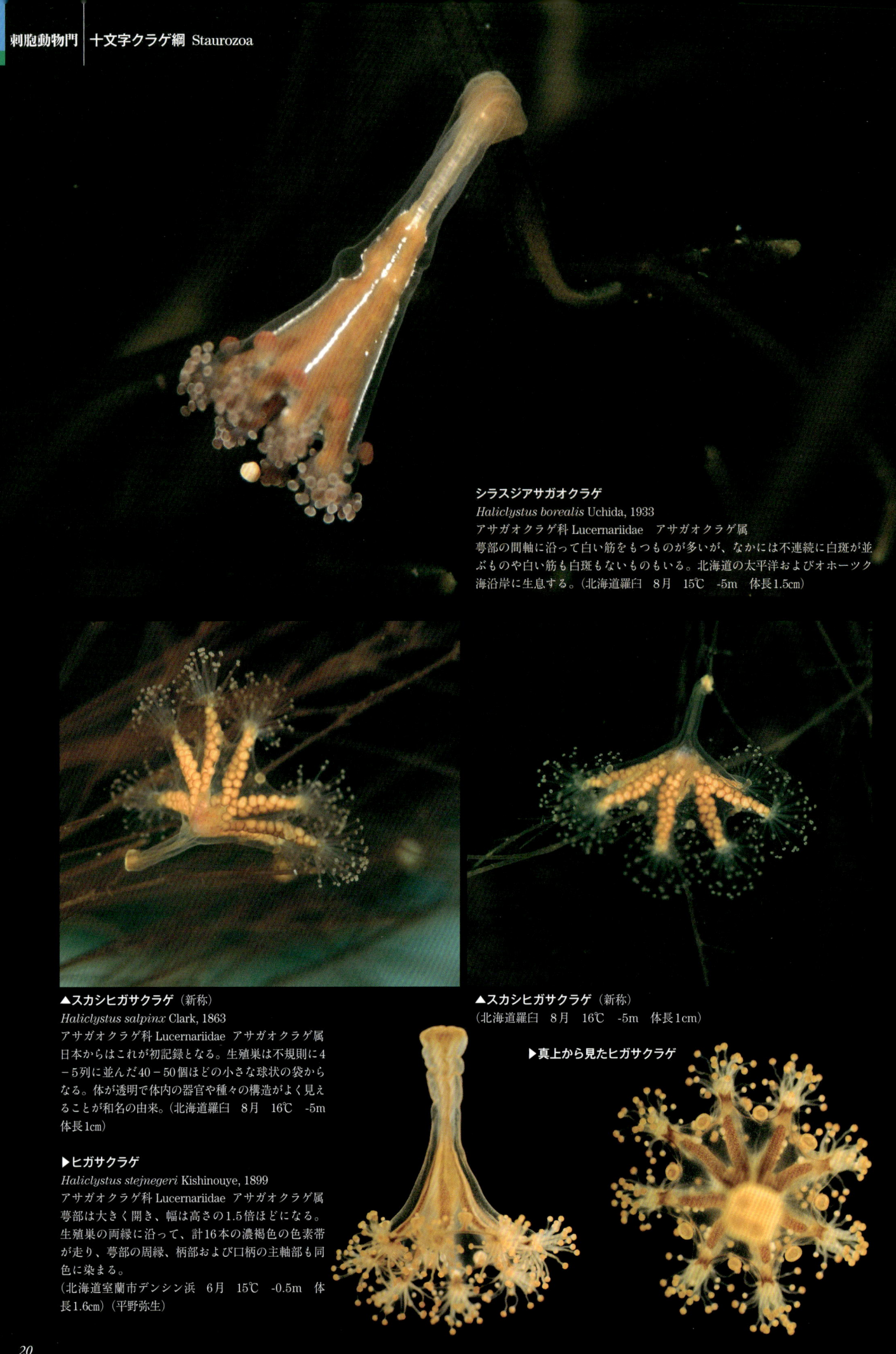

シラスジアサガオクラゲ
Haliclystus borealis Uchida, 1933
アサガオクラゲ科 Lucernariidae　アサガオクラゲ属
萼部の間軸に沿って白い筋をもつものが多いが、なかには不連続に白斑が並ぶものや白い筋も白斑もないものもいる。北海道の太平洋およびオホーツク海沿岸に生息する。(北海道羅臼　8月　15℃　-5m　体長1.5cm)

▲**スカシヒガサクラゲ**（新称）
Haliclystus salpinx Clark, 1863
アサガオクラゲ科 Lucernariidae　アサガオクラゲ属
日本からはこれが初記録となる。生殖巣は不規則に4－5列に並んだ40－50個ほどの小さな球状の袋からなる。体が透明で体内の器官や種々の構造がよく見えることが和名の由来。(北海道羅臼　8月　16℃　-5m　体長1cm)

▶**ヒガサクラゲ**
Haliclystus stejnegeri Kishinouye, 1899
アサガオクラゲ科 Lucernariidae　アサガオクラゲ属
萼部は大きく開き、幅は高さの1.5倍ほどになる。生殖巣の両縁に沿って、計16本の濃褐色の色素帯が走り、萼部の周縁、柄部および口柄の主軸部も同色に染まる。
(北海道室蘭市デンシン浜　6月　15℃　-0.5m　体長1.6cm)（平野弥生）

▲**スカシヒガサクラゲ**（新称）
（北海道羅臼　8月　16℃　-5m　体長1cm)

▶**真上から見たヒガサクラゲ**

20

◀アサガオクラゲ
Haliclystus tenuis Kishinouye, 1910
アサガオクラゲ科 Lucernariidae
アサガオクラゲ属
生殖巣はシラスジアサガオクラゲより少し幅広く、不規則に2－4列に並んだ30－50個の球状の袋からなる。内傘表面の白い小嚢も多く、主軸部では周縁だけでなくより内側にも分布する。（北海道小樽市忍路湾　7月　18℃　-0.5m　体長2cm）（平野弥生）

▶ムシクラゲ
（静岡県黄金崎　5月　23℃　-10m　体長2cm）

▲ムシクラゲ
Stenoscyphus inabai（Kishinouye, 1893）
アサガオクラゲ科 Lucernariidae　ムシクラゲ属
さまざまな海藻や海草上に付着する。体は細長く、萼部と柄部の区別は不明瞭。生殖巣は8個でそれぞれ1列に並んだ球状の袋からなり、2個ずつが間軸部で対をなす。体色は個体差が激しい。
（宮城県志津川　9月　21℃　-5m　体長2.5cm）

▲ムシクラゲ
（静岡県黄金崎　5月　23℃　-10m　体長2cm）

▶ジュウモンジクラゲ
Kishinouyea nagatensis
(Oka, 1897)
ジュウモンジクラゲ科
Kishinouyeidae
ジュウモンジクラゲ属
体は扁平で萼部が十字形に大きく開き、柄部は非常に短い。開いた萼部の中央には比較的小さな十字形の口が開く。生殖巣は1列に並んだ卵形の袋からなり、口柄基部から間軸の腕に沿って2個ずつが対をなして発達する。（宮城県志津川　9月　21℃　-5m　体幅2.5cm）

▲ムシクラゲ
（静岡県黄金崎　5月　23℃　-10m　体長2cm）

◀ササキクラゲ
Sasakiella cruciformis Okubo, 1917
ジュウモンジクラゲ科 Kishinouyeidae　ササキクラゲ属
柄は非常に短く、萼部は十字形で大きく開く。十字に伸びた間軸の腕はジュウモンジクラゲより短く、相対的に幅広い。ホンダワラ類などの海藻に付着して生活し、葉上の小型巻貝を食べる。
（北海道室蘭市デンシン浜　8月　17℃　-0.5m　体幅1cm）（平野弥生）

Topics
水槽からの新発見

岩の上に付着しているもの。腕の数は8本（柳研介）

斜め横から見る（柳研介）

ウニの死殻に付着しているもの。腕の数は11本で突起が顕著（平野）

内傘側から見る（柳研介）

　2012年春、千葉県立中央博物館分館・海の博物館のイソギンチャク飼育水槽の中で、非常に珍しい十文字クラゲ類の1種が見つかった。いかにもクラゲらしい半透明で大きく開いた傘は直径1－2cm、その周囲には8－12個ほどの葉状部がある。それらの葉状部の縁には棘のような突起が並んでいるが、多くの十文字クラゲ類がもつ先端の膨らんだ触手はない。柄部は短く、不定形の末端で岩や小石などに付着している。このような特徴から、水槽内で見つかったこのクラゲはLipkea属の種であることがわかった。

　Lipkea属には、地中海から2種と南アフリカから1種の計3種が記載されているが、いずれも、原記載以後、ほとんど見つかっていない。また、近年、オーストラリアやニュージーランドでも、この属のクラゲが写真に収められているが、これらの太平洋産のクラゲと3種の記載種との関係も不明である。Lipkea属のクラゲたちは、先に述べたような特異な形態をもっているため、独立の科、Lipkeidaeに分類されており、十文字クラゲ綱の進化を解明する上で重要であると考えられるが、稀産であるため、この類の系統分類学的研究はほとんど進んでいない。

　ところで、Lipkea属のクラゲが変わっているのは、その形態だけではない。地中海産の2種は水深80－90mのやや深い海から、刺胞動物のヤギや環形動物のカンザシゴカイの棲管に付着した状態で採集されている。南アフリカ産の種は潮だまりの転石の裏で見つかった標本に基づいて記載されたものである。また、オーストラリアでは水深20m近い海底の岩盤上に付着していた数個のクラゲが撮影されているし、ニュージーランドでは海中洞窟で見つかっている。多くの十文字クラゲ類とは異なり、Lipkea属のクラゲはどうも海藻の森の住人ではなさそうである。

　海の博物館の水槽内に置かれた岩や、底に敷かれた小石などは、クラゲが発見される3年以上前に海の博物館前の磯で採集されたもので、飼育されていたイソギンチャクも含め、この水槽内には千葉県内で採集された生物しか入れられたことがないとのこと。どうやら、このクラゲが千葉県産であることは間違いなさそうであるが、野外ではどのようなところに生息していて、どのようにして水槽内に入り込んだかはまったくの謎である。おそらく、目立たない状態のものが岩か小石、あるいは他生物の体表などに付着していて、いっしょに水槽内に持ち込まれたものと思われる。

　興味深いことに、Lipkea属のクラゲが他生物の飼育水槽内で発見されるのはこれが初めてではない。1998年にモナコの水族館でも、地中海産生物の展示水槽内でこの属のクラゲが見つかり、その詳しい形態が報告されている。また、ごく最近、鳥羽水族館の水槽内でもLipkeaが見つかり話題になった。そういえば、砂粒の間から見つかった謎のポリプが、飼育によって十文字クラゲ類のものであることが明らかにされた例もある。十文字クラゲ類が何かに紛れて水槽内に入り込み、偶然に発見される可能性は案外、高いのかもしれない。（平野）

Topics
海藻の森にすむクラゲ

　海岸近くに広がる藻場や海草群落は、さまざまな魚をはじめ海産生物の宝庫である。そのような場所で魚を捕っていて、思いがけず網に入ったクラゲに驚いたことのある人もいるだろう。また、海水浴中に藻場に入り込み、クラゲに刺されてしまったという人もいるかもしれない。本来、海水中を漂っているはずのクラゲだが、じつはそのような場所をすみかとするクラゲも少なからずいる。比較的よく知られているのは、ヒドロクラゲ類のエダアシクラゲ、ミサキコモチクラゲ、カギノテクラゲなどであろう。これらのクラゲの傘縁触手には粘着力があり、海藻などに付着することができる。とはいえ、彼らはその気になればいつでも泳げる。海藻を揺すったりすれば離れて泳ぎ出てくるので、人の目に留まることも比較的多い。

　しかし、エダアシクラゲの仲間には傘が著しく扁平になり、遊泳能力を失ってしまったクラゲがいる。ハイクラゲとその仲間である。なかには少しだけ傘高があり、わずかに遊泳できるものが知られるが、ほとんどは完全なカナヅチで、これらは泳ぐのではなく、這って移動する。ハイクラゲ類は大きなものでも傘径が3mmほどと非常に小さいため、あまり人の目に触れることがない。しかしながら、彼らはけっして珍しい生き物ではなさそうである。たとえば、500ccの容器1杯ほどのボタンアオサから500個体ほどのチゴハイクラゲが採れたことがある。

　このようにハイクラゲ類が高密度に出現するには理由がある。ハイクラゲ類は無性生殖を行う。無性生殖といえば、ポリプ世代の繁殖様式であるが、ハイクラゲ類はクラゲ世代にも当たり前に無性生殖をする。多くは出芽か二分裂によるものだが、なかにはあらかじめ2個以上の口をつくっておいて、それぞれが口1個ずつを含むように一気に複数のクラゲになる方法、シゾゴニーを行う種もいる。このような無性生殖の能力をもっているため、環境さえよければ、ハイクラゲ類はどんどん数を増やせるのである。

　さて、海藻の森にすむクラゲといえば、忘れてはならないのが十文字クラゲ類である。ちょうど一般のクラゲの傘の頂に柄がついている格好の十文字クラゲ類は、多くがその柄で海藻や海草などに付着して生活する。付着している海藻や海草に似た色をしているものが多く、やはり人目につきにくい。このような形状や色から、クラゲというよりはイソギンチャクの仲間だと思われるかもしれない。

　しかし、十文字クラゲ類の体は、例外的なものをのぞき、4の倍数を基本につくられている。一般のクラゲの傘に相当する萼部の縁には8群の触手、放射状に発達する8列の生殖巣、胃腔の中には4群の胃糸という具合である。6の倍数を基本とするイソギンチャク類とははっきりと区別できる。また、柄をもった形から、クラゲではなくポリプなのではと思われるかもしれない。たしかに十文字クラゲ類の変態は独特で、いつポリプからクラゲに変態したといえるのかわかりにくい。ポリプが付着したままクラゲに変わるので、柄の部分にはポリプの名残を留めている。とはいえ、萼部には胃糸や生殖巣などのクラゲ特有の器官が備わっているので、見かけはともかく、やっぱりクラゲなのである。

　十文字クラゲ類の柄の付着力はとても強く、海藻から剥がすのに苦労することが多い。この付着力を見ると、およそ移動などしそうにないと感じられるが、彼らも何らかの方法で移動していることがうかがえる状況証拠がある。たとえば、小型個体はしばしば分岐の複雑な紅藻についているのだが、大型のものはアラメやホンダワラ類などの大型褐藻やスガモなどの海草についていることが多い。また、海草の上ではいつも若い健康な葉部についているが、そうするためには海草が伸びるにしたがって下方へ移動して行く必要がある。野外で実際に移動する場面にはなかなか遭遇できないが、海藻などから剥がして容器に入れておくと、柄と萼部の縁の触手群を使ってシャクトリムシ様の動きをしたりする。

　ハイクラゲ類も十文字クラゲ類も、その生態にはまだまだ不明な部分が多い。とくに野外からのポリプの発見はほとんどない。とはいえ、砂中間隙性のポリプが先に見つかり、のちにそれが十文字クラゲ類のポリプであることが明らかにされた例もある。海藻の森にすむクラゲたちも、その全生涯を海藻の森で過ごすのではないかもしれない。また、南極では、アサガオクラゲ類の1種が転石の裏から多数見つかるという。さらに近年、深海の熱水噴出口付近に高密度に生息する十文字クラゲ類の1種が新種として記載された。浮遊生活から底生生活へ、そして、さまざまな環境へと生息場所を拡げてきたクラゲたち。そういえば、クシクラゲ類にもクラゲムシ類のように底生生活に移行し、さまざまな基質を利用しているものがいる。変わり者のクラゲたちを見ると、つねに新天地を求めて進化を続けてきた生物の柔軟さとしたたかさが思われる。（平野）

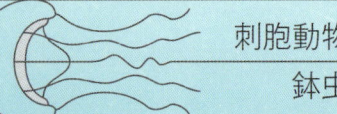

刺胞動物門　Cnidaria
鉢虫綱　Scyphozoa

旗口クラゲ目

Semaeostomeae

傘は円盤状から浅い椀形で、その周縁は縁弁に分かれ、8個または16個の感覚器を備える。触手を欠く種類もいるが、ほとんどの種は触手をもち、触手は傘縁の縁弁の間、内傘、外傘周縁などに生じる。内傘中央には口が開き、それを取り巻いて4本のカーテン状やリボン状の口腕が発達する。放射管は単純な嚢状のものから、わずかに分岐した管状のものが多いが、なかには複雑に分岐し網目状をなすものもいる。寒帯から熱帯まであらゆる海域に分布し、多くは浅海に生息するが、深海性の種も知られる。（平野）

アカクラゲ（→p30）
（静岡県大瀬崎　4月　20℃　-5m　傘径18cm）

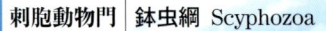

刺胞動物門｜鉢虫綱 Scyphozoa

キタユウレイクラゲ
Cyanea capillata（Linnaeus, 1758）
ユウレイクラゲ科 Cyaneidae　ユウレイクラゲ属
寒流系の種で、三陸以北に出現する。傘径50cm
ほどまで。傘縁には16個の切れ込みがあるが、
そのうち8個の切れ込みが深い。傘は大部分が白
色半透明だが、内傘の筋肉や口腕などが赤褐色や
黄褐色を帯びる。
（北海道羅臼　8月　16℃　-10m　傘径40cm）

キタユウレイクラゲの内傘部分
（北海道羅臼　8月　16℃　-10m　傘径40cm）

外傘側から見たユウレイクラゲ
傘径50cmほどまで。傘縁には16個の切れ込みがあるが、そのうち8個の切れ込みが深い。
(静岡県大瀬崎　1月　15℃　-2m　傘径20cm)

ユウレイクラゲ
Cyanea nozakii Kishinouye, 1891
ユウレイクラゲ科 Cyaneidae　ユウレイクラゲ属
国内ではおもに南日本に分布する。全体的に乳白色で、放射管は末端で複雑に分枝し、枝管はところどころで連絡して網目状になる。
(静岡県大瀬崎　1月　15℃　-1m　傘径30cm)

刺胞動物門｜鉢虫綱 Scyphozoa

▲ヤナギクラゲの幼クラゲ
（福島県小名浜　4月　12℃　-1m　傘径5cm）

▲サムクラゲ
Phacellophora camtschatica Brandt, 1835
サムクラゲ科 Phacellophoridae　サムクラゲ属
寒流の影響を受けるオホーツク海やカリフォルニア沿岸などに多いほか、相模湾や駿河湾でもまれに見られる。傘径60cmほどまで。内傘中央には幾重にも折りたたまれたカーテン状の4本の口腕をもち、キタユウレイクラゲやユウレイクラゲに似るが、傘の縁があまり深く切れ込まないこと、触手が傘縁に沿って並ぶことなどで区別できる。（静岡県安良里　5月　20℃　-12m　傘径30cm）

▶オワンクラゲを捕えたヤナギクラゲ
（北海道羅臼　8月　16℃　-10m　傘径18cm）

ヤナギクラゲ
Chrysaora helvola Brandt 1838
オキクラゲ科 Pelagiidae　ヤナギクラゲ属
春から夏に北海道から東北地方の太平洋岸に現れる。傘は浅い椀形。傘縁は32個の縁弁に分かれ、主軸と間軸にそれぞれ1個の感覚器がある。触手は褐色で、計24本。4本の長いリボン状の口腕が伸びる。（北海道羅臼　8月　16℃　-10m　傘径18cm）

ニチリンヤナギクラゲ
Chrysaora melanaster Brandt, 1835
オキクラゲ科 Pelagiidae　ヤナギクラゲ属
外傘には16本の赤褐色の放射条紋があるが、それらは傘の頂上部のやや下で環状に連絡し、頂上部に円形の白色部を残す。一見アカクラゲに似るが、アカクラゲと異なり寒流域に生息する。
（北海道羅臼　8月　16℃　-5m　傘径10cm）（関 勝則）

刺胞動物門 | 鉢虫綱 Scyphozoa

アカクラゲ
Chrysaora pacifica（Goette, 1886）
オキクラゲ科 Pelagiidae　ヤナギクラゲ属
日本各地で見られる。南日本では春から初夏にとくに多い。傘は浅いお椀形で、傘径20cmほどまで。触手は40-56本あり、長くてときに5m以上伸張していることがある。外傘には16本の赤褐色の放射条紋があるが、形状や色の濃さには個体差があり、各条紋の中央部の色が薄く32本の細い条紋をもつように見える個体もいる。カイアシ類などの小型甲殻類のほか、ミズクラゲなどのクラゲを食べる。（石川県能登島　6月　17℃　-6m　傘径13cm）

◀赤潮の中を群がって泳ぐアカクラゲ

触手の間に幼魚をともなうアカクラゲ
アカクラゲにはアジ類やハナビラウオ類の幼魚がつくことが多い。
(静岡県大瀬崎　5月　20℃　-3m　傘径18cm)

▲**アカクラゲの大量発生**
春から初夏には大量のアカクラゲが湾内に群れることがある。
(静岡県大瀬崎　6月　23℃　-2m)

◀**赤潮の中を群がって泳ぐアカクラゲ**
(静岡県大瀬崎　6月　23℃　-5m)

31

刺胞動物門｜鉢虫綱 Scyphozoa

オキクラゲ
Pelagia noctiluca（Forskål, 1775）
オキクラゲ科 Pelagiidae　オキクラゲ属
日本各地に出現するが、とくに黒潮流域に多い。傘径7cmほどまでのものが普通。外傘表面は、多数の顕著な刺胞瘤に覆われる。色彩変異に富み、傘の色は紫紅色がかったものや褐色がかったものがある。口腕部や触手は傘よりも濃い紫紅色や褐色に染まる。生殖巣は濃い紫色。
（静岡県大瀬崎　3月　17℃　-5m　傘径10cm）

▲オキクラゲの幼クラゲ
（山口県青海島　10月　26℃　-2m　傘径2.5cm）

▲傘下から見たオキクラゲの幼クラゲ
（山口県青海島　10月　26℃　-2m　傘径2.5cm）

内傘側から見たアマクサクラゲ
（静岡県大瀬崎　1月　15℃　-1m　傘径15cm）

▲アマクサクラゲのエフィラ
（静岡県大瀬崎　6月　19℃　-1m　傘径0.5cm）

▲アマクサクラゲの幼クラゲ
（静岡県大瀬崎　6月　19℃　-1m　傘径1.2cm）

アマクサクラゲ
Sanderia malayensis Goette, 1886
オキクラゲ科 Pelagiidae
アマクサクラゲ属
傘径15cmほどまで。傘は低く幅広い。外傘表面は多数の刺胞瘤に覆われ、刺胞瘤や口腕、触手が黄褐色から淡紫紅色を帯びる。生殖巣は白色や黄色、淡紅色などさまざま。暖流域に多い。
（静岡県大瀬崎　1月　15℃　-1m　傘径15cm）

刺胞動物門 | 鉢虫綱 Scyphozoa

ミズクラゲ
Aurelia aurita（Linnaeus, 1758）sensu lato
ミズクラゲ科 Ulmaridae　ミズクラゲ亜科
ミズクラゲ属
傘は浅いお椀形。傘径15cmほどのものが多いが、大きなものでは30cm以上になるものもいる。ミズクラゲは長らく世界に広く分布する種*Aurelia aurtia*と同定されていたが、遺伝子解析によって、それらには数種の隠蔽種が含まれることが明らかにされている。(山口県青海島　6月　20℃　-1m　傘径17cm)

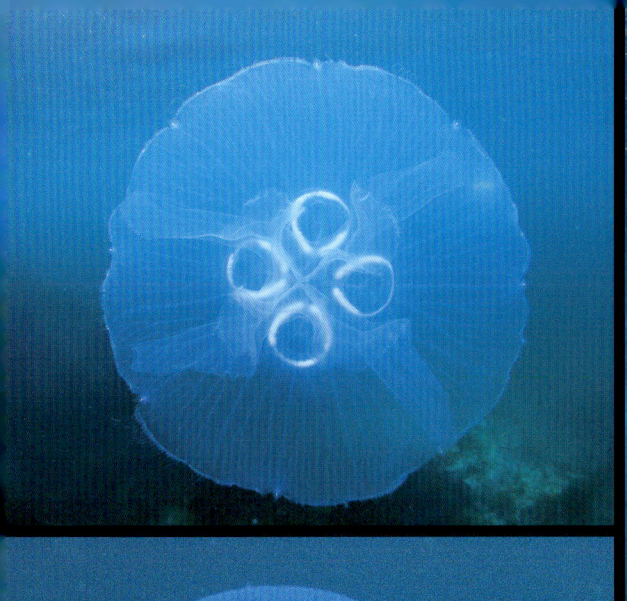

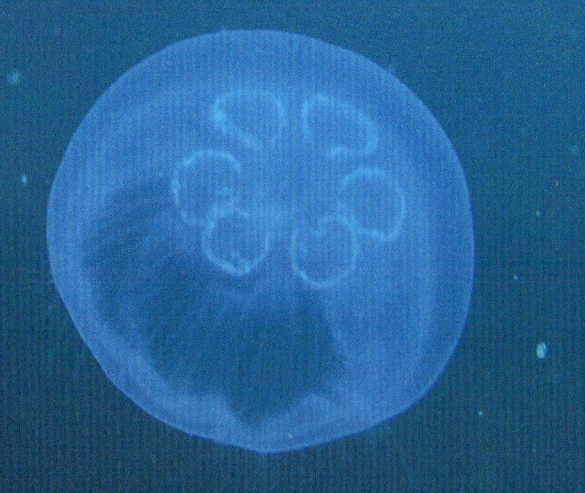

▲ミズクラゲの雄（左上）と雌（右）
雄の口腕はシンプルなリボン状。雌ではその基部に花びら状の保育嚢が発達する。その縁にある白い部分にプラヌラ幼生を蓄えている。
（山口県青海島　6月　20℃　-1m　傘径17cm）（2点とも）

◀生殖巣が6つあるミズクラゲ
典型的なミズクラゲの生殖巣は4つだが、まれに3・6・8個あるものも見られる。
（石川県能登島　6月　16℃　-5m　傘径18cm）

キタミズクラゲ
Aurelia limbata Brandt, 1835
ミズクラゲ科 Ulmaridae
ミズクラゲ亜科　ミズクラゲ属
冬から初夏に北海道東から東北の太平洋岸で見られる。傘径は30cmほどが普通だが、まれに50cmほどまでになる。傘縁は濃褐色を帯び、16個の縁弁に分かれる。また放射管の分枝が複雑で網目状になる。
（宮城県志津川　5月　10℃　-1m　傘径10cm）

35

Topics
ミズクラゲの生活史

多くのクラゲは、発達段階によって姿や生活パターンを変える生物である。大きく分けると、固着生活を行うポリプ世代と、水中を漂うクラゲ世代とがある。ポリプ世代には無性生殖によって増殖し、クラゲ世代に雌雄の別を生じて有性生殖を行う。なかでもミズクラゲは飼育が比較的容易なこともあって、古くから生活史の研究が進められてきた。

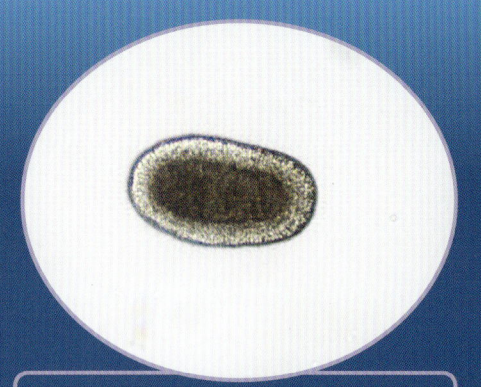

プラヌラ
約0.2mm。雌の保育嚢で十分に成長したプラヌラは、保育嚢から海中に泳ぎだす（体表に無数の繊毛をもち、それを使って泳ぐ）。

雌のミズクラゲ
成熟すると、雌のミズクラゲの口腕基部には写真のような構造が発達する。これは保育嚢と呼ばれ、雌の体内で受精した卵は、ここでプラヌラになるまで育つ。

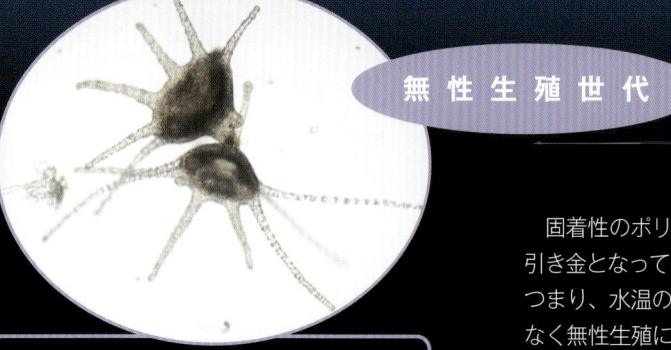

無 性 生 殖 世 代

着底から10日後のポリプ
プラヌラが着底してしばらくすると、触手が生え、ポリプに変態する。

固着性のポリプ時代をもつ鉢クラゲの多くは、水温の急激な変化が引き金となって、ストロビラへの変態がはじまることが知られている。つまり、水温の変化がない場合、餌を得られる限りは、ポリプは際限なく無性生殖によって増殖する可能性がある。そして、ストロビラへの変態を誘発する水温になった際、もとのポリプが多ければ多いほど、一度に大量のクラゲが生まれることになる。世界の海水温の微妙な変化は、クラゲ個体数の増減に大きな影響を与えている可能性がある。

岩などの基盤にくっつき成長したポリプ
体幅約0.2cm。たった1個のポリプから増殖を繰り返し、次々に増えていく（無性生殖世代）。

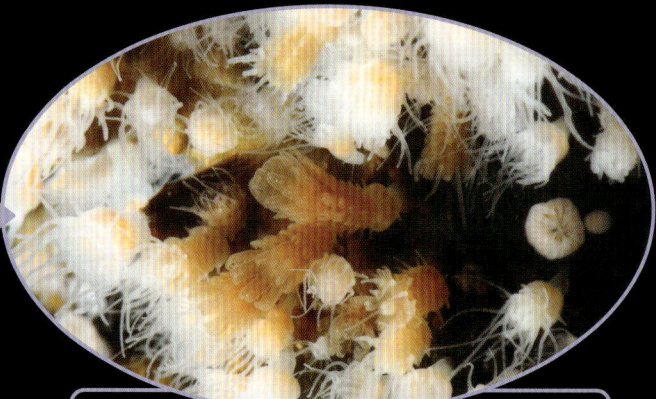

ストロビラ
ミズクラゲの場合は、海水温が15℃を下回ると、ポリプは変態して縦に伸びながら横にくびれが生じる。くびれによってできた何枚もの円盤が個々のエフィラへと変態しつつある。

ミズクラゲの成体
傘径15cmを超えるまで成長すると、成体クラゲとなり、この頃には雌雄の別がわかるようになる。

有 性 生 殖 世 代

メテフィラ
約0.8cm。エフィラがさらに成長し、傘を形成するようになるとメテフィラと呼ばれる。放射管から分岐した枝管が現れる。

幼クラゲ
約1cm。メテフィラから成長し、傘は丸みを帯びるようになり、発達した胃腔が見られる。

エフィラ
約0.5cm。ストロビラから遊離したエフィラは、8つの深い切れ込みで分けられた8対の縁弁をもっている。

成長したエフィラ
成長したエフィラには、8つの切れ込みのところにもはっきりとした放射管が見られるようになる。

Topics
モントレー湾水族館研究所の深海生物研究

　デメニギス Macropinna microstoma の生きた姿を初めて深海で観察し、頭部が透明で中にある眼を回転させる生態は、海洋生物研究者だけではなく多くの人を魅了した。これを発表したのがモントレー湾水族館研究所（MBARI）である。MBARIは、無人探査ロボット（ROV）など深海研究用機器を自ら開発しながら深海生物を研究している。おもなROVはDoc RickettsとVentanaで、これまでにも中・深層に生息するクラゲ類、頭足類、魚類などの生態を、精細な映像観察で明らかにしている。たとえば、コウモリダコ Vampyroteuthis infernalis は低い酸素濃度を好み低酸素に適応していることや、最近では一生のうち20回以上産卵することなどを見いだしている。海底にいる底生生物研究では、世界で初めて死んだクジラの骨にだけ生息するホネクイハナムシ類 Osedax を発見したのも彼らである。これは環形動物の1種で、植物の根のような根状器官をクジラの骨に張りめぐらし、骨から溶け出る物質を根状器官で吸収し、共生バクテリアに栄養に変えてもらっているきわめてユニークな動物である。

　また、地球温暖化問題に対応するため、二酸化炭素を深海に貯留する計画も検討されているが、実験的に深海に二酸化炭素を注入し深海生態系にどのような影響があるのかも研究している。

　世界一線級の海洋研究機関は、深海研究用に自律型無人潜水機（AUV）を開発し投入しはじめている。MBARIも例外ではない。これまでMBARIが開発してきたROVは、いずれも実用的にすぐれたもので、世界のROVのお手本となることが多い。当然、AUVも相当機能的なものを開発しており、AUVによる海底の詳細なマッピングとROV Doc Rickettsの潜航を組み合わせ、太平洋では最深（約3800m）・最高温度（約350℃）の熱水噴出孔をカリフォルニア湾で見つけている。

　MBARIは総勢200名くらいの研究機関で、これ以上大きくなることを避けている。調査海域もモントレー湾を中心にカリフォルニア湾あたりまでを守備範囲にしている。モデル海域を決め、そこで起きている現象から海洋の現象を理解すること、研究者とエンジニアの綿密な連携、博士後研究員（ポスドク）を育て世界の研究機関に輩出しながらMBARIネットワークを構築することなどを考慮しての戦略なのであろう。

　MBARIは、米国カリフォルニア州のモントレー湾に面したモスランディングにある。私も2005－06年にかけて1年間訪問研究員として過ごした。オフィスからはラッコ、カリフォルニアアシカ、ときにはシャチが見えるという自然豊かな場所にある。夕焼けは私の筆力ではとうてい表現できない美しさである。近くに行く機会があれば付近の散策をお勧めする。（藤倉克則）

①ホネクイハナムシの1種。これは日本周辺のクジラ死骸から採集したもの（藤倉）
②無人探査ロボットDoc Ricketts。水深4000mまで潜航できる（土田真二）
③無人探査ロボットVentana。おもにモントレー湾内の日帰り潜航に使用する（藤倉）
④MBARIの正面玄関
⑤モントレー湾に面したMBARI（藤倉）
⑥MBARIからのぞむ夕焼け（藤倉）

アマガサクラゲ
Parumbrosa polylobata Kishinouye, 1910
ミズクラゲ科 Ulmaridae　アマガサクラゲ亜科
アマガサクラゲ属
傘は浅いお椀形で傘径20cmほど。浅い水深に現れるのはまれで、水深100m以深に普通。外傘は微細な刺胞瘤に覆われ、傘縁には64個の槍の穂状の縁弁がある。深海ではサルパや管クラゲを捕食するのが観察されている。
(静岡県大瀬崎　1月　15℃　-1m　傘径13cm)

リンゴクラゲ
Poralia rufescens Vanhöffen, 1902
ミズクラゲ科 Ulmaridae　リンゴクラゲ亜科
リンゴクラゲ属
傘径25cmほどまで。日本近海では550 − 1400mの深度に多い。外傘は皿型よりやや深く、寒天質が薄くて非常にもろい。一様に真紅色を帯び、遊泳で傘を閉じるときに全体が丸くなる。
(三陸沖　5月　3.4℃　-704m　傘径15cm)
(JAMSTEC / D. Lindsay)

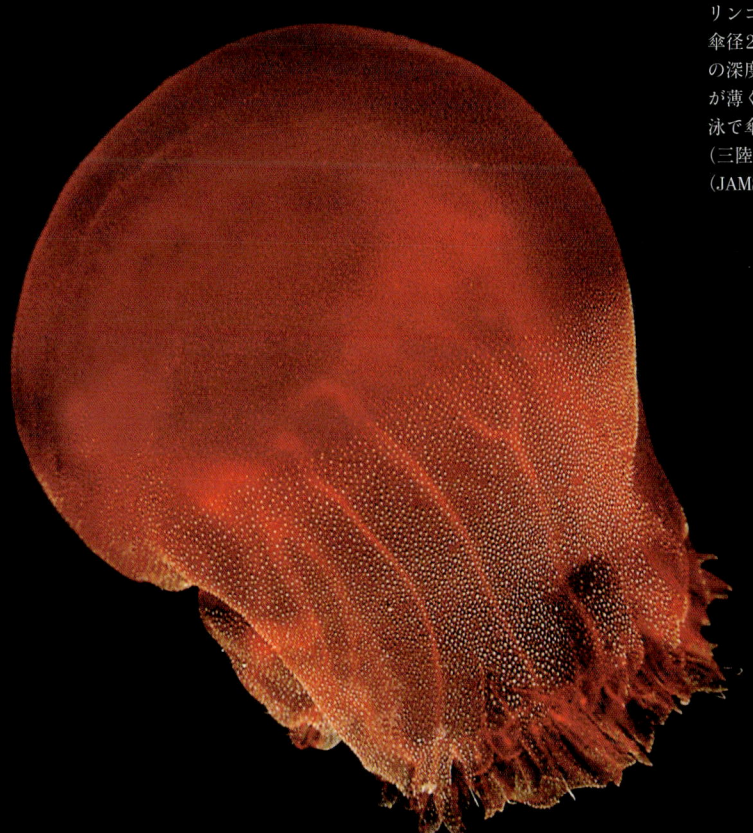

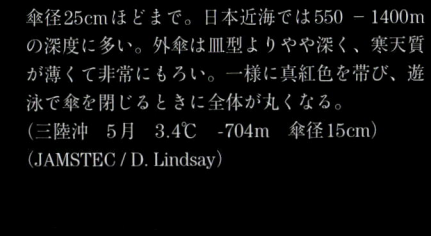

刺胞動物門 | 鉢虫綱 Scyphozoa

リンゴクラゲ
（三陸沖　4月　2.8℃　-1381m　傘径15cm）（JAMSTEC）

40

◀ダイオウクラゲ
Stygiomedusa gigantea（Browne, 1910）
ミズクラゲ科 Ulmaridae
ダイオウクラゲ亜科　ダイオウクラゲ属
深海性の大型クラゲで傘径150cm、口腕の長さ10mを超える。外傘は頂端が丸みを帯びた円錐形ないし麦わら帽子形で、色は赤みを帯びた褐色。触手はない。世界に広く分布し、日本近海では明神海丘で確認されている。
（明神海丘　6月　5.9℃　-783m　傘径30cm）（JAMSTEC）

▼採集されたダイオウクラゲ
人との比較でその大きさがわかる。
（JAMSTEC）

▲ユビアシクラゲ
Tiburonia granrojo Matsumoto, Raskoff & Lindsay, 2003
ミズクラゲ科 Ulmaridae　ユビアシクラゲ亜科　ユビアシクラゲ属
北太平洋に広く分布する中・深層性のクラゲ。傘径75cmほどまで。傘は球形で赤褐色。口腕は太く、4－7本あり、傘縁より露出するが傘高よりは長く伸びない。触手はない。
（三陸沖　4月　2.8℃　-1042m　傘径25cm）（JAMSTEC）

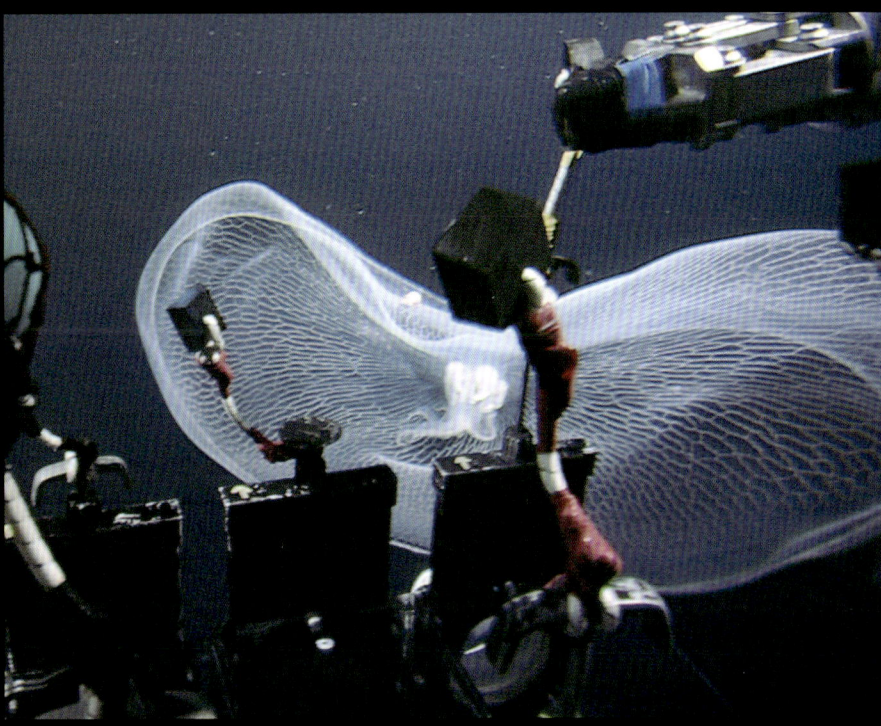

◀▲ディープスタリアクラゲ
Deepstaria enigmatica Russell, 1967
ミズクラゲ科 Ulmaridae　ディープスタリアクラゲ亜科
ディープスタリアクラゲ属
傘径50cmほどまで。日本近海では相模湾の929mと日本海溝北部の669mより知られる。傘は袋状で、ゼラチン質が薄い半透明。胃の周辺や縁辺で部分的に茶色を帯びる。口腕は5本で全体的に細く、傘縁より露出しない。触手はない。
（上：三陸沖　4月　2.9℃　-662m　傘径50cm）（JAMSTEC）
（左：相模湾　6月　3.1℃　-920m　傘径50cm）（JAMSTEC）

41

Topics
深海研究

　深海は波もなく、海藻もなく、ぶつかりそうなものといえば小動物プランクトンぐらいといっても過言ではない。餌が少なく、壊れる確率も少ない深海に、体の95%以上が水でできているゼラチン質のクラゲが卓越することは決して不思議ではあるまい。

　しかし、われわれ人間が深海の浮遊生物を調査するとき、通常はプランクトンネットをひいて試料を集める。そうすると、わりと体の硬いエビや小魚、海の米ともいわれるカイアシ類などが採集されるが、多くのクラゲは網目によってトコロテン状となって、海水に戻ってしまう。とくにクシクラゲ類は体の99%以上が水分という種類が多く、研究がかなり遅れているといわざるを得ない。群体をなすクダクラゲ類は、個虫が採れていても、複数の種類の個虫がごちゃごちゃに採集容器に入っている状態なので、どの個虫がどの種類のものかは判断に苦しむ場合も少なくない。実際、原記載論文に複数のクラゲのパーツが1種類のクラゲとして記載されている場合もある。

　そこで、スチールのフレームにカメラと投光器を取り付けて、深海の現場を撮影する試みからはじまり、近年では有人潜水調査船や無人探査機を駆使し、深海の浮遊生物を研究調査するようになってきた。その多くのビークルは深海底を調査するために開発された。有人潜水調査船では、バラスト用の錘を少しずつ捨てることで中性浮力を整えようとしても、潜航速度が少しだけ遅くなる程度。目的潜航深度を潜航前に決め、潜水船に付ける大型の鉄板バラストの数を変える仕組みになっていて、その大型バラストを捨てないと中性浮力を整えることができない。つまり、「目的潜航深度が海底にある」というエンジニアの先入観で、1つの調査潜航で複数の深度における浮遊生物の分布や群集構造を調査することが非常に困難になっている。無人探査機の場合には、電力供給や通信に用いられている太いケーブルで母船に繋がっているため、母船が動くとそのケーブルに引っ張られ、無人探査機がついていこうとする。パイロットがいろいろ頑張って調査に協力しようとするが、ビークルの制限によって、追跡できるクラゲが5割にも満たないことがある。

　その問題を解決しようと、2004年ごろに今まで世界になかった深海性浮遊生物調査専門のロボットの構想が日本で認められ、深海生物追跡調査ロボットシステムPICASSO（ピカソ）が生まれた。自分で電力源をバッテリーとしてもつことで、ケーブルを1mm程度の通信用のみにできたこと、そして潜航始めの海面からなるべく遅く潜航するバラストシステムの工夫により、深海性浮遊生物の詳細な調査ができるようになった。映像をベースにした調査なので、ライティングを工夫したり、マクロや広角の異なるレンズを備えたカメラを搭載したり、ピカソは進化するビークルである。小型なビークルなので、大きくて重い生物採集器を載せることができず、カメラに写った生物を目合いの小さいVMPSなどのプランクトンネットで採集することもある。2015年現在では、スーパーウルトラ8Kハイビジョンビデオカメラやステレオの高解像度ビデオカメラを載せての海域試験が予定されている。ご期待ください。（D. Lindsay）

①深海へ潜航していく深海生物追跡調査ロボットシステムPICASSO（ピカソ）。小型の無人探査機で、おもにプランクトンの撮影をするために開発された。

②ピカソが撮影する映像はリアルタイムで船内のモニタールームに映される。映像だけでなく、傾斜やスピードなどの情報をモニタリングすることも可能。

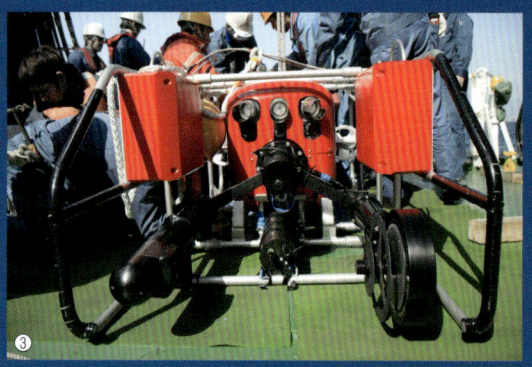

③深海現場調査用実体顕微鏡（VPR: Visual Plankton Recorder）が装着されたピカソ。前部の黒いアーム部分がVPR。

④ピカソを目的の海域まで運ぶ母船の「なつしま」

⑤母船とピカソは直径1mmほどの光ファイバー1本で繋がっている。的確な信号を送るため、光ファイバーの接続は重要な作業。
⑥VPRのストロボ部分
⑦VPRのカメラ
⑧鉛直多層式開閉ネット（VMPS: Vertical multinet plankton sampler）は多層式になっているため、任意の深度ごとに生物採集が可能。
⑨VMPSには8個の採集容器がついている。
⑩水深300mから引き揚げたVMPS
⑪VMPSによって集めた生物サンプルを、採集した深度ごとに、容器に移す。

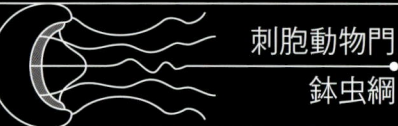

| 刺胞動物門 | Cnidaria |
| 鉢虫綱 | Scyphozoa |

冠クラゲ目

Coronatae

傘は円盤状や円錐状で、外傘中央は大なり小なり盛り上がって中央盤を形成し、その外側には環状溝がある。傘の周縁は大きく明瞭な縁弁に分かれ、各縁弁の間に感覚器や触手を生じる。内傘中央に口が開き、その周囲に短く単純な形状の口唇を備える。

深海に生息する種を比較的多く含み、深海性の種には紫紅色や黒褐色などの体色をもつものが多い。鉢虫綱のなかでは例外的に、この類のポリプはキチン質の外鞘に包まれ、なかには大型の群体をつくるものもいる。(平野)

◀エフィラクラゲ属の1種-1
Nausithoe sp. 1
エフィラクラゲ科 Nausithoidae　エフィラクラゲ属
傘は透明で椀形。外傘表面に小さな刺胞瘤が散在する。生殖巣は薄い蛍光色を帯び、小さく細長いが未成熟の可能性もある。8本の触手と8個の生殖巣、16個の縁弁があり、その間に8個の感覚器があるエフィラクラゲ属の特徴が見られる。水中では触手を上方に伸ばした姿勢でいることが多い。
(静岡県大瀬崎　1月　15℃　-1m　傘径0.7cm)

▲**エフィラクラゲ属の1種-2**
Nausithoe sp. 2
エフィラクラゲ科 Nausithoidae　エフィラクラゲ属
生殖巣が朱色に染まる美しいクラゲで、沖縄本島周辺では5～8月に出現する。沖縄ではヒメセミエビ属のフィロソーマ幼生が浮遊する際に、本種の傘の上に乗って移動している姿をよく目にする。
（沖縄県沖縄本島　6月　27℃　-3m　傘径2cm）

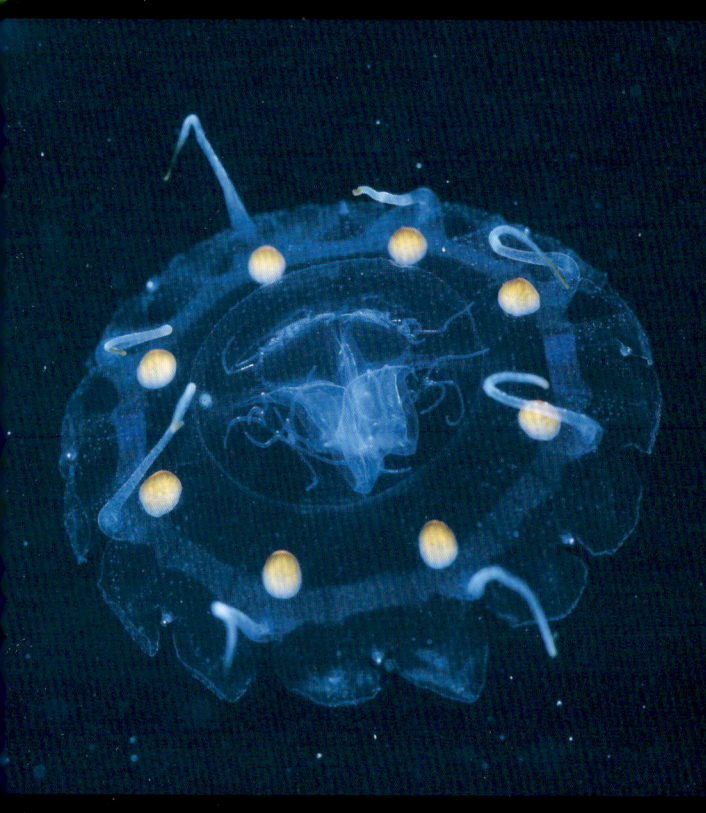

刺胞動物門 | 鉢虫綱 Scyphozoa

◀▲エフィラクラゲ
Nausithoe cf. *punctata* Kölliker, 1853
エフィラクラゲ科 Nausithoidae　エフィラクラゲ属
夏季の黒潮本流域で数多く見られる。エフィラクラゲと同じ形態的特徴をもつクラゲは複数種おり、現在はクラゲだけでは正確な同定ができないため、ポリプの形態を観察して*N. punctata*かどうかを確認する必要がある。
（和歌山県串本沖　7月　28℃　-10m　傘径1.5cm）

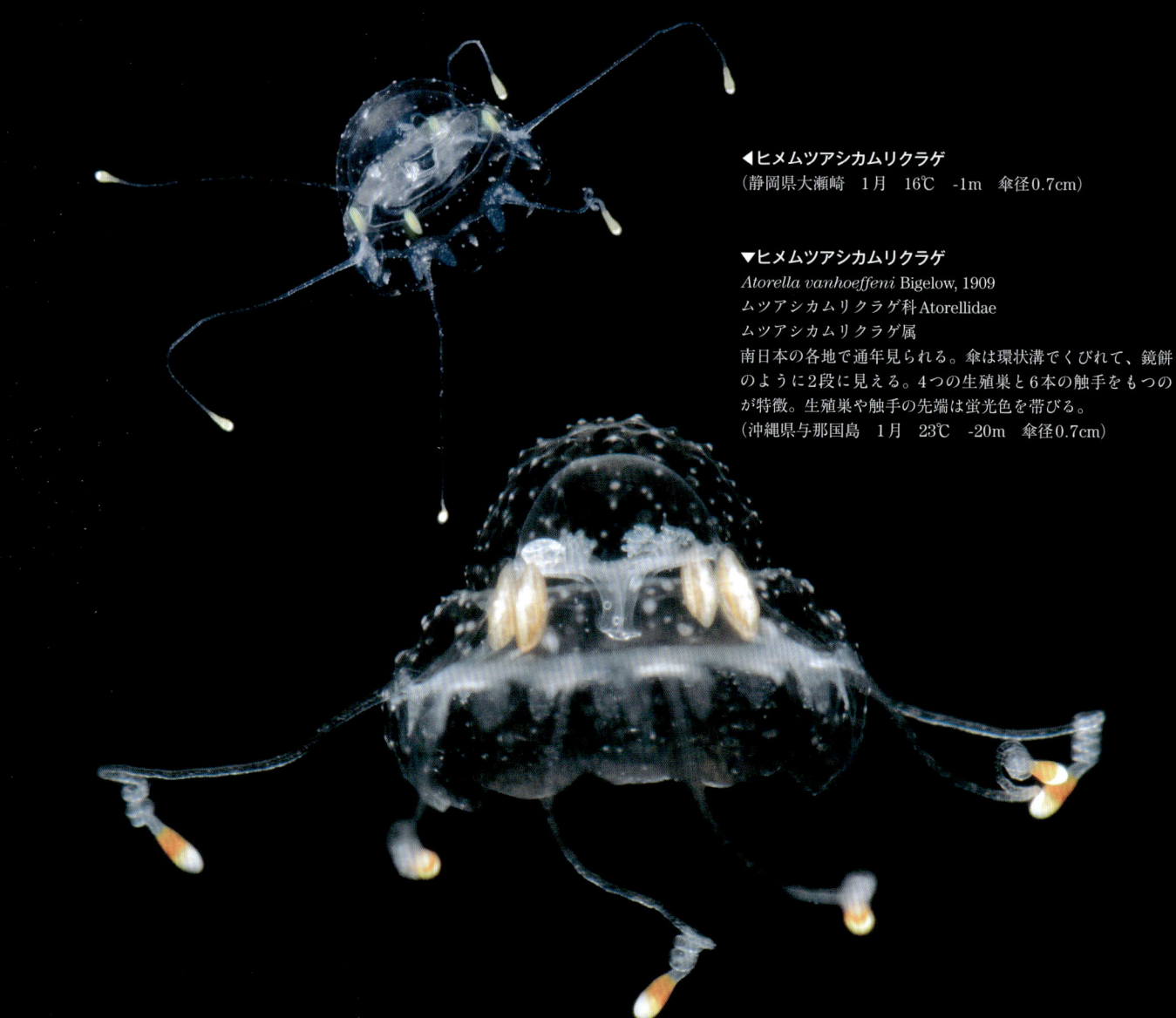

◀ヒメムツアシカムリクラゲ
（静岡県大瀬崎　1月　16℃　-1m　傘径0.7cm）

▼ヒメムツアシカムリクラゲ
Atorella vanhoeffeni Bigelow, 1909
ムツアシカムリクラゲ科 Atorellidae
ムツアシカムリクラゲ属
南日本の各地で通年見られる。傘は環状溝でくびれて、鏡餅のように2段に見える。4つの生殖巣と6本の触手をもつのが特徴。生殖巣や触手の先端は蛍光色を帯びる。
（沖縄県与那国島　1月　23℃　-20m　傘径0.7cm）

▲ベニマンジュウクラゲ
縁弁を重ね合わせて塞ぐような機構が見られる。

▲ベニマンジュウクラゲ
Periphyllopsis braueri Vanhöffen, 1902
クロカムリクラゲ科 Periphyllidae　ベニマンジュウクラゲ属
日本近海では750-2300mの中・深層に生息する。傘径15cmほどまで。傘頂が丸みを帯びた円錐形で、24の縁弁と5本4群からなる20本の触手をもつ。
(2点とも：駿河湾妻良沖　3月　3.6℃　-901m　傘径25cm) (JAMSTEC)

◀バツカムリクラゲ
Atolla vanhoeffeni Russell, 1957
ヒラタカムリクラゲ科 Atollidae　ヒラタカムリクラゲ属
500-1000mの中・深層に生息する。傘径3cmほどまで。傘は透明な皿形で、内傘面に2個ずつ並んだ計8個の色素斑がある。外傘の縁部に触手と平衡器が交互に位置し、それぞれ約20本ある。
(相模湾　10月　4.6℃　-696m　傘径3cm)
(JAMSTEC / James C. Hunt)

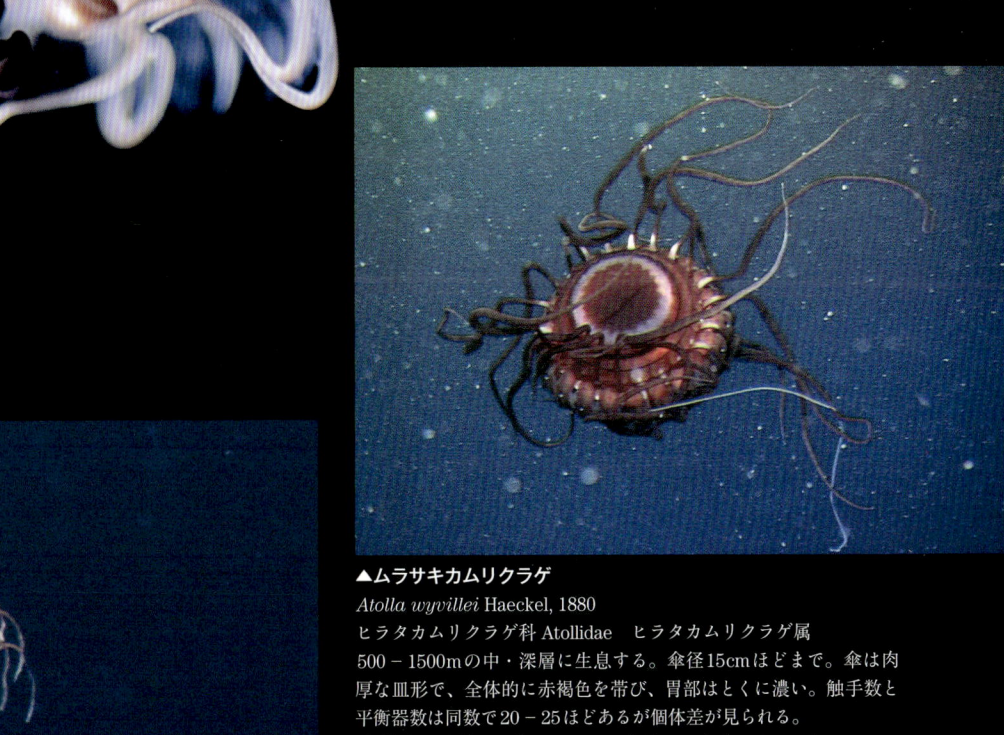

▲ムラサキカムリクラゲ
Atolla wyvillei Haeckel, 1880
ヒラタカムリクラゲ科 Atollidae　ヒラタカムリクラゲ属
500-1500mの中・深層に生息する。傘径15cmほどまで。傘は肉厚な皿形で、全体的に赤褐色を帯び、胃部はとくに濃い。触手数と平衡器数は同数で20-25ほどあるが個体差が見られる。
(相模湾　10月　3.4℃　-985m　傘径12cm) (JAMSTEC)

◀クロカムリクラゲ
Periphylla periphylla (Péron & Lesueur, 1810)
クロカムリクラゲ科 Periphyllidae　クロカムリクラゲ属
日本近海では300mより深層に生息するが、高緯度海域では表層でも見られる。傘径20cmほどまで。傘は円錐形で傘頂がわずかに丸みを帯びる。16の縁弁と3本4群からなる12本の触手をもつ。
(相模湾　7月　5.2℃　-633m　傘径4cm) (JAMSTEC)

47

刺胞動物門 | 鉢虫綱 Scyphozoa

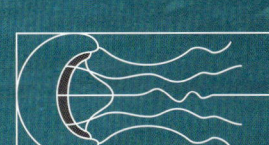

刺胞動物門 鉢虫綱	Cnidaria Scyphozoa

根口クラゲ目

Rhizostomeae

傘は円盤状や半球状で、傘縁は多数の縁弁に分かれ、感覚器を備えるが、傘縁触手はない。大型で傘のゼラチン質が強固な種が多い。ほとんどの種では成長にともない8本の口腕が基部で完全に癒合するため、内傘中央には口が開かない。種によっては口腕の基部に肩板をもつ。口腕は複雑に発達し、口腕や肩板表面に多数の吸口と呼ばれる小孔が開き、それらを通して餌を取り込む。放射管は非常に複雑な網目状をなす。旗口クラゲ目から派生したと考えられており、熱帯〜亜熱帯の浅海を中心に分布する。（平野）

ビゼンクラゲ
Rhopilema esculentum Kishinouye, 1891
ビゼンクラゲ科 Rhizostomatidae　ビゼンクラゲ属
ゼラチン質の厚い傘は傘径30cmぐらいのものが多いが、大きなものでは50cmに達する。九州から北海道南部までの日本各地から知られる。餌としては珪藻、繊毛虫、小型甲殻類などが報告されている。
（静岡県大瀬崎　8月　20℃　-1m　傘径20cm）

刺胞動物門 | 鉢虫綱 Scyphozoa

ビゼンクラゲ
(静岡県大瀬崎 8月 20℃ -7m 傘径20cm)

ビゼンクラゲ
(静岡県大瀬崎 8月 25℃ -1m 傘径20cm)

▶ビゼンクラゲ属の1種
Rhopilema sp.
ビゼンクラゲ科 Rhizostomatidae　ビゼンクラゲ属
国内では有明海に生息しているのが知られる。現地では流通名で「アカクラゲ」と呼ばれ、食用として利用されている。ビゼンクラゲと同種とされているが、傘のゼラチン質がビゼンクラゲより硬く、厚みはビゼンクラゲより薄いなどの違いからビゼンクラゲとは別種である可能性が高いと判断した。
（繁殖個体　傘径15cm）（撮影協力：海遊館）

▼ビゼンクラゲ属の1種
同一個体の若い時の姿だが、この段階では付属器はそれほど伸張していない。
（繁殖個体　傘径10cm）（撮影協力：海遊館）

◀ビゼンクラゲ属の1種
飼育すると、傘の色は本来、白いことがわかる。
（繁殖個体　傘径60cm）（撮影協力：海遊館）

刺胞動物門｜鉢虫綱 Scyphozoa

ヒゼンクラゲ
Rhopilema hispidum（Vanhöffen, 1888）　ビゼンクラゲ科 Rhizostomatidae　ビゼンクラゲ属
傘径が70cmほどになる。傘は比較的薄く表面は硬くざらざらとしており、褐色の斑点が傘縁付近を中心に散在する。有明海のクラゲ漁師の間では「シロクラゲ」と呼ばれ食用にもなるが、同所で色で区別されているビゼンクラゲの1種「流通名：アカクラゲ」に比べると食感が悪く、商品価値は低い。（タイ　タオ島　10月　31℃　-8m　傘径30cm）

▲エチゼンクラゲ
Nemopilema nomurai Kishinouye, 1922　ビゼンクラゲ科 Rhizostomatidae　エチゼンクラゲ属
大きなものでは傘径が200cmほどになる。口腕周辺には珪藻類、繊毛虫類、小型カイアシ類、貝類の幼生などが確認され、雑食性のプランクトン食性と考えられている。また、魚類やクラゲモエビが隠れ家として利用したり、体の一部を餌にしたり、クラゲが集めた微小プランクトンを捕食したりしているようだ。大量発生による漁業被害のほか、刺胞による被害も報告されている。(福井県越前海岸　9月　26℃　-2m　傘径100cm)

エチゼンクラゲ
(福井県越前海岸　9月　26℃　-2m　傘径100cm)

Topics
エチゼンクラゲ大発生

「クラゲが大発生！」このようなニュースを最近よく耳にするようになった。日本近海では春から夏にかけて現れるミズクラゲや、夏から秋にかけて黄海周辺からやってきたエチゼンクラゲがときに大発生することがある。クラゲが大発生すると、人間にはどのような影響があるのだろうか？ 1つは沿岸で定置網漁などを営んでいる漁業者や沖合で漁をする底引き網や巻き網漁などへの漁業被害が挙げられる。エチゼンクラゲは最大で傘径2m、1個体の重さが150kgにも及ぶものがおり、そのようなクラゲが大量に網に入ると、水揚げの際には重さで破網することがある。また、一緒に入った魚はクラゲの強い刺胞に刺されているため、見た目も悪く鮮度も落ちて商品にならない場合があり、漁業者にとっては大きな被害となるのだ。もう一つは日本の沿岸に多くある電力発電所への被害だ。発電所ではタービンなどの冷却に海水を利用しており、冷却用の海水をくみ上げるための取水口を海に設けている。取水口には海水中の異物が入り込まないようにネットが張られているが、ミズクラゲのように小さくて厚みのあるクラゲが大量に押し寄せたりすると、網を塞いでしまうことがあり、一時的に取水が十分に行えなくなることがあるのだ。

エチゼンクラゲの場合、日本沿岸で確認されるのは例年7月上旬ごろの対馬海峡沖にはじまる。その後は対馬海流に乗って日本海を北上し、7月下旬には島根県沖や若狭湾に到達。9月上旬には福井・石川県沖から東北の日本海沿岸部にかけて現れ、9月中旬には青森県の津軽海峡にまで達し、この出現は10月中旬ごろまで各地で続く。津軽海峡から太平洋側に抜けて南下した例や、2005年や2009年には、関門海峡から四国沖または瀬戸内海を抜けて紀伊水道に達し、そのまま太平洋側を黒潮に乗って北上して東海沖から関東沖に向かった例もある。

日本沿岸でエチゼンクラゲの大量発生が観測されたのは1920年がはじまりとされており、以降1924年、1958年、平成に入り1995年、2002年、2003年、2005年、2006年、2009年と続

▲定置網の中のエチゼンクラゲ（福井県越前海岸　9月）

▲死んで海底に沈んだエチゼンクラゲ（福井県越前海岸　9月）

▲エチゼンクラゲの駆除作業（京都府伊根　9月）

いている。このように、大正・昭和時代に比べると1995年以降は頻繁に大量発生していることがわかる。原因は黄海や東シナ海沿岸域における経済活動にともなう海の富栄養化などが取り沙汰されているが、クラゲのポリプが何らかの要因で増え続けているのか、ポリプが一度に大量のクラゲを発生することが可能になったのか、クラゲのポリプを食べるウミウシなどの生き物が極端に減少したせいなのか、決定的な原因の特定までにはいたっていない。もしかすると、環境の急激な変化によってポリプが何らかの危機感を感じ、自らクラゲを大量発生させて子孫を残さなければいけないと感じているのかもしれない。

　人間にとってクラゲの大量発生は厄介なものと考えられているが、自然界に生きる魚たちにとってもはたして同じだろうか？　エチゼンクラゲの巨大な体は多くの海洋生物に恵みをもたらしており、生態系の一部としてなくてはならない存在だ。遊泳しているエチゼンクラゲの触手の間を見ると、たくさんのアジ類の幼魚が触手の間に身を隠して泳いでいる。アジ類の幼魚はブリなどの捕食者から身を守り、ここですくすくと育っているのだ。また、イシダイの幼魚やカワハギ、ウマヅラハギたちはエチゼンクラゲが大好物で、沿岸にたどり着くエチゼンクラゲを見事なまでに食べつくしてしまう。死んで海底に沈んだエチゼンクラゲでさえもさまざまな生き物の役に立っており、日本海の宝でもあるズワイガニはエチゼンクラゲを好んで食べることが報告されている。このようにエチゼンクラゲがいるからこそ育つ魚たちもおり、日本海では2010～12年にかけてズワイガニが大漁であったし、同じ時期にはブリの豊漁も報告されている。出世魚と呼ばれるブリが成魚の80cm以上に育つまでには約5年以上かかることから、このブリは2005年以降に生まれて育ってきたものであることが想像できるのだ。クラゲの大量発生については、生態系のバランスや水産資源に与える影響を考え、これから先も注視していかなければならない。大発生はクラゲが教えてくれている何らかのメッセージかもしれないのだ。（峯水）

▲大発生したエチゼンクラゲ　（福井県越前海岸　9月）

刺胞動物門 | 鉢虫綱 Scyphozoa

エチゼンクラゲ
（福井県越前海岸　10月　25℃　-28m　傘径200cm）

Topics
クラゲを食べる生き物

海の中にはクラゲを餌としている生き物たちが多い。フグの仲間のキタマクラや、ホンベラなどがクシクラゲ類を集団でついばむ姿がよく目撃される。また、日本海ではウマヅラハギが体長2mにもなるエチゼンクラゲを集団で襲い、数十分後には形が残らないほど食い尽くすのが見られる。外洋を遊泳するマンボウもクラゲが大好物だ。初夏の東北地方に現れるマンボウは、地元では突きんぼ漁などによって捕獲されているが、解体されたマンボウの胃袋からは大量のキタミズクラゲが出てくる。

海外でも、カリフォルニアのモントレー湾では、沿岸に漂着するクラゲで口腕が完全に揃った個体を見ることが少ない。なぜなら彼らが流れ着く前に、ロックフィッシュというカサゴの仲間によって集団で襲われるからだ。とくにやわらかい口腕の部分はロックフィッシュの好物なので、見事にその部分だけかじられてしまう。

エチゼンクラゲを食べるウマヅラハギ（福井県越前町）

クラゲを好んで食べるマンボウ（静岡県大瀬崎）

サムクラゲを食べるロックフィッシュ
（カリフォルニア　モントレー湾）

Topics
クラゲを食べる生き物

　クラゲを食べる生き物は魚だけとは限らない。たとえば海底近くを漂っていたクラゲはイソギンチャクによって捕まり、大きな口で丸呑みにされてしまう。運よくイソギンチャクに捕まらなかったクラゲも、海底に沈むとさまざまな捕食者の餌となる。とくに夜行性のウミケムシに見つかると、集団で襲われて食べられてしまう。

　クラゲのなかにもクラゲを食べるものがいる。ヒドロ虫類のエボシクラゲ科のクラゲは、同じヒドロクラゲの仲間を主食としているものが多い。また、クシクラゲ類のアミガサクラゲは、大きな口を開けて同じ仲間のカブトクラゲなどを丸呑みにする。

　大洋を移動するウミガメ類も、クラゲを好んで食べている。近年、死んだウミガメが海岸などに漂着する例が報告されているが、そのようなウミガメを解剖すると、胃の中から消化されない大量のビニール袋が発見される例が少なくない。これはウミガメが海の中に漂うビニール袋をクラゲと間違えて食べたことによる悲惨な結果として知られている。

　また、浮遊生活をするアオミノウミウシや貝類のアサガオガイ、ルリガイ、ハブタエルリガイ、ヒメルリガイなどは、猛毒をもつカツオノエボシやギンカクラゲのポリプに取り付いて、餌として食べている。

　体のほとんどが水分からなるクラゲは、一般的にはあまり栄養がないとされているが、もしかすると、彼らだけが知っている、重要な栄養素が含まれているのかもしれない。（峯水）

夜間アカクラゲを食べるウミケムシの1種（静岡県大瀬崎）

ヤナギクラゲを捕えたヒダベリイソギンチャク（北海道羅臼）

ウミガメの1種、タイマイ（インドネシア）

クラゲを丸呑みにするムラサキハナギンチャク（静岡県大瀬崎）

ヒゼンクラゲに群がるジャワラビットフィッシュ（タイ　タオ島）

刺胞動物門 | 鉢虫綱 Scyphozoa

ムラサキクラゲ
Thysanostoma thysanura Haeckel, 1880
ムラサキクラゲ科 Thysanostomatidae　ムラサキクラゲ属
傘は褐色あるいは淡紅紫色。黒潮の影響を受ける海域、琉球諸島から相模湾に至る太平洋沿岸や瀬戸内海でときどき見られる。
（沖縄県宮古島　8月　28℃　-1m　傘径12cm）（倉沢栄一）

ムラサキクラゲ属の1種
Thysanostoma cf. *loriferum* Ehrenberg, 1837
ムラサキクラゲ科 Thysanostomatidae　ムラサキクラゲ属
ムラサキクラゲによく似るが、外傘表面は滑らかで、口腕下端には大きな球状塊がある。傘や口腕は黄褐色から紫色を帯び、傘縁の縁弁に紫色の斑紋をもつことなどが特徴。
（沖縄県石垣島　6月　27℃　-5m　傘径18cm）（大塚幸彦）

タコクラゲ
Mastigias papua(Lesson, 1830)
タコクラゲ科 Mastigiidae　タコクラゲ属
夏季に南日本各地の太平洋岸で、波穏やかな場所に見られる。傘径は普通15cmほどまで。微小なプランクトンを捕えて食べるが、体内に褐虫藻を共生させており、その光合成によっても栄養を得る。
（鹿児島県長水路　9月　29℃　-1m　傘径15cm）

タコクラゲ
原記載はパプアニューギニアから報告された。
（パプアニューギニア　トゥフィー　2月　29℃　-1m　傘径15cm）

刺胞動物門　鉢虫綱 Scyphozoa

根口クラゲ目の1種-1
Rhizostomeae sp. 1
ベルスリーガ・アナディオメネ *Versuriga anadyomene*
(Maas, 1903) によく似ており、タイ国周辺で見るものと同じだと思われるが、正確な同定のためには標本に基づいて精査する必要があるため、ここでは断定を避けておく。
(沖縄県西表島　8月　28℃　-1m　傘径20cm)(矢野維幾)

Topics
クラゲと褐虫藻

▲褐虫藻を体内にもっている健全なタコクラゲ。

▲褐虫藻が抜けて白化したタコクラゲ。褐虫藻から栄養がほとんど得られないためか、何となく弱々しい。

　色とりどりの魚が、陽の光を浴びて優雅に楽しそうに泳ぐ南の海の楽園、サンゴ礁。そのサンゴ礁の生成と維持に重要な役割を担っているのが褐虫藻である。深海からの栄養塩の供給を受けにくい熱帯の海は貧栄養だ。そこでは少ない栄養量に光合成が制限されるため、植物プランクトンの増殖が抑えられ、それらを食べる動物プランクトンも少ない。おびただしい数のサンゴのポリプを養い、礁の成長を促すには不十分な餌の量である。そこで、褐虫藻がサンゴのポリプ体内にすみ、光合成に必要な栄養分をサンゴからもらって光合成を行い、生産した有機物の一部をサンゴにお返しする。おかげで、サンゴは餌の動物プランクトンが少ない海でも増殖し、礁を広げることができるのだ。資源の乏しい環境で助け合って生きる、うるわしい共生の姿である。同じような理由からか、熱帯域を中心に分布するクラゲ類のなかにも褐虫藻と密接な共生関係を築いているものがいる。タコクラゲやサカサクラゲなどの鉢クラゲ類である。また、カツオノカンムリやギンカクラゲなど、ヒドロクラゲ類にも褐虫藻をもっているものがいる。
　褐虫藻のすみつく場所は宿主によって異なるが、タコクラゲやサカサクラゲでは主として傘や口腕の中膠の細胞内である。そして、褐虫藻が光合成によってつくり出した有機物の一部が、実際に宿主であるクラゲに渡され利用されることが確かめられている。一方、クラゲの呼吸によって排出される二酸化炭素は、褐虫藻にとって重要な光合成の材料となる。ここで呼吸というのは体

根口クラゲ目の1種-2
Rhizostomeae sp. 2
日本でカラージェリーと呼ばれるクラゲによく似ている。カラージェリーには *Catostylus mosaicus*（Quoy & Gaimard, 1824）の学名があてられているが、カラージェリーは、産地によっては外傘表面の状態が *C. mosaicus* の原記載と異なっており、分類学的検討が必要であると思われる。
（沖縄県波照間島　7月　27℃　-5m　傘径15cm）（矢野維幾）

外から酸素を取り込んで体外に二酸化炭素を吐き出す呼吸のことではなく、生物の細胞の1つ1つが生きるために必要なエネルギーを得るために行う細胞呼吸のことである。細胞内小器官のミトコンドリアが酸素を使って有機物を分解し、エネルギーを取り出す過程で二酸化炭素が発生する。その二酸化炭素を、クラゲの体内にすむ褐虫藻は直接、光合成に利用できる。褐虫藻の生存には、窒素やリンなどの栄養素も必要だが、これらもクラゲの代謝産物から得ることができる。褐虫藻をもつクラゲ類では、窒素代謝産物のアンモニアの排出がないか、ときには体外からのアンモニアの取り込みが認められることがあるという。クラゲの排出するアンモニアの窒素が褐虫藻に利用されている証拠である。このように、宿主のクラゲと褐虫藻の間には互いに不要なものをうまくリサイクルできる素晴らしい関係が築かれている。

　体内に褐虫藻をもてば、自ら餌を捕らなくても褐虫藻がつくる有機物をお裾分けしてもらって生きていける……なんと楽な生き方だろうと思われるかもしれない。しかし、何事もうまい話ばかりではない。厄介なことの1つが光合成で発生する酸素の処理である。もちろん、その一部はクラゲの呼吸に使えるのだから、これまたクラゲにとってありがたいことでもある。しかし、酸素はミトコンドリアで行われる細胞呼吸には必須である一方、そのほかにはほとんど使い途がない。それどころか、過剰な酸素は体に毒である。また、褐虫藻に光合成をしてもらうためには、太陽光線のもとに体をさらさなければならない。それは同時に、有害な紫外線にさらされることでもある。紫外線は褐虫藻にとっても有害である。サカサクラゲの近縁種では、酸素から発生する有害物質を分解する酵素の活性が、光合成色素のクロロフィル含量に比例しているという。また、このクラゲの中膠にはしばしば青色の色素が含まれるが、この色素は褐虫藻の光合成に有効な波長の光にはあまり影響を与えることなく、有害な太陽光線を減衰する働きがあると考えられている。この色素には、サカサクラゲ類の学名に因んだ「カシオ・ブルー」という洒落た名前がついている。体内に褐虫藻を宿すクラゲたちが、長い進化の時間をかけて、褐虫藻とうまく付き合う術を獲得してきたことがうかがわれる。

　褐虫藻をすまわせているからこそ、こうした工夫も必要になるわけだ。そう考えると、クラゲと褐虫藻の関係も、互いにとって本当に利益のあるものかどうか、少しわかりにくくなる。どんな関係でも、それが見た目よりずっと複雑なのは人間社会でも自然界でも同様のようである。（平野）

▲サカサクラゲの傘縁のクローズアップ。茶色い点はすべて褐虫藻

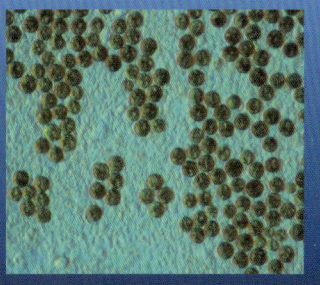

▲顕微鏡で見たサカサクラゲの褐虫藻（200倍）（平野弥生）

幼いタコクラゲの褐虫藻の移り変わり
左：タコクラゲの幼体。まだ褐虫藻が少ないので体全体が白い。
中：褐虫藻がだんだん増えてくる。傘の茶色い部分は褐虫藻が多い場所。
右：さらに褐虫藻が増えて、傘だけでなく口腕も茶色くなっている。

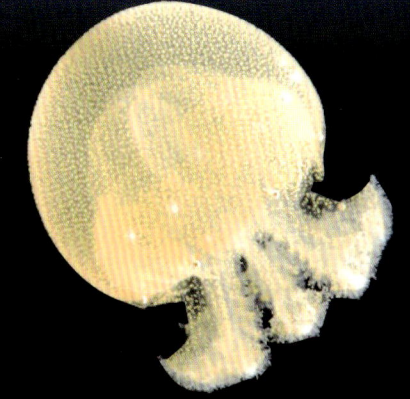

Topics
クラゲの楽園 ジェリーフィッシュレイク

▲マラトゥア湖のエントリー

パラオの塩水湖

　新生代のころの地球には、大きな地殻変動がたびたび起きていた。大陸氷床の融解によって海面が急上昇し、陸上に取り残された海水によって多くの塩水湖ができたと考えられている。インドネシアやフィリピン、パラオ共和国にはそんないくつかの塩水湖が知られている。パラオ共和国には、中新世のころに形成された約80の塩水湖があり、なかには干満の差で海水が岩盤を通して浸み入るだけの、生物が直接行き来できない閉鎖的な湖が存在する。このような湖に生息する生物は、その中で独自の進化を遂げて現在にいたっており、その代表的な生き物の1つがクラゲたちだ。

　パラオの塩水湖のうち、ジェリーフィッシュレイク（Ongeim'l Tketau）だけは、唯一、観光客に開放されており、入島料を払うことで湖での遊泳が許可されている。この湖の代表的なクラゲはタコクラゲの亜種であるゴールデン・マスティギアス *Mastigias* cf. *papua etpisoni*という種類だ。ゴールデン・マスティギアスは、タコクラゲと同じく体内に褐虫藻をもっており、クラゲはこの褐虫藻の光合成によるエネルギーから栄養を得ている。そのため、クラゲは日の当たる場所へ集まる習性があり、そこに泳いでいくと360度クラゲに囲まれる不思議な世界を楽しむことができる。このほか、一般には解放されていないパラオのほかの湖にも、それぞれ別の形に進化したタコクラゲの亜種たちがいる。オンゲールレイクでは *M.* cf. *papua remengesaui*、ゴビーレイクでは *M.* cf. *papua nakamurai*、クリアーレイクでは *M.* cf. *papua saliii*、ビックジェリーフィッシュレイクでは *M.* cf. *papua remeliiki*など、現在知られるだけでも5亜種のタコクラゲがパラオの塩水湖に存在している。

マラトゥア湖タコクラゲの1種

ミズクラゲの1種

インドネシアの塩水湖

　パラオのジェリーフィッシュレイクと同様の湖は、インドネシアの東カリマンタンの島々にも存在する。このあたりの塩水湖は完新世のころにできたものと考えられており、最大の湖はカカバン島にあって、島の面積およそ774haのうち約50％の390haを湖が占める。カカバン島には湖に行くための専用の桟橋が設けられており、ボートでその桟橋まで行ったあとは、熱帯雨林の木々に囲まれた小高い丘を10分ほど登り降りする。カカバン湖は現在でもわずかながら干満に合わせて水面が上下することから、海水が島の地層を通って出入りしていると考えられている。雨水が混じり、表層の塩分濃度は海水に比べるとやや低い。湖の水深はもっとも深いところで約16m、表層水温は高く、つねに30℃前後はあるようだ。
　カカバン湖には4種類のクラゲがすんでおり、もっとも多いのはタコクラゲの1種 *M*. cf. *papua remeliiki* で、次にミズクラゲの1種 *Aurelia* sp. や、そのほかにもハコクラゲ科のミツデリッポウクラゲや、岸近くにはサカサクラゲの1種 *Cassiopea* aff. *ornata* も群れている。
　カカバン島のすぐ近くにはこのあたりの中心となる島、マラトゥア島がある。環礁の上に弓のように細長く突き出たこの島にも2つほど塩水湖があり、カカバン湖と同様のクラゲたちがいる。マラトゥア島の湖はカカバン湖ほど大きくはないが、クラゲ密度はこちらのほうが高いように感じた。
　塩水湖のクラゲは一般的には刺胞が退化していて無毒だとされているが、実際にはわずかながら刺胞毒をもっている。海のクラゲに比べると刺胞毒は弱く、刺されてもほとんど感じない。ただ、肌の弱い人はウェットスーツを着ていくことをおすすめする。また、単にスノーケリングで浮いているだけなら問題はないが、湖底近くの水の澱んだ層には刺胞カプセルがそのままの状態で沈殿しているようで、深く潜るとチクチクと刺されてしまう。むやみに深く潜るのは避けたほうがよさそうだ。（峯水）

カカバン湖のサカサクラゲ

刺胞動物門 | 鉢虫綱 Scyphozoa

サカサクラゲ
Cassiopea sp.
サカサクラゲ科 Cassiopeidae　サカサクラゲ属
南西諸島の波穏やかな浅海の海底に多く見られる。
あまり泳がずに傘を逆さまにして着底していること
が多い。傘や口腕に褐虫藻が共生しており、その部
分が褐色に染まっている。
(鹿児島県長水路　9月　27℃　-1m　傘径10cm)

サカサクラゲ
口腕には多数の小さな付属器とともに、やや大型の
葉状あるいはへら状の付属器がある。鹿児島県の長
水路で見られるサカサクラゲの葉状の付属器は一部
または全体が青色に染まっていることが多い。
(鹿児島県長水路　9月　27℃　-1m　傘径10cm)

サカサクラゲ
西表島で見られるサカサクラゲは、傘縁の模様が
鹿児島県長水路のものと少し違っているようで、
口腕もかなり幅広くがっしりしているようだ。
(沖縄県西表島　5月　25℃　-5m　傘径12cm)

▲サカサクラゲ
西表島のサカサクラゲでは、大きな葉状付属器が鹿児島県長水路のものに比
べて幅広く、青褐色の斑点が散在する特徴がある。
(沖縄県西表島　5月　25℃　-5m　傘径12cm)

▲サカサクラゲ（若い個体）
(沖縄県西表島　5月　25℃　-25m　傘径7cm)

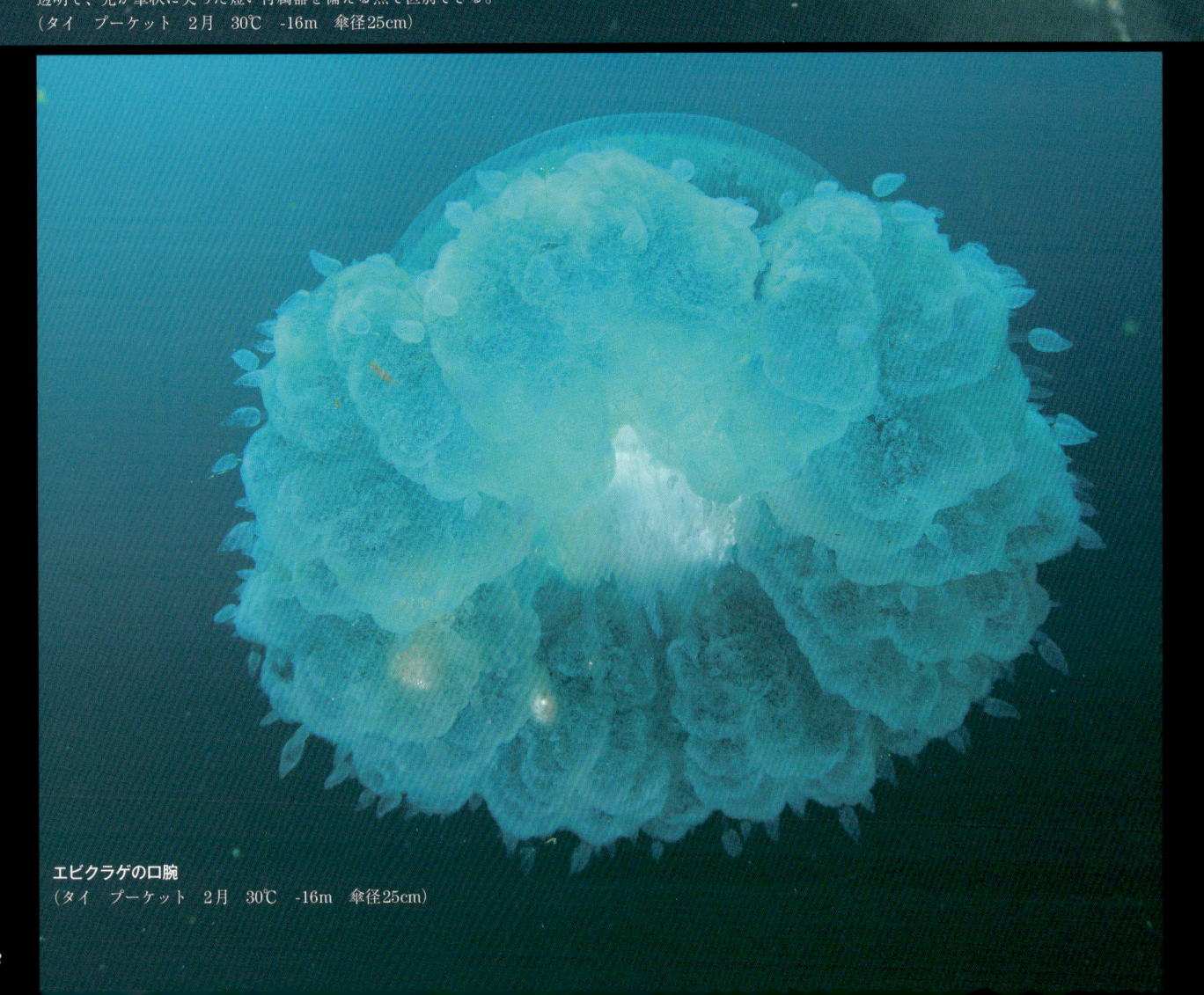

刺胞動物門 | 鉢虫綱 Scyphozoa

エビクラゲ
Netrostoma setouchianum（Kishinouye, 1902）
イボクラゲ科 Cepheidae　エビクラゲ属
国内では夏から秋に南日本に出現する。とくに瀬戸内海に多い。傘に角状の突起が多数あり、形はイボクラゲに似るが、傘や口腕は白い半透明で、先が筆状に尖った短い付属器を備える点で区別できる。
（タイ　プーケット　2月　30℃　-16m　傘径25cm）

エビクラゲの口腕
（タイ　プーケット　2月　30℃　-16m　傘径25cm）

イボクラゲ
Cephea cephea（Forskål, 1775）イボクラゲ科 Cepheidae　イボクラゲ属
晩夏から秋に南日本各地で見られる。傘は一般的に赤色から青紫色のものが多いが、まれに白っぽい個体もいる。口腕や傘縁は褐色を帯びる。細長い紐状の付属器を多数備える。
（静岡県大瀬崎　10月　26℃　-5m　傘径30cm）

白っぽいイボクラゲ
（静岡県大瀬崎　11月　25℃　-1m　傘径30cm）

69

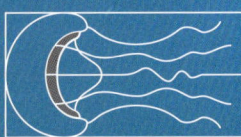

| 刺胞動物門 箱虫綱 | Cnidaria Cubozoa Carybdeida |

アンドンクラゲ目

近年、箱虫綱はアンドンクラゲ目とネッタイアンドンクラゲ目に分かれ、系統も学名もかなりの変更がなされた。アンドンクラゲ目は世界から5科33種が知られており、このうち日本にはミツデリッポウクラゲ科、イルカンジクラゲ科、フクロクジュクラゲ科、アンドンクラゲ科の4科7種が知られる。触手が3つの束になって派生するミツデリッポウクラゲをのぞき、いずれも4か所の葉状体から触手が1本ずつ伸長する。(久保田)

アンドンクラゲの群れ（→p72）
日本ではお盆すぎから秋にかけて海水浴場などで見られ、とくに水面や浅い海底付近で数十匹の群れをなして泳ぐ。
(鹿児島県いちき串木野市羽島　8月　29℃　-1m　傘高4cm)

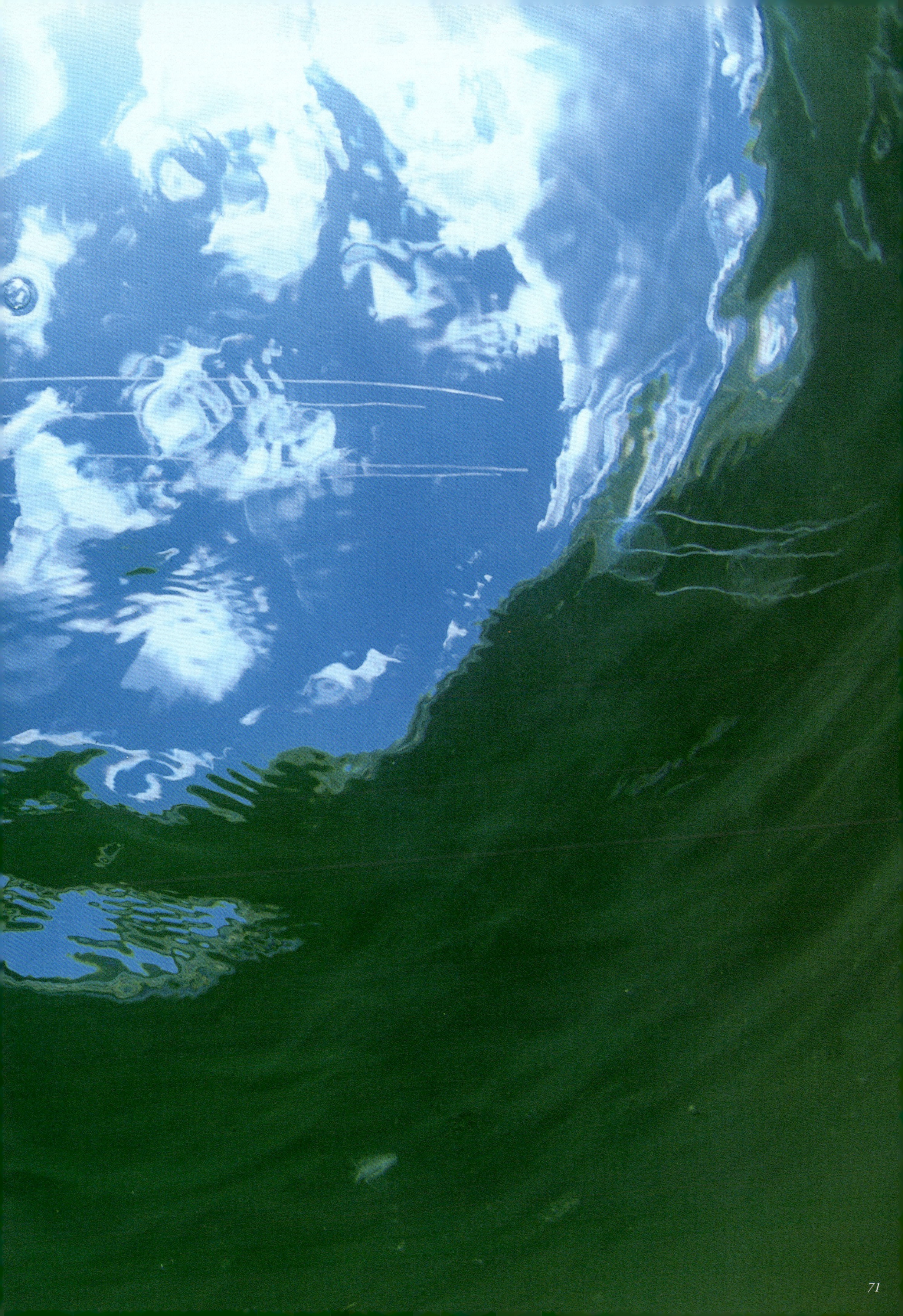

刺胞動物門｜箱虫綱 Cubozoa

フクロクジュクラゲ
Alatina moseri（Mayer, 1906）
フクロクジュクラゲ科 Alatinidae　フクロクジュクラゲ属
傘高11cmほど。翼状の葉状体からピンク色を帯びた触手が1本ずつ伸長する。夜間に集光性質がある。(沖縄県沖縄本島　6月　27℃　水面　傘高11cm)

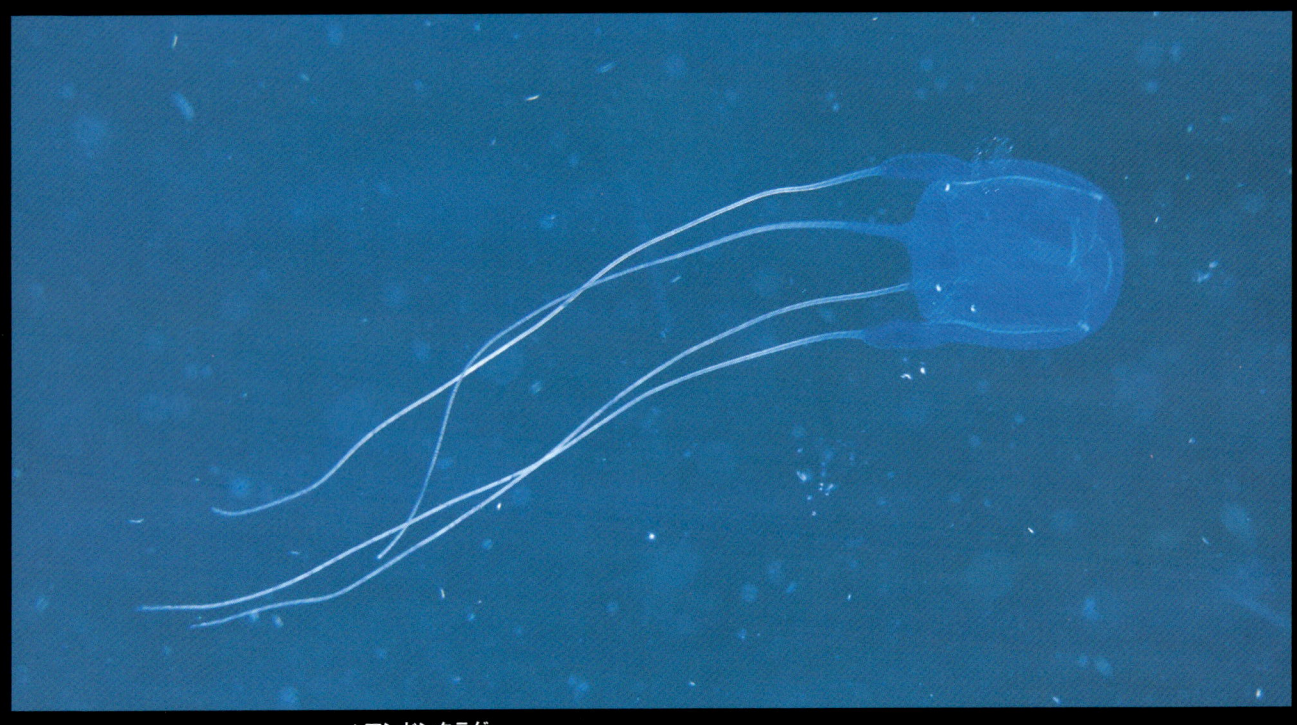

▲**アンドンクラゲ**
Carybdea brevipedalia Kishinouye, 1891
アンドンクラゲ科 Carybdeidae　アンドンクラゲ属
透明な体は水中で見えにくく、長く伸びた4本の触手が触れて刺されることが多い。刺胞毒は人体に炎症を与えるほど強い。日本各地に出現するほか、世界の熱帯から温帯域に分布。
(静岡県西伊豆町浮島　9月　27℃　水面　傘高4cm)

▶**アンドンクラゲの幼クラゲ**
(鳥取県青谷町夏泊　7月　22℃　-1m　傘高0.4cm)

◀**ミツデリッポウクラゲ**
Tripedalia cystophora Conant, 1897
ミツデリッポウクラゲ科 Tripedaliidae
ミツデリッポウクラゲ属
傘高1cmほどの小型種。傘縁触手がそれぞれ3本ずつになっているのが特徴。世界の熱帯域に分布。日本からは、夏季に三重県以南の南日本各地から少数の報告があるのみ。
(三重県南伊勢町木谷　9月　28℃　水面　傘高1cm)
(堀田拓史)

◀ **ヒメアンドンクラゲ**
Copula sivickisi（Stiasny, 1926）
ミツデリッポウクラゲ科 Tripedaliidae　ヒメアンドンクラゲ属
小型だが、傘や触手に色素があるため水中では見つけやすい。水面下1mほどのところを数匹の群れで泳いでいたり、海底に上傘を下にして着底していることがある。日本では夏季に多い。
（鹿児島県いちき串木野市羽島　8月　27℃　-1m　傘高1.5cm）

▲ **海底に着底しているヒメアンドンクラゲ**
（沖縄県本部町　7月　29℃　-1m　傘高1cm）

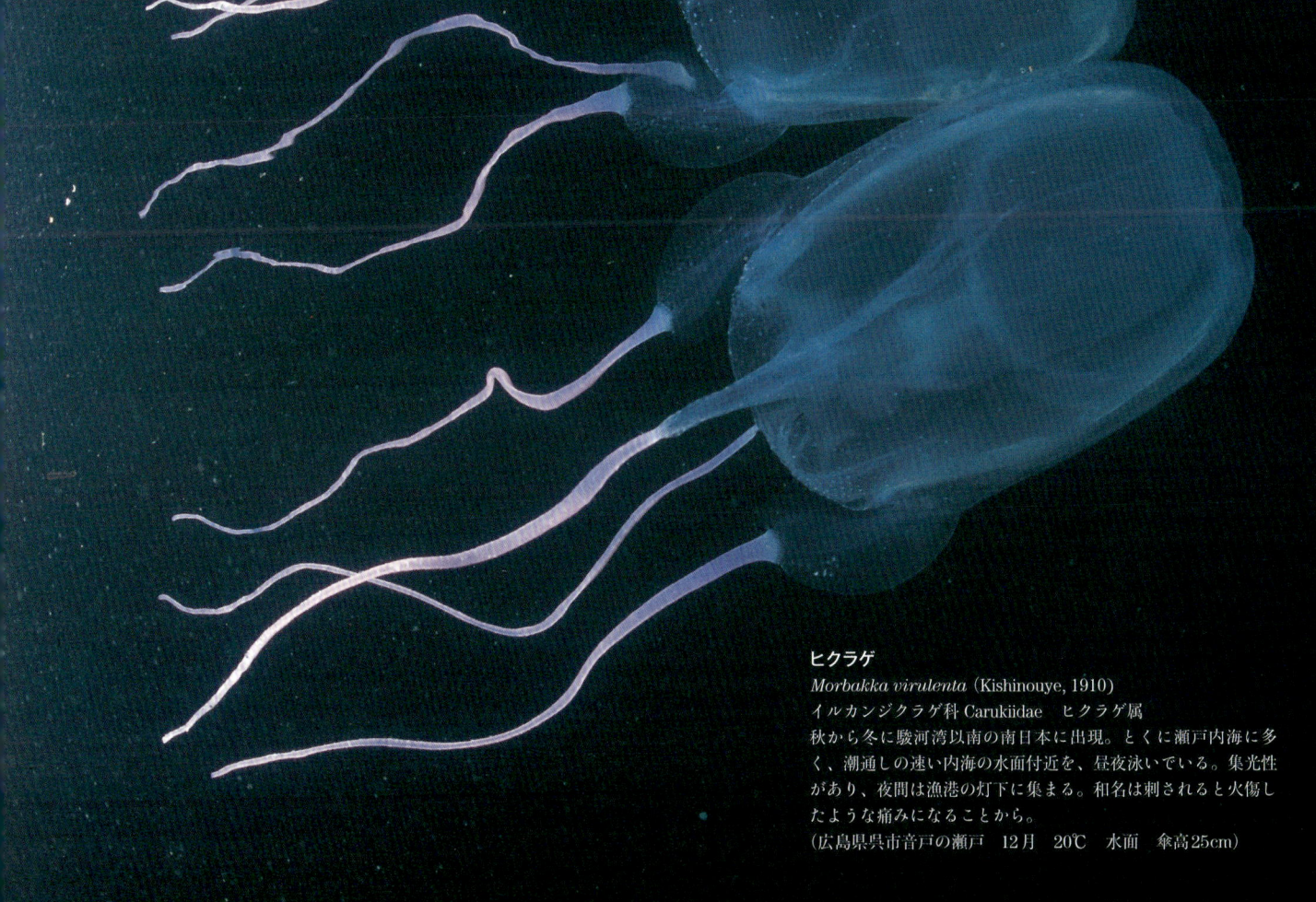

ヒクラゲ
Morbakka virulenta（Kishinouye, 1910）
イルカンジクラゲ科 Carukiidae　ヒクラゲ属
秋から冬に駿河湾以南の南日本に出現。とくに瀬戸内海に多く、潮通しの速い内海の水面付近を、昼夜泳いでいる。集光性があり、夜間は漁港の灯下に集まる。和名は刺されると火傷したような痛みになることから。
（広島県呉市音戸の瀬戸　12月　20℃　水面　傘高25cm）

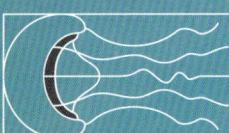

刺胞動物門 箱虫綱	Cnidaria Cubozoa
ネッタイアンドンクラゲ目	Chirodropida

ネッタイアンドンクラゲ目は世界から3科14種が知られており、このうち日本からはハブクラゲとリュウセイクラゲの2種のみが知られる。ネッタイアンドンクラゲ目のクラゲは、従来、葉状体が分岐して多数の触手をもつ特徴によって、アンドンクラゲ目と区別されていたが、葉状体は枝分かれせず、1本の触手しかもたないリュウセイクラゲの存在により、現在では感覚器がドーム状に凹む形質によって区別されている。（久保田）

ハブクラゲ
Chironex yamaguchii Lewis & Bentlage, 2009
ネッタイアンドンクラゲ科 Chirodropidae　ハブクラゲ属
やや水が淀んだような海域にとくに多く、穏やかな海水浴場や港内などで目撃される。傘は透明で、視界の悪い海域ではクラゲ本体が見えない場合もある。
（西表島　7月　27℃　-1m　傘高15cm）

ハブクラゲ
例年6～9月ごろに南西諸島の内湾に出現する大型種。刺胞毒はきわめて強く、死傷例もあるので注意が必要。小型魚類を捕食する。
（西表島　9月　29℃　-1m　傘高20cm）

Topics
クラゲの毒

クラゲがヒトを刺すしくみ

　クラゲ類のみならずイソギンチャク、サンゴなど刺胞動物に分類される生物は、数種類の形状の刺胞をもつ。この刺胞を使って餌を捕まえたり、外敵から身を守ったりしている。

　刺胞は、相手に毒を注入するための特別な器官である。ミニコラーゲン（コラーゲンの1種）や糖タンパク質などの複合体からなる硬い殻に包まれた刺胞の中には毒液が充填され、刺糸という毒針がコンパクトに収納されている。刺胞の形状は、球状や楕円球状など多様であり、長さも数μmと微小なものから約1mmまでとさまざまである。クラゲの触手の上には、びっしりと刺胞が配置されており、使用済みになると後ろから新しい刺胞が続々と出てくる。弾丸が何個も装填された自動銃のようなものである。このことから刺胞の生産に刺胞動物が多くのエネルギーを割いていることが推測される。

　とはいえ、刺胞については、その主要な構成成分である毒素をはじめ、わからないことが多い。毒針である刺糸は、射出されるときにゴム手袋が裏返しになるように刺胞の中から反転しながら伸びていく。その発射速度は生物界で屈指の高速という。しかしそれがどのような駆動力によるものかその詳細は不明である。さらに、毒を注入する相手が近づくと、なんらかの刺激を感じて毒針を射出するのであるが、それが物理的な刺激によるものなのか、化学物質による刺激なのかもはっきりとはわかっていない。

クラゲ毒の正体は？

　クラゲの主要な毒素はすべてタンパク質である。しかし、そのなかの痛みを引き起こす物質（痛み惹起毒素）に関してはほとんど何もわかっていない。何十年も前の研究で、同じ刺胞動物であるイソギンチャクから得られていたセロトニンなどのアミン系の化合物が痛み惹起毒素として同定されており、クラゲ刺傷時の痛みにも同様にアミン系の物質の関与が考えられていた。しかし、刺傷時に激しい痛みをもたらすハブクラゲの刺胞からの抽出液について我々がアミン系物質の網羅的分析を行った結果、抽出液中に目的とするアミン類はほとんど存在しなかった。ハブクラゲについてはアミン類以外の物質が痛み惹起毒素として働いているのであろう。また、ハブクラゲによる被害では、刺傷と同時に感じる激しい痛みは30分程度で治まり、患部の鈍痛をともなう炎症はそれに引き続いて数時間後にピークを迎えるので、痛み惹起毒素と炎症を引き起こす毒素は別物であると考えられる。痛み惹起毒素の解明は今後の大きな検討課題である。

毒性の強弱を決めるのは？

　ところで、すべてのクラゲがヒトを刺すといっても、被害をおよぼすほどのクラゲとなると種類は限られている。本来、クラゲにとって刺胞の毒は、餌となる小さなプランクトンを仕留める程度の強さがあれば十分である。ヒトに刺傷被害を与えるほどの強い毒素をもつクラゲは数多くのクラゲ類の中でも特別な存在といえる。

　ミズクラゲは、無毒もしくはほとんど毒をもたない種類として知られる。ところが、このミズクラゲと、猛毒で知られるハブクラゲについて、甲殻類に対する致死活性試験を行ったところ、ミズクラゲはハブクラゲのおよそ1/4もの致死毒性を有することが判明した。ではなぜ無毒種として認識されているのであろうか？我々が着目したのは両種の触手上に存在する刺胞の大きさである。ミズクラゲの刺胞はハブクラゲのそれに比べて圧倒的に小さい。ハブクラゲの刺胞から発射された毒針はヒトの表皮を貫通し、真皮にまで達して毒素を注入できるが、ミズクラゲは表皮内にしか毒素を注入できない。このため我々はミズクラゲの毒素による被害を受けないのではないか。

　ハブクラゲについても、指のはらで触手を触っても痛みを感じはしないが、誤って指の側面や手の甲に触手が触れたとたんに痛みを感じる。これは指のはらの厚い表皮を刺胞の毒針が貫通できないためと考えれば納得がいく。ただし、この説明はあくまでも推測であり、他の無毒・弱毒とされるクラゲ類についても毒性を確認する必要がある。

　いずれにせよ、激しい刺傷被害を及ぼすクラゲとそうでないクラゲがいることは確かである。立方クラゲ類は魚類など大型の生物も餌にしている。たとえば、ハブクラゲやアンドンクラゲを現場で見ていると外から透けて見える胃の部分に消化中の魚が観察されることがよくある。つまり、彼らは小さなプランクトンのみならず大型の生物も仕留めるために進化の過程で大きな刺胞、強い毒素をもったのであろう。ヒドロ虫綱のカツオノエボシも同様の理由で毒性が強いのであろう。つまり、魚類など大型の生物を捕食するクラゲは、ヒトに対しても毒性が強いといえる。もっとも、日本国内で毒性が強いとされるアカクラゲやカギノテクラゲなどについては、その毒性が強い理由ははっきりとしない。（永井）

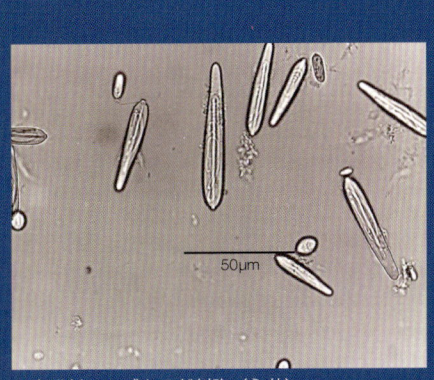

▲未発射のハブクラゲ刺胞（永井） 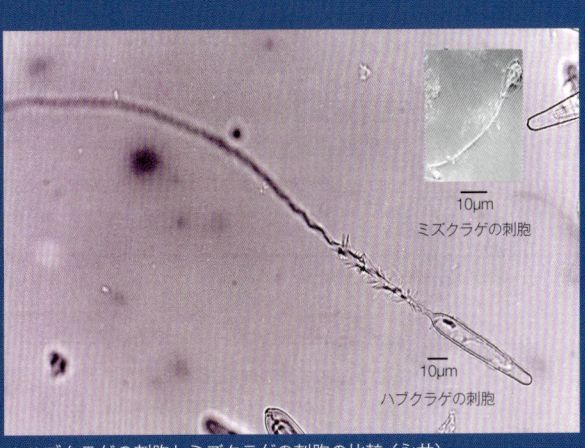　　▲ハブクラゲの刺胞とミズクラゲの刺胞の比較（永井）

Topics
クラゲ注意報

クラゲ刺傷被害のさまざまな症状

▲沖縄のビーチに立てられたハブクラゲに対する注意喚起の看板。

ハブクラゲやカツオノエボシなど強い毒性をもつクラゲに刺されると、まず刺された場所が激しく痛み、それから患部が炎症を起こして腫れあがる。さらに重い皮膚症状の場合は、患部が壊死したり、火傷のようにケロイド状の痕が長い間残ることもある。よくあるのが、刺された後、十数時間もしくは数日たってから起こる激しいかゆみである。これは、遅延型のアレルギー反応とされるのだが、患部をかきむしって二次的な感染症を引き起こしてしまうこともある。

日本国内に生息するアンドンクラゲ、アカクラゲ、ボウズニラ、カギノテクラゲなどによる刺傷の症状も、上記の軽いものと考えることができる。アトピーや花粉症などのアレルギー症状をもつヒトのほうが、症状が激しくなる傾向があるようだ。また、クラゲに何度も刺されるとクラゲ毒に対するヒト体内の抗体が増えて、クラゲの刺傷に対して体が過剰に反応するアナフィラキシー様の作用も出てくる。

猛毒をもつクラゲに刺された場合は死亡することもある。有名なのはオーストラリアのグレートバリアリーフ沿岸域に生息するオーストラリアウンバチクラゲ *Chironex fleckeri* である。これまでにも、このクラゲに刺されて70名以上が命を落としている。日本でも沖縄地方に生息する猛毒クラゲであるハブクラゲは、このオーストラリアウンバチクラゲの近縁種である。国内で、これまでハブクラゲに刺されて亡くなった例は、公式に3名が報告されている。

これらの猛毒クラゲによる刺傷では、刺されたすぐ後に全身がショック症状を起こして心肺停止してしまうことがあり、早急に心肺蘇生を行う必要がある。

オーストラリアには、イルカンジ症候群と呼ばれる、クラゲに刺されて起こる特異な症状がある。この原因は、イルカンジクラゲ *Carukia barnesi* を筆頭とする複数の立方クラゲ類とされている。いずれも胴体の直径が2cmもしくはそれより小さい極めて小型のクラゲで、刺されてもほとんど痛みは感じない。ところが、刺された後30分ほどで不快感を感じはじめ、さらに吐き気、頭痛、けいれん、呼吸困難等の激しい症状が起き、血圧や心拍数も上昇する。イルカンジ症候群が原因と考えられる死亡例も報告されている。この症状には、オーストラリアウンバチクラゲやハブクラゲのような炎症作用が中心の毒素とは異なり、神経系統に作用する毒素が関与していると考えられる。イルカンジ症候群の原因毒は不明であるが、原因となる小型クラゲの試料採集が難しく、毒素研究はなかなか進展していない。（永井）

▶海水浴場に設置されているペットボトルには、応急処置用の氷酢酸（食酢と同程度の濃度）が入っている。

▼沖縄の海水浴場にはハブクラゲの侵入を防止するネットが張られている。

オーストラリア東海岸。海辺などのヒトが立ち入る場所には必ず、クラゲに対する注意喚起の看板が掲げられる。

▲殺人クラゲとして恐れられるオーストラリアウンバチクラゲ。
◀ビーチの入口にはこの海域で遭遇する可能性のあるクラゲの紹介と、そのリスクについて解説した看板も設置されている。
▶食酢のボトルが備えられたポール。オーストラリア東海岸のビーチならどこでも見られる。

クラゲに刺されたときの対処法

　クラゲに刺されると、すぐに痛みを感じる場合もあれば、後からブツブツとした水泡などとともに激しいかゆみを感じることがある。また、ショック症状による心肺停止に陥ることもある。しかし、すべてのクラゲ刺傷に対して有効な治療方法は明らかになっていない。刺されたクラゲの種類が何であるかを現場で特定するのは困難な場合が多く、治療は患者の症状に合わせた対症療法しかない。クラゲに刺された際に、触手が患部に貼り付いたままになることもあるが、その場合は速やかに取り外す必要がある。触手の取り外し方としては、海水で洗い流すか、ピンセットなどで丁寧に取りのぞくのがよいが、真水で洗うと刺激や浸透圧の変化によって未発射の刺胞をさらに発射させてしまうことがある。

　ハブクラゲによる刺傷の場合は、触手がまだ貼り付いている患部に食酢をかけることが奨励されている。これは、クラゲの毒性を消すためではなく、刺胞のさらなる発射を止めるために有効であることがわかっている。

　しかし一方、カツオノエボシの場合には、食酢によって刺胞の発射が促進されてしまうため、食酢を使わず、先に触手を剥がすべきである。しかし、いずれにしても、症状が少しでもひどいと感じた場合には、なるべく速やかに医師の診療を受けるべきである。（峯水）

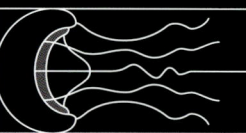

| 刺胞動物門 | Cnidaria |
| ヒドロ虫綱 | Hydrozoa |

花クラゲ目

Anthomedusae

生殖巣は口柄上に形成される（放射管にも延長するものもある）。平衡器はない。触手瘤は発達する（例外あり）。口は口唇に発達するが、丸くないものも存在する。口柄支持柄を有することもある。特定分類群に限定されるが、次のような特徴が1つでもあれば本目に所属する。口触手をもつ、眼点が触手瘤や傘縁瘤の外側にある、傘縁に触手群を形成する、傘縁触手が有柄になり、その先端に刺胞嚢を備える。ポリプ世代がある。（久保田）

※近年、花クラゲ目については新目 Anthoathecata を提唱する意見もあるが、本書では従来から使用されている Anthomedusae を花クラゲ目に使用することとする。

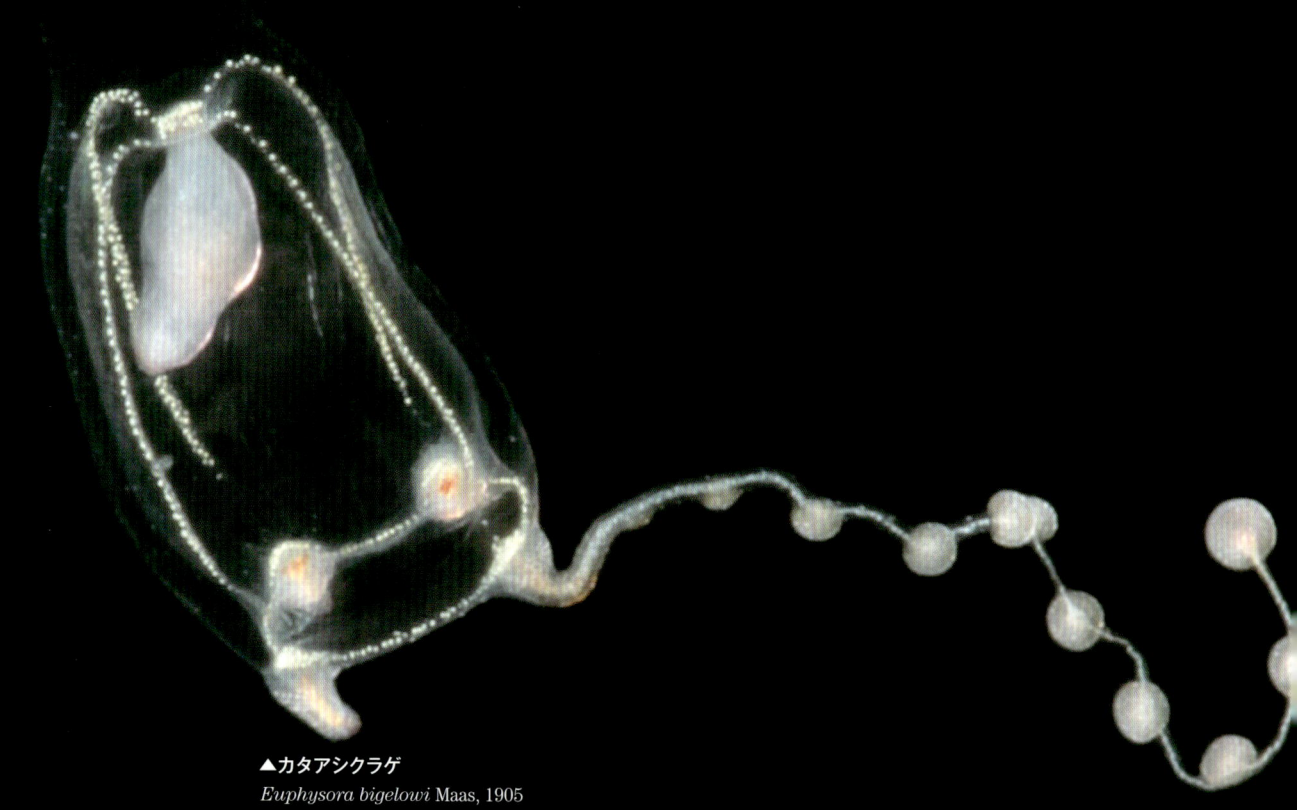

▲カタアシクラゲ
Euphysora bigelowi Maas, 1905
オオウミヒドラ科 Corymorphidae　カタアシクラゲ属
カタアシクラゲ属は、傘縁の3か所に短い突起が、残りの1か所に1本の長い傘縁触手があり、触手の1側面だけに刺胞塊が連なるのが特徴。静岡県大瀬崎では、カタアシクラゲのポリプが水深20m前後の砂泥底に多数生息する。クラゲは夏から秋に表層付近で見られる。
（静岡県大瀬崎　10月　25℃　-1m　傘高0.8cm）

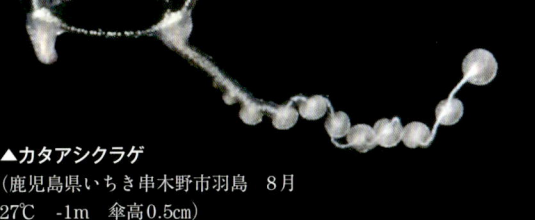

▲カタアシクラゲ
(鹿児島県いちき串木野市羽島　8月
27℃　-1m　傘高0.5cm)

▶▼カタアシクラゲのポリプ
触手の間にクラゲ芽が複数形成されている。(静岡県大瀬崎　8月　17℃　-20m　大きさ4.5cm)

刺胞動物門｜ヒドロ虫綱 Hydrozoa

▲傘縁に出芽したクラゲ芽

▶コモチカタアシクラゲ
Euphysora gemmifera Bouillon, 1978
オオウミヒドラ科 Corymorphidae　カタアシクラゲ属
傘のゼラチン質は傘頂部で厚い。外傘に多くの刺胞塊が不規則に散在し、そこが突起状に変形している。未成熟クラゲは傘内縁にクラゲ芽を複数出芽させる。駿河湾では秋から春の表層付近に現れる。
（静岡県大瀬崎　10月　25℃　-1m　傘高0.7cm）

▲コモチカタアシクラゲ
（静岡県大瀬崎　3月　15℃　-1m　傘高0.7cm）

▶カタアシクラゲ属の1種-1
Euphysora sp. 1
オオウミヒドラ科 Corymorphidae
大瀬崎では例年春ごろに表層付近に数多く見られるが、ポリプはまだ探しきれていない。傘のゼラチン質は厚みがある。傘の放射管は淡黄色を帯び、傘内膜にも同色の斑点が散在している。傘縁瘤と触手瘤の先端は赤みを帯びる。
（静岡県大瀬崎　3月　15℃　-1m　傘高0.4cm）

▲▶**カタアシクラゲ属の1種-2**
Euphysora sp. 2　オオウミヒドラ科 Corymorphidae
傘のゼラチン質の厚みはほぼ均等で薄い。3本の短い傘縁触手と1本の長い傘縁触手があり、長い傘縁触手の1側面に楕円形で赤みを帯びた刺胞塊が並ぶ。そのうち先端の刺胞塊はもっとも大きい。これまでに屋久島や大瀬崎などから記録がある。
(静岡県大瀬崎　3月　15℃　-1m　傘高0.45cm)

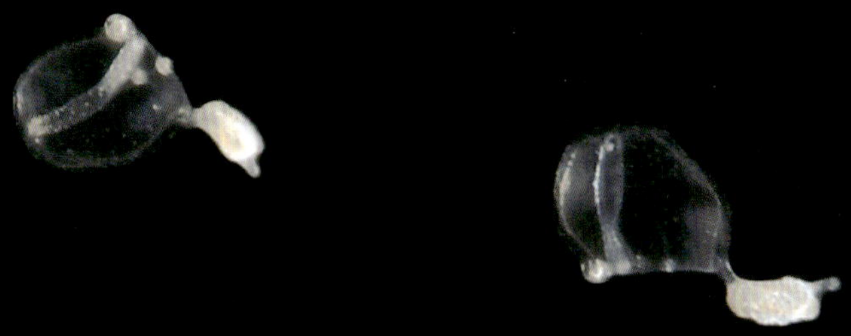

◀**オオウミヒドラ科の1種**
Corymorphidae sp.
口はシンプルな丸い形状。外傘刺胞列はなく、触手瘤に眼点はないなどオオウミヒドラ科の特徴をもつ。口柄は傘縁とほぼ同長。傘縁には長い触手が1本あり、刺胞塊が棍棒状に膨らむ。幼クラゲのため、属や種の同定にはいたっていない。
(島根県松江市美保関町七類　7月　22℃　-1m　傘高0.3cm)

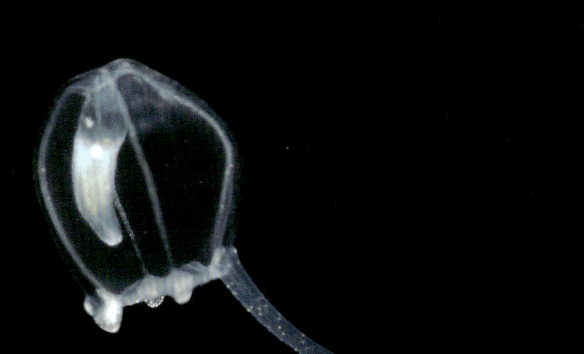

▶**バヌチィークラゲ**
Vannuccia forbesi（Mayer, 1894）
オオウミヒドラ科 Corymorphidae　バヌチィークラゲ属
駿河湾では秋から冬にかけて表層に数多く現れる。カイアシ類の幼生を食べる。バヌチィークラゲ属はオオウミヒドラ科のなかでも臍帯管がなく、傘縁触手の特殊な形状の刺胞塊は先端に1個あるのみ。
(静岡県大瀬崎　1月　16℃　-1m　傘高0.3cm)

▲**バヌチィークラゲ**
(静岡県大瀬崎　1月　16℃　-1m　傘高0.4cm)

刺胞動物門 | ヒドロ虫綱 Hydrozoa

▲カタアシクラゲモドキ
Euphysa aurata Forbes, 1848
カタアシクラゲモドキ科 Euphysidae
カタアシクラゲモドキ属
触手瘤に眼点がない。カタアシクラゲモドキ属の傘縁触手は1本か4本で、1本で長い場合は、傘縁触手を取り巻くように刺胞塊が数珠状に並ぶ。春に日本各地の表層で見られる。口の下部や触手瘤と傘縁瘤の基部、傘縁は緋色を帯びる。
(静岡県大瀬崎 2月 15℃ -1m 傘高0.6cm)

▶カタアシクラゲモドキ
(静岡県大瀬崎 2月 15℃ -1m 傘高0.6cm)

▲サルシアクラゲモドキ
Euphysa japonica (Maas, 1909)
カタアシクラゲモドキ科 Euphysidae
カタアシクラゲモドキ属
潜水艇の調査によって、北海道道東沖から三陸沖にかけての太平洋岸、中・深層(200-1200m)にて大きさ1.5cmほどの個体が多数観察されている。知床半島では春季の低水温時にダイバーによって表層でも確認されている。
(北海道羅臼町 3月 0℃ -7m 傘高0.7cm)(外舘淳一)

◀カタアシクラゲモドキ属の1種-2
Euphysa sp. 2
カタアシクラゲモドキ科
Euphysidae
傘頂部分にやや厚みがある。1本の長く伸びる傘縁触手しかなく、触手に点々と並ぶ刺胞塊が数珠状となる。口柄および触手瘤と傘縁瘤は赤みを帯びる。
(宮城県志津川 5月 8℃ -5m 傘高0.5cm)

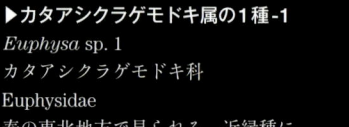

▶カタアシクラゲモドキ属の1種-1
Euphysa sp. 1
カタアシクラゲモドキ科
Euphysidae
春の東北地方で見られる。近縁種に比べて口柄支持柄がよく発達しており、口柄および触手瘤と傘縁瘤は黄色を帯びる。
(福島県小名浜港 4月 6℃ -1m 傘高0.4cm)

▲触手を縮めているカタアシクラゲモドキ属の1種-2
(宮城県志津川 5月 8℃ -5m 傘高0.5cm)

◀カタアシクラゲモドキ属の幼クラゲ
Euphysa sp.
撮影場所や時期、傘の形状などから推測して、カタアシクラゲモドキ属1種-2の幼クラゲである可能性があるが、現段階では詳細までは判明していない。
(宮城県志津川 3月 5℃ -1m 傘高0.2cm)

▲カタアシクラゲモドキ属の幼クラゲ
Euphysa sp.
カタアシクラゲモドキの稚クラゲと思われるが、サイズが小さいため、現段階では詳細までは判明していない。
(神奈川県江ノ島 6月 20℃ -1m 傘高0.2cm)

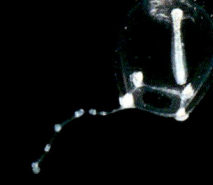

▲**コモチウチコブヨツデクラゲ**（新称）
Euphysilla pyramidata Kramp, 1955
カタアシクラゲモドキ科 Euphysidae
コモチウチコブヨツデクラゲ属（新称）
与那国島の個体によって日本新記録となった。0.5cmほどの小さなクラゲ。傘は白っぽく、触手瘤はやや褐色を帯びる。4つの傘縁触手に多数の刺胞塊が並ぶ。水中ではつねに触手を上向きにしながら泳いでいる場合が多い。写真の個体は口柄に多数のクラゲ芽を形成している。
（沖縄県与那国島　1月　21℃　-21m　傘高0.5cm）

◀**ヒトツアシクラゲ**
Hybocodon prolifer L. Agassiz, 1862
クダウミヒドラ科 Tubulariidae
ヒトツアシクラゲ属
早春に見られるクラゲ。今回、宮城県志津川で撮影されたことにより、東北以北の太平洋岸に分布していることが判明した。傘縁触手は1か所から伸長し、メインの触手以外にも長短の触手が2-3本並んでいる。写真の個体は傘縁触手の基部にクラゲ芽を出芽中。
（宮城県志津川　3月　5℃　-1m　傘高0.5cm）

▲**フクロソトエリクラゲ**
Ectopleura sacculifera Kramp, 1957
クダウミヒドラ科 Tubulariidae　ソトエリクラゲ属
春季、静岡県大瀬崎の表層では頻繁に見られるクラゲの1つ。2本の傘縁触手があり、先端を内側に丸めるようなポーズをとることが多く、その先端部分に刺胞塊が数珠状に並ぶ。外傘に8本の放射状肋（ソトエリの由来）があり、傘頂付近まで外傘刺胞列が並ぶ。
（静岡県大瀬崎　5月　19℃　-3m　0.4cm）

▲**浮遊生活をするハシゴクラゲのアクチヌラ幼生**
（山形県加茂港　2月　5℃　-1m　傘高0.2cm）

▲**ハシゴクラゲ**
Climacocodon ikarii Uchida, 1924
ハシゴクラゲ科 Margelopsidae　ハシゴクラゲ属
早春の山形県加茂で数多くみられるクラゲの1つ。外傘触手が並ぶ特徴のある形態で、初めて見たときはハシゴというよりサボテンに近い印象を受けた。写真の個体は口柄に多数の受精卵が並んでいる。1属1種。
（山形県加茂港　2月　5℃　-1m　傘高1cm）

▶**ハネウミヒドラ**
Pennaria disticha Goldfuss, 1820
ハネウミヒドラ科 Pennariidae　ハネウミヒドラ属
夏季、ポリプのハネウミヒドラから日の入り後に一斉に遊離する。触手をもたず、生殖のためだけに生まれるクラゲで、わずか数時間しか生きない。
（静岡県大瀬崎　8月　24℃　-3m　傘高0.4cm）

◀**クラゲ芽 を出芽中のハネウミヒドラ**
夏季のハネウミヒドラを観察すると、無数のクラゲ芽が形成されているのがわかる。
（静岡県大瀬崎　8月　25℃　-6m）

83

刺胞動物門　ヒドロ虫綱 Hydrozoa

◀ジュズクラゲ
Dipurena ophiogaster Haeckel, 1879
タマウミヒドラ科 Corynidae　ジュズクラゲ属
夏から秋にかけて波静かな内湾や港内などに見られるクラゲ。口柄が長く伸長し、数珠状の生殖巣が並ぶ。タマウミヒドラ科は4本の傘縁触手をもち、触手瘤に眼点がある。口はシンプルな丸い形状で、口柄に紅色斑がないことも特徴。
（静岡県松崎町岩地　10月　24℃　-1m　傘高0.5cm）

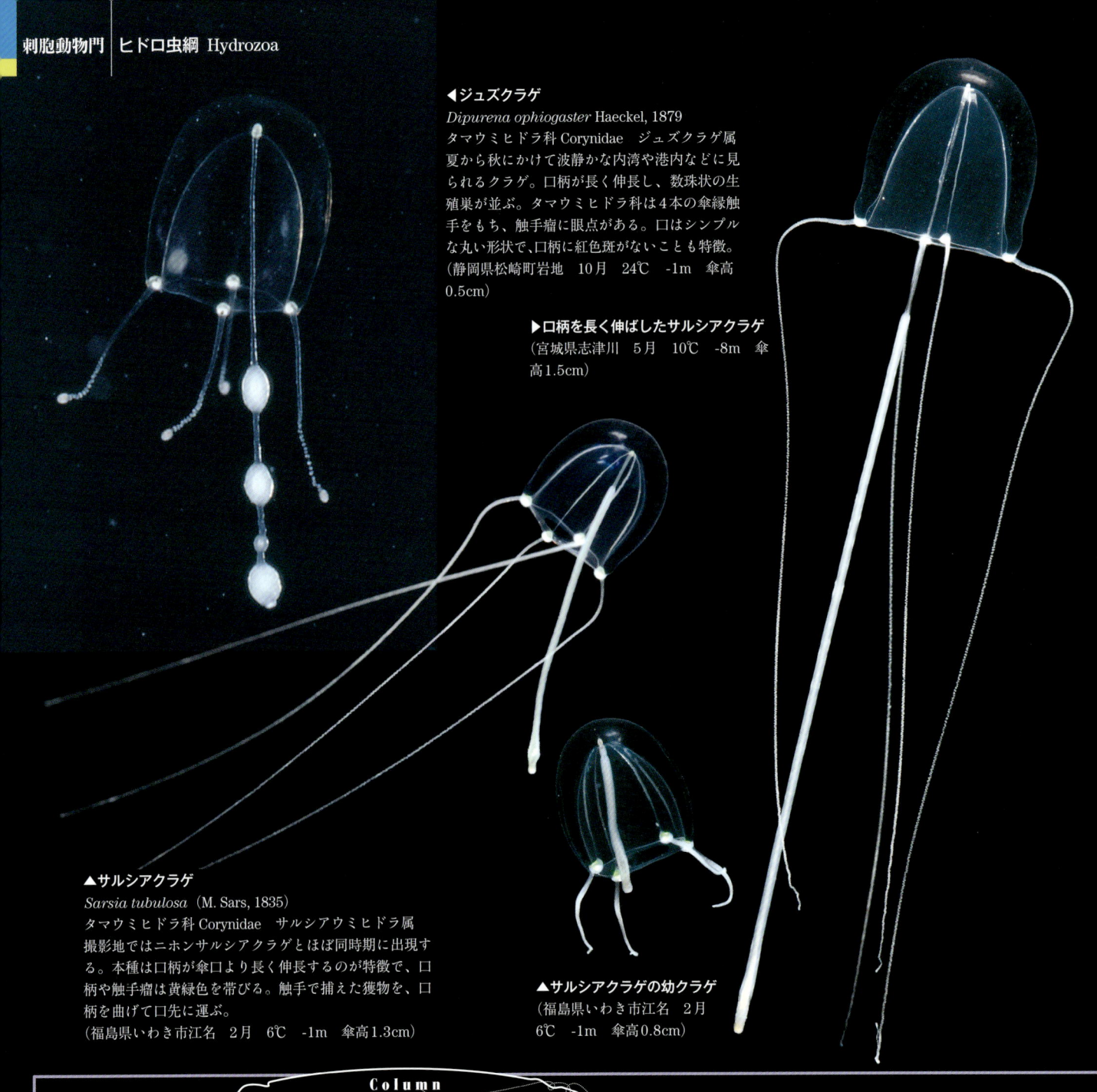

▶口柄を長く伸ばしたサルシアクラゲ
（宮城県志津川　5月　10℃　-8m　傘高1.5cm）

▲サルシアクラゲ
Sarsia tubulosa（M. Sars, 1835）
タマウミヒドラ科 Corynidae　サルシアウミヒドラ属
撮影地ではニホンサルシアクラゲとほぼ同時期に出現する。本種は口柄が傘口より長く伸長するのが特徴で、口柄や触手瘤は黄緑色を帯びる。触手で捕えた獲物を、口柄を曲げて口先に運ぶ。
（福島県いわき市江名　2月　6℃　-1m　傘高1.3cm）

▲サルシアクラゲの幼クラゲ
（福島県いわき市江名　2月　6℃　-1m　傘高0.8cm）

Column
困難な幼クラゲの同定

いずれもタマウミヒドラ科Corynidaeの幼クラゲと思われるが、現在のところ、これらの写真と同じほどの成長段階では種の同定をするまでにはいたっていない。同定するには、飼育して成熟クラゲになるまで育てるか、ポリプを得る必要がある。

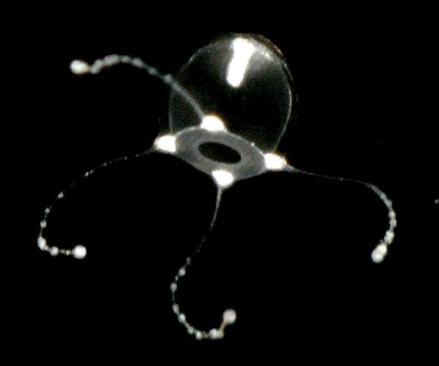

▲タマウミヒドラ科の幼クラゲ-1
（神奈川県江ノ島　6月　19℃　-1m　傘高0.3cm）

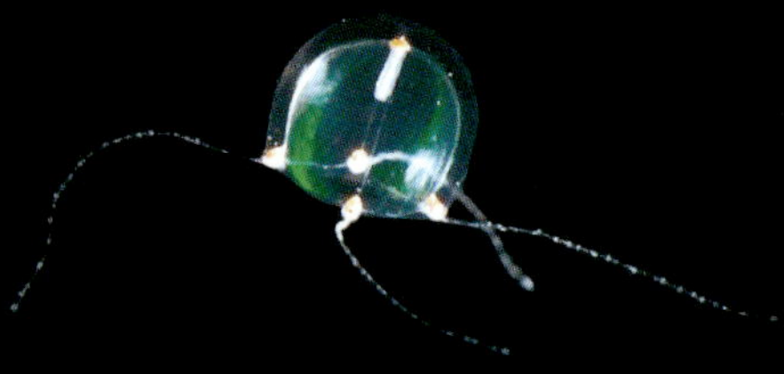

▲タマウミヒドラ科の幼クラゲ-2
（宮城県志津川　3月　5℃　-1m　傘高0.3cm）

▶タマウミヒドラ科の幼クラゲ-3
（福島県小名浜　4月　6℃　-1m　傘高0.4cm）

▶ニホンサルシアクラゲ
Sarsia japonica（Nagao, 1962）
タマウミヒドラ科 Corynidae
サルシアウミヒドラ属
口柄は傘口より短いか、成熟個体でもやや突出する程度。口柄や触手瘤は褐色を帯びる。外傘刺胞が副軸に沿って並ぶ。サルシアウミヒドラ属は生殖巣が口柄を取り巻くように形成されるのが特徴。撮影地では春の代表的なクラゲの1つ。
（宮城県志津川　5月　10℃　-8m　傘高1cm）

▶ヤマトサルシアクラゲ
Sarsia nipponica Uchida, 1927
タマウミヒドラ科 Corynidae
サルシアウミヒドラ属
口柄や触手瘤は褐色を帯びる。口柄は傘縁より突出しない。ニホンサルシアクラゲに似るが、外傘刺胞が傘全体に点在するのが特徴。また、分布域から南方系の種と考えられている。
（和歌山県白浜　9月　飼育個体　傘高2cm）（久保田 信）

▲ニホンサルシアクラゲの幼クラゲ
（宮城県志津川　5月　10℃　-8m　傘高0.8cm）

▲オオタマウミヒドラのポリプ
根元に複数のクラゲ芽が出芽している。
（宮城県志津川　5月　10℃　-8m　大きさ5cm）

▲オオタマウミヒドラ
口柄の上部の正軸に紅色斑があるのがわかる。
（神奈川県江ノ島　6月　19℃　-1m　傘高0.3cm）

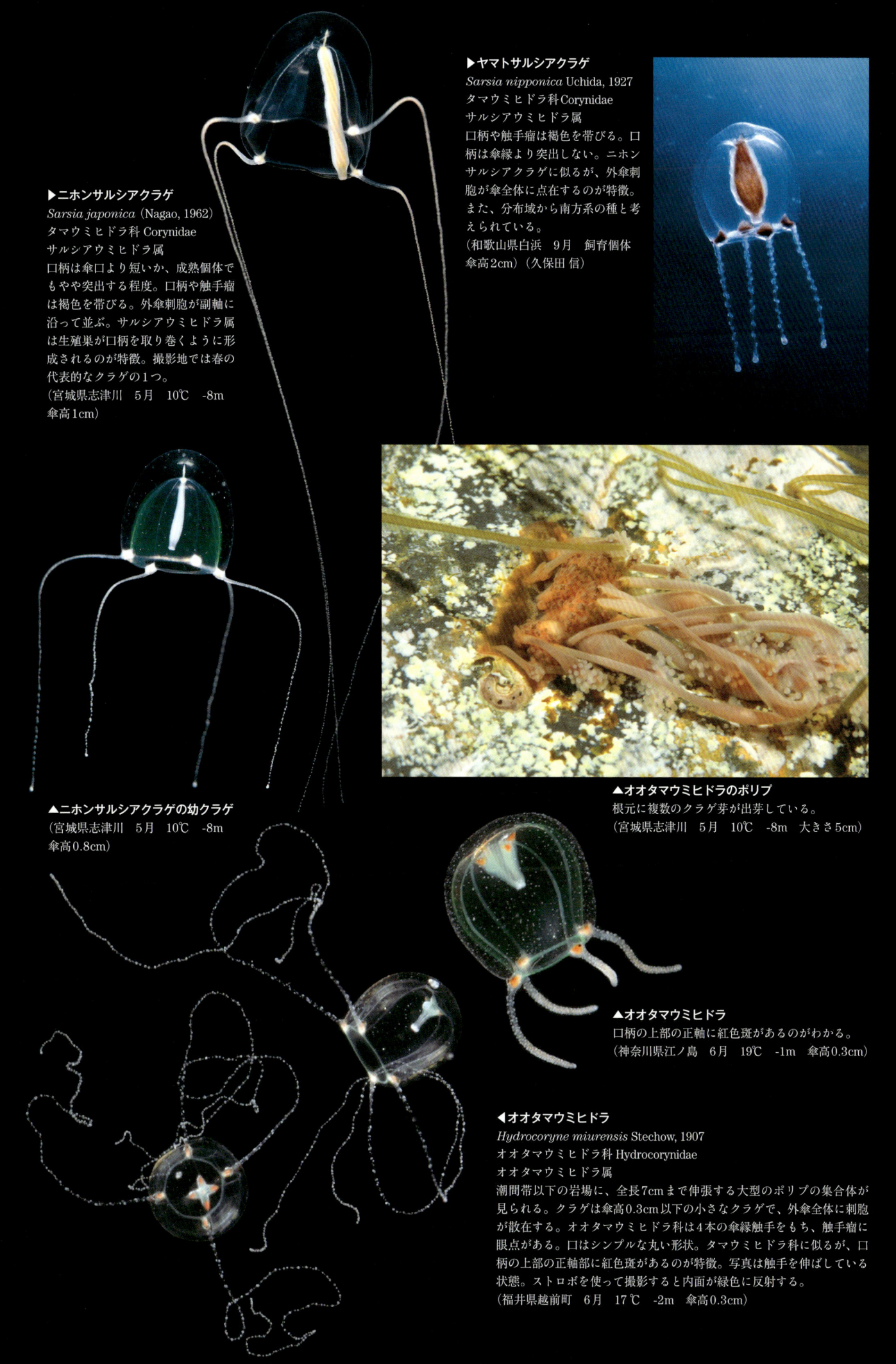

◀オオタマウミヒドラ
Hydrocoryne miurensis Stechow, 1907
オオタマウミヒドラ科 Hydrocorynidae
オオタマウミヒドラ属
潮間帯以下の岩場に、全長7cmまで伸張する大型のポリプの集合体が見られる。クラゲは傘高0.3cm以下の小さなクラゲで、外傘全体に刺胞が散在する。オオタマウミヒドラ科は4本の傘縁触手をもち、触手瘤に眼点がある。口はシンプルな丸い形状。タマウミヒドラ科に似るが、口柄の上部の正軸に紅色斑があるのが特徴。写真は触手を伸ばしている状態。ストロボを使って撮影すると内面が緑色に反射する。
（福井県越前町　6月　17℃　-2m　傘高0.3cm）

刺胞動物門 | ヒドロ虫綱 Hydrozoa

▲エダアシクラゲ
Cladonema pacificum Naumov, 1955　エダアシクラゲ科 Cladonematidae　エダアシクラゲ属
日本各地の藻場に生息し、海藻の葉上に付着する。傘高は4mmほど。通常のクラゲは4本の放射管をもつが、本種はその倍以上をもち、その数は傘縁触手数と同じ。
（静岡県大瀬崎　4月　17℃　-5m　傘高0.5cm）

▲エダアシクラゲ
傘縁触手は8-11本で、いずれも途中で分岐する。（静岡県下田市和歌の浦　5月　18℃　-1m　傘高0.8cm）

▲触手を縮めたエダアシクラゲ
触手瘤の外側に眼点がある。
（静岡県大瀬崎　4月　17℃　-5m　傘高0.5cm）

▲エダアシクラゲ
（北海道羅臼町　8月　15℃　-10m　傘高0.8cm）

▼ハイクラゲ
Staurocladia acuminata（Edmondson, 1930）
エダアシクラゲ科 Cladonematidae　ハイクラゲ属
潮間帯から亜潮間帯のアオサ、ウミトラノオ、トサカマツなどさまざまな海藻上で見られる底生性のクラゲ。遊泳せず、触手を使って這って移動する。（静岡県下田市大浦海岸　11月　16℃　タイドプール　傘径0.7mm）（平野弥生）

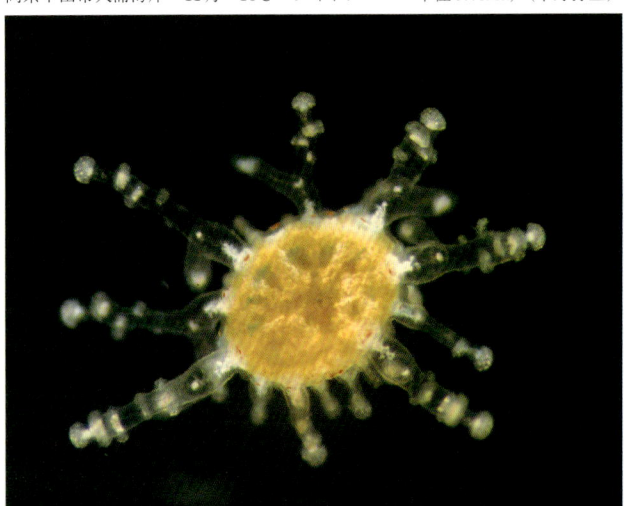

▼チゴハイクラゲ
Staurocladia bilateralis（Edmondson, 1930）
エダアシクラゲ科 Cladonematidae　ハイクラゲ属
潮溜まりや亜潮間帯のさまざまな海藻上に付着し、小型甲殻類、とくに海藻上にすむソコミジンコ類などのカイアシ類を食べる。ハイクラゲ同様、二分裂によって無性的に増え、潮溜まりではしばしば大量に出現する。
（千葉県鴨川市内浦　11月　16℃　タイドプール　傘径0.5mm）（平野弥生）

◀▲ヒメハイクラゲ
Staurocladia oahuensis（Edmondson, 1930）
エダアシクラゲ科 Cladonematidae　ハイクラゲ属
さまざまな点でハイクラゲによく似るが、触手の上側の枝の刺胞群の数と配置によって、ハイクラゲともチゴハイクラゲとも区別できる。
（千葉県鴨川市内浦　10月　24℃　タイドプール　傘径0.5mm）（2点とも平野弥生）

▶上下：ミウラハイクラゲ
Staurocladia vallentini（Browne, 1902）
エダアシクラゲ科 Cladonematidae　ハイクラゲ属
潮間帯の潮溜まりや亜潮間帯のさまざまな海藻上に付着する。幼体期には、内傘の傘縁からクラゲ芽を出芽して無性的に繁殖する。日本産のハイクラゲ類では唯一、ポリプの形態が報告されている。写真上がオス、下がメス。
（上：神奈川県三崎荒井浜　5月　21℃　-1m　傘径1.7mm）
（下：神奈川県三崎荒井浜　5月　21℃　-1m　傘径1.5mm）
（2点とも平野弥生）

▼ミウラハイクラゲ の幼クラゲ
（水槽発生個体　11月　大きさ0.3cm）
（撮影協力：アクアマリンふくしま）

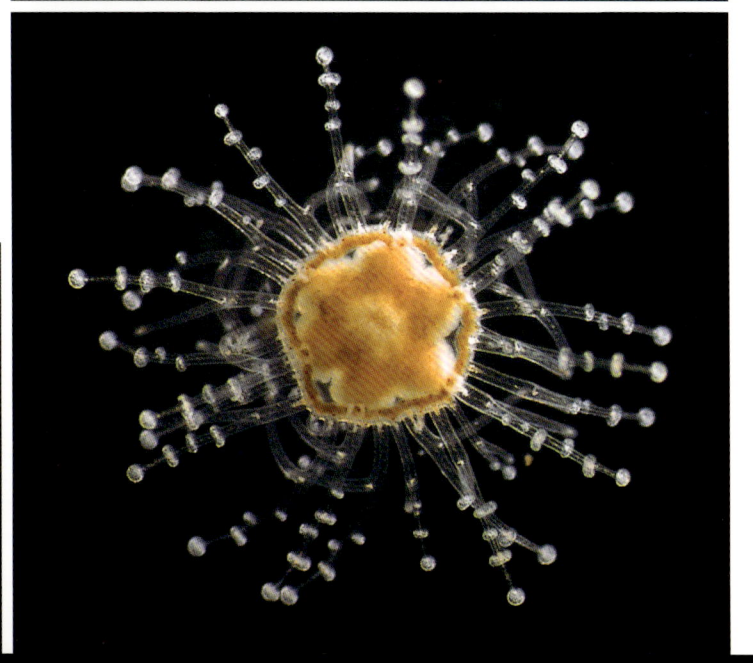

87

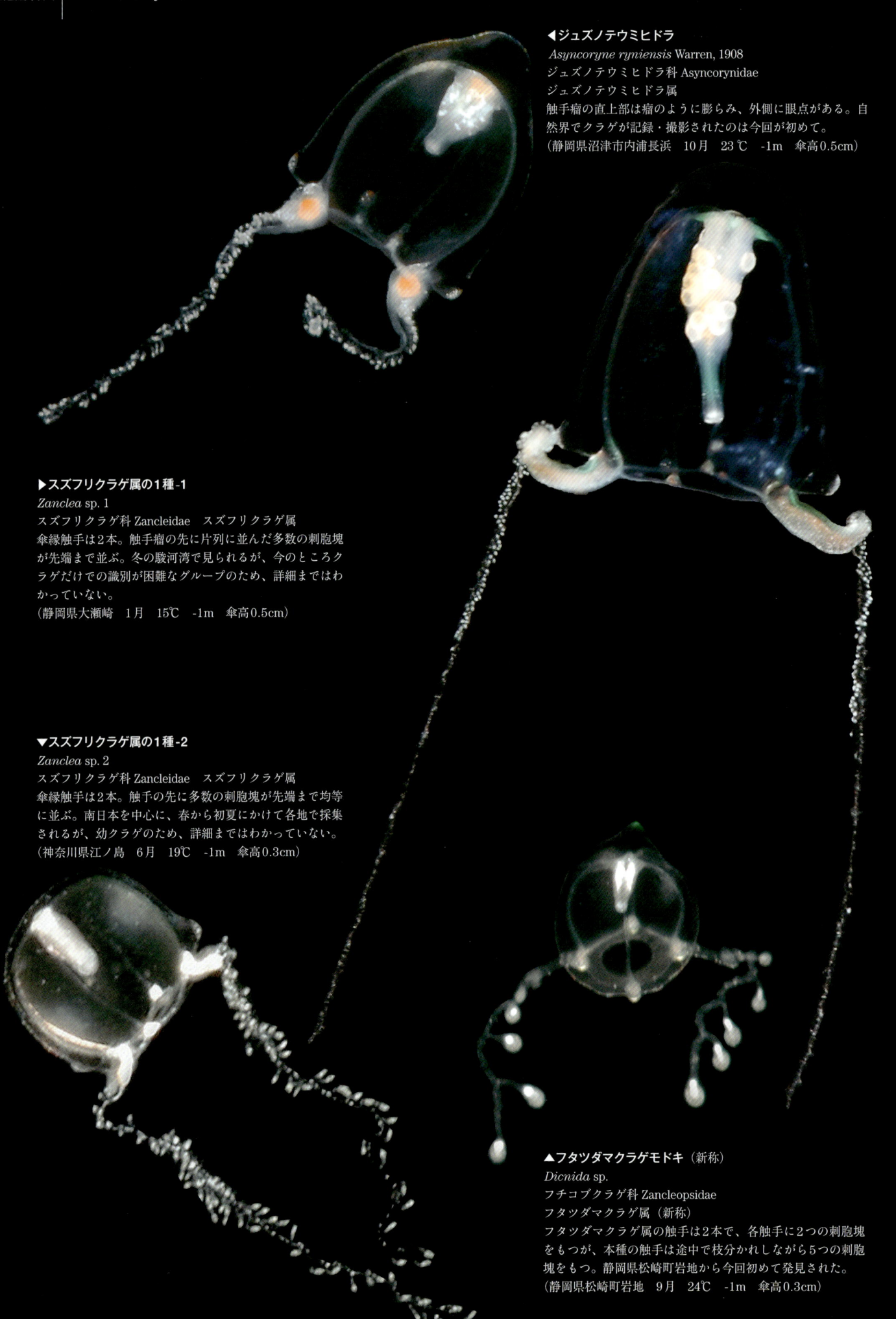

刺胞動物門 | ヒドロ虫綱 Hydrozoa

◀ジュズノテウミヒドラ
Asyncoryne ryniensis Warren, 1908
ジュズノテウミヒドラ科 Asyncorynidae
ジュズノテウミヒドラ属
触手瘤の直上部は瘤のように膨らみ、外側に眼点がある。自然界でクラゲが記録・撮影されたのは今回が初めて。
（静岡県沼津市内浦長浜　10月　23℃　-1m　傘高0.5cm）

▶スズフリクラゲ属の1種-1
Zanclea sp. 1
スズフリクラゲ科 Zancleidae　スズフリクラゲ属
傘縁触手は2本。触手瘤の先に片列に並んだ多数の刺胞塊が先端まで並ぶ。冬の駿河湾で見られるが、今のところクラゲだけでの識別が困難なグループのため、詳細まではわかっていない。
（静岡県大瀬崎　1月　15℃　-1m　傘高0.5cm）

▼スズフリクラゲ属の1種-2
Zanclea sp. 2
スズフリクラゲ科 Zancleidae　スズフリクラゲ属
傘縁触手は2本。触手の先に多数の刺胞塊が先端まで均等に並ぶ。南日本を中心に、春から初夏にかけて各地で採集されるが、幼クラゲのため、詳細まではわかっていない。
（神奈川県江ノ島　6月　19℃　-1m　傘高0.3cm）

▲フタツダマクラゲモドキ（新称）
Dicnida sp.
フチコブクラゲ科 Zancleopsidae
フタツダマクラゲ属（新称）
フタツダマクラゲ属の触手は2本で、各触手に2つの刺胞塊をもつが、本種の触手は途中で枝分かれしながら5つの刺胞塊をもつ。静岡県松崎町岩地から今回初めて発見された。
（静岡県松崎町岩地　9月　24℃　-1m　傘高0.3cm）

ベニクラゲモドキ
Oceania armata Kölliker, 1853
ベニクラゲモドキ科 Oceanidae　ベニクラゲモドキ属
傘縁触手は100本ほどで2環列に並び、触手瘤の内側に眼点がある。ベニクラゲに似るが、口唇まで含めた口柄全体が紅色で口柄基部にスポンジのような部分がないことで区別できる。ポリプは受精卵からの初期ポリプのみ知られる。
（静岡県大瀬崎　2月　14℃　-5m　傘高1.2cm）

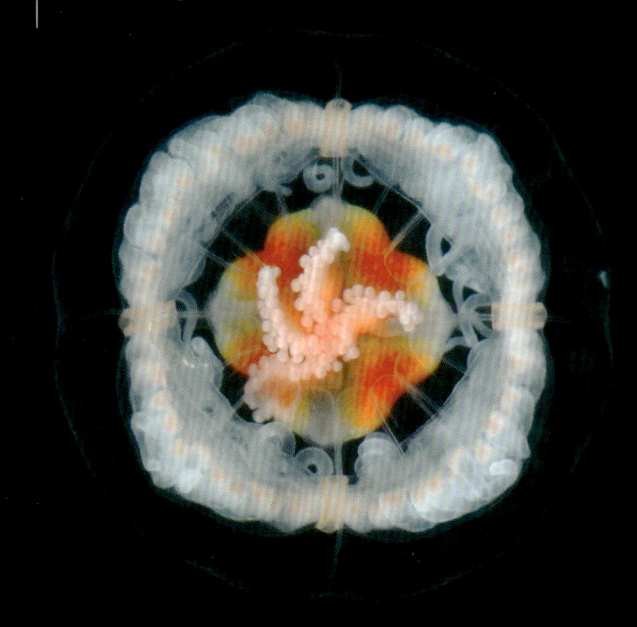

刺胞動物門　ヒドロ虫綱 Hydrozoa

▲ベニクラゲモドキ
傘を縮めてせんべいのように平べったくなる。
（静岡県大瀬崎　2月　14℃　-5m　傘高1.2cm）

▲ベニクラゲモドキ
（静岡県大瀬崎　1月　15℃　-1m　傘高1.2cm）

Column
不老不死のベニクラゲ類

　ベニクラゲ類には世界に現存する144万種の動物がもたない神秘の力がある。有性世代のクラゲは、ストレスを受けると性と引き換えに寿命が尽きる規則にしたがわず、無性世代の若いポリプに戻る。若返りは繰り返しが可能なので、不老不死である。未成熟クラゲも常温で3日ほどで若返りができる。
　若返り能力のあるクラゲには、死すべき部分と若返ることのできる部分がある。生物の2大特徴である生殖と摂食を同時に実行する口柄は、胃袋であり生殖巣であり、早晩溶け去ってしまう動物的部分で、成体のまま生命を全うする。口柄だけが生残できた場合、摂食と同時に有性生殖も行い、次世代のプラヌラ幼生を誕生させ、自己の遺伝子の半分を受け渡す。まれに、口柄が溶け去らず生残し、しかも他の部分を使って若返りして、新旧合体となって、この世の動物でこれ以上を望むことはできない三様の生き方、すなわち、子孫づくり、若返り、個体の寿命の全うをほぼ同時に実行する。
　ところで、日本では北日本で夏季に見られる直径1cmほどの紅色のベニクラゲの存在が、汎世界種として100年ほど前から知られていた。その後、発見が困難なポリプの記載、飼育観察による生活史の解明が少しはあったが、前世紀後半にいたっても、若返り能力が秘められていることは誰にも気づかれないままだった。しかし、1990年代末、イタリア産のチチュウカイベニクラゲで世界初の若返りが飼育により偶然発見された。

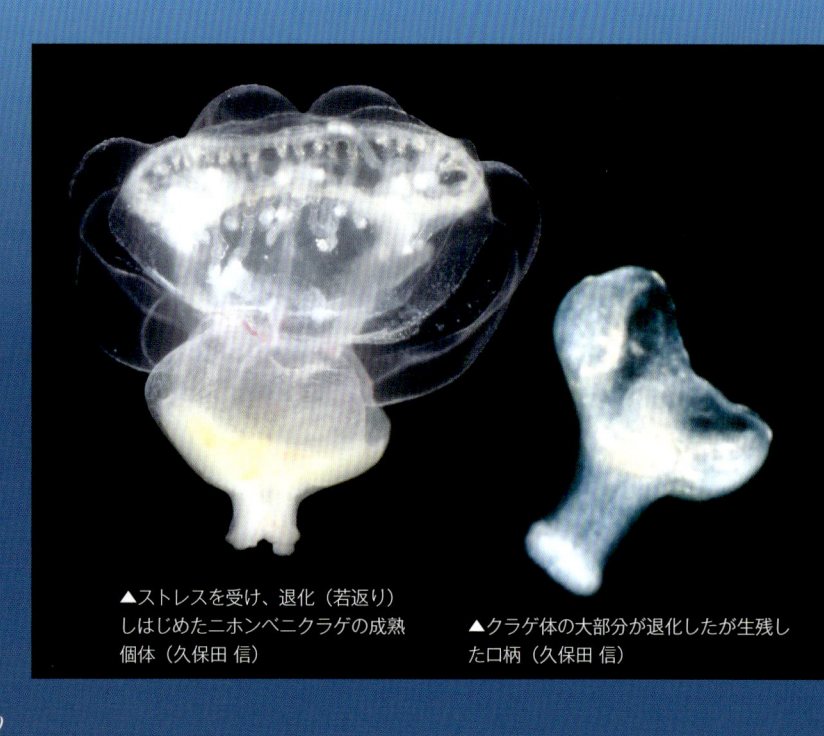

ニホンベニクラゲ
（和歌山県白浜　6月　24℃　-1m　傘高2mm）
（久保田 信）

▲ストレスを受け、退化（若返り）しはじめたニホンベニクラゲの成熟個体（久保田 信）

▲クラゲ体の大部分が退化したが生残した口柄（久保田 信）

▲ニホンベニクラゲ
Turritopsis sp. 1
ベニクラゲモドキ科 Oceanidae　ベニクラゲ属
（鹿児島県鹿児島市　10月　23℃　-1m　傘高0.5cm）

▲ベニクラゲ（北日本型）
Turritopsis sp. 2
ベニクラゲモドキ科 Oceanidae　ベニクラゲ属
北日本で夏から秋に見られる。傘径1cmほど。口柄の中心は紅色で、触手は最大で341本に達し4環列に並び、口柄上で受精卵がプラヌラ幼生に育つまで保育する。
（福島県いわき市小名浜　10月　19℃　-1m　傘高1.3cm）

　過去40年余りの筆者による日本全国にわたるベニクラゲ類の系統分類学的研究によって、わが国には少なくとも形態的に2種が存在することがわかった。飼育と野外サンプルに基づき、南日本各地に直径数mmほどの単純な形で成熟する小型のチチュウカイベニクラゲの存在が新たに確認された。従来のものとは形態と繁殖方法が異なっていた。チチュウカイベニクラゲは、触手が傘の縁に一列に並んでいて数も少なく82本以下で、卵を海中に産みっぱなしにする。ところが、北日本産のベニクラゲは、触手が341本にも達し、互い違いに3～4環列に並んでおり、卵は受精後もプラヌラ幼生に育つまで雌親が体から離さないで保育する。どちらも若返り能力はあるが、北日本産の大型のベニクラゲのほうが若返りしにくい傾向があった。

　国際共同研究で世界のベニクラゲ類を調べた結果、日本産は、遺伝子の塩基配列（ミトコンドリア16S）からみて3種が区別された。小型の南日本産チチュウカイベニクラゲは、遺伝子配列でイタリア産と同じで、外来性と推察されている。ところが、白浜や鹿児島産は未記載種であった。これについては、久保田（2014）によって和名ニホンベニクラゲが提唱された。また、北日本の大型ベニクラゲは、ニュージーランドやタスマニア産に近いことがわかった。

　以上のような日本産ベニクラゲ類の系統分類学的研究により、わが国には目下3種がいると判明したが、生命の神秘である不老不死のメカニズムについては謎だらけのままである。人類の夢である不老不死を実現している動物に希望を抱き、全知全能を結集し、老いを拒める日の到来を望みつつ研究を続けるには、多種多様なベニクラゲ類がいるわが国が最適の場所であろう。（久保田）

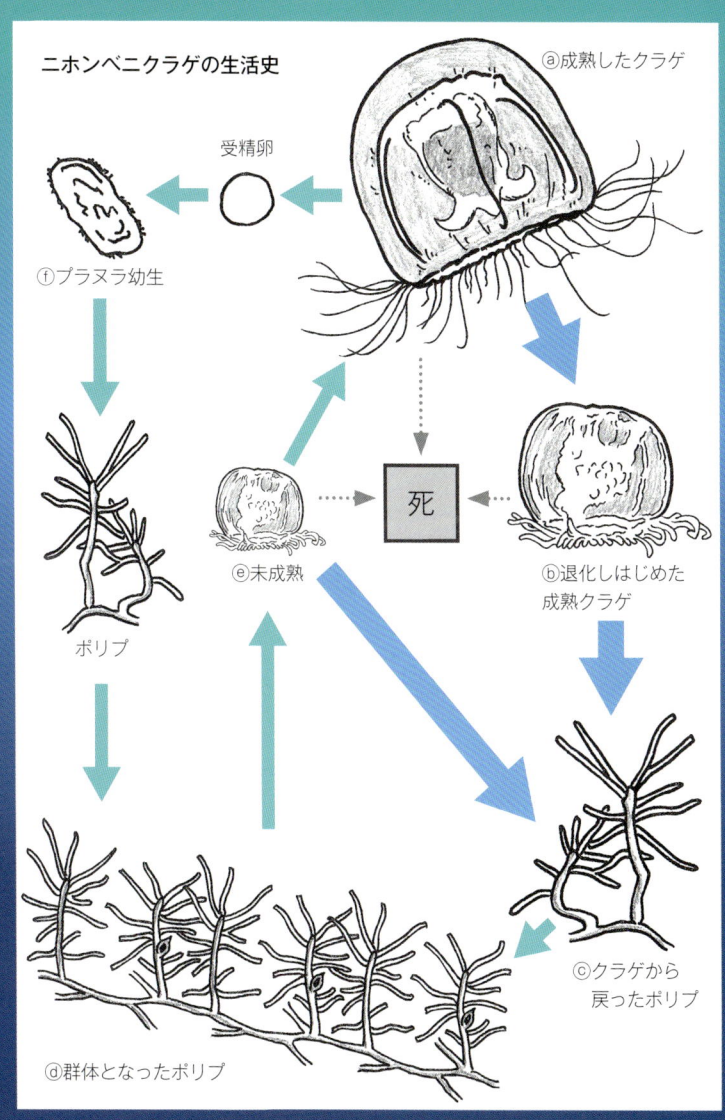

ニホンベニクラゲの生活史
ⓐ成熟したクラゲ
受精卵
ⓕプラヌラ幼生
ポリプ
ⓔ未成熟
死
ⓑ退化しはじめた成熟クラゲ
ⓒクラゲから戻ったポリプ
ⓓ群体となったポリプ

成熟クラゲⓐはストレスで遊泳できなくなった体ⓑを退化させ、塊となったのちにヒドロ根を伸ばし、若いポリプに若返りⓒ、群体を形成しⓓ、若いクラゲⓔを海中へ遊離させ、これが成熟して次世代のプラヌラ幼生ⓕを誕生させると同時に、再び若返る。

刺胞動物門 ヒドロ虫綱 Hydrozoa

◀ **コモチエダクラゲ**（新称）
Bougainvillia platygaster（Haeckel, 1879）
エダクラゲ科 Bougainvilliidae　エダクラゲ属
エダクラゲ科は傘縁の触手群が4・8・16群ある。コモチエダクラゲは口柄に複数のクラゲ芽やポリプを形成し、傘縁に4触手群があり、おのおの10－13本の傘縁触手を伸長させる。本書の取材により日本新記録種となった。
（沖縄県与那国島　1月　21℃　-15m　傘高1cm）

▶ **コモチエダクラゲの幼クラゲ**
（静岡県大瀬崎　11月　23℃
-1m　傘高0.7cm）

◀ **コモチエダクラゲの幼クラゲ**
遊離したばかりのコモチエダクラゲは、傘縁触手が4本。（沖縄県与那国島　1月　21℃　-15m　傘高0.3cm）

◀▲ **エダクラゲ属の1種**
Bougainvillia sp.
エダクラゲ科 Bougainvilliidae
エダクラゲ属の特徴がある幼クラゲ。既知種のいずれかが未知種の可能性もある。傘縁に4触手群があり、おのおの5本ずつ触手を伸長させている。
（福島県いわき市小名浜　4月　9℃　-1m　傘高0.5cm）

▲ **ドフラインクラゲの幼クラゲ**
（福島県いわき市小名浜　4月　9℃
-1m　傘高1cm）

▲ドフラインクラゲの幼クラゲ
Nemopsis dofleini Maas, 1909
エダクラゲ科 Bougainvilliidae　ドフラインクラゲ属
四国から北海道の日本各地の沿岸に分布する日本固有種。
(福島県いわき市小名浜　4月　9℃　-1m　傘高1cm)

▲ドフラインクラゲの幼クラゲ
(福島県いわき市小名浜　4月　9℃　-1m　傘高1cm)

▲ドフラインクラゲ
Nemopsis dofleini Maas, 1909
エダクラゲ科 Bougainvilliidae　ドフラインクラゲ属
四国から北海道の日本各地の沿岸に分布する日本固有種。ドフラインクラゲ属は、傘縁に4触手群があり、傘縁触手の中央の2本が短く棍棒状になるのが特徴。
(福島県いわき市小名浜　4月　9℃　-1m　傘高4cm)

刺胞動物門｜ヒドロ虫綱 Hydrozoa

◀アケボノクラゲ
Chiarella jaschnowi（Naumov, 1956）
エダクラゲ科 Bougainvilliidae
アケボノクラゲ属
北日本海後志海山の付近で6～7月に観察され、秋田市沖でも深度1073mで8月にも観察されている。傘縁に8触手群があり、各触手に眼点はない。
（北海道南西沖　3月　2℃　-702m　傘高3.2cm）（JAMSTEC/三宅裕志）

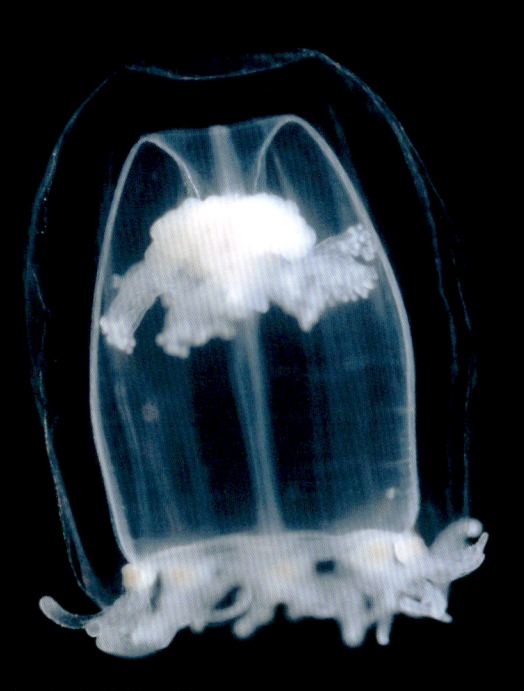

▶ブイヨンケリカークラゲ
Koellikerina bouilloni Kawamura & Kubota, 2005
エダクラゲ科 Bougainvilliidae
ケリカークラゲ属
和歌山県田辺湾から採集された1個体を基に新種記載された。傘縁に8触手群があり、おのおのの触手群は7-8本の糸状触手が伸長する。各触手の内側に1個の眼点がある。
（和歌山県田辺湾　11月　25℃　-27m　傘高0.4cm）（久保田 信）

◀クビレケリカークラゲ
Koellikerina constricta（Menon, 1932）
エダクラゲ科 Bougainvilliidae　ケリカークラゲ属
傘頂には突起があり、その基部はくびれる。傘縁に8触手群があり、おのおの8本の触手を伸長させ、各触手の内側に1個の眼点がある。
（鹿児島県口永良部島　5月　23℃　-1m　傘高0.7cm）（久保田 信）

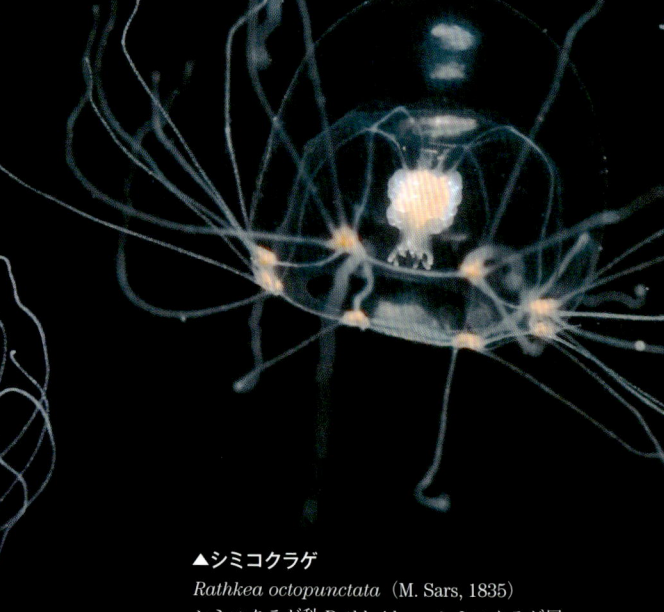

▲シミコクラゲ　口柄にクラゲ芽を形成。
（神奈川県江ノ島　2月　15℃　-1m　傘高0.5cm）

▲シミコクラゲ
Rathkea octopunctata（M. Sars, 1835）
シミコクラゲ科 Rathkeidae　シミコクラゲ属
シミコクラゲ科は傘縁触手が8群あるのが特徴。シミコクラゲは各触手群から最多で5本の糸状触手が伸長する。眼点はない。冬から春にかけて、日本各地の沿岸でみられる。
（神奈川県江ノ島　2月　15℃　-1m　傘高0.5cm）

◀コエボシクラゲ
Halitiara formosa Fewkes, 1882
コエボシクラゲ科（新称）Protiaridae
コエボシクラゲ属
口は単純な形状。傘縁触手は4本で、傘縁に短く小さな触手状の突起が12個ほどある。眼点はない。
（静岡県大瀬崎　11月　22℃　-1m　傘高0.5cm）

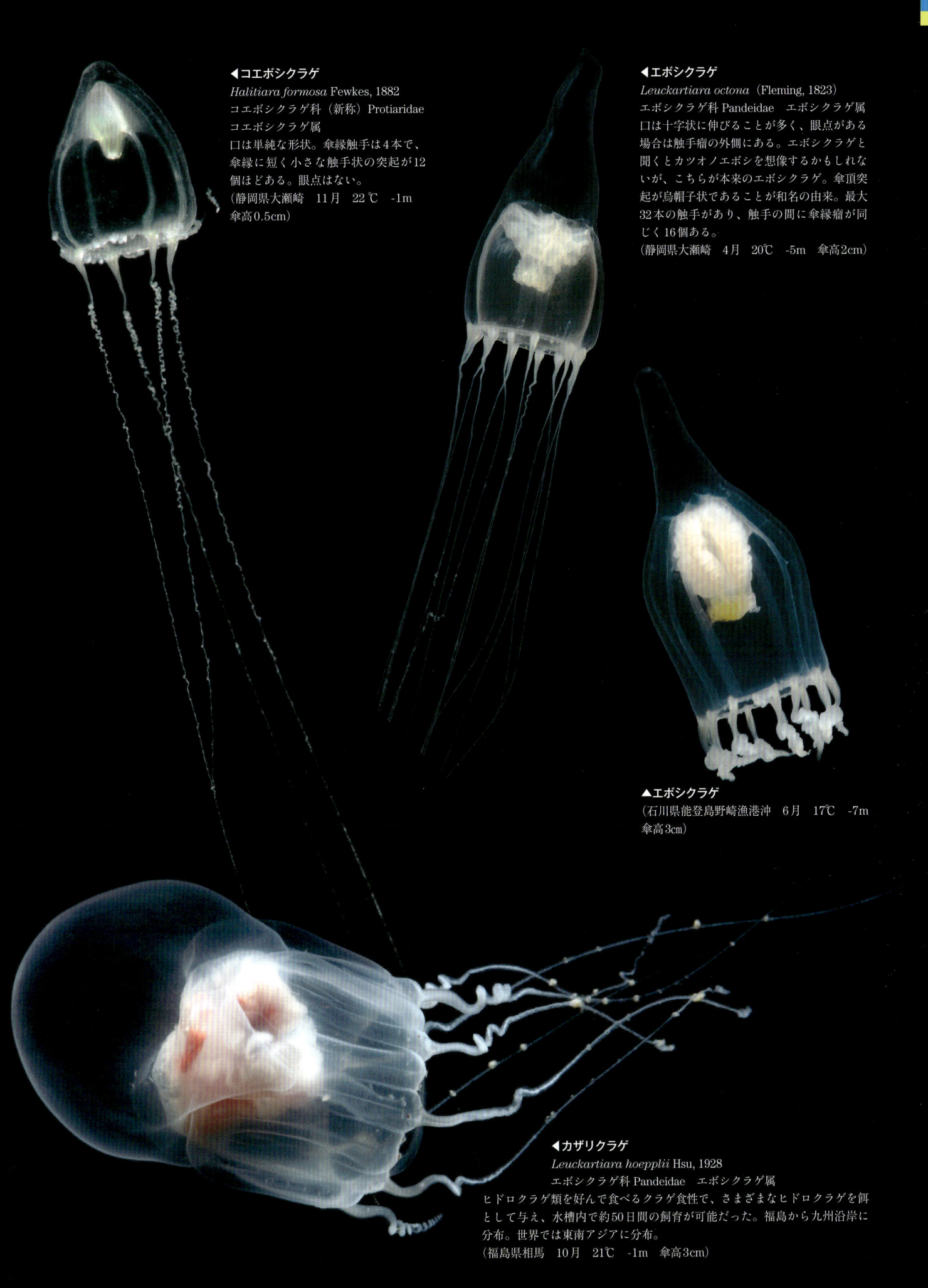

◀エボシクラゲ
Leuckartiara octona（Fleming, 1823）
エボシクラゲ科 Pandeidae　エボシクラゲ属
口は十字状に伸びることが多く、眼点がある場合は触手瘤の外側にある。エボシクラゲと聞くとカツオノエボシを想像するかもしれないが、こちらが本来のエボシクラゲ。傘頂突起が烏帽子状であることが和名の由来。最大32本の触手があり、触手の間に傘縁瘤が同じく16個ある。
（静岡県大瀬崎　4月　20℃　-5m　傘高2cm）

▲エボシクラゲ
（石川県能登島野崎漁港沖　6月　17℃　-7m　傘高3cm）

◀カザリクラゲ
Leuckartiara hoepplii Hsu, 1928
エボシクラゲ科 Pandeidae　エボシクラゲ属
ヒドロクラゲ類を好んで食べるクラゲ食性で、さまざまなヒドロクラゲを餌として与え、水槽内で約50日間の飼育が可能だった。福島から九州沿岸に分布。世界では東南アジアに分布。
（福島県相馬　10月　21℃　-1m　傘高3cm）

刺胞動物門 | ヒドロ虫綱 Hydrozoa

▶**エボシクラゲ属の1種-3**
Leuckartiara sp. 3
エボシクラゲ科 Pandeidae
南日本を中心に春ごろによく見られる。傘頂はそれほど突出せず、4本の傘縁触手がある。
(静岡県大瀬崎　4月　20℃　-1m　傘高0.8cm)

▲**エボシクラゲ属の1種-1**
Leuckartiara sp. 1
エボシクラゲ科 Pandeidae
エボシクラゲに似るが、12本の傘縁触手の基部を外側にカールさせるなどの特徴がある。触手の基部は黄褐色を帯びる。
(福井県越前町　10月　22℃　-1m　傘高2cm)

▶**エボシクラゲ属の1種-2**
Leuckartiara sp. 2
エボシクラゲ科 Pandeidae
南日本を中心に春ごろによく見られる。傘頂はそれほど突出せず、6本の傘縁触手がある。
(静岡県大瀬崎　3月　14℃　-1m　傘高1.5cm)

▲**ズキンクラゲ**
Halitholus pauper Hartlaub, 1913
エボシクラゲ科 Pandeidae　ズキンクラゲ属
寒流系で北海道の東海岸に分布。世界では北太平洋や北大西洋に分布。他のヒドロクラゲ類を食べるクラゲ食性。
(北海道羅臼町　4月　0℃　-10m　傘高1cm)
(関 勝則)

▼**エボシクラゲ科の幼クラゲ**
(神奈川県江ノ島　6月　19℃　-1m　傘高0.2cm)

▶**エボシクラゲ科の幼クラゲ**
Pandeidae sp.
各地で採集されるエボシクラゲ科の幼クラゲ。いずれも傘縁触手が2本の特徴をもっており、この段階では既知種・未記載種のいずれに当たるか定かではない。飼育等によって成熟クラゲを得る必要がある。
(静岡県沼津市赤崎　6月　20℃　-1m　傘高0.2cm)

▲**エボシクラゲ科の幼クラゲ**
(鳥取県夏泊　7月　22℃　-1m　傘高0.2cm)

▲**エボシクラゲ科の幼クラゲ**
(神奈川県江ノ島　6月　19℃　-1m　傘高0.2cm)

エボシクラゲ科 Pandeidae　ユウシデクラゲ属
青森県以北に分布。岸上鎌吉によって千島産の個体をもとに新種
とされた。他のクラゲ類を食べるクラゲ食性。傘にヤドリイソギ
ンチャクの幼体が付着することがある。
（北海道網走市　5月　5℃　表層　傘高7cm）（撮影協力：アク
アマリンふくしま）

▶ユウシデクラゲ
Catablema multicirratum Kishinouye, 1910
エボシクラゲ科 Pandeidae　ユウシデクラゲ属
青森県以北に分布。岸上鎌吉によって千島産の個体をもとに新種
とされた。他のクラゲ類を食べるクラゲ食性。傘にヤドリイソギ
ンチャクの幼体が付着することがある。
（北海道網走市　5月　5℃　表層　傘高7cm）（撮影協力：アク
アマリンふくしま）

刺胞動物門 | ヒドロ虫綱 Hydrozoa

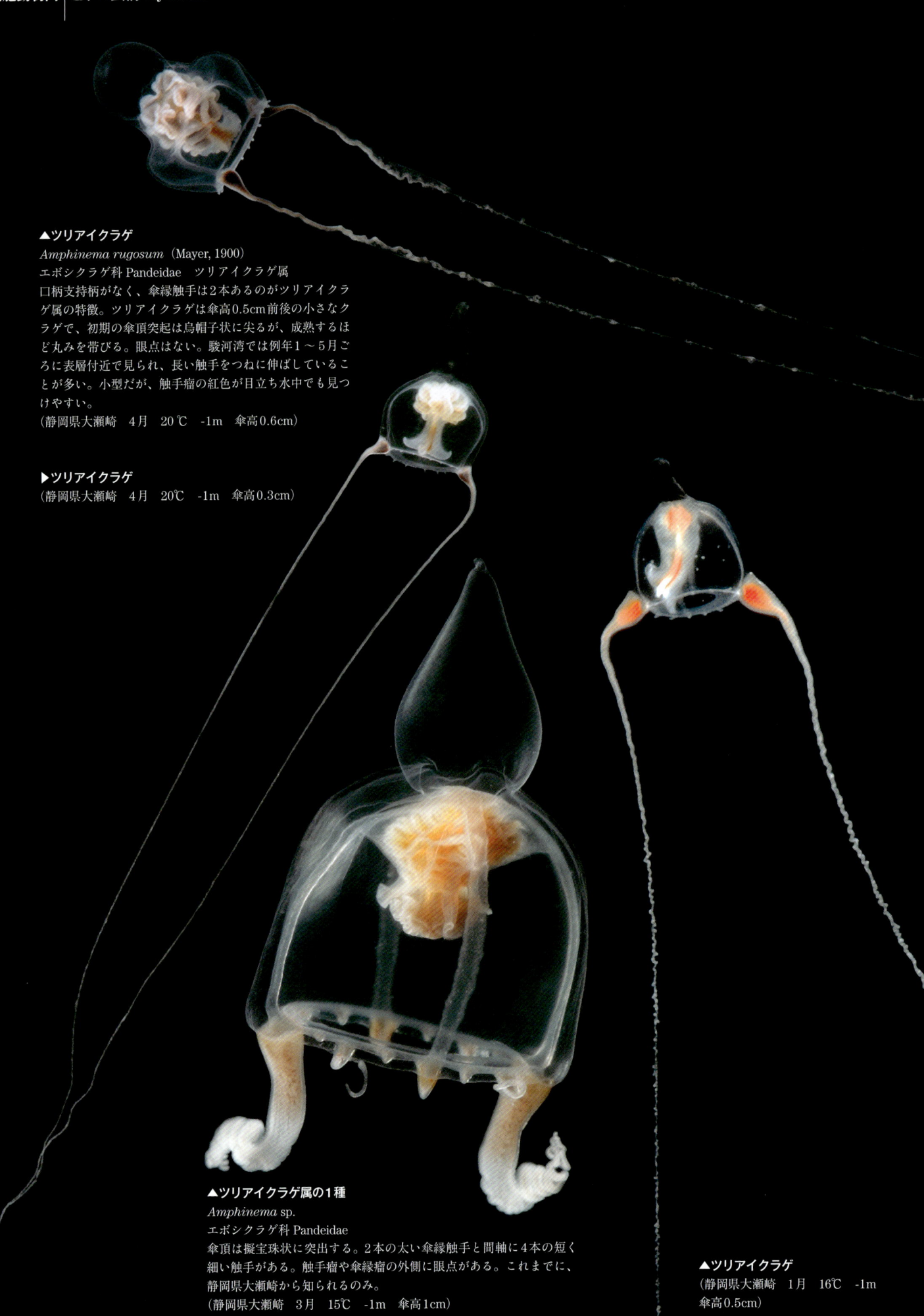

▲ツリアイクラゲ
Amphinema rugosum（Mayer, 1900）
エボシクラゲ科 Pandeidae　ツリアイクラゲ属
口柄支持柄がなく、傘縁触手は2本あるのがツリアイクラゲ属の特徴。ツリアイクラゲは傘高0.5cm前後の小さなクラゲで、初期の傘頂突起は烏帽子状に尖るが、成熟するほど丸みを帯びる。眼点はない。駿河湾では例年1～5月ごろに表層付近で見られ、長い触手をつねに伸ばしていることが多い。小型だが、触手瘤の紅色が目立ち水中でも見つけやすい。
（静岡県大瀬崎　4月　20℃　-1m　傘高0.6cm）

▶ツリアイクラゲ
（静岡県大瀬崎　4月　20℃　-1m　傘高0.3cm）

▲ツリアイクラゲ属の1種
Amphinema sp.
エボシクラゲ科 Pandeidae
傘頂は擬宝珠状に突出する。2本の太い傘縁触手と間軸に4本の短く細い触手がある。触手瘤や傘縁瘤の外側に眼点がある。これまでに、静岡県大瀬崎から知られるのみ。
（静岡県大瀬崎　3月　15℃　-1m　傘高1cm）

▲ツリアイクラゲ
（静岡県大瀬崎　1月　16℃　-1m　傘高0.5cm）

▲ホンオオツリアイクラゲ（新称）
Amphinema turrida（Mayer, 1900）
エボシクラゲ科 Pandeidae　ツリアイクラゲ属
生殖巣や触手が淡褐色だが、傘高1.5cmを超えると傘全体が黄色を帯び、触手は赤色を帯びる。日本ではこれまでに九州の天草と、静岡県大瀬崎から記録があるのみ。
（静岡県大瀬崎　4月　20℃　-5m　傘高2cm）

▲ホンオオツリアイクラゲ（新称）
（静岡県大瀬崎　4月　20℃　-10m　傘高1.2cm）

刺胞動物門 | ヒドロ虫綱 Hydrozoa

ハナアカリクラゲ
Pandea conica（Quoy & Gaimard, 1827）
エボシクラゲ科 Pandeidae　ハナアカリクラゲ属
駿河湾や若狭湾では2〜6月ごろに見られる春のクラゲ。ヒドロクラゲ類を好んで食べるクラゲ食で、触手で捕えたクラゲを食べる際に傘を縮めて口に運ぶ。
（静岡県大瀬崎　2月　16℃　-10m　傘高3cm）

▲傘を縮めているハナアカリクラゲ
（静岡県大瀬崎　3月　17℃　-6m　傘高3cm）

▲ハナアカリクラゲ
（静岡県大瀬崎　4月　20℃　-5m　傘高4cm）

▲ギヤマンハナクラゲ
Timoides agassizii（Bigelow, 1904）
エボシクラゲ科 Pandeidae　ギヤマンハナクラゲ属
わが国では夏季に沖縄本島で2回発見されたのみ。モルジブ諸島、マーシャル諸島、パプアニューギニアから知られるが採集例は少ない。
（沖縄県知念　7月　29℃　-1m　傘径3cm）（岩永節子）

◀イオリクラゲ
Neoturris sp.
エボシクラゲ科 Pandeidae　イオリクラゲ属（新称）
例年5～6月ごろに能登半島沿岸に現れる。とくに能登沖の定置網に大量に入網し、すくい上げると丸く縮まることから、漁師からは"梅干しのようなクラゲ"と呼ばれている。
（能登島　6月　17℃　-1m　傘高4cm）（撮影協力：のとじま水族館）

刺胞動物門 | ヒドロ虫綱 Hydrozoa

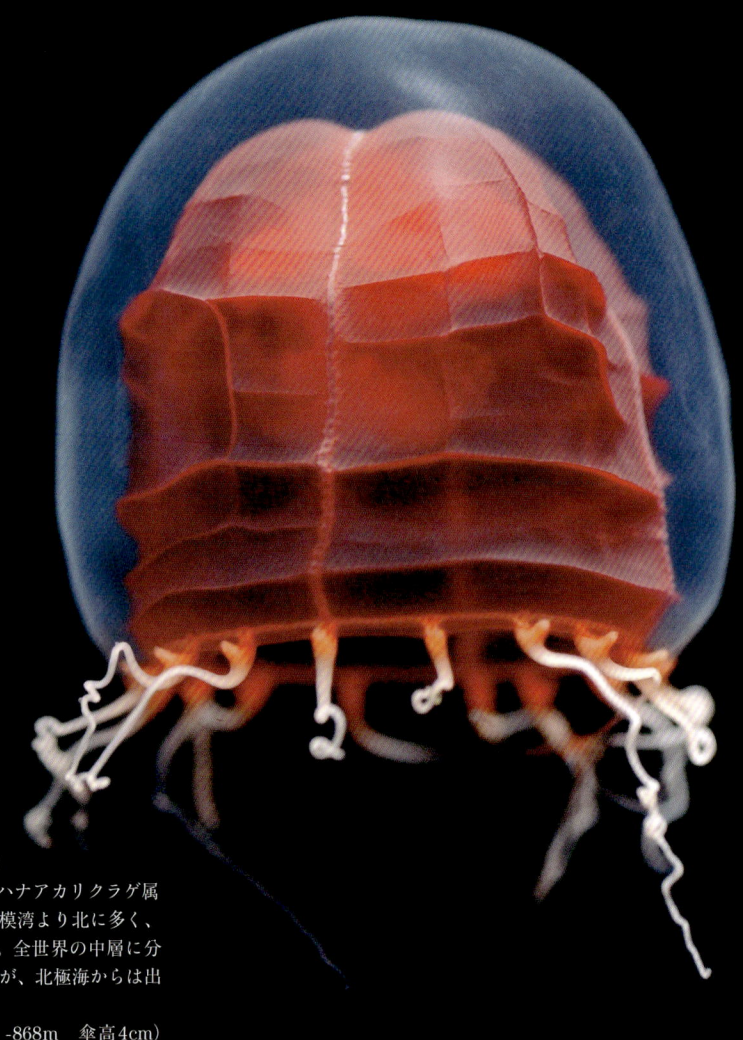

▶アカチョウチンクラゲ
Pandea rubra Bigelow, 1913
エボシクラゲ科 Pandeidae　ハナアカリクラゲ属
日本近海ではクラゲ世代は相模湾より北に多く、深度450 – 900mに出現する。全世界の中層に分布し、南大洋での報告はあるが、北極海からは出現報告がまだない。
（北海道南東沖　4月　3℃　-868m　傘高4cm）
（JAMSTEC/D. Lindsay）

▶ウラシマクラゲ
（福島県いわき市小名浜　10月　20℃　-1m　傘高2cm）（撮影協力：アクアマリンふくしま）

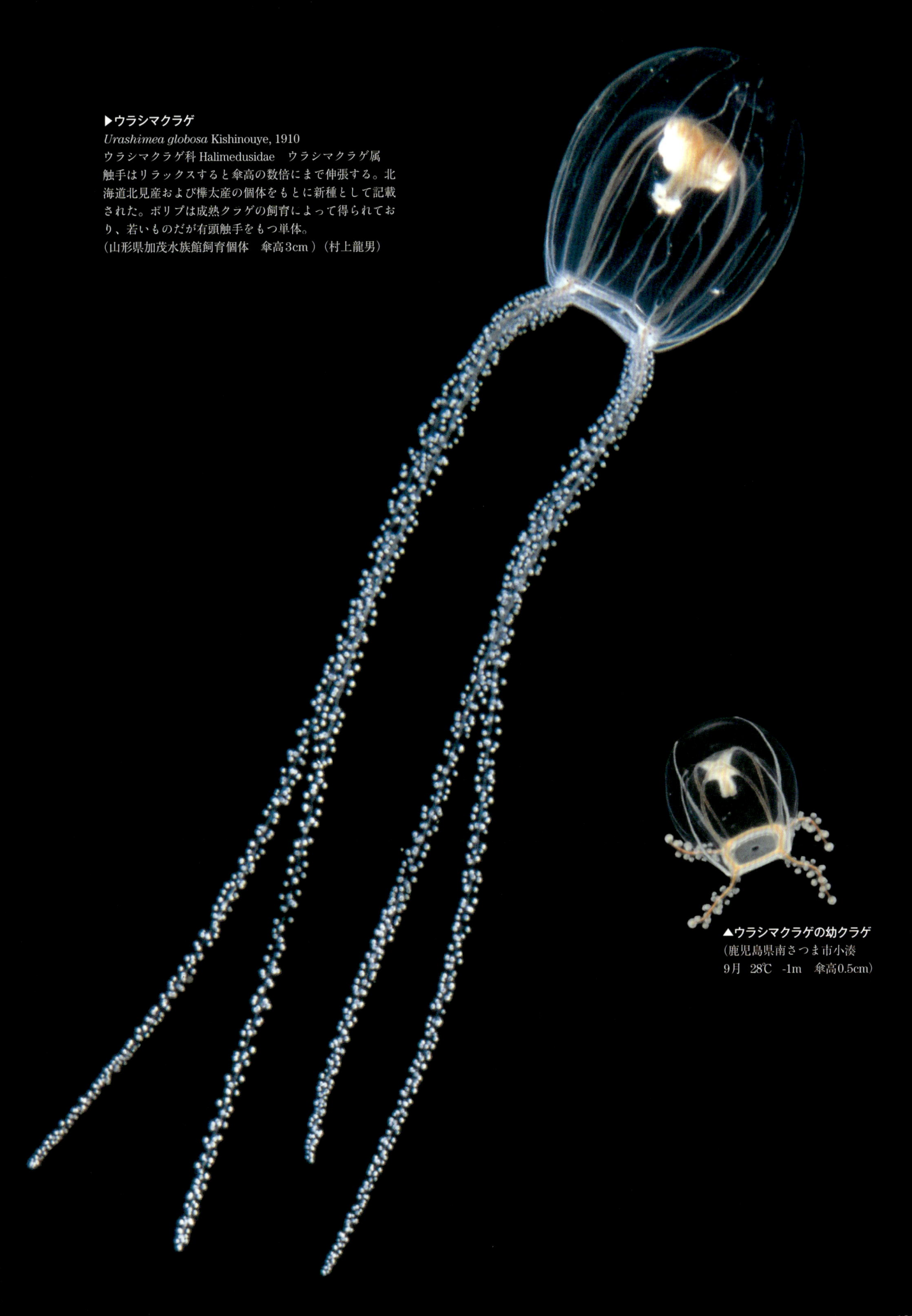

▶ウラシマクラゲ
Urashimea globosa Kishinouye, 1910
ウラシマクラゲ科 Halimedusidae　ウラシマクラゲ属
触手はリラックスすると傘高の数倍にまで伸張する。北海道北見産および樺太産の個体をもとに新種として記載された。ポリプは成熟クラゲの飼育によって得られており、若いものだが有頭触手をもつ単体。
（山形県加茂水族館飼育個体　傘高3cm）（村上龍男）

▲ウラシマクラゲの幼クラゲ
（鹿児島県南さつま市小湊
9月　28℃　-1m　傘高0.5cm）

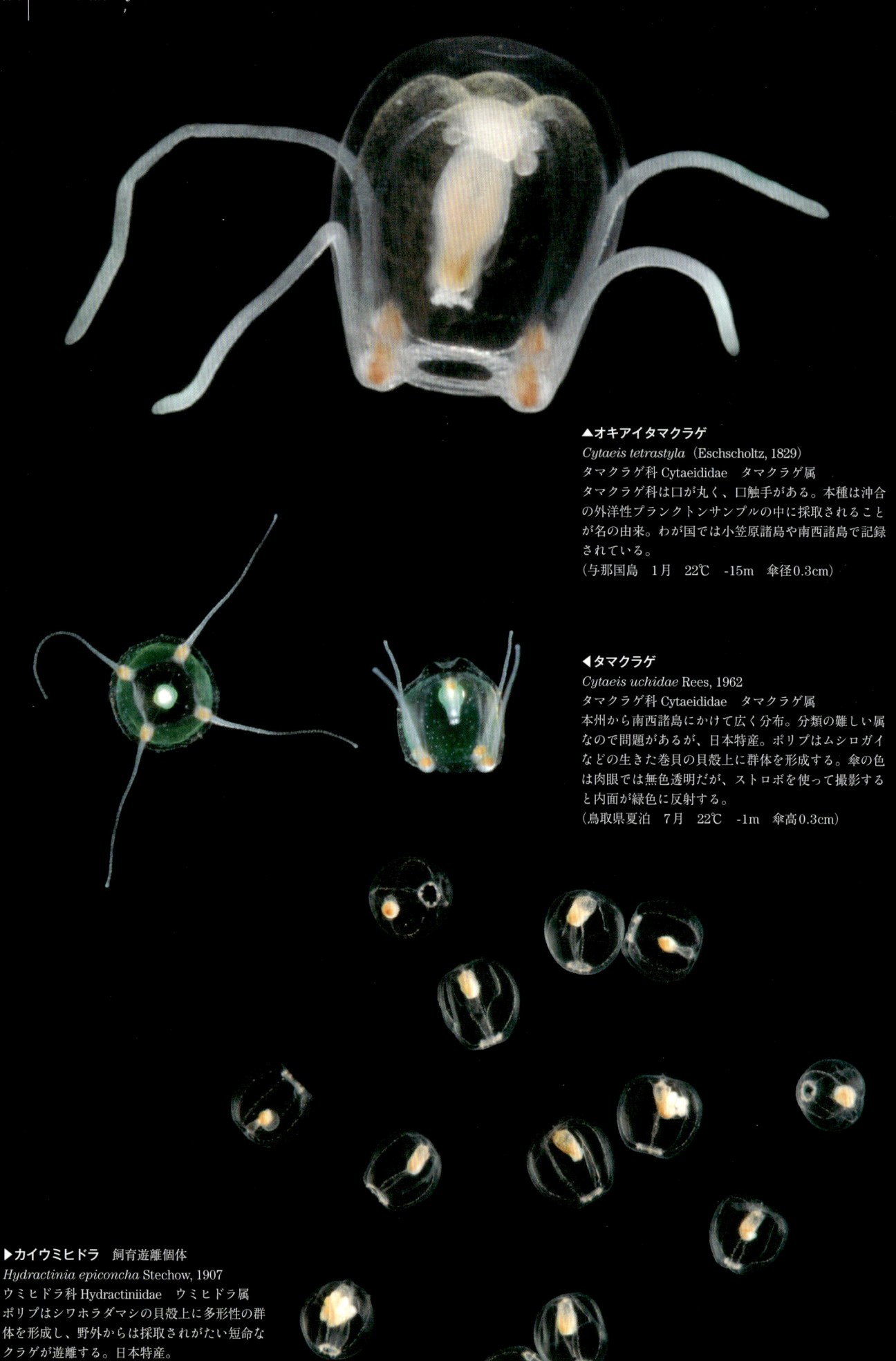

刺胞動物門 | ヒドロ虫綱 Hydrozoa

▲オキアイタマクラゲ
Cytaeis tetrastyla（Eschscholtz, 1829）
タマクラゲ科 Cytaeididae　タマクラゲ属
タマクラゲ科は口が丸く、口触手がある。本種は沖合の外洋性プランクトンサンプルの中に採取されることが名の由来。わが国では小笠原諸島や南西諸島で記録されている。
（与那国島　1月　22℃　-15m　傘径0.3cm）

◀タマクラゲ
Cytaeis uchidae Rees, 1962
タマクラゲ科 Cytaeididae　タマクラゲ属
本州から南西諸島にかけて広く分布。分類の難しい属なので問題があるが、日本特産。ポリプはムシロガイなどの生きた巻貝の貝殻上に群体を形成する。傘の色は肉眼では無色透明だが、ストロボを使って撮影すると内面が緑色に反射する。
（鳥取県夏泊　7月　22℃　-1m　傘高0.3cm）

▶カイウミヒドラ　飼育遊離個体
Hydractinia epiconcha Stechow, 1907
ウミヒドラ科 Hydractiniidae　ウミヒドラ属
ポリプはシワホラダマシの貝殻上に多形性の群体を形成し、野外からは採取されがたい短命なクラゲが遊離する。日本特産。
（静岡県大瀬崎　3月　16℃　-5m　傘高0.2cm）

Topics
さまざまなヒドロ虫

　ヒドロ虫綱のポリプ世代の姿をヒドロポリプという。ポリプ世代は、おもに岩や砂、他の動物（魚や甲殻類、貝類など）の体表を基盤にしながら無性生殖によって増える世代のことで、触手の内側、共肉（個虫をつなぐ部分の総称）、ポリプの側面などに出芽によってクラゲ芽をつくるものがあり、ここから遊離したものがクラゲとなる。そして有性生殖をするクラゲ世代へと移るが、クラゲになっても、若いうちには無性的に幼クラゲを発生させて増えるものも存在する。やがて成熟したクラゲは有性生殖を行い、受精卵は孵化後すぐにプラヌラとして海中を泳ぎはじめ、基盤に付着したのちに再びポリプ世代に移る。

　ヒドロ虫綱の発生は多種多様である。ベニクダウミヒドラのように、ポリプの子嚢から、円筒形で体の片側に口をもち、側面に触手が生えたアクチヌラ幼生という浮遊幼生を発生させ、クラゲにならずにそのまま着生してポリプになるものや、硬クラゲ目のようにプラヌラはポリプにならず、アクチヌラ幼生を経て再びクラゲになるものがいる。また、管クラゲ目のようにプラヌラが海底などの基盤に付着せず、海中に浮遊するポリプ世代（群体）に直接発生するもの、花クラゲ目のギンカクラゲやカツオノカンムリ、管クラゲ目のカツオノエボシなどのように、ポリプ世代に水面で浮遊生活するものもいる。あるいはクラゲを生涯発生させないポリプ世代だけのものもいる。ハネウミヒドラのように、有性生殖の目的だけで終わるごく短命なクラゲのみを発生させるものや、生殖細胞から出芽するもののクラゲとして遊離しない子嚢で終わるものもいる。

　ヒドロ虫の体の構造はいたってシンプルで、同じ刺胞動物のイソギンチャクのように体の内部に隔壁をもたない。口や触手が集まる先端部分を「ヒドロ花」、それに続く茎を「ヒドロ茎」、基盤に付着する植物の根のように長く伸びる部分を「ヒドロ根」という。無性生殖によってヒドロ根はさまざまな方向に伸長しながら、途中で新たなヒドロポリプを形成していき、それぞれの体の一部がつながりあった群体をつくる。

群体性のヒドロ虫

▲岩肌を基盤にして着生するオオタマウミヒドラのポリプ。
▼岩肌を基盤にして着生するドングリガヤ。クチクラ質の外鞘をもつ。

▲オオタマウミヒドラの根元に出芽したクラゲ芽。
▼ベニクダウミヒドラのヒドロ花。

▲知床半島羅臼で見られるクダウミヒドラの1種のポリプ。全長10cm。
▼石灰質の骨格をもつヒドロサンゴ類の1種ヤツデアナサンゴモドキ。

▼岩肌を基盤にして着生するベニクダウミヒドラのポリプ。

Topics
さまざまなヒドロ虫

　群体は同じ遺伝子をもつ個虫によって形成されているが、場所によって形や役割の違う個虫が存在する。群体はその生態や形によって「ポリプ型」と「クラゲ型」の2つに分かれる。「ポリプ型」には、ウミトサカやヤギ類に寄生するハナヤギウミヒドラのように、個虫の中に防御用個虫、摂食用個虫、生殖用個虫、餌を捕る触手状個虫などがあるものがいる。一方、管クラゲ目のような「クラゲ型」では、気胞体、泳鐘（えいしょう）、保護葉、触手を発達させる栄養体、口がなく触手のある感触体、触手を欠く生殖体などの個虫からなり、群体を形成している。

　ヒドロ虫の多くは海産で、生息場所は深海から干潟や汽水域にまでいたるが、淡水にもわずかながら生息している。大きさは数cmから数mm以下と小さなものが多い。その形状には、オオタマウミヒドラなど多くのヒドロ虫に見られるように、体外に鞘をもたない無鞘類、ドングリガヤなどのように、体外にクチクラ質の外鞘をもつ有鞘類、アナサンゴモドキ類のように大型で石灰質の骨格をもつヒドロサンゴ類の3タイプに分けられる。また、多くは群体性だが、群体をつくらない単体性のヒドロ虫も存在する。例としては淡水に生息するヒドラ科、深海に生息するオトヒメノハナガサなどオオウミヒドラ科の仲間などが挙げられる。（峯水）

単体性のヒドロ虫

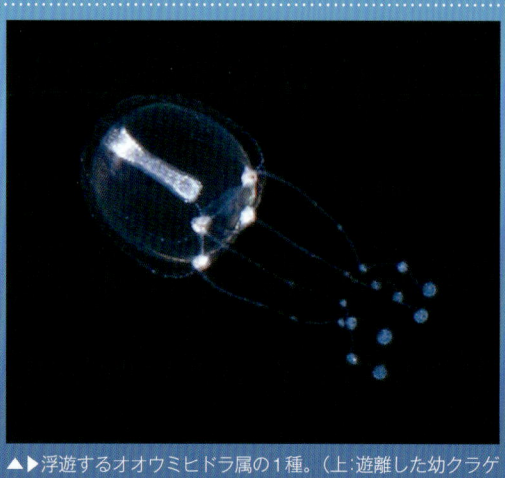

▲▶浮遊するオオウミヒドラ属の1種。（上：遊離した幼クラゲ　右：ヒドロ花）
◀砂地に着生するカタアシクラゲ属のポリプ。全長7cm。

▲全長1mにも達する深海性の単体性のポリプ、オトヒメノハナガサ。（政本進午）
◀静岡県大瀬崎の水深28mに現れた双頭のヒドロ花をもつ深海性のオオウミヒドラ。全長80cmほど。（渡辺宏之）

他の動物に寄生するヒドロ虫

▶巻貝の殻のような形をしたイガグリガイウミヒドラ。イガグリホンヤドカリの成長にともなって成長する。
▼ヤセオコゼの体表につくサカナヤドリヒドラ。

▲同じ刺胞動物のハナヤギに寄生するハナヤギウミヒドラ。

▲ニンギョウヒドラと呼ばれるエダクダクラゲのポリプ。多毛類のエラコの棲管の口付近に着生する。

▲左右：カイウミヒドラの1種。

▼シワホラダマシの貝殻上にあるカイウミヒドラのポリプ。

クラゲ芽

カイウミヒドラのポリプ。クラゲ芽が形成されている。

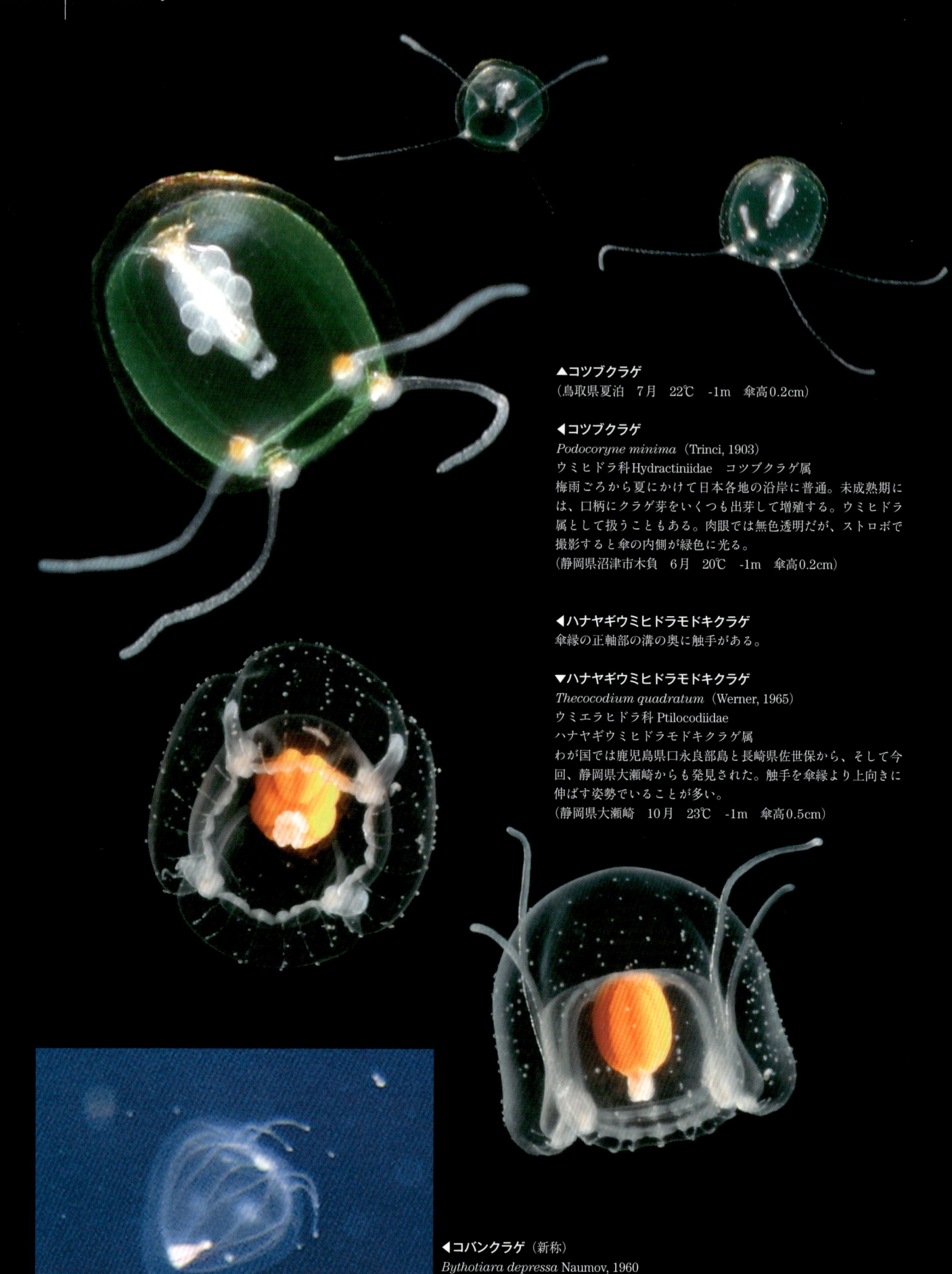

刺胞動物門 | ヒドロ虫綱 Hydrozoa

▲コツブクラゲ
（鳥取県夏泊　7月　22℃　-1m　傘高0.2cm）

◀コツブクラゲ
Podocoryne minima（Trinci, 1903）
ウミヒドラ科 Hydractiniidae　コツブクラゲ属
梅雨ごろから夏にかけて日本各地の沿岸に普通。未成熟期には、口柄にクラゲ芽をいくつも出芽して増殖する。ウミヒドラ属として扱うこともある。肉眼では無色透明だが、ストロボで撮影すると傘の内側が緑色に光る。
（静岡県沼津市木負　6月　20℃　-1m　傘高0.2cm）

◀ハナヤギウミヒドラモドキクラゲ
傘縁の正軸部の溝の奥に触手がある。

▼ハナヤギウミヒドラモドキクラゲ
Thecocodium quadratum（Werner, 1965）
ウミエラヒドラ科 Ptilocodiidae
ハナヤギウミヒドラモドキクラゲ属
わが国では鹿児島県口永良部島と長崎県佐世保から、そして今回、静岡県大瀬崎からも発見された。触手を傘縁より上向きに伸ばす姿勢でいることが多い。
（静岡県大瀬崎　10月　23℃　-1m　傘高0.5cm）

◀コバンクラゲ（新称）
Bythotiara depressa Naumov, 1960
スグリクラゲ科 Bythotiaridae　ホヤノヤドリヒドラ属
ベーリング海、オホーツク海、千島列島沖の北太平洋に分布する。1000mよりも深い層で採集されることが多いようだが、0-200m層においてもまれに採集される。
（相模湾　5月　6℃　-541m　傘高2cm）（JAMSTEC）

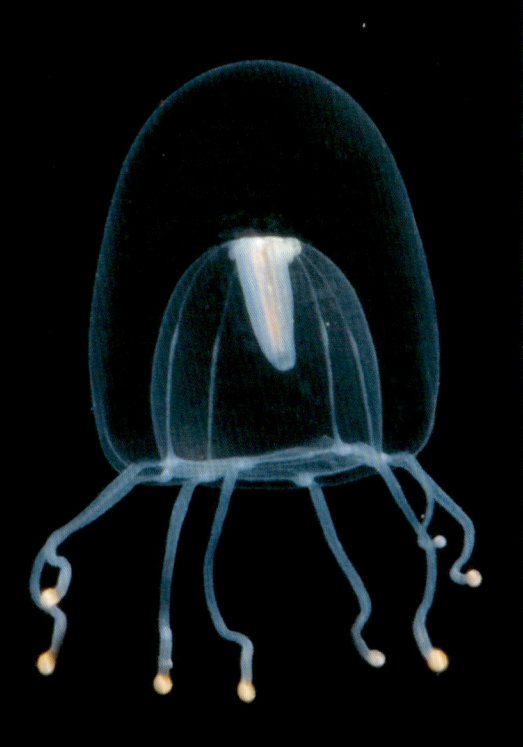

▲ホヤノヤドリヒドラ属の1種
Bythotiara sp.
スグリクラゲ科 Bythotiaridae
本書の撮影で与那国島から発見された日本新記録種。8本の傘縁触手の先端が丸く膨らむ。口柄基部にクラゲ芽を複数出芽する。
（沖縄県与那国島　1月　21℃　-12m　傘高0.5cm）

コンボウクラゲ（新称）
Eumedusa birulai（Linko, 1913）
スグリクラゲ科 Bythotiaridae　コンボウクラゲ属（新称）
傘は縦に長く、ゼラチン質は厚みがある。傘高1.3cmほどまで。触手は大小2つのサイズがあり、長いほうは8本もしくは16本。口柄、触手根や触手の先端はピンク色を帯びる。寒帯域の表層－200mに分布。
（北海道羅臼町　5月　2℃　-15m　傘高2cm）（関 勝則）

▲キライクラゲ
Calycopsis nematophora Bigelow, 1913
スグリクラゲ科 Bythotiaridae　キライクラゲ属
食性については報告も観察例もないが、飼育によって、胃壁の黒い色素は餌からとっていることが示唆された。親潮系の種類であると思われるが、三陸沖では200－600mほどの中層で観察される。
（北海道南東沖　4月　1℃　400m　傘高3cm）（JAMSTEC/D. Lindsay）

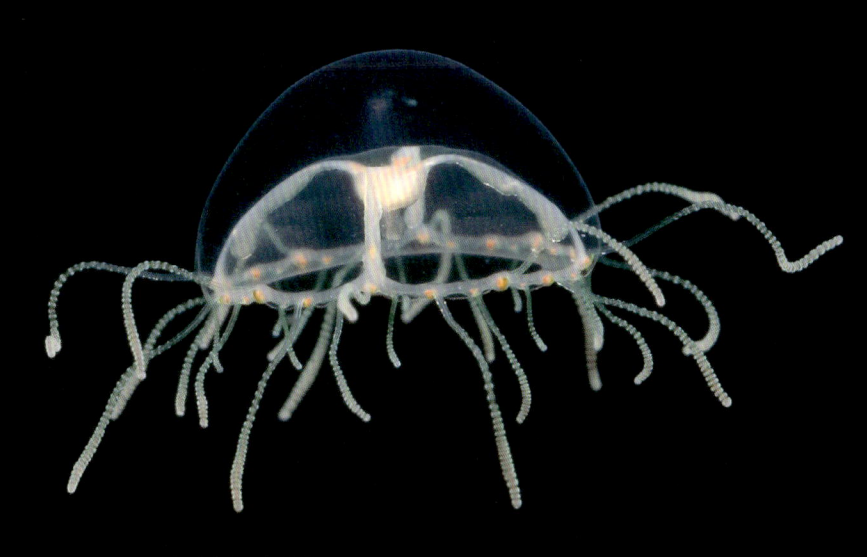

▲ヒルムシロヒドラ
Moerisia horii（T. Uchida & S. Uchida, 1929）
ヒルムシロヒドラ科 Moerisiidae　ヒルムシロヒドラ属
日本固有種で、クラゲは夏季の神奈川県江ノ島の海から記録されている。4放射管に沿ってリボン状に生殖巣が発達し、数珠状の傘縁触手は32本まである。触手瘤の内側に眼点がある。
（神奈川県江ノ島　8月　26℃　1m　傘径1cm）（撮影協力：新江ノ島水族館）

刺胞動物門 | ヒドロ虫綱 Hydrozoa

カミクラゲ 触手の基部
(宮城県志津川 3月 5℃ -6m)

▲カミクラゲ
Spirocodon saltator（Tilesius, 1818）
キタカミクラゲ科 Polyorchidae　カミクラゲ属
冬から春にかけて、本州から九州の太平洋岸に分布する普通種。触手が傘縁で8群に分かれていることで、キタカミクラゲと区別できる。和名の"カミ"は髪の毛のように触手を広げることに由来する。
（静岡県大瀬崎　3月　16℃　-10m　傘高7cm）

▲カミクラゲの幼クラゲ
（長崎県佐世保市　1月　15℃　-3m　傘高1cm）

◀カミクラゲ　触手の基部
（宮城県志津川　3月　5℃　-6m）

カミクラゲ
（宮城県志津川　5月　8℃　-8m　傘高7cm）

キタカミクラゲ
Polyorchis karafutoensis Kishinouye, 1910
キタカミクラゲ科 Polyorchidae　キタカミクラゲ属

刺胞動物門 | ヒドロ虫綱 Hydrozoa

▶▼**エダクダクラゲ**
Proboscidactyla flavicirrata Brandt, 1835
エダクダクラゲ科 Proboscidactylidae
エダクダクラゲ属
北日本に生息する。和名の「エダクダ」が意味するように、4－6本の放射管はすべて3回まで枝分かれする特徴がある。成長すると傘縁触手は100本に達し、傘縁直上に複数の刺胞塊をもつようになる。ポリプはニンギョウヒドラと呼ばれ、ゴカイ類の1種「エラコ」などの棲管の入口付近に群生する。
(2点とも:宮城県志津川　5月
10℃　-8m　傘径1cm)

▲**エダクダクラゲの幼クラゲ**
(宮城県志津川　4月　5℃　-5m
傘径0.2cm)

▶**エダクダクラゲの幼クラゲ**
(宮城県志津川　3月　5℃　-3m　傘径0.5cm)

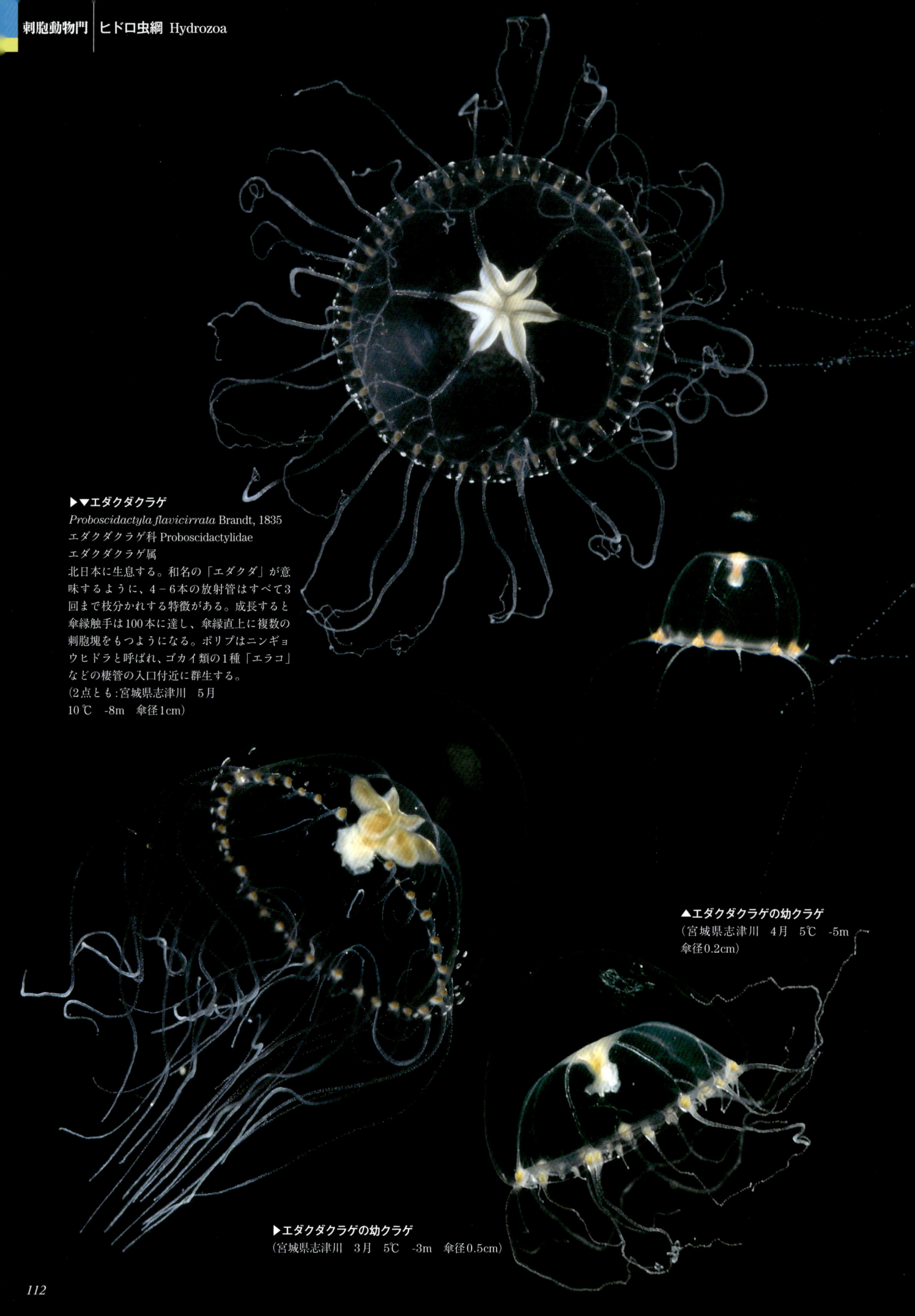

112

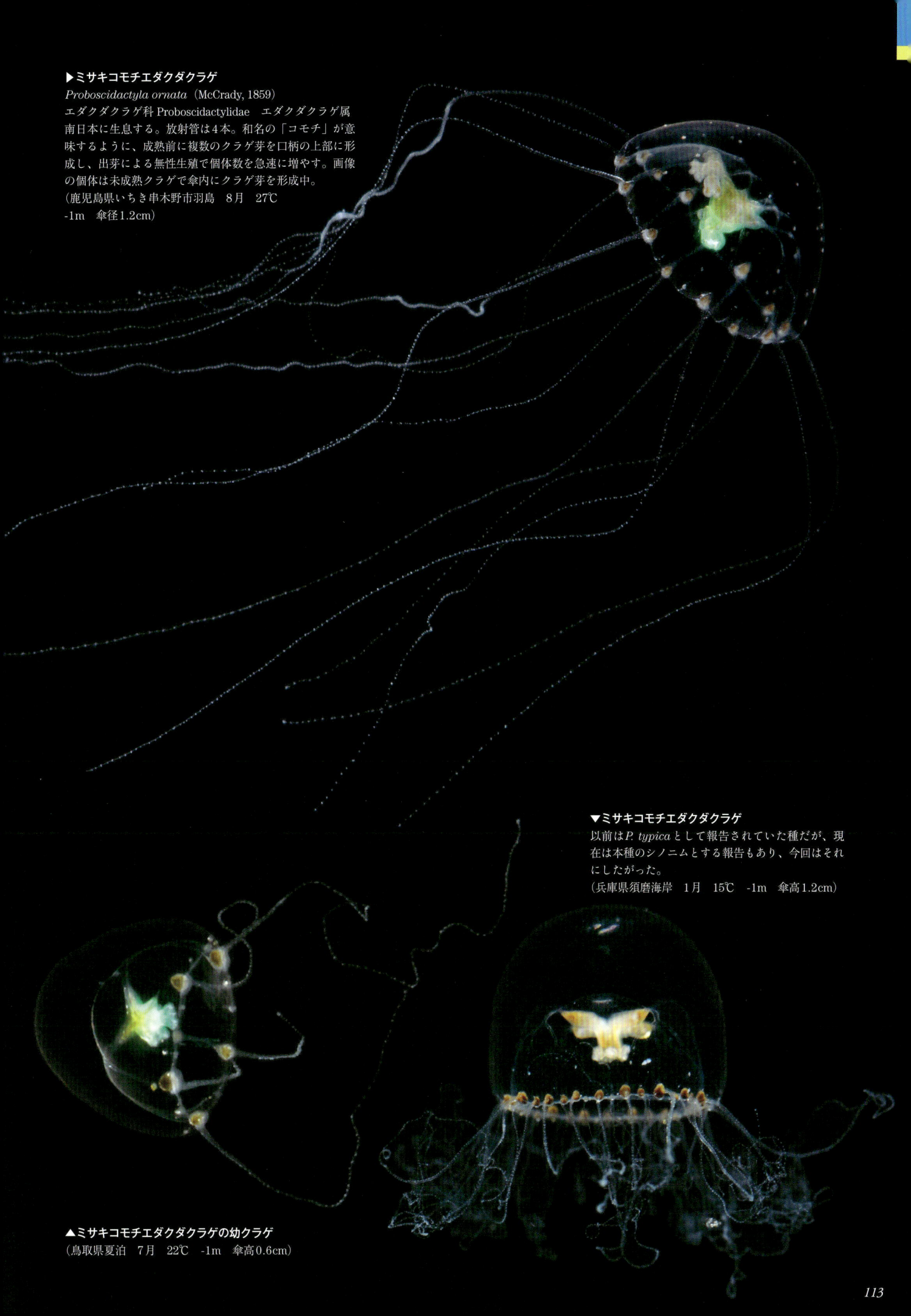

▶ミサキコモチエダクダクラゲ
Proboscidactyla ornata（McCrady, 1859）
エダクダクラゲ科 Proboscidactylidae　エダクダクラゲ属
南日本に生息する。放射管は４本。和名の「コモチ」が意味するように、成熟前に複数のクラゲ芽を口柄の上部に形成し、出芽による無性生殖で個体数を急速に増やす。画像の個体は未成熟クラゲで傘内にクラゲ芽を形成中。
（鹿児島県いちき串木野市羽島　8月　27℃　-1m　傘径1.2cm）

▼ミサキコモチエダクダクラゲ
以前は *P. typica* として報告されていた種だが、現在は本種のシノニムとする報告もあり、今回はそれにしたがった。
（兵庫県須磨海岸　1月　15℃　-1m　傘高1.2cm）

▲ミサキコモチエダクダクラゲの幼クラゲ
（鳥取県夏泊　7月　22℃　-1m　傘高0.6cm）

刺胞動物門 | ヒドロ虫綱 Hydrozoa

▲ギンカクラゲ
Porpita porpita（Linnaeus, 1758）
ギンカクラゲ科 Porpitidae　ギンカクラゲ属
一般的に知られている水面上のものは群体性のポリプ。わが国では黒潮の影響の強い太平洋沿岸部や、対馬海流に乗って日本海にも漂着することがあるが、通常は外洋性で沖合に生息。（静岡県松崎町岩地　8月　30℃　水面　盤径2.5cm）

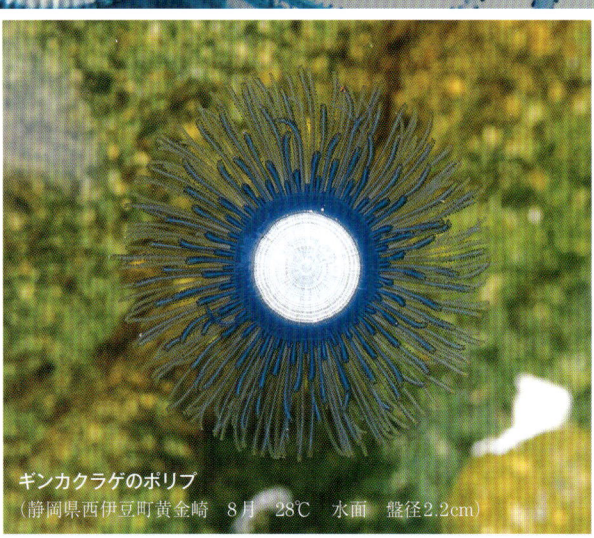

ギンカクラゲのポリプ
（静岡県西伊豆町黄金崎　8月　28℃　水面　盤径2.2cm）

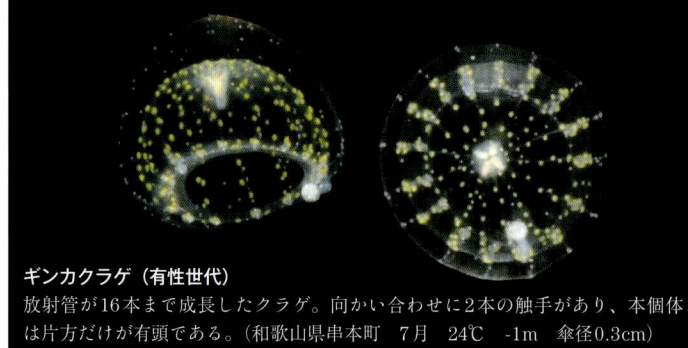

ギンカクラゲ（有性世代）
放射管が16本まで成長したクラゲ。向かい合わせに2本の触手があり、本個体は片方だけが有頭である。（和歌山県串本町　7月　24℃　-1m　傘径0.3cm）

小魚を捕えたギンカクラゲ
（静岡県西伊豆町黄金崎　8月　28℃　水面　盤径3cm）

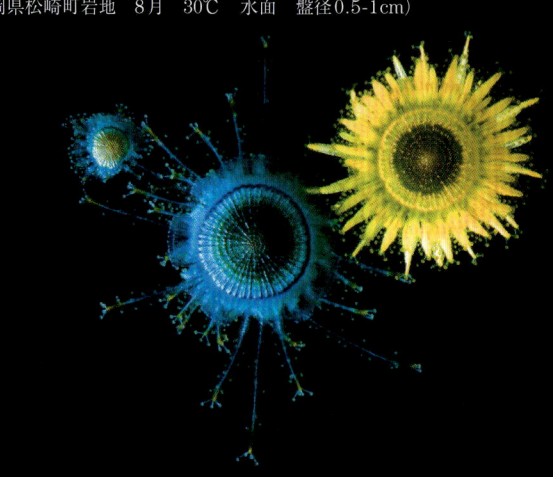

ギンカクラゲ
大きさに関係なく、若いポリプには黄色のものも見られる。
（静岡県松崎町岩地　8月　30℃　水面　盤径0.5-1cm）

カツオノカンムリ
Velella velella（Linnaeus, 1758）
ギンカクラゲ科 Porpitidae　カツオノカンムリ属
一般的に知られるのは、水面上に浮かんでいる群体性のポリプ。盤上に帆のような骨格があり、それに海風を受けて水面を漂う。わが国では黒潮の影響の強い太平洋沿岸部や、対馬海流に乗って日本海にも漂着することがあるが、通常は外洋性で沖合に生息。
（静岡県松崎町岩地　8月　29℃　水面　盤径3cm）

▶漂着したカツオノカンムリのポリプ
（沖縄本島　2月　水面　盤径2−5cm）
（中川淳江）

▼カツオノカンムリ（有性世代）
クラゲは縦に長い釣鐘型で、放射管は4本。向かい合わせに2本の触手があり、両方とも有頭である。
（鹿児島県いちき串木野市羽島　8月　27℃　-1m　傘高0.3cm）

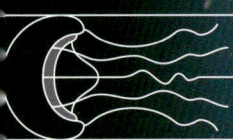

刺胞動物門 ヒドロ虫綱	Cnidaria Hydrozoa
軟クラゲ目	Leptomedusae

軟クラゲ目の生殖巣は放射管上に形成される。傘縁には球状の平衡器をもち、中には平衡石が含まれる。ただし分類群によっては平衡器ではなく、細長く伸びた平衡棍をもつものもある。口は口唇に発達し、丸くない。傘は半球をわずかにつぶしたような平たい形状をしている。眼点をもつ場合は内側にある。触手瘤は発達している。口柄支持柄をもつものもある。特定の分類群に限定されるが、傘縁に糸状体がある。ポリプ世代がある。（久保田）

オワンクラゲ（→p128）
触手を大きく広げながら漂うオワンクラゲ。
(静岡県西伊豆町安良里　4月　18℃　10m　傘径15cm)

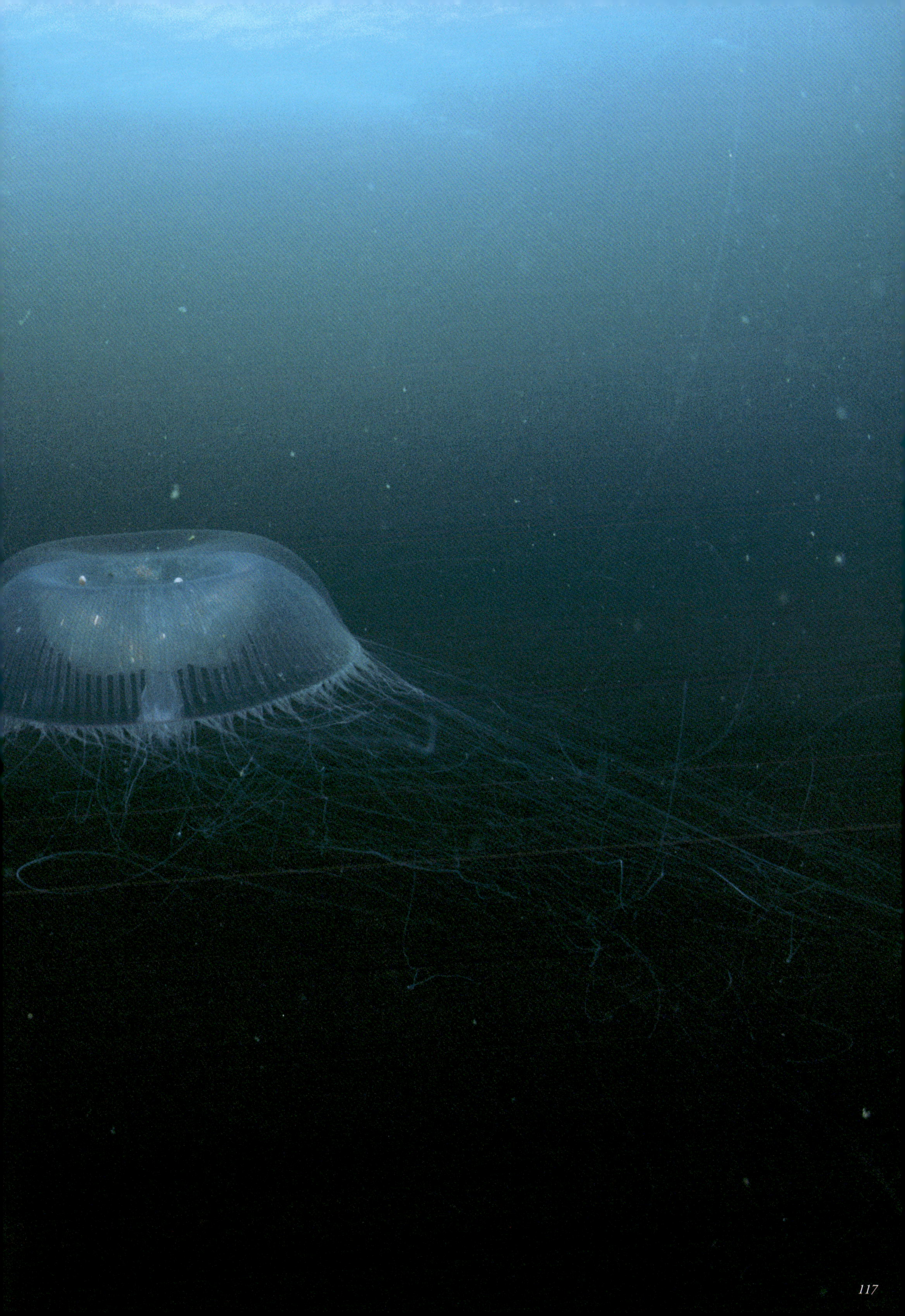

刺胞動物門 | ヒドロ虫綱 Hydrozoa

フサウミコップ ①②③④
Clytia languida (A. Agassiz, 1862)
ウミサカズキガヤ科 Campanulariidae
ウミコップ属
春の表層に多く現れるクラゲ。傘は浅い小皿状で放射管は4本。生殖巣が放射管の後半部に形成される。口柄支持柄はなく、平衡胞を支持する小瘤はない。クラゲだけでの識別が困難な種類で、複数種が混在している可能性が高い。

▶フサウミコップ①
（静岡県大瀬崎　3月　13℃　-1m　傘径2cm）

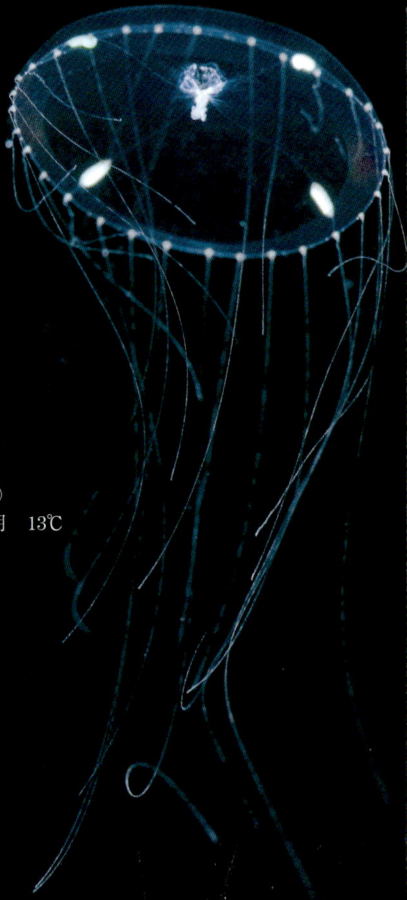

▶フサウミコップ②
（静岡県大瀬崎　3月　13℃　-1m　傘径2.5cm）

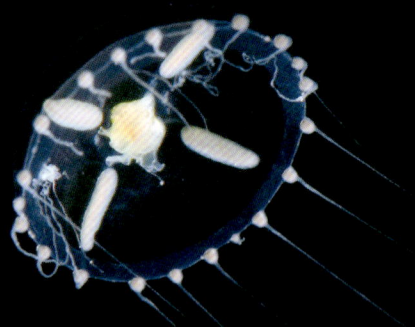

▲フサウミコップ③
（静岡県大瀬崎　3月　13℃　-1m　傘径2cm）

▶フサウミコップ④
（静岡県大瀬崎　4月　13℃　-1m　傘径2.2cm）

ウミコップ属の1種 ①②③④⑤⑥
Clytia spp. 1-6
ウミサカズキガヤ科 Campanulariidae　ウミコップ属
日本にはフサウミコップを含めたウミコップ属のポリプが現在までに11種知られている。いずれもまだクラゲとの十分な対応がなされていないため、フィールドで見られるクラゲだけで種類を特定するのは困難。今回撮影されたクラゲも、いずれかの既知種、あるいはそれ以外の未記載種に当てはまる可能性を含んでいる。

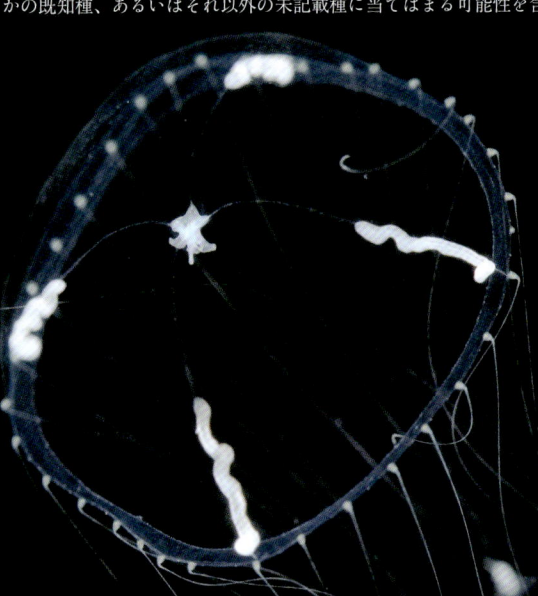

◀ウミコップ属の1種①
Clytia sp. 1
（静岡県大瀬崎　2月　13℃　-1m　傘径3cm）

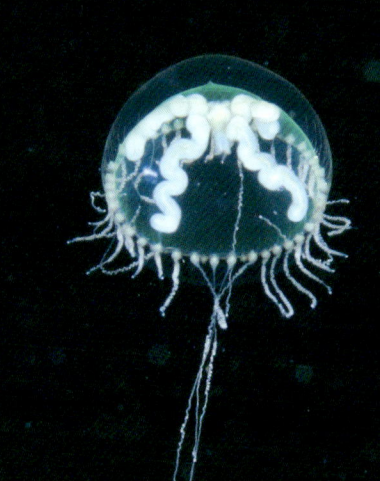

▶上下：ウミコップ属の1種②
Clytia sp. 2
（静岡県大瀬崎　3月　13℃　-1m　傘径1.5cm）

118

◀ウミコップ属の1種 ③
Clytia sp. 3
(静岡県大瀬崎　2月　13℃　-1m
傘径1.5cm)

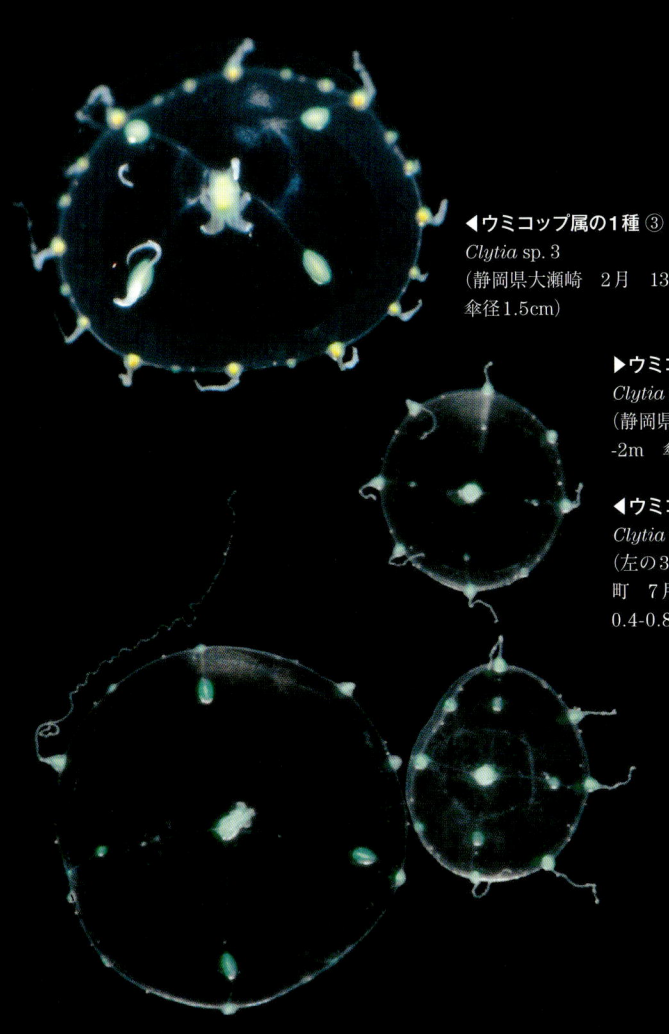

▶ウミコップ属の1種 ④
Clytia sp. 4
(静岡県大瀬崎　4月　20℃
-2m　傘径1.3cm)

◀ウミコップ属の1種 ⑤
Clytia sp. 5
(左の3個体)(和歌山県串本
町　7月　24℃　-1m　傘径
0.4-0.8cm)

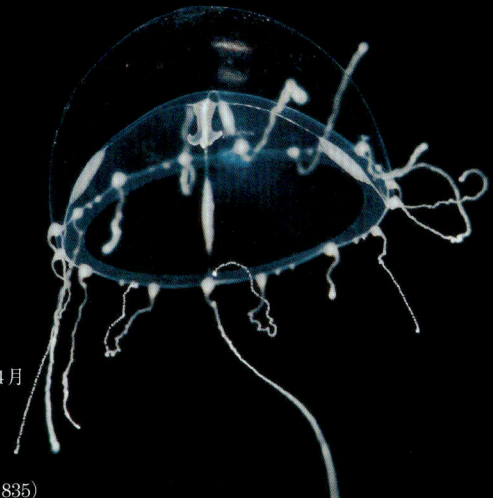

▶ウミコップ属の1種 ⑥
Clytia sp. 6
(福島県いわき市小名浜　4月
15℃　-1m　傘径1cm)

◀ヒラタオベリア
Obelia plana (M. Sars, 1835)
ウミサカズキガヤ科 Campanulariidae
オベリア属
傘が円盤状で縁膜が痕跡的になったクラゲは、遊泳性のヒドロクラゲ類ではオベリア属だけが知られる。日本では北海道に分布する。
(北海道厚岸湾　7月　13℃　飼育遊離個体　傘径0.5cm)(久保田 信)

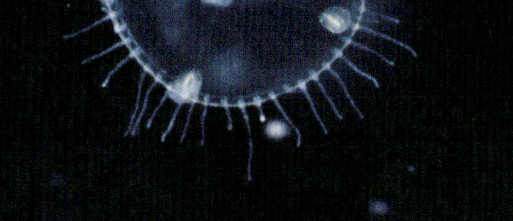

▼▶オベリア属の1種
Obelia sp.
ウミサカズキガヤ科 Campanulariidae　オベリア属
南日本の各地で春に見られる普通種だが、本属はクラゲだけでの区別は困難で、写真のクラゲがどのポリプから遊離したのかが判断できないため、今回はオベリア属の1種とするにとどまった。
(静岡県大瀬崎　3月　14℃　-1m　傘径0.4cm)

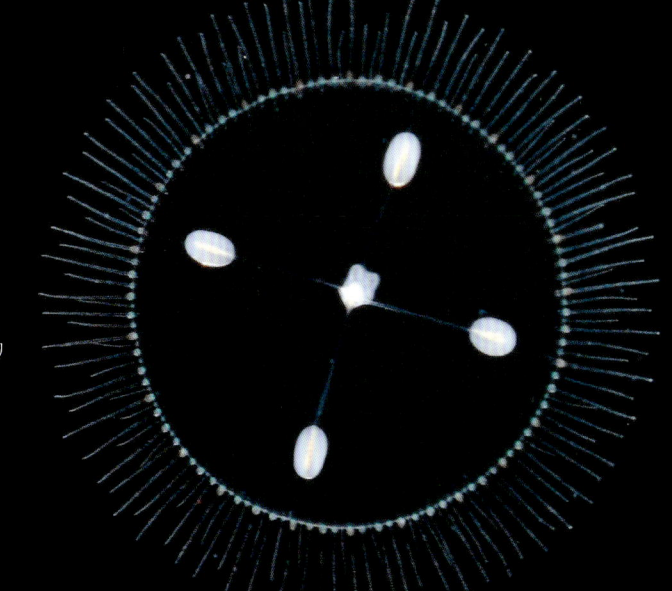

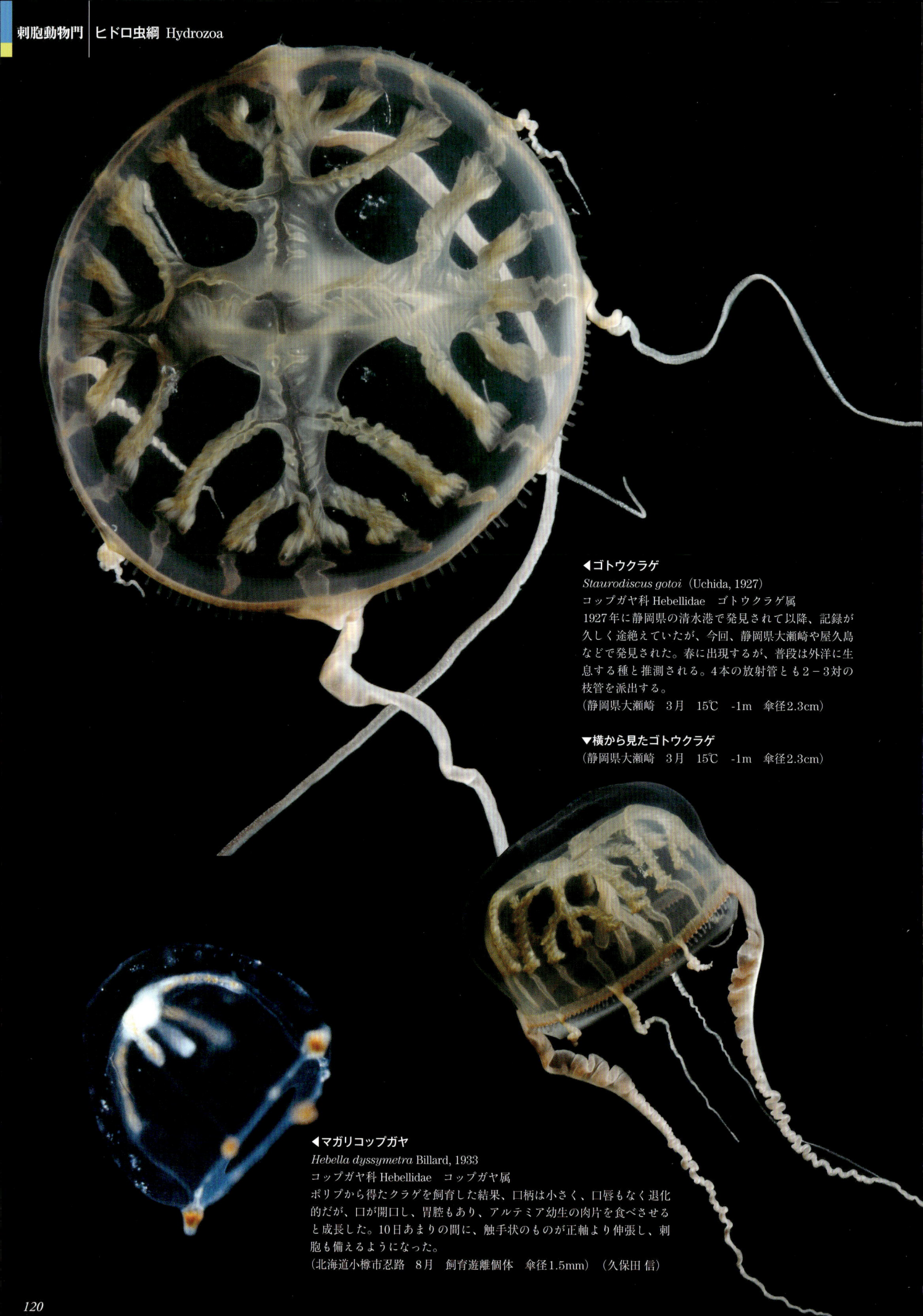

刺胞動物門 | ヒドロ虫綱 Hydrozoa

◀ ゴトウクラゲ
Staurodiscus gotoi（Uchida, 1927）
コップガヤ科 Hebellidae　ゴトウクラゲ属
1927年に静岡県の清水港で発見されて以降、記録が久しく途絶えていたが、今回、静岡県大瀬崎や屋久島などで発見された。春に出現するが、普段は外洋に生息する種と推測される。4本の放射管とも2-3対の枝管を派出する。
（静岡県大瀬崎　3月　15℃　-1m　傘径2.3cm）

▼ 横から見たゴトウクラゲ
（静岡県大瀬崎　3月　15℃　-1m　傘径2.3cm）

◀ マガリコップガヤ
Hebella dyssymetra Billard, 1933
コップガヤ科 Hebellidae　コップガヤ属
ポリプから得たクラゲを飼育した結果、口柄は小さく、口唇もなく退化的だが、口が開口し、胃腔もあり、アルテミア幼生の肉片を食べさせると成長した。10日あまりの間に、触手状のものが正軸より伸張し、刺胞も備えるようになった。
（北海道小樽市忍路　8月　飼育遊離個体　傘径1.5mm）（久保田 信）

▲ヤワラクラゲの幼クラゲ
（静岡県大瀬崎　1月　16℃　-1m　傘高1.3cm）

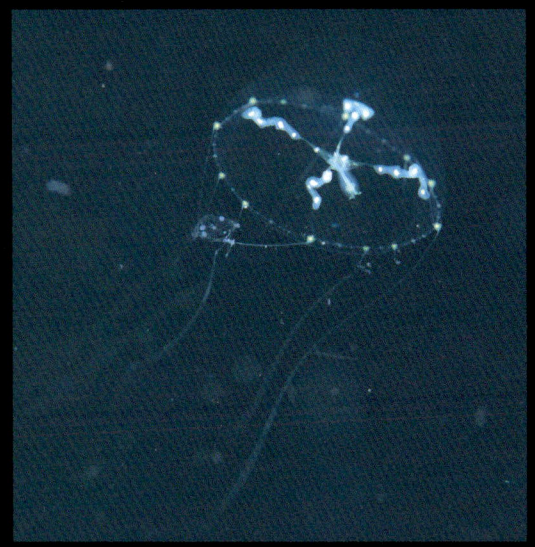

▲ヤワラクラゲ
Laodicea undulata（Forbes & Goodsir, 1853）
ヤワラクラゲ科 Laodiceidae　ヤワラクラゲ属
春から初夏にかけて南日本各地で見られる。傘は透明な皿形で、傘径は2cmほど。4本の放射管に沿って薄板状に波打った生殖巣が形成される。有性世代のクラゲは若い無性世代のポリプに若返ることが可能。（石川県能登島　6月　21℃　-7m　傘径1.3cm）

▲ツブイリスジコヤワラクラゲ
Laodicea sp.
ヤワラクラゲ科 Laodiceidae　ヤワラクラゲ属
傘は深いお椀形で、傘頂は厚みがある。放射管は4本で、いずれも生殖巣が放射管に沿って形成される。生殖巣の中には正体不明の粒が複数入っており、これが和名の由来。傘縁には平衡石を含む感覚器が多数ある。（静岡県大瀬崎　4月　-3m　傘径1.5cm）

▲マツカサクラゲ
Ptychogena lactea　A. Agassiz, 1865
ヤワラクラゲ科 Laodiceidae　マツカサクラゲ属
乳白色の生殖巣が枝管を充満するように形成され、松かさ状に見える。北極海、北緯40度以上の太平洋および大西洋に分布し、深度250mより深いところに多いが、北海道東岸では表層水温が低いときに、浅場に出現する報告がある。
（北海道羅臼町　6月　5℃　-12m　傘径3cm）（関 勝則）

▲シマイマツカサクラゲ（仮称）
Ptychogena sp.
ヤワラクラゲ科 Laodiceidae　マツカサクラゲ属
触手は16本あり、4本の放射管は左右に枝管を6回程度派出させる。口柄、放射管とその枝管、生殖巣は赤サフラン色となる。
（相模湾初島沖　10月　3.3℃　-1007m　傘径3cm）（JAMSTEC/D. Lindsay）

▶サラクラゲ
Staurophora mertensi（Brandt, 1834）
ヤワラクラゲ科 Laodiceidae　サラクラゲ属
傘は平たい皿形で、傘径は25cmに達する大型のヒドロクラゲ。4本の放射管に沿って生殖巣が形成されるが、口も長く伸張して生殖巣と同じような形に開き複雑な形状。日本では寒冷な北海道東岸にのみ分布。
（北海道羅臼町　9月　18℃　-18m　傘径25cm）（関 勝則）

刺胞動物門 | ヒドロ虫綱 Hydrozoa

◀コブエイレネクラゲの瘤
幅の広い口柄支持柄が傘口より突き出し、胃腔のすぐ上の間軸部4か所が瘤のように膨らむ特徴が和名の由来となっている。
(飼育個体　傘径2cm)
(撮影協力：アクアマリンふくしま)

◀コブエイレネクラゲ
Eirene lacteoides Kubota & Horita, 1992
マツバクラゲ科 Eirenidae　マツバクラゲ属
自然界では三重県からのみ記録されているが、日本各地の水族館の水槽内で偶発的にクラゲが発生し、その後得られたポリプからのクラゲ展示も行われている。(飼育個体　傘径2cm)
(撮影協力：アクアマリンふくしま)

▼カイヤドリヒドラクラゲ
Eugymnanthea japonica Kubota, 1979
マツバクラゲ科 Eirenidae
カイヤドリヒドラクラゲ属
短命で有性生殖を1度だけ行う。ポリプは二枚貝共生性の単体性のもので、おもな宿主として、マガキ、ムラサキイガイ、カリガネエガイなどが知られる。ポリプの外観はコノハクラゲのものとまったく同じで、成熟したクラゲを遊離させる。
(沼津市内浦長浜　10月　23℃　-1m　傘径0.2cm)

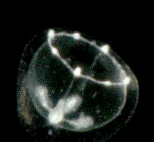

▶エイレネクラゲ
Eirene menoni Kramp, 1953
マツバクラゲ科 Eirenidae　マツバクラゲ属
通年、南日本各地で見られる。傘は透明なお椀形。4本の放射管と4口唇をもち、生殖巣は口柄支持柄基部から傘縁付近まで放射管上に沿って細長い形で形成される。口柄支持柄はすんなりとした形状で、傘口より突き出す。
（静岡県大瀬崎　1月　17℃　-1m　傘径3.5cm）

▲エイレネクラゲ
エイレネクラゲ（傘の白い部分は吸虫が寄生している）
（静岡県大瀬崎　8月　27℃　-5m　傘径3cm）

▼マツバクラゲ
6本の放射管と6口唇をもち、生殖巣は放射管の後半部に細長く形成される。放射管は不均等に並ぶものが多い。
（静岡県大瀬崎　1月　16℃　-1m　傘径3.5cm）

▶マツバクラゲ
Eirene hexanemalis (Goette, 1886)
マツバクラゲ科 Eirenidae　マツバクラゲ属
冬から夏に南日本各地で見られる。傘はお椀形で傘径3cmに達する。口柄支持柄は傘口より突き出す。ポリプはプランクトン性の単体性のもので、浮遊生活をしながら1個の若いクラゲに変態する。
（静岡県大瀬崎　1月　16℃　-1m　傘径3.5cm）

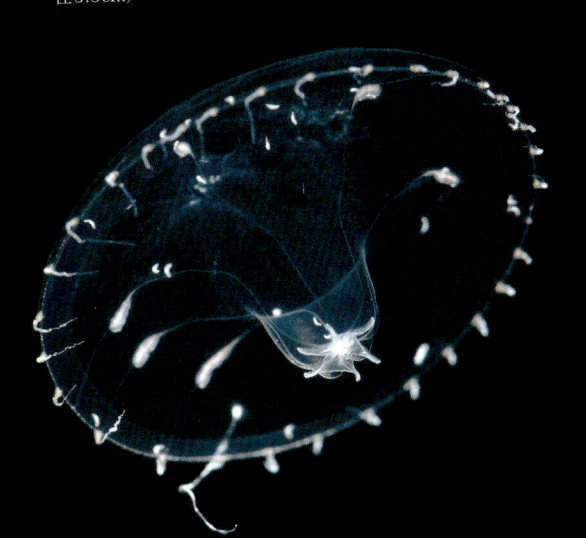

123

刺胞動物門 | ヒドロ虫綱 Hydrozoa

▶ギヤマンクラゲ
Tima formosa L. Agassiz, 1862
マツバクラゲ科 Eirenidae　ギヤマンクラゲ属
放射管は4本で、生殖巣は放射管に沿って褶状に形成される。口柄支持柄が長く伸びて、口柄は傘口より突き出る。4口唇は刻まれ複雑な形状。和名のギヤマンは、オランダ語の「ガラスのように透明」を意味する。
（アクアマリンふくしま　飼育個体　傘径3cm）
（撮影協力：アクアマリンふくしま）

▲シロクラゲ
Eutonina indicans (Romanes, 1876)
マツバクラゲ科 Eirenidae　シロクラゲ属
東北地方以北に分布する。傘は透明なお椀形で、傘径4cmほどまで。4本の放射管に沿って生殖巣がリボン状に形成される。口柄支持柄が長く、口柄は傘口から突出する。4口唇は刻まれた複雑な形状。傘縁には約100本の触手がある。
（宮城県志津川　5月　8℃　-6m　傘径5cm）

◀上：ギヤマンクラゲ
（静岡県大瀬崎　6月　20℃　-5m　傘径4cm）（大塚幸彦）

◀コノハクラゲの幼クラゲ（南日本型）
Eutima japonica Uchida, 1925
マツバクラゲ科 Eirenidae　コノハクラゲ属
4本の放射管と4口唇をもち、生殖巣は放射管上のほぼ全体に沿って細長く形成される。通常は8本の傘縁触手と8個の平衡胞をもつが、ともに最大数が21となる。形態変異が大きく、日本では4型が知られており、ポリプはおもにムラサキイガイやカリガネエガイなどの二枚貝に共生する単体性。吸盤状になったヒドロ根で軟体部に付着する。（島根県松江市美保関町七類　7月　22℃　-1m　傘径0.5cm）

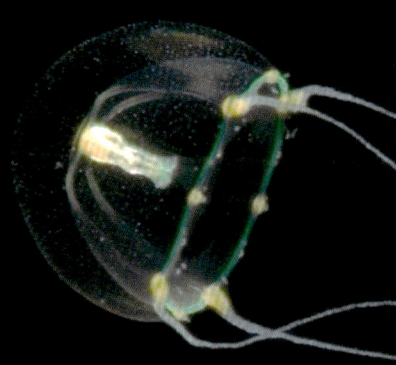

◀コノハクラゲの幼クラゲ（南日本型）
（神奈川県江ノ島　6月　19℃　-1m　傘径0.5cm）

▶コノハクラゲ（中間型）
（三重県志摩市座賀島　2月　15℃　-1m　傘径0.5cm）（久保田 信）

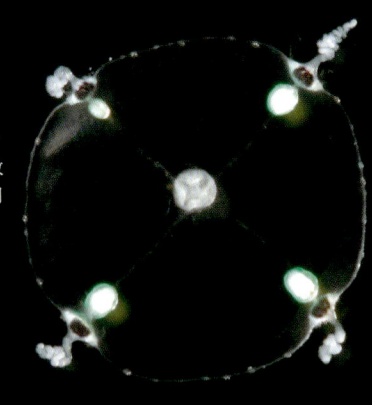

刺胞動物門 | ヒドロ虫綱 Hydrozoa

▶イトマキコモチクラゲ
Eucheilota multicirrus Xu & Huang, 1990
コモチクラゲ科 Eucheilotidae　コモチクラゲ属
傘は平たく、4本の放射管と4本の触手があり、それらの触手瘤には黒い色素が詰まり、両脇には多数の糸状体がある。傘縁付近に蛍光緑色を帯びた楕円形の生殖巣がある。
（福島県いわき市小名浜　11月　19℃　-1m　傘径0.5cm）

▲カミクロメクラゲ
Tiaropsis multicirrata（M. Sars, 1835）
クロメクラゲ科 Tiaropsidae
カミクロメクラゲ属
東北以北で知られる。傘は透明なお椀形。生殖巣は4放射管の両側に分かれるように形成される。8個の平衡胞の基部にはクッションのような膨らみがあり、このような形質はヒトエクラゲ類にも似る。
（北海道厚岸　5月　5℃　-1m　傘径2cm）

◀コモチクラゲ
Eucheilota paradoxica Mayer, 1900
コモチクラゲ科 Eucheilotidae　コモチクラゲ属
傘径0.4cm以下。4本の放射管と4本の傘縁触手があり、糸状体が触手瘤や傘縁瘤の両脇に多数ある。未成熟時に放射管に沿ってクラゲ芽を出芽し、無性生殖で増殖する。日本各地に広く分布する。通常は無色透明だが、ストロボを使って撮影すると傘の内側が緑色に光る。
（静岡県沼津市木負　6月　20℃　-1m　傘径0.3cm）

▲ハナクラゲモドキ
Melicertum octocostatum（M. Sars, 1835）
ハナクラゲモドキ科 Melicertidae　ハナクラゲモドキ属
東北以北で見られる。傘径1.5cmほど。傘はやわらかく、透明な半球形。放射管は8本あり、それらのほぼ全域に生殖巣が形成される。
（山形県明石礁　6月　17℃　-1m　傘径1.5cm）（久保田 信）

▲キタヒラクラゲ
Dipleurosoma typicum Boeck, 1866
キタヒラクラゲ科 Dipleurosomatidae　キタヒラクラゲ属
傘は平たい皿型。傘径6mmほどまで。多数の不規則な放射管と触手をもつ。傘縁にまで伸びた放射管に沿って二分裂し、無性生殖によっても増殖を繰り返す。駿河湾～北海道、能登半島より記録がある。
（静岡県大瀬崎　2月　15℃　-1m　傘径1.2cm）

▲生殖巣の発達したキタヒラクラゲ
楕円形の生殖巣が放射管のほぼ中央にそれぞれ形成される。
（静岡県大瀬崎　3月　13℃　-1m　傘径1.2cm）

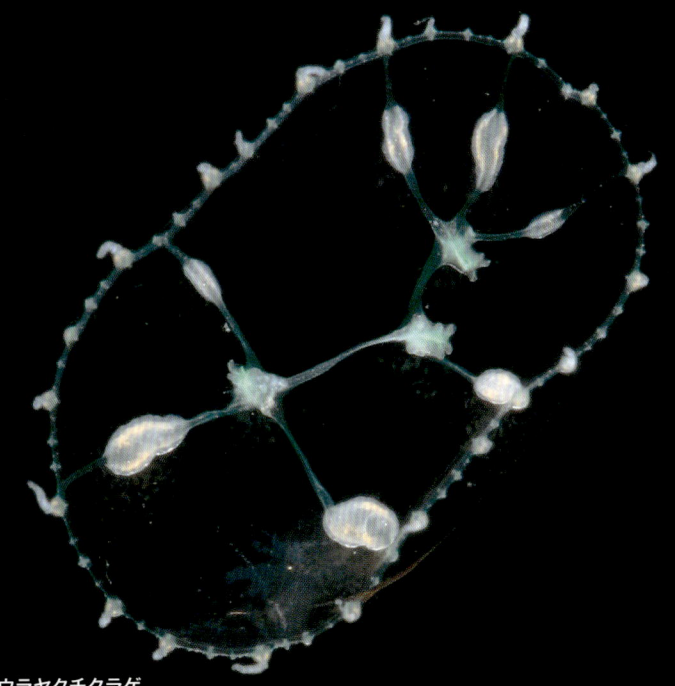

▲スギウラヤクチクラゲ
（静岡県大瀬崎　3月　15℃　-1m　傘高0.7cm）

▶スギウラヤクチクラゲ
Sugiura chengshanense（Ling, 1937）
スギウラヤクチクラゲ科 Sugiuridae　スギウラヤクチクラゲ属
駿河湾では春先によく見られるクラゲで、口柄や傘縁が蛍光緑色に染まる。本属は杉浦靖夫博士の研究をもとに、外見の類似する *Gastroblasta* 属とは異なるものとして設立され、属名も科名も杉浦博士に献名された。（静岡県大瀬崎　4月　18℃　-1m　傘高1cm）

Column
スギウラヤクチクラゲの分裂増殖

スギウラヤクチクラゲは、傘を二分裂することによって無性生殖で増殖する。複数の口柄をもっており、口柄も分裂と同時にそれぞれに分かれるが、まれに口柄がない傘ができることもあり、その場合はのちの生存ができない。

②さらに傘をひねり、亀裂をどんどん大きくしていく。中央のわずかな部分でつながっている。

①傘をひねるような8の字脈動をしているうちに、傘縁に亀裂が入りはじめる。

③亀裂が入りはじめてから約5時間ほどで分裂が終了。傘縁もほぼ元通りに修復された。

刺胞動物門｜ヒドロ虫綱 Hydrozoa

オワンクラゲ
Aequorea coerulescens（Brandt, 1838）
オワンクラゲ科 Aequoreidae　オワンクラゲ属
傘径20cmに達する大型のクラゲ。緑色蛍光タンパク質（GFP）と、カルシウムを感知して発光するイクオリンによって生物発光することが知られている。インド-太平洋や大西洋に分布し、北海道から九州にかけて広く見られる。傘内にヤドリイソギンチャクやウミノミ類が付着することがある。
（静岡県大瀬崎　5月　19℃　-5m　傘径20cm）

さまざまなヒドロクラゲを食べるオワンクラゲ
(静岡県大瀬崎　4月　17℃　-6m　傘径18cm)

▲オワンクラゲ
生殖巣がピンク色に染まった個体。
(静岡県大瀬崎　4月　18℃　-3m　傘径14cm)（大塚幸彦）

▲オワンクラゲの生殖巣
放射管に沿って生殖巣が発達する。
(静岡県大瀬崎　4月　18℃　-2m　傘径15cm)

▼オワンクラゲの幼クラゲ
軟クラゲ類にはポリプ世代があり、ポリプは群体性で、触手間に刺胞を含むみずかき状の構造をもつ。
(静岡県熱海市曽我浦　4月　18℃　-4m　傘径1.5cm)

◀オワンクラゲ科の1種
Aequoreidae sp.
オワンクラゲ科 Aequoreidae
冬の表層で見られる傘径1.5－2cm前後の幼クラゲ。オワンクラゲの可能性もあるが、形態の似た未確認の複数種も考えられ、同定にはいたらなかった。
(静岡県大瀬崎　1月　16℃　-1m　傘径1.5cm)

刺胞動物門　ヒドロ虫綱　Hydrozoa

ヒトモシクラゲ
Aequorea macrodactyla (Brandt, 1835)
オワンクラゲ科 Aequoreidae　オワンクラゲ属
傘に発達する生殖巣数に対し、触手数が圧倒的に少ないのが特徴。放射管上に形成された多数の生殖巣は刺激を受けて発光する。成長すると傘径8cmほどまでになる。
(静岡県大瀬崎　5月　19℃　-5m　傘径20cm)

ヒトモシクラゲ
出現時期や容姿がオワンクラゲと似ているため、混同されることが多いが、オワンクラゲに比べて傘頂のゼラチン質は薄く、扁平でやわらかい。写真の個体にはトガリズキンウミノミが寄生している。
(静岡県大瀬崎　4月　20℃　-2m　傘径15cm)

分裂中のヒトモシクラゲ
成長とともに、中央で分裂して無性生殖によって増殖する。ポリプ世代があるかどうかは不明。
（静岡県大瀬崎　4月　20℃　-2m　傘径それぞれ約8cm）

▶**カザリオワンクラゲ**（新称）
Zygocanna buitendijki Stiasny, 1928
オワンクラゲ科 Aequoreidae　カザリオワンクラゲ属（新称）
傘径5－13cmほど。1928年にジャワ海より報告されたが、その後の記録は非常に少ない。日本からは三重県鳥羽や静岡県大瀬崎、利島などに記録があるのみの稀種。傘は半透明の椀形で、外傘全体に波打つように縦走した刺胞列がある。傘縁に20－50本前後の外傘触手がある。口は閉じると傘口より下に突出する。
（三重県鳥羽　10月　-5m　傘径5cm）（堀田拓史）

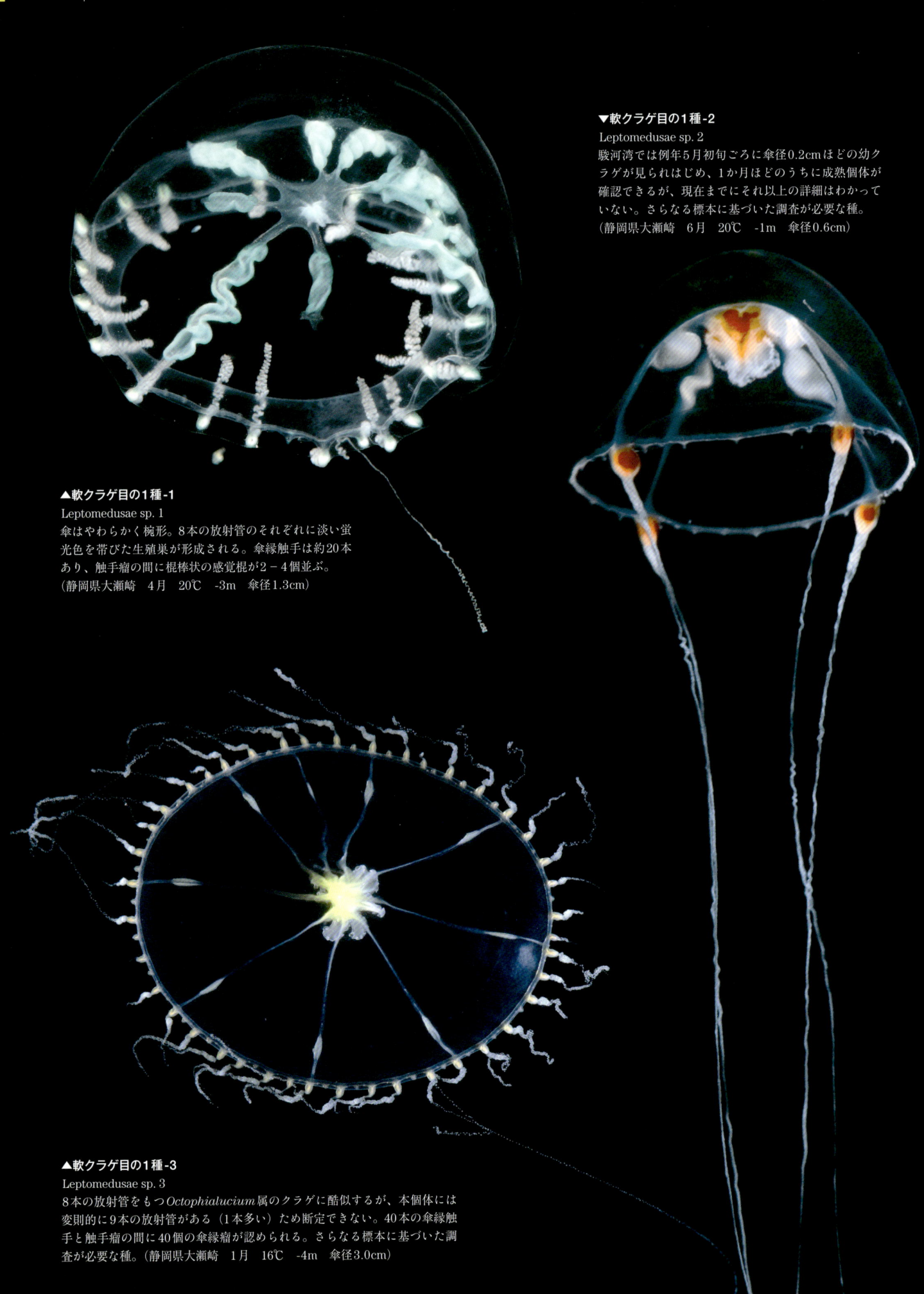

刺胞動物門｜ヒドロ虫綱 Hydrozoa

▼軟クラゲ目の1種-2
Leptomedusae sp. 2
駿河湾では例年5月初旬ごろに傘径0.2cmほどの幼クラゲが見られはじめ、1か月ほどのうちに成熟個体が確認できるが、現在までにそれ以上の詳細はわかっていない。さらなる標本に基づいた調査が必要な種。
(静岡県大瀬崎　6月　20℃　-1m　傘径0.6cm)

▲軟クラゲ目の1種-1
Leptomedusae sp. 1
傘はやわらかく椀形。8本の放射管のそれぞれに淡い蛍光色を帯びた生殖巣が形成される。傘縁触手は約20本あり、触手瘤の間に棍棒状の感覚棍が2－4個並ぶ。
(静岡県大瀬崎　4月　20℃　-3m　傘径1.3cm)

▲軟クラゲ目の1種-3
Leptomedusae sp. 3
8本の放射管をもつOctophialucium属のクラゲに酷似するが、本個体には変則的に9本の放射管がある（1本多い）ため断定できない。40本の傘縁触手と触手瘤の間に40個の傘縁瘤が認められる。さらなる標本に基づいた調査が必要な種。(静岡県大瀬崎　1月　16℃　-4m　傘径3.0cm)

▲軟クラゲ目の1種-4
Leptomedusae sp. 4
軟クラゲ目の1種-6と同日、外洋の潮が沿岸部に流入した際に一度だけ確認できた種。触手や生殖巣、口などは鮮やかな黄色。ハッポウヤワラクラゲ属（新称）*Meliceritissa* に近いと推測されるが、さらなる調査が必要。
（静岡県大瀬崎　4月　20℃　-1m　傘径1.7cm）

▲軟クラゲ目の1種-5
Leptomedusae sp. 5
肉眼では無色透明だが、ストロボを使って撮影すると、傘の内面が緑色に光る。夏の鹿児島で複数個体観察できた。オワンクラゲ属に近いものと思われるが、標本に基づいたさらなる調査が必要。
（鹿児島県いちき串木野市羽島　8月　27℃　-1m　傘高1.2cm）

▶軟クラゲ目の1種-6
Leptomedusae sp. 6
撮影地の大瀬崎では、外洋の潮が沿岸部に流入した際に2個体だけ確認できた種。既知種に該当しないため、未記載種と思われる。傘は透明で、生殖巣や触手、口は灰褐色。標本に基づいたさらなる調査が必要。
（静岡県大瀬崎　4月　20℃　-1m　傘径3cm）

133

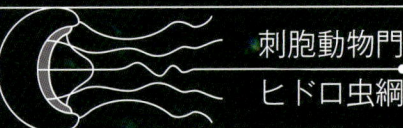

刺胞動物門 ヒドロ虫綱	Cnidaria Hydrozoa
淡水クラゲ目	Limnomedusae

淡水クラゲ目の特徴は、硬クラゲ目の特徴に一致することが多い。触手瘤はない。球状の平衡器をもち、中には平衡石が含まれる。口柄支持柄や眼点はない。生殖巣は放射管に形成されることが多い。口は口唇として発達する。特定分類群に限定されるが、傘縁より求心管が傘に沿って伸張し、その先端に触手を備える。ポリプ世代がある。（久保田）

ハナガサクラゲ
Olindias formosus（Goto, 1903）
ハナガサクラゲ科 Olindiasidae　ハナガサクラゲ属
春から夏にかけて見られ、昼間は海底付近の海藻につかまり、ほとんど動かずにいることが多い。日本固有種。写真の個体には傘の上にタコクラゲモエビが複数乗っている。
（静岡県黄金崎　5月　20℃　-10m　傘径10cm）

▲ハナガサクラゲの幼クラゲ
（静岡県沼津市井田　4月　15℃　-20m
傘径1.5cm）（片野 猛）

刺胞動物門 ヒドロ虫綱 Hydrozoa

▲上から見たマミズクラゲ
（東京都八王子市長池公園
9月　28℃　水面　傘径1.5cm）

▼キタクラゲ
Eperetmus typus Bigelow, 1915
ハナガサクラゲ科 Olindiasidae　キタクラゲ属
北太平洋の寒海に分布し、日本では北海道で夏から秋にかけて見られる。傘径3cmほどまでになり、傘縁には最大100本の触手がある。触手を上向きにしながら泳ぐ特徴をもつ。
（山形県加茂港　水槽飼育個体
傘径2.5cm）（村上龍男）

▲マミズクラゲ
Craspedacusta sowerbii Lankester, 1880
ハナガサクラゲ科 Olindiasidae　マミズクラゲ属
1928年に日本で初めて発見されて以来、各地の池沼やダム湖、溜池などで記録されている淡水性のクラゲ。一度現れた場所で毎年見られるとも限らず、その一方で、今まで見られなかった場所に突然現れることもあって人々を驚かせる。
（東京都八王子市長池公園　9月　28℃　水面　傘径1.5cm）

▶カギノテクラゲ
Gonionemus vertens A. Agassiz, 1862
ハナガサクラゲ科 Olindiasidae
カギノテクラゲ属
日本各地の藻場に生息し、おもに海藻上で付着生活を送るクラゲ。傘縁触手に1個の付着細胞があり、それで海藻などに付着する。和名の「カギノテ」は付着細胞から先の部分が曲がることに由来。
(北海道羅臼町　8月　15℃　-10m　傘径2cm)

▼カギノテクラゲ
以前は北方にすむ種をキタカギノテクラゲと呼んで区別していたが、現在は1種にまとめられている。刺胞毒が強く、刺された場合、治療を受けないと危険なこともある。刺傷には注意が必要。
(北海道羅臼町　8月　15℃　-10m　傘径2cm)

▼カギノテクラゲの幼クラゲ
すむ環境やおもに食べているものによって色素に大きな個体差があり、なかには傘縁が蛍光色に光る個体も見られる。
(宮城県志津川　5月　8℃　-10m　傘径0.5cm)

▼コモチカギノテクラゲ
Scolionema suvaense (A. Agassiz & Mayer, 1899)
ハナガサクラゲ科 Olindiasidae　コモチカギノテクラゲ属
おもに海藻などに付着し付着生活を送る。カギノテクラゲを小さくしたような形態だが、4放射管の末端部分にクラゲ芽を無性的に出芽する。和名の「コモチ」はこの生態に由来する。
(神奈川県江ノ島　6月　19℃　-1m　傘径0.5cm)

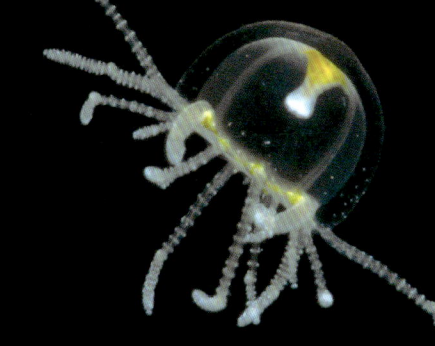

▲コモチカギノテクラゲの幼クラゲ
春から初夏にかけて藻場で見られるほか、藻場付近の海中を漂う。
(静岡県下田市和歌の浦　5月　18℃　-1m　傘径0.3cm)

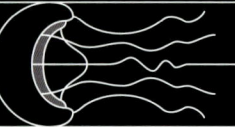

刺胞動物門	Cnidaria
ヒドロ虫綱	Hydrozoa
硬クラゲ目	Trachymedusae

硬クラゲ目では、生殖巣は放射管上に形成される。触手瘤が発達せず、傘縁より触手が直接に伸張する。球状の平衡器をもち、中には平衡石が含まれる。眼点はない。通常、口唇が発達する。口柄支持柄を有することもある。また、縁膜がよく発達することがある。特定分類群に限定されるが、傘縁より求心管が傘に沿って伸張する。ポリプ世代がない。(久保田)

イチメガサクラゲ（→p142）
無色透明なクラゲだが、撮影すると虹彩が光り美しい。危険を感じると一瞬で跳躍して逃げ、触手を自切することがある。8本の放射管の中央付近に長楕円形の生殖巣を形成する。縁膜がよく発達している。
(静岡県大瀬崎　10月　24℃　-1m　傘径1.2cm)

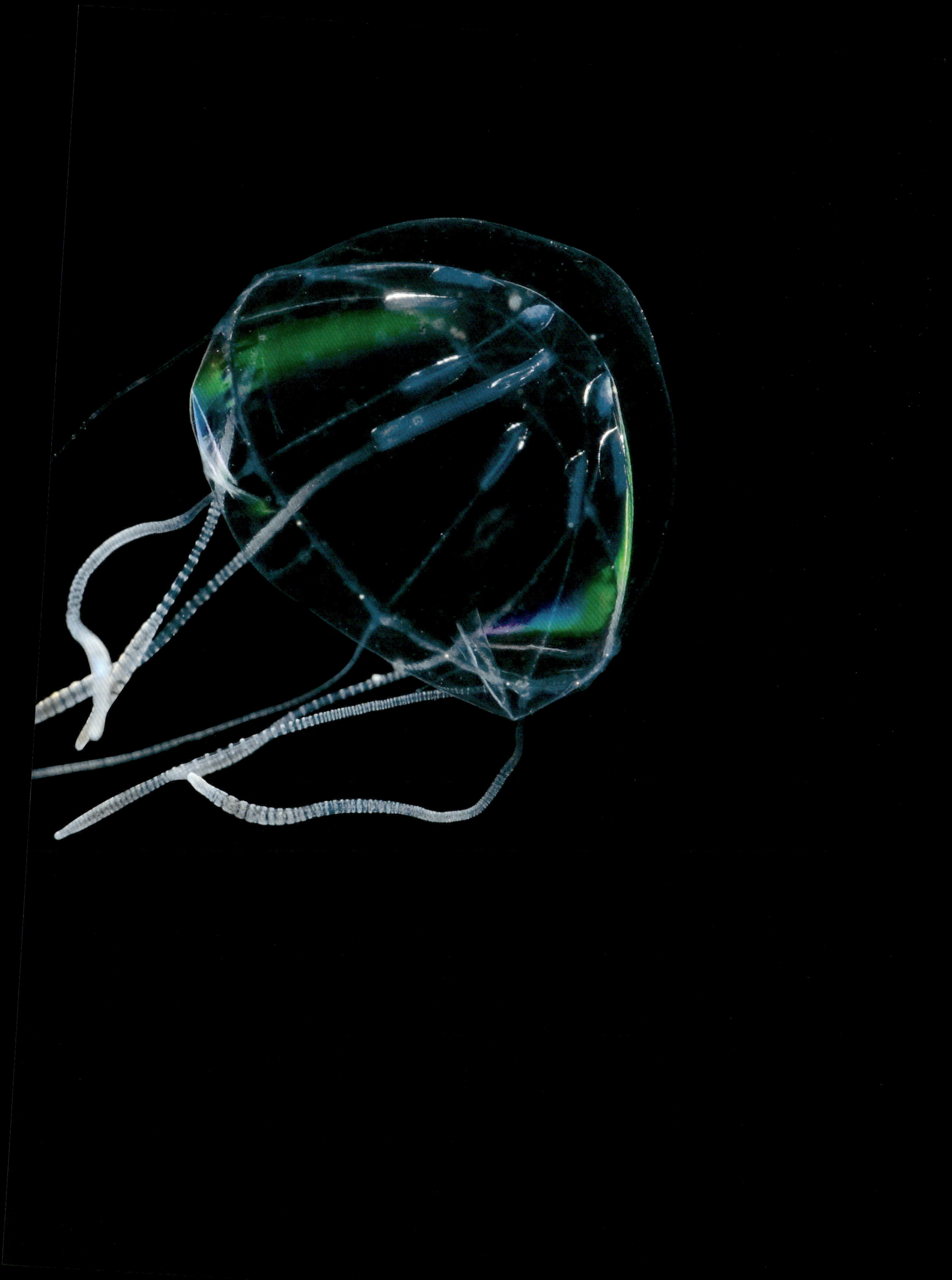

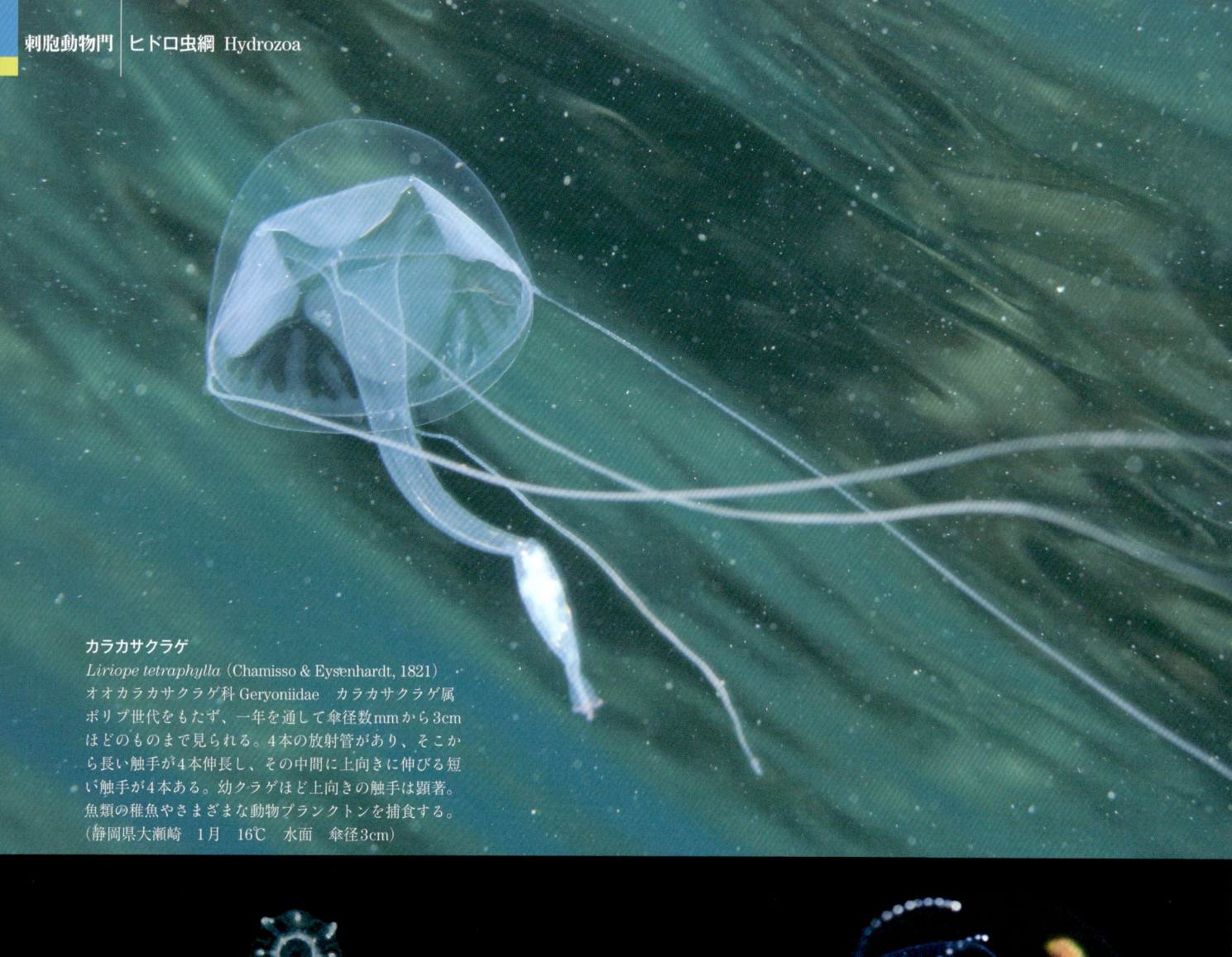

刺胞動物門　ヒドロ虫綱 Hydrozoa

カラカサクラゲ
Liriope tetraphylla（Chamisso & Eysenhardt, 1821）
オオカラカサクラゲ科 Geryoniidae　カラカサクラゲ属
ポリプ世代をもたず、一年を通して傘径数mmから3cmほどのものまで見られる。4本の放射管があり、そこから長い触手が4本伸長し、その中間に上向きに伸びる短い触手が4本ある。幼クラゲほど上向きの触手は顕著。魚類の稚魚やさまざまな動物プランクトンを捕食する。
（静岡県大瀬崎　1月　16℃　水面　傘径3cm）

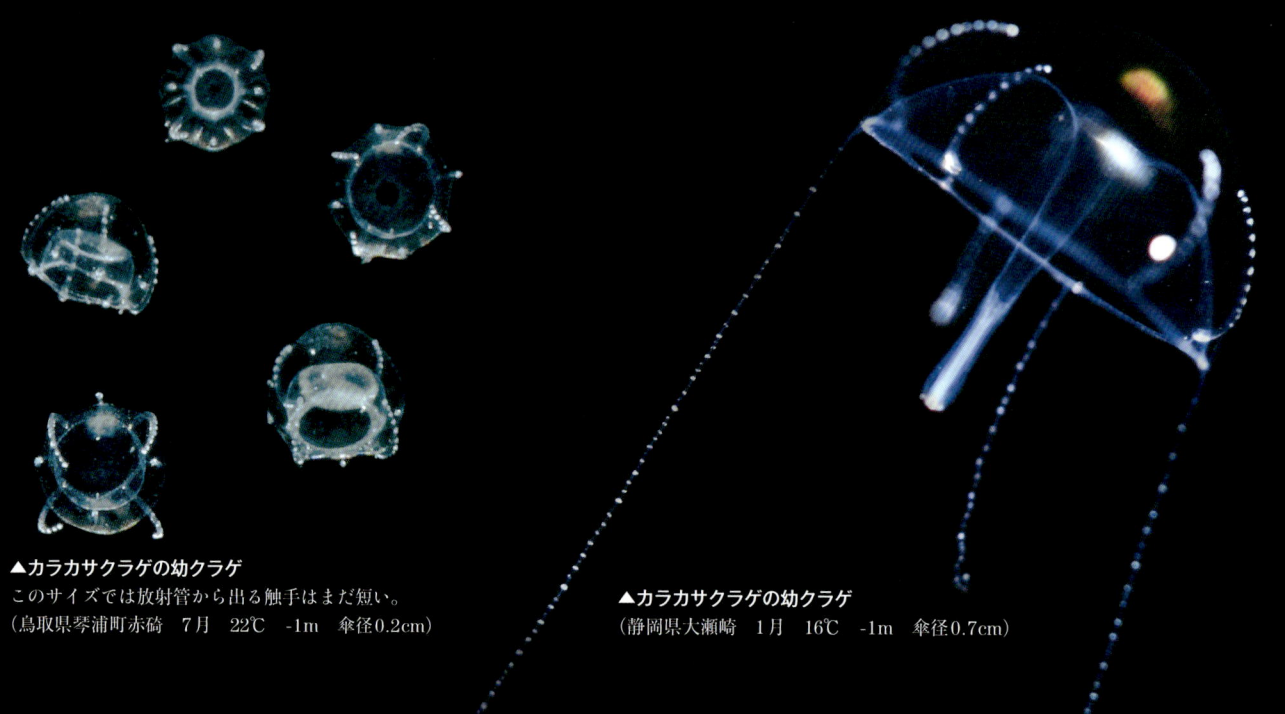

▲カラカサクラゲの幼クラゲ
このサイズでは放射管から出る触手はまだ短い。
（鳥取県琴浦町赤碕　7月　22℃　-1m　傘径0.2cm）

▲カラカサクラゲの幼クラゲ
（静岡県大瀬崎　1月　16℃　-1m　傘径0.7cm）

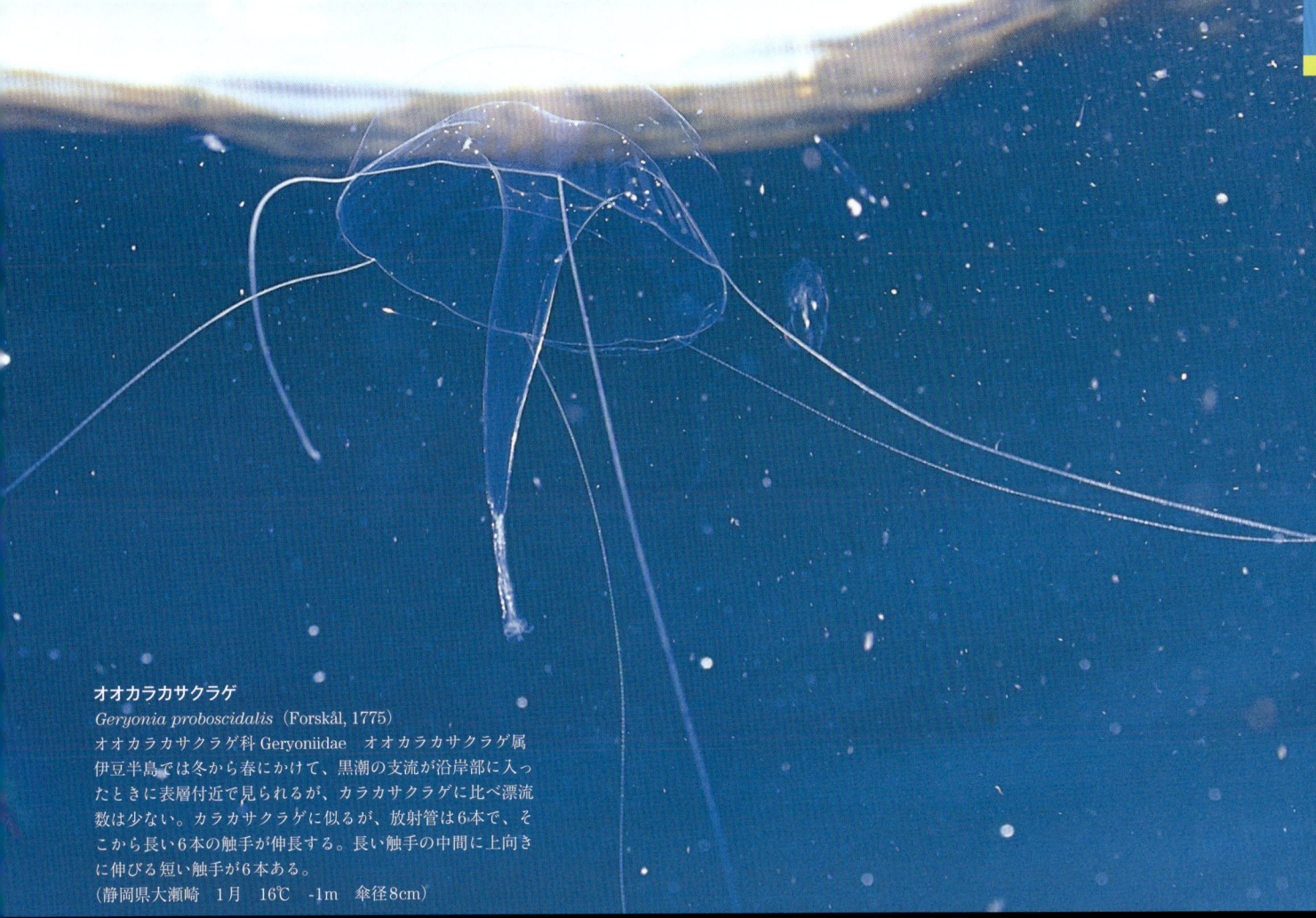

オオカラカサクラゲ
Geryonia proboscidalis（Forskål, 1775）
オオカラカサクラゲ科 Geryoniidae　オオカラカサクラゲ属
伊豆半島では冬から春にかけて、黒潮の支流が沿岸部に入ったときに表層付近で見られるが、カラカサクラゲに比べ漂流数は少ない。カラカサクラゲに似るが、放射管は6本で、そこから長い6本の触手が伸長する。長い触手の中間に上向きに伸びる短い触手が6本ある。
（静岡県大瀬崎　1月　16℃　-1m　傘径8cm）

▼**ツリガネクラゲ**
Aglantha digitale（O. F. Müller, 1776）
イチメガサクラゲ科 Rhopalonematidae　ツリガネクラゲ属
日本海や太平洋岸の東北以北に分布。春先には外洋の潮が入ってきた際に沿岸部の表層でも見られる。水中では触手を広げて漂っているが、危険を感じると素早く触手を縮め、瞬発的に跳躍して逃げる。
（宮城県志津川　3月　5℃　-7m　傘高3cm）

▼**ヒメツリガネクラゲ**
Aglaura hemistoma　Péron & Lésueur, 1810
イチメガサクラゲ科 Rhopalonematidae　ヒメツリガネクラゲ属
傘高0.6cm以下の釣鐘状の小さなクラゲ。水中では触手を多方向に広げて流れに身を任せていることが多いが、危険を感じると素早く触手を縮めて、一瞬の跳躍で逃げるため、見失うことも多い。
（石川県能登島沖　6月　17℃　-7m　傘径0.6cm）

刺胞動物門 | ヒドロ虫綱 Hydrozoa

◀ フタナリクラゲ
Amphogona apsteini (Vanhöffen, 1902)
イチメガサクラゲ科 Rhopalonematidae
フタナリクラゲ属
8本の放射管があり、生殖巣が傘縁付近に大きさを違えて交互に発達する。駿河湾では秋から冬に、外洋の潮が入ってきた際に沿岸部で見られる。個体数はさほど多くない。ストレスを感じると触手を自切する。
（静岡県大瀬崎　11月　20℃　-1m　傘径1.3cm）

▲ タツノコクラゲ（新称）
Voragonema tatsunoko Lindsay & Pagès, 2010
イチメガサクラゲ科 Rhopalonematidae　タツノコクラゲ属
傘高は16mmほどまで。駿河湾の水深1967mの近底層で見られる。和名は深海底にあるとされる竜宮の龍の子に因んだ。
（駿河湾　4月　2.2℃　-1967m　傘径1.6cm）（JAMSTEC/D. Lindsay）

▶ ヒゲクラゲ
Arctapodema sp.
イチメガサクラゲ科 Rhopalonematidae
ヒゲクラゲ属
相模湾の800m以深の近底層で数多く見られる。傘径2.5cmほどまで。生殖巣のまわりに幼クラゲを発生させ、無性生殖で増える。刺激を与えると触手を自切する。
（相模湾　2月　3.6℃　-897m　傘径2.5cm）（JAMSTEC）

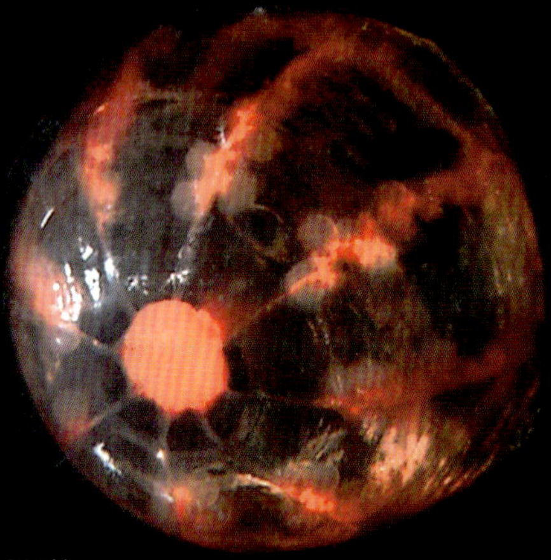

▲ フカミクラゲ
Pantachogon haeckeli Maas, 1893
イチメガサクラゲ科 Rhopalonematidae　フカミクラゲ属
600m以深で通年見られる。傘高1.5cmほど。成熟にともなってゼラチン質は全体的に薄くなり、オレンジ色に変化する。写真の個体は採集時に触手を失っているが、実際には56-64本の触手がある。深海では触手を螺旋状に縮めていることが多い。
（相模湾　3月　3.9℃　-819m　傘径2cm）（JAMSTEC/D. Lindsay）

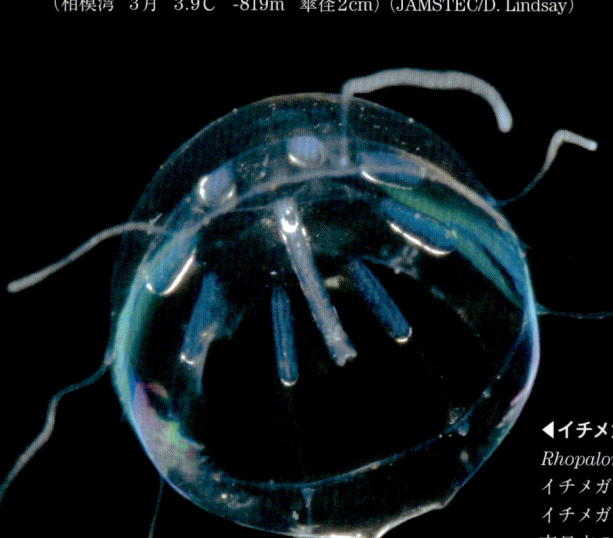

◀ イチメガサクラゲ
Rhopalonema velatum Gegenbaur, 1857
イチメガサクラゲ科 Rhopalonematidae
イチメガサクラゲ属
南日本の表層で通年見られる。傘径1cmほどまで。放射管は8本で、そこから長い触手が伸長しその中間に短い触手が8本ある。放射管の中央付近に楕円形の生殖巣を形成する。
（静岡県大瀬崎　1月　18℃　-1m　傘径1.2cm）

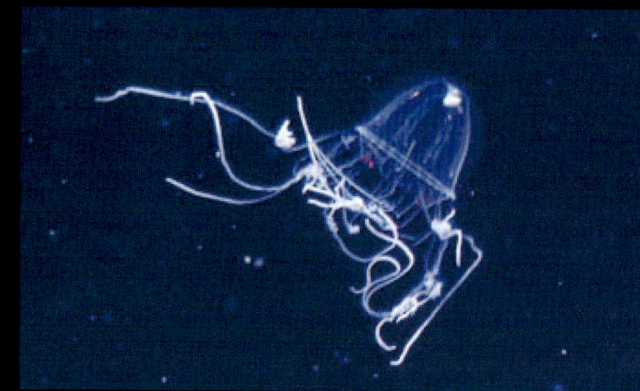

▲ ニジクラゲ
Colobonema sericeum Vanhöffen, 1902
イチメガサクラゲ科 Rhopalonematidae
ニジクラゲ属
500m以深の中・深層に通年見られる。軽い刺激には触手を引きずりながら必死に逃げるが、強い刺激には触手を切り捨てる。切り離した触手は発光するため、外敵の目をあざむく効果があるといわれている。
（相模湾　7月　6.6℃　-530m　傘高5cm）（JAMSTEC）

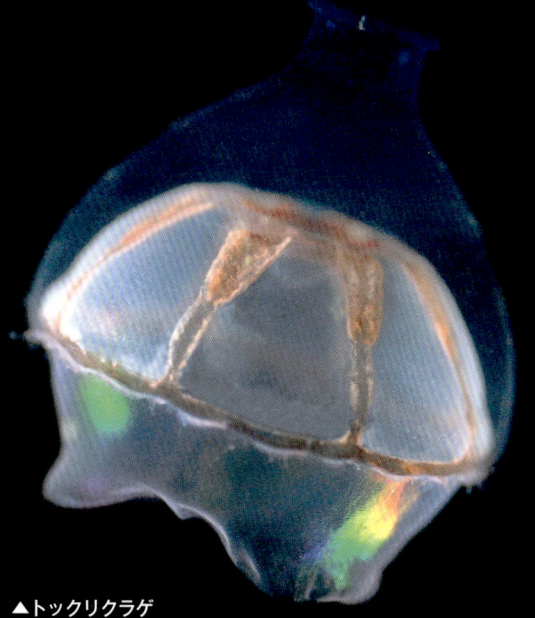

▲トックリクラゲ
Botrynema brucei Browne, 1908
テングクラゲ科 Halicreatidae　トックリクラゲ属
1000m以深の深層に多い。傘は半球形で、傘頂にドアノブ形の突起がある。傘径3cmほどまで。写真の個体は採集時に触手を失った状態だが、実際には8本の長い触手がある。放射管も環状管も幅広く、桃色を帯びる。
（三陸沖　4月　2.4℃　-1689m　傘径3cm）
（JAMSTEC/D. Lindsay）

▲ソコクラゲ
Ptychogastria polaris Allman, 1878
ソコクラゲ科 Ptychogastriidae　ソコクラゲ属
日本近海では北海道の後志海山の溶岩帯や柱状節理帯などのほか、富山湾のオオグチボヤ生息域で通年多数確認されており、400m以深の岩や堆積物に付着して生活する。傘径1cmほど。先端が吸盤状で無色の短い付着触手とレモン色の普通触手をもち、合わせると最大1000本に達する。
（北海道道東沖　8月　2.5℃　-1271m　傘径1cm）
（JAMSTEC/三宅裕志）

▼テングクラゲ
傘はひしゃげた半球状で、傘頂に発達した突起があり、傘縁にも張り出した突起群があるのが特徴。
（小笠原諸島安永海山　6月　8.2℃　-752m　傘径4cm）
（JAMSTEC/D. Lindsay）

▲テングクラゲ
Halicreas minimum Fewkes, 1882
テングクラゲ科 Halicreatidae
テングクラゲ属
500m以深の深層に通年見られる。傘径は4.5cmほどまで。8本の幅広い放射管があり放射管は白色からオレンジ色、または紅色を帯びることがしばしばある。
（相模湾　3月　4℃　-1043m　傘径4.5cm）
（JAMSTEC）

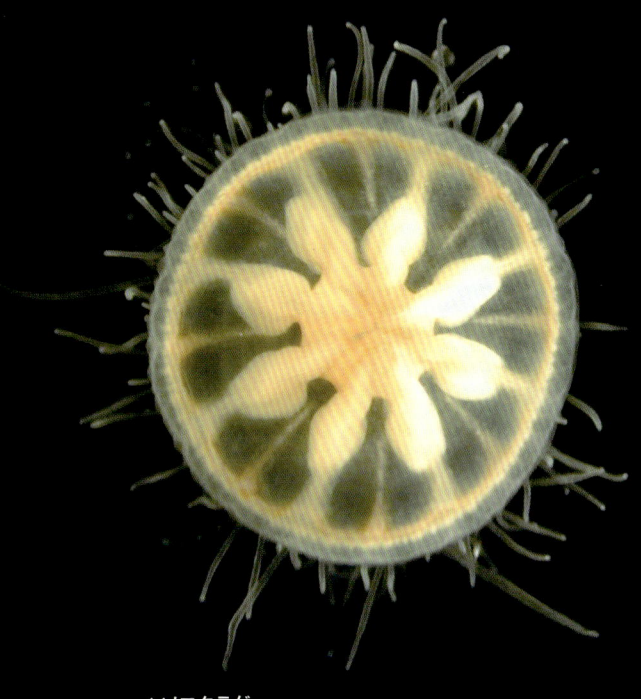

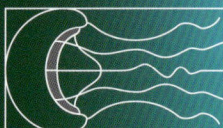

刺胞動物門 ヒドロ虫綱	Cnidaria Hydrozoa
剛クラゲ目	Narcomedusae

剛クラゲ目の傘縁には傘頂に向かう触手基線（peronia）があり、その最奥部から触手が伸張するため、外傘から触手が派出しているように見える。放射管や眼点はないが、球状の平衡器をもち、その中には平衡石が含まれる。口は丸い。生殖巣は胃壁上に形成される。生涯プランクトンで、ポリプは他のクラゲ類などに寄生することがある。（久保田）

セコクラゲ
Solmissus marshalli A. Agassiz & Mayer, 1902
ヤドリクラゲ科 Cuninidae　カッパクラゲ属
傘は皿形で、透明なゼラチン質は厚くて丈夫。温帯・熱帯海域を中心に、地中海や極域をのぞく世界中の海に分布する。表・中層性で、クシクラゲ、クラゲ、サルパといったゼラチン質生物を専門に捕食する。
（静岡県熱海市曽我浦　4月　17℃　-5m　傘径12cm）

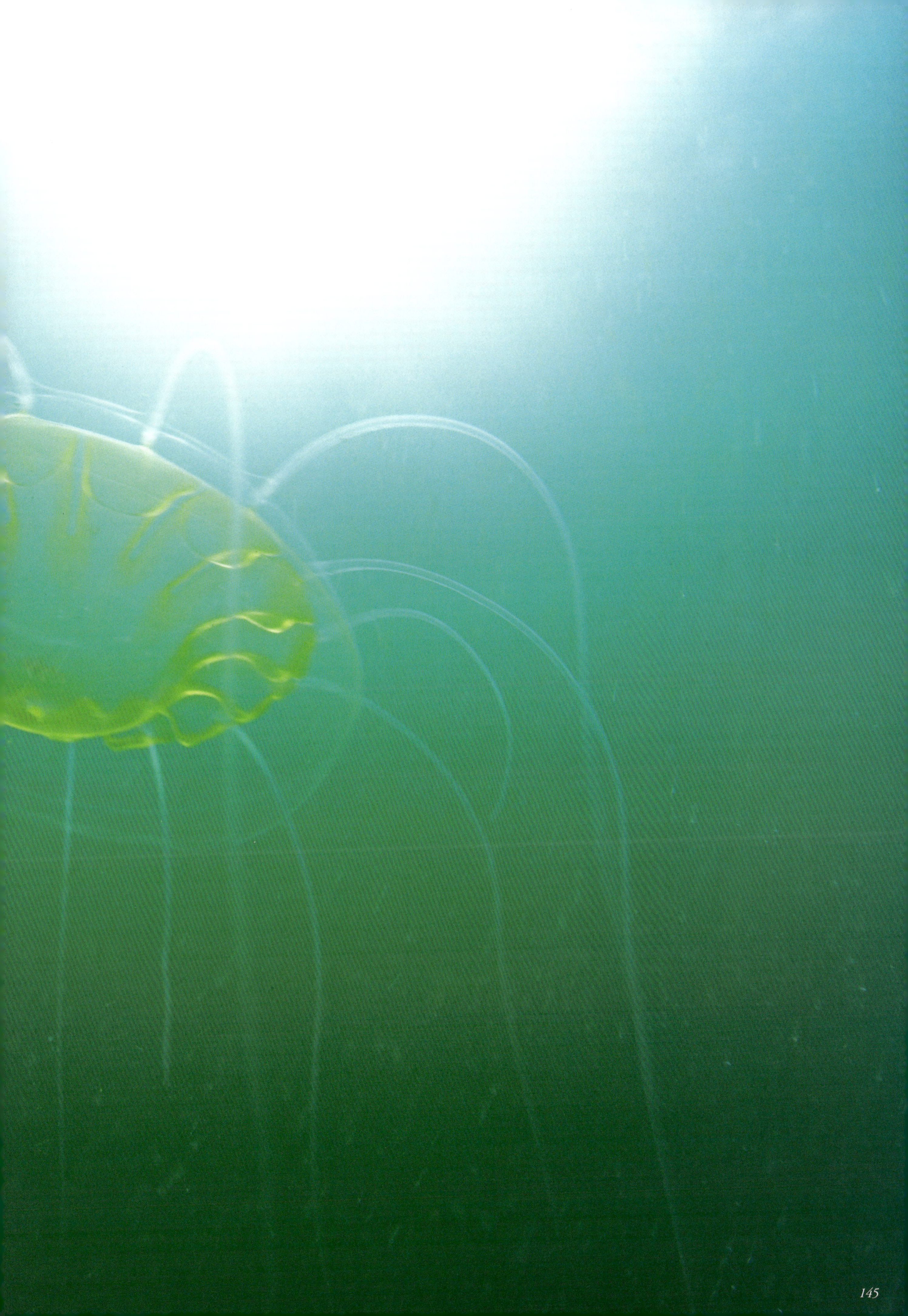

刺胞動物門｜ヒドロ虫綱 Hydrozoa

▶カッパクラゲ属の1種
Solmissus sp.
ヤドリクラゲ科 Cuninidae　カッパクラゲ属
傘は皿形で、透明なゼラチン質は薄くて壊れやすい。傘の表面に刺胞塊が散在していることなどから、未記載種と思われる。
（静岡県大瀬崎　1月　16℃　-1m　傘径6cm）

▲カッパクラゲ
Solmissus incisa Fewkes, 1886
ヤドリクラゲ科 Cuninidae　カッパクラゲ属
傘径は12cm程度まで。一次触手は24－32本あるが、本種は複数の隠蔽種を含む可能性が高く、日本近海のものでは18－34本ある。胃盲嚢も一次触手と同数。二次触手はない。中層性だが、まれに表層にも表れる。クラゲ、サルパなどのゼラチン質生物をおもに捕食する。
（相模湾　7月　7.3℃　-483m　傘径10cm）（JAMSTEC）

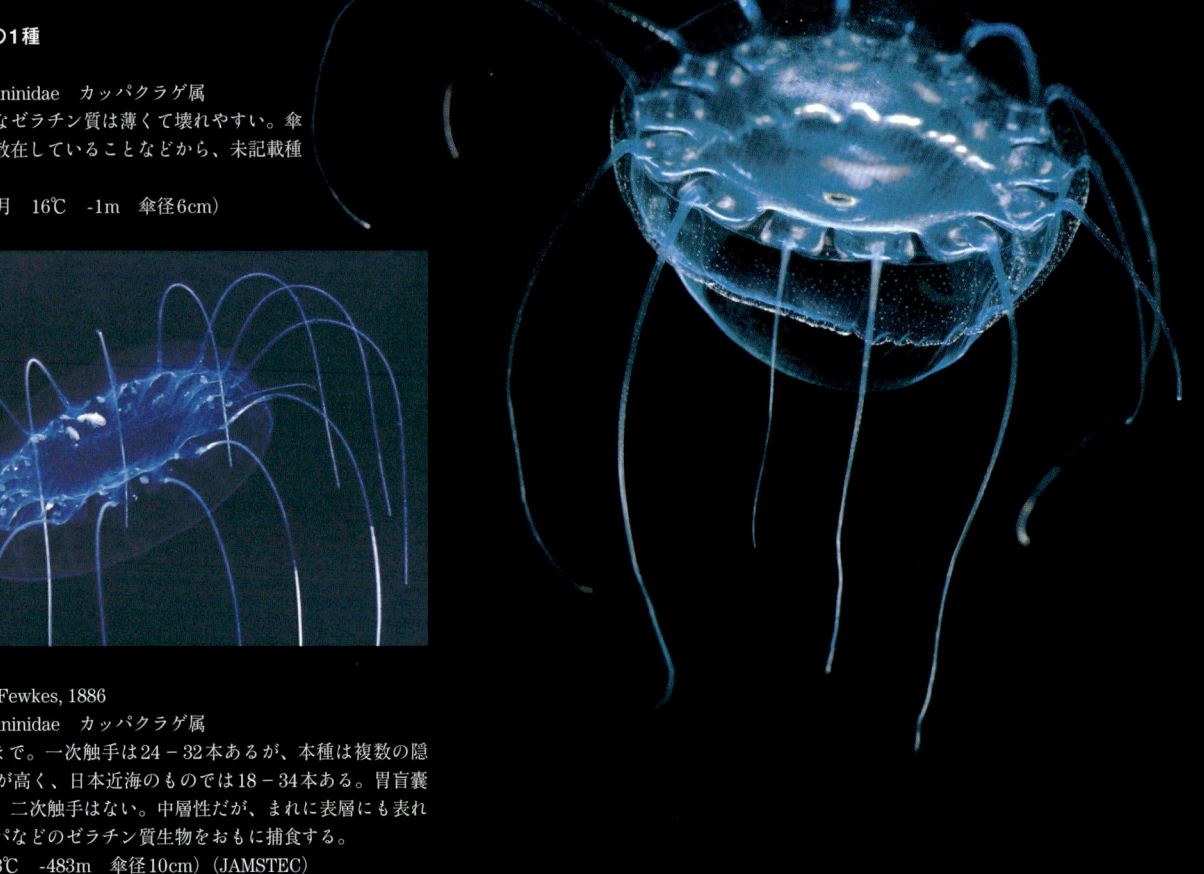

ヤドリクラゲ属の1種
Cunina sp.
ヤドリクラゲ科 Cuninidae
ヤドリクラゲ属（新称）
傘径15cmほど。触手は28本あり、平衡胞は確認できないが、外傘刺胞列は短く、隣りあう2触手間の傘縁に5本ずつあるように見える。このような特徴のある種類は現在までには報告されておらず、未記載種の可能性が高い。
（静岡県安良里　5月　19℃　-5m　傘径15cm）

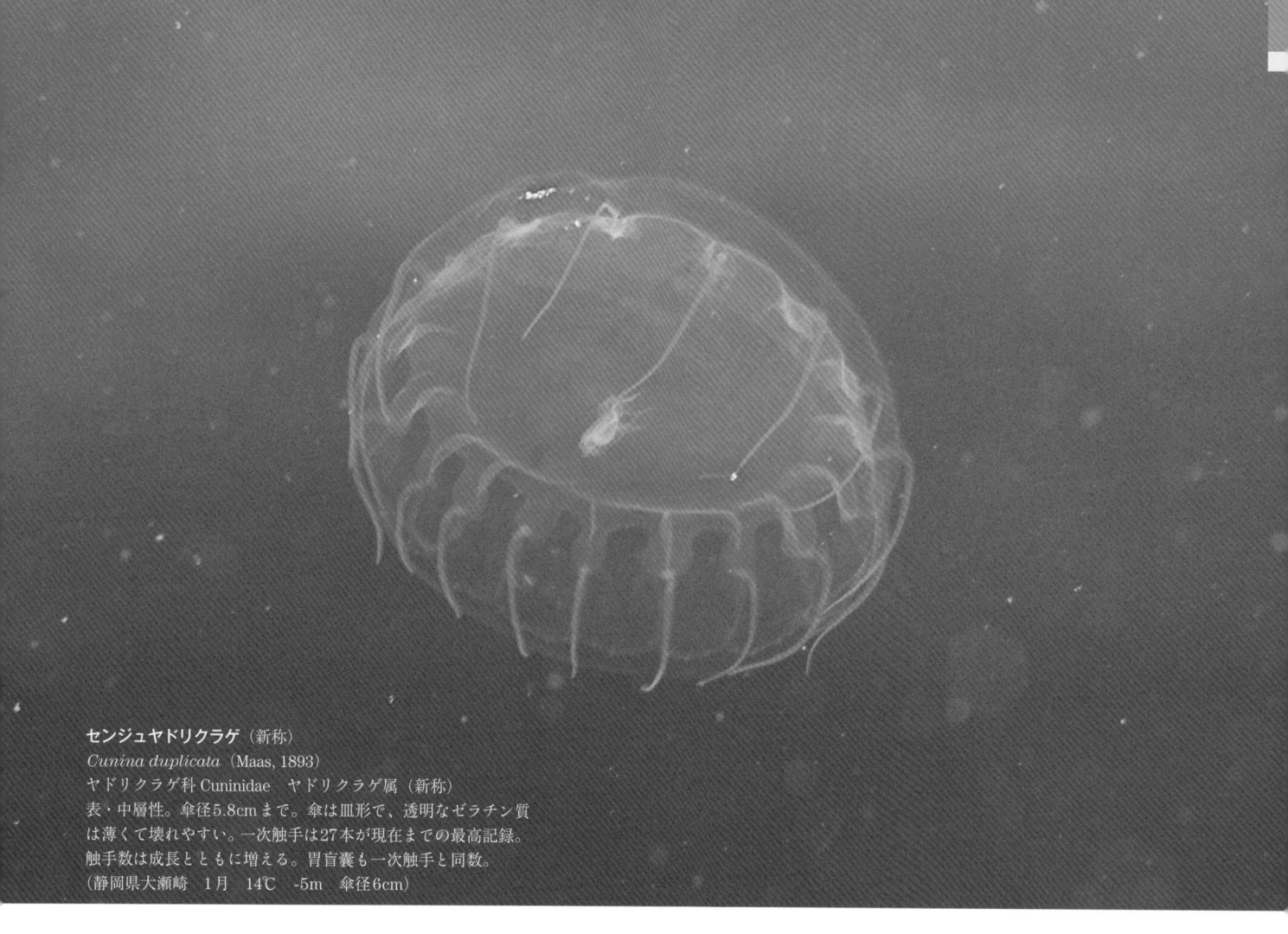

センジュヤドリクラゲ（新称）
Cunina duplicata (Maas, 1893)
ヤドリクラゲ科 Cuninidae　ヤドリクラゲ属（新称）
表・中層性。傘径5.8cmまで。傘は皿形で、透明なゼラチン質は薄くて壊れやすい。一次触手は27本が現在までの最高記録。触手数は成長とともに増える。胃盲嚢も一次触手と同数。
（静岡県大瀬崎　1月　14℃　-5m　傘径6cm）

▶**ヤドリクラゲ属の幼体が寄生したセンジュヤドリクラゲ**
傘内にヤドリクラゲ属の幼体（白い斑紋のような部分）が寄生している。本属のクラゲは、発生の途中に他のクラゲの体上やオヨギゴカイ類の体腔に寄生するという報告が数多くある。（静岡県大瀬崎　5月　19℃　-5m　13cm）

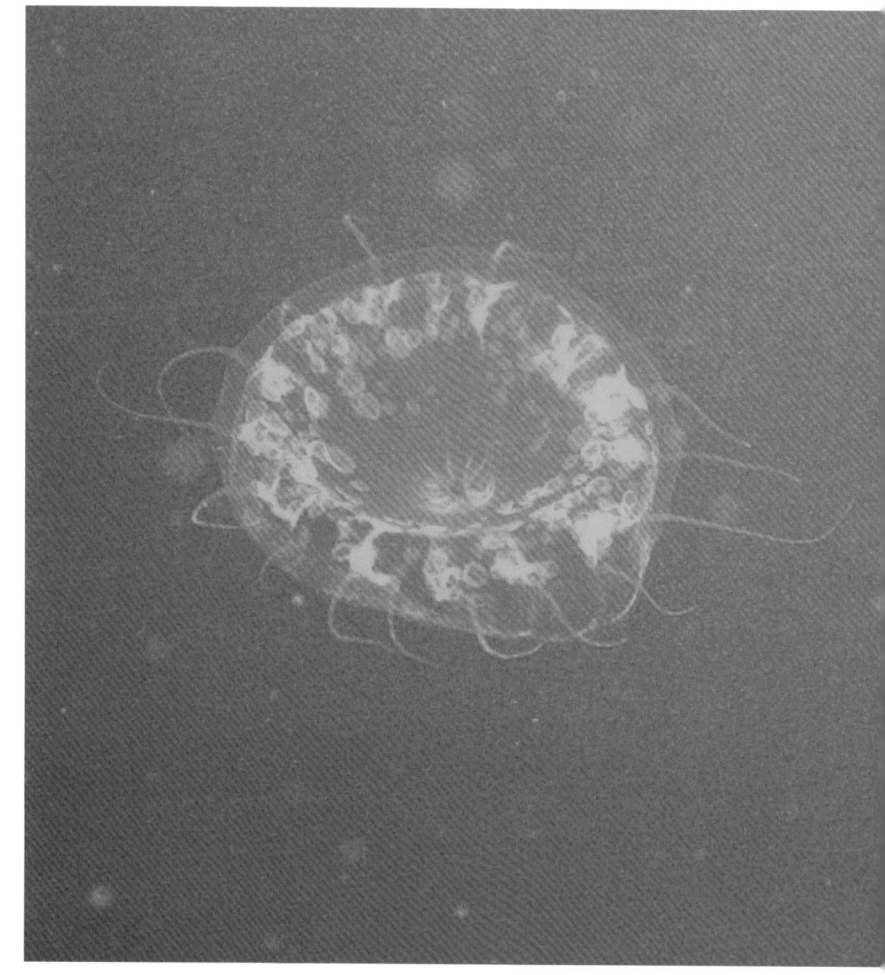

▼**シギウェッデルクラゲ属の1種**
Sigiweddellia sp.
ヤドリクラゲ科 Cuninidae　シギウェッデルクラゲ属
傘径3.8cmほどまで。傘は半球形よりやや深く、傘頂は少し平たい。ゼラチン質は傘頂付近では非常に厚く、傘縁も厚い。一次触手は通常6本ある（まれに7本）。短い二次触手があり、傘縁の6区分にそれぞれ1本ある（まれに2本）。鴨川沖の800－1500mの深さで春先に多い。
（鴨川沖　3月　4.9℃　-622m　傘径2cm）（JAMSTEC）

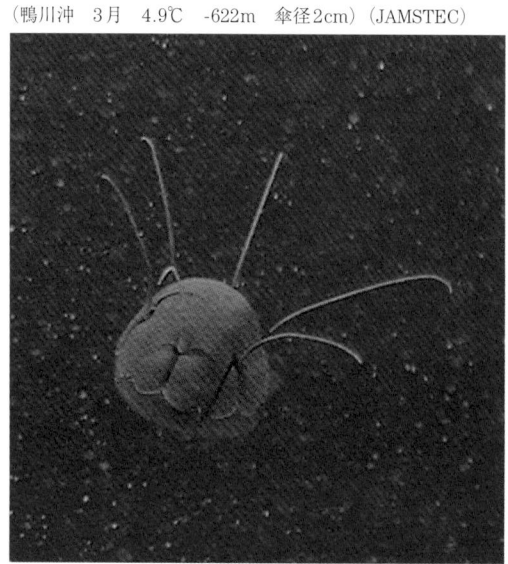

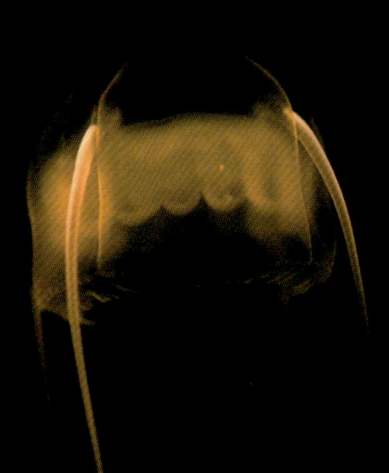

刺胞動物門　ヒドロ虫綱　Hydrozoa

▶ツヅミクラゲモドキ
Aegina citrea Eschscholtz, 1829
ツヅミクラゲ科 Aeginidae
ツヅミクラゲ属
外傘には深い溝があり、4本の触手をその溝に固定させ、進行方向に伸ばす。種小名のcitrea（レモン）は体が黄色を呈することから。
（相模湾　7月　3℃　-800m　傘径3cm）（JAMSTEC/三宅裕志）

▲ハッポウクラゲ
Aeginura grimaldii Maas, 1904
ツヅミクラゲ科 Aeginidae　ハッポウクラゲ属
傘径4.5cmほどまで。傘は半球形よりやや深い。触手は8本で、これらを八方に真っすぐ伸ばして餌を待つ姿が観察される。日本近海では600－1200mの間にもっとも多いが、最深では2466mの例がある。
（伊豆大島東沖　3月　4.2℃　-740m　傘径3cm）（JAMSTEC/D. Lindsay）

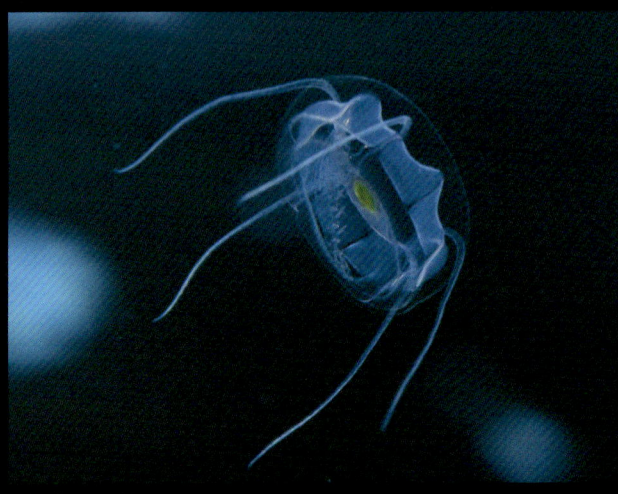

▲ムツアシツヅミクラゲモドキ（新称）
Aegina rosea Eschscholtz, 1829
ツヅミクラゲ科 Aeginidae　ツヅミクラゲ属
ツヅミクラゲに比べて、外傘には短く深い溝がある。6本の触手をその溝に固定させ、進行方向に伸ばす。体は深いピンク色で、触手は鮮やかな黄色を呈す。
（三陸沖　4月　3.2℃　-838m　傘径4cm）（JAMSTEC/D. Lindsay）

▲ツヅミクラゲ
触手は5本が普通だが、4本や6本のものも少なくない。写真の個体にはオオトガリズキンウミノミが寄生。
（沖縄県西表島　6月　25℃　-1m　傘径3cm）（矢野維幾）

▼ツヅミクラゲ属の1種
Aegina sp.
ツヅミクラゲ科 Aeginidae　ツヅミクラゲ属
ツヅミクラゲ属には、種内変異もしくは未記載種が多く含まれている可能性がある。写真の個体は捕食した他のクラゲを消化中。
（静岡県大瀬崎　1月　16℃　-10m　傘径2cm）

▼ツヅミクラゲ
Aegina pentanema Kishinouye, 1910
ツヅミクラゲ科 Aeginidae　ツヅミクラゲ属
南日本の冬から夏に表層付近で見られる。傘の内側が紫色を帯びることが多いが、この色は採集後しばらくすると消え、無色透明になる。
（静岡県大瀬崎　2月　16℃　-5m　傘径3cm）

◀ツヅミクラゲ属の1種
Aegina sp.
ツヅミクラゲ科 Aeginidae　ツヅミクラゲ属
傘径2cmほどまで。早春の北海道沿岸に出現する。傘は半球形で、ゼラチン質は傘頂付近でやや厚く、傘縁で薄い。4本の触手を、斜め上方か真っすぐ上に伸ばしながら泳いでいることが多い。
（北海道臼尻　4月　10℃　-3m　傘径2cm）（佐藤長明）

▼ヤジロベエクラゲ
Solmundella bitentaculata（Quoy & Gaimard, 1833）
ツヅミクラゲ科 Aeginidae　ヤジロベエクラゲ属
南日本では通年見られ、とくに表層付近に多い。傘の頂上付近から伸びた2本の糸状の触手を左右上方に伸ばし、細かな脈動で水中を泳ぐ。
（静岡県大瀬崎　10月　23℃　-2m　傘径0.8cm）

▲ヤジロベエクラゲの幼クラゲ
（静岡県大瀬崎　4月　20℃　-4m　傘径0.3cm）

▶ヒジガタツヅミクラゲ（仮称）
Bathykorus sp.
ツヅミクラゲ科 Aeginidae
ヒジガタツヅミクラゲ属（新称）
この属は2010年の北極海で初めて報告されたが、日本近海に出現する種はそれとは異なり、胃盲嚢の数が非常に多いのが特徴。
（三陸沖　5月　3℃　-459m　傘径4cm）
（JAMSTEC）

◀プラヌラクラゲ
Tetraplatia volitans Busch, 1851
プラヌラクラゲ科 Tetraplatiidae
プラヌラクラゲ属
春の表層に多い。体長5-9mmほど。紡錘形の特異な形をしており、一見クラゲには見えない。体の上1/3ほどのところに4つの浅い溝状のくびれがあり、そこに鰭状の短い触手群が備わる。遊泳する際はそれを鰭のように動かして泳ぐ。プラヌラクラゲは複数の隠蔽種を含む可能性が示唆されている。
（静岡県大瀬崎　3月　14℃　-1m　体長0.5cm）

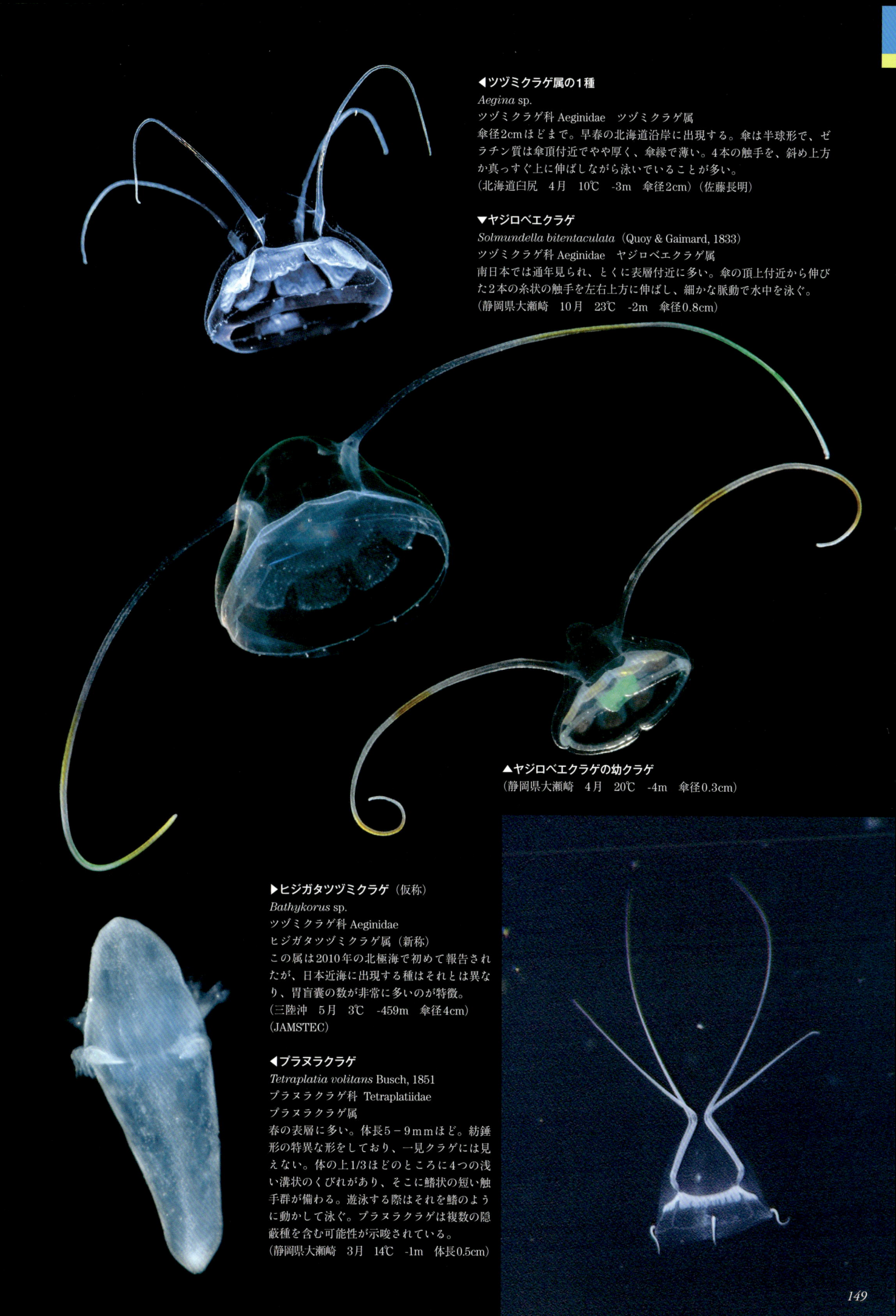

149

刺胞動物門 | ヒドロ虫綱 Hydrozoa

◀ニチリンクラゲ
Solmaris rhodoloma (Brandt, 1838)
ニチリンクラゲ科 Solmarisidae　ニチリンクラゲ属
水温15℃前後の表層に出現し、ときには海面を埋め尽くすほどになる。傘径1cmほどまで。触手は最大30本ほどになる。水中では細かな脈動でチョコチョコと泳ぎまわり、すべての触手を傘の上方に伸ばしている。クダクラゲ類や仔魚を捕食するのが目撃されている。
(静岡県大瀬崎　3月　15℃　-1m　傘径1cm)

▼傘の内側がピンク色を帯びたニチリンクラゲ
傘の内側のピンク色は食性によるものと考えられる。
(函館ドック　11月　14℃　-1m　傘径1.5cm)

◀稚魚を捕食したニチリンクラゲ
(静岡県大瀬崎　1月　15℃　-2m)

▼上から見たニチリンクラゲ
(静岡県大瀬崎　3月　15℃　-1m　傘径1cm)

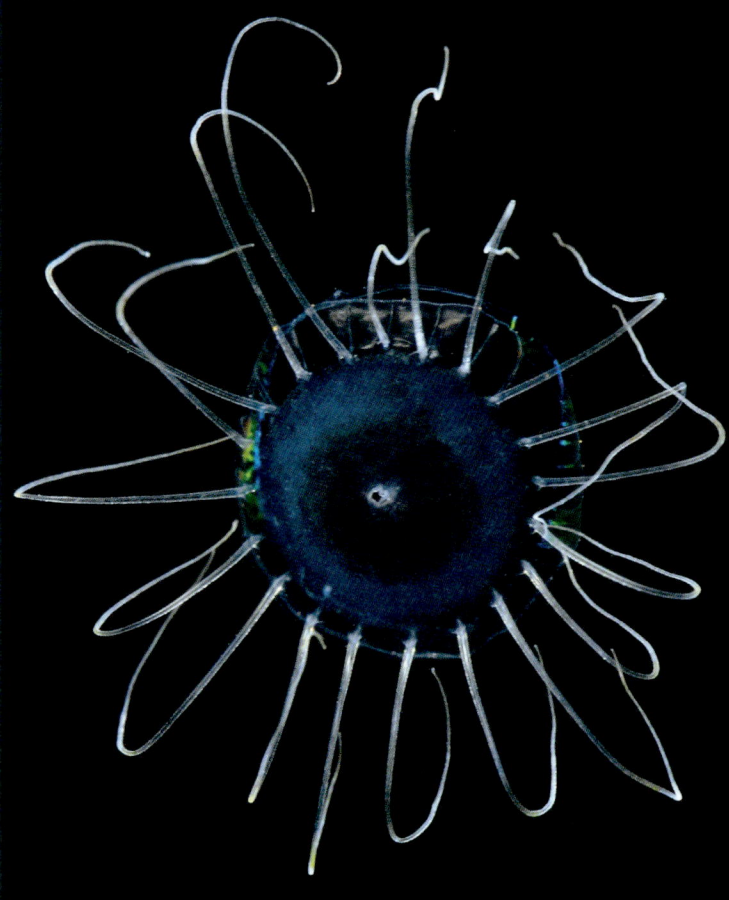

ペガンサ属の1種 -1
Pegantha sp. 1
ニチリンクラゲ科 Solmarisidae　ペガンサ属（新称）
2013年の3月に静岡県大瀬崎にて3個体以上が確認された。一次触手は27本が認められ、外傘刺胞列が傘縁の各区分から4本ずつほぼ真っすぐに伸び、長いものは傘頂付近まで達している。
（静岡県大瀬崎　3月　15℃　-10m　傘径5cm）

▲ペガンサ属の1種-1の傘縁の外傘刺胞列

Column
ポリプから得られたクラゲ

　いずれもアカチョウチンクラゲの傘内に寄生したポリプから得られた。ニチリンクラゲ科 Solmarisidae ペガンサ属の1種と思われる。本種は他のクラゲに寄生し、宿主のクラゲが捕らえた獲物を横取りしながら、無性生殖で増えると考えられている。発生間近のクラゲには、すでに12本の一次触手が認められる。あるいは、このクラゲはヤドリクラゲ科 Cuninidae ヤドリクラゲ属の1種 *Cunina globosa* である可能性も否定できない。

ペガンサ属の1種-2
Pegantha sp. 2
ニチリンクラゲ科 Solmarisidae　ペガンサ属（新称）
（北海道東沖　9月　3.4℃　-624m　傘径6mm）
（JAMSTEC/D. Lindsay）（4点とも）

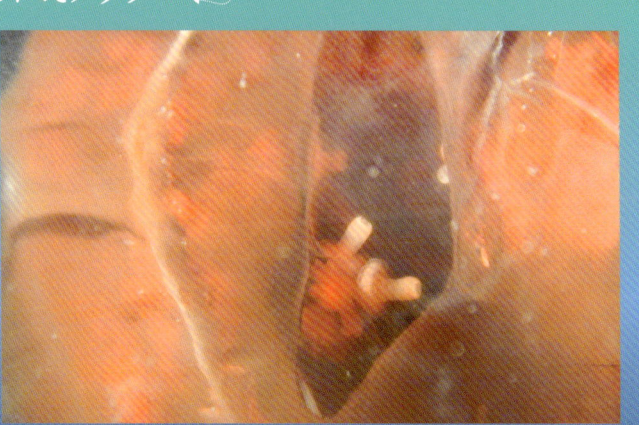

▲アカチョウチンクラゲの内傘に寄生したクラゲ芽

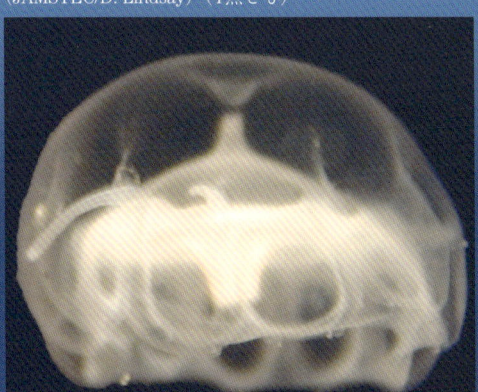

▲0.5cmほどのクラゲ 　　▲発生したばかりのクラゲ 　　▲クラゲ芽の全容と発生したクラゲ

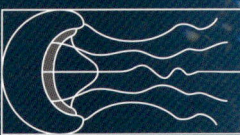

刺胞動物門 ヒドロ虫綱	Cnidaria Hydrozoa
# 管クラゲ目	Siphonophora

いずれも形態の異なる個体（または個虫）が連なって1つの群体をなす。ピストン運動によって推力を得る泳鐘、個体を覆う保護葉、生殖機能をもつ生殖体、口はもたずに感覚触手をもつ感触体、発達した触手と口、栄養を消化吸収する栄養体などがある。カツオノエボシのように水面を漂流するものやヨウラククラゲの仲間など、一酸化炭素の詰まった気胞体と呼ばれる浮き袋をもつものもいる。大きくは、気胞体のほかに多数の連なった泳鐘をもつ胞泳亜目、気胞体はもたずに少数の泳鐘をもつ鐘泳亜目、泳鐘をもたない嚢泳亜目に分類される。構造上は気胞体や連なった泳鐘部分を泳鐘部、それ以外の部分を栄養部という。栄養部の幹には、栄養体や保護葉、生殖体などを1つに連ねた幹群と呼ばれる小さな群体の集まりがあり、このうち生殖の際に幹から離れて泳ぎ、自由生活をするものをEudoxid（ユードキシッド）と呼ぶ。発生はプラヌラから直接変化して群体を形成し、クラゲに発達する。（D. Lindsay）

バレンクラゲ（→p.163）
（静岡県黄金崎　1月　15℃　-3m　群体の大きさ13cm）

153

刺胞動物門 ヒドロ虫綱 Hydrozoa
囊泳亜目 Cystonectae

▲カツオノエボシ
Physalia physalis（Linnaeus, 1758）
カツオノエボシ科 Physaliidae
カツオノエボシ属
水面に浮かぶのが気胞体。水面下に栄養部や生殖巣、触手などが連なっている。触手は長いもので約50mに達する。和名は、カツオがいるような海域に多く、形が烏帽子に似ることが由来。
（神奈川県江ノ島産　6月　22℃　水槽撮影　気胞体の大きさ10cm）

▲カツオノエボシの幹群

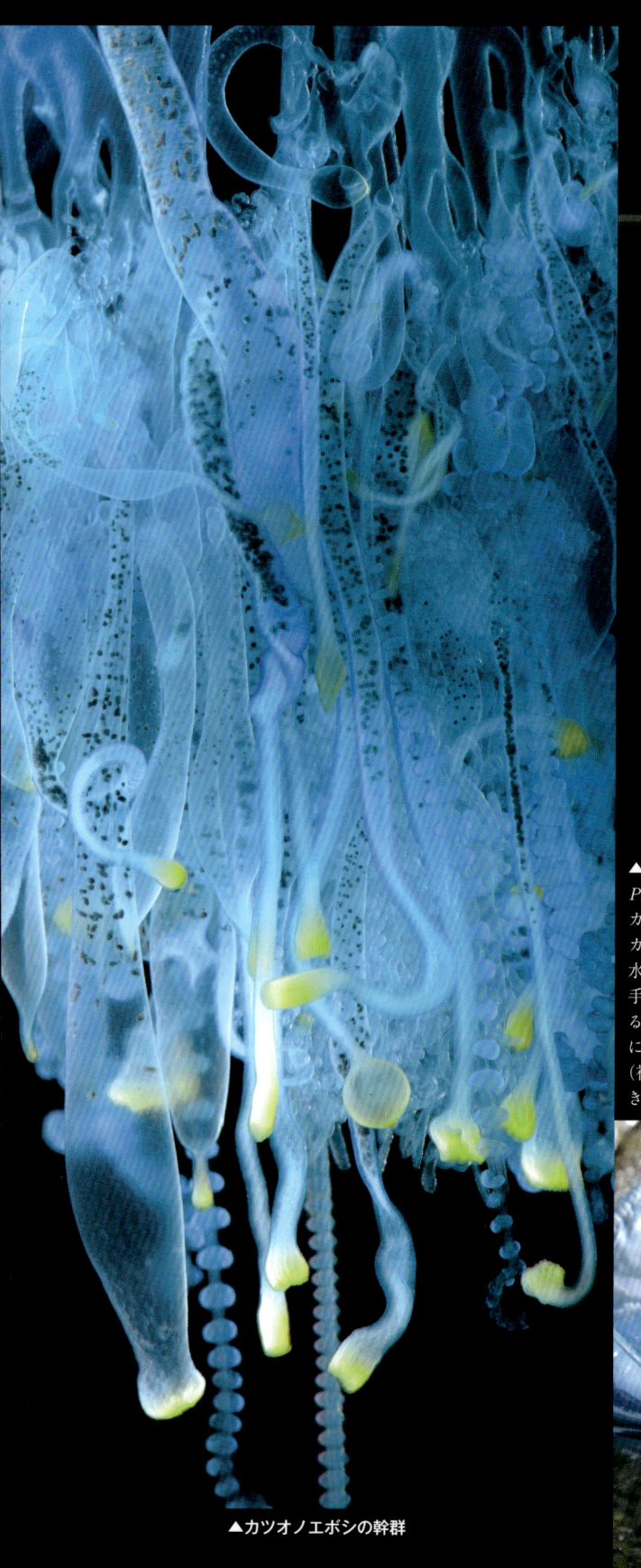

▶打ち上げられたカツオノエボシ
外洋性のクラゲだが、風によって流され、沖縄から本州の沿岸に打ち上げられることも多い。
（神奈川県江ノ島　6月　22℃　水面　気胞体の大きさ6cm）

◀ボウズニラ
Rhizophysa eysenhardti Gegenbaur, 1859
ボウズニラ科 Rhizophysiidae　ボウズニラ属
卵形の気胞体中の気体の量を調整しながら浮き沈みする。泳鐘を欠くため自ら泳ぐ力はなく、潮に流されながら移動する。幹の1節間に生殖体叢が最大で2か所ずつあるのが特徴。
(静岡県大瀬崎　2月　15℃　-5m　群体の大きさ7cm)

カツオノエボシ
気胞体は海風を受けて移動する帆の役割があり、一酸化炭素が詰まっている。
(和歌山県串本沖　7月　28℃　水面　気胞体の大きさ6cm)

155

刺胞動物門	ヒドロ虫綱 Hydrozoa
	胞泳亜目 Physonectae

▲ケムシクラゲ
群体部分のクローズアップ。透明で先端が白い感触体および褐色の短い感触体があり、それぞれに感触体触手がある。
(福井県越前町　6月　16℃　-10m　群体の大きさ6cm)

ケムシクラゲ
Apolemia uvaria (Lesueur, 1811)
ケムシクラゲ科 Apolemiidae　ケムシクラゲ属
日本各地で春によく見られるふさふさしたロープ状の群体。ケムシクラゲ属のなかでも比較的沿岸の浅海に現れる。大きいものでは長さ15mにおよぶ。
(静岡県大瀬崎　5月　18℃　-5m　群体の大きさ100cm)

▲ミツボシケムシクラゲ（仮称）
Apolemia sp.（type, trinegra）
ケムシクラゲ科 Apolemiidae　ケムシクラゲ属
泳鐘部はほぼ透明、栄養部は茶色がかった白色で栄養体は褐色、感触体や触手は白色。ケムシクラゲ属の仲間を同定する際は、感触体の色素胞がもっとも有力な手がかりとなる。
（相模湾　6月　4.6℃　-718m　泳鐘部の大きさ5cm）（JAMSTEC）

▶ミツボシケムシクラゲの泳鐘
（大きさ2cm）（JAMSTEC/D. Lindsay）

▲チャケムシクラゲ
Apolemia sp.
ケムシクラゲ科 Apolemiidae　ケムシクラゲ属
泳鐘の表面は刺胞に覆われているが、カノコケムシクラゲのようなパッチ状ではなく、みっしりと覆われている。また、泳鐘の側面および幹を囲む面は褐色で、放射管には盲状派出管がない。
（三陸沖　5月　2.9℃　-434m　泳鐘部の大きさ7cm）（JAMSTEC）

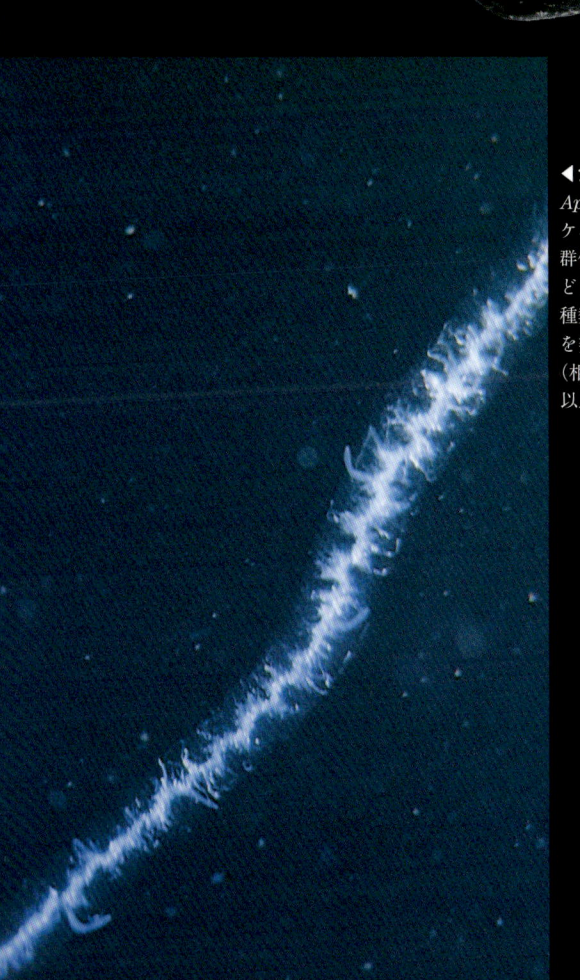

◀ジュズタマケムシクラゲ（仮称）
Apolemia sp.（type, blacktip）
ケムシクラゲ科 Apolemiidae　ケムシクラゲ属
群体は白色の紐状。栄養体はオキアミやエビなどによく似た屈曲した形状。感触体は白く、1種類のみで、固定標本では黒色の色素胞が先端を数珠玉のように囲むことが和名の由来。
（相模湾初島沖　3月　5.6℃　-606m　全長2m以上）（JAMSTEC）

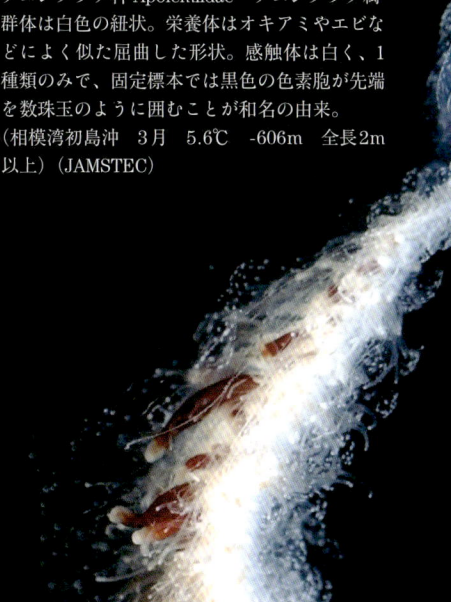

▲カノコケムシクラゲ
Apolemia lanosa Siebert, Pugh, Haddock & Dunn, 2013
ケムシクラゲ科 Apolemiidae　ケムシクラゲ属
泳鐘部はほぼ透明、栄養部はほぼ白色、栄養体は褐色。
（三陸沖　5月　3.8℃　-746m　泳鐘部の大きさ10cm）（JAMSTEC/ D. Lindsay）

刺胞動物門 | ヒドロ虫綱 Hydrozoa

ナガヨウラククラゲ
Agalma elegans Eschscholtz, 1825
ヨウラククラゲ科 Agalmatidae　ヨウラククラゲ属
大型のクラゲで長さ2mにもおよぶ。ヨウラククラゲと異なり、栄養部はしなやかで、葉状の保護葉は互いに密に接触しない。熱帯・亜熱帯海域に分布するが、対馬海流で日本海に運ばれることもある。
(静岡県大瀬崎　11月　23℃　-1m　群体の大きさ200cm)

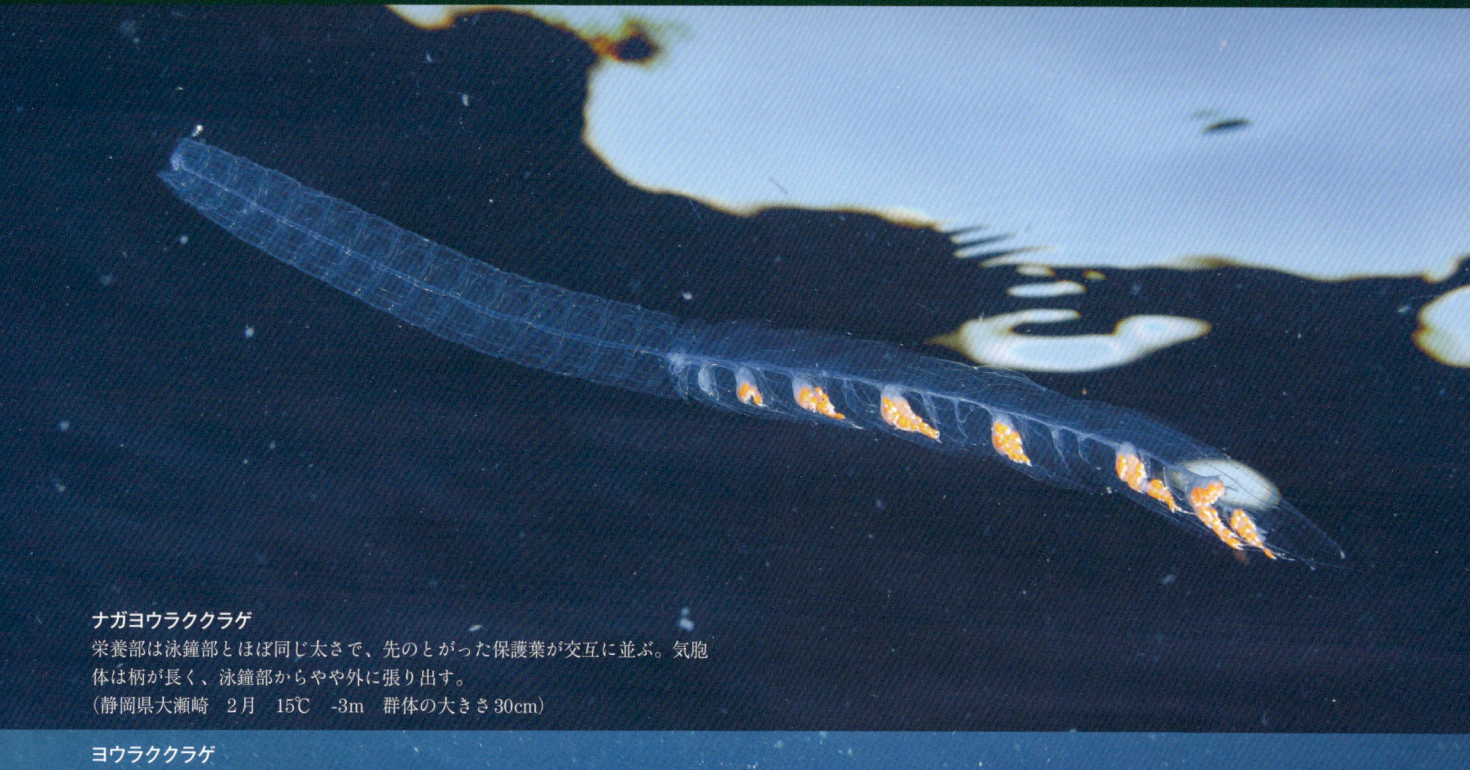

ナガヨウラククラゲ
栄養部は泳鐘部とほぼ同じ太さで、先のとがった保護葉が交互に並ぶ。気胞体は柄が長く、泳鐘部からやや外に張り出す。
(静岡県大瀬崎　2月　15℃　-3m　群体の大きさ30cm)

ヨウラククラゲ
Agalma okeni Eschscholtz, 1825
ヨウラククラゲ科 Agalmatidae　ヨウラククラゲ属
各パーツが互いに密に接触した棒状で、栄養部は泳鐘部よりやや太い円柱状。栄養部は保護葉が規則正しく8列に並ぶ。表・中層性で、地中海を含む世界中の熱帯から温帯域に分布する。
(静岡県大瀬崎　1月　15℃　-5m　群体の大きさ18cm)

ヨウラククラゲ
泳鐘部と栄養部の長さの割合は個体によって大きく異なる。
(静岡県大瀬崎　3月　16℃　-5m　群体の大きさ13cm)

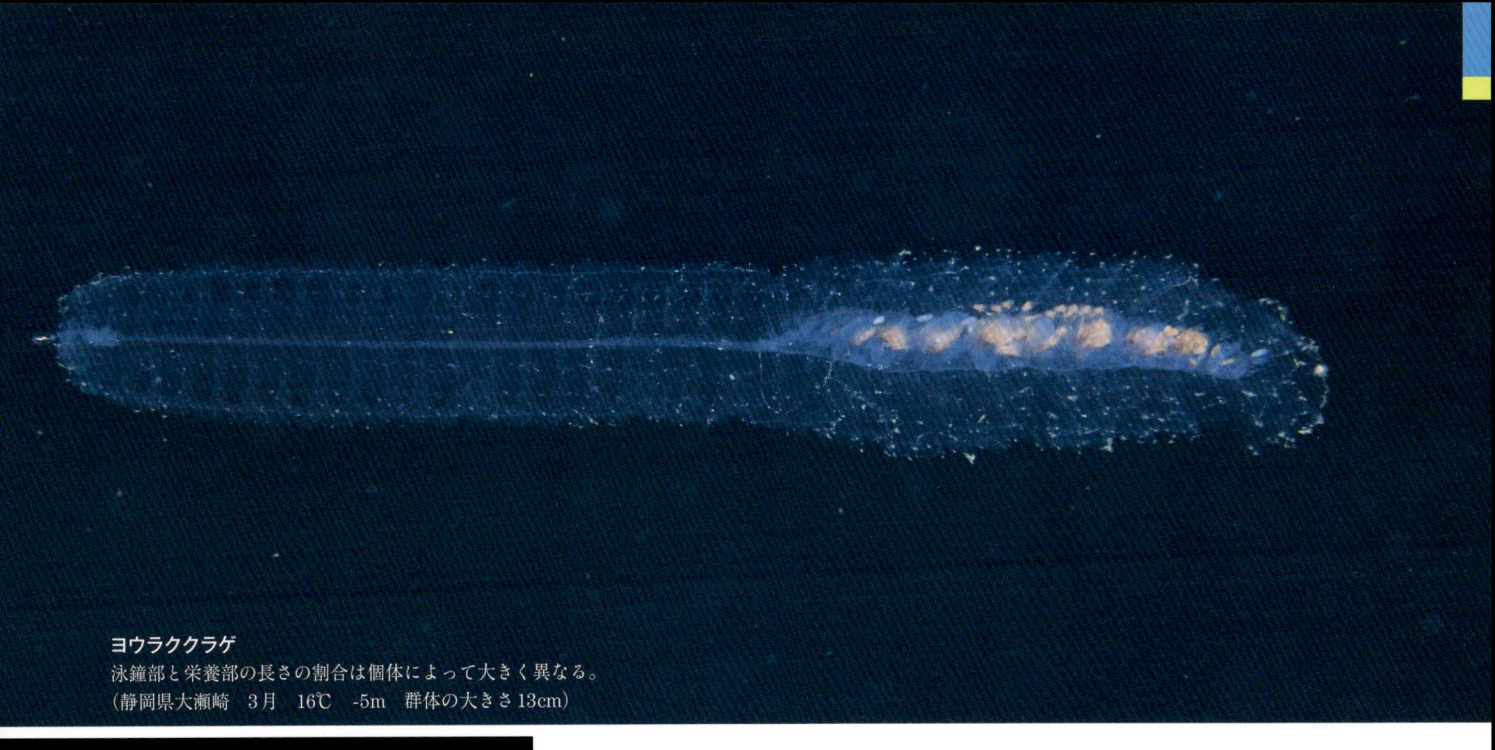

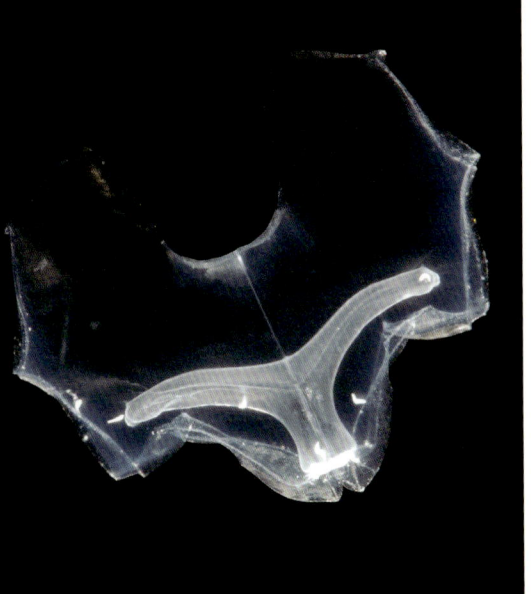

▲ヨウラククラゲの泳鐘
成熟した泳鐘には縦に走る2稜があり、側面は3面に分かれる。大きい泳鐘ほど泳嚢がT字形よりY字形に近い。

▶中：ノキシノブクラゲ
Athorybia rosacea (Forskål, 1775)
ヨウラククラゲ科 Agalmatidae
ノキシノブクラゲ属
泳鐘部を完全に欠き、各幹群は気胞体の下方表面から栄養部にかけてらせん状に配置される。和名は植物のノキシノブに似ることに由来。ラテン語の種名はバラに似るという意味。
(与那国島　1月　22℃　-13m　泳鐘部の大きさ8mm)

▶右：シダレザクラクラゲ
Nanomia bijuga (Delle Chiaje, 1841)
ヨウラククラゲ科 Agalmatidae
シダレザクラクラゲ属（改称）
本州中部以南で通年見られる。日中の表層、とくに潮目付近に多く、目立たないためによく刺される。泳鐘部はもろく、触れるとすぐに離脱する。
(静岡県大瀬崎　10月　24℃　-1m　泳鐘部の大きさ5cm)

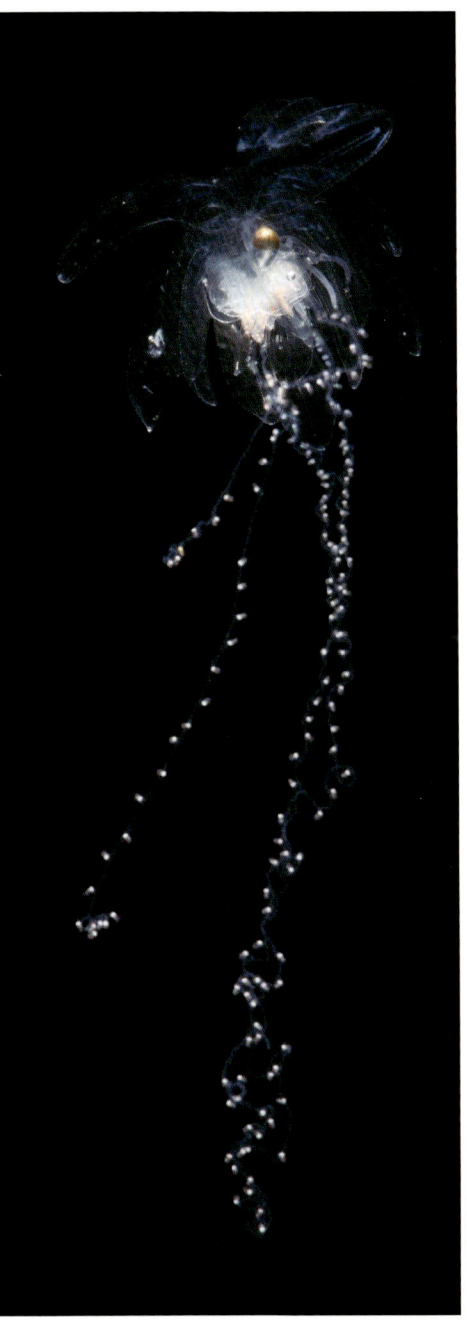

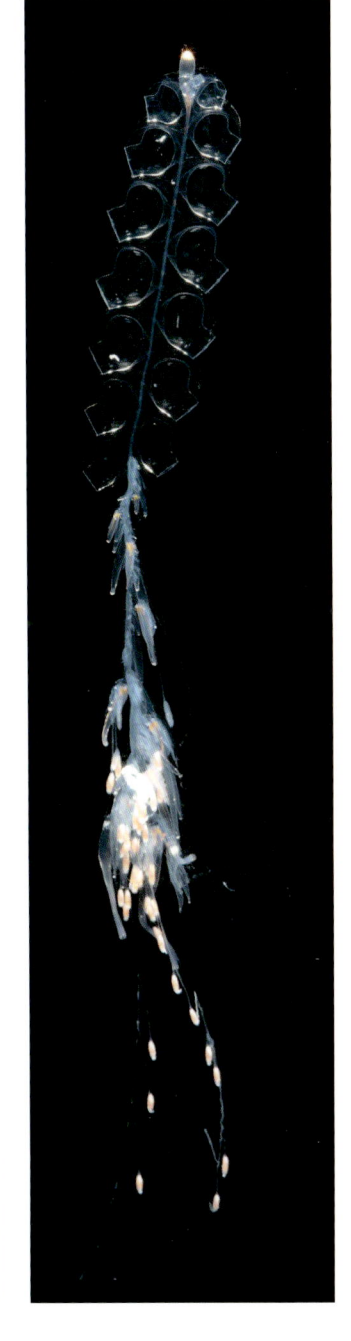

刺胞動物門　ヒドロ虫綱　Hydrozoa

▲ヒノコクラゲ（仮称）
Marrus sp.
Family *incertae sedis*（科の所属未定）　ヒノオビクラゲ属
泳鐘はY字形で透明。泳嚢はT字形で、泳鐘をほぼ充たし、泳鐘部に付着する面に筋肉組織が付いてない帯域がある。
（相模トラフ　5月　7.2℃　-453m　泳鐘部の大きさ8cm）（JAMSTEC）

▲ヒノコクラゲ（仮称）
気胞体および幹は白色。和名は橙色の栄養体や側枝の刺胞帯が「火の粉」をイメージすることに由来する。
（房総半島沖　3月　6.9℃　-438m　泳鐘部の大きさ8cm）（JAMSTEC）

▲アナビキノコクラゲ
Frillagalma vityazi Daniel, 1966
Family *incertae sedis*（科の所属未定）　アナビキノコクラゲ属
群体は泳鐘部・栄養部ともに伸縮し、各パーツが互いに密に接触した棒状。泳鐘および保護葉に青または緑色の生物発光が報告されている。
（伊豆大島東方沖　3月　4.8℃　-600m　泳鐘部の大きさ4cm）（JAMSTEC）

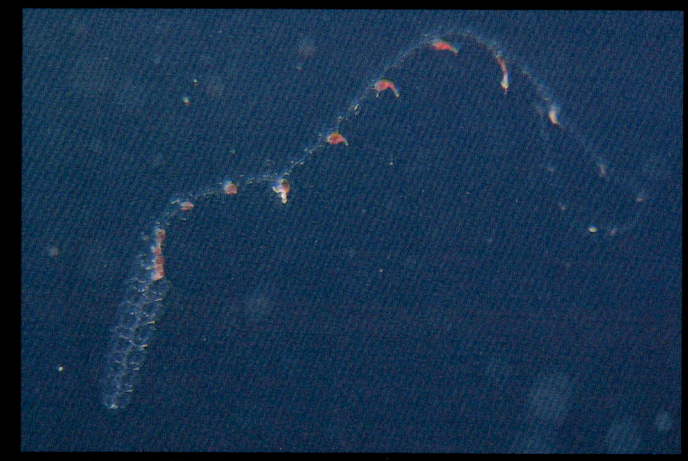

▼ヒノオビクラゲ
Marrus orthocanna Totton, 1954
Family *incertae sedis*（科の所属未定）　ヒノオビクラゲ属
栄養部が火の玉状に見えることもある。刺激されると個虫がぱらぱらと散る。同属他種と異なり、一つの群体に生殖泳鐘が雌雄同時に存在する。
（相模湾初島沖　4月　4.1℃　-751m　泳鐘部の大きさ8cm）（JAMSTEC）

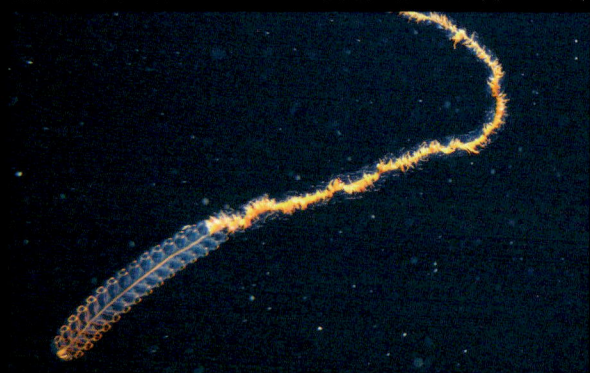

▲ルッジャコフクダクラゲ
Rudjakovia plicata Margulis, 1982
Family *incertae sedis*（科の所属未定）　ルッジャコフクダクラゲ属
北極海や太平洋および大西洋の寒帯・亜寒帯に分布する。泳鐘は計14個程度で、栄養部はしなやかで細く、保護葉が目立たない。栄養体や生殖体は互いに離れ、妙に目立つ。（相模湾　2月　4.7℃　-667m　泳鐘部の大きさ4cm）（JAMSTEC）

▼オオダイダイクダクラゲ
Stephanomia amphytridis Lesueur & Petit, 1807
オオダイダイクダクラゲ科 Stephanomiidae
オオダイダイクダクラゲ属
群体の泳鐘部と栄養部は同じくらいの太さだが、栄養部は泳鐘部の6倍以上の長さがある。本種は、1つの群体に雌雄の生殖泳鐘が同時に存在せず、性別は群体単位で分かれる。
（相模湾　8月　3.7℃　-836m　泳鐘部の大きさ70cm）（JAMSTEC）

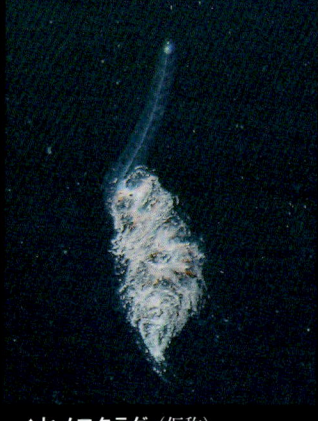

▼ナンキョクオオミミクラゲ（新称）
Resomia convoluta（Moser, 1925）
ナンキョクオオミミクラゲ科 Resomiidae　ナンキョクオオミミクラゲ属
群体の泳鐘部と栄養部は同じくらいの太さがあり、栄養部の表面にうっすらと白色の水玉模様があるように見える。
（三陸沖　5月　4.8℃　-332m　泳鐘部の大きさ3cm）（JAMSTEC）

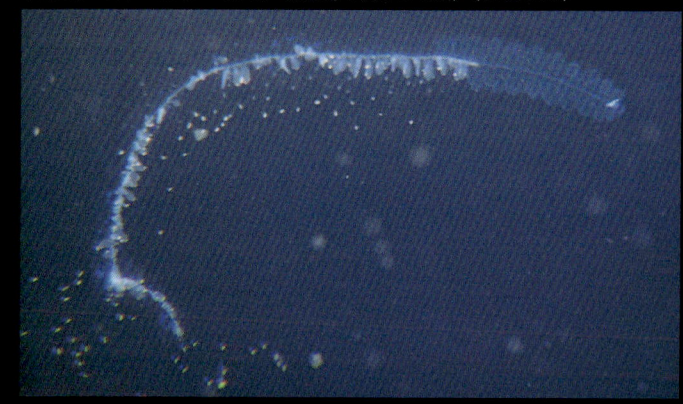

▲ナガヘビクラゲ
Bargmannia elongata Totton, 1954
ヘビクラゲ科 Pyrostephidae　ヘビクラゲ属
栄養部は保護葉以外が白色で、ヘビクラゲに比べると密集している。触手側枝の刺胞帯は固定標本ではコイル状になっているが、海中では直線的あるいはわずかに湾曲し、刺胞叢の先端に1本の単純な長い終糸をもつ。
（鳩間海丘　4月　10.8℃　-468m　泳鐘部の大きさ30cm）（JAMSTEC）

▼ヒノマルクラゲ
Steleophysema aurophora Moser, 1924
ヒノマルクラゲ科 Rhodaliidae
ヒノマルクラゲ属
相模湾葉山沖の相模海丘450mの深度より知られ、触手を錨縄にして海底近くで気球のように浮く。ウミグモの1種が本種に寄生していることがよくある。
（相模湾　11月　6.7℃　-464m　泳鐘部の大きさ2cm）（JAMSTEC/ D. Lindsay）

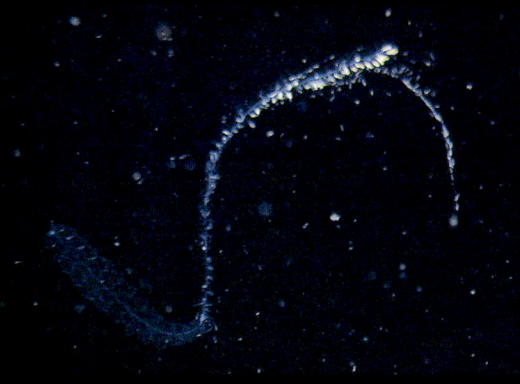

▲ヘビクラゲ
Bargmannia amoena Pugh, 1999
ヘビクラゲ科 Pyrostephidae　ヘビクラゲ属
1つの群体に雄と雌の生殖泳鐘が同時に存在せず、性別は群体単位で分かれる。普通、クダクラゲ類の雌は生殖泳鐘に卵を1個しか含まないが、本種は2個。大西洋、モントレー湾、相模湾などで出現報告がある。ヘビクラゲ属は現在4種を含む。
（相模湾　6月　7℃　-434m　泳鐘部の大きさ20cm）（JAMSTEC）

▲パゲスクラゲ（新称）
Pagès's physonect（種名未定／英名）
Family *incertae sedis*（科の所属未定）　属未定
泳嚢上の放射管はすべて真っすぐ走ること、泳鐘が泳鐘部に付着する面に筋肉組織が付いていない帯域を有すること、感触体を欠くことはヒノオビクラゲの仲間に似るが、刺胞叢の刺胞帯はらせん状に数回巻かれておらず，真っすぐ伸長することなどで区別できる。（伊豆大島東方沖　3月　5℃　-595m　泳鐘部の大きさ10cm）（JAMSTEC）

▼アワハダクラゲ
Erenna laciniata Pugh, 2001
アワハダクラゲ科 Erennidae　アワハダクラゲ属
群体の栄養部は収縮し、長く伸長するようすは観察されない。1つの群体に雌雄の生殖泳鐘が同時に存在せず、性別は群体単位で分かれる。バハマ諸島、キューバ沖、赤道付近のブラジル沖、相模湾にて出現報告がある。（相模湾　6月　4.4℃　-688m　泳鐘部の大きさ15cm）（JAMSTEC）

刺胞動物門｜ヒドロ虫綱 Hydrozoa

▲ツクシクラゲ
Forskalia formosa Keferstein & Ehlers, 1860
ツクシクラゲ科 Forskaliidae　ツクシクラゲ属
群体の泳鐘部は栄養部より細く、長さも1/3ほどで、上方では幅が細くなる。気胞体は、泳鐘部より上に突き出る。
（静岡県大瀬崎　5月　21℃　-3m　群体の大きさ10cm）

▲トクサクラゲ
Forskalia asymmetrica Pugh, 2003
ツクシクラゲ科 Forskaliidae　ツクシクラゲ属
近縁のツクシクラゲに比べて、栄養部は大きく発達せずまばら。泳鐘部は上方も下方もほぼ同幅。気胞体は泳鐘部に埋もれ、上に突き出ることはほとんどない。（静岡県大瀬崎　2月　16℃　-3m　群体の大きさ8cm）

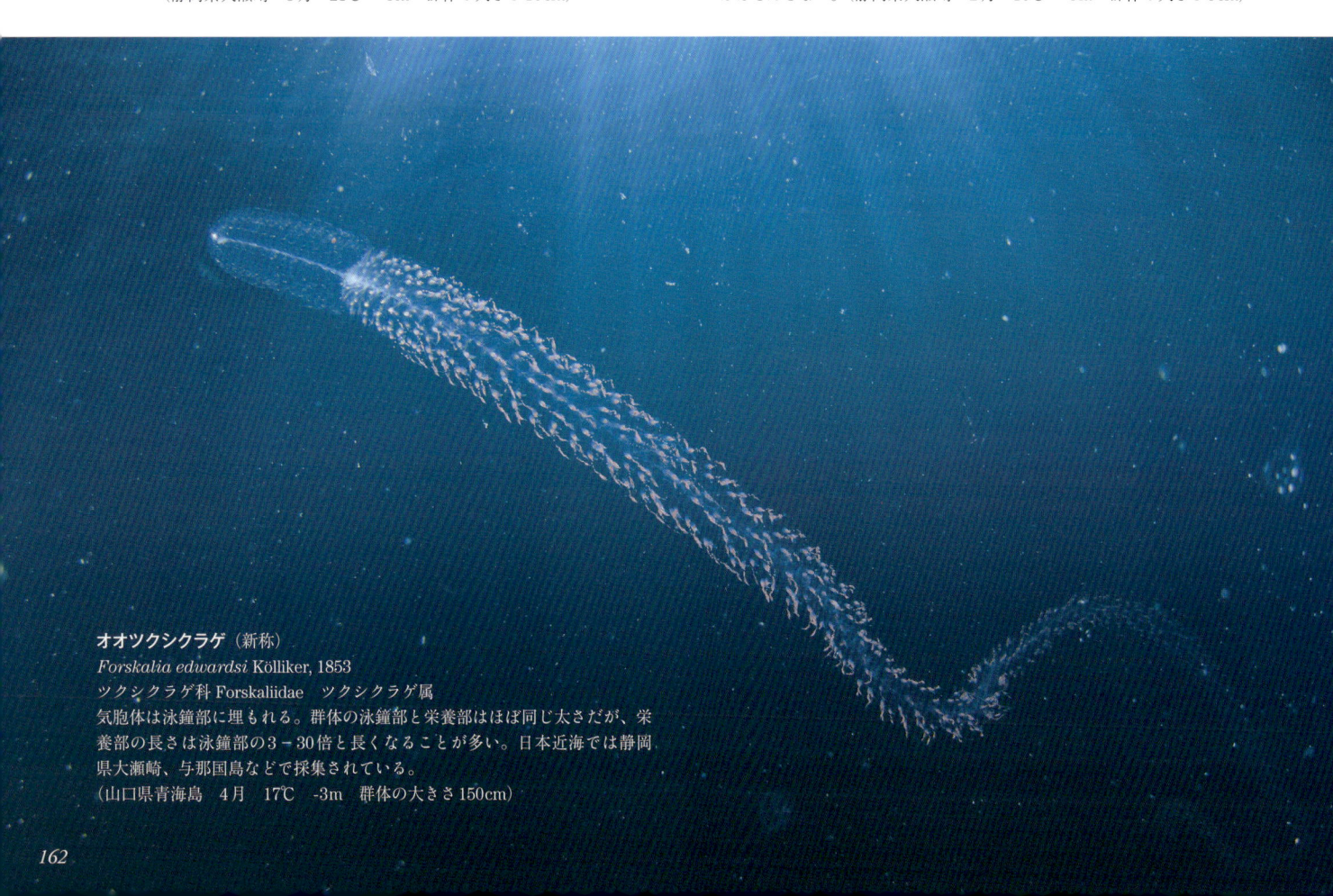

オオツクシクラゲ（新称）
Forskalia edwardsi Kölliker, 1853
ツクシクラゲ科 Forskaliidae　ツクシクラゲ属
気胞体は泳鐘部に埋もれる。群体の泳鐘部と栄養部はほぼ同じ太さだが、栄養部の長さは泳鐘部の3〜30倍と長くなることが多い。日本近海では静岡県大瀬崎、与那国島などで採集されている。
（山口県青海島　4月　17℃　-3m　群体の大きさ150cm）

▶オオツクシクラゲ（新称）
泳鐘部の上方面にある、上方放射管と口部環管の合点に黄色の色素点がある。
（静岡県大瀬崎　4月　20℃　-5m　群体の大きさ 12cm）

▼ネギボウズクラゲ（新称）
Forskalia tholoides Haeckel, 1888
ツクシクラゲ科 Forskaliidae　ツクシクラゲ属
泳鐘部の全体は球形をなす。気胞体は赤色を帯び、泳鐘部からわずかに顔を出す程度。群体の泳鐘部と栄養部はほぼ同じ太さだが、栄養部の長さは泳鐘部の1－8倍ほどになる。
（静岡県大瀬崎　4月　18℃　-6m　群体の大きさ 17cm）

▼バレンクラゲ
Physophora hydrostatica Forskål, 1775
バレンクラゲ科 Physophoridae　バレンクラゲ属
感触体の基部には刺胞細胞を含む大型細胞のパッチがあり、その中央部より感触体触手が伸長する。
（静岡県黄金崎　1月　17℃　-1m　群体の大きさ10cm）

▲バレンクラゲ
（静岡県大瀬崎　2月　15℃　-5m　群体の大きさ5cm）

刺胞動物門 | ヒドロ虫綱 Hydrozoa
鐘泳亜目 Calycophorae

▲ヤジルシシカクハコクラゲ（新称）
Ceratocymba sagittata Quoy & Gaimard, 1827
ハコクラゲ科 Abylidae
シカクハコクラゲ属（新称）
上泳鐘は鋭く尖り、下泳鐘の左側面にのこぎり状の歯が並ぶ。種小名の*sagittata*はラテン語で矢印を意味する。
（静岡県大瀬崎　1月　15℃　-3m　大きさ3.5cm）

▲シカクハコクラゲ（新称）のユードキシッド
Ceratocymba leuckartii（Huxley, 1859）
ハコクラゲ科 Abylidae　シカクハコクラゲ属（新称）
保護葉は扁平な長六角形。生殖体は左右不相称の四角柱状。稜は強く角錐形突起に終わる。肉眼では透明だが、撮影時のストロボ光に反応し緑色に光る。
（静岡県大瀬崎　4月　20℃　-1m　大きさ1cm）

▲カワリハコクラゲモドキのユードキシッド
（静岡県大瀬崎　4月　20℃　-2m　大きさ1cm）

◀カワリハコクラゲモドキ（新称）
Enneagonum hyalinum Quoy & Gaimard, 1827
ハコクラゲ科 Abylidae　カワリハコクラゲモドキ属（新称）
ハコクラゲ科では唯一下泳鐘がなく、上泳鐘はピラミッド形をしている。ニンジン形の体嚢が泳嚢より上方に伸長する。
（静岡県大瀬崎　10月　25℃　-2m　大きさ1cm）

▼ハコクラゲ属の1種のユードキシッド　*Abyla* sp.
保護葉は扁平な長六角形。生殖体は左右ほぼ同大。シカクハコ
クラゲにも似るが、未記載種と思われる。
(静岡県大瀬崎　4月　20℃　-1m　大きさ1cm)

▲ハコクラゲモドキ
Abylopsis tetragona（Otto, 1823）
ハコクラゲ科 Abylidae　ハコクラゲモドキ属
画像の個体はポリガストリック（無性生殖世代）。上泳鐘は下泳鐘に比べてきわめ
て小さく、角柱状。下泳鐘の開口部には5本の突起があり、そのうち2本は強大。
(静岡県大瀬崎　2月　14℃　-1m　大きさ3cm)

◀ハコクラゲモドキ
下泳鐘が成長段階にある。
(静岡県大瀬崎　10月　23℃　-1m　大きさ2.3cm)

◀ハコクラゲモドキのユードキシッド
無性生殖世代から離れたユードキシッド。ユードキ
シッドは有性生殖世代で、写真の個体には生殖巣に
複数の卵がある。
(北海道函館市　11月　14℃　-1m　大きさ1.2cm)

▶ハコクラゲモドキのユードキシッド
(静岡県大瀬崎　2月　14℃　-1m　大きさ2cm)

165

刺胞動物門 | ヒドロ虫綱 Hydrozoa

◀トウロウクラゲのユードキシッド
（鹿児島県いちき串木野市羽島　8月　27℃　-1m　大きさ0.8cm）

◀トウロウクラゲ
Bassia bassensis（Quoy & Gaimard, 1834）
ハコクラゲ科 Abylidae　トウロウクラゲ属
上泳鐘は下泳鐘の1/3ほどで低い五角柱状。下泳鐘は上方がやや狭い四角柱。泳嚢は大きく、中央の膨らんだ円筒形。1つの群体に雄の生殖体をもつユードキシッドと、雌の生殖体をもつユードキシッドが同時に存在する。泳鐘の稜が白色に縁取られているのも本種の特徴。
（静岡県大瀬崎　4月　17℃　-1m　大きさ0.8cm）

▲トウロウクラゲのユードキシッド
（鹿児島県いちき串木野市羽島　8月　27℃　-1m　大きさ2.2cm）

▶トウロウクラゲのユードキシッド
ユードキシッドの保護葉は、左右相称的な多角形体で、上下両半ともにクサビ形で、その背側面は菱形。保護葉体嚢は簡単な紡錘形で、真っすぐに上方に向かう。
(静岡県大瀬崎　10月　23℃　-3m　大きさ1.2cm)

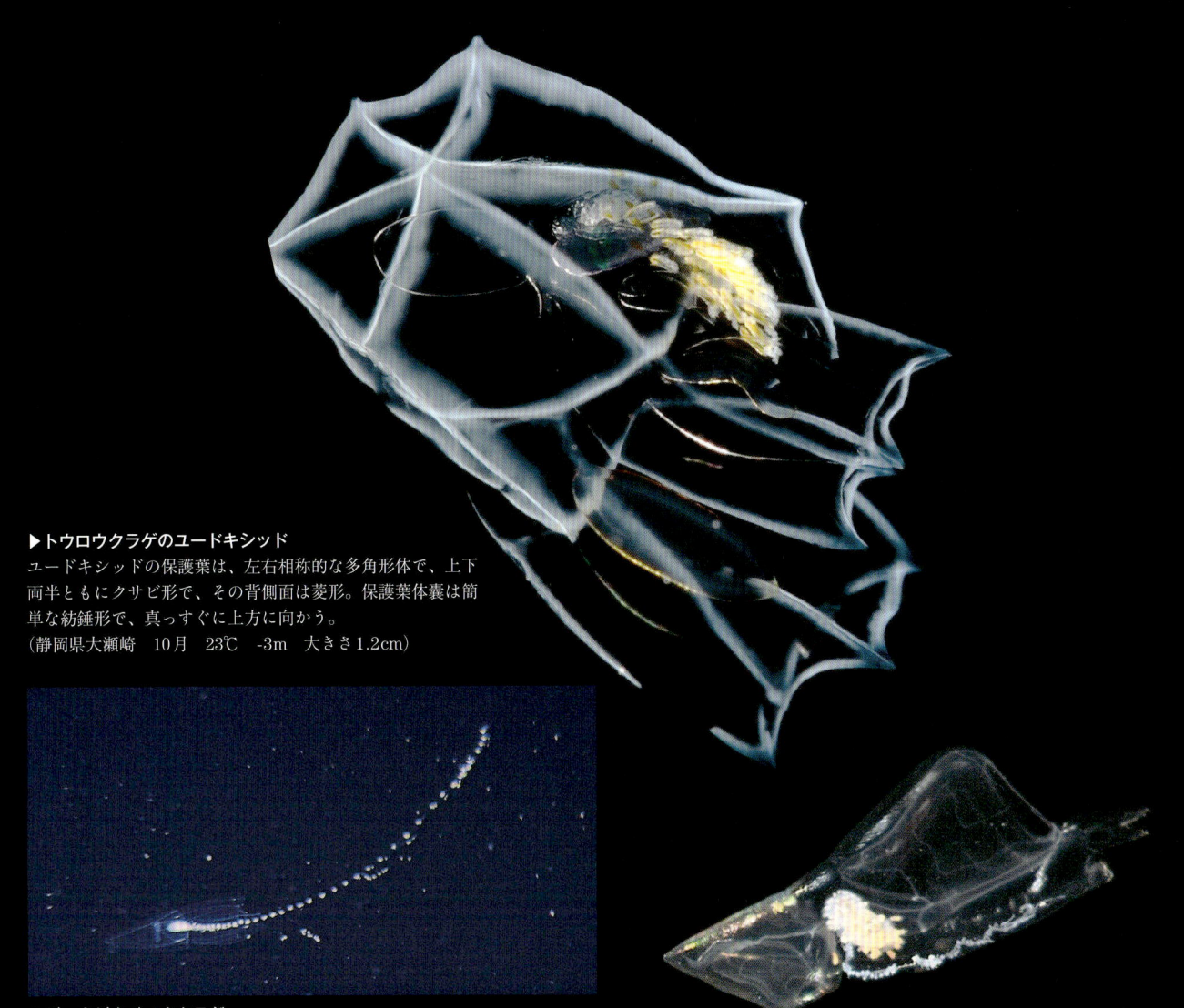

▲ジュウジタイノウクラゲ
Chuniphyes multidentata Lens & Van Riemsdijk, 1908
フタツタイノウクラゲ科 Clausophyidae　オネワカレクラゲ属
上泳鐘は先端が鋭く尖り、長さは36mm程度まで。上泳鐘の頂上には4稜があるが、それぞれが二股に分かれ、途中から8稜となり、これらは泳鐘下端にいたる。
(房総半島沖　3月　6℃　-515m　泳鐘部の大きさ4cm) (JAMSTEC)

▼オネワカレクラゲ
Chuniphyes moserae Totton, 1954
フタツタイノウクラゲ科 Clausophyidae　オネワカレクラゲ属
上泳鐘は先端が鋭く尖り、下端に大型突起はない。本属やフタツタイノウクラゲ属においては、幼期最初に生ずる1泳鐘が脱落せずに永存し、下泳鐘は他の鐘泳亜目でいう上泳鐘にあたると考えられており、そのために泳鐘は上下とも体嚢があるとされる。(相模湾初島沖　10月　3.7℃　-927m　泳鐘部の大きさ6cm) (JAMSTEC)

▲カブトフタツタイノウクラゲ (新称)
Clausophyes galeata Lens & van Riemsaijk, 1908
フタツタイノウクラゲ科 Clausophyidae　フタツタイノウクラゲ属
上泳鐘は先端が尖り長さ2cmまでで、泳鐘下端に走行する稜がない。
(相模湾　10月　3.8℃　-901m　泳鐘部の大きさ4cm)
(JAMSTEC/ D. Lindsay)

▼カブトフタツタイノウクラゲ
体嚢は滑らかな形状だが、いったん背側へ伸長してから膨張し、頂上へ近づくにつれ再び細くなる。世界の中・深層に広く分布するが、北極海および紅海からは報告例がない。
(南海トラフ 遠州灘　3月　3.7℃　-1090m　泳鐘部の大きさ4cm)
(JAMSTEC)

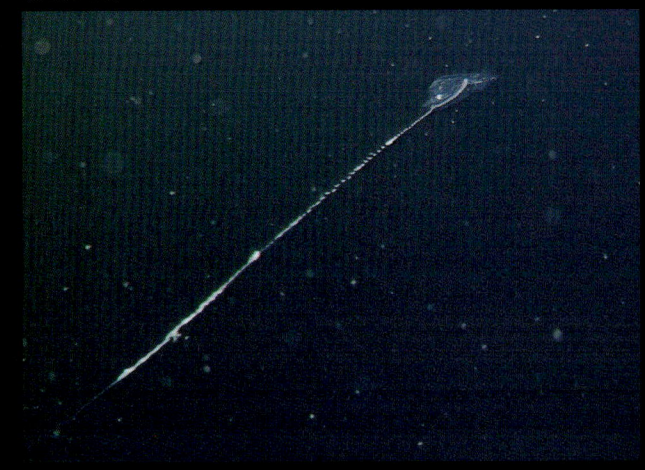

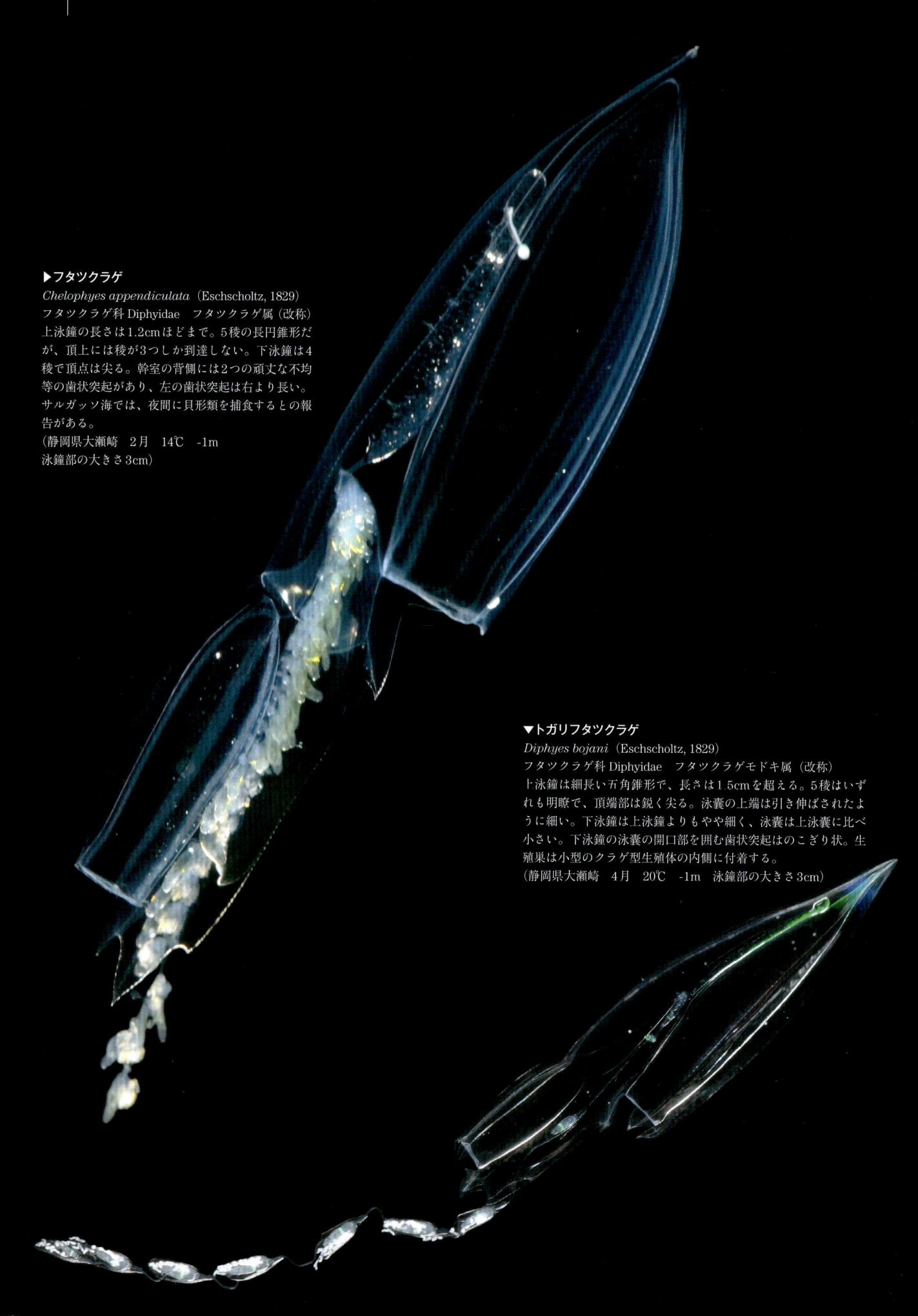

刺胞動物門｜ヒドロ虫綱 Hydrozoa

▶フタツクラゲ
Chelophyes appendiculata（Eschscholtz, 1829）
フタツクラゲ科 Diphyidae　フタツクラゲ属（改称）
上泳鐘の長さは1.2cmほどまで。5稜の長円錐形だが、頂上には稜が3つしか到達しない。下泳鐘は4稜で頂点は尖る。幹室の背側には2つの頑丈な不均等の歯状突起があり、左の歯状突起は右より長い。サルガッソ海では、夜間に貝形類を捕食するとの報告がある。
（静岡県大瀬崎　2月　14℃　-1m
泳鐘部の大きさ3cm）

▼トガリフタツクラゲ
Diphyes bojani（Eschscholtz, 1829）
フタツクラゲ科 Diphyidae　フタツクラゲモドキ属（改称）
上泳鐘は細長い五角錐形で、長さは1.5cmを超える。5稜はいずれも明瞭で、頂端部は鋭く尖る。泳嚢の上端は引き伸ばされたように細い。下泳鐘は上泳鐘よりもやや細く、泳嚢は上泳嚢に比べ小さい。下泳鐘の泳嚢の開口部を囲む歯状突起はのこぎり状。生殖巣は小型のクラゲ型生殖体の内側に付着する。
（静岡県大瀬崎　4月　20℃　-1m　泳鐘部の大きさ3cm）

168

▲**タマゴフタツクラゲモドキのユードキシッド**
ユードキシッドの保護葉は頂端が尖った桃実状で、紡錘形の体嚢をもつ。肉眼では無色透明だが、ストロボを使って撮影すると緑色に反射する。
(静岡県大瀬崎　4月　20℃　-1m　泳鐘部の大きさ0.5cm)

▼**フタツクラゲモドキ**
Diphyes dispar Chamisso & Eysenhardt, 1821
フタツクラゲ科 Diphyidae　フタツクラゲモドキ属（改称）
上下泳鐘をあわせて長さ1.3 - 1.7cmほど。上泳鐘はトガリフタツクラゲに似るが、頂端部の細まった部分は著しく細く、幹室はやや広い。下泳鐘は上泳鐘とほぼ同長でやや細い。下泳鐘の泳嚢の開口部を囲む歯状突起はのこぎり状をなさない。幹は長く、多数の幹群がある。(串本沖黒潮域　7月　29℃　-10m　泳鐘部の大きさ3cm)

▲**タマゴフタツクラゲモドキ**
Diphyes chamissonis Huxley, 1859
フタツクラゲ科 Diphyidae　フタツクラゲモドキ属（改称）
上泳鐘は長さ1cmほどまでの卵円形で、表面に5稜あり。泳嚢は紡錘形で大きい。下泳鐘はない。幹群は比較的大型で、保護葉、栄養体、触手および生殖巣の外に四角柱形の大きな特別泳鐘を備える。生殖巣は生殖体を欠き、裸で特別泳鐘の外側に存在する。
(静岡県大瀬崎　9月　24℃　-1m　泳鐘部の大きさ0.7cm)

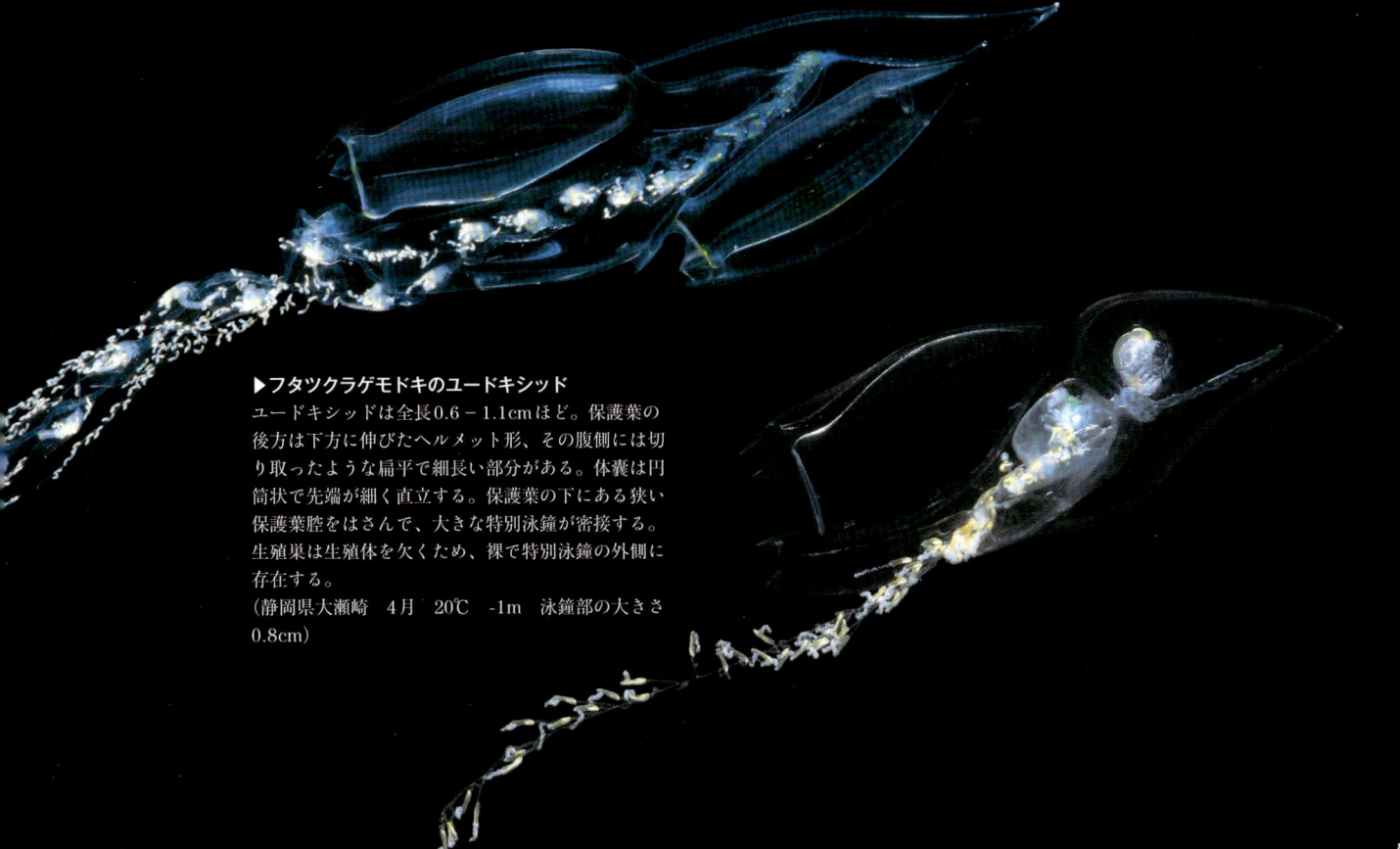

▶**フタツクラゲモドキのユードキシッド**
ユードキシッドは全長0.6 - 1.1cmほど。保護葉の後方は下方に伸びたヘルメット形、その腹側には切り取ったような扁平で細長い部分がある。体嚢は円筒状で先端が細く直立する。保護葉の下にある狭い保護葉腔をはさんで、大きな特別泳鐘が密接する。生殖巣は生殖体を欠くため、裸で特別泳鐘の外側に存在する。
(静岡県大瀬崎　4月　20℃　-1m　泳鐘部の大きさ0.8cm)

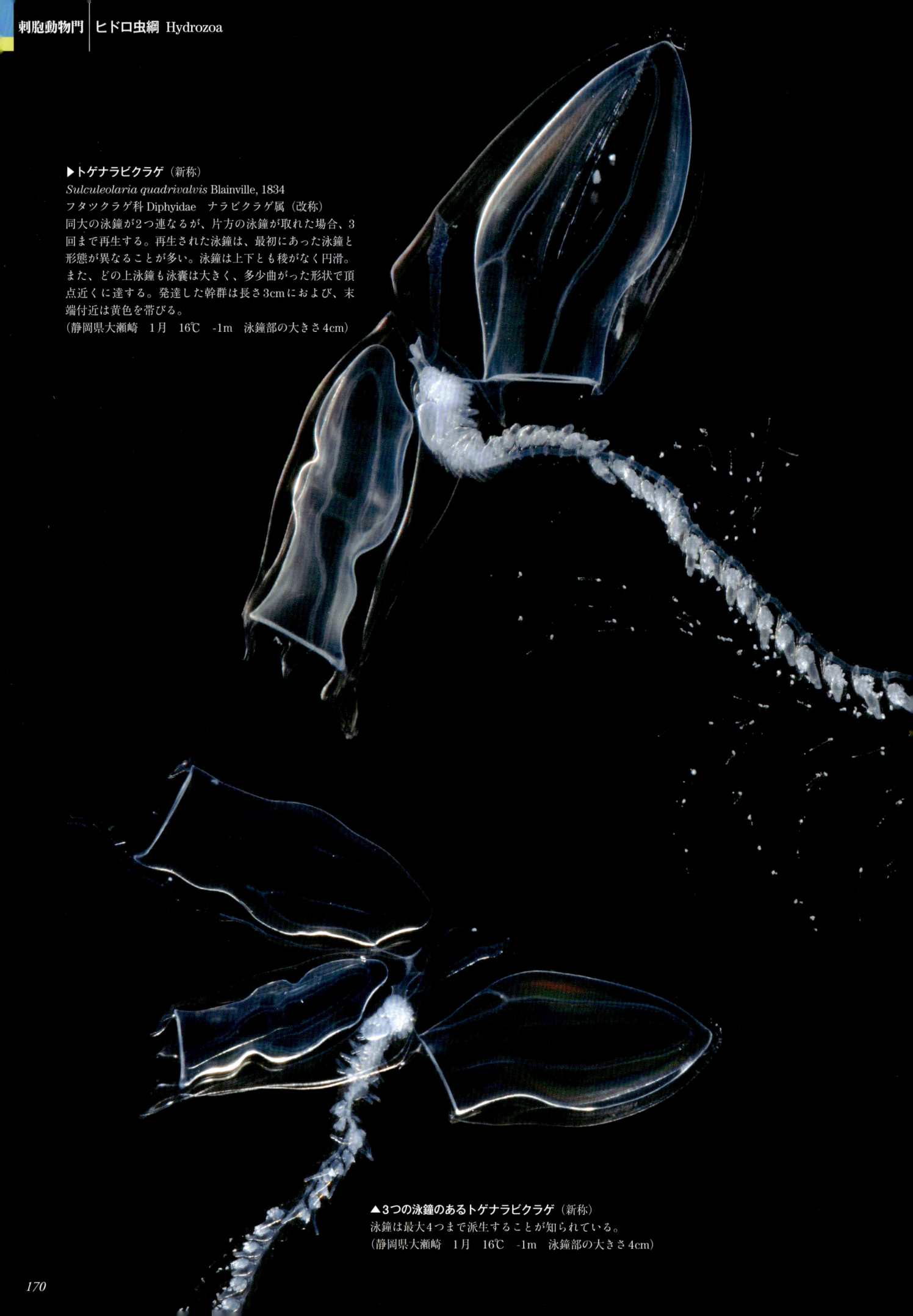

刺胞動物門｜ヒドロ虫綱 Hydrozoa

▶︎3つの泳鐘のあるトゲナラビクラゲ（新称）
泳鐘は最大4つまで派生することが知られている。
（静岡県大瀬崎　1月　16℃　-1m　泳鐘部の大きさ4cm）

▶︎トゲナラビクラゲ（新称）
Sulculeolaria quadrivalvis Blainville, 1834
フタツクラゲ科 Diphyidae　ナラビクラゲ属（改称）
同大の泳鐘が2つ連なるが、片方の泳鐘が取れた場合、3回まで再生する。再生された泳鐘は、最初にあった泳鐘と形態が異なることが多い。泳鐘は上下とも稜がなく円滑。また、どの上泳鐘も泳嚢は大きく、多少曲がった形状で頂点近くに達する。発達した幹群は長さ3cmにおよび、末端付近は黄色を帯びる。
（静岡県大瀬崎　1月　16℃　-1m　泳鐘部の大きさ4cm）

▲3つの泳鐘のあるトゲナラビクラゲ（新称）
泳鐘は最大4つまで派生することが知られている。
（静岡県大瀬崎　1月　16℃　-1m　泳鐘部の大きさ4cm）

▶ヒトツクラゲ
Muggiaea atlantica Cunningham, 1892
フタツクラゲ科 Diphyidae　ヒトツクラゲ属
上泳鐘は長さ0.7cmほどまでで、中央が膨らんだ五角錐形。5稜はいずれも完全で、分岐せずに下縁まで達する。下泳鐘はない。泳嚢は大きく、開口部を囲む歯状突起はない。捕食の際は弧を描くように泳ぎ、幹群を投網のように広げる。
（静岡県大瀬崎　2月　15℃　-1m　泳鐘部の大きさ0.7cm）

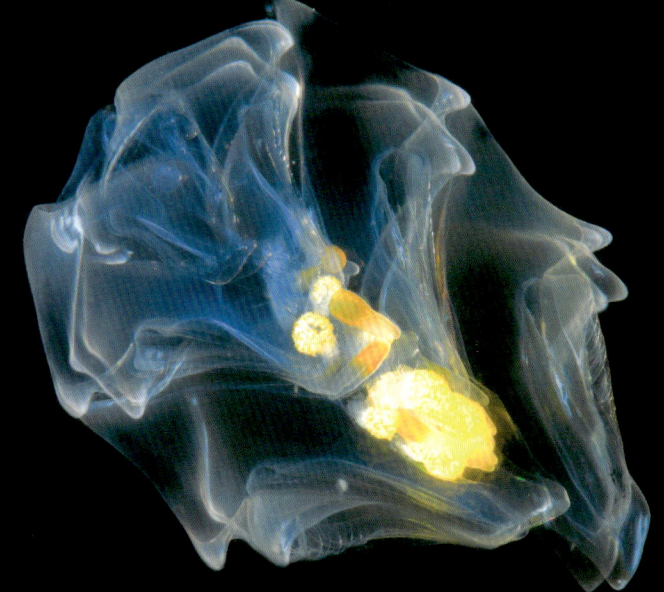

▲バテイクラゲ
Hippopodius hippopus(Forskål, 1776)
バテイクラゲ科 Hippopodiidae　バテイクラゲ属
各泳鐘を交互に脈動させながら推進する。泳鐘は2列で、最大16個まで。上のものを下のものが抱くように配列されており、前面から見た各泳鐘は蹄鉄形、側面はクサビ形。幹群は脱離することなく成熟する。おもに貝形類を捕食するとされている。刺激を与えるとゼラチン質が一時的に白色となる。
(静岡県大瀬崎　1月　16℃　-5m　泳鐘部の大きさ4cm)

▲マツノミクラゲ
Vogtia serrata(Moser, 1925)
バテイクラゲ科 Hippopodiidae　マツノミクラゲ属
群体の形状が松毬に似ることが和名の由来。驚かせてもゼラチン質が一時的に白色となることはない。バテイクラゲと同じく、おもに貝形類を捕食するという報告がある。生物発光をする。
(相模トラフ　2月　3.5℃　-902m　泳鐘部の大きさ4cm)
(JAMSTEC/ D. Lindsay)

マツノミクラゲと思われるマツノミクラゲ属の1種
Vogtia serrata ?
バテイクラゲ科 Hippopodiidae　マツノミクラゲ属
マツノミクラゲ属の1種と思われるが、現在までに一度しか観察できていないため、詳細な種の同定にはいたっていない。本属には泳鐘に複数の突起がある種類を含め、現在までに5種が知られている。
(静岡県大瀬崎　2月　15℃　-5m　泳鐘部の大きさ5cm)

▲アカタマアイオイクラゲ
Desmophyes haematogaster Pugh, 1992
アイオイクラゲ科 Prayidae　タマアイオイクラゲ属
2つの無色透明で同形の薄い泳鐘が互いに相対し、その間から多数の幹群を担う幹が垂下する。種小名の*haematogaster*は、胃にあたる栄養個虫（gaster）が血液（haemato）のような赤色であることに由来。
（三陸沖　4月　4℃　-467m　泳鐘部の大きさ2cm）（JAMSTEC）

▲コアイオイクラゲ（改称）
Desmophyes annectens Haeckel, 1888
アイオイクラゲ科 Prayidae　タマアイオイクラゲ属
大泳鐘は長さ2.5cmほどで、幅は1.8cmほど。保護葉の最大は長さ5mmを超える。2つのやわらかい泳鐘は互いに相対し、その中間から多数の幹群を担う幹が垂下する。
（相模湾　6月　10.9℃　-290m　泳鐘部の大きさ2.5cm）（JAMSTEC）

タマアイオイクラゲ属の1種
Desmophyes sp.
アイオイクラゲ科 Prayidae　タマアイオイクラゲ属
泳鐘の特徴からタマアイオイクラゲ属の1種と思われる。泳鐘部の大きさは2cmほど。2つのやわらかい泳鐘は互いに相対し、その中間から幹群を担う幹が垂下する。標本に基づく精査が必要な種。冬の駿河湾に出現する。
（静岡県大瀬崎　1月　16℃　-1m　泳鐘部の大きさ2cm）

刺胞動物門 | ヒドロ虫綱 Hydrozoa

▶フタマタアイオイクラゲ
Lilyopsis medusa
アイオイクラゲ科 Prayidae
フタマタアイオイクラゲ属
群体を含めた全長は20cmほどまでになる。泳鐘の大きさは長さ2cmほど。やわらかく、刺激によってすぐに分離する。2つとも同形で、互いに相対し、その中間から多数の幹群を担う幹が垂下する。いくつかの放射管上に赤い色素点があるが、体嚢が二叉に分岐する泳鐘には、海域によって違いが見られる。
（静岡県大瀬崎　1月　16℃
-1m　泳鐘部の大きさ2cm）

◀ハナワクラゲ
Stephanophyes superba Chun, 1888
アイオイクラゲ科 Prayidae　ハナワクラゲ属
群体を含めた全長は15cmほどまでになる。泳鐘は左右ほぼ同大の2個が普通で（4個の報告もある）、背側を外にして並ぶ。泳鐘に囲まれた中央から、多数の幹群を担った長い幹が垂下する。各泳鐘は頭巾形で、泳嚢は比較的小さく、外下方に向かって開く。
（静岡県大瀬崎　10月　25℃　-1m　泳鐘部の大きさ2cm）

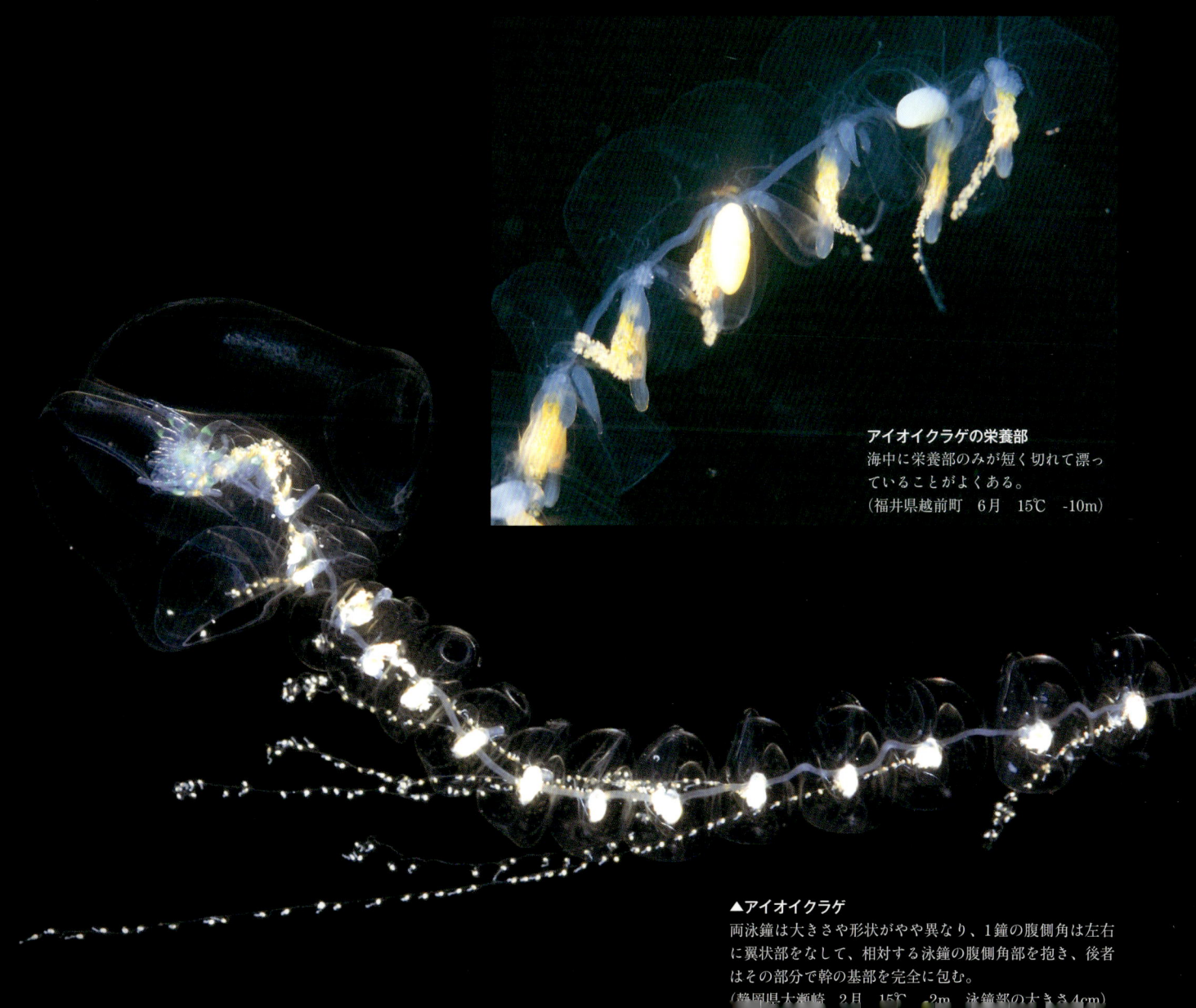

アイオイクラゲ
Rosacea cymbiformis（Delle Chiaje, 1841）
アイオイクラゲ科 Prayidae
アイオイクラゲ属（改称）
表層でもよく見られる。大型種で、群体を含めた全長はときに3mを超える。長さ6cmほどの2個の泳鐘がその腹側で相対し、その間から多数の幹群を担った幹が垂下する。従来、*Praya*属に対してアイオイクラゲ属と命名されていたが、*Rosacea*属をアイオイクラゲ属に改称し、*Praya*をマヨイアイオイクラゲ属として提唱する。
（静岡県大瀬崎　1月　16℃　-3m　泳鐘部の大きさ5cm）

アイオイクラゲの栄養部
海中に栄養部のみが短く切れて漂っていることがよくある。
（福井県越前町　6月　15℃　-10m）

▲アイオイクラゲ
両泳鐘は大きさや形状がやや異なり、1鐘の腹側角は左右に翼状部をなして、相対する泳鐘の腹側角部を抱き、後者はその部分で幹の基部を完全に包む。
（静岡県大瀬崎　2月　15℃　-2m　泳鐘部の大きさ4cm）

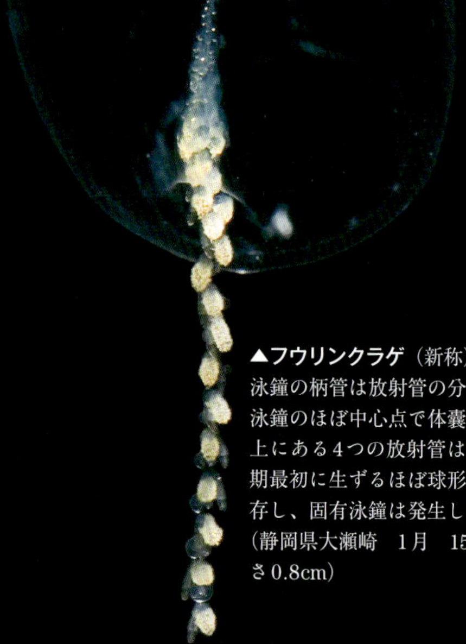

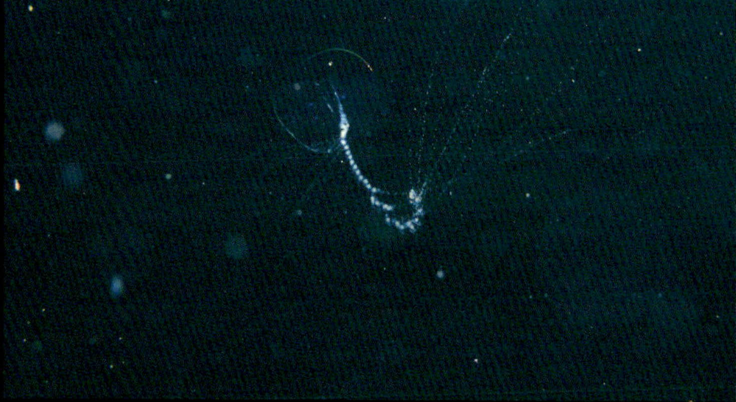

▲フウリンクラゲ（新称）
泳鐘の柄管は放射管の分岐点より前方へ伸長し、泳鐘のほぼ中心点で体嚢の基部へ連絡する。泳嚢上にある4つの放射管は1か所から分岐する。幼期最初に生ずるほぼ球形の1泳鐘が脱落せずに永存し、固有泳鐘は発生しない。
(静岡県大瀬崎　1月　15℃　-2m　泳鐘部の大きさ0.8cm)

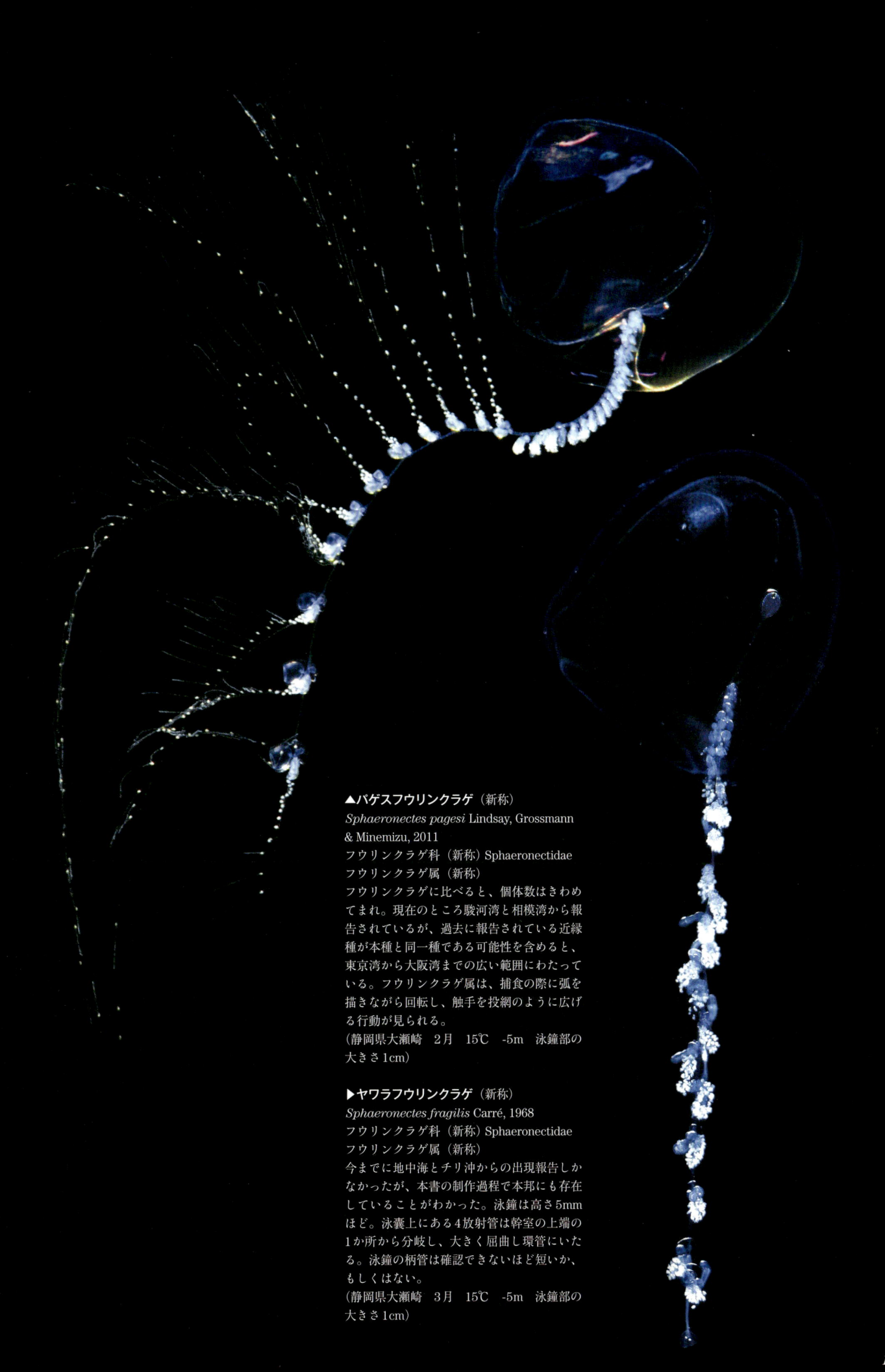

▲パゲスフウリンクラゲ（新称）
Sphaeronectes pagesi Lindsay, Grossmann & Minemizu, 2011
フウリンクラゲ科（新称）Sphaeronectidae
フウリンクラゲ属（新称）
フウリンクラゲに比べると、個体数はきわめてまれ。現在のところ駿河湾と相模湾から報告されているが、過去に報告されている近縁種が本種と同一種である可能性を含めると、東京湾から大阪湾までの広い範囲にわたっている。フウリンクラゲ属は、捕食の際に弧を描きながら回転し、触手を投網のように広げる行動が見られる。
（静岡県大瀬崎　2月　15℃　-5m　泳鐘部の大きさ1cm）

▶ヤワラフウリンクラゲ（新称）
Sphaeronectes fragilis Carré, 1968
フウリンクラゲ科（新称）Sphaeronectidae
フウリンクラゲ属（新称）
今までに地中海とチリ沖からの出現報告しかなかったが、本書の制作過程で本邦にも存在していることがわかった。泳鐘は高さ5mmほど。泳嚢上にある4放射管は幹室の上端の1か所から分岐し、大きく屈曲し環管にいたる。泳鐘の柄管は確認できないほど短いか、もしくはない。
（静岡県大瀬崎　3月　15℃　-5m　泳鐘部の大きさ1cm）

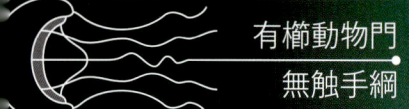

有櫛動物門	Ctenophora
無触手綱	Nuda
ウリクラゲ目	Beroida

従来の分類体制では無触手綱に配属されてきたが、最近の分子生物学的研究によると、触手がないことはクシクラゲ類のもとの姿ではなく、クシクラゲ類のもっとも古い祖先は触手をもち、ウリクラゲの仲間に進化するまでに触手が退化し、なくなってしまった可能性が指摘されている。現在では、ウリクラゲの仲間は系統的にはフウセンクラゲ目フウセンクラゲモドキ科に近いと考えられている。ウリクラゲ目は終生触手および触手鞘を欠き、咽頭が瓜形の体の大半を占め、感覚器の周囲にゼラチン質の小突起がある。子午管は口縁で環状管と連結し、正輻管をもたず4本の間輻管が胃から直接生じる。(D. Lindsay)

◀流氷の下に現れたシンカイウリクラゲ
口の周辺部と体の中心部が赤紫色を帯びるのが特徴。光の届かない深海ではこの部分が黒く見えていると推測され、採り込んだ餌が発光する光を外部に漏らさないなどの役割があると考えられる。
(北海道羅臼町、2月、-1℃、5m、体長6cm)

シンカイウリクラゲ
Beroe abyssicola Mortensen, 1927
ウリクラゲ科 Beroidae　ウリクラゲ属
おもに冬から春の450 – 700 mの中層で見られるほか、東北や北海道では親潮の湧昇流とともに表層でも観察される。体長7cmほどまで。他のクシクラゲを丸呑みしたり、深海ではサルシアクラゲモドキを捕食している観察例がある。
(北海道羅臼町　3月　-1℃　-5m　体長6cm)

有櫛動物門｜無触手綱 Nuda

▲他のクシクラゲ類を丸呑みにして膨れたアミガサウリクラゲ
カブトクラゲやフウセンクラゲの仲間を丸呑みにする。
（静岡県大瀬崎　2月　16℃　-8m　体長6cm）

▼アミガサウリクラゲ
遊泳力が強く、他のクシクラゲ類を求めて海中を泳ぎまわる。
（静岡県大瀬崎　1月　15℃　-5m　体長6cm）

◀アミガサウリクラゲ
Beroe forskalii H. Milne Edwards, 1841
ウリクラゲ科 Beroidae　ウリクラゲ属
南日本の表層から600mほどまでに通年見られる。体長15cmほどまで。体は扁平で、反口端が尖った円錐形に近い。体は透明から淡紅色を帯びる。刺激による生物発光があり、網目状の管全体に広がる。
（静岡県大瀬崎　8月　18℃　-10m　体長8cm）

▲ウリクラゲ
Beroe cucumis sensu Komai, 1918
ウリクラゲ科 Beroidae　ウリクラゲ属
南日本の表層に通年見られる。体長20cmほどまで。他のクシクラゲ類やゼラチン質プランクトンを丸呑みにする。子午管の枝管は互いに連絡しないことが多いが、大型個体ほど連絡する割合が高い。
（長崎県佐世保市九十九島　1月　15℃　-3m　体長7cm）

▲カブトクラゲを捕食するウリクラゲ
（長崎県佐世保市九十九島　1月　15℃　-5m　体長7cm）

▼サビキウリクラゲ
子午管の枝管は太く、そのほとんどが体表面では互いに連絡しない。枝管はさらに枝分かれするが、多くは口側へ向かい、幅が櫛板の5〜7割と幅広いことが特徴。
(新江ノ島水族館飼育個体　7月　体長5cm)（撮影協力・新江ノ島水族館）

▶サビキウリクラゲ
Beroe mitrata（Moser, 1908）
ウリクラゲ科 Beroidae
ウリクラゲ属
駿河湾から北海道、日本海の沿岸の表層で通年見られる。体長5cmほどまで。体は透明だが、中心部がオレンジ色から赤褐色を帯びる。櫛板列は平面では体の1/2ほどまで、体側では2/3 - 3/4ほどまでと長い。
(静岡県大瀬崎　3月　14℃　-5m
体長5cm)

▶カンパナウリクラゲ（新称）
Beroe campana Komai, 1918
ウリクラゲ科 Beroidae　ウリクラゲ属
体長15cmほどと本属のなかではやや大きい。体は扁平で反口側面は緩やかに狭まる。色は半透明で目立つ色素は見られない。櫛板は1列に170 - 177個ほどが並ぶ。子午管の枝管は細く、途中で枝分かれするが、そのほとんどは互いに連結しない。春に南日本各地で見られる。
(静岡県大瀬崎　3月　15℃　-3m
体長12cm)

▼ウリクラゲ属の1種
Beroe sp.
ウリクラゲ科 Beroidae　ウリクラゲ属
体長30 - 40cmほどのものがほとんどで、本属のなかでは最大種。ゼラチン質は半透明で赤褐色の色素が散在し、全体的にはややピンク色に見える。体はぶよぶよとしていて、水中では櫛板で泳ぐというよりつねに潮流に流されて漂う感じが強い。春に、静岡県の大瀬崎や山口県の青海島で観察されている。夜間は外部刺激による自己発光が確認できる。(山口県青海島　4月　16℃　-1m　体長35cm)

181

| 有櫛動物門 | Ctenophora |
| 有触手綱 | Tentaculata |
フウセンクラゲ目
| | Cydippida |

多系統種の受け皿となっている目。1対の一次触手があり、袖状突起や耳状突起がない。触手に側枝をもつテマリクラゲ科、シンカイフウセンクラゲ科、トガリテマリクラゲ科と、側枝をもたないホオズキクラゲ科、フウセンクラゲモドキ科、ウツボクラゲ科がある。(D. Lindsay)

トガリテマリクラゲ
Mertensia ovum Fabricius, 1780
トガリテマリクラゲ科 Mertensiidae　トガリテマリクラゲ属
冬から春に北海道の表層で見られる。体長6cmほどまで。櫛板列は盛り上がったゼラチン質の尾根にあたる部分にあり、その下に茶褐色の色素帯が走る。触手は赤みを帯び、多数の側枝がある。北極海にも分布。(北海道羅臼町　3月　-1℃　-4m　体長6cm)

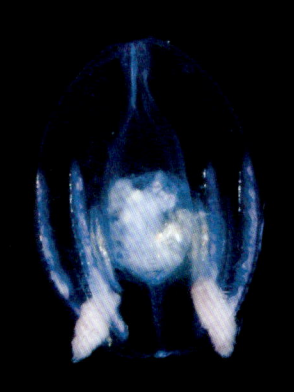

▲テマリクラゲ科の1種
Pleurobrachiidae sp.
テマリクラゲ科 Pleurobrachiidae
秋から冬に南日本の表層で見られる。体長7mmほどまで。櫛板列はすべて同長で、体長の1/2 − 3/4を占める。触手は多数の細かい側枝をともなう糸状で、ピンク色を帯びる。
（静岡県大瀬崎　1月　15℃　−6m　体長0.7cm）

▲トガリテマリクラゲ
北海道の流氷下ではオキアミを食べた個体がよく観察される。
（北海道羅臼町　3月　−1℃　−4m　体長6cm）

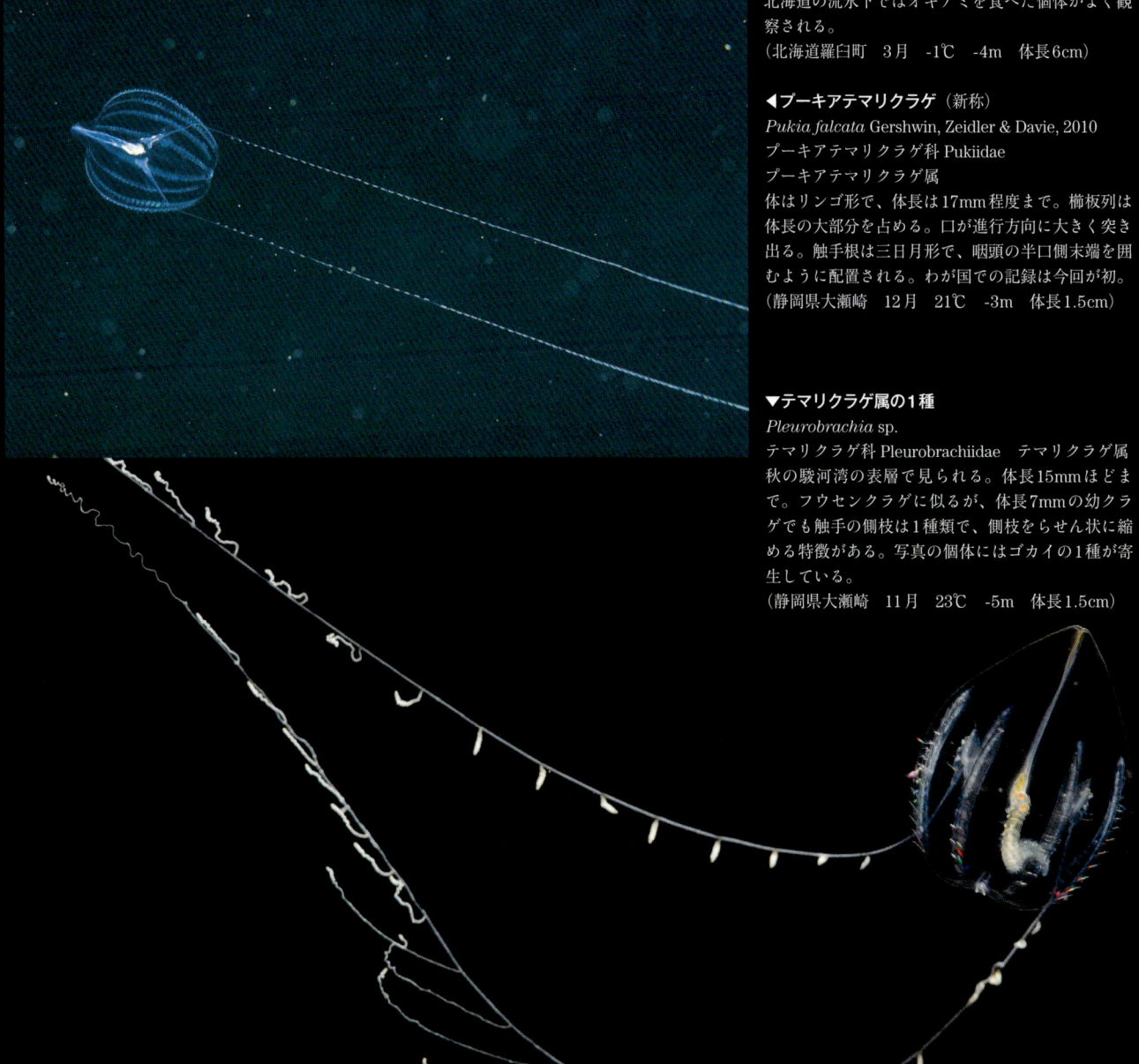

◀プーキアテマリクラゲ（新称）
Pukia falcata Gershwin, Zeidler & Davie, 2010
プーキアテマリクラゲ科 Pukiidae
プーキアテマリクラゲ属
体はリンゴ形で、体長は17mm程度まで。櫛板列は体長の大部分を占める。口が進行方向に大きく突き出る。触手根は三日月形で、咽頭の半口側末端を囲むように配置される。わが国での記録は今回が初。
（静岡県大瀬崎　12月　21℃　−3m　体長1.5cm）

▼テマリクラゲ属の1種
Pleurobrachia sp.
テマリクラゲ科 Pleurobrachiidae　テマリクラゲ属
秋の駿河湾の表層で見られる。体長15mmほどまで。フウセンクラゲに似るが、体長7mmの幼クラゲでも触手の側枝は1種類で、側枝をらせん状に縮める特徴がある。写真の個体にはゴカイの1種が寄生している。
（静岡県大瀬崎　11月　23℃　−5m　体長1.5cm）

有櫛動物門 | 有触手綱 Tentaculata

▶ヘンゲクラゲ
Lampea pancerina（Chun, 1879）
ヘンゲクラゲ科 Lampeidae　ヘンゲクラゲ属
体長7cmほどまで。フウセンクラゲに似るが、触手鞘は体側のほぼ中央から横向きに開口することや、触手の側枝がまばらに並ぶ点でも区別できる。櫛板列は反口側から触手鞘の開口部付近まである。おもにサルパやウミタル類を捕食する。
（静岡県大瀬崎　2月　16℃　-3m　体長7cm）

▲サルパを捕食して膨らんだヘンゲクラゲ
（静岡県大瀬崎　2月　16℃　-7m　体長6.5cm）

▼ゴマフウセンクラゲモドキ（新称）
Haeckelia bimaculata C. Carré & D. Carré, 1989
フウセンクラゲモドキ科 Haeckeliidae
フウセンクラゲモドキ属
南日本各地の表層で、冬から春に見られる。体長5mmほどまで。体は半透明で、櫛板列の左右と口腔内に赤褐色の斑点が並ぶ。触手は側枝のない単純な糸状。口を大きく開ける行動が見られる。（下2点とも：静岡県大瀬崎　1月　15℃　-2m　体長0.5cm）

▶フウセンクラゲモドキ
Haeckelia rubra（Kölliker, 1853）
フウセンクラゲモドキ科 Haeckeliidae　フウセンクラゲモドキ属
南日本の表層に生息する。体長15mmまで。体は透明で、触手鞘の開口部は鮮赤色を帯び、口側に開く。触手に側枝はない。触手に捕食した剛クラゲ類の刺胞を盗胞する。
（山口県青海島　9月　26℃　-3m　体長0.7cm）

▼ウツボクラゲ
Dryodora glandiformis（Mertens, 1833）
ウツボクラゲ科　Dryodoridae　ウツボクラゲ属
冷水性。体長1.5cmほどの個体が多いが、北極海では5cmにもなる。櫛板列は盛り上がったゼラチン質の尾根の上にあり、長さは体長の5割ほど。触手鞘は短く、触手を完全に引き込めない。触手は白色で側枝をもたない。オタマボヤをハウスごと捕食する。
（北海道羅臼町　4月　0℃　-5m　体長1.5cm）（関 勝則）

▶緑色に蛍光するゴマフウセンクラゲモドキ

有櫛動物門｜有触手綱 Tentaculata

▲シンカイフウセンクラゲ属の1種
Bathyctena sp.
シンカイフウセンクラゲ科 Bathyctenidae
シンカイフウセンクラゲ属
体長1cmほど。三陸沖から駿河湾にかけての500－1000mで見られる。櫛板列は体長の約7－8割、触手は1種類の糸状側枝をもつ。咽頭は焦茶色で、餌を捕食する際に外部から隠すための適応と考えられる。
（相模湾　3月　4.5℃　-698m　体長1cm）（JAMSTEC）

▲ホオズキクラゲ
Aulacoctena acuminata Mortensen, 1932
ホオズキクラゲ科 Aulacoctenidae　ホオズキクラゲ属
太平洋や大西洋の1000－2000mで見られる。体長4.5cmほど。子午管から側方に多数の枝管が派生する。触手は側枝をもたないが、先端は膨らむ。
（相模湾　9月　3.4℃　-959m　体長4.5cm）
（JAMSTEC/James C. Hunt）

▶キョウリュウクラゲ（仮称）
Family *incertae sedis*（科の所属未定）
属未定
フウセンクラゲ目の1種。相模湾や房総半島沖の450－700mで見られる。体長5cmほどまで。咽頭面から水平方向に張り出す鉤状突起が4個あることが最大の特徴。櫛板列は体長の3/4ほど。触手に細かい側枝をもつ。
（相模湾　5月　3.5℃　-970m　体長5cm）
（JAMSTEC/D. Lindsay）

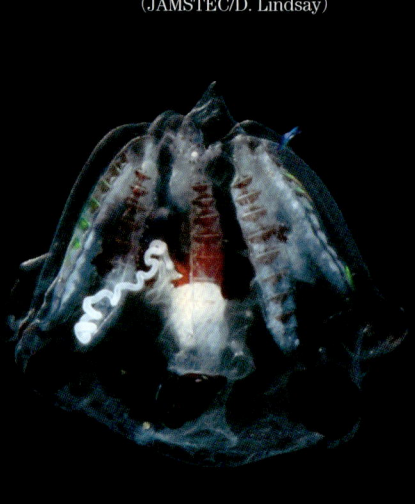

▲▶フウセンクラゲ目の1種-1
Cydippida sp. 1
体のほぼ真ん中（櫛板列の終縁付近）に8個の瘤状突起があり、それぞれが赤褐色を帯びる。咽頭や触手鞘、櫛板の下にも同様の赤褐色の色素がある。このような色素をもつ特徴のあるクラゲは深海性の種に多いが、これまでにこのような既知種はいないため、新種の可能性が高い。口側の体半分を内側に折りたたんで体を縮める行動が見られる。触手に側枝をもたない。
（上の2点とも：静岡県大瀬崎　1月　15℃　-8m　体長0.5cm）

▶フウセンクラゲ目の1種-2
Cydippida sp. 2
体長2cmほどまで。北海道や三陸沖の表層で見られるほか、カナダ西岸では100－600m、冬季には表層に現れる。櫛板列は体長の9割を占める。触手はピンク色で、細かい側枝がある。クラゲノミ類やカイアシ類を食べる。
（宮城県志津川　5月　8℃　-8m　体長2cm）（佐藤長明）

▼フウセンクラゲ目の1種の幼クラゲ
フウセンクラゲ目のクラゲは生涯浮遊生活をしているものがほとんどだが、なかにはヘンゲクラゲのように幼生期にサルパに寄生するものも見られる。
（静岡県大瀬崎　2月　15℃　-2m　体長0.2cm）

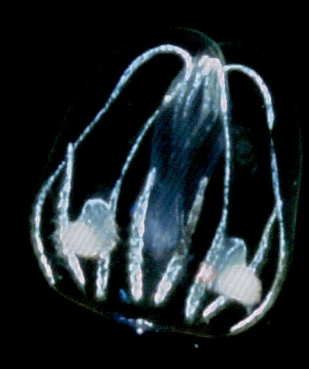

186

Topics
盗刺胞をするクラゲ

　カブトクラゲやウリクラゲなどの有櫛動物、いわゆるクシクラゲ類は一見、刺胞動物のクラゲによく似ていて、刺胞動物に近縁であるように思われる。有櫛動物も刺胞動物も基本的に放射相称の簡単なつくりの体、原始的な散在神経系をもっている。しかし、有櫛動物に見られる櫛列、あるいはそれに相同の構造は刺胞動物にはない。また、感覚器の形態や配置も両者の間でずいぶん異なっている。現在では、有櫛動物と刺胞動物はそれほど近縁ではないと考えられている。

　とはいえ、今から30年ほど前までは、これら2つの動物群は非常に近縁で、クシクラゲ類は刺胞動物のクラゲから進化したという説が広く受け入れられていた。その根拠の1つとされたのが、刺胞をもつクシクラゲ、フウセンクラゲモドキ *Haeckelia rubra* の存在であった。側枝のない単純な2本の触手をもつ、大きさ0.5cmほどのこの小さなクシクラゲは19世紀半ばに地中海から見つかり、ほどなくこの種が刺胞をもっていることも報告された。しかし、この事実は研究者の間でもあまり注目されることがなかった。1942年、紀伊半島の白浜にある京都大学付属瀬戸臨海実験所の近くで、4個体のフウセンクラゲモドキが採集され、組織学的研究が行われた結果、この種が刺胞をもつことが再確認された。駒井卓・時岡隆両先生の業績である。この研究成果は、クシクラゲ類にも例外的に刺胞をもつ種がいるという事実を改めて学会に注目させるとともに、クシクラゲ類の系統についての論議を活発にすることになった。

　当初、刺胞はフウセンクラゲモドキ自身がつくり出したもので、クシクラゲ類は刺胞動物のクラゲ類に近縁であると考えられた。しかし、その後、この刺胞は他のクラゲを食べて取り込んでいるもので、クシクラゲ類と刺胞動物はそれほど近縁ではないと考えられるようになる。刺胞形態の類似性から、食べられるクラゲの候補として、剛クラゲ類の名も挙がった。

　はたして、フウセンクラゲモドキは自ら刺胞をつくることができるのか？　あるいは、餌から刺胞を取り込む、つまり盗刺胞をするのか？　この論争に終止符を打ったのは、1980年代に発表された2つの研究成果である。まず、フウセンクラゲモドキに多種混合の小型動物プランクトンを与えて飼育したところ、若い個体は成長したものの触手の刺胞は増えず、大型個体では触手が退化し、やがて自分自身では餌を捕まえられなくなったことが報告された。どうやら、フウセンクラゲモドキは成長できるだけの十分な餌を与えられても、自分自身では刺胞をつくることができないらしい。その数年後、フウセンクラゲモドキが実際にクラゲ類を食べ、とくに剛クラゲのツヅミクラゲモドキを好むことが報告された。こうして、フウセンクラゲモドキのもつ刺胞は他のクラゲ類を食べて取り込んだものであることが明らかになり、有櫛動物と刺胞動物の類縁関係についても現在の見方が定着したのである。

　さて、盗刺胞といえば、軟体動物腹足類のミノウミウシ類が有名である。ミノウミウシ類の多くはサンゴ、イソギンチャク、ヒドロ虫類などの刺胞動物を食べ、消化を免れた刺胞を背中の突起の先端にある小さな袋、刺胞嚢に蓄える。背中の突起は、いわば刺胞を装填した「砲台」である。餌から取り込んで蓄えてきた刺胞は、ミノウミウシ類を食べようと近づいてきた捕食者から身を守るために使われる。つまり、盗刺胞はミノウミウシ類の重要な防衛手段なのである。

　一方、フウセンクラゲモドキが「盗んだ」刺胞は触手と触手鞘に蓄えられる。一般のクシクラゲ類では、触手には膠胞と呼ばれる粘着性の細胞があり、これで餌を捕まえる。しかし、フウセンクラゲモドキの触手には、この膠胞がない。そのかわりをするものが刺胞である。つまり、ミノウミウシ類の場合と異なり、フウセンクラゲモドキの盗刺胞は主として自らの捕食のために行われるのである。また、フウセンクラゲモドキはクラゲ以外の小型動物プランクトンも食べる。栄養のためだけであれば、なにも刺胞攻撃にあう危険を冒してまでクラゲ類を食べる必要はない。ほとんど刺胞動物しか食べないミノウミウシ類の場合は、お腹が空けばとりあえず刺胞動物を食べるしかない。したがって、その盗刺胞は刺胞動物食に特化した副産物とも考えられるのに対して、フウセンクラゲモドキの盗刺胞は、まさに刺胞の獲得そのものを目的として行われる一歩進んだ行動であるように思われる。

　また、淡水にすむ扁形動物渦虫類の1種、*Microstoma caudatum* もフウセンクラゲモドキと似たような盗刺胞をする。この種もさまざまなものを食べるが、やはり危険を冒してときどきはヒドラ類を食べ、盗刺胞をする。さらに、1989年、盗刺胞をする第2のクシクラゲ、ゴマフウセンクラゲモドキ *Haeckelia bimaculata* が記載された。刺胞動物の一大発明である刺胞を「盗んで」利用するちゃっかり者は、私たちが思っている以上に多いのかもしれない。（平野）

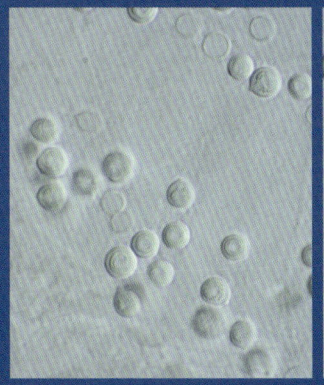

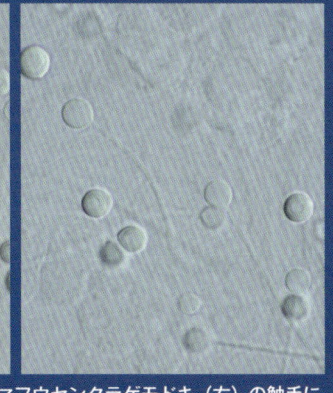

▲フウセンクラゲモドキ（左）とゴマフウセンクラゲモドキ（右）の触手に蓄えられた剛クラゲ類の刺胞

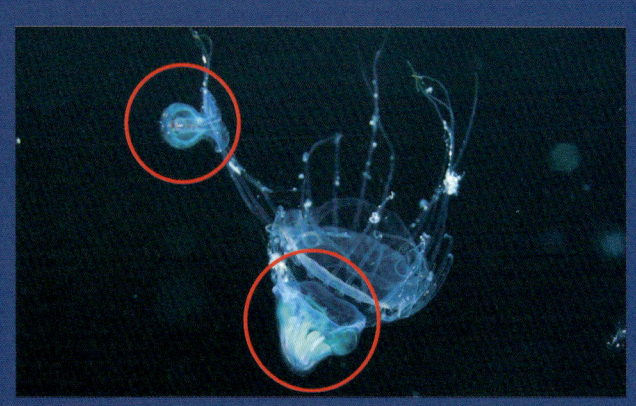

▲ニチリンクラゲを襲うゴマフウセンクラゲモドキ
丸で囲んだ部分がゴマフウセンクラゲモドキ。

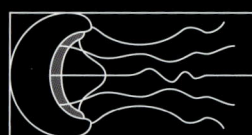

| 有櫛動物門 | Ctenophora |
| 有触手綱 | Tentaculata |

カブトクラゲ目

Lobata

口側に1対の袖状突起が発達し、体は兜形。カブトヘンゲクラゲと少数の未記載種（仮称：ダルマクラゲの仲間）をのぞき、おのおのの袖状突起と本体部との接続部の両端に耳状突起が見られる。胃管接続構造にはさまざまなタイプがあり、本目は多系統であることを示唆する。なかでもチョウクラゲモドキ科およびカブトヘンゲクラゲ科はとくに変わっており、分類学的な再編成が必要であると考えられる。カブトクラゲ目は、フウセンクラゲ型幼生といわれるステージを経たのちに袖状突起を発達させる。成体はチョウクラゲ科の一部をのぞき、二次触手を口の周囲に有する。（Lindsay）

▶**カブトクラゲのフウセンクラゲ型幼生**
カブトクラゲ目の幼クラゲは、フウセンクラゲ類のように触手をもつが、この触手は成長とともに口周辺に移動する。
（静岡県大瀬崎　1月　16℃　-5m　体長1cm）

カブトクラゲ
Bolinopsis mikado（Moser, 1907）
カブトクラゲ科 Bolinopsidae　カブトクラゲ属
南日本の表層に通年見られる。体長10cmほどまで。体は無色透明。体のゼラチン質はやわらかいが、ツノクラゲほど弱くはない。袖状突起を広げた姿が兜形に見えることが和名の由来。粘着質のある袖状突起でカイアシ類などを捕らえて食べる。
（静岡県大瀬崎　2月　16℃　-2m　体長10cm）

アカホシカブトクラゲ
Bolinopsis rubripunctata Tokioka, 1964
カブトクラゲ科 Bolinopsidae　カブトクラゲ属
南日本の表層に通年見られる。体長8cmほどまで。カブトクラゲに酷似するが、大きさの異なる赤褐色の斑点が袖状突起の子午管に沿って整列するのが特徴。カイアシ類などの小型甲殻類を捕らえて食べる。
（静岡県大瀬崎　1月　16℃　-1m　体長8cm）

▼**キタカブトクラゲ**
Bolinopsis infundibulum（O. F. Müller, 1776）
カブトクラゲ科 Bolinopsidae　カブトクラゲ属
東北以北の表層に見られるが、北海道道東沖の水深1200mでも濃密群が見つかっており、湧昇流との関係も示唆される。体長15cmほどまで。沿咽頭面の櫛板列が袖状突起基部までしか伸びず、袖状突起内の子午管はカブトクラゲより複雑に迷走する。
（山形県加茂水族館飼育個体　体長12cm）（村上龍男）

▲**キタカブトクラゲ**
体は透明だが、袖状突起と反口側頂部に黒色斑をもつ。
（宮城県志津川　5月　8℃　-5m　体長5cm）（佐藤長明）

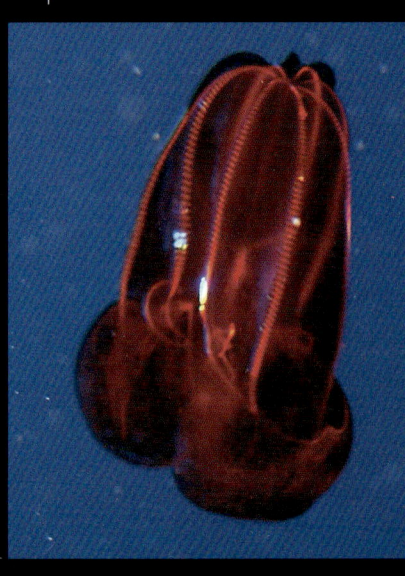

有櫛動物門 | **有触手綱** Tentaculata

◀アカブトクラゲ
Lampocteis cruentiventer Harbison, Matsumoto & Robison, 2001
アカブトクラゲ科 Lampoctenidae
アカブトクラゲ属
日本では相模湾の607 – 1244mで観察されている。体長20cmほどまで。体色は赤が一般的だが、なかには淡橙や紫紺、ほぼ透明のものも存在する。咽頭は濃い赤色。袖状突起で羽ばたくことはなく、櫛板で遊泳する。（相模湾　4月　4.5℃　-676m　体長10cm）（JAMSTEC）

▶アカブトクラゲ
（相模湾　4月　3.2℃　-1059m　体長13cm）（JAMSTEC）

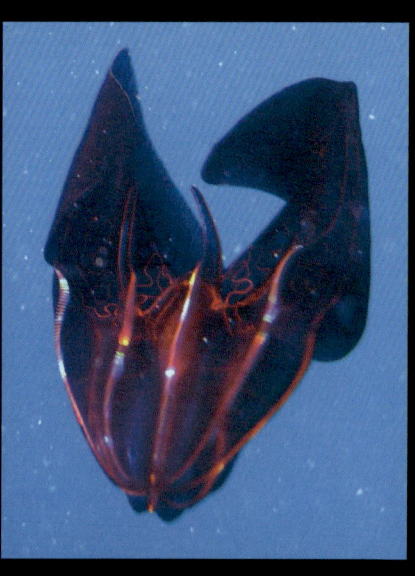

◀チョウクラゲ
Ocyropsis fusca（Rang, 1828）
チョウクラゲ科 Ocyropsidae
チョウクラゲ属
筋肉質の袖状突起をもち、刺激を与えると袖状突起を蝶羽のように振り動かして力強く泳ぐ。
（北海道羅臼町　8月　15℃　-10m　体長7cm）

▼袖状突起側から見たチョウクラゲ
（静岡県大瀬崎　3月　17℃　-3m　体長5cm）

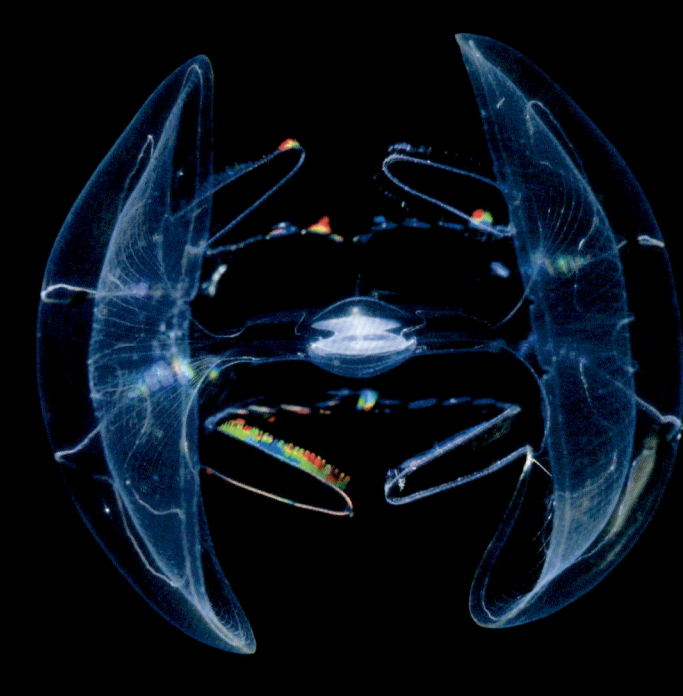

◀櫛板列に沿って生殖巣が発達するチョウクラゲ
（静岡県大瀬崎　2月　15℃　-7m　体長7cm）

190

▲チョウクラゲ
東北以南の表層に通年見られる。体長10cmほどまで。日本近海からは無色透明のものや袖状突起の内側や先端に黒色斑をもつものなどが見られ、亜種を含んでいる可能性がある。（静岡県大瀬崎　2月　15℃　-7m　体長7cm）

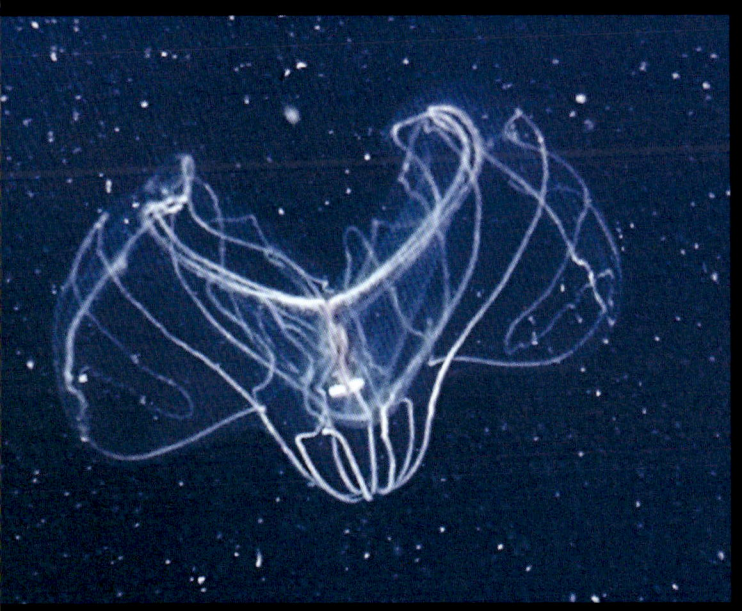

▼アゲハチョウクラゲモドキ（仮称）
Bathocyroe sp.
チョウクラゲモドキ科 Bathocyroidae　チョウクラゲモドキ属
駿河湾で採集された本個体は体長約5cm。袖状突起の長さは体長の1/2 - 3/5ほど。体は無色透明で咽頭は濃い赤茶色。沿咽頭面の櫛板列には80枚の櫛板が並ぶ。袖状突起を羽ばたいて推進する。
（駿河湾　11月　5℃　-622m　体長12cm）（JAMSTEC/D. Lindsay）

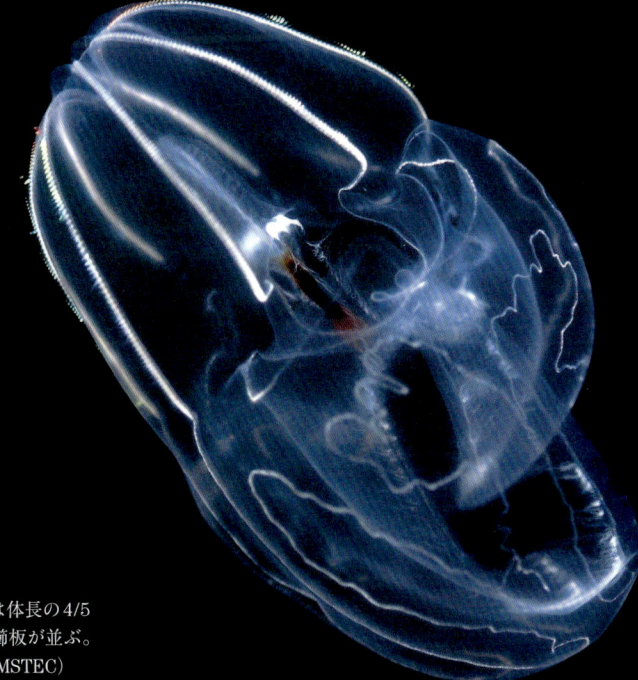

▲チョウクラゲモドキ
Bathocyroe fosteri Madin & Harbison, 1982
チョウクラゲモドキ科 Bathocyroidae　チョウクラゲモドキ属
相模湾ではおもに500m以深で見られる。体長7cmほどまで。袖状突起の長さは体長の4/5におよぶ。体は無色透明で咽頭は濃い赤茶色。沿咽頭面の櫛板列には約13枚の櫛板が並ぶ。袖状突起を羽ばたいて推進する。（相模湾　2-3℃　-1414m　体長約4cm）（JAMSTEC）

有櫛動物門　有触手綱 Tentaculata

分泌液を噴出するアカダマクラゲ
櫛板列の間隔ごとに鮮紅色の小腺が縦列し、刺激を受けると、ここからヨードチンキ様の分泌液を噴出する。
（静岡県大瀬崎　1月　16℃　-1m　体長7cm）

▲**アカダマクラゲ**
Eurhamphaea vexilligera Gegenbaur, 1856
アカダマクラゲ科 Eurhamphaeidae
アカダマクラゲ属
年間を通して南日本各地の表層で見られる。体長6cmほどまで。反口端に顕著な三角錐状の突出部があり、その先端は鞭状に伸長し、ときに体長の1/3以上に達する。体長1cmほどのフウセンクラゲ型幼体においても、鮮紅色の小腺が縦列しており、本種は幼クラゲの段階でも見分けやすい。
（静岡県大瀬崎　1月　16℃　-1m　体長7cm）

◀**ウサギクラゲ**
Kiyohimea usagi Matsumoto & Robison, 1992
アカダマクラゲ科 Eurhamphaeidae
キヨヒメクラゲ属
日本では相模湾の340－850mから知られる。体長70cmほどまで。体の反口端にある突出部がウサギの耳に似ることが和名の由来。深海ではオキアミを捕食する姿が目撃されている。本種は同科別種の成熟個体である疑いもある。
（三陸沖　4月　4.1℃　-534m　体長50cm）
（JAMSTEC）

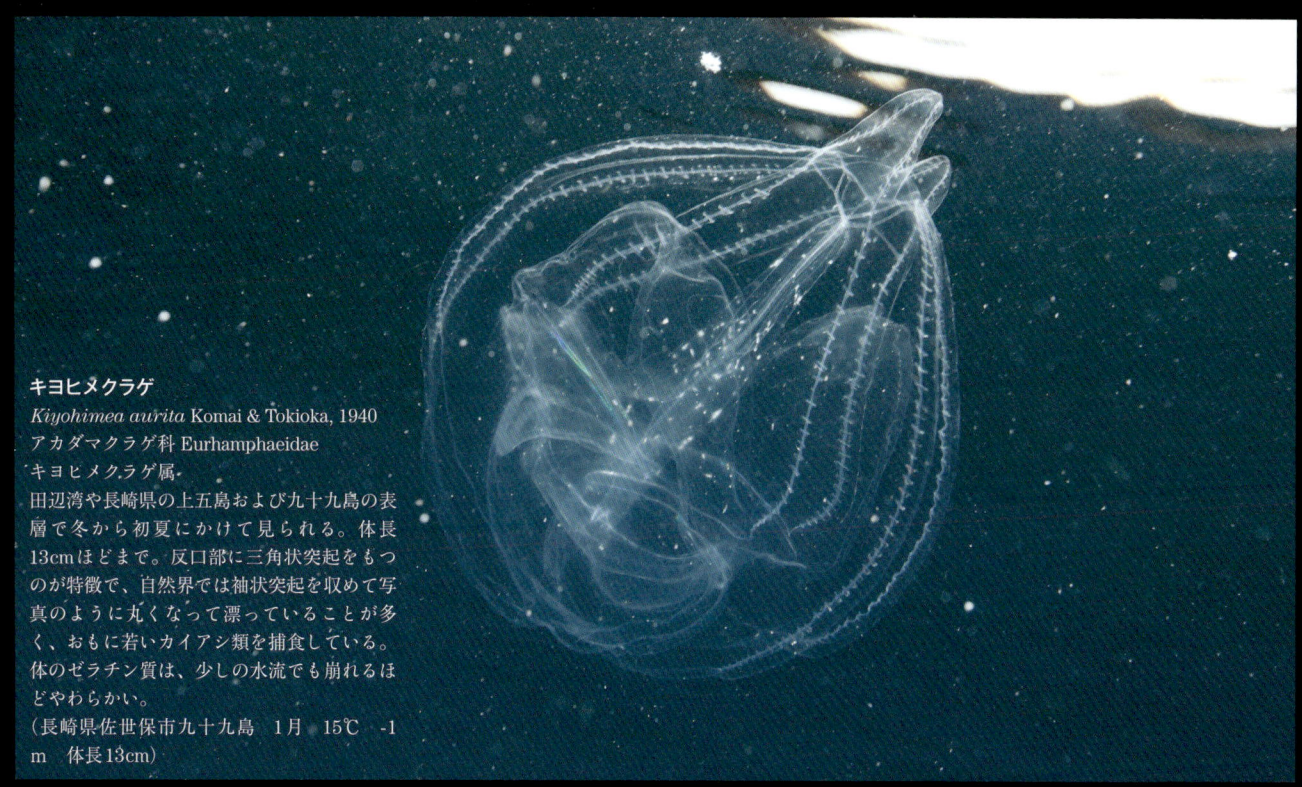

キヨヒメクラゲ
Kiyohimea aurita Komai & Tokioka, 1940
アカダマクラゲ科 Eurhamphaeidae
キヨヒメクラゲ属
田辺湾や長崎県の上五島および九十九島の表層で冬から初夏にかけて見られる。体長13cmほどまで。反口部に三角状突起をもつのが特徴で、自然界では袖状突起を収めて写真のように丸くなって漂っていることが多く、おもに若いカイアシ類を捕食している。体のゼラチン質は、少しの水流でも崩れるほどやわらかい。
（長崎県佐世保市九十九島　1月　15℃　-1m　体長13cm）

◀飼育下でアルテミア幼生を食べるキヨヒメクラゲ
（水槽飼育個体　体長10cm）（撮影協力：九十九島水族館海きらら）

▶袖状突起を広げるキヨヒメクラゲ
（水槽飼育個体　体長10cm）（撮影協力：九十九島水族館海きらら）

▼**コキヨヒメクラゲ**（新称）
Deiopea kaloktenota Chun, 1879
アカダマクラゲ科 Eurhamphaeidae　コキヨヒメクラゲ属（新称）
冬から春に南日本各地の表層で見られる。体は扁平で体長4.5cmほどまで。反口端に三角状突起がなく、丸みを帯びる。生殖巣は体長4.3cmの個体でも確認できず、本種は同科別種の未成熟個体である疑いもある。
（静岡県大瀬崎　2月　15℃　-2m　体長4.5cm）

▼**コキヨヒメクラゲ**
（静岡県大瀬崎　3月　17℃　-2m　体長3.5cm）

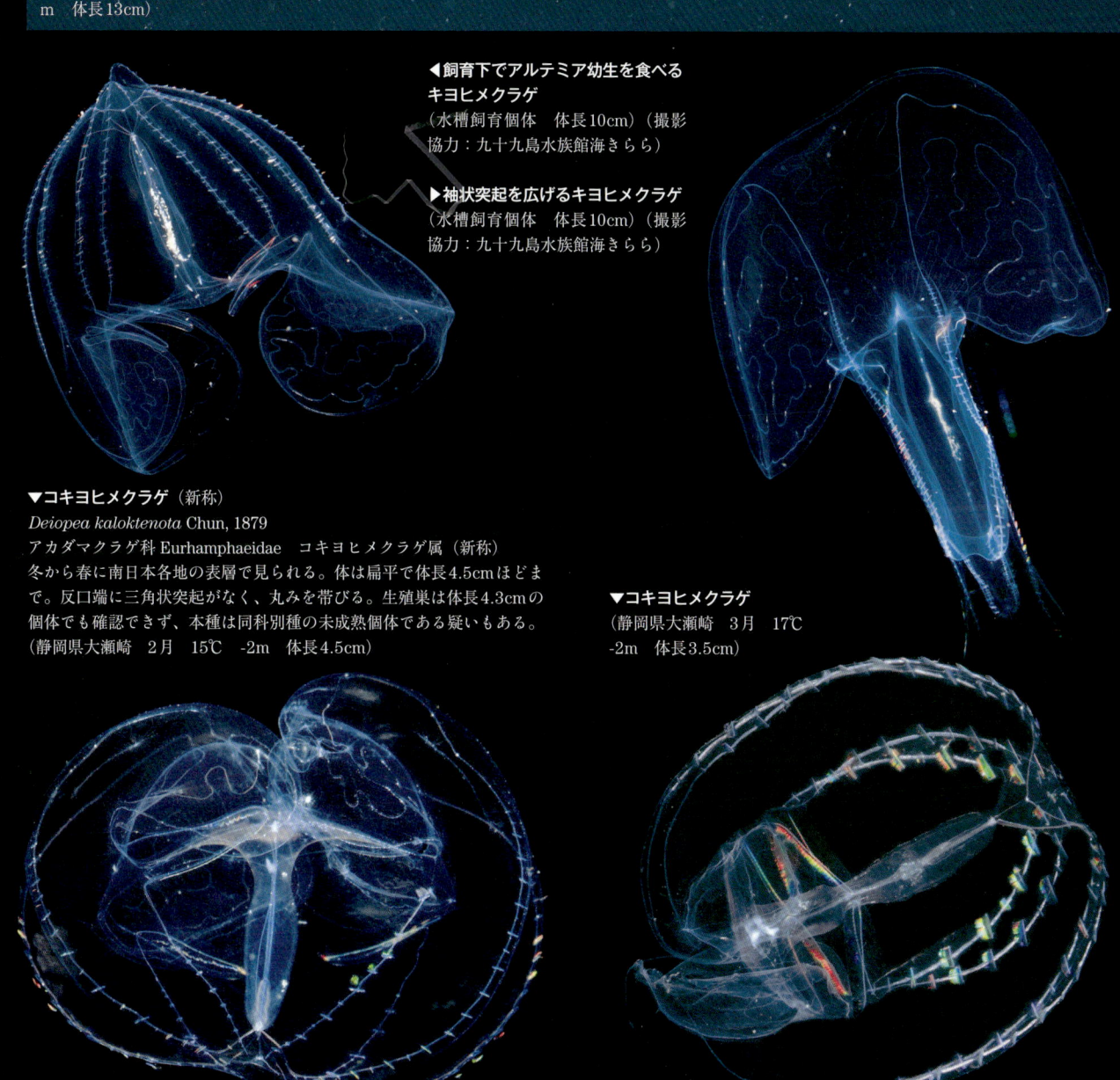

有櫛動物門｜有触手綱 Tentaculata

▲ツノクラゲ
Leucothea japonica Komai, 1918
ツノクラゲ科 Leucotheidae　ツノクラゲ属
大量発生するツノクラゲ。南日本各地の表層で通年見られる。体長20cmほどまで。体表に角状の小さな突起が多数あることが和名の由来。体のゼラチン質中、とくに袖状突起は少しの水流で崩れるほどやわらかい。カワハギやフグなどに捕食されることも多い。（静岡県大瀬崎　11月　23℃　-4m　体長10-15cm）

袖状突起を閉じて浮遊するツノクラゲ
（静岡県大瀬崎　1月　15℃　-3m　体長17cm）

袖状突起を広げてカイアシ類を捕獲中のツノクラゲ
（静岡県大瀬崎　2月　15℃　-8m　体長15cm）

ツノクラゲの幼クラゲ
ツノクラゲには袖状突起の縁が茶褐色を
帯びる個体も見受けられる。
(静岡県大瀬崎　1月　15℃　-5m　体長7cm)

ツノクラゲ属の1種
(静岡県大瀬崎　2月　15℃　-10m　体長6cm)

ツノクラゲ属の1種
Leucothea sp.
ツノクラゲ科 Leucotheidae　ツノクラゲ属
駿河湾の表層で通年見られる。体長6cmほど
まで。一次触手をもち、体長4cmほどから反口
側頂部と袖状突起基部にわずかな角状突起が現
れる。生殖巣の発達は早く、水中で櫛板列が幅
広く目立つのも本種の特徴の1つ。
(静岡県大瀬崎　2月　15℃　-10m　体長6cm)

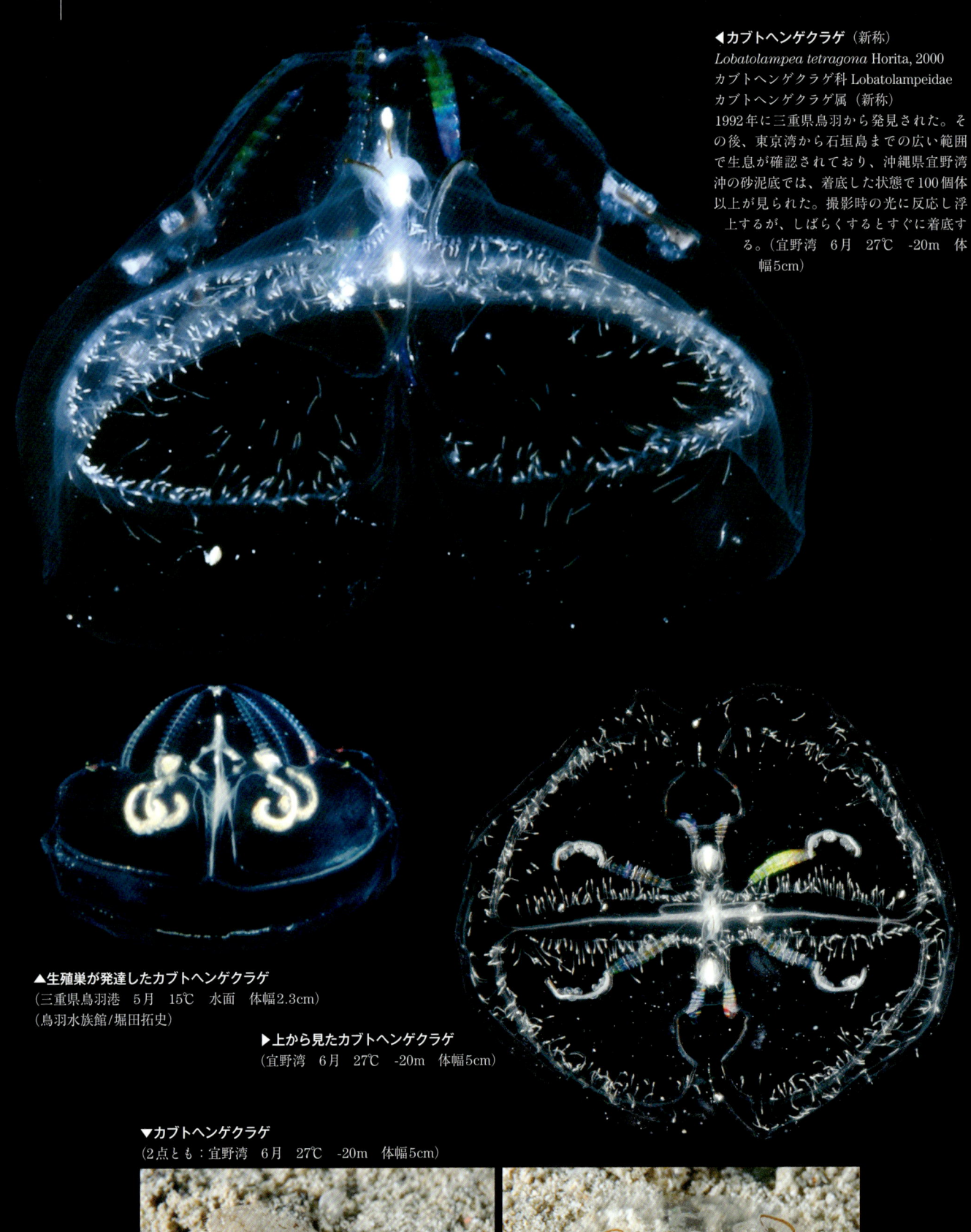

有櫛動物門 | 有触手綱 Tentaculata

◀カブトヘンゲクラゲ（新称）
Lobatolampea tetragona Horita, 2000
カブトヘンゲクラゲ科 Lobatolampeidae
カブトヘンゲクラゲ属（新称）
1992年に三重県鳥羽から発見された。その後、東京湾から石垣島までの広い範囲で生息が確認されており、沖縄県宜野湾沖の砂泥底では、着底した状態で100個体以上が見られた。撮影時の光に反応し浮上するが、しばらくするとすぐに着底する。（宜野湾　6月　27℃　-20m　体幅5cm）

▲生殖巣が発達したカブトヘンゲクラゲ
（三重県鳥羽港　5月　15℃　水面　体幅2.3cm）
（鳥羽水族館/堀田拓史）

▶上から見たカブトヘンゲクラゲ
（宜野湾　6月　27℃　-20m　体幅5cm）

▼カブトヘンゲクラゲ
（2点とも：宜野湾　6月　27℃　-20m　体幅5cm）

▲海底ではクラゲムシの1種*Coeloplana meteoris*のすぐ側で見られる。

▲口周辺の二次触手をいっぱいに広げて、海底の微生物を捕らえているようすがうかがえる。

| 有櫛動物門 | Ctenophora |
| 有触手綱 | Tentaculata |

カメンクラゲ目

Thalassocalycida

クラゲ型で耳状突起がない。遺伝子解析ではカブトクラゲ目の1つの系統としてもよいようだが、カブトクラゲ目自体が多系統であると考えている。いずれにせよ、カメンクラゲ目の胃管接続構造は独特である。胃から出た正輻管は間幅管と従幅管に順次分岐して、沿触手側では子午管の口側終端で連結し、反口側では盲嚢状に終わる。沿咽頭側では櫛列の末端付近で子午管と接続して反口側で盲嚢状に終わるが、口側で子午管は迷走した後に隣接した沿触手側子午管と従幅管の連結部分で接続する。子午管の連結は、体の四分割部で完結する。触手管は対となった間幅管の片方から分出する。（D. Lindsay）

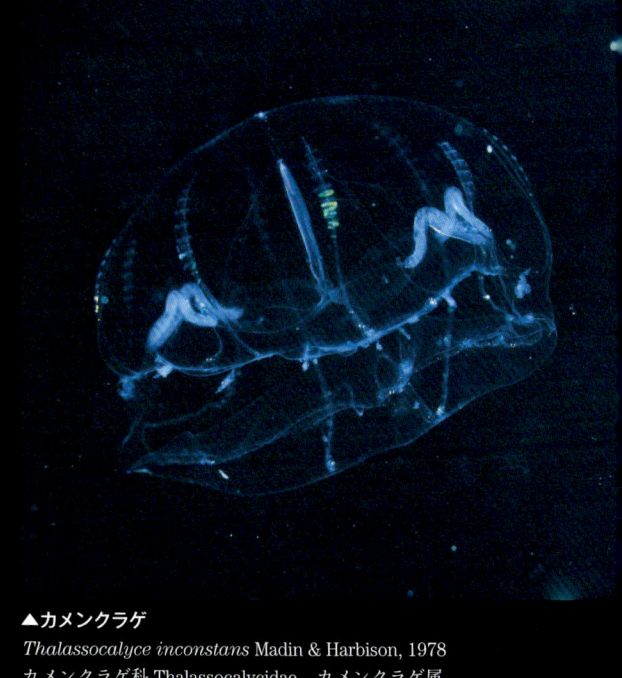

▲カメンクラゲ
Thalassocalyce inconstans Madin & Harbison, 1978
カメンクラゲ科 Thalassocalycidae　カメンクラゲ属
冬の駿河湾の表層で見られる。深海で確認されているものは大きさ15cmほどまで。形はクラゲ型で、ゼラチン質は非常にやわらかい。8つの櫛板列に7－10個ほどの櫛板が認められる。生殖巣は「ヘ」の字状に発達する。積極的に泳ぐようすは見られず、形を変えながら海を漂っている。（静岡県大瀬崎　2月　15℃　-3m　体幅5cm）

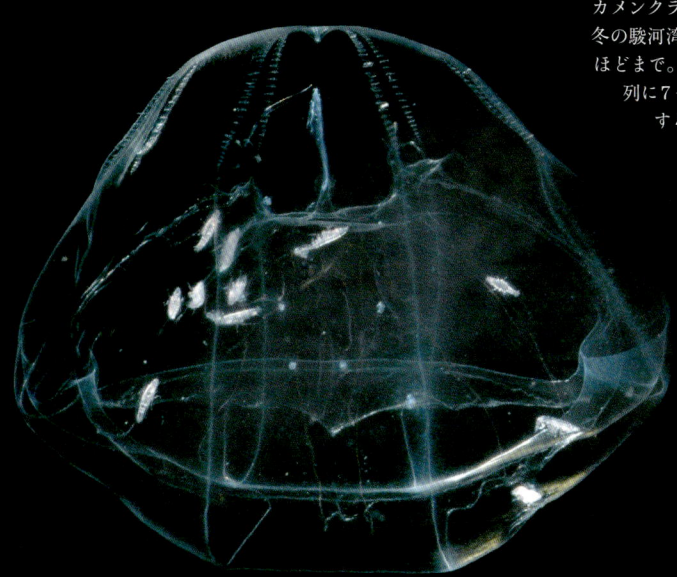

◀ウミノミ類が寄生しているカメンクラゲ
大西洋の北サルガッソ海の水深30m以浅からスキューバダイビングによる潜水調査で得られた大きさ3－5cmの標本に基づいて、1978年に報告された。潜水艇による深海調査で、本種が日本近海にも生息することが判明した。（サルガッソ海　4月　26.5℃　水面　体幅3cm）
（JAMSTEC/D. Lindsay）

カメンクラゲ
生殖巣に沿って卵が形成されている体長10cmの個体。各櫛板列には30－34個ほどの櫛板が認められる。水中では傘縁を裏返すようなウリクラゲ様の行動も見られる。
（山口県青海島　4月　16℃　-1m　体長10cm）

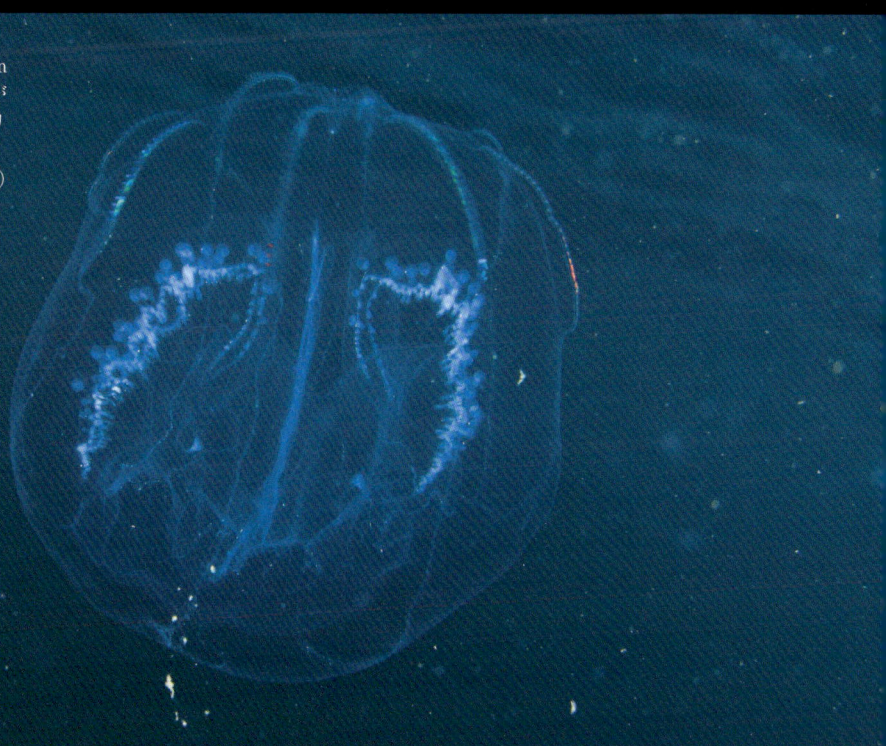

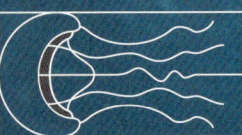

有櫛動物門	Ctenophora
有触手綱	Tentaculata
オビクラゲ目	Cestida

触手面で体が扁圧され、咽頭面が張りのばされた細長い帯状。反口側の肉薄の体の縁全体に沿咽頭面櫛板列が走るが、沿触手面櫛板列は感覚器の周囲に痕跡程度に見られる。口側の縁全体に多数の二次触手が見られる。遺伝子解析の結果では、カブトクラゲ目内の1つの系統としてもいいようであるが、さらなる研究が必要。（D. Lindsay）

オビクラゲ
Cestum veneris Lesueur, 1813
オビクラゲ科 Cestidae　オビクラゲ属
東北以南の表・中層で通年見られる。深海調査では、小笠原諸島海域の海形海山にて、深度300mからの観察例がある。体長100cm未満が普通だが、150cmの記録もある。体は扁平した「帯」のような形で、両端が褐色を帯びることがある。おもにカイアシ類を捕らえて食べる。逃げる際は蛇のように波打ちながら素早く横方向に泳ぐ。
（静岡県大瀬崎　3月　15℃　-2m　体長70cm）

▼**オビクラゲの幼クラゲ**
（静岡県大瀬崎　1月　17℃　-1m　体長2cm）

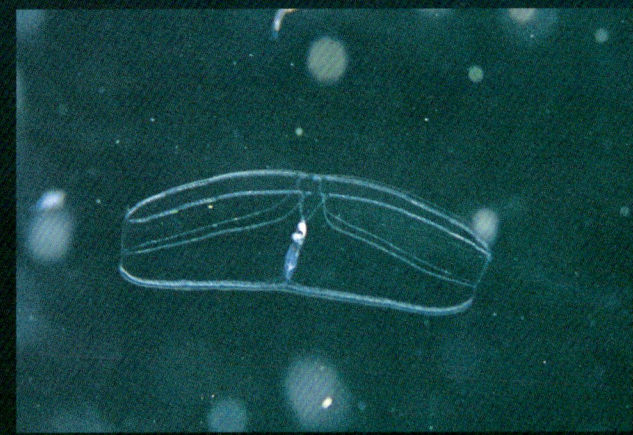

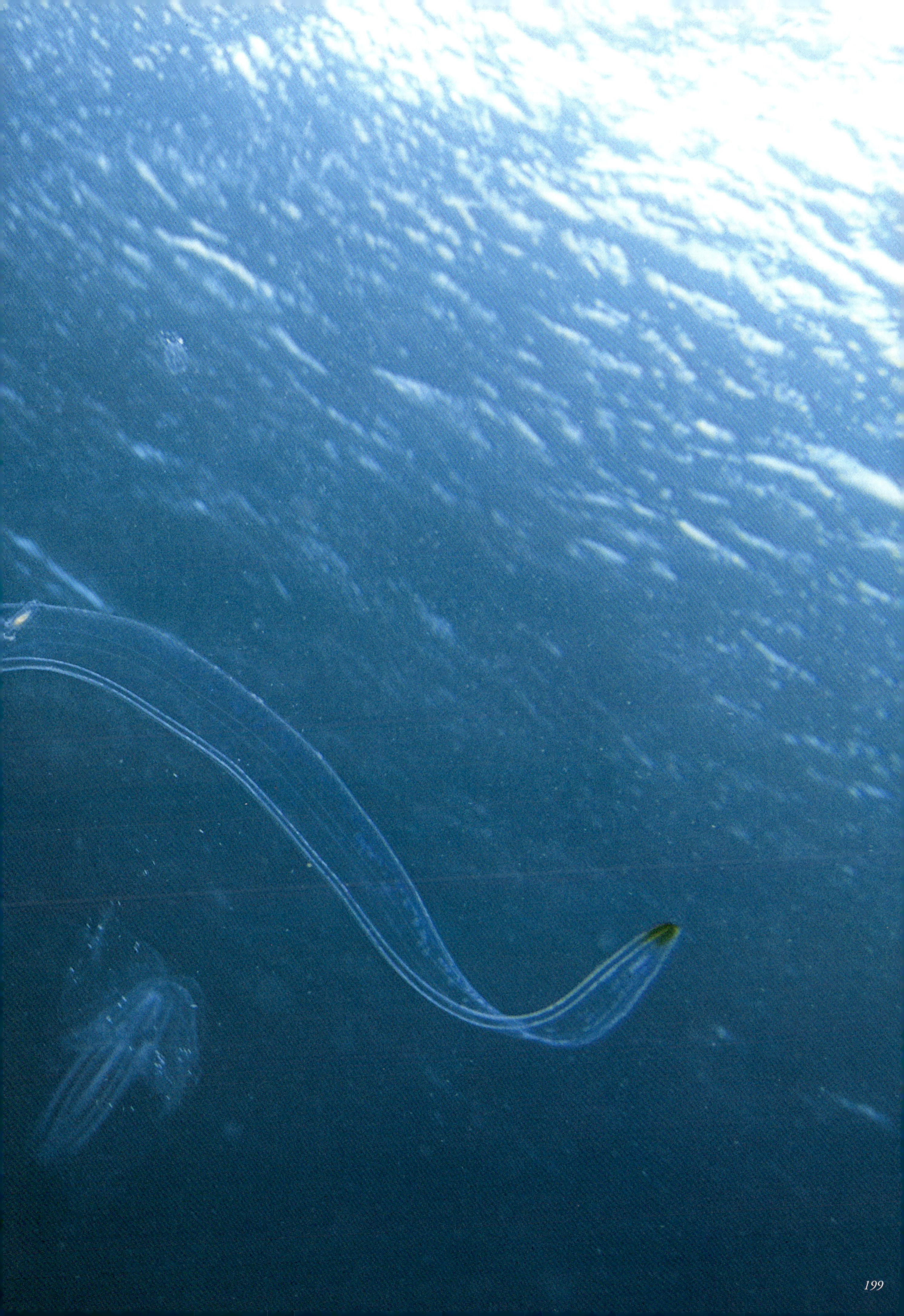

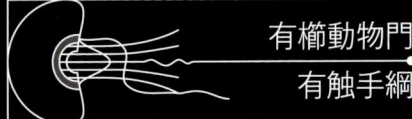

| 有櫛動物門 | Ctenophora |
| 有触手綱 | Tentaculata |

クシヒラムシ目

Platyctenida

クシヒラムシ目は大きく分けてクシヒラムシ類とクラゲムシ類に分けられる。いずれも粘着性の側枝のある2本の触手を海中になびかせながら、さまざまな浮遊性の小動物を捕らえて食べる。雌雄同体で、有性生殖以外にも、分裂による無性生殖を行うことが知られている。これらの幼体はいずれも櫛板をもつフウセンクラゲ型幼体だが、クラゲムシ類は成体になると櫛板を退化させる。分類はあまり進められておらず、現在報告されている種類以外にも多くの種類が存在していることがフィールド観察からうかがえる。クシヒラムシの仲間は何かに付着生活をしたり、櫛板を使って遊泳することもでき、現在までに世界で12種が知られている。このうち日本からは神奈川県の三崎で採取されたクシヒラムシ *Ctenoplana maculomarginata* Yoshi, 1933とオオクシヒラムシ *Ctenoplana muculosa* Yoshi, 1933の2種だけが知られる。 クラゲムシの仲間は世界から約25種が知られている。刺胞動物や棘皮動物、海藻類、海底などの岩や砂泥に付着生活し、櫛板をもたない。深海性で大型のコトクラゲを含む。（峯水）

▶クシヒラムシ属の1種
Ctenoplana sp.
クシヒラムシ科 Ctenoplanidae　クシヒラムシ属
大きさ1cmほど。体を閉じた形は団扇形。体色は黄色を帯びた半透明で、褐色の細かい斑点が散在している。櫛板は1列あたり12－13個が認められる。背突起は大きく瘤状に隆起する。胃管系は樹枝状に足盤の周縁まで広がる。
（上下2点：静岡県大瀬崎　3月　15℃　-1m　大きさ1cm）

▼足盤を広げたクシヒラムシ属の1種

◀▲ **オオクシヒラムシ**
Ctenoplana muculosa Yoshi, 1933
クシヒラムシ科 Ctenoplanidae　クシヒラムシ属
大きさ0.5cmほど。櫛板は1列あたり8-9個が認められる。体は肌色のような半透明で、足盤の周縁に沿って不鮮明な茶褐色の色素斑が14個ほど並ぶ。胃管系は細かい網目状に互いが連絡して足盤全体に広がる。原記載では流れ藻から発見されている。
(2点とも：静岡県大瀬崎　10月　25℃　-1m　大きさ0.5cm)

有櫛動物門　有触手綱 Tentaculata

▲（左：和歌山県串本町　6月　22℃　-3m　大きさ1cm）　▲（八丈島　6月　24℃　-5m　大きさ1cm）

▼ガンガゼヤドリクラゲムシ（仮称）（上下4点とも）
Coeloplana sp. 1
クラゲムシ科 Coeloplanidae　クラゲムシ属
南日本各地のガンガゼやアオスジガンガゼの棘上に大きさ1cmほどまでの大小多数が付着している。触手をのぞく体全体が一様に赤紫色を帯びる。夜間は頻繁に触手を伸ばし、ゴカイ類や端脚類を食べる。夜間に端脚類を捕らえて食べたり（上右）、ゴカイの仲間を捕らえたりする（下）。

▲（和歌山県串本町　6月　22℃　-3m　大きさ1cm）　▲（八丈島　6月　24℃　-5m　大きさ1cm）

▶ルソンヤドリクラゲムシ（新称）
Coeloplana astericola Mortensen, 1927
クラゲムシ科 Coeloplanidae　クラゲムシ属
ルソンヒトデの体表に寄生する。体色は宿主の地の色に似た赤褐色と淡色のまだら模様。インドネシアのアンボンやケイ島から1914－16年の調査で報告された種類で、国内では西表島にも分布していることが判明した。
（西表島　5月　22℃　-12m　大きさ1cm）

▼斑紋のようにみえる部分すべてがルソンヤドリクラゲムシ。
（西表島　6月　26℃　-30m　大きさ0.5-1cm）（矢野維幾）

202

◀▲ **コマイクラゲムシ**
Coeloplana komaii Utinomi, 1963
クラゲムシ科 Coeloplanidae　クラゲムシ属
ユビノウトサカに寄生する。体長3cmほどまで。体は白色や桃色を帯びた半透明で、多数の白色の斑点をともなう。角状の背突起が15－25個ほどある。ポリプの密集部にいる個体ほど、その突起と触手鞘が宿主の焦茶色のポリプに酷似した色を帯びる。
(2点とも：静岡県大瀬崎　7月　23℃　-10m　大きさ1cm)

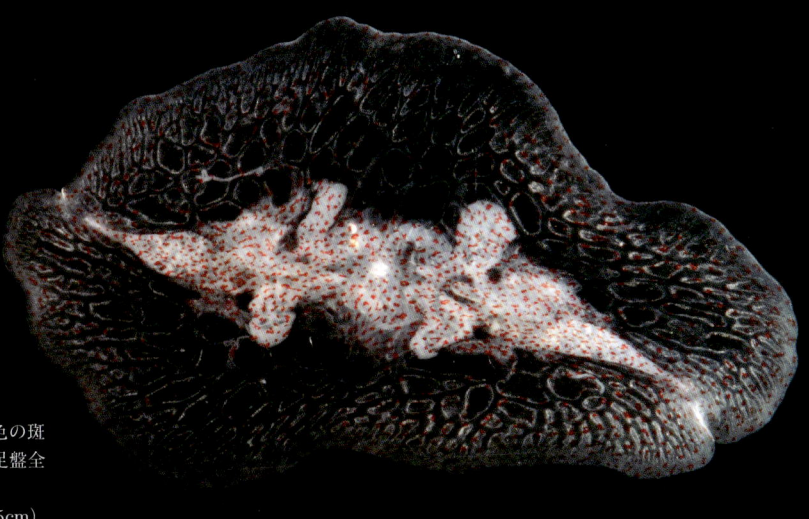

▲▶ **サクラフブキクラゲムシ**（仮称）
Coeloplana sp. 2
クラゲムシ科 Coeloplanidae　クラゲムシ属
ウミトサカの1種の幹に寄生する。体は半透明で、鮮赤色の斑点が無数に散在する。胃管系は網目状に互いが連絡して足盤全体に広がるが、周縁部は細かく樹枝状に終わる。
(2点とも：静岡県大瀬崎　4月　20℃　-25m　大きさ1.5cm)

◀▼ **トサカノモヨウクラゲムシ**（仮称）
Coeloplana sp. 3
クラゲムシ科 Coeloplanidae　クラゲムシ属
ウミトサカの1種の幹に寄生する。体は半透明で、赤褐色の不規則なまだら模様で覆われ、中央部はとくに濃く密集する。胃管系は太く、大雑把に連結しながら広がり、周縁部では急激に細かい。
(2点とも：静岡県大瀬崎　4月　20℃　-22m　大きさ1cm)

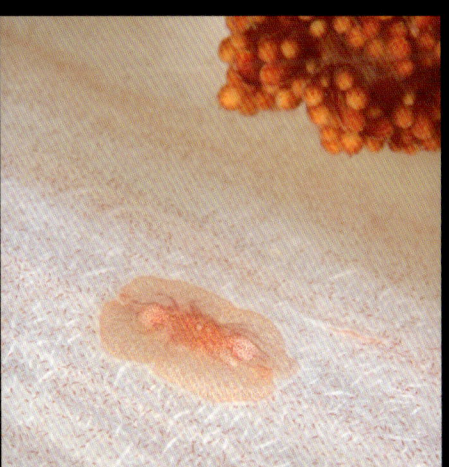

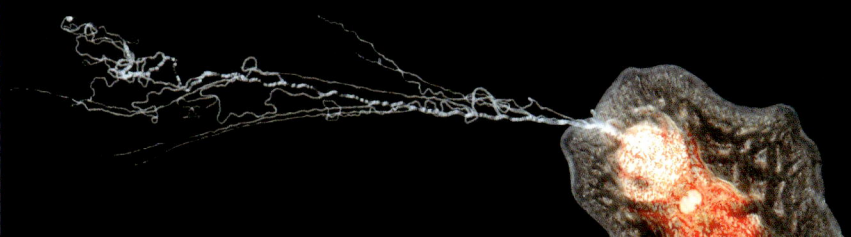

有櫛動物門 | **有触手綱** Tentaculata

▲岩に付着するベニクラゲムシ（右上の赤っぽい部分と、その下にある焦茶色の部分）（千葉県鴨川市内浦　5月　18℃　-1m　大きさ1-3cm）（平野弥生）

▲ベニクラゲムシ
Coeloplana willeyi Abbott, 1902
クラゲムシ科 Coeloplanidae　クラゲムシ属
潮間帯付近の石の裏側や海藻などに付着していることが多い。大きさ7cmほどまで。体色は赤、茶、オレンジ、ピンクなどさまざまで、足盤の周縁部に白い斑点が並ぶのが本種の特徴。
（静岡県大瀬崎　2月　15℃　-1m　大きさ3cm）

◀クラゲムシ属の1種
Coeloplana sp. 4
クラゲムシ科 Coeloplanidae　クラゲムシ属
潮下帯付近に生息する緑藻の1種モツレミルに付着している。体長1.5cmほどまで。体は半透明で、茶褐色を帯びる。棘状の背突起が多数あり、その縁が黄金色を帯びる。
（八丈島　6月　24℃　-1m　大きさ1.5cm）

▽▶クラゲムシ
Coeloplana bocki Komai, 1920
クラゲムシ科 Coeloplanidae　クラゲムシ属
キバナトサカに寄生する。体長3cmほどまで。体は淡桃色や淡黄色を帯びた半透明で、宿主の柄の骨片に似た多数の条線が併走する。色は宿主の柄の地色によって多少の変異が見られる。背突起はない。
（2点とも：静岡県大瀬崎　4月　20℃　-2m　大きさ2cm）

▲赤褐色の不規則な線や斑紋が走り、腕状部の基部付近では濃く飾る。　　▲ロープに付着した個体。

◀▲▶▼ソコキリコクラゲムシ（新称）
Coeloplana meteoris Thiel, 1968
クラゲムシ科 Coeloplanidae　クラゲムシ属
亜熱帯から熱帯域の内湾の砂泥底に生息する。フィールドでは両端の腕状部を猫の耳のように上方にもち上げ、昼夜を問わず触手を漂わせていることが多い。大きさ4cmほどまで。
（4点とも：沖縄本島宜野湾　6月　28℃　-18m　大きさ4cm）

◀空き缶などの人工物にも好んで付着する。

▼体は半透明で、淡黄色の網目状模様が足盤の多くを占める。

◀コトクラゲ属の1種
Lyrocteis sp.
コトクラゲ科 Lyroctenidae　コトクラゲ属
水深20mの海藻に座着していた。コトクラゲの若個体である可能性もあるが、日本近海のこれほど浅い海で発見されたのは初めて。体長4.5cmほど。陽炎をともなう紅色斑が美しく、疣状突起が多数散在。
（静岡県大瀬崎　12月　17℃　-20m　大きさ4.5cm）

▶コトクラゲ
Lyrocteis imperatoris Komai, 1941
コトクラゲ科 Lyroctenidae　コトクラゲ属
70m以深の海底に座着する。体長15cmほどまで。体系はU字形。体色変異が著しく、地色には黄色や橙、白、桃、薄茶色など多数があり、精巣と卵巣が白色の粒状になって腕状部に沿って2列に並び、その内縁を赤褐色の条線が縁どる。
（鹿児島県野間岬沖　6月　14℃　-228m　大きさ15cm）（JAMSTEC）

脊索動物門 Chordata タリア綱 Thaliacea

ヒカリボヤ目 Pyrosomatida

ヒカリボヤ類は、円筒状の外皮（被嚢）の中に多数の個体が埋もれることによって群体を形成する。おのおのの個体は入水孔を外皮の外表面に、出水孔を中空となっている内側（共同排出腔）に向ける格好で位置する。群体の大きさは数cm程度の種が多いが、ナガヒカリボヤなど20mを超える種も報告されている。

極海をのぞくすべての海洋の外洋域に分布し、鉛直的には表層から1000m以深におよぶ幅広い範囲の水深で採集報告が見られる。全世界で1科2亜科3属8種が知られる。ヒカリボヤ類がその名の通り発光する性質をもつことは有名で、その光は海産生物の中でもっとも強いといわれるが、現在のところ発光が酵素反応によるものか、共生発光細菌によるものかわかっていない。（西川）

▲ワガタヒカリボヤ
Pyrosomella verticillata（Neumann, 1909）
ヒカリボヤ科 Pyrosomatidae　ヒカリボヤ亜科　ワガタヒカリボヤ属
本種の群体は指状または卵形で、しばしば平たくつぶれる。出水孔は大きい。暖海性で、西部太平洋に分布。
（静岡県大瀬崎　4月　20℃　-1m　全長1cm）

▲コブヒカリボヤ
Pyrosoma aherniosum Seeliger, 1895
ヒカリボヤ科 Pyrosomatidae　ヒカリボヤ亜科　ヒカリボヤ属
個体の形態はヒカリボヤに類似するが、幅広く大きい入水腔と著しく短い出水腔をもつ点で異なる。暖海性で北緯30°以南の太平洋に分布。
（静岡県大瀬崎　4月　20℃　-1m　全長1cm）

ヒカリボヤ
Pyrosoma atlanticum Péron, 1804
ヒカリボヤ科 Pyrosomatidae　ヒカリボヤ亜科　ヒカリボヤ属
もっとも一般的に見られる種。全世界に分布し、日本近海でもごく普通に採集される。
（静岡県大瀬崎　5月　21℃　-3m　全長30cm）

ナガヒカリボヤ
Pyrostremma spinosum (Herdman, 1888)
ヒカリボヤ科 Pyrosomatidae　ナガヒカリボヤ亜科　ナガヒカリボヤ属
海洋に存在するもっとも巨大な生物体の1つである。個体は斜め方向に規則正しく配列する。北緯40°以南に出現するが、まれ。破損した群体の一部が採集されることが多い。
(静岡県大瀬崎　1月　18℃　-5m　全長150cm)

脊索動物門 Chordata　タリア綱 Thaliacea

サルパ目 Salpida

サルパ類は有性世代と無性世代を交互に繰り返す世代交代を行うため、2種類の個体を生じる。1つは卵生個体で単独個体と呼ばれる。単独個体は体内に無性生殖のための出芽部、芽茎をもち、それが分節、発達することにより、もう1つの個体である芽生個体を生ずる。

芽生個体は鎖状または車軸状に連なった状態で単独個体から放出されるため、連鎖個体と呼ばれる。連鎖個体は雌雄同体で有性生殖を行う。連鎖個体の体内で受精した卵は胎盤を通して栄養補給を受け、若い単独個体に成長した後、体外へ放出される。

サルパ類の被嚢の形態は種や世代により大きく異なる。また、筋肉帯の本数、配列様式も変化に富む。入出水孔周辺部に中間筋や括約筋の発達する種もある。個体の大きさは数mm程度から30cmを超える種まで存在する。

南極海も含む全世界の外洋域に分布し、いくつかの普遍種も存在する。ウミタル類同様大量に出現することがある。鉛直的には有光層以浅に多く見られるとされているが、鉛直移動を行う種では中・深層から出現する場合もある。最近の潜水艇を用いた調査などにより、サルパ類の鉛直的な分布深度は以前考えられていたよりも広範囲にわたることが明らかになりつつある。全世界で1科2亜科13属約40種が知られる。（西川）

▲単独個体を排出前の連鎖個体（トガリサルパ）
連鎖個体の体内で有性生殖によって受精した卵は、胎盤を通して栄養補給を受け、若い単独個体に成長する。
（静岡県大瀬崎　3月　16℃　-12m　全長80cm、個体長4.5cm）

◀出芽中の単独個体（トガリサルパ）
無性生殖によって、連鎖個体を排出する単独個体。
（静岡県大瀬崎　3月　16℃　-12m　個体長4.5cm）

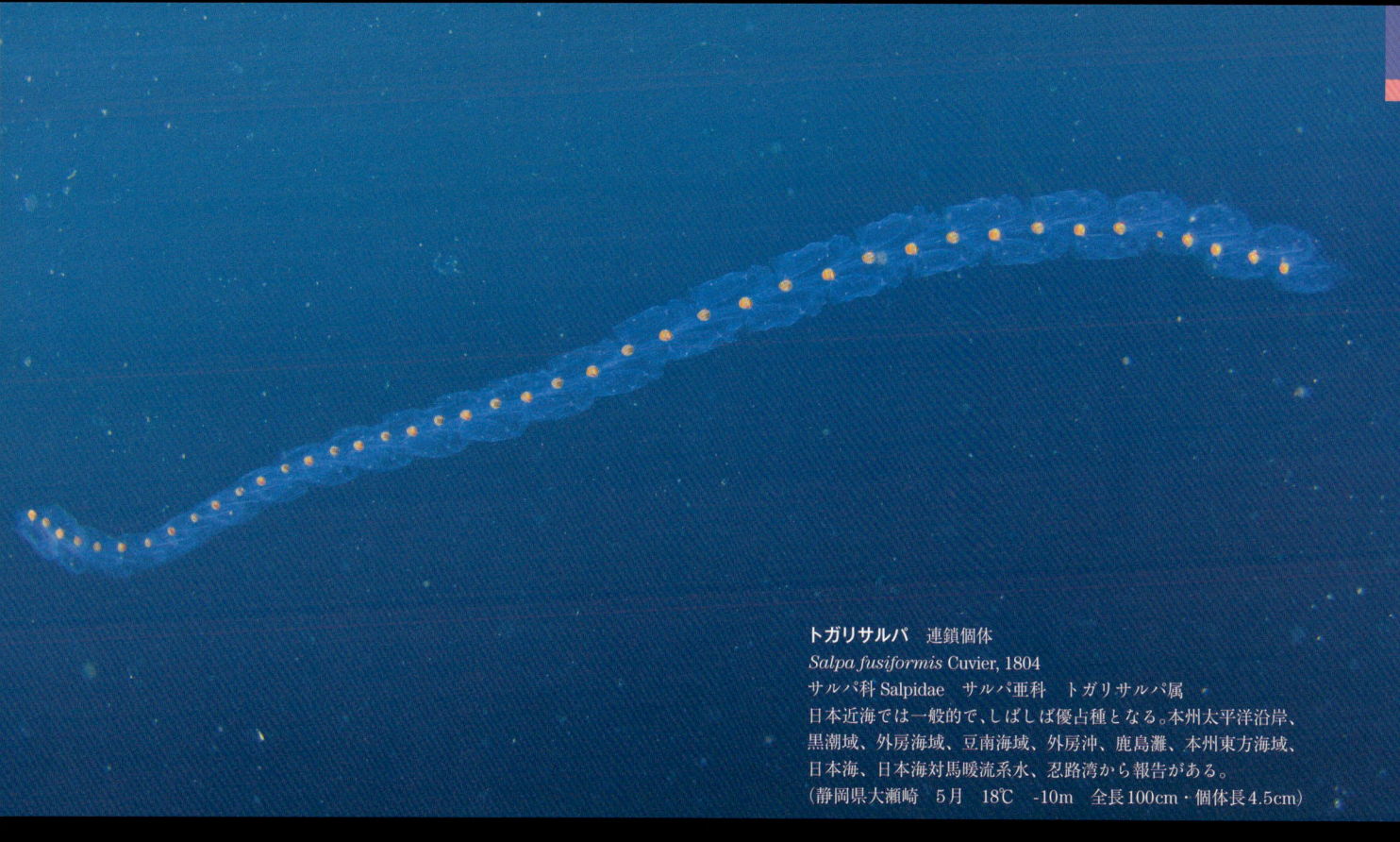

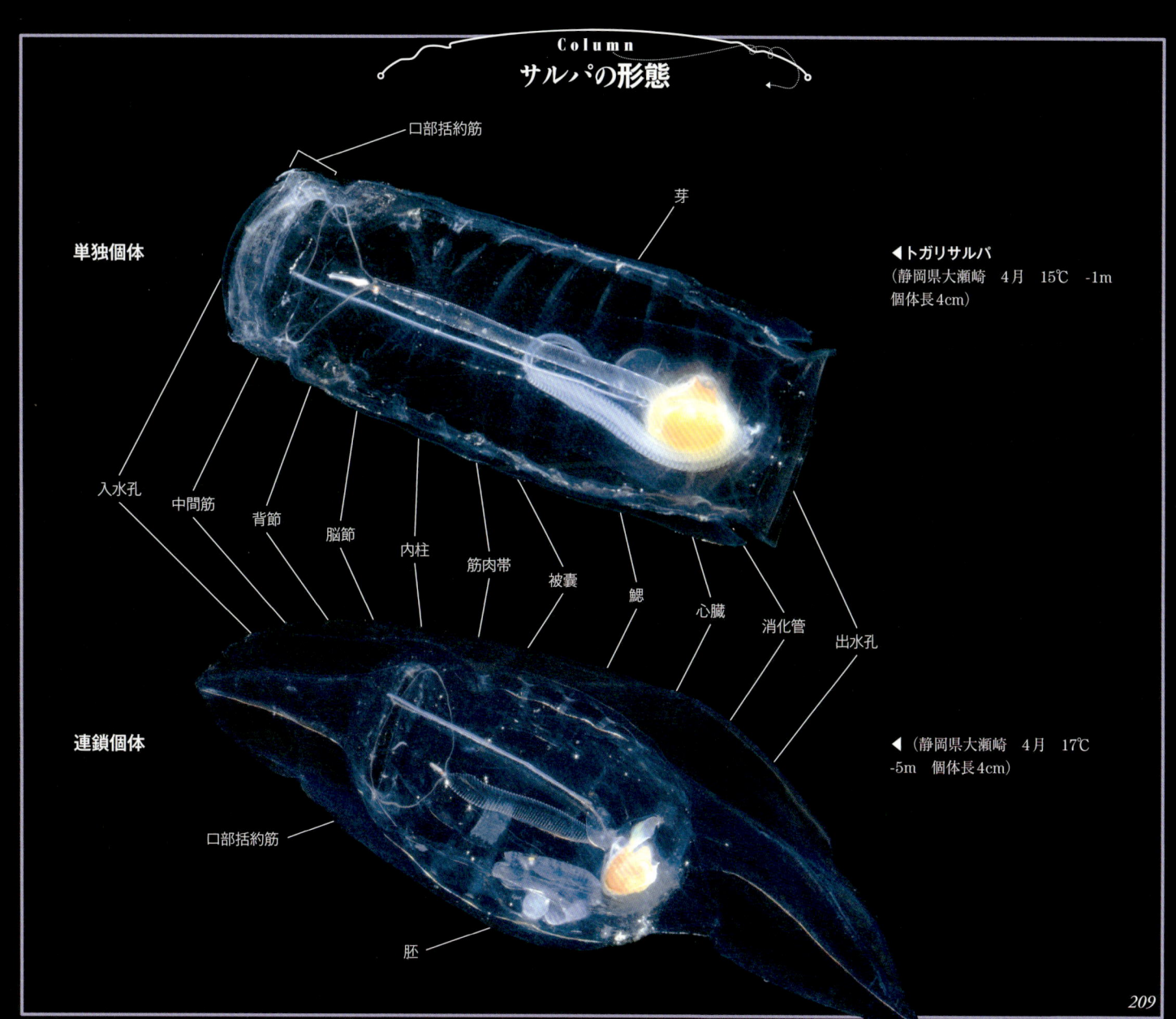

トガリサルパ　連鎖個体
Salpa fusiformis Cuvier, 1804
サルパ科 Salpidae　サルパ亜科　トガリサルパ属
日本近海では一般的で、しばしば優占種となる。本州太平洋沿岸、黒潮域、外房海域、豆南海域、外房沖、鹿島灘、本州東方海域、日本海、日本海対馬暖流系水、忍路湾から報告がある。
（静岡県大瀬崎　5月　18℃　-10m　全長100cm・個体長4.5cm）

Column サルパの形態

単独個体

口部括約筋／芽／入水孔／中間筋／背節／脳節／内柱／筋肉帯／被嚢／鰓／心臓／消化管／出水孔

◀トガリサルパ
（静岡県大瀬崎　4月　15℃　-1m　個体長4cm）

連鎖個体

口部括約筋／胚

◀（静岡県大瀬崎　4月　17℃　-5m　個体長4cm）

脊索動物門 | タリア綱 Thaliacea

◀モモイロサルパ　連鎖個体
Pegea confoederata (Forskål, 1775)
サルパ科 Salpidae　サルパ亜科　モモイロサルパ属
被嚢は丸形で、体核のまわりをのぞいて薄い。突起はない。日本近海で普通に見られる。本州太平洋沿岸、親潮域、混合域、本州東方海域から報告がある。
（静岡県大瀬崎　4月　20℃　-3m　個体長6cm）

▼モモイロサルパの群体
連鎖個体は鎖軸に対しておのおのが直角に接続した2列。浮遊時は渦巻き状になる行動が見られる。大型の連鎖個体は全体が茶褐色を帯びる。（静岡県大瀬崎　4月　20℃　-1m　全長90cm・個体長6cm）（大塚幸彦）

ツノダシモモイロサルパの群体
Pegea bicaudata (Quoy & Gaimard, 1826)
サルパ科 Salpidae　サルパ亜科　モモイロサルパ属
連鎖個体は鎖軸に対しておのおのが直角に接続した2列。被嚢は厚く、円柱状で長さは幅の2倍を超える。モモイロサルパに似るが、被嚢後端に2本の突起をもつのが特徴。
（静岡県大瀬崎　4月　20℃　-5m　全長100cm・個体長7cm）（大塚幸彦）

オオサルパの群体　連鎖個体
Thetys vagina Tilesius, 1802
サルパ科 Salpidae　サルパ亜科　オオサルパ属
サルパ類のなかではもっとも大きくなる。連鎖個体は鎖軸に対しておのおのが斜めに接続した2列。被嚢は体核のまわりをのぞいて薄く、突起はなく丸みを帯びる。（静岡県大瀬崎　11月　24℃　-10m　全長200cm・個体長12cm）（大塚幸彦）

オオサルパ　単独個体
被嚢は固く表面は多くの短い棘で覆われる。被嚢の一部は黒色または濃緑色を帯びる場合がある。
（静岡県大瀬崎　5月　18℃　-2m　個体長15cm）

オオサルパに寄生するツマリヘラウミノミ
オオサルパなどの大型のサルパの被嚢にはさまざまなウミノミ類が寄生していることが多い。（静岡県大瀬崎　3月　16℃　-10m　体長1cm）

オオサルパ　連鎖個体
（静岡県大瀬崎　12月　21℃　-6m　個体長12cm）

脊索動物門 | タリア綱 Thaliacea

◀センジュサルパの群体
Traustedtia multitentaculata
(Quoy & Gaimard, 1834)
サルパ科 Salpidae　サルパ亜科
センジュサルパ属
連鎖個体は鎖軸に対しておのおのが直角に交互に繋がる。被嚢と後側部にある1対の尾状突起は黄～茶褐色を帯び、その中央に棘状突起をもつ尾状突起がある。
(静岡県大瀬崎　4月　20℃　-1m　全長10cm、個体長2cm)

▼センジュサルパ　連鎖個体
(静岡県大瀬崎　10月　26℃　-1m　個体長2cm)

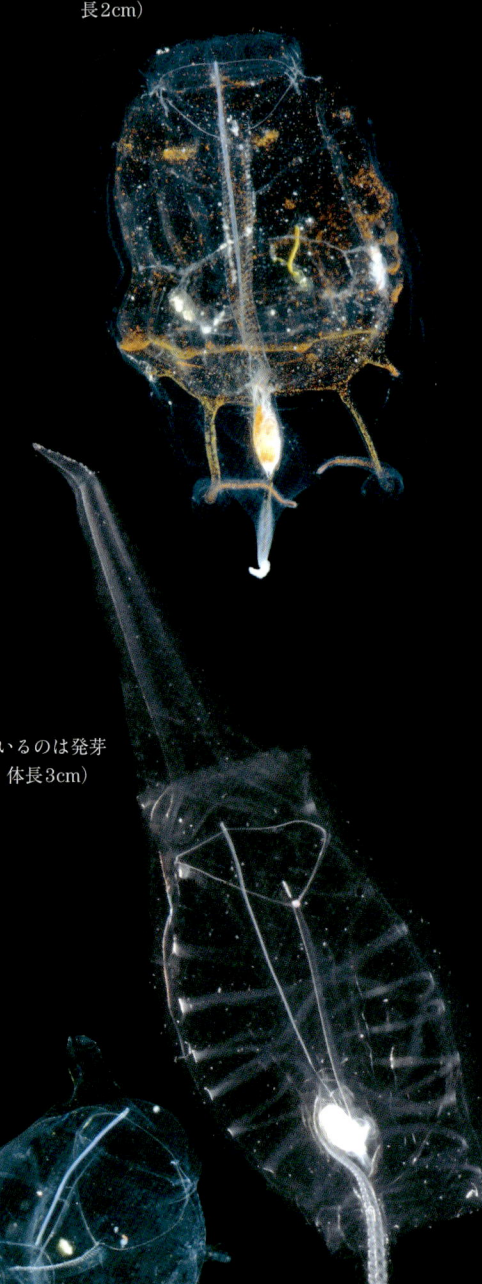

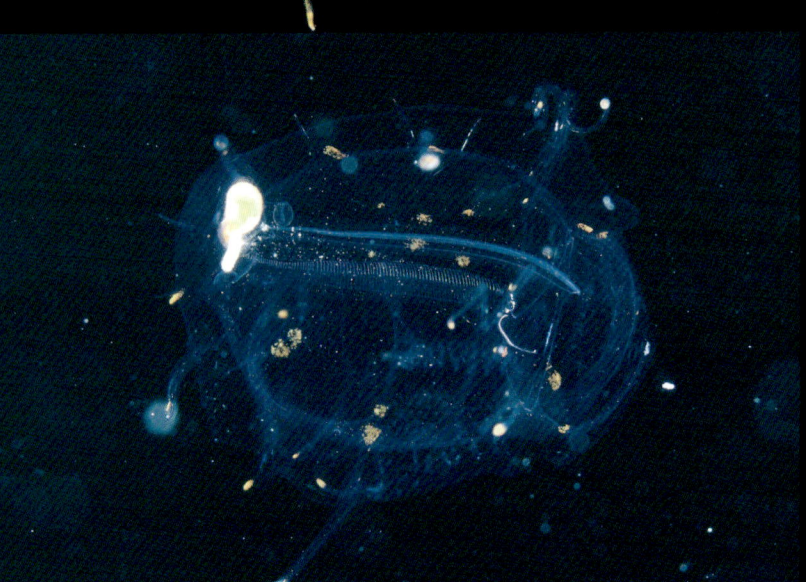

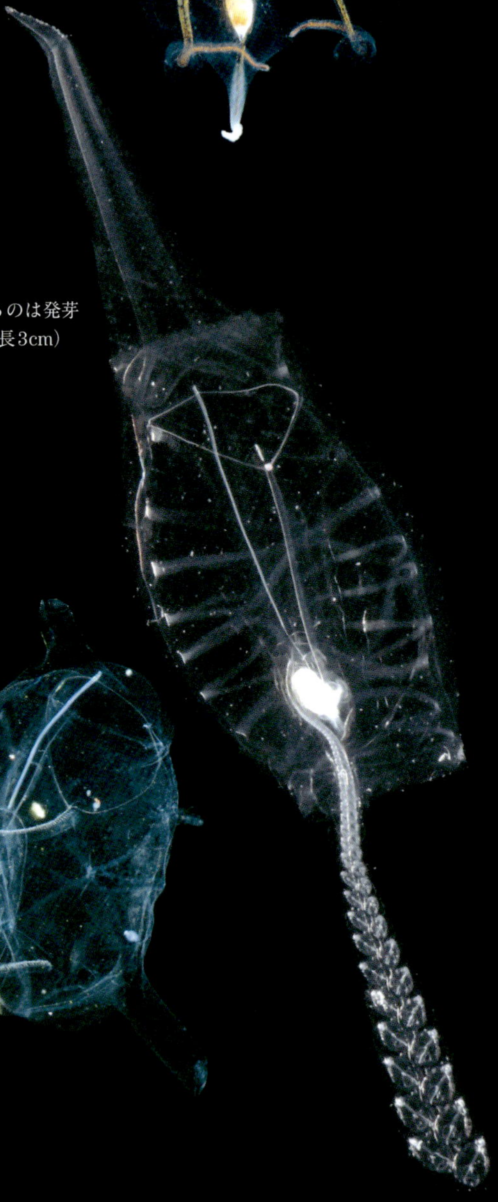

▲センジュサルパ　単独個体
単独個体は体側に10対以上の触手状突起をもつ。被嚢には黄褐色の斑紋が規則的に並ぶ。(パラオ　3月　28℃　-12m　個体の大きさ2.5cm)

▶クチバシサルパ　単独個体
Brooksia rostrata (Traustedt, 1893)
サルパ科 Salpidae　サルパ亜科　クチバシサルパ属
前方に大きな突起をもつのが特徴。下に長く延びているのは発芽中の連鎖個体。(静岡県大瀬崎　10月　23℃　-1m　体長3cm)

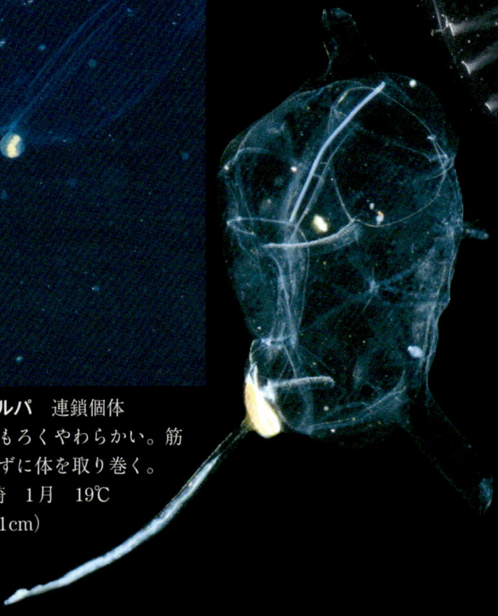

▲クチバシサルパの群体
おのおのの個体は約60°に傾き、交互に2列につながる。(静岡県大瀬崎　1月　19℃　-1m　全長20cm、個体長1.5cm)

▶クチバシサルパ　連鎖個体
被嚢は非常にもろくやわらかい。筋肉帯が断絶せずに体を取り巻く。
(静岡県大瀬崎　1月　19℃　-1m　個体長1cm)

▲ホンヒメサルパの群体
本属はサルパ類の中でも小型種。連鎖個体は鎖軸に対しておのおのが直角に交互につながる。（静岡県大瀬崎　6月　18℃　-1m　全長7cm、個体長1cm）

◀ホンヒメサルパ　連鎖個体
被嚢の後端はやや角ばり、核突起をもつ。
（静岡県大瀬崎　6月　18℃
-1m　個体長1cm）

▶ホンヒメサルパ　単独個体
Thalia democratica（Forskål, 1775）
サルパ科 Salpidae　サルパ亜科　ヒメサルパ属
単独個体は棘で覆われた後部突起と、短い側部突起をもつ。被嚢表面に8本の棘列をもつ。
（静岡県大瀬崎　6月　18℃　-1m　体長1.8cm）

▼ホンヒメサルパ　単独個体
横から見た単独個体。
（静岡県大瀬崎　6月　18℃　-1m　体長1.8cm）

▼ヒメサルパ　単独個体
Thalia orientalis（Tokioka, 1937）
サルパ科 Salpidae　サルパ亜科　ヒメサルパ属
ホンヒメサルパに似るが、単独個体は棘で覆われた長い後部突起をもつが、側部突起を欠く。
（静岡県大瀬崎　1月　15℃　-2m　体長1.5cm）

▲フトスジサルパの群体
Soestia zonaria（Pallas, 1774）
サルパ科 Salpidae　サルパ亜科　フトスジサルパ属（新称）
1属1種。筋肉体は5本で、幅が太いのが特徴。連鎖個体はおのおのが鎖軸に対して交互に平行につながる。被嚢は堅く前後端に短い突起がある。
（静岡県大瀬崎　4月　20℃　-2m　全長20cm、個体長2cm）

213

脊索動物門 | タリア綱 Thaliacea

▲フタオサルパ　単独個体
Cyclosalpa bakeri Ritter, 1905
サルパ科 Salpidae　ワサルパ亜科　ワサルパ属
発光器は6対あり、そのうち5対がよく発達する。
（静岡県大瀬崎　3月　15℃　-3m　体長8cm）

▼シャミッソサルパ　単独個体
Cyclosalpa affinis（Chamisso, 1819）
サルパ科 Salpidae　ワサルパ亜科　ワサルパ属
連鎖個体を排出している。被嚢はやわらかく薄い。後背部に大きな隆起をもつ。単独個体、連鎖個体ともに発光器をもたない。
（パラオ　6月　28℃　-10m　単独個体の全長12cm）

▲フタオサルパ　連鎖個体
連鎖個体はおのおのが輪状に連なり、後方に2つの突起をもつ。この突起のうち左側は精巣となる。筋肉帯の配列は左右不相称で複雑。背筋はC字形。
（静岡県大瀬崎　4月　17℃　-3m　最大径8cm、個体長4.5cm）

▼シャミッソサルパ　連鎖個体
連鎖個体はおのおのが輪状に連なり、さらに輪同士が連なった連鎖群体を形成する。（静岡県大瀬崎　4月　20℃　-1m　個体長4cm）

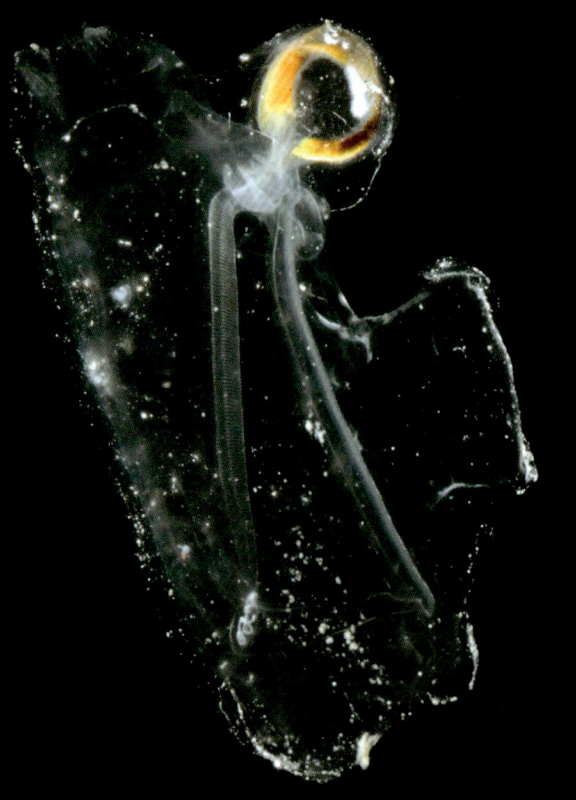

▲▲タテスジワサルパの群体
Cyclosalpa quadriluminis forma *parallela*（Kashkina, 1973）　サルパ科 Salpidae　ワサルパ亜科　ワサルパ属
連鎖個体はおのおのが輪状に連なる。発光器が2対あるのが特徴で、第2筋から第4筋の間にそれぞれ位置するが、前方のものは後方に比べて約2倍長い。
（左右2点とも：静岡県大瀬崎　4月　20℃　-1m　最大径7cm・個体長5cm）

▼▼カスミサルパの群体
Cyclosalpa foxtoni Van Soest, 1974　サルパ科 Salpidae　ワサルパ亜科　ワサルパ属
連鎖個体はおのおのが輪状に連なる。精巣は太く発達し、黄色を帯びる。連鎖個体の背筋はごく浅いC字形。
（左右2点とも：静岡県大瀬崎　10月　24℃　-2m　最大径5.5cm・個体長3.5cm）

ネジレサルパ属の1種　連鎖個体
Helicosalpa sp.　サルパ科 Salpidae
ワサルパ亜科　ネジレサルパ属
連鎖個体はおのおのが二重のらせん状に連なる。日本近海からは
ネジレサルパ *H. virgula* とコマイサルパ *H. komaii* の2種が報告され
ており、写真の個体はそのいずれかと推測される。
（静岡県大瀬崎　10月　24℃　-2m　全長30cm・個体長3cm）

脊索動物門 Chordata　タリア綱 Thaliacea

ウミタル目 Doliolida

ウミタル類はきわめて複雑な生活史をもち、個体の示す多形性は他に例を見ないといわれる。ここではその生活史については割愛するが、受精卵から有性生殖個体に達するまでに、無性生殖個体、ナース、食体および育体の4種類もの個体を生じる。

現在のところ種レベルで同定が可能なのは有性生殖個体（と形態的に類似する育体）のみである。有性生殖個体の体は、ウミタルの名の通り両端に入水孔と出水孔が開く樽形をしており、筋肉帯が環状にとりまく。体腔内に散在する消化管や鰓の形態、位置などで分類される。

南極海をのぞく全世界の海洋に広く分布し、沿岸から外洋まで分布する。ときとして濃密な群集団を形成することが知られている。鉛直的には有光層以浅に多く見られるが、ナースが深海で大量に採集されるという報告も存在する。大きさは各生殖個体とも数mmから2〜3cm程度。ただしナースの背芽茎は数十cmに達する場合がある。（西川）

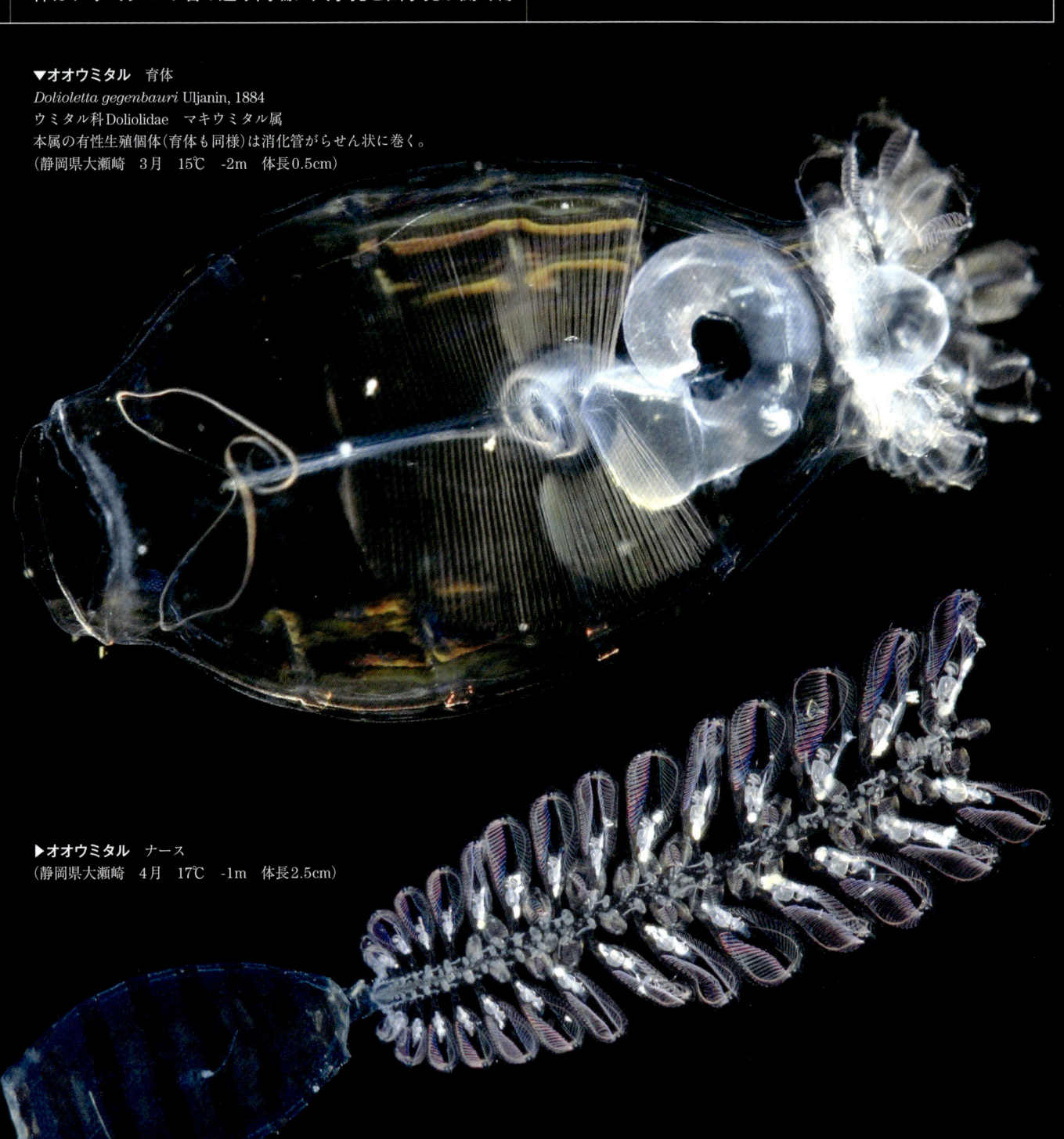

▼オオウミタル　育体
Dolioletta gegenbauri Uljanin, 1884
ウミタル科 Doliolidae　マキウミタル属
本属の有性生殖個体（育体も同様）は消化管がらせん状に巻く。
（静岡県大瀬崎　3月　15℃　-2m　体長0.5cm）

▶オオウミタル　ナース
（静岡県大瀬崎　4月　17℃　-1m　体長2.5cm）

Topics
ゼラチン質の「家」に住むオタマボヤ類

　オタマボヤはわれわれ人間と同じ脊索動物門に属し、ホヤ綱、タリア綱とともに被嚢動物亜門を構成する。オタマジャクシのような形で、頭の部分を軀幹部、尻尾の部分を尾部という。
　オタマボヤ自体はゼラチン質プランクトンとは言い難いが、軀幹部の特殊な細胞組織から「ハウス」と呼ばれるゼラチン質の包巣を分泌しその中に住んでいる。このハウスはオタマボヤにとって餌を集めるための装置でもあり、ハウスの中で尾部を打ち振ることによって水流を起こし、まわりの海水をハウスの中に導く。通常、ハウスには2種類のフィルターがあり、外側のフィルターで海水に含まれる大型の粒子を取りのぞき、自分が食べられる大きさの粒子のみをハウスの中に入れ、内側の摂餌フィルターを使って濾し集めて食べている。ハウスのフィルターが目詰まりしたり、外敵に襲われたりすると、ハウスを捨てて外に飛び出し、また新しいハウスをつくる。海の中にはこの「捨てられたハウス」が多く存在する。捨てられたハウスのフィルターには植物プランクトンなどの粒子が付着しており、最近の研究ではそれらを食べる独自の動物プランクトンの存在や、ウナギ目のレプトケファルス幼生にとって主要な餌の1つとなっていることがわかってきた。つまり、オタマボヤは自身のみならず、捨てたハウスによっても海の食物連鎖や物質循環に影響を与えている風変わりな生き物である。（西川）

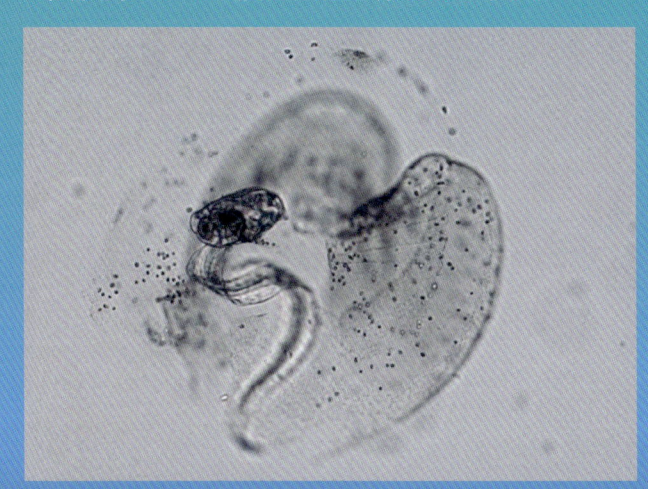

▲ワカレオタマボヤ *Oikopleura（Vexillaria）dioica* Fol, 1872とハウス。中央部の色がついている部分が摂餌フィルター（中島啓介）

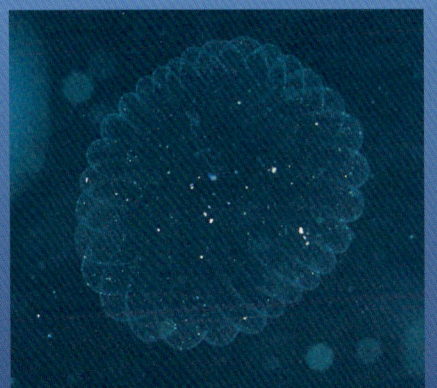

▲オタマボヤ類のハウスの1例
（静岡県大瀬崎　2月　14℃　-2m　大きさ3cm）

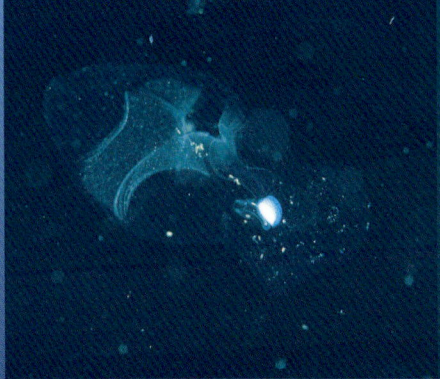

▲オタマボヤ類のハウスの1例
（静岡県大瀬崎　2月　15℃　-1m　大きさ3cm）

▲オタマボヤ類のハウスの1例
（静岡県大瀬崎　12月　25℃　-1m　大きさ3cm）

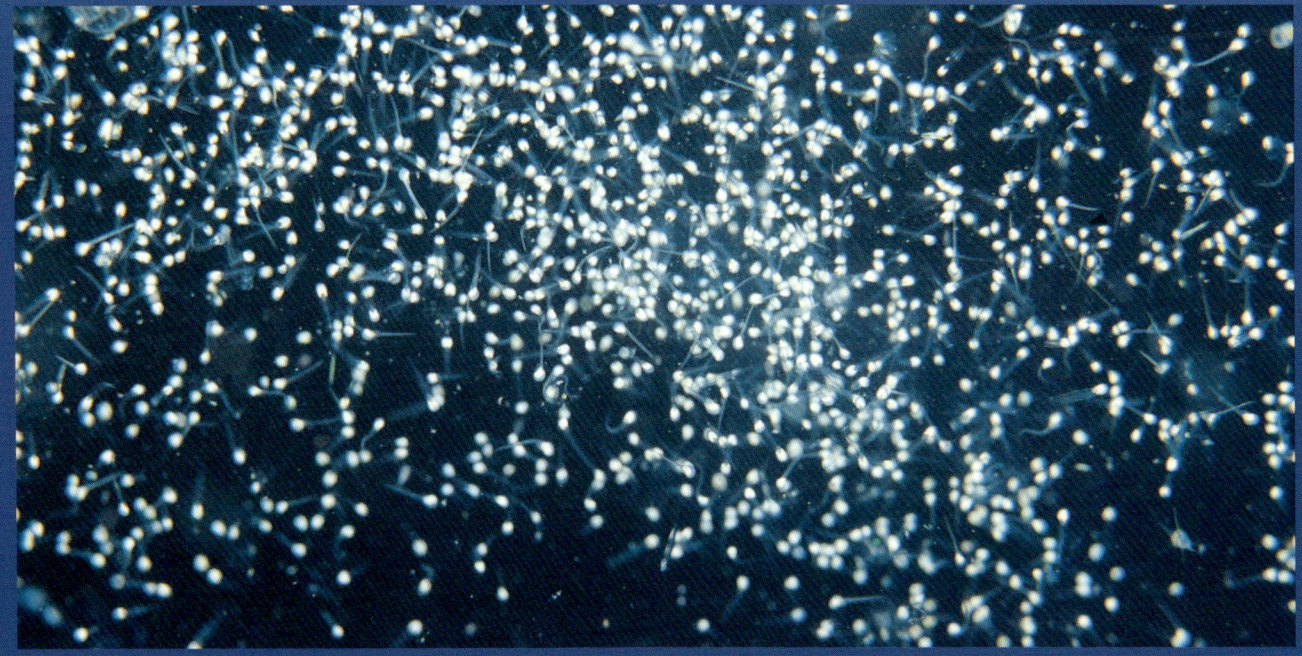

▲潮目に集まるオタマボヤの群れ（静岡県大瀬崎　5月　17℃　-1m　体長0.5cm）

軟体動物門 Mollusca｜腹足綱 Gastropoda

新生腹足目 Caenogastropoda
翼舌亜目 Ptenoglossa

新生腹足目の1亜目。殻は厚質の塔形から薄質の蝸牛形で、右巻きまたは左巻き。歯舌は中歯・側歯・縁歯の形態分化が少なく、いずれもほとんど同形で、海綿動物食や刺胞動物食性に適応したものと考えられる。6科。（奥谷）

▶アサガオガイ
Janthina janthina（Linnaeus, 1758)
アサガオガイ科 Janthinidae　アサガオガイ属
殻高・殻径とも2.5cmくらいが普通。足の裏から分泌する粘液でできた泡を連結してイカダ（浮囊）をつくり、その下に吊り下がって浮遊する。カツオノエボシ、ギンカクラゲ、カツオノカンムリなどの浮漂性の刺胞動物を食べる。
（八丈島　6月　23℃　水面　殻長3cm）（加藤昌一）

軟体動物門｜腹足綱 Gastropoda

新生腹足目 Caenogastropoda
異足亜目 Heteropoda

新生腹足目の1亜目。体はゼラチン質で吻は長く、黒い網膜のある眼と頭部触角をもつ。殻は薄く透明、成体では殻をまったく欠くものもある。足は側扁して丸い腹びれと尾部に変形している。歯舌は紐舌形で2・1・C・2・1で歯尖は鋭い。すべて浮遊性。3科。（奥谷）

▶クチキレウキガイ
Atlanta peroni Lesueur, 1817
クチキレウキガイ科 Atlantidae
クチキレウキガイ属
殻は透明で内臓が透けて見える扁平な蝸牛型。
周囲を竜骨板がめぐる。殻径1cmほど。水中ではひれを細かく羽ばたきながら殻を振るように泳いでいるが、危険を察知して軟体部を殻の中に隠すと、そのまま沈降する。
（静岡県大瀬崎　4月　20℃　-1m　殻長0.5cm）

▲カエデゾウクラゲ
Cardiopoda placenta (Lesson, 1830)
ゾウクラゲ科 Carinariidae　カエデゾウクラゲ属
内臓核の柄が長く、小さな殻をもつ。核のまわりには20以上の鰓糸が鶏冠状に配列する。体全体に突起が並び、尾冠はなく、尾端は掌状に広がる。
（静岡県大瀬崎　3月　15℃　-1m　体長8cm）

▶ヒメゾウクラゲ
Carinaria japonica Okutani, 1955
ゾウクラゲ科 Carinariidae　ゾウクラゲ属
殻は三角形状で竜骨は低い。尾冠は高く盛り上がるが、鞭状部は短い。体長15cmほどまでになる。
（静岡県大瀬崎　4月　20℃　-1m　体長10cm）

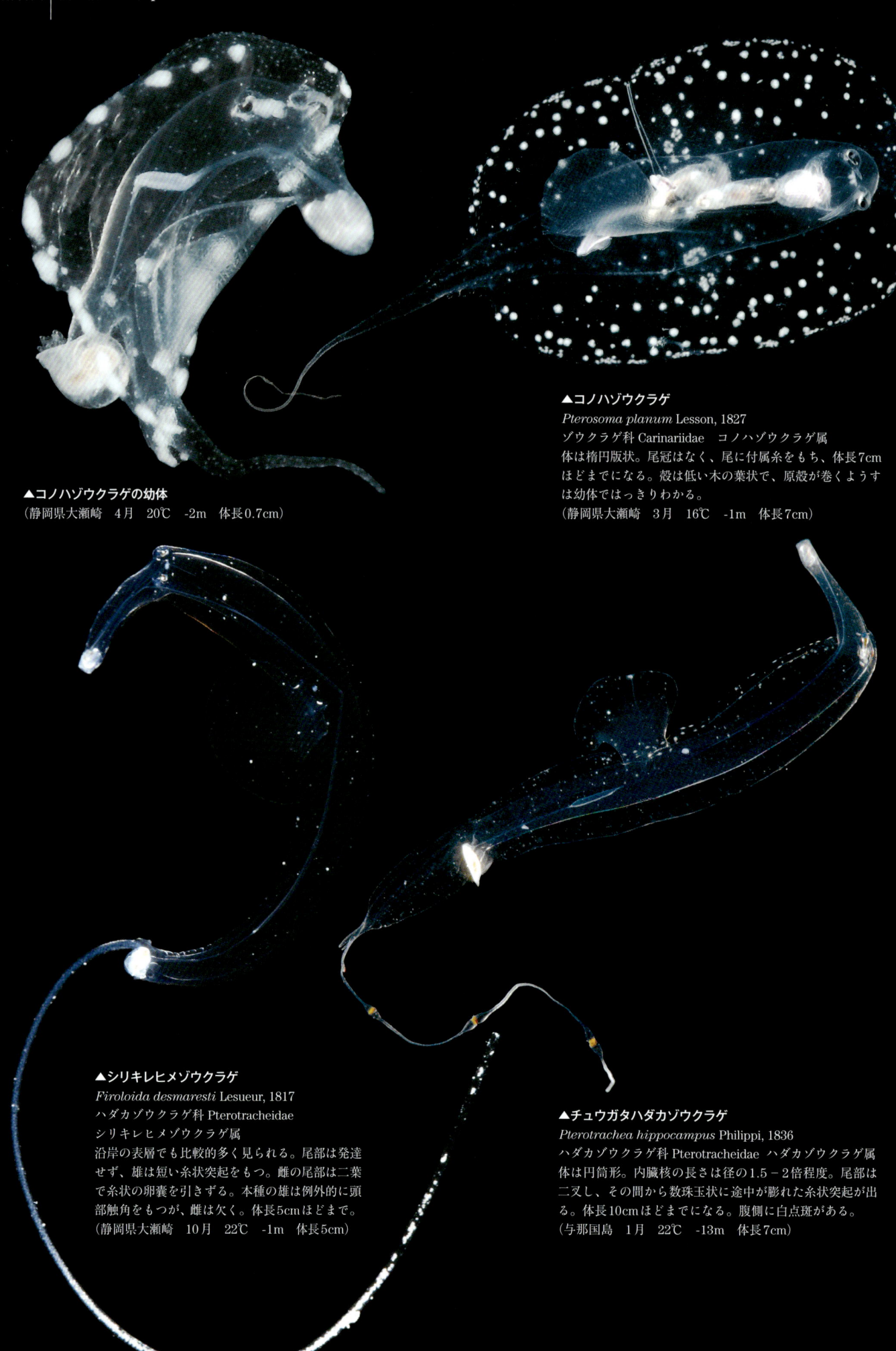

軟体動物門 | 腹足綱 Gastropoda

▲コノハゾウクラゲの幼体
（静岡県大瀬崎　4月　20℃　-2m　体長0.7cm）

▲コノハゾウクラゲ
Pterosoma planum Lesson, 1827
ゾウクラゲ科 Carinariidae　コノハゾウクラゲ属
体は楕円版状。尾冠はなく、尾に付属糸をもち、体長7cmほどまでになる。殻は低い木の葉状で、原殻が巻くようすは幼体ではっきりわかる。
（静岡県大瀬崎　3月　16℃　-1m　体長7cm）

▲シリキレヒメゾウクラゲ
Firoloida desmaresti Lesueur, 1817
ハダカゾウクラゲ科 Pterotracheidae
シリキレヒメゾウクラゲ属
沿岸の表層でも比較的多く見られる。尾部は発達せず、雄は短い糸状突起をもつ。雌の尾部は二葉で糸状の卵嚢を引きずる。本種の雄は例外的に頭部触角をもつが、雌は欠く。体長5cmほどまで。
（静岡県大瀬崎　10月　22℃　-1m　体長5cm）

▲チュウガタハダカゾウクラゲ
Pterotrachea hippocampus Philippi, 1836
ハダカゾウクラゲ科 Pterotracheidae　ハダカゾウクラゲ属
体は円筒形。内臓核の長さは径の1.5 - 2倍程度。尾部は二叉し、その間から数珠玉状に途中が膨れた糸状突起が出る。体長10cmほどまでになる。腹側に白点斑がある。
（与那国島　1月　22℃　-13m　体長7cm）

ハダカゾウクラゲ
(静岡県大瀬崎　5月　18℃　-3m　体長17cm)

ハダカゾウクラゲ
(静岡県大瀬崎　4月　20℃　-1m　体長18cm)

ハダカゾウクラゲ
Pterotrachea coronata Niebuhr, 1775
ハダカゾウクラゲ科 Pterotracheidae　ハダカゾウクラゲ属
体は円筒形で、吻は細長く象の鼻のよう。内臓核の長さは径の4－5倍ほど。体表には小棘が密生し、腹部の皮層下に白点斑がある。雌は糸状の卵紐を引きずる。ハダカゾウクラゲ科は4種が知られ、殻をもたないのが特徴。
(静岡県大瀬崎　4月　20℃　-8m　体長20cm)

軟体動物門 | 腹足綱 Gastropoda

真後鰓目 Euopisthobranchia
有殻翼足亜目 Thecosomata

殻は薄く、透明か半透明。左巻き（超右巻き）の蝸牛形か円錐形、あるいはスリット状の殻口で背殻と腹殻に分かれる（二枚貝のように殻片には分離はしない）亀甲形。石灰化せず、硬いゼラチン質の擬殻をもつ群もある（ヤジリカンテンカメガイ上科としてカメガイ上科と分ける）。足は翼状の左右2葉と中葉に分かれ、翼足を蝶の翅のように動かして遊泳する。（奥谷）

▶粘液トラップを出して浮遊しているウキビシガイ
多くの有殻翼足類に見られる行動。丸い粘液塊をつくり、付着した微小なプランクトンを捕食するが、浮力を確保するための浮遊適応も考えられる。
（静岡県大瀬崎　2月　15℃　-4m　殻長1cm）

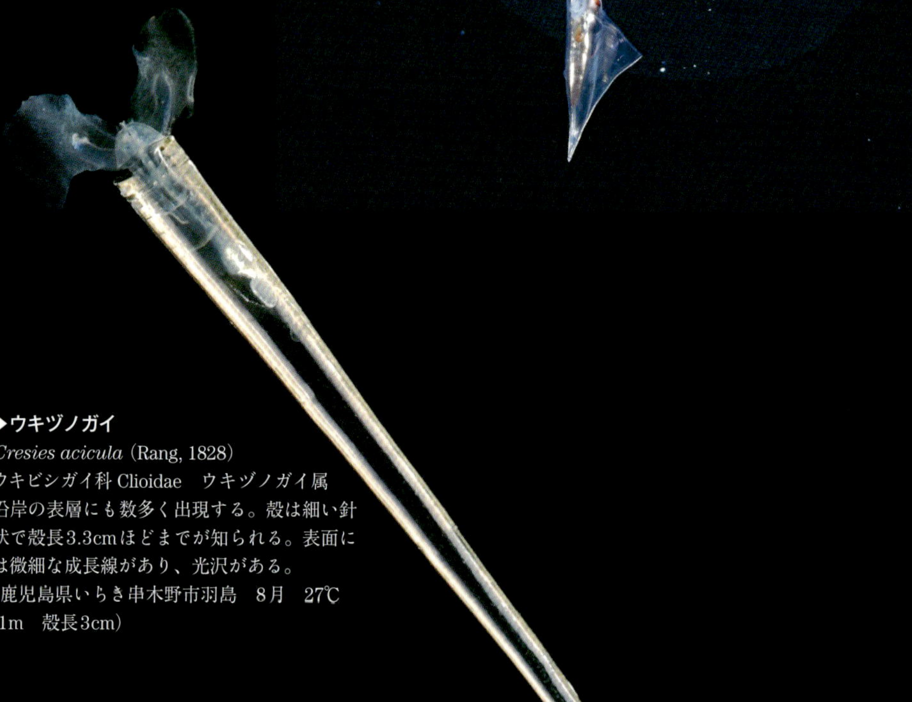

▲ウキビシガイ
Clio pyramidata Linnaeus, 1758
ウキビシガイ科 Clioidae　ウキビシガイ属
殻の形状は基本的に菱形。腹殻は弱い縦肋があるがほぼ平らで、背殻は中央に縦走する肋で盛り上がり、殻口は亜三角形。原殻の形や特徴の異なる複数の型または亜種が知られている。
（静岡県大瀬崎　1月　15℃　-15m　殻長1.5cm）

▶ウキヅノガイ
Cresies acicula (Rang, 1828)
ウキビシガイ科 Clioidae　ウキヅノガイ属
沿岸の表層にも数多く出現する。殻は細い針状で殻長3.3cmほどまでが知られる。表面には微細な成長線があり、光沢がある。
（鹿児島県いちき串木野市羽島　8月　27℃　-1m　殻長3cm）

◀ガラスウキヅノガイ
Hyalocylis striata (Rang, 1828)
ウキビシガイ科 Clioidae　ガラスウキヅノガイ属
殻長1cmほどまで。殻は太短い、円錐形で後端は尖らない。殻の表面に強い輪状肋が規則的にある。
（静岡県大瀬崎　3月　15℃　-1m　殻長1cm）

▲ウキビシガイ
（静岡県大瀬崎　3月　15℃　-1m　殻長1cm）

ウキヅツガイ
Cuvierina columnella Boas, 1886
ウキヅツガイ科 Cuvierinidae　ウキヅツガイ属
壺形の殻をもち、殻長1cmほどまで。粘液トラップを使い、海水中の懸濁物を集めて食べている。（フィリピン　ボラカイ島　11月　30℃ -5m　殻長0.8cm）

▼クリイロカメガイ
Cavolinia uncinata (Rang, 1828)
カメガイ科 Cavoliniidae　カメガイ属
殻は濃い飴色で光沢が強い。腹殻は強く膨れて丸い。背殻には明瞭な縦うねがあり、ひさしは強く曲がる。原殻は背側に強く反る。
（静岡県大瀬崎　1月　18℃　-15m　殻長1cm）

▶マルカメガイ
Cavolinia globulosa (Gray, 1850)
カメガイ科 Cavoliniidae　カメガイ属
クリイロカメガイより小型で、側葉は張り出さず、原殻は反らない。
（静岡県大瀬崎　4月　18℃　-12m　殻長1cm）

◀マサコカメガイ
Cavolinia inflexa (Orbigny, 1836)
カメガイ科 Cavoliniidae　カメガイ属
殻表は平滑で光沢に富む。背殻は平滑、ひさしは反らず匙状。世界の南緯40°から北緯40°くらいまでの範囲に分布する。付属糸の先端をらせん状に丸める行動が見られる。
（静岡県大瀬崎　3月　18℃　-5m　殻長1cm）

◀クリイロカメガイ
（与那国島　1月　22℃　-13m　殻長1cm）

▶粘液トラップを出しながら浮遊するクリイロカメガイ
（フィリピン　ティカオ島　5月　27℃　-10m　殻長1cm）

軟体動物門　腹足綱　Gastropoda

◀キヨコカメガイ
Diacria quadridentata（Blainville, 1821）
カメガイ科 Cavoliniidae　ヒラカメガイ属
殻長4mm前後にしかならない小型種。殻口が褐色に染まるのが特徴。黒潮水域やその周辺に生息する。
（静岡県大瀬崎　1月　15℃　-3m　殻長0.2cm）

▼マルセササノツユ
Diacavolinia angulosa（Gray, 1850）
カメガイ科 Cavoliniidae　ササノツユ属
殻の前縁はひさし状で、背殻との間に強い段差がある。側突起は三角状に広がる。本属は最近の研究で24種に細分化された。
（静岡県大瀬崎　9月　25℃　-1m　殻長0.8cm）

▲マダラヒラカメガイ
Diacria maculata Spoel, 1958
カメガイ科 Cavoliniidae　ヒラカメガイ属
殻は膨らまず、側棘はやや後方に反りながら伸びる。腹殻に鮮やかな斑紋状の褐色斑がある。本種の生態写真は初。
（与那国島　1月　22℃　-15m　殻長1cm）

▲ヤジリヒラカメガイ
Diacria major（Boas, 1886）
カメガイ科 Cavoliniidae　ヒラカメガイ属
殻は膨らまず、側棘が発達、強く斜め後方に向く。全体的に無色で、褐彩する部分はほとんどない。このように初生殻が残っている姿は珍しい。
（静岡県大瀬崎　5月　17℃　-2m　殻長1cm）

▶ササノツユ
Diacavolinia longirostris（Blainville, 1821）
カメガイ科 Cavoliniidae　ササノツユ属
他のカメガイ類のように原殻は残らず、後端は丸い。側部突起は広い三角形。ひさしは長く嘴状。背殻前縁にマルセササノツユのような段差がないばかりでなく、褐色は淡紫色。
（静岡県大瀬崎　9月　25℃　-2m　殻長0.8cm）

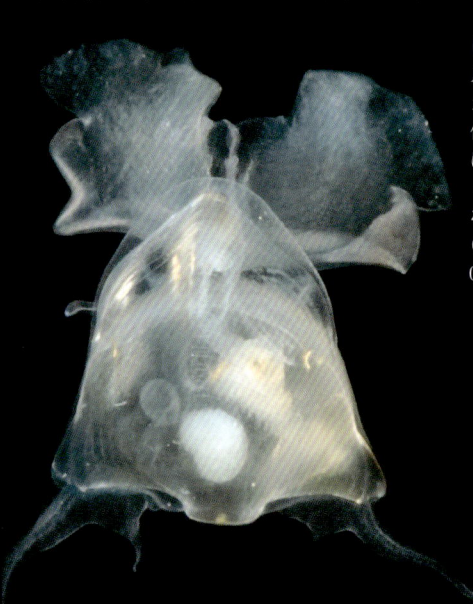

▼ウチワカンテンカメガイ
Corolla spectabilis Dall, 1871
ヤジリカンテンカメガイ科 Cymbuliidae　カンテンカメガイ属
擬殻は丸みがあるヘルメット状。翼足を蝶のように羽ばたいて遊泳する。
（パラオ　ペリリュー　4月　26℃　-10m　体長5cm）

▲ヤジリカンテンカメガイ
Cymbulia sibogae Tesch, 1903
ヤジリカンテンカメガイ科 Cymbuliidae　ヤジリカンテンカメガイ属
擬殻は舟形で、尾部に鞭状付属糸をもつ。危険を感じると、翼足を羽ばたきすばやく移動する。（静岡県大瀬崎　11月　21℃　-1m　殻長3.5cm）

▶ウチワカンテンカメガイの幼体？
（静岡県大瀬崎　10月　26℃　-1m　体長1cm）

▲ウチワカンテンカメガイ
（静岡県大瀬崎　3月　15℃　-2m　体長5cm）

▲カンテンカメガイ
Corolla ovata（Quoy & Gaimord, 1832）
ヤジリカンテンカメガイ科 Cymbuliidae
カンテンカメガイ属
擬殻は扁平で後端が丸い。吻は長く、基部に小さな触角がある。黒潮水域に多い。
（与那国島　1月　22℃　-12m　体長4cm）

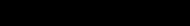

◀アミメウキマイマイ
Peraclis reticulata（Orbigny, 1836）
アミメウキマイマイ科 Peraclididae
アミメウキマイマイ属
殻は左巻きのらせん形。殻表は六角形の網目彫刻に覆われる。
（静岡県大瀬崎　1月　15℃　-3m　体長0.7cm）

ミジンウキマイマイ
Limacina helicina（Phipps, 1774）
ミジンウキマイマイ科 Limacinidae
ミジンウキマイマイ属
殻は左巻きで丸みのある蝸牛形。北部太平洋と北大西洋のみならず環南極域にも分布する。
（北海道羅臼町　3月　-1.2℃　-2m　体長0.5cm）

▶コチョウカメガイ
Desmopterus papilio Chun, 1889
コチョウカメガイ科 Desmopteridae
コチョウカメガイ属
体長2-5mm程度の小型種。黒潮水域やその周辺に分布。
（静岡県松崎町岩地　9月　25℃　-2m　体長0.3cm）

軟体動物門｜腹足綱 Gastropoda

真後鰓目 Euopisthobranchia
裸殻翼足亜目 Gymnosomata

成体では殻はなく、外套腔を欠く。2対の頭部触角をもつものが多い。足は1対の翼足（側葉）と中葉に分かれ、右側の基部に陰茎と生殖開口がある（雌雄同体）。吻には翻出する吸盤腕や鉤嚢を備える。擬鰓は体の側部または後部にあるが、欠くものもある。（奥谷）

▶ヒョウタンハダカメガイ
Thliptodon akatukai Tokioka, 1950
ハダカカメガイ科 Clionidae　ジュウモンジハダカカメガイ属
体は丸みがあり、皮層は透明で白点が散在する。吻は太く、口は1対の小口葉状。翼足は末端が広がったへら状。体後端は丸く、輪状に繊毛状の鰓が並ぶ。（静岡県大瀬崎　1月　15℃　-1m　体長1cm）

▲ジュウモンジハダカカメガイ
Thliptodon diaphanus（Meisenheimer, 1902）
ハダカカメガイ科 Clionidae
ジュウモンジハダカカメガイ属
体長8mmほどまで。吻は太く口は漏斗状。頭部は弱くくびれる。口円錐をもたない。翼足はへら形。胴の後端は鈍く尖り環状の後鰓がある。
（静岡県大瀬崎　11月　24℃　-1m　体長0.5cm）

◀ハダカカメガイ
Clione limacina elegantissima Dall, 1887
ハダカカメガイ科 Clionidae　ハダカカメガイ属
体長4cmほどまで。3対の口円錐（バッカルコーン）をもつ。日本近海では北海道から東北沖まで普通。ミジンウキマイマイを常食とし、口円錐で捕らえると頭部から鉤脚を出して軟体部を食べる。
（北海道羅臼町　3月　-1.2℃　-2m　体長2cm）

▲イクオハダカメガイ
Paedoclione doliiformis Danforth, 1907
ハダカメガイ科 Clionidae　イクオハダカメガイ属（新称）
体長5mmほどまで。カナダの大西洋岸や北海道沿岸から記録されている。一見ハダカメガイに似るが、内臓塊は大きく、多くは赤みを帯びる。体幹の中央付近と尾部に繊毛帯をもつ。体の後端は円錐状。
（北海道羅臼町　2月　-2℃　-5m　体長1.5cm）（中村征夫）

▼マメツブハダカメガイ
Hydromylus globulosa（Rang, 1825）
マメツブハダカメガイ科 Hydromylidae　マメツブハダカメガイ属
体長8mmほど。インド太平洋の南・北緯50°くらいに分布する普通種。体は卵円形で白点が散在し、半透明の皮層を通して内臓器官が見える。墨を吐く。1科1属1種。
（静岡県大瀬崎　1月　16℃　-3m　体長0.8cm）

▲ヤサガタハダカメガイ
Pneumodermopsis canephora（Pruvot-Fol, 1924）
ニュウモデルマ科 Pneumodermatidae　ヤサガタハダカメガイ属（新称）
体長2.5cmほどまで。側鰓は皮層の襞につながり、後鰓は体後端にあり、4放射状で襞がある。2つの側吸盤腕と中央吸盤腕をもつ。
（静岡県大瀬崎　4月　20℃　-5m　体長1cm）

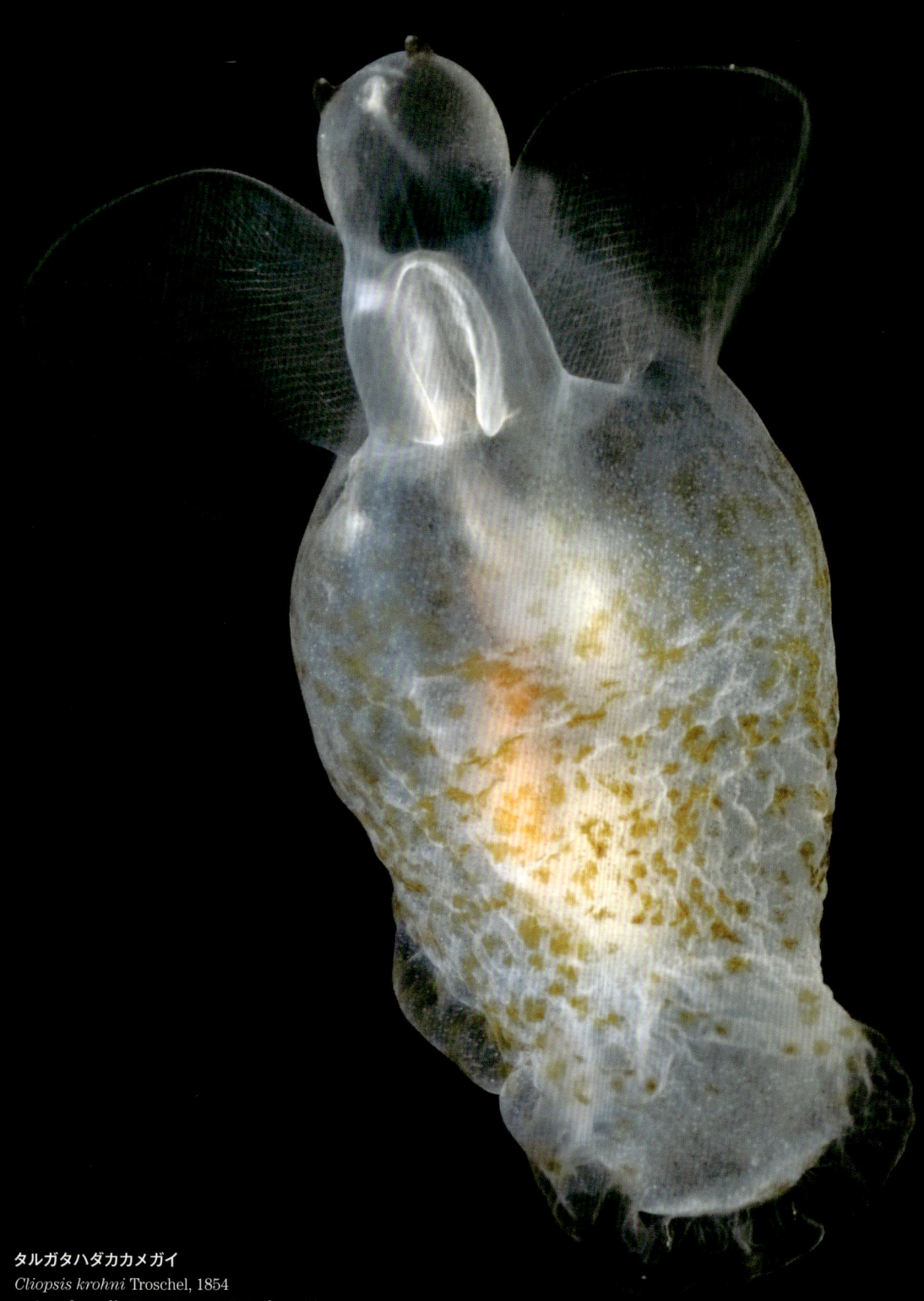

軟体動物門 | 腹足綱 Gastropoda

ほぼ同長にまでなる。表層から水深1500mほどに生息。危険
を感じると、頭部と翼足を体内に退避させることが可能で、胴
部を縮ませてボール状になる。
(静岡県大瀬崎　4月　20℃　-1m　体長2.5cm)

タルガタハダカカメガイ
Cliopsis krohni Troschel, 1854
クリオプシス科 Cliopsidae　クリオプシス属
触角は小さく、口円錐も吸盤腕ももたない。吻を出すと体長と
ほぼ同長にまでなる。表層から水深1500mほどに生息。危険
を感じると、頭部と翼足を体内に退避させることが可能で、胴
部を縮ませてボール状になる。
(静岡県大瀬崎　4月　20℃　-1m　体長2.5cm)

腹足綱 Gastropoda｜軟体動物門

裸側目 Nudipleura　裸鰓亜目 Nudibranchia

すべての種が幼生期以外は殻をもたない。円形に近い小判形から蠕虫のように細長いものまであり、背面に花のように開いた鰓をもつもの、体側腹面に多数の襞が並んだ鰓をもつもの、体表にある多数の細長い突起が鰓の役割をするものなど、多様な形態のものを含む。ほとんどの種はベリジャー幼生期にのみ浮遊生活を送り、定着してウミウシの形に変態してからは底生生活を送るが、ごくわずか、一生をプランクトンとしてくらす種が知られる。（平野義明）

◀アオミノウミウシ
Glaucus atlanticus Forster, 1777
アオミノウミウシ科 Glaucidae
アオミノウミウシ属
刺胞動物のギンカクラゲ、カツオノカンムリ、カツオノエボシなどを捕食する。食べた刺胞動物から刺胞を取り込み、鰓突起の先端の刺胞嚢に蓄え、自衛の道具とする。
（八丈島　6月　23℃　水面　体長3.5cm）（加藤昌一）

▲ササノハウミウシ
Cephalopyge trematoides（Chun, 1889）
コノハウミウシ科 Phylliroidae
ササノハウミウシ属
浮遊性のウミウシで、シダレザクラクラゲにとりつき、これを捕食することが知られる。浮き藻に着生して得られることもある。（静岡県大瀬崎　3月　15℃　-1m　体長2.5cm）

▼コノハウミウシ
Phylliroe bucephala Lamark, 1816
コノハウミウシ科 Phylliroidae　コノハウミウシ属
幼体はスズフリクラゲ属のクラゲの傘内に付着し、クラゲの体を食べながら育つ。成体は自由生活を送り、さまざまなヒドロクラゲやオタマボヤなどのプランクトンを捕食する。
（静岡県大瀬崎　3月　15℃　-1m　体長3.5cm）

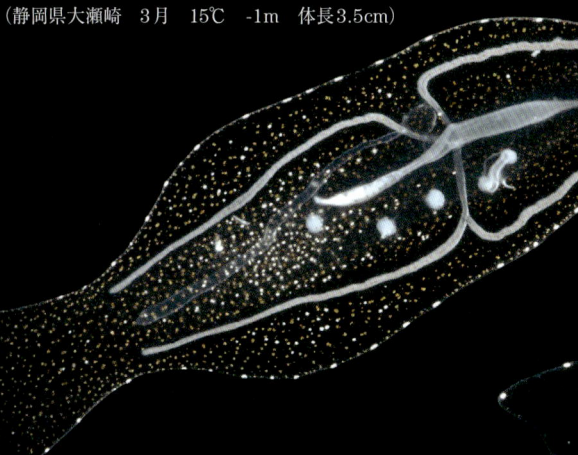

▲コノハウミウシ
（静岡県大瀬崎　3月　15℃　-1m　体長3cm）

▼コノハウミウシ
（静岡県大瀬崎　5月　22℃　-3m　体長4.5cm）

Topics
巻貝浮遊幼生の遠距離旅行

　腹足類（巻貝）には、ゾウクラゲ類やハダカカメガイ類のように外見がクラゲと紛らわしい仲間のほか、殻をもちながら、クラゲ同様に終生浮遊生活を送るクチキレウキガイやカメガイなどの仲間がいる。

　重くて堅牢な貝殻を背負って海底を這いまわるのが主流の巻貝のなかで、かれらは異能者だ。もっとも、海底にすむ（底棲性）巻貝も、その多くは幼生時代に浮遊生活を送る。プランクトンネットで採集された動物プランクトン中には微小な巻貝の浮遊幼生が見つかる。

　通常は成殻の原殻（胎殻ともいう）の終期でも殻径は0.3mmほどで、4つの短いベーラム（面盤）をもつベリジャー（Veliger）幼生が知られる。一方、フジツガイ科やヤツシロガイ科などでは、浮遊機構の1つと見なされる長い殻皮毛と長大なベーラムをもつマクジリヴィリア（Macgillivryia）幼生が知られ、殻径4－5 mmにもなるが、いずれも幼生期から種を同定するのは難しい。

　浮遊する期間は種ごとに決まっており、幼生期を脱して大人の貝殻（後生殻）ができ、海底に降り立つ時期になっても、海流に翻弄されるなどでうまい着底場所が見つからなかった場合は死滅せざるを得ない（無効分散）。

　デンマークのトーソン博士の説によると、この期間はどんなに長くても9週間以内であるという。ところが、ごく限られたグループでは、着底場所が見つかるまで浮遊期間をさらに何か月も延長できるという。こういう仲間は親からもらう栄養分（卵黄）に頼らず、自ら微小なプランクトンや浮遊有機物片を捕食しつつ生きながらえて大洋を横断する。フジツガイ科のトウマキやシゲトウボラ、ヤツシロガイ科のスジウズラなどはこのような戦略によって全世界に分布する。

　ちなみに、底棲性巻貝のなかには卵嚢の中で産卵し、幼生時代をすべて卵嚢中で過ごし、小さな子貝になって這い出してくるものもある。それらは幼生期に浮遊生活を送るものたちよりずっと分布域が狭い。（奥谷）

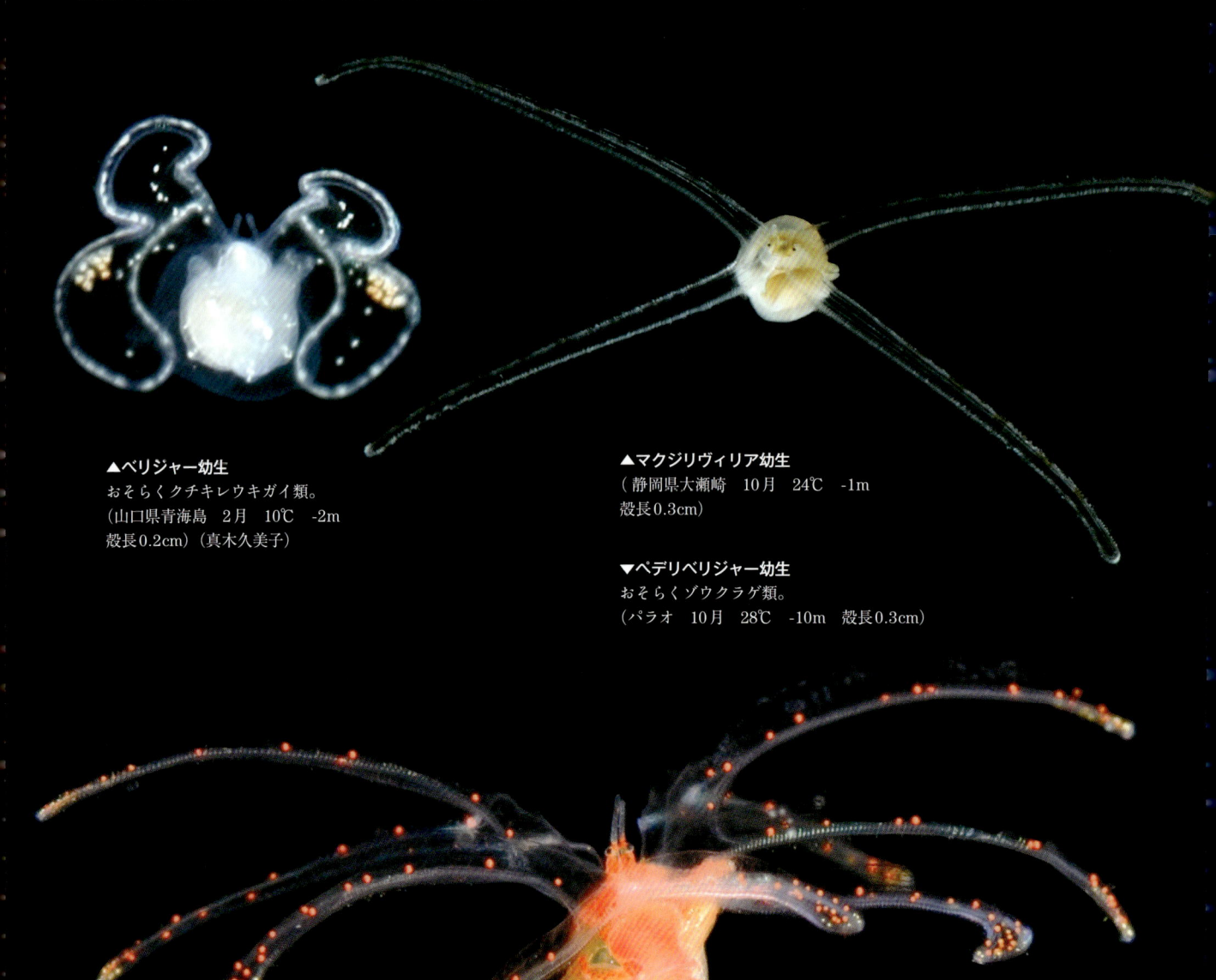

▲ベリジャー幼生
おそらくクチキレウキガイ類。
（山口県青海島　2月　10℃　-2m
殻長0.2cm）（真木久美子）

▲マクジリヴィリア幼生
（静岡県大瀬崎　10月　24℃　-1m
殻長0.3cm）

▼ペデリベリジャー幼生
おそらくゾウクラゲ類。
（パラオ　10月　28℃　-10m　殻長0.3cm）

Column
パララーバ
──浮遊するイカ・タコ

　浮遊する動物のなかにはイカ・タコの子どもも珍しくない。巻貝や二枚貝ではこれを「幼生（ラーバ＝Larva）」という。幼生というのは、成体になると失われる幼生器官（例えば遊泳用のベーラムなど）をもっていなければならないのだが、イカ・タコは卵から孵ったときから親のミニチュアで、これといった幼生器官がない。このため、幼生ではなく「パララーバ（Paralarva）」と呼ぶ。

　パララーバ時代のイカ・タコは、成体とは体の比率も違い、色素胞、吸盤、発光器、口器などいずれも未発達なので同定が難しい。表層に出現するパララーバを見ると、沿岸性のヤリイカや回遊性のスルメイカ、成長とともに深所に移動するカギイカなど、将来は生活領域も生態もまったく異にする諸種が、幼期は同じ場所に存在するのも興味深く、イカ類の初期生活戦略の共通性が見いだせる。（奥谷）

▶タコは成長とともに脱皮を繰り返すことが知られている。このクラゲのような物体はその脱皮時に外れたタコの吸盤の脱皮殻。吸盤はつねに吸着力を維持する必要があるため、このようなドーナッツ形になる。

▶タコ類のパララーバ
（パラオ　10月　28℃　-6m　全長2cm）

▲ツメイカ科のパララーバ
（静岡県大瀬崎　1月　15℃　-3m　全長1cm）

Column
紛らわしい名前
──クラゲダコ・クラゲイカ

　外見上、もっともクラゲと紛らわしい生物は、クラゲダコかもしれない。全長およそ35cmの体は半透明のゼラチン質。本邦の太平洋側の水深500－1000mくらいの中層にすむ。

　イカにもクラゲイカという種類があるが、こちらはあまりクラゲ的ではない。強いていえば外套膜が尖ったイカ型ではなく、釣鐘であるところであろうか。このイカは皮膚が滑らかではなく微細な絨毛状であるし、全身発光器に覆われ、そのうえ左眼が右眼より大きく、頭部が左右非対称であるというイカのなかでは変わり者である。ちなみにクラゲウオという魚もいるが、こちらは幼魚時代にクラゲの傘の下で生活するという生態的理由からの名前である。

　同工異曲の名前に、カンテンダコ *Haliphron atlanticus* (= *Alloposus mollis*) がある。浮遊性の大型種で全長1mくらいになり、傘膜が腕の先端まで達し、一見クラゲと見紛うかもしれない。カンテンイカというイカもいる。皮膚が緩い寒天質でその名に恥じない。諸説あるが、この名はどうやら別の種類のイカの死滅寸前の"ふやけた"個体につけられた疑いが濃い。（奥谷）

▶半透明で寒天質の体をもつクラゲダコ。両方の目が背中側に寄った望遠鏡型。（静岡県大瀬崎　1月　15℃　-5m　全長15cm）

231

Topics
クラゲとともに見られる生き物

クラゲの傘に身を寄せるアジ科の幼魚たち

クラゲを利用する幼魚・稚魚たち

　クラゲとともに見られる生き物として、魚たちの幼稚魚が挙げられる。まだ遊泳力が乏しく、潮に流されながら大海原を漂う彼らは、潮目にたどりつき、同じように流されてきた流れ藻や流木に、クラゲやプランクトンとともに紛れている。なかでもアジ類の幼魚たちは、大型回遊魚のブリやカンパチ、イカ類のような捕食者から狙われやすい。そんなときに彼らのとる行動は、刺胞をもつ大型の鉢クラゲ類に寄り添うことだ。傘や触手の間に入って体は何度もクラゲに触れているが、決して痛そうでないことから、クラゲの刺胞には刺されていないようだ。

しかし彼らを、寄り添っているクラゲごとバケツですくってみると、その直後にはあっという間に死んでしまう。このとき、刺激によってクラゲが初めて刺胞を発射したことがわかる。つまり、幼稚魚は刺胞に刺されないわけではなく、刺胞を発射させないような泳ぎ方をしていると考えられる。捕食者から逃げられるくらいの遊泳力をもつまでは、このようにクラゲに身を隠しながら成長していく姿が観察できる。

　稚魚によく見られる共通の特徴として、浮遊期特有の長い軟条をもつことが挙げられる。これは、遊泳力の乏しい彼らが、体積を増やすことにより潮流をうまく利用しながら移動するた

▲イトヒラアジの幼魚とムラサキクラゲ（倉沢栄一） 　　▲シマハナビラウオの幼魚とサムクラゲ（大塚幸彦） 　　▲メダイの幼魚とアカクラゲ
▼ホカケアナハゼの幼魚とキタユウレイクラゲ

▲イボダイの幼魚とアカクラゲ 　　▲ウスバハギの幼魚

▲ホシヤリガレイの稚魚

めの手段と考えられている。また、周囲にいるクラゲへの擬態で、軟条を触手に似せることにより、捕食者をあざむく効果があるとも考えられている。

　浮遊期の稚魚になぜ透明なものが多いのか、その答えのカギになる生き物の1つが、冬の駿河湾の表層でよく見るトサダルマガレイの稚魚だ。大きさは3cmほどで、まだ両側に眼がついており、普通の魚と同じように体を垂直に立てて泳いでいる。とくにツノクラゲの群れの中に多く、クラゲの体に添うようにいることが多い。このような場所に紛れていると、彼らはクラゲの中で完全にカモフラージュされており、捕食者から身を守る効果があると考えられる。（峯水）

▲ハナビラウオの幼魚とサムクラゲ

▼トサダルマガレイの稚魚

▼キアンコウの稚魚

◀▲トサダルマガレイの稚魚とツノクラゲ

▶アズマガレイ属の稚魚

233

topics
クラゲとともに見られる生き物

クラゲを利用する甲殻類たち

　甲殻類の幼生には、クラゲを自分の仮家として利用するものがいる。たとえばシマイシガニのメガロパ幼生は、浮遊期を終えてもすぐには砂地に着底せず、まずは鉢クラゲ類にすみついて、甲幅3cmくらいの子ガニに成長するまで、クラゲの中で餌を捕って成長する。

　キメンガニは、ナマコやウニなどの他の動物を背負うことで体を隠してカモフラージュすることが多い。熱帯域で出会う個体のなかにはサカサクラゲを背負う場合もあり、そのような個体はサカサクラゲが泳ぐたびに、よたよたとし、はたから見れば少し滑稽だ。だが、毒のあるクラゲを背負っていれば、このカニを食べようとする魚はいないだろう。この行動は、防御を兼ねたカモフラージュと考えられる。

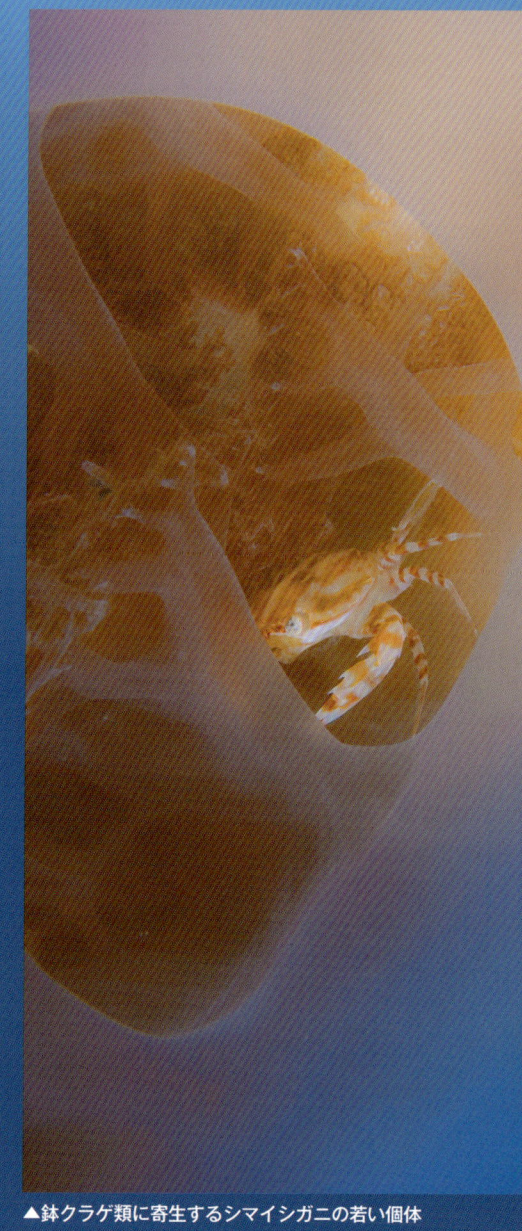

　ウチワエビ類のフィロソーマ幼生は、オキクラゲなどの傘の上に乗っている姿がよく目撃される。傘の上に陣取りながら付属肢をシャカシャカと動かしてバランスをとっているようは、まるでクラゲを操縦しているかのようだ。端脚目のクラゲノミ類やトガリズキンウミノミ類、タルマワシ類などはクラゲに寄生している。トガリズキンウミノミの仲間はおもにクシクラゲ類や軟クラゲ類を好んで寄生することが多い。タルマワシ類はクダクラゲ類の鐘泳亜目のクラゲや、一部のサルパをハウスとして好んで利用している。雌は産卵の準備ができると、漂流しながら自分の体の大きさに合ったハウスを探す。見つけたハウスの中にある不要な生殖物などをすべて取りのぞいてリフォームし、その中で幼生を孵化させる。生まれた子はそのままハウスに留まり、ある程度成長するまでの間は、親が子を同じハウスの中にすまわせるという、甲殻類のなかでも珍しい生態をもっている。

　このように、クラゲのまわりにはたくさんの生き物がくらしており、クラゲをうまく利用しながら捕食のリスクを上手にかわして生きている。彼らがクラゲのまわりにいる理由や、体が透明な理由は、生きるために編み出された知恵であり、彼らにとってクラゲはなくてはならない存在なのだ。（峯水）

▲ウミノミの1種
◀保育中のタルマワシモドキ（端脚目）
▼サカサクラゲの1種を背負うキメンガニ

▲鉢クラゲ類に寄生するシマイシガニの若い個体

▲ナガヒカリボヤにつくウキエビ属の1種（渡辺宏之）

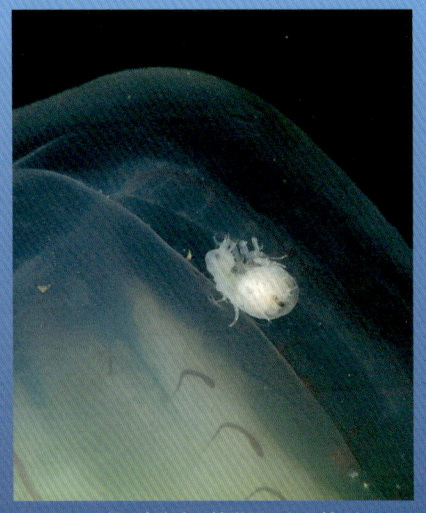

▲ケムシクラゲに寄生するアワセトガリズキン
▽オキクラゲにすむウチワエビ科のフィロソーマ幼生

▲チョウクラゲに寄生するオオトガリズキンウミノミ
▽カブトクラゲにつくフクロズキンウミノミ（真木久美子）

▲カミクラゲに寄生する端脚目のクラゲノミ
▽ハコクラゲモドキをハウスに利用するタンソクタルマワシ

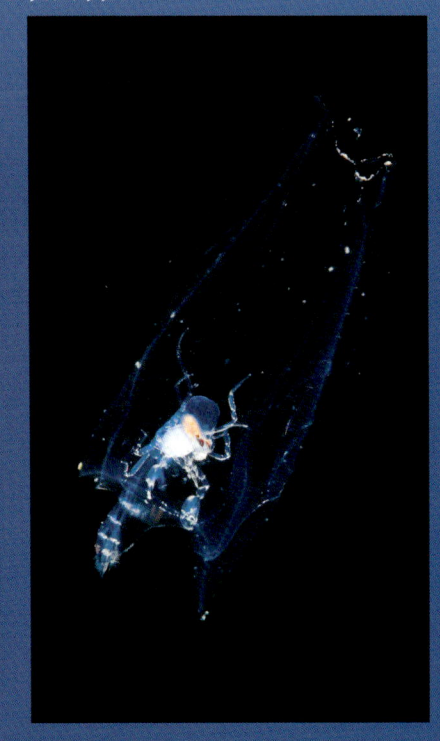

235

topics
クラゲとともに見られる生き物

ジェリーフィッシュ・ライダー

　表層を漂いながらプランクトンを食べるクラゲ類は、カイアシ類などの小型甲殻類にとって天敵である。小型甲殻類は海洋の食物連鎖の下位に位置し、捕食による減耗を補うためか個体数が多い。一方、大型甲殻類のなかには、クラゲに乗って漂流生活をするものがおり、これらを「ジェリーフィッシュ・ライダー」と呼んでいる。

　国内最大のクラゲであるエチゼンクラゲには、モエビ科のクラゲモエビがついている。体はクラゲの色に似た淡褐色で、傘の表面や触手の基部を自由に動き回る。小さなエビにとってこの巨大なクラゲは十分な住スペースだと思われるが、漂流するクラゲの上でエビたちがどのように次代を残すのかは謎に満ちている。タコクラゲにはタラバエビ科のクラゲエビやモエビ科のタコクラゲモエビがついていることもある。分類上の異なる系統のエビが同じような生活をしているのだ。

　流れ藻などにつくイワガニ科のオキナガレガニは、ほとんどは海藻と同じような黄褐色だが、ミズクラゲの傘につく場合は「宿主」と同じ灰白色である。この色はクラゲの体から得た色素によるもので、クラゲに害を与えていると考えられるが、カニがクラゲを一方的に利用するだけでなく、クラゲの体についたゴミなどを取りのぞいているとも考えられる。

　ユウレイクラゲの傘につく有柄フジツボ類のクラゲエボシがゼラチン質で半透明であるのは、保護色なのであろう。固着生活するクラゲエボシの浮遊幼生が、どのようにクラゲの上で成長し繁殖するのかは神秘のベールに包まれている。

　クラゲ類と甲殻類、どちらに利があるのか、全体としての収支バランスはなかなか微妙である。（武田）

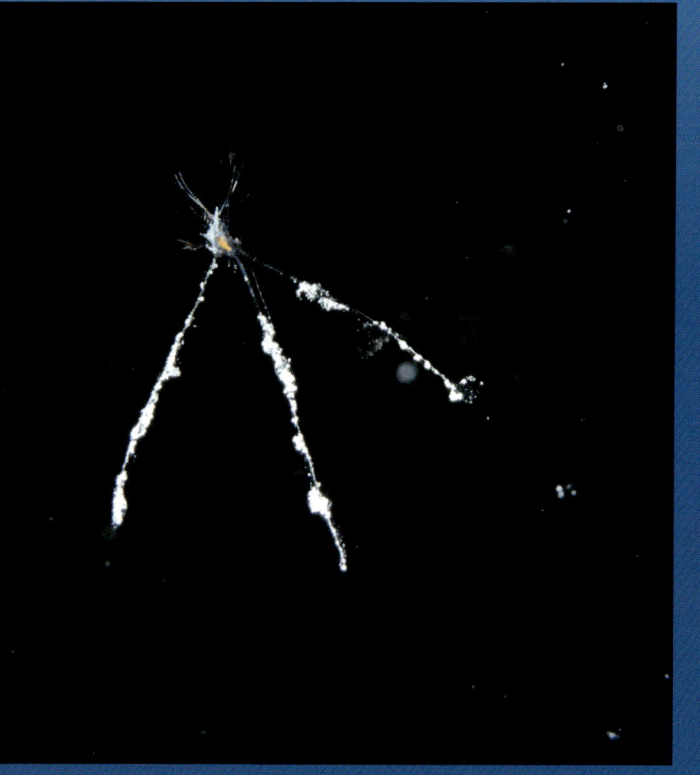

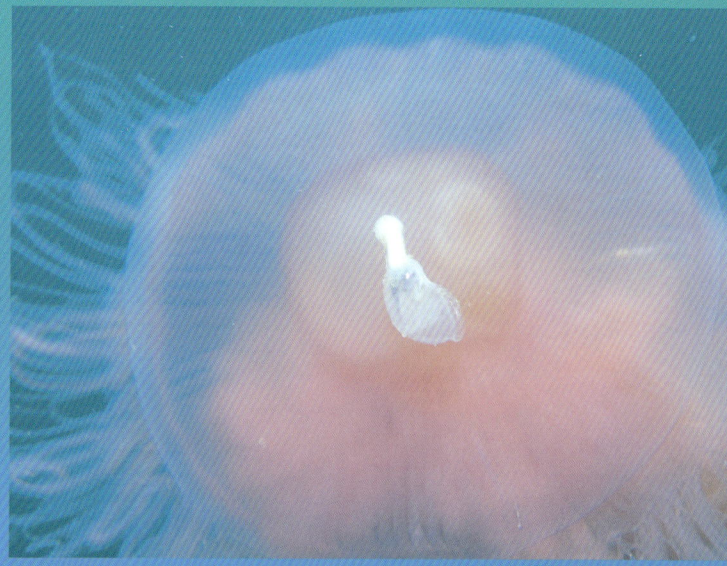

▲サムクラゲの傘に寄生したクラゲエボシ

▲ハナガサクラゲに寄生したタコクラゲモエビ

▲エチゼンクラゲに寄生するクラゲモエビ（上：雌、下：雄）
◀有柄フジツボ類、エボシガイ科の1種のノープリウス幼生

魚や甲殻類以外の生き物とクラゲ

　砂泥底に生息するヤドリイソギンチャクから放たれた卵は、海中で受精して浮遊幼生となり、のちにクラゲの傘に寄生する。よく寄生するクラゲとしては、オワンクラゲやシロクラゲなどが知られている。クラゲに寄生することによってより遠くに運ばれるため、生息域を広げることが可能になる。また、生息範囲を広めることは、1か所に留まるより、より多くの餌を得ることができる効率的な方法と考えられる。ある程度成長したヤドリイソギンチャクの幼生は、クラゲから落下して再び砂泥地に着生する。

　このほか、クラゲから直接栄養を得る生き物に吸虫がいる。吸虫はクラゲの傘に穴を開けて、そこから養分を得る。そのため吸虫にとりつかれたクラゲは成長が悪くなり、傘の一部が変形することもある。（峯水）

▲ヤドリイソギンチャクに寄生されたオワンクラゲ

▲ヤドリイソギンチャク

▲コモチカタアシクラゲの傘に寄生した吸虫
◀鉢虫綱のベルスリーガ・アナディオメネに寄生するクモヒトデの1種

プランクトンの世界

　クラゲ探しをしていると、さまざまなプランクトンとの出会いがある。海の中では、このような小さな生き物たちが食物連鎖の底辺を支えている。クラゲの餌にもなるカイアシ類や甲殻類の幼生など、まるでガラス細工のような生き物たち。クラゲ同様に神秘的で、クラゲ愛好者も、彼らの魅力にいつのまにか虜になっていくことだろう。

　浮遊性のゴカイ類はわずかな刺激で体を自切してしまう繊細な生き物だ。クラゲと同じく半透明なものが多いが、彼らはクラゲの群れに混じることによって体をカモフラージュすることができる。また、強い刺胞毒をもつクラゲに似ることで、捕食者をだますのに役立っているのではないかとも考えられる。その1つが、浮遊性ゴカイ類の代表的な存在であるオヨギゴカイだ。

　オヨギゴカイは管クラゲ類のシダレザクラクラゲに色や形だけでなく、泳ぎ方もきわめてよく似ている。対の脚が動くようすは、シダレザクラクラゲの連なった泳鐘がピコピコと噴射しているようすとそっくりで、均等に色素が並んだ尾部は、クラゲの栄養部に垂れ下がった長い触手に似ている。

▲ウロコムシ科の若虫
◀オヨギゴカイ

▲ウキゴカイ科の Naiades 属の1種
▼Vanadis 属の1種　Vanadis cf. minuta Tredwell, 1906

▶オヨギゴカイの1種
Tomopteris elegans Chun, 1887

▼発光液を出すゴカイの1種
Phalacrophorus uniformis Reibisch, 1895
下の青い部分が放出された発光液。

▶ヒメギボシムシ属の
トルナリア幼生

▲シリス科の *Autolytus* 属の1種

　半索動物門のギボシムシの幼生は、トルナリア幼生と呼ばれる。星口動物門のホシムシ類の幼生は、受精卵からトロコフォア幼生で生まれ、さらに変態してペラゴスフェラ幼生となるものもいる。
　棘皮動物門の幼生は、その変態期の姿によってさまざまな幼生の名前がついている。ウニ類にはプリズム幼生やエキノプルテウス幼生、プルテウス幼生がいる。ナマコ類ではアウリクラリア幼生を経て樽形のドリオラリア幼生、一次触手が生えるとペンタクチュラ幼生となる。ヒトデ類ではビピンナリア幼生を経て、体が3つに分かれて突出した吸盤を備えるブラキオラリア幼生となる。クモヒトデ類の多くはオフィオプルテウス幼生で生まれるが、クモヒトデ科は繊毛帯のあるビラテリア幼生として生まれる。
　毛顎動物門のヤムシは日本沿岸に約30種が知られている。動きは俊敏で、他のプランクトンに喰らいつく獰猛な肉食性だ。

▲ウニ類の
エキノプルテウス幼生

▲スジホシムシ科の
ペラゴスフェラ幼生

▼ヒトデ類のブラキオラリア幼生

◀スナヒトデ類のジャイアント・
ビピンナリア幼生

▲ナマコ類のジャイアント・アウリクラリア幼生
▼ヤムシの1種

239

topics
プランクトンの世界

　刺胞動物門のイソギンチャク目の幼生にも浮遊生活を送るものが知られる。ハナギンチャク科の幼生は6・12本の触腕を備えるケリヌーラ幼生で、外見は同じ刺胞動物門のクラゲにも似ている。スナギンチャク科の幼生の呼び名は属によって異なるが、ゾアンティーナ（Zoanthina）、ゾアンテーラ（Zoanthella）などと区別されている。

◀スナギンチャク科のイワスナギンチャク属または*Sphenopus*属のゾアンティーナ幼生

▼スナギンチャク科の*Isozoanthus*属のゾアンテーラ幼生

▲ハナギンチャク科のアラクナクチス幼生

◀▼ハナギンチャク科のオバクチス幼生

▲▼放散虫

◀フェオダリア類

▼▶群体性の放散虫

240

甲殻類のプランクトンとしては、カイアシ類や端脚目のクラゲノミ類、タルマワシ類、十脚目のサクラエビ類やユメエビ類、オキアミ目のオキアミ類などが、終生プランクトンとして知られる。また、フクロエビ上目のアミ類やクーマ類、貝形虫綱のように夜間だけ海中を遊泳するものを、遊泳生物のネクトンと底生生物のベントスを合わせた意味の「ネクトベントス」などと呼ぶ。

　海中で太陽光に反射して青や黄色に輝く小判のような物体は、サフィリナというカイアシ類の1種。いずれも体長1－9mmと小さく、日本沿岸に約20種が知られる。とくに黒潮域に多く、彼らが集まる場所は海面が光り輝くことから、貝殻水や玉水などと漁業者に呼ばれ、古くからカツオ漁場の指標ともされてきた。沿岸域で見るサフィリナの量は、黒潮支流の流入量の判断材料にもなる。

◀カイアシ類カラヌス目の1種

▲カイアシ類コピリア属の1種

▲カイアシ類サフィリナ属の1種

▲貝形虫ウミホタル亜目の1種

◀貝形虫ハロキプリス亜目の1種

▲端脚目のハリナガズキン属
▼端脚目のクビレズキン

▲オオタルマワシ

▲オキアミ類

▲十脚目のナミノリユメエビ

◀クーマ類

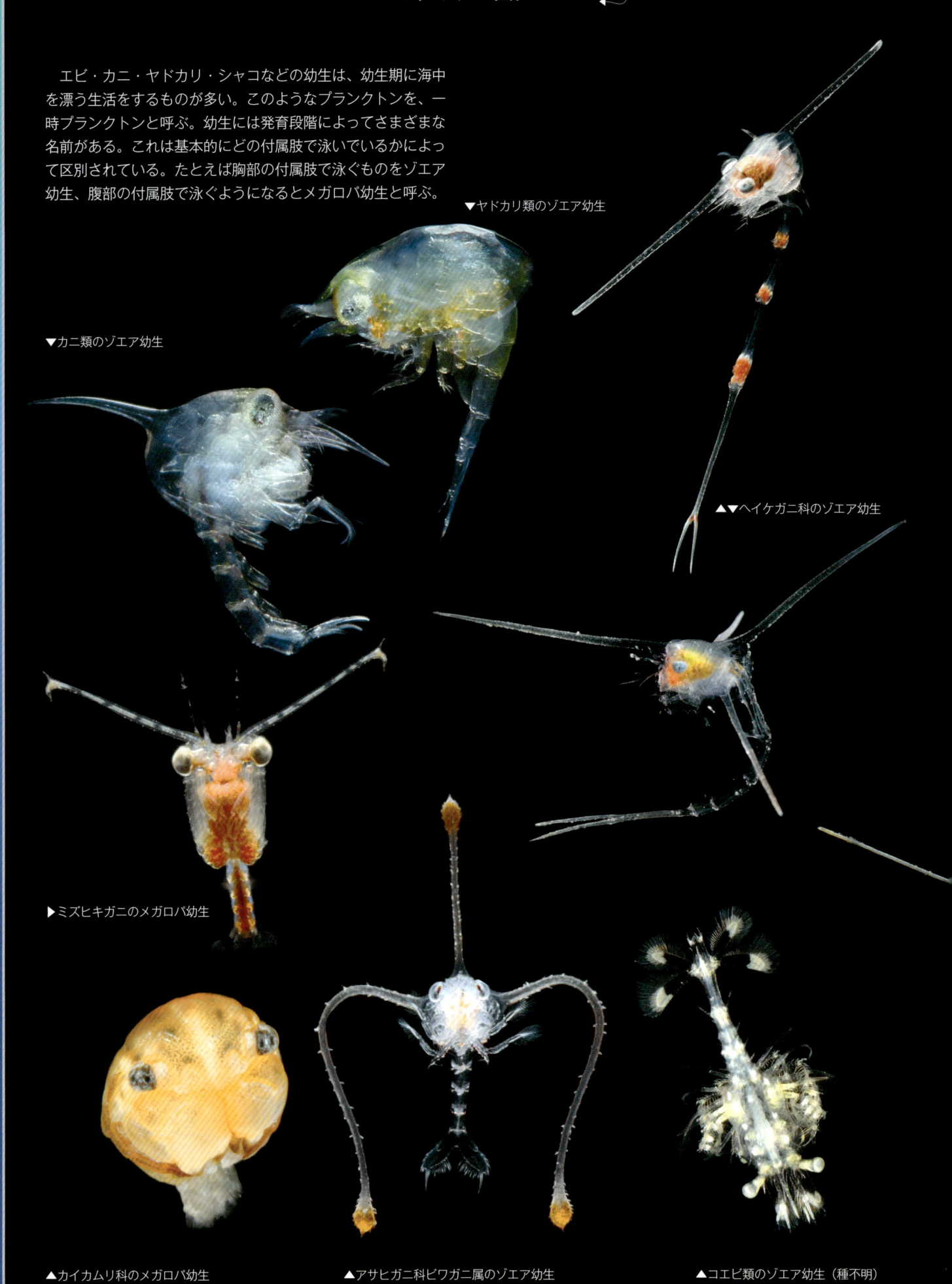

topics
プランクトンの世界

　エビ・カニ・ヤドカリ・シャコなどの幼生は、幼生期に海中を漂う生活をするものが多い。このようなプランクトンを、一時プランクトンと呼ぶ。幼生には発育段階によってさまざまな名前がある。これは基本的にどの付属肢で泳いでいるかによって区別されている。たとえば胸部の付属肢で泳ぐものをゾエア幼生、腹部の付属肢で泳ぐようになるとメガロパ幼生と呼ぶ。

▼ヤドカリ類のゾエア幼生

▼カニ類のゾエア幼生

▲▼ヘイケガニ科のゾエア幼生

▶ミズヒキガニのメガロパ幼生

▲カイカムリ科のメガロパ幼生　　　▲アサヒガニ科ビワガニ属のゾエア幼生　　　▲コエビ類のゾエア幼生（種不明）

242

エビ類は種によって変態過程が大きく異なり、イセエビやセミエビ類の場合は、長い脚と大きな葉状の体をもつフィロソーマ幼生が知られる。クラゲ類に乗って移動するものが多く知られ、クラゲから栄養分を得ているという報告もある。これらは摂食・防御・拡散に適応した行動と考えられている。フィロソーマは、のちに成体に近い形のプエルルス幼生（イセエビ類）、ニスト幼生（セミエビ類）へと変態する。クルマエビ類の場合は、卵から孵化すると頭部の3対の付属肢で遊泳するノープリウス幼生になる。その後、遊泳脚を増やしながら腹部が成長したゾエア幼生となり、体型がアミ類に似たミシス幼生へ成長する。遊泳脚が変化し、顎脚や歩脚、さらに腹肢をもつようになるとポストラーバ幼生と呼ばれる。
　異尾類のヤドカリの場合はゾエア幼生で孵化し、腹部に節のあるメガロパ（グラウコトエともいう）幼生期を経て、稚ヤドカリとなる。（峯水）

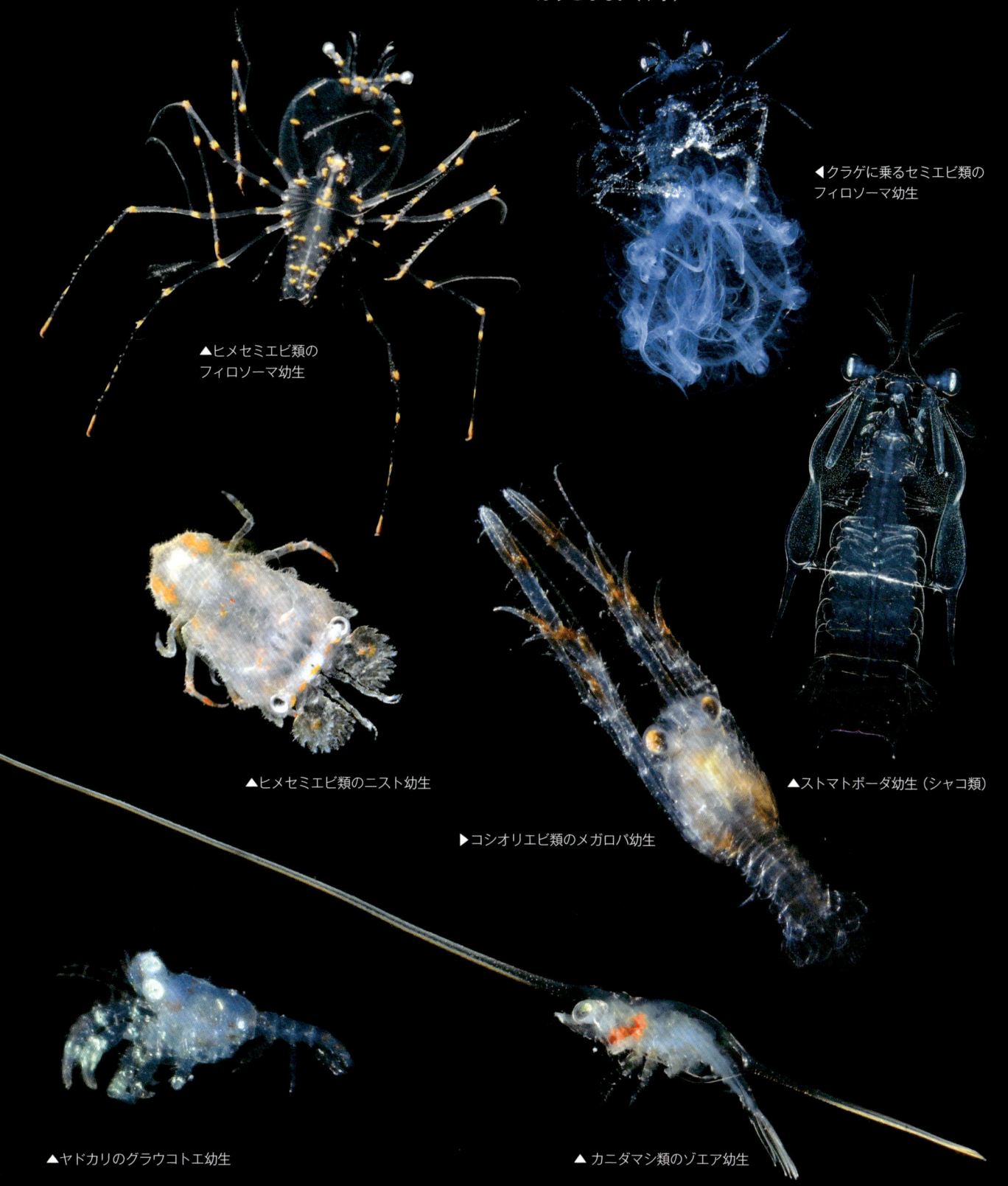

▲ヒメセミエビ類のフィロソーマ幼生

◀クラゲに乗るセミエビ類のフィロソーマ幼生

▲ヒメセミエビ類のニスト幼生

▶コシオリエビ類のメガロパ幼生

▲ストマトポーダ幼生（シャコ類）

▲ヤドカリのグラウコトエ幼生

▲カニダマシ類のゾエア幼生

Topics
クラゲの食べもの

クラゲは肉食動物

　クラゲは完全な肉食性であり、自然界ではカイアシ類等の微細な動物性プランクトンや、小魚、魚卵、他種のクラゲ等、さまざまな動物を捕食している。しかしクラゲ自身は遊泳力が弱いプランクトンなので、積極的に餌料生物を追いまわして捕食することはできず、広げた触手に偶然に餌料生物が触れるのを待つという機会捕食者である。

　触手や傘上、口腕に刺胞をもち、餌料生物に触れると、この中にある毒針が機械的に打ち込まれ、毒を注入して相手を動けなくする。触手で捕らえたのち、ヒドロクラゲの仲間では、エサを捕らえた触手があるあたりの傘を歪ませ、触手を口に寄せてエサを受け取り、呑み込んでいる。旗口クラゲの仲間では、口腕にある触手で直接捕らえることもあるが、ほとんどの場合、傘縁触手や傘上触手が捕らえたエサを口腕が舐めるように受け取り、呑み込んでいく。根口クラゲの仲間のサカサクラゲやタコクラゲのように発達した触手をもたない種では、口腕上に遍在する刺胞瘤に触れた微細なプランクトンや魚卵を捕らえ、これも口腕上に無数に開口する吸口と呼ばれる小さな穴を通して呑み込んでいる。

　一般的によく見られるミズクラゲは、カイアシ類を好んで摂餌しているが、大型個体の胃腔の中にはイワシやニシンの仔魚、イサザアミ類が見られることもある。飼育下でミンチにしたアサリを給餌していると、口腕で包みきれない大きさの砕片は呑み込まずに落としてしまうことから、成長段階によって摂餌できる生物の種類や大きさも変わってくるようである。

　春先に見られるサルシアクラゲやドフラインクラゲ、初夏に見られるギヤマンクラゲやウラシマクラゲ等は、カイアシ類のような小型の動物性プランクトンはもちろんのこと、体長が10mm近くもあるイサザアミのような小型甲殻類まで、小さ

▲小魚を捕らえたカラカサクラゲ

くても伸縮自在の口で簡単に呑み込んでしまう。

クラゲがクラゲを食べる

　アカクラゲやヤナギクラゲ、オキクラゲ、アマクサクラゲ等は、小魚や小型甲殻類のほか、他種のクラゲを好んで摂餌している。ユウレイクラゲ、キタユウレイクラゲ、オワンクラゲ、ヒトモシクラゲ等は、ほぼクラゲ専食である。クラゲを食べるクラゲ同士では、同じ大きさであればアカクラゲがオキクラゲを捕食したり、小さなキタユウレイクラゲの口腕に大きなヤナギクラゲが捕えられていることも多い。また、成熟した個体同士では捕食者になるオワンクラゲが、幼体の時期にはシロクラゲに捕食されることがある。

　初夏から秋に出現するカザリクラゲは、飼育下で何を給餌しても摂餌にはいたらなかったが、採集後の輸送中同居していたベニクラゲを捕食したことから、クラゲ食性であることが判明した。その後、ベニクラゲに余剰個体がないときにはミズクラゲの切り身やギヤマンクラゲを給餌したが、ベニクラゲほど多

▲トガリサルパを食べるオワンクラゲ

▲カニダマシのゾエアを捕らえたフウセンクラゲ

▲フウセンクラゲを捕らえたウリクラゲ

く摂餌することはなく、ミズクラゲの切り身はほとんど摂餌しなかったことから、自然界でも選択的にベニクラゲを摂餌していると考えられる。餌となるクラゲは、甲殻類や魚類を摂餌しているものが多く、捕食される直前まで摂餌しているため、栄養に偏りが出ないものと考えられる。

水族館でクラゲに給餌している際に、来館者にクラゲをエサとして与えていることを説明するとずいぶん不思議がられ、共食いだといわれることが多い。しかし、他種のクラゲを捕食することは、カツオがイワシを捕食し、ライオンがガゼルを捕食し、人間が牛肉や豚肉等の獣肉を食べることと同じである。

ゼラチン質の体を有利に使う

ハナガサクラゲはほぼ完全な魚食性で、傘径10cmを超える個体では、体長5cmほどの小魚でも捕らえて呑み込んでしまう。夜行性で日中は海底に沈んでいることが多く、夜になると活発に泳ぎまわる。この目立つ色をしたクラゲは、日中は海藻の隙間などに隠れて不用意に近寄った小魚を捕らえているが、エサが捕れないと夜間に移動しながら策餌をしているのかもしれない。ほとんどのクラゲは24時間ほぼ途切れることなく摂餌し続けているのに対し、このクラゲはある程度の量を摂餌すると数日間は摂餌することなく過ごしている。ハナガサクラゲは活発に泳ぐ魚類を捕らえられるほど強力な毒をもつが、甲殻類は捕らえることができない。実験的に飼育下で甲殻類を強制的に触手に触れさせても、互いに何の反応も示さない（魚類であれば摂餌されなくても刺胞により大きなダメージを受ける）。

根口クラゲの仲間のサカサクラゲやタコクラゲ等、体内に共生褐藻を保有している種では、共生褐藻が光合成の際につくり出す糖分を自らの養分としているものがある。これらの種では、日中は水面直下に浮上して体内の共生褐藻が光合成をしやすいようにし、日没から日の出までは積極的に動物性プランクトンを捕食している。

刺胞動物ではなく有櫛動物に分類されるクシクラゲの仲間のフウセンクラゲやトガリテマリクラゲ、ヘンゲクラゲ等は、カイアシ類やイサザアミ等の動物性プランクトンを粘液細胞を備えた触手で捕らえている。カブトクラゲやキタカブトクラゲ、チョウクラゲ等は触手をもたず、不用意に近寄ったプランクトンを素早くフードで包み込み、捕食している。

動きの遅いクシクラゲ類が、ある程度活発に動くイサザアミ等を捕食できるのは、限りなく透明に近いゼラチン質の体が役立っているものと思われる。ウリクラゲ、シンカイウリクラゲは有櫛動物のみを捕食している。普段は目立たない口を大きく広げ、自分と同じくらいの大きさのクシクラゲであれば難なく呑み込んでしまう。図鑑によっては、ウリクラゲが甲殻類を捕食しているとの記述があるが、これまで飼育下では観察されていない。おそらく、小型甲殻類を捕食した直後のカブトクラゲ等をウリクラゲが捕食し、ゼラチン質のクシクラゲの体は速やかに消化され、甲殻類の体だけがウリクラゲの体内に残ったものと思われる。

ほとんどのクラゲの体は透明で、胃腔の内容まで見えることも多い。また、ほぼ24時間摂餌を続けているため、触手に餌を捕らえていることもある。採集やダイビングの際によく観察してみると、意外な発見や新発見があるかもしれない。（水谷）

▲カイアシ類を捕らえたコノハクラゲ属の1種

Topics
クラゲの発光

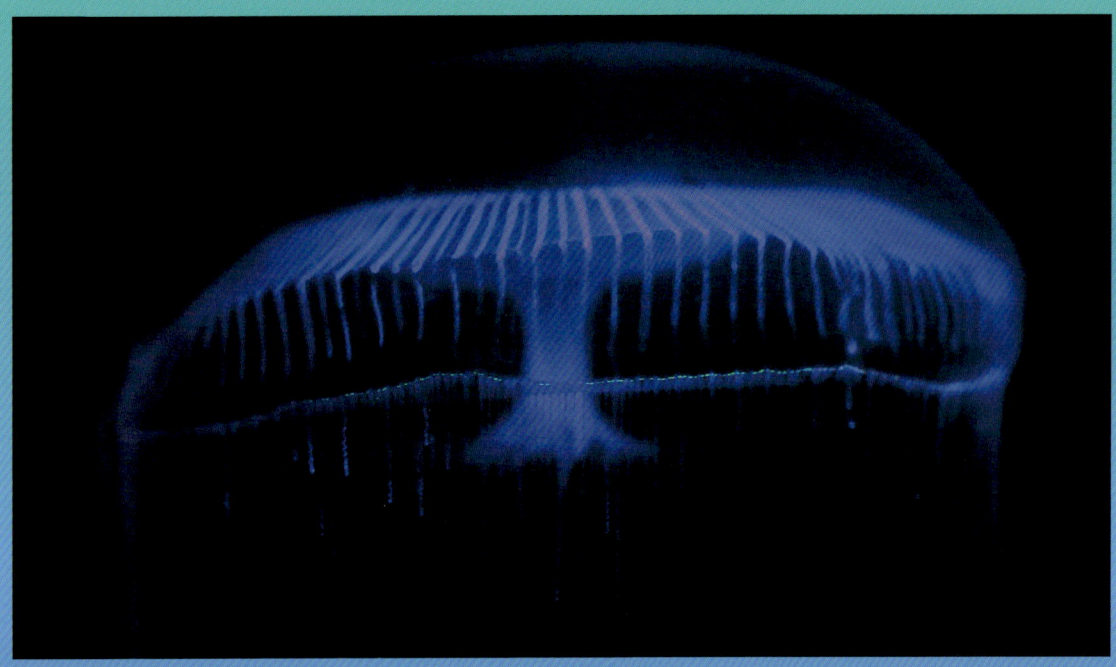

▲発光するオワンクラゲ。青白く光る生殖巣と、傘縁の緑色蛍光タンパク（GFP）が確認できる

海の発光生物

　海の中には光を発する生き物が多い。その発光メカニズムはそれぞれ異なるが、大きく3つのパターンが知られている。まず代表的なものとしては、体内に蛍光タンパク質をもつもので、サンゴやクラゲなどがその例として知られている。次に発光物質ルシフェリン（Luciferin）を体内にもつことで発光する生き物としてウミホタルなどが挙げられる。また、赤潮としても知られる夜光虫や、春から初夏にかけて富山湾に現れるホタルイカなども有名だ。ホタルイカの場合は、体の腹面に細かな発光器があり、これを周囲の明るさに応じて常時発光させることができる。これは、海底にいる捕食者から自らの体をカモフラージュするのに役立っていると考えられている。また腕の先端にある発光器はもっとも強く光り、襲われた際に外敵を驚かせる目くらましの効果や、仲間同士のコミュニケーションに役立っていると考えられている。
　発光魚類としてはヒメヒイラギやマツカサウオなどのほかに、深海にすむハダカイワシ類やチョウチンアンコウなど、多くの魚が発光機能をもっている。魚類の場合は、仲間同士のコミュニケーションであったり、餌をおびき寄せるための発光であることが知られている。

医療現場で活躍する発光クラゲ

　いくつかのクラゲは発光クラゲであることが知られている。その代表的な種類がオワンクラゲだ。オワンクラゲは傘縁に発光細胞があり、刺激を加えると青白く発光する。この細胞内には発光タンパクのイクオリン（Aequorin）と蛍光タンパクのGFP（Green Fluorescent Protein）が蓄えられている。イクオリンは体内のカルシウムイオンと結合して青色の蛍光を発するが、その光はカルシウムイオンの濃度によって明るさが変化するため、濃度測定用の試薬として製品化されている。
　一方、GFPは他の物質と反応せずに紫外線照射だけで蛍光を発するため、目的とする遺伝子にGFP遺伝子をつなげることで、遺伝子マーカーとして医療の場で利用されている。
　このような発光物質は、その他の多くのクラゲでも確認されている。ヒドロクラゲ類ではヒトモシクラゲ、コノハクラゲ、カラカサクラゲ、ヒメツリガネクラゲ、クダクラゲの仲間などで知られ、鉢虫綱のクラゲ類ではユウレイクラゲ、ムラサキカムリクラゲ、クロカムリクラゲ、ベニマンジュウクラゲなどが物理的な刺激によって傘を発光させる。また、オキクラゲの場合は、体全体に発光細胞があり、発光成分の含まれた粘液を分泌することができる。

光り輝くクシクラゲ類とプランクトン

　波静かな海の中を覗くと、ガラス細工のような透明なクラゲたちがたくさん泳いでいることがある。そのなかで、水中で光り輝いているように見えるのがクシクラゲ類だ。私たちのすぐ近くの海にもたくさんのクシクラゲ類がいて、なかでもカブトクラゲやウリクラゲなどは一般的だ。最近の研究では、深海にもこれら多くのクシクラゲ類が生息していることがわかってきた。太陽の光が届かない真っ暗な深海であっても、潜水艇に搭載した照明を照射すると、そこには美しく輝くクシクラゲ類の姿が浮かび上がる。彼らの姿は、漆黒の宇宙に浮かぶ宇宙船のように神秘的だ。彼らを水族館で展示すると、見学者は決まって「わぁー、光ってる！」と歓声を上げる。たしかに、彼らの体の表面にはネオンサインのように変化しながら流れる光の筋が見えるが、これは彼ら自身が光を発しているのではない。彼らの体には櫛板と呼ばれる小さな板が並んだ推進構造があり、これをドミノ倒しのように規則的に倒すことで、光が反射して輝いて見えるのだ。しかし、クシクラゲ類は本当に光を発しないのだろうか？　じつは、彼らのいくつかは自ら発光することが報告されている。しかしその光は非常に弱い。
　クラゲ以外にも、プランクトンではヒカリボヤ類が発光する。この仲間は海のパイナップルともいわれ、数mmほどの個虫が集まって群体をなし、数十cmから10mを超えるようなものまで見られる。私自身は、早朝の富山湾で、30cmほどのこ

▲光が反射して光るツノクラゲ

の仲間を見たことがあるが、漆黒の海中を怪しく光る姿はとても印象的で、今でも脳裏に焼き付いている。

発光のメカニズムと光る意味

　発光クラゲやその仲間を見ていると「なぜ光るのか？」という疑問が湧いてくる。海の中でクラゲが発する光がどのような意味があるのかを推測してみると、たとえば餌をおびき寄せるためであったり、仲間同士の認識や繁殖の合図であったり、外敵に対しての威嚇や防衛などが考えられるが、具体的に証明されたものは未だ数少ない。

　深海に生息しているニジクラゲは、外敵に襲われると自らの触手の一部を切り離す。その際には、一瞬だけ、かなりの光を発するが、これは触手を自切することによって体内の酵素が放出され、海中の酸素と反応して発光する結果だ。これは、敵の目をくらまし、その間に真っ暗な深海へ逃げるための行動だと考えられている。しかし、すべての発光クラゲがニジクラゲのように強い光を出すわけではなく、どちらかというと微かな発光しかしないもののほうが多い。いずれも外部からの物理的な刺激によって光るものがほとんどで、繁殖相手を探すために光るとは考えにくい。また、外敵に攻撃された際に光を発するとしても、その光が相手にどれほどの驚異を与えているのかにも疑問が残る。

　現在までに知られている発光クラゲはごく一部であって、今後も新たな発光クラゲが発見される可能性がある。またクラゲが発光する意味についても不明な点が多く、興味深い研究分野である。（池口）

▲サビキウリクラゲ

▲アミガサクラゲの櫛板構造

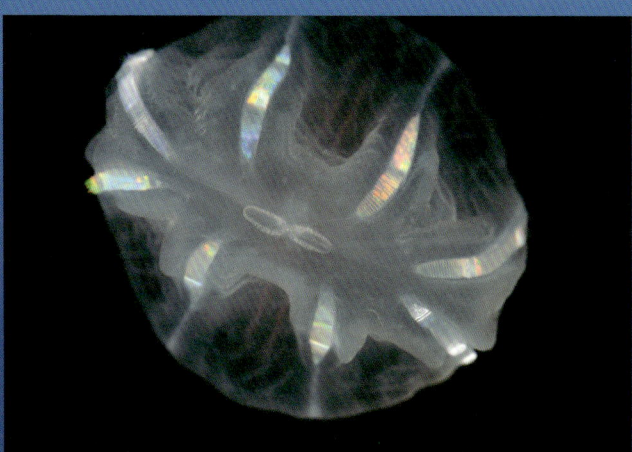

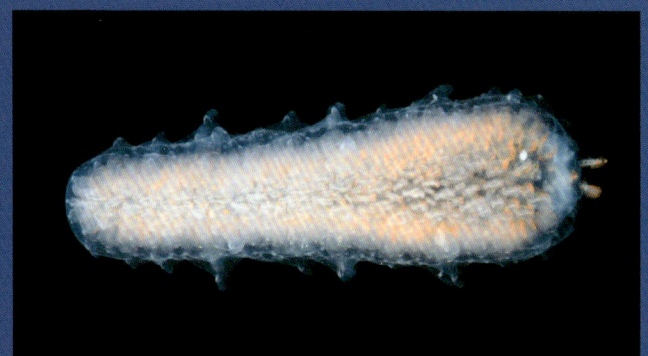

▲発光バクテリアによって光るヒカリボヤ

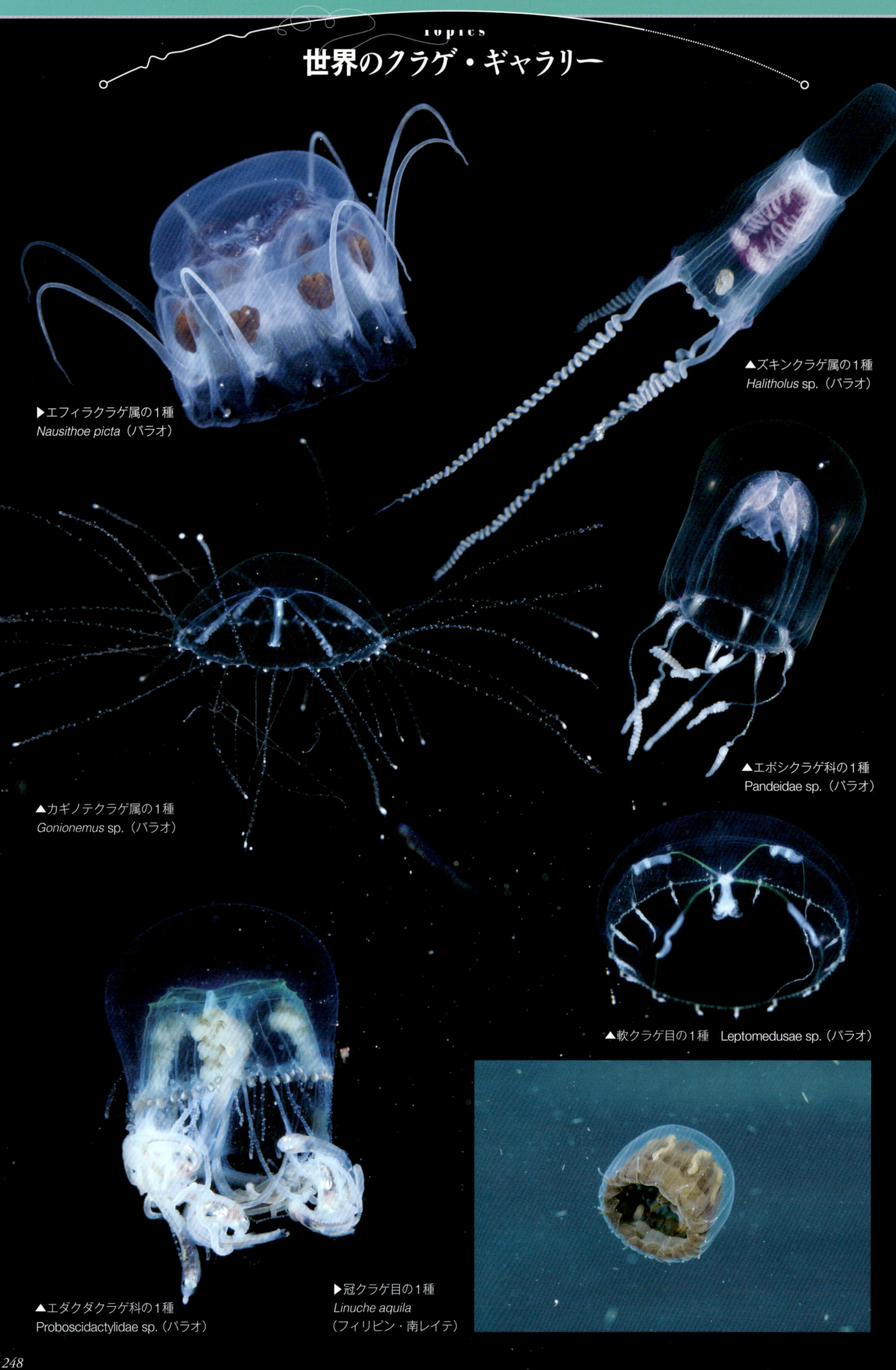

topics
世界のクラゲ・ギャラリー

▶エフィラクラゲ属の1種
Nausithoe picta（パラオ）

▲ズキンクラゲ属の1種
Halitholus sp.（パラオ）

▲カギノテクラゲ属の1種
Gonionemus sp.（パラオ）

▲エボシクラゲ科の1種
Pandeidae sp.（パラオ）

▲軟クラゲ目の1種　Leptomedusae sp.（パラオ）

▲エダクダクラゲ科の1種
Proboscidactylidae sp.（パラオ）

▶冠クラゲ目の1種
Linuche aquila
（フィリピン・南レイテ）

248

▲ミズクラゲ属の1種 *Aurelia* sp.（フィリピン・ボラカイ島）
▶根口クラゲ目の1種 *Catostylus mosaicus*（フィリピン・ドンソール） 
◀クシヒラムシ属の1種 *Ctenoplana* sp.（タイ・シミラン諸島）

▲ベスリーガ科の1種（タイ・タオ島）　　▲タコクラゲ科の1種 *Phyllorhiza punctata*（タイ・プーケット）

根口クラゲ目の1種 *Pseudorhiza haeckeli*
（オーストラリア・グレートバリアリーフ）

ミズクラゲ属の1種 *Aurelia* sp.
（オーストラリア・グレートバリアリーフ）

249

Topics
世界のクラゲ・ギャラリー

▲エボシクラゲ科の1種 *Stomotoca atra*（アラスカ・アリューシャン列島）（佐藤長明）
▼イオリクラゲ属の1種 *Neoturris breviconis*（アラスカ・アリューシャン列島）（佐藤長明）

▲ヤナギクラゲ属の1種 *Chrysaora fuscescens*（カリフォルニア・モントレー湾）
◀キタカミクラゲ属の1種 *Polyorchis haplus*（カリフォルニア・モントレー湾）

▲サムクラゲ Phacellophora camschatica（カリフォルニア・モントレー湾）

▲オキクラゲ科の1種 Chrysaora colorata（カリフォルニア・モントレー湾）

▲サムクラゲ Phacellophora camschatica（カリフォルニア・モントレー湾）

▲エボシクラゲ科の1種 Annatiara affinis（カリフォルニア・モントレー湾） 　▲ミズクラゲ属の1種 Aurellia labiata（カリフォルニア・モントレー湾）

▲ツノクラゲ属の1種 Leucothea pulchra（カリフォルニア・モントレー湾） 　▲冠クラゲ目の1種 Linuche aquila（メキシコ・コスメル島）（大塚幸彦）

Topics
世界一のクラゲ水族館

増えるクラゲ展示

　クラゲのゆったりとした動きは、せっかちな現代人に見ているだけで安らぎを与えてくれる。水族館でも、クラゲは癒しを与えてくれる生物として人気が高い。

　日本動物園水族館協会の第51回水族館技術者研究会において、加盟館で飼育展示されたクラゲ類についての調査結果が発表された。加盟68館中の58館で、これまでに飼育された種類数は刺胞動物147種、有櫛動物26種の計173種で、いかに各水族館がクラゲに興味を示しているかがうかがえる。日本の水族館は高度な飼育技術をもち、展示のみならず繁殖の研究にも力を注いでいる。ここでは、鶴岡市立加茂水族館を例に、普段はあまり知られることのないクラゲの採集・飼育・繁殖の最前線を紹介する。

クラゲの採集

　水族館のクラゲ入手法は、自家採集、自家繁殖、他水族館との生物交換、ペットショップや漁師からの購入などがある。そのなかでも各水族館がいちばん力を入れているのは自家採集だろう。採集によって得たクラゲは、その海域のもっとも旬な情報を示すことができ、非常に有意義な展示ができるからだ。また、日本列島は南北に長く、亜熱帯から亜寒帯までさまざまなクラゲが出現し、同一種でも出現時期に地域差があるため、採集したクラゲは各水族館で盛んに交換され、幅広い展示が可能

海遊館

加茂水族館

新江ノ島水族館

のとじま水族館

モントレー・ベイ水族館

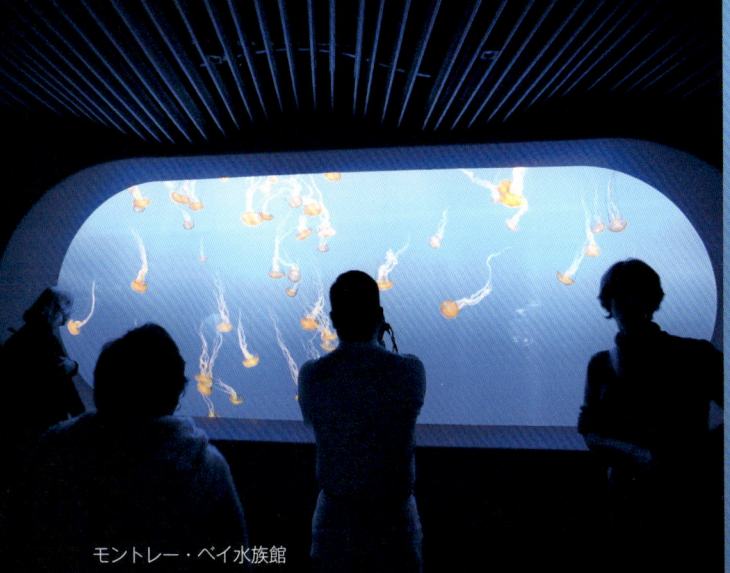

▲小型のクラゲを採取するときに使うプランクトンネット。

▲海面をゆっくりと引いて採取する。

となっている。

　加茂水族館では小型船で毎日3時間程度採集を行っている。比較的大きなミズクラゲやアカクラゲの採集は、魚の飼育などに使われる目の細かい網に5mほどの柄を付けて使用する。目視で発見すると、クラゲを傷つけないように網で捕獲し舟縁まで引き寄せ、海水ごと丁寧にバケツですくう。夏季はバケツの水温が上昇するので、こまめに換水しながら採集を行う。ミズクラゲなどを大量に採集するときはたいへんな重量になるので、バケツの持ち運びが少ない船による採集がとても有利だ。ヒドロクラゲやクシクラゲは目視により慎重に柄杓ですくい、ポリ袋やサンプルケースに入れて持ち帰る。ツノクラゲのように体の脆弱なクラゲは柄杓を動かすことで生じる水流でも壊れてしまうことがあるので、潜水採集に頼ることになる。水中でポリ袋に収容し、そのまま持ち帰り展示水槽に入れるのだ。このように採集することで、飼育期間を延ばすことが可能となる。

　海が荒れる冬は船での採集はできないので、もっぱら波静かな港湾の岸壁でハシゴクラゲやクロカミメクラゲなど微細なクラゲを狙ってプランクトンネットを引いている。ネットはゆっくり引くようにすると、比較的よい状態でクラゲを採集することができる。また、プランクトンネットによる採集では、思いもよらないさまざまなクラゲを採集することもできる。採集したクラゲは、その採集記録を残す。クラゲには季節的な消長が

あり、時期を逃すと翌年まで採集できない種が多いので、水族館ではクラゲカレンダーを作成し、採集計画を立てている。

飼育と展示

　クラゲは体がとてもやわらかで脆弱なため、長期飼育が難しい。水族館ではうまく飼育できるようにさまざまな工夫をした水槽を使用している。いちばん有名なのがモントレー・ベイ水族館で、シーネットルの展示に使われているクレイゼル水槽だろう。長い触手と口腕をもつ本種を、淀みのない太い水流で絡まることなく飼育している。また水槽のバックにきれいな水色のフィルムを貼り、そこに照明を当てた展示手法は幻想的で、日本国内でも多くの水族館が採用している。ただ、このクレイゼル水槽は小型のものでも非常に高価なため、当館では、当初からオリジナルのクラゲ水槽を設計し展示に使っている。

　当館のクラゲ展示は1997年にサンゴ水槽からサカサクラゲが偶然に発生したことからはじまった。その当時、私たちはまったくクラゲの飼育経験がなかったが、本種はすくすくと成長し、飼育展示ができた。このサカサクラゲの展示は入館者の反応がとてもよく、それに気をよくした私たちは、前海に泳いでいるミズクラゲなどを採集し展示した。

　水槽の中で優雅に漂うミズクラゲを見た入館者は、さらに喜んでくれた。しかし3日ともたず、泳ぐクラゲはオーバーブロ

253

topics
世界一のクラゲ水族館

▲クラゲの健康状態を丁寧に確認しながら、毎日餌やりをする筆者。

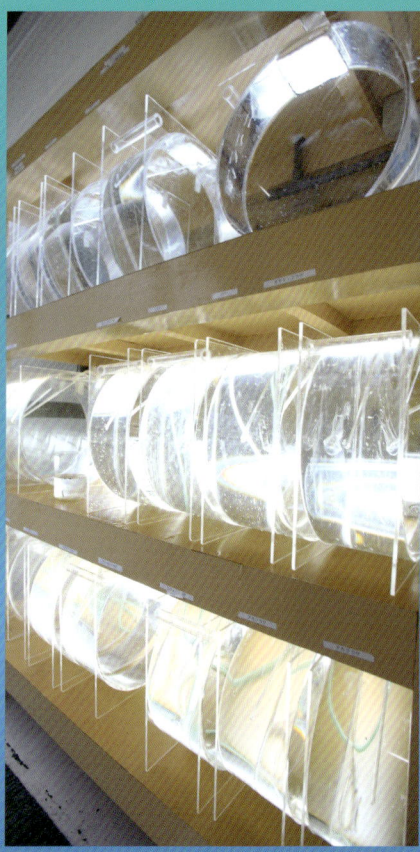

▲展示直前のクラゲが並べられた太鼓型水槽の棚。種類ごとにわけられている。

▲クラゲを出さずポリプの状態で育てるために、一定温度を保てる恒温機の中に置く。

ウと呼ばれる水槽上部の排水口に吸い込まれたり、底面に敷かれている多孔板でかすり傷が付いたり、水槽の片隅に淀んで泳げなくなったりと、さまざまな問題が発生した。それでも、オーバーブロウの吸い込み圧を分散させたり、太く大きな水流をつくるなどして、1年後にはアカクラゲを3か月飼育することができた。

こうしてクラゲ飼育上の問題を1つずつ解決しながら、2000年にはスポンジフィルターやパワーフィルターで水を回すクラゲ水槽を開発することができた。この水槽は2005年のクラゲ展示室リニューアルにともない八角水槽へとバージョンアップしたが、鶴岡市クラゲ研究所の中間育成用として現在でも現役で活躍している。これらのクラゲ水槽は各種クラゲの飼育適正水温5-30℃の範囲で設定し、水質管理の問題から集中濾過方式をとっている。濾過槽が目詰まりを起こすと、水槽中に空気が混入してクラゲの体に穴が開いてしまうため、濾過効率は悪くなるが、大きなごみはウールマットで取り、水質を維持させる濾材はネットなどに入れて隙間をつくることで対処している。また、当館では濾過槽の水質維持機能のみに頼らず、前海の海水を常時濾過槽に入れてかけ流しすることにより、水質を良好に維持することに成功している。高密度で飼育する場合、このかけ流しがとても重要で、それにより1日あたり0.5〜0.6回程度海水が入れ換わっている。また、換水量は週に一度、pH、アンモニア、亜硝酸、硝酸塩の各濃度を測定し決定している。

さらに、小型のヒドロクラゲなどは、一般的にウォーターバス方式と呼ばれるシステムで飼育展示している。水温5℃と18℃の水槽をつくり、各水槽には直径35cmの太鼓型水槽を4本並べて入れている。太鼓型水槽の円周の中心に穴を開け、弱い通気をして滑らかな丸い水流をつくる。多くのクラゲが採集できるシーズンには、太鼓型水槽を二重に並べれば最大16種の展示が可能となるので展示の幅が広がった。この飼育法は、濾過槽がないので換水による水質維持が基本となる。あらかじめ水質を1週間維持できる餌の量を求めておき、次にその餌の量で健康的に育成できるクラゲの量を決めている。普通は週3回アルテミアを与え、週1回全量を換水している。この方法でクラゲの密度を高くしたい場合は、毎日餌を与え、毎日換水すればよい。逆に、飼育下で摂餌が認められないケムシクラゲ属の1種などは、水質が悪くならなければ蒸発した分の水を足すだけで1か月間展示することが可能だ。

種類にもよるが、ペットボトルなどを使用した短期の飼育も可能である。当館では小学生以上を対象に「クラゲ学習会」を行っている。5〜7月には、前浜で比較的確実に採集できるカギノテクラゲの採集と観察もプログラムに加わる。採集したカギノテクラゲは、2個体ほどをペットボトルに入れ持ち帰ってもらっている。給餌や換水などをしなくても、冷蔵庫に入れておくだけで2週間以上観察することが可能なので、とてもよい教材になっている。

クラゲの餌

普通クラゲの餌といえば、ペットショップなどで購入できるアルテミアがよく知られている。缶詰にされた乾燥休眠卵を海水に入れ、簡単に孵化させることができるプランクトンだ。水族館では栄養のバランスを考え、開口したら餌を与えて栄養強化したものと、孵化直後のノープリウス幼生をブレンドして与えている。ポリプやほとんどのクラゲはこのアルテミアを食べてくれるのだが、種類によりワムシ、各種冷凍コペポーダ、魚

▲ポリプの入ったびんを、ウォーターバスの中に入れて一まとめにし、温度管理をする

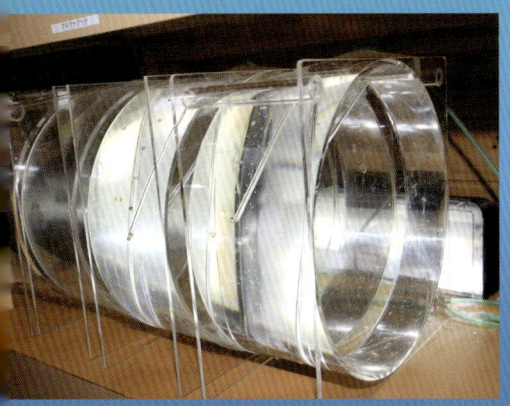

▲成体と同じくらいまで育ったら、大型の太鼓型水槽に移し、展示までの間ここで育てる。

▲エフィラや幼クラゲに育ったものはビーカーに移し、さらに大きくなるまで育てる。

肉、小型活魚、活アミ類、ミズクラゲや小型のヒドロクラゲなどを組み合わせて、もしくは単独で使用している。サムクラゲなどは、ミズクラゲを与えると傘径60cm以上に成長し、ユウレイクラゲはヒドロクラゲ類がないと初期育成ができない。春に庄内浜で採集されるイオリクラゲもヒドロクラゲを食べさせて半年間飼育できる。ギヤマンクラゲには活アミ類を採集して与えると傘径6cmに達する。サカサクラゲやタコクラゲなどはアルテミアもよく摂餌するが、藻類を共生させているため、健康に生育するためには良質な強い光が必要だ。水族館ではメタルハライドランプを16時間照射している。有触手綱に分類されるカブトクラゲなどはアルテミアをよく食べ成長するが、無触手綱に分類されるウリクラゲなどは有触手綱のクラゲを丸呑みにしている。水族館で飼育されているウリクラゲは、有触手綱のクラゲが大量に採集したときだけ餌にありつけるのだ。とにかく、どのような餌でも確実に水質を悪化させるので、給餌方法と量を検討し必要以上に与えないことが重要だ。

繁殖と育成

2015年6月現在、加茂水族館では刺胞動物のクラゲ45種中30種を繁殖させ展示している。じつに67％の種を繁殖で得ているわけで、水族館にとって繁殖の研究がいかに重要かを物語る数字だ。採集したクラゲは、展示すると同時に必ず繁殖の実験も行う。ミズクラゲは保育嚢に、タコクラゲなどは口腕に、それぞれプラヌラを付けているのでそれを採集している。カギノテクラゲやヤナギクラゲなどは光の刺激の後に受精卵を得ることができる。また小型のヒドロクラゲなどはポリ袋で輸送し、到着後プラヌラを得ることもある。顕微鏡下で採取したプラヌラや受精卵をピペットで吸い出し、新鮮海水を満たしたプラスチックシャーレに入れ、これを3〜5回繰り返して不純物を取りのぞき、恒温箱に入れ着生を待つ。着生を確認したら容量1-8ℓの梅酒瓶などの容器に入れ、内径4mmのガラス管で弱い通気をしてアルテミアを与え飼育を開始する。このときポリプがぶら下がるようにシャーレを逆さに置き、ポリプ周辺が餌のカスなどで不衛生になることを防ぐ。

ポリプからクラゲを得るためには、水温刺激を加えることが有効だということがミズクラゲやキタミズクラゲで知られている。しかし、実際には温度刺激を加えなくてもクラゲをつくる種が多いので、ほとんどの種は一定温度で飼育しクラゲを遊離させている。種によりポリプがクラゲを形成する温度が違うので、5℃刻みで各温度帯のウォーターバスを用意している。ポリプ世代をもたないオキクラゲはつねに成熟個体を展示し、水槽から受精卵を採取している。卵は粘液に包まれているため腐りやすく、高密度で容器に収容しないようにする。翌日にはプラヌラに変態するので、換水し、クラゲに変態するのを待つ。このようにして得られた各種幼クラゲは太鼓型水槽で飼育する。給餌や換水の頻度はウォーターバスで飼育する小型のヒドロクラゲと同じでよい。週に1万個体以上を繁殖育成しているミズクラゲでは、毎日給餌と換水を行っている。作業のしやすさから30ℓの容器を使用し、淀むことがないように内径4mmのガラス管で強く通気をして飼育している。飼育密度は、遊離後3日分を1つの容器に入れ、5つの容器すなわち12〜15日目まで飼育し、展示水槽に収容する。

私を含め日本の水族館にはクラゲ好きな飼育係が大勢いて、毎日フィールドに出て、さまざまなクラゲを探している。水族館でクラゲの水槽を見つけたら飼育係の仕事にも思いを巡らせてみていただきたい。（奥泉）

Topics
クラゲを使ったハギ漁

　瀬戸内海に面した愛媛県の松山市、そのすぐ沖合に浮かぶ釣島では、クラゲを利用するという変わった漁業の方法が古くから伝えられている。

　この海域では、例年6～10月中旬頃まで、ユウレイクラゲが多く出現するが、このクラゲをカワハギやウマヅラハギが好んで食べる習性を利用して考えられた伝統漁法「ハギ漁」がある。

　この漁で使われる仕掛けは傘を逆さにしたような形状で、骨組みにあたる部分にはステンレス製の網が敷いてあり（昔は真鍮製だった）、柄の部分には適当な大きさにちぎったユウレイクラゲを紐で縛って結わえ付けるという方法だ。これをハギ（ウマヅラハギ）がいそうな水深20m前後の海底にいったん下ろし、着底を確認したらすぐに少し浮かせて、いそうな場所を探りながらハギを誘う。船を流している最中は、仕掛けがあまり上下に動かないよう、波の上下に合わせながら腕の振りで調子を取り、2、3分したら一気に1尋（約1.8m）ほど引き上げ、その後は一定のスピードで巻き上げる。

　ハギは体が平たいので、巻き上げる際の水流で体が網に押され、網にぴったりとくっついた状態で上がってくる。多いときには体長20cmくらいのハギが一度に4～5匹入ることもある。

　1985年頃まではこの地方で盛んに行われていた漁法だが、今では刺し網などのほうが一度にいろいろな魚が捕れるため、このハギ漁をやる人はほとんどいなくなってしまったそうだ。（峯水）

▲▼まずは餌となるユウレイクラゲを捕まえることからはじめる。ハギがいそうな海域まで移動する間、海面に浮かぶユウレイクラゲを見つけて、長い柄杓ですくう。クラゲは、漁に利用するだけの1、2匹あれば十分。

▲ハギ漁に使う仕掛け。適当な大きさにユウレイクラゲをちぎり、柄の部分に紐で結わえ付ける。

▲左・中：ハギがいそうな根のまわりに着いたら、ゆっくりと仕掛けを下ろし、いったん海底まで沈めて場所を探りながらハギを誘う。
▶網を上げると5匹のウマヅラハギが入っていた。海底を傷つけることもなく、特定の魚だけを対象としたエコな漁法といえる。

数分後、一定のスピードで仕掛けを巻き上げてみると、体が横になった状態でハギが網に掛かって上がってきた。

Topics
有明海のクラゲ漁

　日本でクラゲ漁が行われているのは、現在では佐賀県や福岡県、熊本県の有明海沿岸に限られている。以前は岡山県の児島などでも捕獲されていたが、クラゲが捕れなくなった現在は行われていないそうだ。

　有明海沿岸でのクラゲ漁は、例年6～8月頃に行われる。漁には縦5m、横幅45mの「流し刺し網」を使うが、この網は魚などを捕る刺し網に比べると網目が12～33cmと比較的大きい。おもに捕られているのは、地元で「アカクラゲ」と呼ばれているビゼンクラゲ属の1種。大きいものは傘径80cmほどにまで成長する赤紫色のクラゲで、いわゆるビゼンクラゲとは形態や色、大きさなどに違いがある。

　クラゲ漁には干満の際に起こる潮流を利用する。そのため、出航時刻はその日の干満時刻によって異なる。クラゲが捕れるのは水深10m前後の浅い場所が多く、ポイントに着いたら網を潮の流れに対して直角に入れる。網を入れてから上げるまでの時間は約1～2時間。その間は網から少し離れたところで、アンカーを入れて船を停める。待っている間、クラゲが近くを泳いでいないかどうか船の上から眺めていたが、有明海特有の濁った水の中では確認できなかった。

　しばらくすると、「そろそろよいだろう」という漁師さんの声で網上げがはじまる。網を上げる際は、ローラーでゆっくりと手繰り寄せていく。網にはクラゲが何匹も掛かっていて、それを1匹ずつタモ網ですくい上げるのだが、クラゲは1匹あたり約20kgにもなるため、船に揚げるのはかなりの重労働だ。

　船の上は次々と揚げられたクラゲでいっぱいになり、この日の漁では約40匹ほどのクラゲが捕れた。捕れたクラゲは、船の上で傘と口腕とに分けられ、港に戻ってから加工場へと運ばれる。（峯水）

▲網にかかったクラゲをタモ網ですくう。 　▲▼船の上に水揚げされたクラゲ。腰に負担のかかる重労働だ。

①傘の内側に残っている汚れを手で押し出しながら洗浄する。　②再度、真水に浮かべながら細かい汚れなどをチェックする。

③捕れたクラゲは手分けして、まずは真水で下洗いをする。

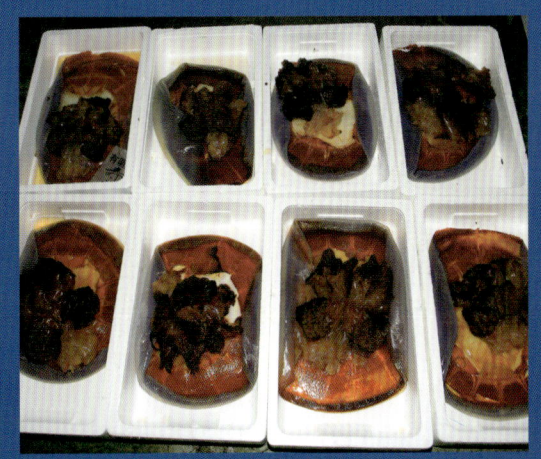

④クラゲに塩とミョウバンを擦り込んで、樽に漬け込む。　⑤次の日には市場に出荷され、傘と口腕がセットにされた状態で並ぶ。　⑥一回〆の生タイプ。食感もよく、地元では夏の風物詩として親しまれている。

259

topics
クラゲと食文化

日本に輸入された中国産ビゼンクラゲ

▲▶ノーカットのものとキザミなど

◀▲日本に輸入されるクラゲは1970年頃までは中国産のものが多かったが、近年は中国国内の需要が増えたため、東南アジアやアメリカ、メキシコ産のものが増えている。これはアメリカ産のキャノンボールというクラゲで、右は傘、左は口腕。
（協力：株式会社中国貿易公司）

クラゲを食材として食べる習慣は、およそ1700年もの昔、中国ではじまったとされる。中国では食用クラゲのことを海蜇（haizhe）と呼び、傘の部分を海蜇皮（haizhepi）、口腕の部分を海蜇头（haizhetou）として分けて扱い、傘よりも口腕のほうが好まれている。

食用クラゲとしては、鉢虫綱の仲間の約11種が利用されていて、もっとも取扱量の多いのは、中国沿岸で夏から秋に水揚げされるビゼンクラゲである。ビゼンクラゲは味や食感が食用クラゲのなかでもっともよいことから高級品として扱われ、傘の大きいものほど高値で取引されている。その他、ヒゼンクラゲやエチゼンクラゲ、最近ではメキシコ産のキャノンボール、東南アジアや中東のバーレーンなどからの輸入品も広く取り扱われている。

ビゼンクラゲは日本でも夏から秋にかけて見られるクラゲで、九州から本州中部の太平洋側、日本海の東北付近まで広く分布しているが、漁業対象とはされていない。日本で唯一のクラゲ漁をしている有明海沿岸では、ビゼンクラゲ属の1種とヒゼンクラゲが水揚げされているが、流通量は少なく、ほとんどは地元で消費されるに留まっている。

日本でクラゲを食べるようになったのはいつ頃からだろうか。平安時代の『類聚雑要抄』を見ると、当時の宮中貴族の宴会「大饗」の献立として、老海鼠（ナマコ）、石蓴（イシカゲ＝貝の1種）、栄螺子（サザエ）、貝鮑（アワビ）などとともに海月（クラゲ）が記されている。また、江戸時代に伊勢内宮に勤めていた荒木田尚賢は、本居宣長が『古事記伝』の中で、「古事記」の冒頭の一文、「久羅下那洲多陀用幣琉（くらげなすただよへる）」の「久羅下」について調べているのを知り、自身が長崎に遊学した際に見たクラゲについて書簡を送った。その書簡中に、「（中略）此事己れ去年肥前彼木の海中を船にのりけるに、あまた是を見て古人海月と命ずるの我をあざむかぬを悟りき、然れとも赤きくらげあり、是を西国にて「唐くらげ」と称して多く食用とす」とあることから、この頃すでに、西国の庶民の間ではクラゲを食べる風習があったことがうかがえる。

今日、中華料理の前菜として出されるクラゲ料理が、一般家庭でも親しまれているが、そのほかの食べ方として、クラゲとウニを和えた珍味「くらげうに」などがある。この「くらげうに」は日本で開発され、昭和26年、兵庫県芦屋市にある株式会社かね徳の創業者東村徳太郎は、当時、香港経由で輸入されたクラゲを試食してみて、その食感からウニと合わせてみてはどうかと閃き、その商品化に成功した。「くらげうに」は、当時の大丸百貨店神戸店などでも販売され、その人気から瞬く間に大衆に広まるようになった。

また、近年、日本海を中心に大量に漂着するようになったエチゼンクラゲについても、積極的に調理法が研究されている。2007年に独立行政法人水産総合研究センターが発行した「大型クラゲ加工マニュアル」には、食用クラゲのさまざまな加工方法が紹介されていて、なかには青森県ふるさと食品研究センターなどによって考案されたクラゲ料理の数々が詳しく紹介されている。たとえば、クラゲ蒟蒻、クラゲ麺、クラゲ漬け物、クラゲ佃煮などのほか、クラゲマカロン（焼き菓子）、クラゲグミ、クラゲ入りアイスクリームなどのデザート類まである。

山形県の鶴岡市立加茂水族館でも、さまざまなクラゲ料理を実際に食べることができる。クラゲの刺身や春巻きが盛られたクラゲづくしのクラゲ定食や、クラゲラーメン、クラゲ入りさつま揚げ、クラゲ羊羹、クラゲソフトクリームなど、じつに多彩なクラゲ料理を味わうことができる。

このように、中華料理以外でも数々の調理法が試されているクラゲは、体のおよそ94～96％が水分で、残りはごくわずかなタンパク質、炭水化物、ミネラル、ビタミンなどからなり、低カロリー食品として知られている。近年ではクラゲのタンパク質粉末の中に脂質代謝改善効果があることなども発見され、薬としての効果も期待されている。（峯水）

＊紹介商品は取材当時のものです。

▲料理素材の「塩抜きくらげ」（左上）のほか、珍味として加工されているクラゲ。（左から）「中華くらげ」「梅くらげ」「くらげうに」「かずのこくらげ」。（協力：株式会社かね徳）

▶日本で初めて珍味として加工された、かね徳の「くらげうに」

▲加茂水族館のお土産、クラゲ入りの饅頭と羊羹

Topics
海外のクラゲ食文化

　海水浴客を刺したり、大量に出現して漁業従事者や発電所に被害を与えたりと、クラゲはしばしば人類にとって厄介者として扱われがちだが、ある種のクラゲは食料や薬として役に立っている。コリコリとした食感のクラゲは今日でも中華料理の前菜などとして世界中で親しまれており、日本でも馴染み深い。

　食材としてのクラゲの歴史は古く、中国では少なくとも1700年前からクラゲを料理に用いているという記録が残っている。FAO の統計（2014年現在）によると、世界でもっとも生産の多い国は中国で、近年は年間3～5万トンのクラゲが全世界で漁獲されている。中国以外では、タイ、インドネシア、マレーシアなどがおもなクラゲ漁獲国である。

　おもな漁場があるアジア諸国では少なくとも8種のクラゲが漁獲対象となっており、いずれも鉢虫綱、根口クラゲ目に属する硬い体組織をもつ大型のクラゲである。なかでも、ビゼンクラゲ *Rhopilema esculentum* は美味とされ、取引値も高い。昨今の大量出現で話題になっているエチゼンクラゲ *Nemopilema nomurai* も食用として漁獲されたが、ビゼンクラゲに比べると味、価格ともに劣るといわれる。

　これら食用クラゲは、流し網やタモ網などで漁獲された後、傘の部分と口腕の部分を切り離され、塩とミョウバンを使って脱水、防腐、硬化させ、食用に加工される。傘の部分、口腕の部分ともに食材として利用され、捨てられる部分はほとんどない（ある種のクラゲは傘部表皮を剥がされたのちに加工される）。加工工程には20～40日を要し、加工されたクラゲは生きているときの重さの7～20％程度になる。

　筆者が訪れたことのあるベトナム北部のクラゲ漁場では、クラゲ豊漁の年は、2か月弱の漁期中のクラゲ収入だけで残りの年を過ごせるという話を聞いており、当地ではかなり儲かる漁業のようである。一方で、クラゲ漁業は豊凶が激しい場合が多く、クラゲ漁だけではなかなか安定した生活はできない。日本でもかつては瀬戸内海などで漁業が行われていたが、現在はおそらく唯一、有明海で行われているだけであろう。中国では、食用のみならず高血圧や気管支炎の治療薬としてもクラゲを用いている。（西川）

▲中華料理の前菜としてのクラゲ。おそらくビゼンクラゲを加工したもの。

▲ベトナム北部のクラゲ漁船。ヒゼンクラゲ（*Rhopilema hispidum*）が大漁。
◀クラゲ加工工場。クラゲの傘を塩とミョウバンに漬け込む。
▼出荷用にクラゲの傘を塩とともに折りたたむ。

A Photographic Guide to the Jellyfishes of Japan

日本クラゲ大図鑑

解 説

(目と科は分類順、属と種は学名のアルファベット順に配列した。)

刺胞動物門 | 十文字クラゲ綱 Staurozoa
 十文字クラゲ目 Stauromedusae ……… 264

刺胞動物門 | 鉢虫綱 Scyphozoa
 旗口クラゲ目 Semaeostomeae ……… 266
 冠クラゲ目 Coronatae ……… 271
 根口クラゲ目 Rhizostomeae ……… 273

刺胞動物門 | 箱虫綱 Cubozoa
 アンドンクラゲ目 Carybdeida ……… 276
 ネッタイアンドンクラゲ目 Chirodropida ……… 277

刺胞動物門 | ヒドロ虫綱 Hydrozoa
 花クラゲ目 Anthomedusae ……… 278
 軟クラゲ目 Leptomedusae ……… 290
 淡水クラゲ目 Limnomedusae ……… 296
 硬クラゲ目 Trachymedusae ……… 297
 剛クラゲ目 Narcomedusae ……… 300
 管クラゲ目 Siphonophora ……… 305

有櫛動物門 | 無触手綱 Atentaculata
 ウリクラゲ目 Beroida ……… 323

有櫛動物門 | 有触手綱 Tentaculata
 フウセンクラゲ目 Cydippida ……… 325
 カブトクラゲ目 Lobata ……… 329
 カメンクラゲ目 Thalassocalycida ……… 334
 オビクラゲ目 Cestida ……… 334
 クシヒラムシ目 Platyctenida ……… 335

脊索動物門 | タリア綱 Thaliacea
 ヒカリボヤ目 Pyrosomatida ……… 337
 サルパ目 Salpida ……… 337
 ウミタル目 Doliolida ……… 340

軟体動物門 | 腹足綱 Gastropoda
 新生腹足目 Caenogastropoda ……… 341
 真後鰓目 Euopisthobranchia ……… 342
 裸側目 Nudipleura ……… 346

刺胞動物門 十文字クラゲ綱 Staurozoa

十文字クラゲ目 Stauromedusae

ナガアサガオクラゲ科 Depastridae

ウチダシャンデリアクラゲ ▶▶p.19
Manania uchidai (Naumov, 1961)
シャンデリアクラゲ属

　体は足付きコップ形で、やや細長い四角錐状の萼部(傘)は通常10mmほどの長さがあり、大きなものでは15mmに達する。柄部は萼部の1/2から2/3ほどの長さだが、萼部より長く伸びることもある。とくに小型個体では柄部が萼部に比べて長い。萼部の周縁は8本の短い腕をなし、それぞれの腕には20-30本の有頭触手を備える。腕は主軸部で2個ずつ接近して4対をなす。腕と腕の中間には基部の周囲に膨らみをもつ有頭触手が1本ずつある。その基部の萼部の縁には眼点様の黒点を備える。生殖巣は8個で、それぞれ20-30個ほどの襞を備え、主軸に2個ずつ対をなして発達する。体色は淡褐色や淡緑色で、外傘面には計12本の褐色の筋がある。うち8本は、主軸の1対の生殖巣に沿って走り、間軸の4本より太く明瞭。内傘面は生殖巣の部位で嚢状に盛り上がり、その上に刺胞が詰まった白く丸い小嚢が散在する。

　柄部の末端でホンダワラ類などの海藻やスガモなどの海草の上に付着し、生活する。大型の個体はとくに海草に付着していることが多い。おもにカイアシ類などの小型甲殻類を食べる。室蘭や厚岸などの北海道の太平洋岸、および羅臼、網走、稚内などオホーツク海沿岸で見られ、バレンツ海、樺太、千島列島などからも知られる。以前はシャンデリアクラゲ *M. distincta* (= *Thaumatoscyphus distinctus*) と同定されていたが、生殖巣の形状、生殖巣に沿って見られる外傘の褐色模様などによってシャンデリアクラゲとは区別される。本種の種小名 *uchidai* は、このクラゲを詳しく研究された内田亨に献名されたものである。(最近、十文字クラゲ類についても分子系統解析による分類の見直しが行われ、シャンデリアクラゲ属はアサガオクラゲ科に含められるようになった〔2018.02記〕)(平野)

アサガオクラゲ科 Lucernariidae

シラスジアサガオクラゲ ▶▶p.20
Haliclystus borealis Uchida, 1933
アサガオクラゲ属

　体はやや細長い杯状で、アサガオの花のような形の萼部とその1/2ほどの柄部からなる。萼部の高さは通常10mmほどだが、大きなものでは15mmに達する。萼部の縁は主軸と間軸で湾入し、その間に8本の腕が形成される。主軸の湾入部は間軸のものより少し広く、深い。そのため8本の腕は2本ずつが間軸に寄るように接近する。それぞれの腕の先端には20-30本の有頭触手がある。腕と腕の中間、すなわち主軸および間軸の外傘周縁には各1個の丸い突起がある。これは幼少時の触手が変化したもので「錨」と呼ばれる。「錨」には粘着腺があり、一時的に他物に付着するのに用いられる。

　生殖巣は8個で、それぞれ不規則に2-3列に並ぶ20-40個ほどの球状の袋からなり、萼部の基部付近から各腕にかけて発達する。内傘中央には細長い胃腔が伸び、その下に口が開く。口柄は短く、口唇は比較的簡単で周縁に少数の襞を備える。生殖巣と生殖巣の間の内傘面の周縁には刺胞の詰まった白く丸い小嚢が点在する。体色は褐色や緑褐色で、生殖巣は淡黄褐色。萼部の間軸に沿って白い筋をもつことに因んでこの名が付けられているが、不連続に白斑が並ぶもの、白い筋も白斑もないものもいる。柄部の末端でホンダワラ類などの海藻やスガモなどの上に付着し、おもにヨコエビ類などの小型甲殻類を捕えて食べる。北海道の太平洋およびオホーツク海沿岸で見られる。樺太や千島列島にも分布。(平野)

スカシヒガサクラゲ(新称) ▶▶p.20
Haliclystus salpinx Clark, 1863
アサガオクラゲ属

　萼部は大きく開いた傘状で、幅が高さの2倍ほどになる。大きなものでは萼部の幅は30mm近くになる。柄部は細長く、萼部の高さより長い。萼部の周縁には8本の長い腕がほぼ等間隔に並び、各腕の先端には60-70本の有頭触手を備える。触手は他のアサガオクラゲ属のものに比べ繊細で、柄は細長く先端の膨らみは小さい。「錨」はラッパ状で、先端の開いた部分の中央には、幼少期の触手の痕跡が残る。生殖巣は不規則に4-5列に並んだ40-50個ほどの小さな球状の袋からなる。内傘表面の主軸および間軸には刺胞の詰まった白い小嚢が点在するが、それらは小さく数も少ない。体はわずかに淡褐色を帯びることがあるが、ほとんど無色透明。生殖巣や胃は淡黄褐色を帯びる。全体の形状がヒガサクラゲに似るが、体が透明で体内の器官や種々の構造がよく見えることから和名をスカシヒガサクラゲとした。

　本種は、北米東海岸のメイン州やニューイングランド地方、北米西海岸のサン・フアン諸島、アラスカなどから知られる。またロシア極東からも報告されている。日本からの発見はこれが初めてである。千島列島から記載された *H. monstrosus* (Naumov, 1961) は本種に非常によく似ており、本種との関係を検討する必要があると思われる。(平野)

ヒガサクラゲ ▶▶p.20
Haliclystus stejnegeri Kishinouye, 1899
アサガオクラゲ属

　体は杯状で、萼部はシラスジアサガオクラゲより大きく開き、幅が高さの1.5倍ほどになる。萼

ウチダシャンデリアクラゲ

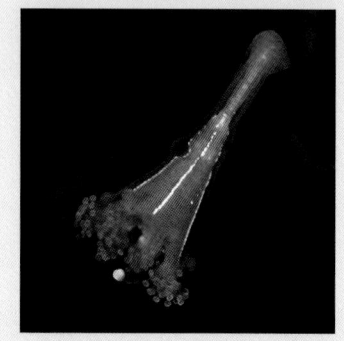

シラスジアサガオクラゲ

スカシヒガサクラゲ(新称)

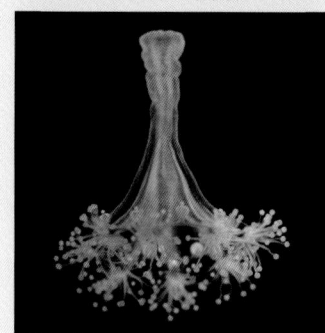

ヒガサクラゲ

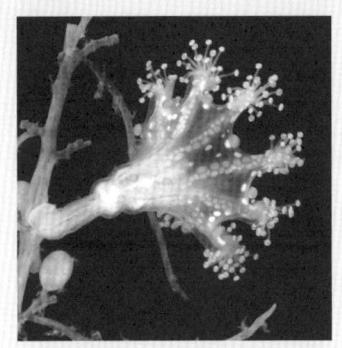

アサガオクラゲ

ムシクラゲ

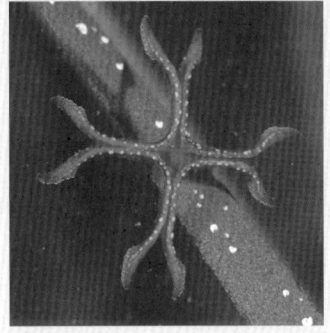

ジュウモンジクラゲ

部の高さは通常10mmほどだが、15mmに達することもある。柄部は萼部の1/2－2/3の長さ。萼部周縁には8本の腕がほぼ等間隔に並び、それぞれ多数の有頭触手を備える。大きな個体では各腕の触手数は100を超える。「錨」は縦長の卵形、中央には幼時の触手の痕跡が残っていることが多い。

生殖巣は8個で幅が広く、多数の小さな球状の袋からなる。その数は変異が大きく、多いものでは200近くになる。それらは不規則に並び、3－6列をなす。主軸周縁部の内傘表面には刺胞の詰まった白い小囊がそれぞれ数個、生殖巣の縁に沿って並ぶ。通常、間軸にはこの白い小囊はない。体色は褐色から赤褐色で、生殖巣は淡黄褐色。生殖巣の両縁に沿って計16本の濃褐色の帯が走り、萼部の周縁、柄部、口柄の主軸部も同色に染まる。

ホンダワラ類やスガモなどに付着し、主としてヨコエビ類などの小型甲殻類を捕まえて食べる。室蘭、厚岸、網走など、北海道の太平洋およびオホーツク海沿岸で見られる。また千島列島からベーリング海を経てアラスカまで分布する。樺太や中国の黄海沿岸からも報告がある。（平野）

| アサガオクラゲ ▶▶p.21
Haliclystus tenuis Kishinouye, 1910
| アサガオクラゲ属

体はやや細長い杯状で、形態も大きさもシラスジアサガオクラゲによく似る。周縁の8個の湾入部のうち、4個がより大きく深く、4個はやや小さく浅いことも同様であるが、その差はシラスジアサガオクラゲほど大きくない。各腕の先端には20－40本の有頭触手がある。湾入部中央にある「錨」はやや横長で、上縁がわずかに窪むことが多い。生殖巣はシラスジアサガオクラゲより少し幅広く、不規則に2－4列に並んだ30－50個の球状の袋からなる。内傘表面の刺胞の詰まった白い小囊もより多く、主軸部では周縁だけでなく、より内側にも分布する。体色もシラスジアサガオクラゲに似るが、白筋や白斑はない。

柄部の末端でホンダワラ類などの海藻や、スガモやアマモなどの海草上に付着し、おもにヨコエビ類などの小型甲殻類を捕えて食べる。北海道のオホーツク海および日本海沿岸で夏、普通に見られる。陸奥湾、大槌湾、敦賀湾、瀬戸内海など、本州各地にも分布する。

本種は1910年に北海道小樽市の忍路から新種として記載されたが、まもなく大西洋産の*H. auricula*と同種と見なされ、長くこの学名で知られていた。しかし近年、*H. auricula*とは外部形態でも明瞭に区別でき、別種であることが明らかになったので、改めて原記載時の学名*H. tenuis*が与えられた。この種と同種と思われるものは中国の黄海沿岸からも報告されている。（平野）

| ムシクラゲ ▶▶p.21
Stenoscyphus inabai（Kishinouye, 1893）
| ムシクラゲ属

体は細長く、萼部と柄部の区別は不明瞭。柄部を含めた長さは普通10－15mmほどだが、大きなものでは25mmに達する。萼部の周縁には短い腕が8つあり、各腕の先端には10－20本ほどの有頭触手がある。8つの腕は2つずつが間軸で著しく接近して対をなすため、萼部の周縁は間軸部でやや角張り、四角形に近くなる。

生殖巣は8個で、それぞれ1列に並んだ球状の袋からなり、2個ずつが間軸部で著しく接近して対をなす。萼部の周縁の外傘側には、腕と腕の間に各1個、計8個の「錨」がある。「錨」は横長の卵形で上縁が少し窪む。内傘周縁部には、生殖巣と生殖巣の間に刺胞の詰まった白く丸い小囊が散在し、とくに主軸側に多い。体色は褐色から赤褐色、緑色など多彩で、生殖巣は淡黄褐色。さまざまな大きさの不定形の白斑をもつ個体もいる。

ホンダワラ類、マクサ、チャシオグサなど種々の海藻やアマモなどの海草に付着している。海藻上にすむカイアシ類など小型の甲殻類をおもに食べる。九州天草、瀬戸内海、紀伊半島、陸奥湾、北海道の日本海沿岸などから知られ、中国の黄海沿岸や韓国にも分布する。また、オーストラリア南東部のポートフィリップ湾からも報告されている。
（分子系統解析によって、本種はアサガオクラゲやシラスジアサガオクラゲに非常に近縁であることが示されたため、学名が*Haliclystus inabai*に改められた〔2018.02記〕）（平野）

ジュウモンジクラゲ科 Kishinouyeidae

| ジュウモンジクラゲ ▶▶p.21
Kishinouyea nagatensis（Oka, 1897）
| ジュウモンジクラゲ属

体は扁平で萼部が大きく開き、柄部は非常に短い。開いた萼部の中央には、比較的小さな十字形の口が開く。口唇の周縁には数個の浅い襞がある。萼部の周縁は、主軸に非常に大きく深い湾入部と、間軸に4個の小さく浅い湾入部をもつ。そのため萼部には間軸に長く伸びた腕が形成され、全体として十字形をなす。萼部の幅は10－20mmぐらいのものが多いが、大きなものでは30mmになる。十字形をなす4本の腕は、先端部で小さく浅い湾入部によって各々2本の腕に分けられ、それぞれの腕には10－20本ほどの有頭触手がある。

生殖巣は1列に並んだ卵形の袋からなり、口柄基部から間軸の腕に沿って2個ずつが対をなして発達する。大きな個体では、各生殖巣は約20個の袋からなる。十分に育った個体では湾入部には「錨」も触手もないが、小型個体では退化した幼少期の触手が見られる。体色は黒褐色、褐色、赤褐色など多彩で、萼部の内傘面には刺胞の詰まった白く丸い小囊が散在する。萼部外傘面は滑らかだが、小型個体では半透明の刺胞瘤が散在する。

ホンダワラ類、カジメなどの海藻に付着している。九州の天草、山口県長門、敦賀湾などの本州日本海沿岸、瀬戸内海、相模湾や大槌湾などの本州太平洋岸で見られる。中国の東シナ海沿岸からも報告されている。

（分子系統解析によって近縁属との関係が見直された結果、ジュウモンジクラゲ属の学名は*Calvadosia*に変更された〔2018.02記〕）（平野）

ササキクラゲ ▶▶p.21
Sasakiella cruciformis Okubo, 1917
| ササキクラゲ属

ジュウモンジクラゲ同様、柄部は非常に短く、萼部は十字形で大きく開く。触手の形状、生殖巣の構造、それらの配置などさまざまな点でジュウモンジクラゲに似るが、十字に伸びた間軸の腕はジュウモンジクラゲより短く、相対的に幅広い。萼部の幅は最大でも15mmほどとジュウモンジクラゲより小さい。また、成熟しても8個の湾入部中央の外傘周縁に幼少期の触手をもち続ける。この点でジュウモンジクラゲと区別することができるが、ジュウモンジクラゲも幼少期はこの触手をもつため、小型個体では2種の区別が難しい場合がある。体色は黒褐色や褐色で、内傘面には刺胞の詰まった白くて丸い小嚢が散在し、外傘面はやや大きめの刺胞瘤に覆われる。

ホンダワラ類などの海藻に付着して生活し、葉上の小型巻貝などを食べる。北海道の日本海沿岸および噴火湾、陸奥湾などに分布する。中国の黄海沿岸からも知られる。

（分子系統解析によって、本種はジュウモンジクラゲに非常に近縁であることが明らかになり、*Calvadosia*属に分類された〔2018.02記〕）（平野）

ササキクラゲ

刺胞動物門｜鉢虫綱 Scyphozoa

旗口クラゲ目 Semaeostomeae

ユウレイクラゲ科 Cyaneidae

キタユウレイクラゲ ▶▶p.26
Cyanea capillata (Linnaeus, 1758)
| ユウレイクラゲ属

傘は比較的扁平で円盤状。外傘の表面は滑らかで中央部はわずかに窪む。傘径は50cmほどのものが多いが、北極の周辺では2m以上になることがある。傘縁は16個の縁弁に分かれる。縁弁間の切れ込みは副軸の8個が深く、主軸および間軸の8個はやや浅い。浅い切れ込みの奥に各1個の感覚器がある。各縁弁の中央はわずかに切れ込み、32個の縁弁をもつようにも見える。内傘中央には4個の口腕があり、その中央に口が開く。口腕は傘径と同じぐらいの長さで幅広く、幾重にも複雑に折りたたまれたカーテン状をなす。

生殖巣も複雑に折りたたまれた嚢状で、内傘の内側に垂れ下がる。放射管は管というより嚢状で16個あり、傘縁で縁弁内に多数の枝管を出す。枝管は複雑に分岐するが、網目状にはならない。環状管はない。内傘の胃腔の外周のまわりにはよく発達した幅広い環状筋があり、その外側に16個の放射筋が縁弁に向かって伸びる。環状筋は主軸・間軸・副軸に計16個の台形を形成するように分断される。各副軸に多数の触手があり、馬蹄形の触手群を形成する。大型の個体では各群の触手は数百におよぶ。外傘はほとんど白色半透明だが、青みを帯びた個体もいる。触手、内傘の筋肉や口腕などが黄褐色や赤褐色であるため、全体が黄褐色や赤褐色に見える。

ミジンコ類、オタマボヤ類、クシクラゲ類、他のクラゲ類などさまざまな動物プランクトンや、魚卵や幼稚魚も食べる。クラゲノミによる寄生や、しばしばタラ科やマナガツオ科の稚魚や幼魚を傘の下や触手のまわりにともなっていることが知られる。刺胞毒が強く、刺されると痛い。寒流系の種で、三陸から北海道の太平洋岸およびオホーツク海沿岸で見られる。北極海から北太平洋および北大西洋の冷温帯にかけて広く分布。（平野）

ユウレイクラゲ ▶▶p.27
Cyanea nozakii Kishinouye, 1891
| ユウレイクラゲ属

円盤状の傘は扁平で、無色から白色で半透明。傘の直径は30cmぐらいまでのものが多いが、大きなものは50cmに達する。傘縁は16個の縁弁に分かれ、主軸と間軸には各1個の感覚器がある。内傘中央には、幾重にも複雑に折りたたまれたカーテン状の4個の口腕があり、それらの中央に口が開く。口腕と口腕の間には複雑な形状の生殖巣があり、内傘内側に垂れ下がる。それらの外側には、多数の触手が各副軸に馬蹄形の触手群を形成する。放射管は幅広い嚢状で16個ある。放射管は末端で複雑に分枝し、枝管はところどころで連絡し網目状になる。この点でキタユウレイクラゲと区別することができる。また環状筋の分断が完全で、より明瞭な点でもキタユウレイクラゲと異なる。生殖巣は黄色味を帯び、触手基部がわずかに褐色を帯びることがあるが、胃腔、口腕、筋肉などは乳白色で、全体としても乳白色に見える。

ミジンコ類やカイアシ類などの小型甲殻類、カタクチイワシやその幼魚などを食べる。刺胞毒が強く、刺されると痛い。瀬戸内海、紀伊半島や相模湾など本州の太平洋岸に分布する。中国の黄海、東シナ海沿岸や韓国からも知られる。（平野）

サムクラゲ科 Phacellophoridae

サムクラゲ ▶▶p.28
Phacellophora camtschatica Brandt, 1835
| サムクラゲ属

傘は比較的扁平で円盤状。大きなものでは傘径が60cmほどになる。外傘には微小な刺胞瘤が点

キタユウレイクラゲ

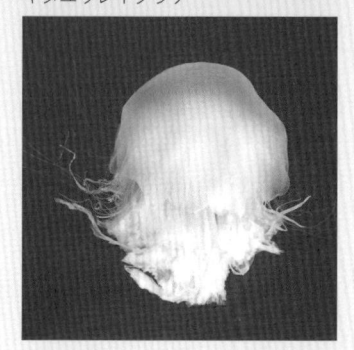

ユウレイクラゲ

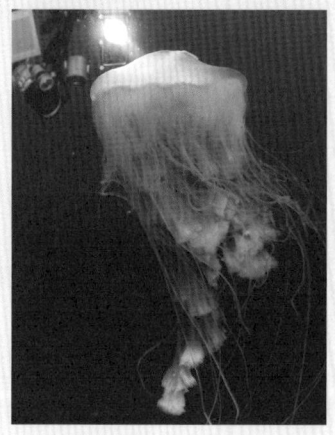

サムクラゲ

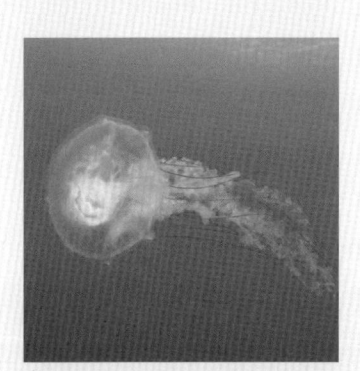

在する。傘縁は16個の幅広く大きな縁弁に分かれる。縁弁の間には各1個、計16個の感覚器を生じる。16個の縁弁の周縁は、浅い切れ込みによってさらに各々2-7個の小さな縁弁に分かれる。大きな縁弁の基部あたりに各々10-25本の触手が傘のまわりに沿うように1列に並び、16個の触手群を形成する。内傘中央には幾重にも折りたたまれたカーテン状の4本の口腕があり、その中央に口が開く。胃腔からは多数の細い放射管が伸びる。感覚器に向かって伸びる16本の放射管は、2-4か所で左右から斜めに枝を出し環状管に連絡する。これらの放射管の間には、各触手群に向かってそれぞれ2-5本の放射管が伸びる。触手群に向かって伸びる放射管は分岐することなく環状管に連絡する。環状管からは縁弁内に盲管が伸びる。生殖巣は囊状で複雑に折りたたまれ多数の襞をなし、内傘の下に垂れ下がる。この生殖巣や口腕の形状などはユウレイクラゲ属の種に似るが、傘縁の縁弁の数と形状、触手群の位置や形が異なり、区別することができる。

幼魚、オタマボヤ類などのゼラチン質のプランクトンを食べ、とくに他種のクラゲを好んで食べることが知られている。傘に端脚類やカニの幼体をともなっていることも知られる。寒流系の種で、オホーツク海などで見られるほか、冬季には相模湾や駿河湾でも見られる。樺太、カリフォルニア沿岸、北部北大西洋や北極海、チリなど、主として世界の寒海に分布。(平野)

オキクラゲ科 Pelagiidae

ヤナギクラゲ ▶▶p.29
Chrysaora helvola Brandt, 1838
ヤナギクラゲ属

傘は浅い椀形で、ほとんど無色。外傘には淡褐色の小斑が散在する。外傘表面は滑らか。傘径は通常7-10cmだが、大きなものでは30cmに達する。傘縁は32個の縁弁に分かれ、主軸と間軸には、それぞれ1個の感覚器がある。触手は褐色で、各副軸に3本ずつ、計24本ある。内傘中央には十字形の口が開き、そのまわりには4本の長いリボン状の口腕が伸びる。口腕は縁に多数の襞を備え、旋回する。放射管は幅広く、管というより囊状で、主軸や間軸および副軸に各1個ずつある。主軸および間軸にある放射管は中央部で幅広く、末端で細くなる。副軸のものは逆に末端部で広がる。環状管はない。生殖巣は間軸に発達し、多数の襞をもつ。刺胞毒が強く、刺されると痛い。

夏、釧路、根室、室蘭などの北海道太平洋沿岸から東北地方の太平洋岸にかけて見られる。樺太や千島列島にも分布する。

本種の学名に長く使われてきた*C. helvola*は、日本の水族館でもお馴染みになったパシフィックシーネットルの学名、*C. fuscescens*の新参異名である。したがって、日本のヤナギクラゲにも、この*C. fuscescens*の学名をあてるべきかもしれない。しかし、ヤナギクラゲの口腕は、パシフィックシーネットルの口腕ほど極端に旋回していないように見え、傘の色合いや不透明感も両者の間でやや違っているように感じられる。そこで、日本など西太平洋に分布するヤナギクラゲが東太平洋産の*C. fuscescens*と同種であるかどうかについて標本に基づいた十分な検討がなされるまでは、学名の安定性のためにヤナギクラゲにはこれまでの学名をあてておいたほうがよいと判断し、本種の学名を*C. helvola*のままとした。(平野)

ニチリンヤナギクラゲ ▶▶p.29
Chrysaora melanaster Brandt, 1835
ヤナギクラゲ属

傘は椀形で、半球状より少し高さが低い。アカクラゲに比べると傘のゼラチン質が厚くてかたい。傘径は大きなものでは60cmになる。外傘には16本の赤褐色の放射条紋があるが、それらは傘の頂上まで達せず、頂上部のやや下で環状に連絡し、頂上部には円形の白色部を残す。また傘縁のやや内側には、16条の放射条紋の間を連絡するように同色の細い三日月状の紋がある。16本の放射条紋はこの三日月状の紋のあたりで薄くなり、それより傘縁側には16本の放射条紋と交互に16本の短く細い筋が走る。内傘表面に16本の細い濃褐色の放射条紋が走る。傘縁は32個の縁弁に分かれ、主軸と間軸に1個ずつ、計8個の感覚器がある。触手は各副軸に3本ずつ、縁弁と縁弁の間から1本ずつ生じ、計24本ある。内傘中央には多数の襞を備える口腕が4本あり、その中央に口が開く。口腕は基部ではかなり厚くかたいが、すぐに薄く細くなり、回旋しながら長く伸びる。16個の放射管は幅広く囊状で、ほとんど同幅、同形。環状管はない。内傘中央の口腕基部の周囲は著しく肥厚し、各副軸で山状に隆起し、主軸および間軸では谷状に窪む。間軸の凹みには細長い生殖巣下腔があり、その奥の体内に生殖巣が発達する。

オキアミ類、端脚類、カイアシ類などの小型甲殻類が主要な餌だが、他のクラゲ類や翼足類、タラ類の幼魚なども胃腔から見つかっている。

北海道のオホーツク海沿岸でときどき目撃されており、房総半島の内浦湾でも採集されたことがある。樺太、アリューシャン列島、アラスカからも知られる寒流系のクラゲ。ベーリング海ではもっとも普通に見られるクラゲの1種で、しばしば触手の間にスケトウダラの幼魚を、ときに傘の下にボウズギンポの幼魚をともなっていることが知られる。
(いくつかの水族館で本種がキタノアカクラゲではなくニチリンヤナギクラゲの名前で展示されていることがわかったので、本書でもこの和名を採用した〔2018.02記〕)(平野)

アカクラゲ ▶▶p.30
Chrysaora pacifica (Goette, 1886)
ヤナギクラゲ属

傘は浅い椀形で、幅が高さの3倍ほどある。傘径は10-15cmのものが多いが、大きなものでは20cmを超える。外傘表面は平滑で半透明だが、

赤褐色の細点が散在するため全体に赤っぽく見える。さらに外傘には16本の赤褐色の放射条紋がある。放射条紋の形状はさまざまで、各条紋の中央部の色が薄いため32本の細い条紋をもつように見える個体もいる。傘縁は48個の縁弁に分かれ、主軸と間軸に各々1個の感覚器をもつ。触手は赤褐色で非常に長く、通常、各副軸に5本ずつ、計40本ある。大型の個体では56本の触手をもつことがある。口腕は黄色から淡褐色、リボン状で多数の襞を備え、内傘中央の口から傘の下に緩やかに旋回しながら長く伸びる。放射管は幅広く囊状で16個。主軸および間軸のものは中ほどで広がり、末端部では少し細くなる。副軸のものは逆に末端部で広がる。環状管はない。内傘の各間軸には楕円形の生殖巣下腔があり、その奥に馬蹄形の生殖巣が見える。生殖巣の色は淡黄色から赤褐色までさまざまである。

カイアシ類などの小型甲殻類、ヤムシなどの中型の動物プランクトンのほか、魚の幼稚魚なども食べる。またミズクラゲなどのクラゲを食べることも知られている。幼稚魚をともなっていることがあり、傘の上にウチワエビのフィロソーマ幼生が付着していたという報告もある。近年、フィロソーマ幼生はアカクラゲなどのクラゲを捕食することが、実験によって明らかにされている。

刺胞毒が強く、刺されるとかなり痛い。刺胞毒による被害の報告があり、海水浴客などに恐れられている。沖縄から北海道日本海沿岸まで日本各地の暖流域で見られ、北海道のオホーツク海や太平洋沿岸でもまれに見られる。台湾からも知られるが、この種と類似している種が多く分類が混乱しているため、海外における分布の詳細は明らかではない。(平野)

| オキクラゲ ▶▶p.32
Pelagia noctiluca (Forskål, 1775)
オキクラゲ属

傘は半球状で、傘径は普通5－7cm。大きなものでも10cmを超えることはまれ。傘縁は16個の縁弁に分かれ、8個の感覚器と8本の触手が各縁弁の間から交互に生じる。各縁弁の中央には浅い切れ込みがある。外傘表面は、多数の顕著な刺胞瘤に覆われる。内傘中央には4個のよく発達したリボン状の口腕が伸びる。口腕は縁に多数の襞を備え、旋回する。間軸にはいくつもの襞を備えた馬蹄形の生殖巣が発達する。放射管は幅広く囊状で、主軸、間軸および副軸に各1個ずつある。各放射管は末端で2本の細い管を縁弁内に伸ばす。環状管はない。色彩変異に富み、傘の色は紫紅色がかったものや褐色がかったものがある。口腕部や触手は傘よりも濃い紫紅色や褐色に染まる。生殖巣は濃い紫色。

小型甲殻類、ヤムシをはじめ、ヒドロクラゲ類、サルパ類、ウミタル類、オタマボヤ類などのゼラチン質の動物プランクトン、魚卵などさまざまなものを食べる。吸虫類の中間宿主として利用されることや、傘上にエボシガイが寄生することがある。刺胞毒が強く、刺されると痛い。地中海では夏に大量に出現することがあり、海水浴客に嫌がられている。外洋性の種でポリプ世代をもたず、プラヌラ幼生は海中を漂いながら、直接エフィラに変態する。種小名の*noctiluca*(夜光るという意味)が示しているように、発光するクラゲとして知られる。沖縄から南北海道日本海側まで黒潮の影響を受ける海域に出現し、台風などの後、ときに大量に岸付近に吹き寄せられる。知床沖でも本種と思われるクラゲが撮影されている。世界各地の暖海に分布する。

オキクラゲはそもそも*P. panopyra*として本邦から報告され、長くこの名前で知られてきた。これまでに記載されている約15種のオキクラゲ属の種のほとんどが、現在では*P. noctiluca*と同種とされている。しかしこの扱いには異論もあり、分類の再検討が必要と思われる。(平野)

| アマクサクラゲ ▶▶p.33
Sanderia malayensis Goette, 1886
アマクサクラゲ属

傘は低く幅広い。傘頂上部は平たく、傘縁部がほぼ垂直に垂れ下がる。傘径は通常10cmほどだが、大きなものでは15cm近くになることがある。外傘表面は多数の小さく細長い刺胞瘤に覆われる。傘縁は32個の縁弁に分かれ、16本の触手と16個の感覚器が交互に縁弁の間から生じる。口腕は長く、縁には多数の襞があり、緩やかに旋回する。放射管は幅広く囊状で32本あり、傘縁の感覚器および触手に向かって伸びる。生殖巣は各間軸にあって、それぞれ20－30個の指状の突起からなる。それらの突起は馬蹄形をなして並び、内傘内に垂れ下がる。傘はほとんど無色透明で、外傘の刺胞瘤や口腕、触手が黄褐色から淡紫紅色。生殖巣は白色や、黄色、淡紅色などさまざま。刺胞毒が強く、刺されると痛い。クラゲ食のクラゲとして知られる。

鹿児島湾、九州天草湾、瀬戸内海、田辺湾、富山湾、相模湾、房総半島沿岸など暖流の影響を受ける海域で見られる。スエズ運河、紅海、インド、シンガポール、マレーシア、フィリピンなどインド洋から西太平洋の熱帯〜暖温帯に分布する。最近、鹿児島湾の水深100mにあるサツマハオリムシのコロニーから、自然界で初めてポリプが発見された。(平野)

ミズクラゲ科 Ulmaridae

| ミズクラゲ ▶▶p.34
Aurelia aurita (Linnaeus, 1758) sensu lato
ミズクラゲ属

傘は浅い椀形で、高さは幅の1/4－1/5ほど。傘径は普通15cmほどだが、大きなものでは30cm以上になる。外傘表面は滑らかで、傘縁は非常に浅い切れ込みによって8個の幅広い縁弁に分けられる。縁弁と縁弁の間にはそれぞれ1個の感覚器がある。多数の細く短い触手が縁弁の縁の少し上方

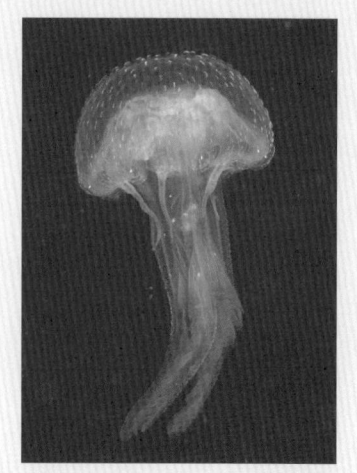

オキクラゲ

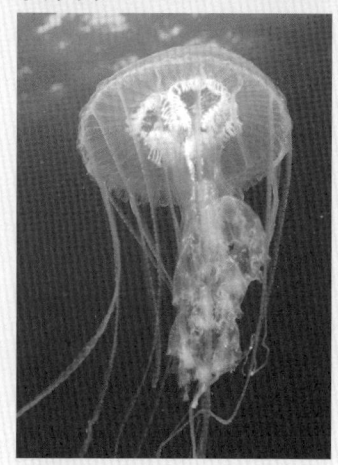

アマクサクラゲ

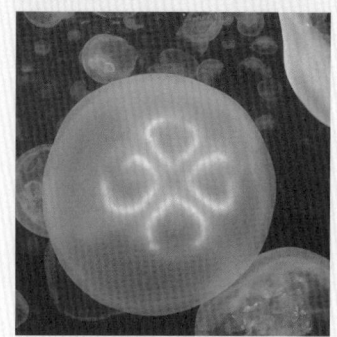

ミズクラゲ

に生じ、縁弁の縁に沿って1列に並ぶ。触手と交互に細かい葉状の小弁がある。内傘中央の4個の口腕は傘の半径ほどの長さで、内側の中央に溝をもつ。溝は口腕中央の口のところで合一する。溝の両側の口腕縁には微細な刻み目があり、多数の触手状の微小突起を形成する。中央の胃腔は間軸に丸い突出部をもち、四つ葉のクローバーのような形。胃腔からは16本の放射管が主軸、間軸と副軸に伸びる。主軸および間軸の放射管は胃腔を出て間もなく左右に側枝を出す。側枝はさらに数回枝分かれし、末端部では多数の枝管を形成し、傘縁の環状管に連絡する。副軸の放射管は分枝せず、そのまま環状管に連絡する。生殖巣は4個で間軸にあり、傘の中央部の円形の腔の壁に沿って馬蹄形をなす。傘、口腕などほとんど無色半透明だが、放射管は少し青みを帯び、生殖巣は乳白色や淡紅色、褐色などを呈する。

　繊毛虫類、カイアシ類やミジンコ類などの小型甲殻類、ワムシ類、オタマボヤ類、フジツボや貝類の幼生、ヒドロクラゲ類、魚の稚魚などさまざまなものを食べる。クラゲノミによる寄生や、イボダイ、マルアジ、アミメハギの幼稚魚をともなっていることなどが知られる。また、ウチワエビのフィロソーマ幼生が外傘につくことがある。雌では成熟すると口腕のまわりに保育嚢が発達し、雄と区別することができる。保育嚢は花びら状で数層になり、そこで卵はプラヌラ幼生になるまで保育される。沖縄から北海道日本海沿岸までの日本各地に分布する。

　日本産ミズクラゲは、もともと Aurelia japonica という学名で記載された。しかしその後、大西洋産の A. aurita (Linnaeus, 1758) と同種と見なされ、長くこの名で呼ばれてきた。ミズクラゲ属には世界で12種が記載されていたが、そのほとんどが A. aurita と同種とされ、A. aurita は世界に広く分布する種と考えられていたからである。しかし世界各地で採集された A. aurita の DNA 解析によって、A. aurita には少なくとも6種の隠蔽種が含まれることが明らかになった。また隠蔽種の1種は東京湾はじめ世界各地の大きな港湾やその周辺に分布しており、移入種として分布を広げた可能性が指摘されている。A. aurita の隠蔽種群は DNA 解析によって明らかになったため、形態での識別が困難であるが、種間に形態差が見出せる場合があることもわかってきた。

　日本産のミズクラゲにも傘縁が単純な大きな8個の縁弁に分かれるものだけでなく、各縁弁の中央に浅い切れ込みがあり、16個の縁弁をもつように見えるものもいる。また若狭湾産のものには、ポリプ世代を経ることなく、直接エフィラに変態する大型のプラヌラ幼生を生じる大型の卵を生むものが知られる。南北に長い日本の周辺の海は、水温などの環境特性が場所によって大きく異なり、まだ知られていない「ミズクラゲ」の隠蔽種も生息しているかもしれない。

（日本産のものは Aurelia coelurea と同定できることが明らかになったため、最近はこの学名がミズクラゲの学名として使われるようになった〔2018.02記〕）（平野）

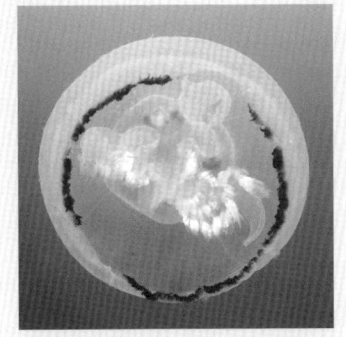

キタミズクラゲ

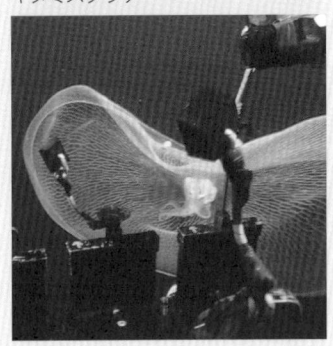

ディープスタリアクラゲ

キタミズクラゲ　▶▶p.35
Aurelia limbata Brandt, 1835
ミズクラゲ属

　傘はミズクラゲに似て浅い椀形。傘径は普通30cmほどまでだが、大きなものは50cmに達する。傘縁は16個の縁弁に分かれ、主軸および間軸の縁弁間の切れ込みには各1個の感覚器がある。多数の細く短い触手が、縁弁の少し上方に生じ、縁に沿うように1列に並ぶ。口腕は4本で傘の半径と同じぐらいの長さ。ミズクラゲ同様、四つ葉のクローバー形の胃腔から16本の放射管が伸びる。主軸および間軸の放射管の側枝はミズクラゲよりもずっと複雑に分岐して網目状をなし、副軸の放射管にも連絡する。生殖巣は馬蹄形で4個あり、各間軸に発達する。傘および口腕は半透明だが、生殖巣は黄褐色、触手および縁弁の縁は濃褐色である。傘縁が濃褐色で、16個の縁弁に分かれること、また放射管の分枝が複雑で網目状になることで、ミズクラゲと区別することができる。

　北海道道東から東北の太平洋岸で見られ、大量に発生すると漁業被害を引き起こす。樺太や千島列島、ロシア極東沿岸、アリューシャン列島からも知られる。（平野）

ディープスタリアクラゲ　▶▶p.41
Deepstaria enigmatica Russell, 1967
ディープスタリアクラゲ属

　傘は袋状で、傘径は50cm以上が一般的。傘のゼラチン質が薄く、全体の色は白がかった透明。ただし、胃の周辺や縁辺などで部分的には茶色っぽいこともしばしばある。触手はない。口腕は5本あり、全体的に細く、傘縁より露出しない。口腕の断面はV字形で、中心には茶色の組織が胃より伸びて先端にまで届く。先端にいくほど口腕は細くなるが、先端は匙状である。口腕の基部が癒合し、5-10cmほどの長さの口柄をなす。胃腔径は傘径の約1/10。胃腔の口唇は五角の星形。放射管は均一の太さを保ちつつ複雑に分岐し、網目状。傘縁に近づくほど網目が小さくなる。環状管をもつ。色は放射管および環状管では茶色。縁弁は非常に小さく、感覚器は約20個あるようである。同属別種の *D. reticulum* は大きな感覚器を8つもつほか、傘が全体的に茶色である。両種とも餌の生物は不明だが、環状筋を収縮させ、傘内を隔離させることはできる。等脚類の *Anuropus* 属が傘内に付着していることが多いが、それは捕食、寄生、生殖のためかは未解明である。

　出現深度は日本近辺では相模湾の929mと日本海溝北部の669mとの報告がある。ほかには潜水船でカリフォルニア沖の600mおよび723mから、プランクトンネットでの調査で510-1750mの深度層で採集されている。中・深層性。北太平洋、大西洋、南極海と世界中に広く分布している。（Lindsay）

刺胞動物門　鉢虫綱 Scyphozoa

| アマガサクラゲ　　　　　　　　　▶▶ p.39
| *Parumbrosa polylobata* Kishinouye, 1910
| アマガサクラゲ属

　傘は浅い椀形で、白色半透明。傘高は傘径の約1/4で傘径は20cmぐらいまで。外傘は微細な刺胞瘤に覆われる。傘縁には64個の槍の穂状の縁弁があり、主軸と間軸に各1個の感覚器を備える。64個の縁弁のうち、16個は2個ずつ各感覚器をはさんで対をなす。それらの縁弁の先端は互いから離れるように反り返る。残りの48個の縁弁はそれらの縁弁より大きく、各感覚器の間に6個ずつある。触手は24本で、各感覚器の間に3本ずつ生じる。内傘中央には、傘の半径ほどの長さの口腕が4本伸びる。口腕の縁には多数の微細な襞をもつ。胃腔はほぼ円形で、そこから主軸、間軸および副軸に各1本、計16本の放射管が傘縁に向かって伸びる。副軸の8本は分岐することなく傘縁に達し、環状管に連絡する。主軸および間軸の8本は胃腔を出て間もなく3分岐して、さらに末端部で側枝を出し、側枝同士が連絡して傘縁のやや内側に、粗い網目状部を形成し環状管に連絡する。

　潜水艇による調査で、サルパや管クラゲなどを捕食するところが観察されている。駿河湾、富山湾や五島列島周辺などから知られる。100m以深に多く、浅いところで見られるのはまれである。インドシナ半島沿岸からも報告がある。（平野）

| リンゴクラゲ　　　　　　　　　　▶▶ p.39
| *Poralia rufescens* Vanhöffen, 1902
| リンゴクラゲ属

　外傘は皿形よりやや深く、ゼラチン質が薄くて非常にもろい。傘径は約25cmまで。色は全体的に紅色であるが、深海の現場では投光器の赤が色の中では海水に吸収され、潜水船からの距離によっては赤茶色や灰色にも見える。遊泳で傘を閉じるときには全体が丸くなり、赤いリンゴのようであるため、潜水船のパイロットにリンゴクラゲと呼ばれ、親しまれてきた。

　外傘面には刺胞瘤が散在し、ゼラチン質自体が薄い赤を呈する。触手は非常に細く、長さは傘径の約1/3、色は橙色で先端にかけては白色。触手は下傘面の環状管より出て、平衡器の間に1-4本ずつある。触手縁弁は短い切れ込みが縦にあるが、白い平衡器は縁弁の深い切れ込みに囲まれる。触手とそれを覆う縁弁は平衡器の両側から発生し、成長とともに数が増える。平衡器の数は不規則。採集された傘径9cmの個体では15個（触手は30本）あったが、潜水映像には多くて平衡器が30個あるように見える個体も確認している。口腕は4本以上で、薄く短く、断面はV字形。口腕の内縁は襞状、内面は白色。放射管は太くてリボン状、胃から環状管まで走っており、しばしば分岐あるいは隣のものと癒合する。成長とともに放射管数が増え、潜水映像には多くて約60本あった個体も確認している。生殖腺は胃基部を環状に囲む。トックリクラゲやヤムシを捕えているようす

が観察されている。採集された別の個体の胃内にはエビ型の甲殻類も出現している。口腕基部付近にヨコエビ類が付着していることが多く、ときどきクラゲノミ類も付着している。

　日本近海では550-1400mの深度で観察されることが多いが、最深観察記録は2522m。太平洋、大西洋、インド洋、南極海に分布する。日本海、地中海、北極海からは報告されていない。現在、*P. rufescens* のみが記載されているが、ほかに少なくとも未記載種が2種いると考えられている。
（付着生物はヨコエビの *Pseudocallisoma coecum* およびクラゲノミの *Lanceola clausi clausi* が報告されている〔2018.02記〕）（Lindsay）

| ダイオウクラゲ　　　　　　　　　▶▶ p.41
| *Stygiomedusa gigantea*（Browne, 1910）
| ダイオウクラゲ属

　外傘は頂端が丸みを帯びる円錐形から麦藁帽子形。傘径は約1.5mまで。色は全体的に赤褐色、触手はない。ゼラチン質もリンゴクラゲと同様に色をもち、赤褐色。口腕は帯状で4本あり、大型の個体ではその長さが10mを超える。口腕の断面はV字形で、V字形の屈曲点は丸く柱状。平衡器は20個、放射管は40本ある。平衡器にいたる放射管は複雑に枝管を派生させ、網目状構造を示し、平衡器間の放射管はその長さの半分まではこの網目に組み込まれない。放射管および環状管は固定標本では白色。口腕基部付近の傘下面に4つの穴が発育室につながり、4つの生殖腺はそこに位置する。子どもは親と同じ形になるまで発育室内にて育つ。

　フサイタチウオ科の *Thalassobathia pelagicaga* がダイオウクラゲの表面にとまっているようすがよく観察される。本種は日本近海では明神海丘の深度774mにて撮影されている。太平洋、大西洋、南極海で採集されており、インド洋にも分布すると思われる。日本海、地中海、北極海からは報告されていない。（Lindsay）

| ユビアシクラゲ　　　　　　　　　▶▶ p.41
| *Tiburonia granrojo* Matsumoto, Raskoff & Lindsay, 2003
| ユビアシクラゲ属

　傘は球形で、色は赤褐色、触手はない。傘径は約75cmまで。口腕は太く、4-7本あり、傘縁より露出するが、傘高よりは長く伸びない。放射管は均一の太さを保ちつつ複雑に分岐し、網目状。環状管をもつ。色は放射管および環状管では橙色。縁弁は24葉以上あり、刺胞疣で覆われている。感覚器は縁弁数とほぼ同等。餌となる生物や捕食者などの情報は今のところ知見がない。出現深度は745-1498mと報告されている。中・深層性。北太平洋には広く分布しているが、他海域からは報告されていない。（Lindsay）

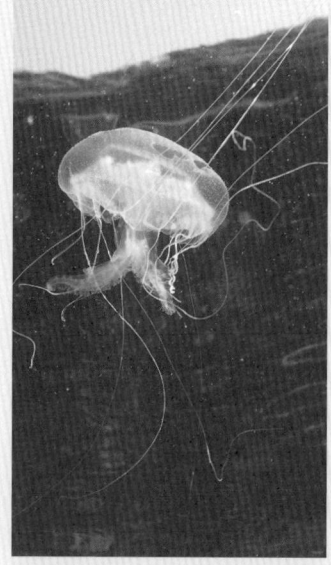

アマガサクラゲ

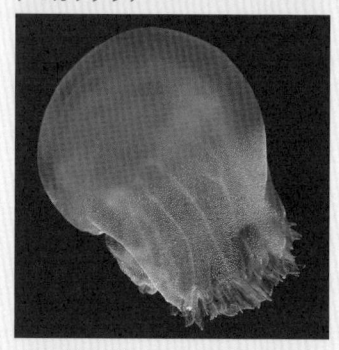

リンゴクラゲ

ダイオウクラゲ

ユビアシクラゲ

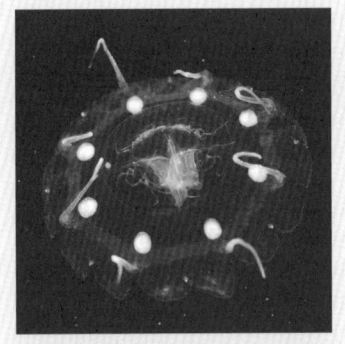

冠クラゲ目 Coronatae

エフィラクラゲ科 Nausithoidae

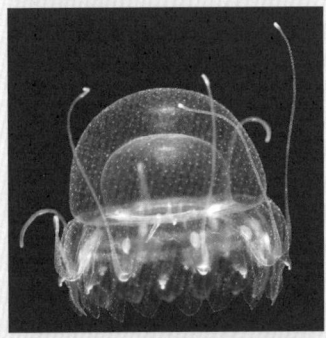

| エフィラクラゲ ▶▶p.46
| *Nausithoe* cf. *punctata* Kölliker, 1853
| エフィラクラゲ属

傘は円盤状で、直径は7-15mm。外傘中央部はやや厚く、レンズ状をなす。その周囲には細い環状溝がある。傘縁は16個の縁弁に分かれる。縁弁と縁弁の間には、主軸および間軸に8個の感覚器、副軸には8本の触手がある。内傘の中央には十字形の口が開く。短い口柄に簡単な4唇をもつが、口腕は形成されない。傘は無色透明で、外傘表面は微細な刺胞瘤に覆われる。放射管は16個で幅広く、嚢状。それぞれ主軸、間軸、副軸にあり、傘の周縁部で相互に連絡する。生殖巣は淡黄色から赤褐色で計8個あり、卵形から球形で各副軸に発達する。

エフィラクラゲと思われるクラゲは沖縄や鹿児島湾、田辺湾、相模湾などからも得られている。また中国南部、オーストラリア、パラオ、インド南部、マレー半島、モルディブ、南アフリカ、アフリカ西海岸、地中海、北ヨーロッパ、北アメリカ東海岸、メキシコ湾、ガラパゴス諸島など、世界各地から報告されている。しかしエフィラクラゲと同じ形態的特徴をもつクラゲは複数種いると考えられており、正確な同定のためにはポリプの形態を観察する必要がある。地中海から知られる *N. punctata* のポリプは、刺胞毒が強いことで知られるイラモと同じくキチン質の外鞘をもち群体性であるが、分岐は不規則で、イラモのような総状の分枝はしない。(平野)

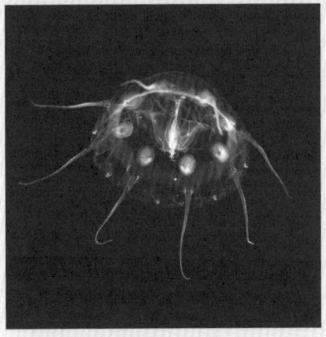

| エフィラクラゲ属の1種-1 ▶▶p.44
| *Nausithoe* sp. 1

生殖巣が小さく、やや細長いが、このクラゲもエフィラクラゲの形態的特徴を備えている。まだ十分に成熟していない個体かもしれない。いずれにしても、正確な同定のためにはポリプの形態を観察する必要がある。(平野)

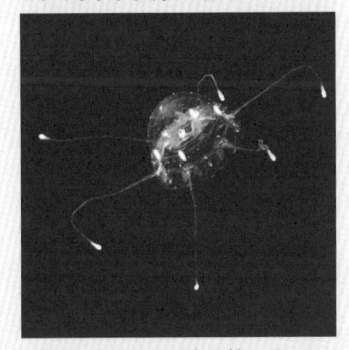

| エフィラクラゲ属の1種-2 ▶▶p.45
| *Nausithoe* sp. 2

このクラゲは沖縄本島周辺で夏季に頻繁に見られる。傘縁が16枚の縁弁に分かれ、8個の感覚器と8本の触手、等間隔に並ぶ8個の生殖巣をもつことでエフィラクラゲ属の1種であることがわかる。本種は、エフィラクラゲよりも外傘中央部がやや高く盛り上がり、表面の刺胞瘤もやや大きく顕著である。触手の基部の葉状部もエフィラクラゲよりもやや幅広く、よく発達しているように見えるが、これは成長段階の違いによるものかもしれない。また、写真の個体では生殖巣がほぼ卵形であるが、傘縁側が切り取られたような形状の生殖巣をもつものも多く、生殖巣の形態もエフィラクラゲのものとは異なっているように思われる。

本種は、三宅 & Lindsay (2013) に紹介されているエフィラクラゲ属の1種に非常によく似ている。このエフィラクラゲ属の1種のプラヌラからは、キチン質に包まれた管状の単体性ポリプを生じることが知られている。(平野)

ムツアシカムリクラゲ科 Atorellidae

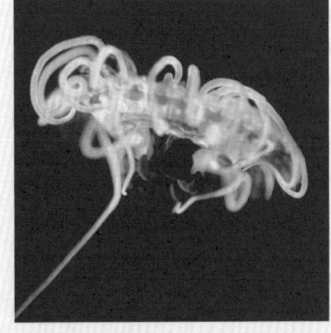

| ヒメムツアシカムリクラゲ ▶▶p.46
| *Atorella vanhoeffeni* Bigelow, 1909
| ムツアシカムリクラゲ属

傘は円盤状で直径5-7mm。傘の中央部は厚くレンズ状をなし、その周囲に明瞭な環状溝をもつ。傘縁は12個の縁弁に分かれ、6本の触手と6個の感覚器が交互に縁弁と縁弁の間から生じる。触手は傘の直径ほどの長さで、先端が球状に膨らむ。傘は無色透明で、外傘表面に多数の半透明の刺胞瘤が散在する。内傘中央に十字形の口が開く。口唇は簡単で短く、口腕は形成されない。放射管は幅広く、嚢状で12個あり、触手と感覚器に向かって伸びる。各放射管は先端で2分岐し、枝同士が連絡することによって傘周縁部に環状の管を形成する。生殖巣は輪郭が葉状で、各間軸に1個ずつ、計4個ある。

本邦からは、石川県能登島、静岡県大瀬崎、鹿児島県加計呂麻島、沖縄県与那国島から報告されている。海外では、カリフォルニア沖やカリブ海、メキシコ湾などで見つかっている。パナマ沖の太平洋から記載されたクラゲで、西インド洋からポリプが得られている。本種のポリプもイラモ同様、キチン質の外鞘に包まれるが、イラモのように群体を形成せず単立する。(平野・久保田)

ヒラタカムリクラゲ科 Atollidae

| バツカムリクラゲ ▶▶p.47
| *Atolla vanhoeffeni* Russell, 1957
| ヒラタカムリクラゲ属

傘は皿形で、色は透明、部分的には焦げ茶色。傘径は通常3cm程度であるが、約5cmまで成長することもある。外傘に1本の環状溝があり、中心盤はレンズ形でゼラチン質が厚く、表面は縁部にかけて浅い放射状の溝を有する。外傘の縁部には触手と平衡器が交互に位置し、それぞれが個体差はあるようであるが約20本ある(まれに18-19本ある個体も採集される)。縁弁には疣上突起がなく、表面が平滑。胃は大型で濃紫あるいは黒色、下傘中央から下方に突出する。外傘面から見た胃基部の形は十字形。胃基部4末端近くに2個ずつ計8個の濃紫あるいは黒色の色素点を有する。生殖腺は4対(計8個)あり、黄色から茶色で、生殖腺の縁に近づくほど色が濃くなる。生殖腺は小さく、円形から楕円形。傘縁近くに存在する白色あるいは茶色の放射隔壁はペアをなし、ほとんどまっすぐ伸び、環状筋内縁を超えない。触手のうち1本

エフィラクラゲ

エフィラクラゲ属の1種-1

エフィラクラゲ属の1種-2

ヒメムツアシカムリクラゲ

バツカムリクラゲ

刺胞動物門｜鉢虫綱 Scyphozoa

だけが太くて長く、深海の現場ではこの1本の触手を必ず伸ばしている。本種も生物発光を行う（lmax=469±9nm）。ムラサキカムリクラゲの未成熟個体も傘が透明であるが、バツカムリクラゲに比べて触手の数が多く、傘径に対して生殖腺の大きさが小さく、外傘の縁部に茶色の色素が少ない傾向があり、胃基部の形と胃基部4末端近くの色素点の有無で区別できる。

出現深度はムラサキカムリクラゲよりやや浅く、昼夜鉛直移動をする報告もある。全世界の海に広く分布しているが、今のところ北極海域、南極海、地中海および日本海からは報告されていない。（Lindsay）

| ムラサキカムリクラゲ ▶▶p.47
| *Atolla wyvillei* Haeckel, 1880
| ヒラタカムリクラゲ属

傘は皿形で、色は全体的に焦げ茶色。傘径は約15cmまで。外傘に1本の環状溝があり、中心盤はレンズ形でゼラチン質が厚く、表面は縁部にかけて深い放射状の溝を有する。外傘の縁部には触手と平衡器が交互に位置し、それぞれが個体差はあるようであるが約22本ある（まれには17、19、20、21、29、32、36本ある個体も採集される）。

縁弁には疣上突起がなく、表面が平滑。胃は大型で焦げ茶色、下傘中央から下方に突出する。外傘面から見た胃基部の形は四つ葉形。胃基部4末端近くに色素点を有しない。生殖腺は白色で4対（計8個）あり、傘径5cm以下の個体では豆状、傘径5cm以上では耳状。傘縁近くに存在する白色の放射隔壁はペアをなし、徐々に先端が互いに離れてゆき、環状筋内縁を越えて胃方向へ伸びる。触手のうち1本だけが太くて長く、この触手を用いてシダレザクラクラゲを捕える報告がある。

本種の生物発光（lmax=462－470nm）は外傘の縁部をぐるぐる回りながら移動する。中層性ヨコエビ類の*Parandania boecki*や中層性エビ類の*Notostomus robustus*が本種を捕食しているようすが現場で観察されている。ポリプ世代をもたないとされている。出現深度は500m以深で、昼夜鉛直移動をしないと考えられている。全世界の海に広く分布しているが、今のところ北極海域、地中海および日本海からは報告されていない。（Lindsay）

クロカムリクラゲ科 Periphyllidae

| クロカムリクラゲ ▶▶p.47
| *Periphylla periphylla* (Péron & Lesueur, 1810)
| クロカムリクラゲ属

外傘は円錐形で頂端はわずかに丸みを帯びることが多いが、半球形よりやや尖っている個体も報告されている。傘径は約35cmまで。外傘に1本の環状溝があり、ゼラチン質は厚い。下傘面は濃い紫あるいは濃い焦げ茶色、外傘面は透明かときには薄い茶色の表皮に覆われる。丈夫な太い触手がまっすぐに伸び、計12本あり、間軸に位置する4個の平衡器の間に3本ずつある。傘縁には16枚の長い縁弁がある。生殖腺は白色J字形かU字形で4対（計8個）存在する。遊泳時は触手を傘頂方向に向ける。

本種も生物発光を行い（lmax=465±1nm）、傘全体に薄い光が広がっていく。クロカムリクラゲよりポルフィリン系の色素が抽出されている。捕食者としてはケムシクラゲの仲間に捕えられている観察例がある。ウミグモが外傘に付着し、捕食していることが現場で確認されており、ネットサンプルではクラゲノミ類*Cyllopus magellanicus*と*Themisto gaudichaudii*が傘内に付着している観察例もある。本種はポリプ世代をもたず卵から直接クラゲに発達することが報告されている。出現深度は300m以深で、高緯度海域では表層近くにまで出現する。クロカムリクラゲは最深では三陸沖にて6464mで観察されているが、別種であることが示唆されている。クロカムリクラゲは昼夜鉛直移動を行うとされている。日本海と北極海域をのぞいて、全世界の海に広く分布している。（Lindsay）

| ベニマンジュウクラゲ ▶▶p.47
| *Periphyllopsis braueri* Vanhöffen, 1902
| ベニマンジュウクラゲ属

外傘は深い環状溝でほぼ同等に分かれ、中心盤は円錐形、大型の個体ほど丸みを帯びて饅頭形に近い。縁部は円筒形。傘径は約15cmまで。色は全体的に紅色であるが、深海の現場では投光器の赤が色の中では海水に吸収され、潜水船からの距離によっては赤茶色、茶色、灰色にも見える。外傘面の表皮が薄いため、透明な厚いゼラチン質を通して、下傘面の濃い紅色が透けて見えることもまれにあるが、ダメージを受けていなければ基本的には体内部の構造を外傘側から透かして見ることはできない。

触手は丈夫で太く、計20本あり、間軸に位置する4個の平衡器の間に5本ずつある。触手の長さは傘径程度から1.5倍程度。24枚の縁弁は非常に大きく、この縁弁をカメラのシャッターのように重ねて傘腔を閉じ、触手をたたみ、下傘中央から触手が下方に突出することも多い。遊泳時は触手を傘頂方向に向けるが、クロカムリクラゲのように触手と外傘の中心盤が接近することはない。外傘には、縁弁基部近くから傘頂方向に向かって環状溝手前まで、顕著な縦溝が縁弁数と同数走る。筆者が太平洋および大西洋で採集した計4個体のベニマンジュウクラゲ（傘径10－15cm）においては生殖腺が4対（計8個）あり、形がC字形。原記載論文の傘径6cmの個体では8個の生殖腺がO字形とされているが、採集時のダメージによってC字形がO字形に見えてしまい、O字形と記したのではないかと考えられる。

ベニマンジュウクラゲ属には傘径38cmまでの大型種*Periphyllopsis galatheae* Kramp, 1959も存在するとされているが、生殖腺はW字形の4つの単独生殖腺とされている。発達段階によって生殖腺の形が変化することは数多くのクラゲ類で確認できており、4対でC字形の生殖腺が発達すると4個のW字形の単独生殖腺に見えることもあろ

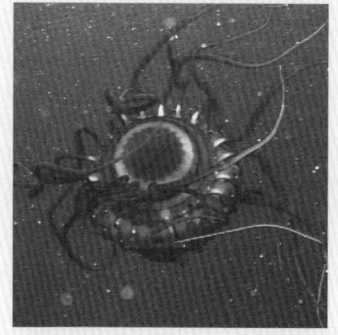

ムラサキカムリクラゲ

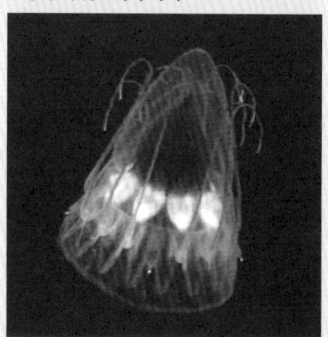

クロカムリクラゲ

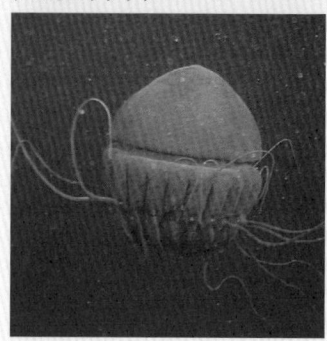

ベニマンジュウクラゲ

う。また、P. galatheaeのもう1つの特徴は傘縁部より24本の茶色の線が環状溝へ伸びることとされるが、ベニマンジュウクラゲの原記載論文の文章には記されていないが、絵にはこれらが確認でき、筆者が採集している個体でも確認できるため、同種である可能性が高い。

ベニマンジュウクラゲは日本近海では750－2300mの深度で観察されている。本種も生物発光を行う（lmax=473nm）。餌となる生物や捕食者などの情報は今のところ知見がない。太平洋、大西洋、インド洋に分布する。日本海、地中海、高緯度海域からは報告されていない。（Lindsay）

根口クラゲ目 Rhizostomeae

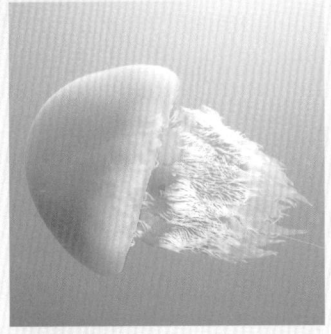

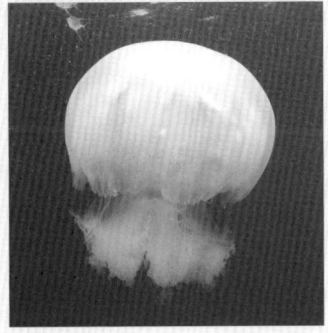

ビゼンクラゲ科 Rhizostomatidae

エチゼンクラゲ ▶▶p.53
Nemopilema nomurai Kishinouye, 1922
エチゼンクラゲ属

傘は半球状で、大きなものでは傘径が200cmほどになる。外傘表面は無色の顆粒状疣に覆われる。この疣は傘中央部でより大きく、傘縁でより小さい。傘縁には8個の感覚器があり、各感覚器間はそれぞれ6－8個の縁弁に分かれる。各縁弁の中央には浅い切れ込みがあり、それぞれが2個の小縁弁に分かれる。放射管は16本で、感覚器に向かって8本、感覚器と感覚器の間に8本が傘縁まで伸びる。それらの間には複雑な放射管の網目状部が形成される。内傘表面がよく発達した環状筋に覆われるため、環状管の有無、網目状部の詳細は不明。

生殖巣は間軸に発達し、その内傘側に楕円形の生殖巣下腔がある。生殖巣下腔入り口には突起はない。口腕は8個で、上部1/4ほどはほとんど癒合するが、その下中央の凹みにはエフィラ期の口の名残が残る。しかし、その口は表面が膜に覆われ、開口しない。口腕下部は、それぞれが外側に2翼、内側に1翼をなす。翼は複雑に分岐して末端に多数の襞を形成する。襞上には無数の吸口と毛状突起がある。それらの間には多数の触手状の付属器がある。口腕上部の癒合部には計8対の肩板がある。各肩板は末端で2翼に分かれる。肩板上端も多数の襞を形成し、その上に吸口と毛状突起、触手状付属器を備える。口腕下部の下端付近では、触手状付属器は非常に長く鞭状。傘は淡赤褐色で、傘縁は褐色が濃い。口腕下部の翼上の襞は赤褐色を呈する。

エチゼンクラゲの口腕周辺には、珪藻類、繊毛虫類、小型カイアシ類、フジツボや貝類の幼生などが確認されており、雑食性の微小または小型プランクトン食性と考えられている。また、マアジ、イシダイ、カワハギ、イボダイ、オキヒイラギなどの魚類やクラゲエビがエチゼンクラゲとともに採集されており、これらの動物はクラゲを隠れ家として利用したり、体の一部を餌としたり、クラゲが集めた微小プランクトンを捕食したりしていると考えられている。

九州から北海道南部の日本海沿岸にときに大量に出現する。また、津軽海峡から太平洋岸に出て駿河湾あたりまで南下することがある。最近では四国や伊勢湾などでも目撃されており、黒潮に乗って南回りで北上する場合があることも示されている。中国、韓国などからも知られる。大量発生による漁業被害のほか、中国では刺胞による被害も報告されている。（平野）

ビゼンクラゲ ▶▶p.49
Rhopilema esculentum Kishinouye, 1891
ビゼンクラゲ属

傘は半球状でゼラチン質が厚く、外傘表面は滑らか。傘径は30cmぐらいのものが多いが、大きなものでは50cmに達する。傘縁は多数の縁弁に分かれ、主軸および間軸に各1個、計8個の感覚器を備える。大きな個体では2つの感覚器の間には約20の縁弁がある。感覚器の上、外傘表面には小さな凹みがあり、その表面には放射状に微小な溝が走る。内傘にはよく発達した環状筋がある。8個の口腕は上部1/2ほどで互いに癒合し、その部位に各1対の肩板を備える。各肩板末端は2翼に分かれる。口腕下部は各々が外側に2翼、内側に1翼をもつ。口腕下部の翼および肩板上端には多数の襞が形成され、そこに無数の吸口が開く。肩板および口腕下部の吸口の間には多数の糸状体がある。また、口腕下部には細長い紡錘形の付属器もある。紡錘形の付属器はとくに下端付近で大きく太い。

胃腔から感覚器に向かって各1本、それらの中間に各1本、計16本の放射管が傘縁に向かって伸びる。放射管はその中ほどで環状管に連絡するが、放射管と放射管の間には複雑な網目状部が形成されるため、環状管はやや不明瞭である。生殖巣は馬蹄形で間軸にあり、その下にはハート形の生殖巣下腔がある。生殖巣下腔には傘縁側に球状の突起を備える。傘および口腕は半透明で青藍色、灰色がかった青色、淡褐色などを帯びる。原記載によると、本種の口腕にも触手状の付属器のほかに、大型の紡錘形の付属器をもつことが示されている。したがって、Omori & Kitamura (2004) も述べているように、大型の付属器をもつことで区別されるとされていたスナイロクラゲは本種と同種であると思われる。

天草、唐津湾、瀬戸内海、敦賀湾、三河湾、駿河湾、相模湾、陸奥湾、石狩湾など九州から北海道南部までの日本各地から知られる。中国の渤海、黄海、東シナ海、南シナ海北部沿岸各地、韓国にも分布する。餌としては珪藻、繊毛虫、小型甲殻類などが報告されている。（平野）

ヒゼンクラゲ ▶▶p.52
Rhopilema hispidum (Vanhöffen, 1888)
ビゼンクラゲ属

傘は半球状よりやや浅い椀形。傘径は70cmぐらいになる。傘は白色半透明で、外傘表面は同色の微小な疣に覆われ、その間に少し大きめの黄褐色の疣

刺胞動物門　鉢虫綱 Scyphozoa

が点在する。傘縁は80ほどの縁弁に分かれ、主軸と間軸に各1個、計8個の感覚器を備える。感覚器の上の外傘表面の凹みには放射状に微小な溝が走る。口腕は傘径ほどの長さで上部半分は癒合し、そこに8対の肩板を備える。各肩板は末端で2翼に分かれる。

8個の口腕の下部は、それぞれが外側に2個、内側に1個の翼を出す。翼の端はさらに分岐し、その先端に多数の襞が形成される。肩板上端にも同様に多数の襞があり、それらの襞の上には無数の吸口が開き、微小な触手状突起を備える。肩板の吸口の間には糸状あるいは鞭状の付属器がある。口腕下部の吸口の間には棍棒状の付属器がある。口腕下端にはそれらより大型で先端が膨らんだ棍棒状付属器があるが、大型個体ではそれを欠くことが多い。胃腔から感覚器に向かって各1本、それらの中間に各1本、計16本の放射管が傘縁まで伸びる。各放射管からは多数の側枝が出て、それらが複雑に分岐、連絡を繰り返すことによって網目状部が形成される。明瞭な環状管は見られない。生殖巣は4個で間軸にあり、その下には半円形の生殖巣下腔がある。

有明海では〈シロクラゲ〉と呼ばれ食用にされる。中国南部、ホンコン、フィリピン、マレー半島、インドネシア、ベンガル湾、北オーストラリア、紅海、スエズ湾などインド洋および西太平洋の熱帯〜亜熱帯に広く分布する。（平野）

ビゼンクラゲ属の1種　▶▶p.51
Rhopilema sp.

このクラゲは傘や口腕の形状がビゼンクラゲの記載に一致し、明瞭に区別できないため、ビゼンクラゲと同種とされている。しかし、傘のゼラチン質がビゼンクラゲよりかたい反面、その厚みはビゼンクラゲより薄い。また、傘縁の縁弁がビゼンクラゲよりも小さく、数が多い。さらに、ビゼンクラゲの感覚器上の外傘表面の凹みには微細な放射状の溝があるが、このクラゲでは明瞭な溝が見られず、凹み表面がほぼ滑らかであるなどの違いが見られる。また、本種の外傘は白色不透明で、内傘および口腕下部は濃赤褐色である。色彩の特徴はビゼンクラゲの変異の中に収めるには無理があるように思われる。こうした形態の違いを考慮し、本書ではビゼンクラゲとは異なる別種として扱い、ビゼンクラゲ属の1種 *Rhopilema* sp. とした。

有明海では〈アカクラゲ〉と呼ばれ食用にされる。おそらく中国南部や韓国からビゼンクラゲとして報告されているものにも、この *Rhopilema* sp. が含まれていると思われる。（平野）

タコクラゲ科 Mastigiidae
タコクラゲ　▶▶p.61
Mastigias papua (Lesson, 1830)
タコクラゲ属

傘はほぼ半球状で直径10cmぐらいの個体が多いが、大きなものでは20cmになる。傘縁は約80個の縁弁に分かれ、主軸と間軸には各1個、計8個の感覚器がある。外傘表面は微細な刺胞瘤で覆われ、円形から楕円形の斑紋が点在する。斑紋の大きさはさまざまで、とくに傘縁近くに多い。内傘中央には傘の半径ほどの長さの口腕が8本垂れ下がる。口腕上部の2/3ほどはほとんど癒合し、外側表面は滑らかである。下部の1/3は外側に2翼、内側に1翼を出し、その下端には通常、傘径とほぼ同長の1個の棒状付属器をもつ。下腕の3つの翼の表面および上腕下端内側には多数の襞があり、これらの襞上、襞の端とやや内側に多数の吸口が開く。吸口のまわりには微小触手、吸口の間には小さな棍棒状突起がある。

十字形の胃腔からは感覚器に向かって8本の放射管が伸びる。これらの放射管の間には各々7-9本ほどの放射管が出て網目状部を形成する。環状管は傘縁よりかなり内側にあり、網目状部で放射管と連絡する。色彩は変異に富み、傘および口腕は淡灰緑色、淡青緑色、褐色など。外傘表面の斑紋も白色、黄色、褐色など変異がある。傘および口腕に褐虫藻が共生する。沖縄、奄美大島、天草、瀬戸内海、田辺湾、相模湾など黒潮流域で見られる。台湾、中国南部、インド、フィリピン、パラオ諸島、フィジー、アフリカ東岸などインド洋および太平洋の熱帯〜亜熱帯に広く分布する。（平野）

ムラサキクラゲ科 Thysanostomatidae
ムラサキクラゲ　▶▶p.60
Thysanostoma thysanura Haeckel, 1880
ムラサキクラゲ属

傘は半球状よりやや浅く、傘径は10cm前後のものが多いが、大きなものでは20cmほどになる。外傘表面には微細な溝によって多数の小さな多角形面が形成される。傘縁の主軸および間軸に各1個、計8個の感覚器がある。感覚器と感覚器の間には大きさのふぞろいな縁弁が6-12個ずつある。口腕は長く、傘径の1.5-3倍に達する。口腕上部は全長の1/10ほどが癒合し、その下には8本の細長い下腕が長く伸びる。下腕は外側に向けて2翼、内側に1翼を出し、多数の微細な襞で覆われる。襞上には多数の吸口が開き、下腕は下端まで吸口を備えた襞に覆われる。口盤状には多数の細長い糸状体があるが、口腕には付属器はない。胃腔は十字形をなし、主軸および間軸にはそれぞれ1本のやや太い放射管が感覚器まで伸びる。その間にはより細い放射管が出て、複雑な網目状部を形成する。環状管は傘縁のやや内側、網目状部の中にある。傘は褐色あるいは淡紅紫色で、傘縁では褐色がかる。口腕も傘と同色であるが、吸口のある襞の部分はより濃い褐色を呈する。

黒潮の影響を受ける海域、琉球諸島から相模湾にいたる太平洋沿岸や瀬戸内海でときどき見られる。インド東海岸、マレー半島、フィリピン、オーストラリアなどからも知られる。（平野）

ムラサキクラゲ属の1種　▶▶p.60
Thysanostoma cf. *loriferum* Ehrenberg, 1837

傘は半球状で直径は10-20cm。傘や口腕の形態や全体の色合いなどがムラサキクラゲに似るが、外傘

ビゼンクラゲ属の1種

タコクラゲ

ムラサキクラゲ

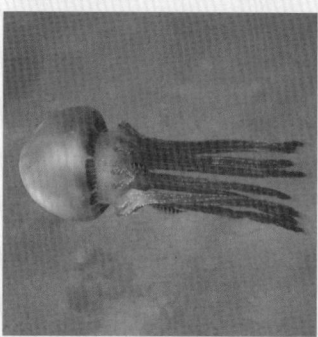

ムラサキクラゲ属の1種

表面が滑らかで、口腕下端には球状塊をもっており、傘縁の縁弁に紫色の斑紋をもつことなど、ムラサキクラゲと異なる点がある。これらの特徴から、このクラゲは紅海、インド、マレー半島、フィリピンなど、インド洋および西太平洋の熱帯〜亜熱帯域から知られる T. loriferum の可能性がある。琉球諸島から相模湾にいたるまでの太平洋岸でときどき見られる。（平野）

サカサクラゲ科 Cassiopeidae

| サカサクラゲ ▶▶ p.66
| *Cassiopea* sp.
| サカサクラゲ属

　傘は扁平な円盤状で外傘中央部が浅く凹み、色は緑がかった灰褐色で、外傘の傘縁周辺に大小の白い模様がある。傘径は普通10cmぐらいだが、大きなものではそれ以上になる。傘縁には16個の感覚器があり、感覚器と感覚器の間にはそれぞれ約5個の縁弁をもつ。放射管は複雑な網目状部をなし、感覚器に向かって伸びる16本はまっすぐ傘縁まで伸びるが、感覚器と感覚器の中間に伸びる16本は網目状部に連絡して終わる。明瞭な環状管は認められない。内傘中央には傘の半径ほどの長さの口腕が8本ある。口腕は基部で癒合し、それぞれ数本の側枝を出す。側枝はさらに分枝し、口腕下部に多数の襞を形成する。襞上には微小触手様突起を備えた吸口が開き、その間に多数の小さな棍棒状の付属器がある。さらに、各口腕に数個ずつ、葉状あるいはへら状のやや大型の付属器ももつ。口腕上部は白色であるが、吸口の開く下側面は灰緑色や灰褐色を帯びる。

　サカサクラゲは *Cassiopea ornata* Haeckel, 1880 の学名で知られるが、原記載によると *C. ornata* は口腕上に多数の小さな棍棒状の付属器のみをもつとされており、本種と形態が少し異なる。日本でよく見られるサカサクラゲの形態は *C. ornata* よりも、むしろ *C. andromeda*（Forskål, 1775）に似ているように思われる。しかし、サカサクラゲ属の種は互いによく似ていて区別が難しく、また、*C. andromeda* には隠蔽種が存在することも示唆されているので、種の同定は不可能と判断し、学名を *Cassiopea* sp. とした。

　サカサクラゲ属の種の傘および口腕には褐虫藻が共生している。あまり泳がず、その名が示すとおり逆さに、すなわち内傘面を上にして海底の砂地にいることが多い。この属のクラゲは世界の暖海に生息しており、日本では鹿児島や沖縄で見られる。場所によって傘縁の模様や、やや大型の付属器の色や形状が少し異なるように思われ、日本にも複数の種が存在している可能性もある。これらの違いが種内変異であるか、種の標徴となりうるものかどうかの検討も含めて、世界のサカサクラゲ類の詳細な分類学的再検討が待たれる。（平野）

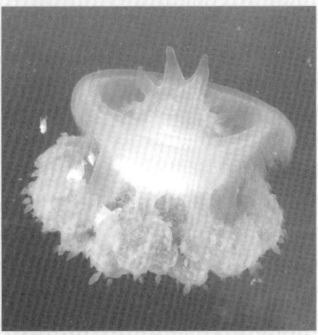

イボクラゲ科 Cepheidae

| イボクラゲ ▶▶ p.69
| *Cephea cephea*（Forskål, 1775）
| イボクラゲ属

　傘は円盤状で、傘径は通常10−20cmだが大きなものでは30cmに達する。外傘中央には大きな半球状の隆起があり、そのまわりが少し窪む。隆起部は傘径の半分ほどの幅で、30−40個の円錐形の突起を備える。それらの突起の先端はしばしば屈曲する。傘縁はかなり深い切れ込みによって80−90個の縁弁に分けられ、主軸と間軸には各1個の感覚器がある。内傘中央には傘の半径ほどの長さの口腕が8本ある。口腕は上半分ではほとんど癒合するが、下半分は2翼に分かれ、さらにそれぞれが複雑に分枝して下側末端に多数の吸口が開く。口腕には100を超える細長い紐状の付属器を備える。胃腔からは感覚器に向かって8本の放射管と、それらの放射管の間に各5−6本ずつの放射管が出る。放射管は胃腔から出てすぐに複雑に分岐し、また連絡し合って網目状になる。感覚器に向かって伸びる8本は太く、網目状部で他の管と連絡しつつ傘縁まで伸びるが、その他の放射管は網目状部に入って終わる。明瞭な環状管は見られない。傘は淡紫紅色や淡褐色など変異が見られ、口腕や傘縁は褐色を帯びる。

　沖縄、高知、田辺湾、相模湾、日本海南部など黒潮の影響を受ける海域でときどき見られる。紅海、マレー半島、フィリピン、オーストラリア、ハワイなど、インド洋および太平洋の熱帯〜亜熱帯に分布する。（平野）

| エビクラゲ ▶▶ p.68
| *Netrostoma setouchianum*（Kishinouye, 1902）
| エビクラゲ属

　傘は円盤状で扁平。外傘中央は浅く凹み、凹みの中に20−30個の角状突起をもつ。ゼラチン質はイボクラゲより薄い。傘径は普通10−25cmほど。傘縁は50−60個の縁弁に分かれ、主軸と間軸には各1個、計8個の感覚器がある。内傘中央には傘の半径より少し長い口腕が8本ある。口腕は上半分で癒合し、下半分は外側に曲がる。下半分は2分岐し、さらに複雑に分枝して末端に多数の襞を形成する。それらの襞上に多数の吸口が開く。吸口の間には先が筆状にとがった短い付属器を備える。胃腔から感覚器に向かって8本の放射管が伸び、それらの間には各3本の放射管が出る。放射管は胃腔を出てすぐ複雑に分枝し、網目状部を形成する。イボクラゲよりも放射管の数が少ないため、網目はそれほど密にならない。明瞭な環状管は見られない。傘は青みがかった半透明で、口腕下部は褐色を呈する。外傘および口腕基部の口盤に多くの赤褐色の斑点をもつ。口腕の間に小エビをともなっていることが多い。

　九州天草、瀬戸内海、高知、相模湾、敦賀湾などから知られる。インド東海岸、中国東シナ海沿岸、フィジーなどからも報告がある。（平野）

科・属の所属未定
Family & Genus unidentified

| 根口クラゲ目の1種-1 ▶▶ p.62
| Rhizostomeae sp. 1

　このクラゲの傘は浅い椀形で、外傘表面には網

刺胞動物門｜箱虫綱 Cubozoa

目状に皺が入り、多数の多角形の疣に覆われる。この疣は傘の中央部では比較的大きく盛り上がって見えるが、辺縁部では小さい。傘縁の縁弁は大きめのものと小さめのものが交互にあるように見える。口腕は傘の半径と同じぐらいの長さで、側扁しているように見え、その下方の1/2ほどを吸口が開く部分が占めている。この部分には短い付属器が見られる。傘の色は、中央部では淡い紫色で、辺縁部はやや褐色を帯びる。口腕は白いが、吸口の開く部分は褐色を帯びている。これらの特徴は、*Versuriga anadyomene* の特徴に一致する。この種はタイやフィリピン、オーストラリアから知られるが、日本からは未記録である。海流に乗って、たまに日本にやってくるのかもしれない。（平野）

根口クラゲ目の1種-2 ▶▶p.63
Rhizostomeae sp. 2

このクラゲの傘は椀形で、その下に傘の半径の1.5倍ほどの口腕が垂れ下がっており、その下方の1/2から2/3ほどを吸口が開く部分が占めている。この部分に目立った付属器は見られない。このような特徴は、水族館でもお馴染みのカラージェリーに見られる。カラージェリーは *Catostylus mosaicus* の学名で知られているが、*C. mosaicus* の外傘表面はモザイク模様のような粗い多角形の疣で覆われている（種小名の *mosaicus* は、この特徴に由来する）のに対して、フィリピンなどから輸入されているカラージェリーでは疣が小さく外傘表面が一見滑らかに見える。また、*C. mosaicus* の基準産地はオーストラリアのシドニーであるが、同じオーストラリアでもさらに南のビクトリア州やタスマニアの集団には遺伝的、形態的差異が認められ、別亜種として扱われている。これらのことから、東南アジア産のカラージェリーについては詳しい分類学的検討が必要であると思われる。また、インド洋には、外傘中央部が滑らかで縁弁に顕著な顆粒状の疣が並ぶ *C. perezi* という種も知られている。写真のクラゲの傘縁には、やや大きめの疣が並んでいるようにも見える。今後、標本が得られて、日本にも分布している写真の種の正体が明らかになることが期待される。（平野）

根口クラゲ目の1種-2

刺胞動物門｜**箱虫綱 Cubozoa**

アンドンクラゲ目 Carybdeida

フクロクジュクラゲ科 Alatinidae
フクロクジュクラゲ ▶▶p.72
Alatina moseri (Mayer, 1906)
フクロクジュクラゲ属

国内では沖縄近海から知られる。海外では、ハワイやオーストラリア、カリブ海に分布する。傘は縦長で、翼状の葉状体から各1本ずつのピンク色を帯びた長い触手を備える。感覚器にT字状の窪みがあり、これはフクロクジュクラゲ科の形質特徴として用いられている。本種は、他種と比べて大型の下部レンズ眼をもち、三日月状の胃糸束を備える。傘縁には8分円につき3本の擬縁膜管がある（Toshino, 2013）。夜間、ライトの灯りに集まる集光性質がある。

和名は、七福神の福禄寿の長い頭に似ていることが由来。（峯水）

アンドンクラゲ科 Carybdeidae
アンドンクラゲ ▶▶p.72
Carybdea brevipedalia Kishinouye, 1891
アンドンクラゲ属

透明な傘の高さは4cmほど。特徴的な立方形で、行灯の形に似ている。4つの間軸部に対をなした葉状の生殖巣や、触手および胃糸がある。擬縁膜には樹枝状の胃水管系が入り込む。外傘ならびに触手の付け根にある葉状体や擬縁膜には刺胞がパッチ状に見られる。

日本ではお盆すぎから秋にかけて海水浴場などでクラゲによく刺されるが、見えないその正体がアンドンクラゲということが多い。とくに水面や浅い海底付近で数十匹の群れをなし、4本の触手を長く伸ばし、すいすいとすばやく泳ぐ。透明な体は水中で見えにくく、長く伸びた4本の触手が手足に絡まって刺されることが多い。刺胞は毒性が強く、刺されると腫れて痛む。餌は強力な毒で小魚を捕えて食べる。だいたい1日くらいで消化して、骨などは口から吐き出す。口と肛門は同じなのがこの仲間の特徴である。

若い時期のポリプはごく小さく、野外で発見するのは難しい。海底ぐらしでイソギンチャクのように単体である。成長するとこのポリプ自体がすっかりクラゲに変身してしまう。いわゆるチョウのような完全変態をとげる。精巧な感覚器もポリプの触手が変形してつくられる。

もっとも進化したクラゲで、遊泳力とともに感覚器が優れている。傘縁に4個の感覚器を備え、それぞれにレンズ眼、平衡石、網膜があるため人間やタコのように像を結ぶことができる。脳のないクラゲになぜこのように精巧な感覚器が備わっているかは謎である。平衡石を研磨することで、樹の年輪のような構造が現れる。1日に1本形成される日齢形質として、本種で世界で初めて明らかとなった。その数は最大で100本前後になる。

日本各地に出現するほか、世界の熱帯〜温帯域に分布。近年の研究で124年前に日本から岸上鎌吉が新種記載した際の学名が復活した。本種に形態が類似するが別系統に属するリュウセイクラゲ

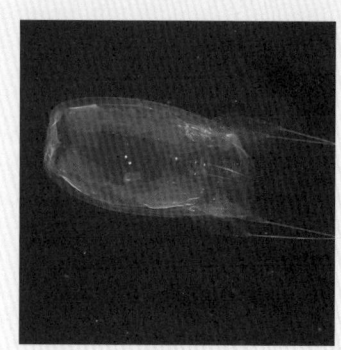

フクロクジュクラゲ

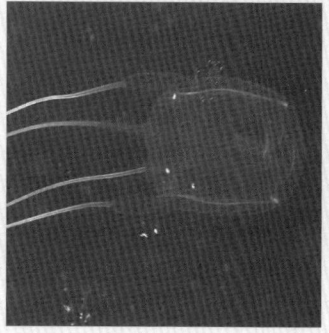

アンドンクラゲ

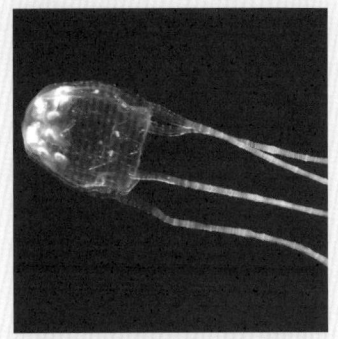

Meteorona kishinouyei Toshino, Miyake & Shibata, 2015が2015年に三宅裕志・戸篠祥・柴田晴佳らによって新種記載された。(久保田)

ミツデリッポウクラゲ科 Tripedaliidae

| ヒメアンドンクラゲ　　　　　　　　▶▶p.73
Copula sivickisi（Stiasny, 1926）
| ヒメアンドンクラゲ属

傘は丸みのある箱形で、傘高15mmまで。触手は赤褐色の縞状模様がある。触手や感覚器の数は4。アンドンクラゲ目の中では小型だが、傘や触手に色素があるので水中で見つけやすい。昼間は傘の中の空所へ触手をすべて折りたたみ、平たくなって海底の海藻などにくっついて眠っている。傘のてっぺんにある付着用の装置がこの時活躍する。夜になると獲物を捕まえるために泳ぎ出す。アンドンクラゲを小さくしたような外見のため「ヒメアンドン」という和名がつけられた。

精巧な眼をもっているため、夜間の光に対して集光する性質がある。雌雄は生殖巣の形状などから区別できる。独特の繁殖行動を行い、雄が雌を触手で捕まえ、連れ添うような行動のあと、2個体が連れ添って触手を絡み合わせ、雄は精子の詰まった精包を雌に渡し受精させる。多いときは8個の精包を渡す。

生活史は近年、解明された。

日本では夏季に現れるクラゲで、和歌山県田辺湾、鹿児島県南部、沖縄本島周辺で記録されている。世界ではインド-太平洋に広く分布。(久保田)

ヒメアンドンクラゲ

ミツデリッポウクラゲ

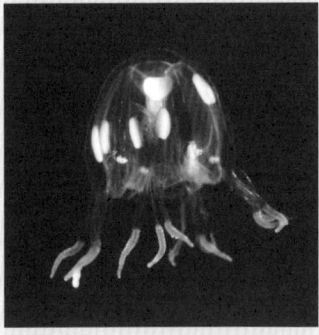

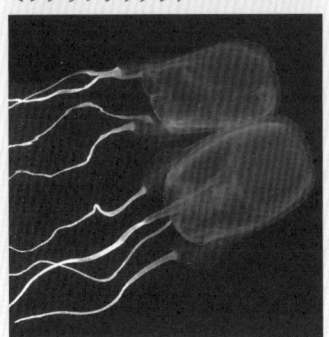

ヒクラゲ

| ミツデリッポウクラゲ　　　　　　　▶▶p.72
Tripedalia cystophora Conant, 1897
| ミツデリッポウクラゲ属

傘径は10mm以下。本種の和名は傘が立方体をしていることと、「ミツデ」とは3本ずつの触手が傘縁の決まった4か所から伸びている特徴に由来する。本種の成体は厚みの薄いハート形の生殖巣をもち、向き合った1対の生殖巣が4組、傘の中央に形成される。本種は体全体が透明なので、自然界では肉眼では見つけにくい。

感覚器をくるくると動かしては光の方向やものの位置を感知すると同時に、体のバランスも取って行動する。有性生殖の方法もユニークで、雄は精子を詰め込んだカプセルのような精包をつくり、高等動物で見られる交尾のような行動を起こす。すなわち、雌を捕まえ精包をしっかり手渡す。交尾後は雌の体内で受精が起こり、プラヌラ幼生が体内で発育する。

本種は南日本で点々と採集されている希少種である。この仲間は刺胞毒がたいへん強力で、ときに人命にも関わるほどだが、本種での被害報告は今のところない。

本種は刺胞動物を系統分類する際、門のすぐ下の綱を決定する重要な役割を果たした。それはこの仲間ではドイツのウェルナーによって世界で初めて生活史が解明され、これまで所属していたエチゼンクラゲやミズクラゲなどの鉢虫綱から独立した新綱として取り扱われるようになったからである。ポリプからクラゲが直接できるという特徴があり、それは昆虫でいえばチョウやカブトムシの完全変態と似た現象ともいえる。(久保田)

イルカンジクラゲ科 Carukiidae

| ヒクラゲ　　　　　　　　　　　　　▶▶p.73
Morbakka virulenta（Kishinouye, 1910）
| ヒクラゲ属

傘は細長い箱形で、大型のものは傘高22cmを超える箱形クラゲの中でも大型種。触手や感覚器の数は4。アンドンクラゲとは、胃糸がまったくないこと、擬縁膜に網目状になった複雑な胃水管系が入り込むこと、リボン状の生殖巣および口柄を支える膜があることで区別できる。

日本では冬場に見られるクラゲで、水面付近を泳いでいる姿が目撃される。1回の脈動ですいすいと泳ぎ、他の箱形クラゲ類に比べて行動範囲も広い。夜間は港の街灯などに寄ってくる習性があり、周囲にいる小魚をピンク色の長い触手で捕える。刺胞毒が強く、刺されると名前の通り体に火がついたように痛むという。出現はほとんどが冬季であることから、海水浴で刺されることはまずない。生活史は近年、解明され、学名も岸上鎌吉が新種記載した際の種小名が復活した。

紀伊半島から瀬戸内海、九州沿岸にかけて分布。日本固有種。(久保田)

ネッタイアンドンクラゲ目 Chirodropida

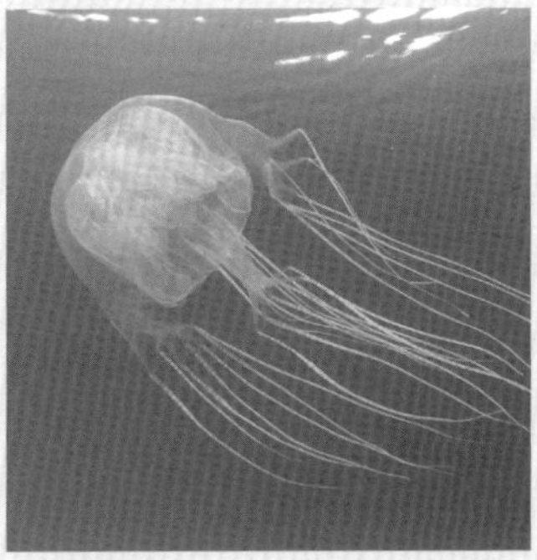

ネッタイアンドンクラゲ科 Chirodropidae

| ハブクラゲ　　　　　　　　　　　　▶▶p.74
Chironex yamaguchii Lewis & Bentlage, 2009
| ハブクラゲ属

傘は立方形で、大型のものは傘高20cmに達する。触手は多数あり、各間軸に最多で9本、伸張すると1mにもなる。感覚器に含まれる平衡石の輪紋数は80余りあり、日齢と推定されている。

ハブクラゲ

沖縄では例年6～9月頃に現れ、とくに港内や浅い砂浜、海辺のマングローブ域などに多い。視界の悪い海域ではクラゲ本体が見えない場合もあり、ボートの揚収時や、目撃例が多い海岸付近、クラゲ侵入防止網の設置されていない海岸では刺されるケースが多い。刺胞毒はきわめて強く、子どもの場合は死傷例があるので素肌で触れないように注意が必要。小型魚類を捕食する。

生活史は解明され、学名も変更され、この類を研究された山口正士に献名された。(久保田・峯水)

刺胞動物門 ヒドロ虫綱 Hydrozoa

花クラゲ目 Anthomedusae

オオウミヒドラ科 Corymorphidae

カタアシクラゲ ▶▶p.78
Euphysora bigelowi Maas, 1905
カタアシクラゲ属

　傘頂にゼラチン質の突起をもつことが多く、放射管は4本。傘高は6mmほどまで。本種は名前が示すようにただ1本の長い触手しかもたない。同じように1本の触手しかもたないカタアシクラゲモドキに類似するが、本種は触手の片側だけに刺胞塊が球形になって多数並んでいるので区別できる。さらに、本種には短く伸びた3本の触手状の突起が傘縁の3か所にある。これらはいずれも先細りにすんなり伸びたもので、長い触手にあるような目立った刺胞塊はない。口柄先端の唇は丸く、口触手はない。眼点は見られない。生殖巣は円筒状の口柄を取り巻いて形成される。
　日本では関東地方から南西諸島沿岸で普通に見られ、世界ではインド-太平洋や地中海に分布。
　ポリプは慶良間列島の阿嘉島の個体が世界で2例目として記録された。大型の単体ポリプで、砂泥中にヒドロ根の部分を突き刺して体を支えている。2環列の触手の間から多数の若いクラゲが遊離する。カタアシクラゲモドキのポリプに類似するが、本種は糸状の口触手と縁触手を多数もつことで区別できる。(久保田)

コモチカタアシクラゲ ▶▶p.80
Euphysora gemmifera Bouillon, 1978
カタアシクラゲ属

　傘のゼラチン質は厚みが強く、とくに傘頂部では厚みを増す。外傘表面に多数の刺胞塊が散在し、ザラザラとしている。傘高は10mm以下。放射管は4本。カタアシクラゲに類似し、1本の長い触手の片側だけに半球形の刺胞塊が多数並ぶが、傘縁正軸部3か所には触手状の突起は見られない。口柄に白斑が数個ある。未成熟クラゲは傘縁副軸部にクラゲ芽を5-14個形成することが、"コモチ"の由来である。眼点は見られない。
　本種は、1978年にパプアニューギニア産の複数個体をもとに、ブイヨンによって新種として記載された。それ以降、世界のどこからも出現報告がなかったが、2005年に日本では初めて和歌山県田辺湾から1個体の未成熟クラゲが報告された。北半球からの初報告であることが注目される。今までに成熟個体の記録はなく、日本では和歌山県田辺湾と今回、静岡県大瀬崎から、海外ではパプアニューギニアからのみ報告がある。
　ポリプは不明。(久保田)

カタアシクラゲ属の1種-1 ▶▶p.80
Euphysora sp. 1

　傘は円筒形で傘頂に突起をもち、放射管は4本。1本の長い傘縁触手があり、触手の片側だけにやや楕円形の刺胞塊が並び、先端の刺胞塊はもっとも大きく丸い。また、傘縁には短い3個の傘縁瘤があり、いずれも先が細く伸びず、長い触手に見られたような顕著な刺胞塊はない。眼点は見られない。(久保田・峯水)

カタアシクラゲ属の1種-2 ▶▶p.81
Euphysora sp.2

　傘のゼラチン質は厚みが薄く、放射管は4本。1本の長い傘縁触手があり、触手の片側だけに球形の刺胞塊が多数並ぶ。触手の先端の刺胞塊が丸くない特徴がある。長い触手以外の傘縁には短い突起がある。眼点は見られない。(久保田)

バヌチィークラゲ ▶▶p.81
Vannuccia forbesi (Mayer, 1894)
バヌチィークラゲ属

　傘頂は突出せず、放射管は4本。傘高は3mmほど。触手は1本で、触手の基部は通常のクラゲのように膨らんでいないが、先端が擬宝珠状に膨らんでおりその部分にだけ刺胞が詰まっている。終生、触手はこの1本だけである。眼点は見られない。もう1つの特徴として、若いクラゲでは傘の頂上が突き出している種類が多いなか、本種は成体になっても突き出さず平たいままである。また、傘の経線に沿って近似種で見られるような刺胞の列がまったくない。生殖巣は円筒状の口柄を取り巻いて形成される。
　日本では相模湾から南西諸島に分布。世界ではインド-太平洋や大西洋の熱帯域および地中海に分布。
　ポリプは外国産のもので知られていて、単体性でカタアシクラゲモドキのポリプに類似する。クラゲを出さないオオウミヒドラ類に近い形態である。ポリプの花の部分に備えた2環列の触手の間にクラゲ芽が多数形成される。(久保田)

オオウミヒドラ科の1種 ▶▶p.81
Corymorphidae sp.

　放射管は4本。口柄は傘高とほぼ同長。触手は1本で、刺胞塊が棍棒状に膨らむ。幼クラゲのため、属や種の同定にはいたっていない。バヌチィークラゲの幼体の可能性もある。(久保田)

カタアシクラゲモドキ科 Euphysidae

カタアシクラゲモドキ ▶▶p.82
Euphysa aurata Forbes, 1848
カタアシクラゲモドキ属

　1本だけ長く伸びる触手しかもっていない。一

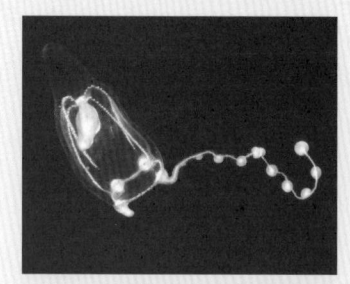

カタアシクラゲ

コモチカタアシクラゲ

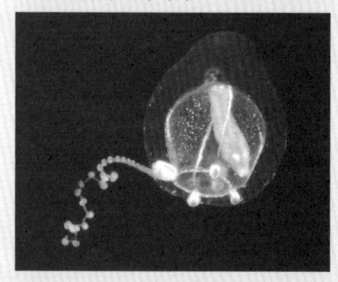

カタアシクラゲ属の1種-1

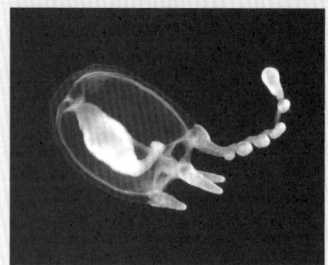

カタアシクラゲ属の1種-2

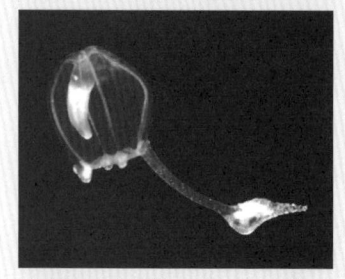

バヌチィークラゲ

オオウミヒドラ科の1種

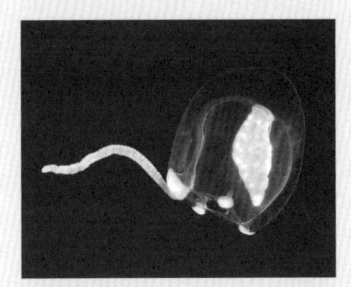

見、アンバランスな容姿で、傷ついているのかと思ってしまう。カタアシクラゲに類似するが、触手に点々と並ぶ刺胞の塊が数珠状になっているので、両者は簡単に区別できる。この刺胞塊数は成長とともに増える。傘の高さは4mm以下。傘の中心にあるのが胃腔だが、口先に唇や触手などがまったくなく、丸い。

傘頂にはゼラチン質の突起が少し見られる。ポリプから遊離したての個体には、この中にへその緒のような管がある。放射管は4本あり、十字状に内傘を走っていて、消化循環の役割を果たす。眼点はもたない。傘縁瘤や口柄は淡黄色で、口の周囲や触手の基部の膨らみ、傘縁瘤の中心部、そして傘縁自体は紅色で美しい。

日本各地の沿岸で幼クラゲが普通に採取できるが、成熟個体は発見が難しい。生殖巣は円筒状の胃腔を取り巻くように形成される。飼育は難しく、孵化したばかりのアルテミア幼生を自身で捕えて食べないので長生きしない。

世界ではインド-西太平洋、大西洋、地中海などに広く分布。日本ではポリプは未記録だが、外国産では砂泥中から伸び上がる単体性の大型のもので、ヒドロ花にある長い縁触手のすぐ上方に多数のクラゲ芽が形成される。(久保田)

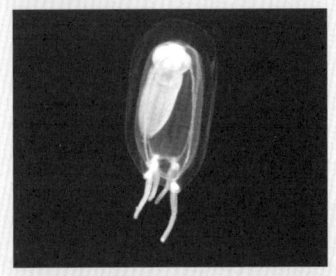

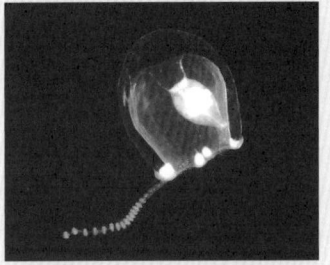

| サルシアクラゲモドキ ▶▶p.82
| *Euphysa japonica* (Maas, 1909)
| カタアシクラゲモドキ属

傘は釣鐘形で、傘頂は突出しておらず、放射管は4本。傘高は11mmほど。傘のゼラチン質の中に管は見られない。触手は4本でサルシアクラゲに類似するが触手瘤に眼点がないのが特徴。円筒状の口柄のまわりに生殖巣が形成される。口柄や触手瘤は紅色で鮮やか。本種は北海道産の2個体をもとに新種とされた。

北海道沿岸に分布。近年、「しんかい2000」の調査により、北海道後志海山南斜面の水深421mや620m地点で、生息が記録されたことなどから、沿岸よりも中・深層に生息する種と推測される。

種小名が*japonica*となっているため日本特産のように思えるが、北太平洋にも産する。

ポリプは不明。(久保田)

| カタアシクラゲモドキ属の1種-1 ▶▶p.82
| *Euphysa* sp. 1

春の東北地方で数多く見られる。傘のゼラチン質は傘頂部でわずかに厚みがある。放射管は4本。傘高4mmほど。近縁種に比べて口柄支持柄がよく発達している。口柄および触手瘤と傘縁瘤は黄色を帯びる。(久保田)

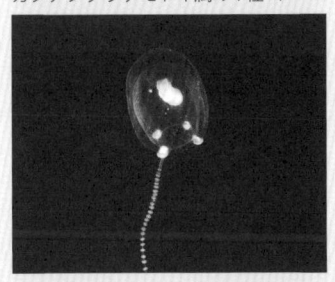

| カタアシクラゲモドキ属の1種-2 ▶▶p.82
| *Euphysa* sp. 2

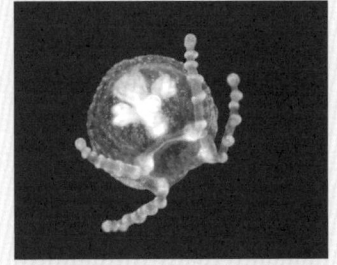

傘のゼラチン質は傘頂部にわずかに厚みがあるものの、全体にわたりほぼ均等。放射管は4本。傘高は5mmほど。口柄はよく発達した口柄支持柄によって、傘高の2/3ほどまで伸張する。生殖巣が円筒状の口柄を取り巻いて形成される。1本の長く伸びる傘縁触手しかなく、触手に点々と並ぶ刺胞塊が数珠状となる。眼点は見られない。口柄と触手瘤と傘縁瘤の中心部は紅色。(久保田)

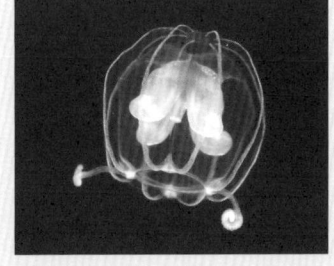

| コモチウチコブヨツデクラゲ (新称) ▶▶p.83
| *Euphysilla pyramidata* Kramp, 1955
| コモチウチコブヨツデクラゲ属 (新称)

傘は球状で、放射管は4本。傘径は1.5mmほど。触手は4本で短く、刺胞塊は先端の球状のものを除き、すべて半円盤状で少数が触手の内側にとびとびに見られる。触手瘤に眼点はない。口柄支持柄は見られず、口柄には複数のクラゲ芽を同時に出芽する。口唇は丸い。

希少種で、今回、与那国島から1個体が発見された。日本からは同種と推察される傷んだ1個体が沖縄県慶良間列島から報告されている。世界では中国、マダガスカル島西方、西アフリカで記録。

ポリプは不明。(久保田)

クダウミヒドラ科 Tubulariidae

| フクロソトエリクラゲ ▶▶p.83
| *Ectopleura sacculifera* Kramp, 1957
| ソトエリクラゲ属

放射管は4本。傘高は3mmほど。日本産の同属種であるソトエリクラゲやクダウミヒドラモドキと同様に、外傘の8か所がキール状になっており、これに沿って刺胞列がある。この形状から名前に「外襟」とついている。生殖巣は傘の中央にある口柄の中央付近から伸び、4か所から突き出して、おのおのが下方に向かって垂れ下がっている。傘縁にある触手は向かい合わせに2本のみ。それぞれの触手の全体にわたって刺胞塊があるが、それらは数珠状に並んでいる。眼点は見られない。

日本では今までに和歌山県田辺湾や静岡県大瀬崎、伊豆諸島などで記録されている。世界ではインド-太平洋、地中海に分布。

ポリプは不明だが、クダウミヒドラ科特有の大型の個虫から構成される群体性のものと推測される。(久保田)

| ヒトツアシクラゲ ▶▶p.83
| *Hybocodon prolifer* L. Agassiz, 1862
| ヒトツアシクラゲ属

放射管は4本。傘高は4mmほど。傘縁触手がただ1か所だけから伸張するので「ヒトツアシ」という名前がついたが、カタアシクラゲやカタアシクラゲモドキとは異なり、そこには3本までの長短の触手が付加されることがある。また、これらの触手の基部にクラゲ芽を出芽することがある。いずれの触手にも刺胞塊が数珠状に並ぶ。眼点は見られない。放射管に沿った外傘上に刺胞列がある。触手が伸張する部分から伸びる放射管の両側には刺胞列が1本

カタアシクラゲモドキ

サルシアクラゲモドキ

カタアシクラゲモドキ属の1種-1

カタアシクラゲモドキ属の1種-2

コモチウチコブヨツデクラゲ (新称)

フクロソトエリクラゲ

刺胞動物門 | ヒドロ虫綱 Hydrozoa

ずつ対称にある特徴により、本種は他のヒドロクラゲ類が4放射相称であるのと異なり左右相称。生殖巣は円筒状の口柄を取り巻くように形成される。

雌は口柄上で受精卵がアクチヌラ幼生に成長するまで保育する。この幼生は、ポリプのヒドロ花を小型にした形状で、母体から遊離した後に基質に付着しヒドロ茎やヒドロ根を伸ばす。

青森県以北で記録されているが、今回、宮城県志津川でも撮影された。世界では北太平洋や北大西洋、地中海、南極海や北極海に分布。

ポリプは大型で群体性。ヒドロ茎は分岐しない。本種のポリプの外見は、クラゲを遊離させることなく、雌の生殖体内で受精卵がアクチヌラ幼生になるまで保育するクダウミヒドラ類と似るので、生殖体が形成されていない場合は外部形態だけでは分類が難しい。（久保田）

ハシゴクラゲ科 Margelopsidae

ハシゴクラゲ ▶▶p.83
Climacocodon ikarii Uchida, 1924
ハシゴクラゲ属

傘は樽形で、放射管は4本。サボテンのような外見で、水の中をゆっくりとした脈動で上下する。傘高は4.6mmほど。放射管に沿って、外傘上に2本ずつで1組になった短い触手が最多で3段見られる。それより1段上には1本だけ同様の触手があり、それらより1段下の傘縁触手は密生して群をなしている。いずれの触手にも触手瘤の膨らみがない点は、花クラゲ目の中では特異な特徴である。眼点は見られない。生殖巣は円筒状の口柄を取り巻いて形成される。

雌クラゲは口柄上で受精卵がアクチヌラ幼生に育つまで保育する。やがてこの幼生は海中へ遊離してヒドロ茎を伸ばすこともせずに浮遊生活を送るが、すばやく成長してクラゲ芽を多数出芽して増殖する。一方、条件によっては、雌クラゲより放たれた受精卵が海底でかたいキチン質の殻を被った休眠卵となり、このようなシスト状態で長期間眠った後に若いポリプを誕生させる場合もある。

本種は北海道忍路産のポリプとクラゲをもとに新種とされ、日本では北海道沿岸や山形県加茂、福島県沿岸で記録。世界ではロシア沿岸に分布。

日本産クラゲ類の系統分類学の基礎を築いた内田亨が研究したヒドロクラゲ類の中で最初に新種記載され、井狩二郎に献名されたクラゲ。（久保田）

ハネウミヒドラ科 Pennariidae

ハネウミヒドラ ▶▶p.83
Pennaria disticha Goldfuss, 1820
ハネウミヒドラ属

クラゲでありながら、名前にクラゲという言葉がついていない。その理由はプランクトンネットで採れることはまずないことと、短命ではかないために出会うことがめったにないからである。形態も省略されており、有性生殖に特化している。つまり、触手もなく、餌をとらず、ポリプから遊離後に有性生殖をすぐに果たすだけのシンプルな形態に変化している。傘径はわずか1mm程度しかない。

海中に泳ぎ出す前、クラゲはすでに成熟している。つまり生殖巣を口柄のまわりに形成する。雌は大きな卵を数個だけしかつくらない。一方、雄は口柄のまわりを一周する乳白色の包みとなり、無数の精子を詰めている。夏期の繁殖時期になると、日の入りにいっせいにクラゲが遊離し、同時に卵と精子を放出して受精卵をつくる。クラゲはその後、数時間以内に拍動しなくなり短い生涯を終える。

ポリプは高さ20cmに達する羽状の群体で、海藻と見間違うほどである。ヒドロ花には2種類の形と長さの違う触手がある。それらの間に守られてクラゲを形成する。

日本では本州中部から南西諸島にかけて知られ、世界の温帯から熱帯域に広く分布。スキンダイビングで簡単に見つかる。（久保田）

タマウミヒドラ科 Corynidae

ジュズクラゲ ▶▶p.84
Dipurena ophiogaster Haeckel, 1879
ジュズクラゲ属

傘は釣鐘形で、放射管は4本。傘高は6mmほど。名前の通り、数珠状の部分が目立つ小型のクラゲである。触手は4本で、基部に刺胞は装填されていない。口柄は長い円筒状で、傘口より大きく外に突き出て、大きいものでは傘高の3倍以上になる。特徴的なその数珠は生殖巣で、長く伸長するため傘口より外に突き出ている。口柄が垂れ下がり、その部分に腸詰めのような生殖巣が何個も連なる。このような形の生殖巣をつくるクラゲはほかにない。1個体あたり最多で9個まで形成される。生殖巣より先端の部分が胃腔である。ここで餌を消化する。4個の触手のおのおのの基部が膨らんで触手瘤となっているが、それらの外側には1個ずつ黒い眼点がある。口柄や触手瘤は黄緑がかって見える。

おもに夏に見られるクラゲで、内湾の穏やかな海に多く、本州中部から南西諸島にかけて広く分布。世界ではインド-太平洋、大西洋、地中海に分布。

外国産のポリプではニホンサルシアクラゲと類似した群体性のポリプをもつことが知られている。（久保田）

ニホンサルシアクラゲ ▶▶p.85
Sarsia japonica (Nagao, 1962)
サルシアウミヒドラ属

傘は釣鐘形で、放射管は4本。傘高は7.5mmほど。4本の触手は傘高の数倍以上に伸張し、触手瘤の外側には眼点がある。口柄は傘口に達し、大型個体ではやや突き出る。同時期に見られるサルシアクラゲに似るが、口柄や触手瘤は赤みがかって見える。外傘上の副軸に沿って刺胞が点在する。円筒状の口柄を取り巻いて生殖巣が形成される。

福島県から北海道の太平洋沿岸に分布。日本特産の可能性もあるが、近年、カナダ沿岸やニュージーランドから本種と同様の形態のクラゲが記録されている。クラゲを遊離させないタマウミヒド

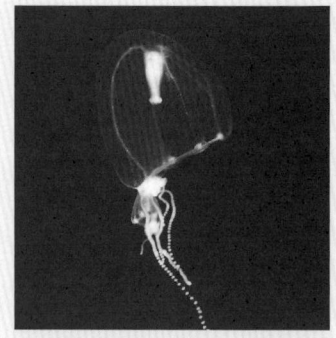

ヒトツアシクラゲ

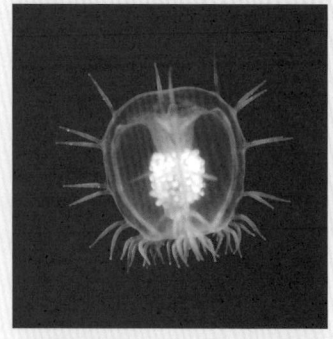

ハシゴクラゲ

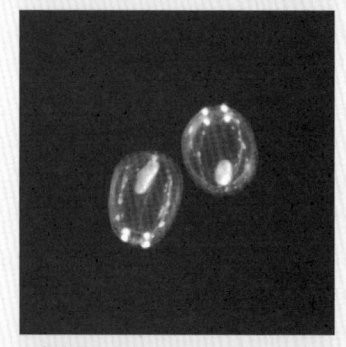

ハネウミヒドラ

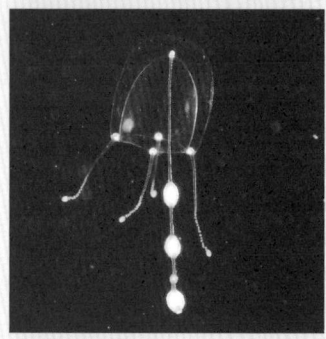

ジュズクラゲ

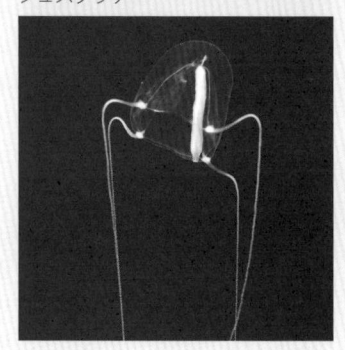

ニホンサルシアクラゲ

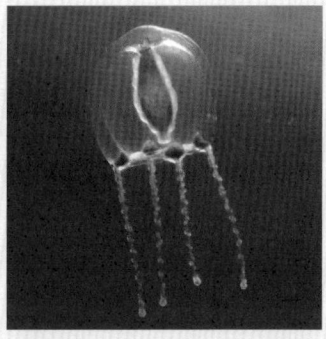

ヤマトサルシアクラゲ

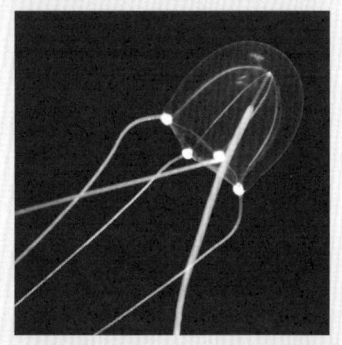

サルシアクラゲ

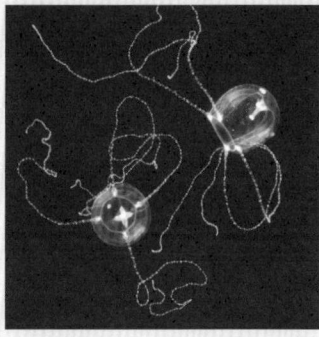

オオタマウミヒドラ

エダアシクラゲ

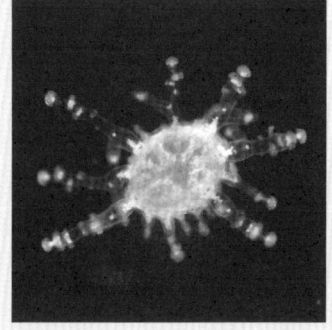

ハイクラゲ

ラ属とする意見もある。
　ポリプは群体性で、クラゲ芽がヒドロ花に散在する触手群の直下に、複数形成される。北海道厚岸産のポリプとそれから遊離したクラゲの飼育で得られた雌の成熟個体をもとに長尾善によって新種記載された。（久保田）

| ヤマトサルシアクラゲ ▶▶p.85
| *Sarsia nipponica* Uchida, 1927
| サルシアウミヒドラ属

　傘は釣鐘形で、傘高は2.4mm以下。1mmほどの大きさの傘の上部にわずかな突起がある。特徴は4本の短い触手で、傘高程度にしか伸張しない。各触手全体にある刺胞の塊の数は少ない。とくに触手先端のものが大きく、丸くよく膨れている。触手瘤の外側には眼点がある。口柄は短く傘口より外へ突き出さない。口柄の先端に特別な構造はなにもない。円筒状の口柄の上半分を取り巻いて生殖巣が形成される。外傘全体に刺胞が点在する。放射管は4本。和歌山県田辺湾産のクラゲに基づき内田亨により新種とされた。
　本州中部から南西諸島にかけて分布し、日本特産の可能性もあるが、インド洋のレユニオン島やブラジルのサンパウロ付近にも分布するとされる。ニホンサルシアクラゲと同様にタマウミヒドラ属とする意見もある。
　群体性のポリプは、ヒドロ花に散在する多数の触手の直下にクラゲ芽を複数つける。（久保田）

| サルシアクラゲ ▶▶p.84
| *Sarsia tubulosa*（M. Sars, 1835）
| サルシアウミヒドラ属

　傘は釣鐘形で、放射管は4本。傘高は10mmほど。4本の触手は傘高の数倍以上に伸張する。触手瘤の外側には眼点がある。口柄は長く、傘口より大きく外へ突き出し、大型個体では傘高の6倍にまで伸張する。円筒状の口柄の基部と先端を除き、口柄の大部分を取り巻いて生殖巣が形成される。同時期に見られるニホンサルシアクラゲにも似るが、口柄や触手瘤は黄緑がかって見える。
　東北から北海道沿岸に分布。世界ではインド‐太平洋、大西洋、地中海に分布。
　外国産のポリプは群体性で、ヒドロ花の先端部に散在する少数の触手群の直下にクラゲ芽を複数つける。（久保田）

オオタマウミヒドラ科 Hydrocorynidae

| オオタマウミヒドラ ▶▶p.85
| *Hydrocoryne miurensis* Stechow, 1907
| オオタマウミヒドラ属

　小型のクラゲで傘高は2.8mmほど。放射管は4本。口柄の最上部の四隅に紅色の色素斑がある。傘の色は無色透明。傘縁触手は4本で、それぞれの触手瘤の外側に眼点がある。
　生殖巣はフラスコ状の口柄を取り巻くように形成される。雌クラゲがつくる卵の大きさは他のクラゲと比べて大きく、一度に少数しかつくらない。通常のクラゲでは、外傘には刺胞が1個ずつ散在することが多いが、本種は外傘全体に数種の刺胞が塊をなしてパッチ状に散在する。
　ポリプは大型で、1個虫は全長70mmまで伸張する。ヒドロ花はねぎ坊主のような形状。ヒドロ茎の下部に多数のクラゲ芽をつくるのでブドウの房のように見える。
　本州から北海道沿岸と、ロシアの日本海沿岸に分布。わが国では本州から北海道沿岸の潮間帯などで、ポリプは比較的簡単に見つかる。
　本種は神奈川県三崎で採集されたクラゲ芽をつけたポリプに基づいて記載され、その後73年間は日本特産だったが、ロシアのウラジオストクなどで別種として発見されていたものが同種と判明した。（久保田）

エダアシクラゲ科 Cladonematidae

| エダアシクラゲ ▶▶p.86
| *Cladonema pacificum* Naumov, 1955
| エダアシクラゲ属

　傘は釣鐘状で、傘高は4mmほど。通常のクラゲは4本の放射管をもつが、本種はその倍以上をもち、それと同数の触手が傘縁から伸びる。傘縁触手は8‐11本で、いずれも途中で何度も分岐する。それぞれの触手には吸盤があり、これで海藻などに付着している。触手基部の触手瘤の外側に眼点がある。光を感じ取り、光が指す方向へ移動する。生殖巣は円筒状の口柄を取り巻くように形成される。口触手は6本。マチ針状で短いが、先端の膨らみの中に刺胞が詰まる。
　日本各地の藻場に生息し、海藻の葉上に付着する。飼育しやすく、泳ぎ回らないので観察も容易。ポリプは、マチ針状の4本の短い触手をもつ。強力な刺胞で餌を上手に捕え、体がぱんぱんになるまで呑み込む。ポリプは群体性だが、直立する個々の個虫は分岐はするが、樹状にはならない。別属別科のジュズクラゲのポリプもこれに似ていて、外見での区別は難しい。（久保田）

| ハイクラゲ ▶▶p.86
| *Staurocladia acuminata*（Edmondson, 1930）
| ハイクラゲ属

　傘は円盤状で、傘径は平均約0.5mm、大きなのでも1mmに満たない。内傘面中央には円筒状の口柄が伸び、その下端に口が開く。胃腔からは短い放射管が出て、傘の周縁部で環状管に連絡する。放射管の数は傘の成長にともなって増加するため変異が大きく、おおむね5‐15本。縁膜は幅広く、口柄まで達する。傘縁には傘径の2倍ほどの長さの触手が放射状に伸びる。触手の数も成長にともなって増加するため変異が大きい。大型の個体では25本近い触手をもつ。それぞれの触手は中ほどで上下2本の枝に分かれる。上側の枝には先端に球状の刺胞群

があり、このほかに下側の枝との分岐点までの間に大小数個の刺胞群がある。触手の発達段階によって刺胞群の数は異なるが、完成した触手では先端の球状の刺胞群のほかに、先端から少し分岐点寄りの上面に1個、次に下面に1個、さらに分岐点寄りには上面に1個、そしてもっとも分岐点寄りには枝の側面に2個の刺胞群がある。下側の枝には刺胞群はなく、先端中央が浅く凹み吸盤状を呈する。よく発達した触手の基部には、外傘上に各1個の深紅色の眼点がある。生殖巣は口柄基部に発達する。傘は半透明だが、外傘表面は乳白色の顆粒に覆われ、胃、放射管、環状管は淡黄褐色を帯びる。

潮間帯から亜潮間帯のアオサ、ウミトラノオ、トサカマツなどさまざまな海藻上で見られる底生性のクラゲ。遊泳せず、触手を使って這って移動する。先端が吸盤状になっている触手下側の枝は粘着力が強い。刺胞群を備える触手の上側の枝を使って、カイアシ類などの小型甲殻類を捕えて食べる。二分裂による無性生殖を行う。本種のポリプは未だ報告されていない。

本種は、約50年前、下田臨海実験センターの水槽内で見つかった1個体から無性的に増えた多数の個体に基づいて、日本初のハイクラゲ類として報告された。近年、下田の海岸でも見つかり、その後、沖縄でも生息が確認された。ハワイやパプアニューギニアからも知られる。かつては本種にはイザリクラゲという和名が与えられていたが、1988年に昭和天皇が『相模湾産ヒドロ虫類』を出版されたとき、その中で和名をハイクラゲと改められた。(平野)

| チゴハイクラゲ　　　　　　　　　　▶▶p.86
Staurocladia bilateralis（Edmondson, 1930）
ハイクラゲ属

傘の形態および大きさ、放射管や触手の形態と数、色彩の特徴など、さまざまな点でハイクラゲに非常によく似る。しかし、触手の上側の枝の刺胞群の数および配置によって区別することができる。本種の完成した触手の上側の枝には、先端の球状の刺胞群のほかに、下側の枝との分岐点の間に計3個の刺胞群がある。これらは、1個が先端から1/3ほど分岐点に寄ったあたりの上面に、残り2個はさらに1/3ほど分岐点に寄ったところにあり、1つずつ両側面にある。触手の基部の外傘上に眼点がある。

潮溜まりや亜潮間帯のさまざまな海藻上に付着し、小型甲殻類、とくに海藻上にすむソコミジンコ類などのカイアシ類を食べる。ハイクラゲ同様、二分裂によって無性的に増え、潮溜まりではしばしば大量に出現する。本種のポリプはまだ知られていない。

沖縄、唐津湾、敦賀湾、相模湾、房総半島など、本州中部以南の太平洋および日本海沿岸で見られる。ハワイ、セイシェルからも知られる。(平野)

| ヒメハイクラゲ　　　　　　　　　　▶▶p.87
Staurocladia oahuensis（Edmondson, 1930）
ハイクラゲ属

本種も傘の形態および大きさ、放射管や触手の形態と数など、さまざまな点でハイクラゲによく似る。ただ、胃、放射管や環状管はピンク色がかったものが多い。触手の上側の枝の刺胞群の数と配置によって、ハイクラゲともチゴハイクラゲとも区別できる。本種の完成した触手では、先端の球状の刺胞群のほかに下側の枝との分岐点の間に、通常2個の刺胞群がある。これら2個の刺胞群はいずれも枝の上面にあり、分岐点までの長さをほぼ3等分するように並ぶ。まれに、3個目の触手群が、さらに分岐点寄りに生じることがある。触手の基部の外傘上には、やはり眼点がある。

潮溜まりや亜潮間帯のさまざまな海藻上に付着し、海藻上にすむソコミジンコ類などのカイアシ類を食べる。ハイクラゲ、チゴハイクラゲと同様に二分裂によって無性的に増え、潮溜まりなどで、しばしば大量に出現する。本種のポリプはまだ知られていない。

沖縄、相模湾、房総半島などで見られる。奥尻島、江差など北海道南部にも分布する。ハワイ、チリからも報告がある。(平野)

| ミウラハイクラゲ　　　　　　　　　▶▶p.87
Staurocladia vallentini（Browne, 1902）
ハイクラゲ属

傘は円盤状で、傘径は通常1-2mmほどだが、大きなものでは3mmに達する。内傘面中央には円筒状の口柄が伸び、その下端に口が開く。放射管の数は6-8本のものが多いが、まれにそれ以上のものもいる。放射管の数は個体ごとに決まっていて、成長にともなって増加することはない。傘縁から放射状に傘径の1.5倍ほどの長さの触手が20-35本ほど伸びる。それぞれの触手は中ほどで上下2本の枝に分かれ、上側の枝には先端の球状の刺胞群のほかに、3-5個の刺胞群が先端から順に枝の上面、下面、上面と交互に生じる。大きくなると、まれにさらに分岐点寄りに1-2個の刺胞群をもつことがある。下側の枝には刺胞群はなく、その先端は吸盤状をなす。よく発達した触手の基部の外傘上には、各1個の深紅色の眼点がある。傘の中央部や傘縁には白色斑が点在することがあるが、傘はほとんど透明。内部の胃、放射管、環状管などは褐色、透明な傘を透してよく見える。生殖巣は口柄基部から胃腔上壁にかけて発達する。

潮間帯の潮溜まりや亜潮間帯のさまざまな海藻上に付着する。幼体期には、内傘の傘縁からクラゲ芽を出芽して無性的に繁殖する。

日本産のハイクラゲ類では唯一、ポリプの形態が報告されている。ヒドロ花は0.5-1mmの長さで、先端の口を取り巻いて1-4本の有頭触手があり、基部付近に通常4-5本の糸状触手がある。ミウラハイクラゲは唐津湾、敦賀湾、相模湾、陸奥湾、奥尻島、石狩湾などで見られる。フォークランド諸島、南アフリカ、オーストラリア、ニュージーランド、バミューダ諸島など南北両半球の温帯域から報告されているが、それらの中には分類の再検討が必要なものもあると思われる。(平野)

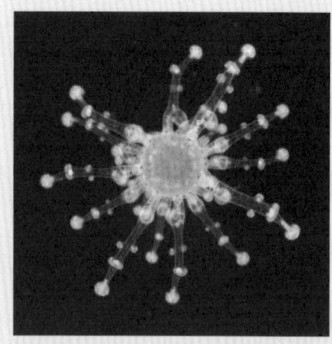

チゴハイクラゲ

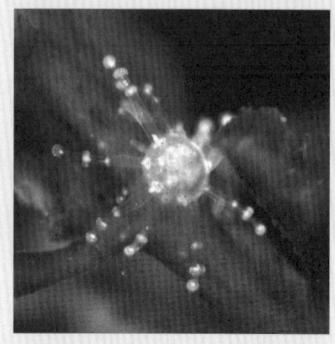

ヒメハイクラゲ

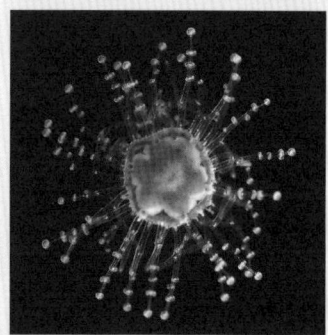

ミウラハイクラゲ

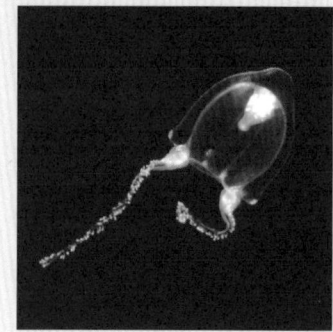

ジュズノテウミヒドラ

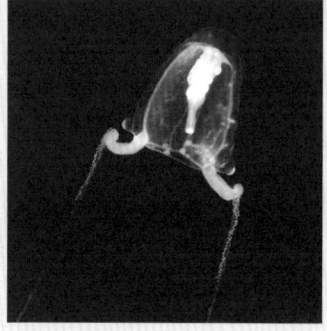

スズフリクラゲ属の1種-1

スズフリクラゲ属の1種-2

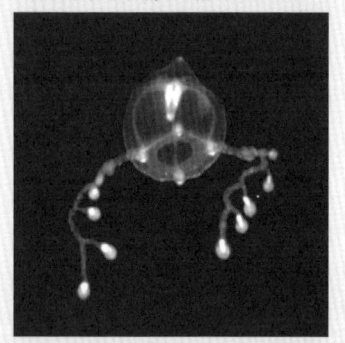

フタツダマクラゲモドキ（新称）

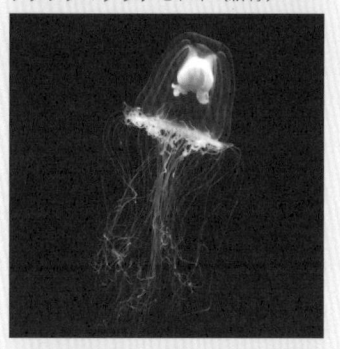

ベニクラゲモドキ

ニホンベニクラゲ

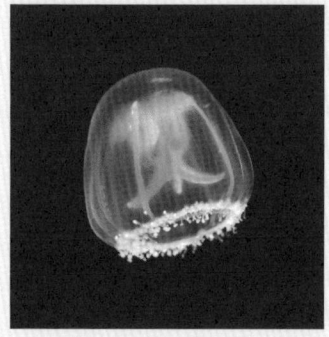

ベニクラゲ（北日本型）

ジュズノテウミヒドラ科 Asyncorynidae

ジュズノテウミヒドラ ▶▶p.88
Asyncoryne ryniensis Warren, 1908
ジュズノテウミヒドラ属

傘頂は突出し、傘高は3mmほど。2本の触手をもち、それぞれに多数の刺胞瘤が鈴を振ったようにみえることから、スズフリクラゲ属のクラゲに類似する。触手瘤の直上部は瘤のように膨らみ、外側には眼点がある。

これまでにはブラジル産の群体性のポリプから遊離したクラゲが飼育されて記載されていて、インド洋のセイシェル諸島と南アフリカからもポリプのみ記録されている。

群体性のポリプは日本でも記録があり、ヒドロ花には、最上部に数本の太鼓のばち状の短い触手が、その下には数十本の数珠状になった長い触手が散在する。後者の触手群の間には房状になったクラゲ芽ができ、未成熟なクラゲとして遊離する。

今回の記録は、自然界から本種のクラゲが初めて採集・撮影された記録となる。同定の根拠は久保田信の飼育（未発表データ）による。（久保田）

スズフリクラゲ科 Zancleidae

スズフリクラゲ属の1種-1 ▶▶p.88
Zanclea sp.1

傘はベル形で、正軸部の傘縁がやや突出する。放射管は4本。口柄は細長く、口先は単純な円形。生殖巣が口柄を取り巻いて形成される。傘縁触手は2本で、触手瘤の先に片列に並んだ短い柄のある刺胞塊が触手の先端まで並ぶ。正軸部の傘縁上に刺胞塊がある。

今のところクラゲだけでの識別が困難なグループのため、詳細まではわかっていない。（久保田）

スズフリクラゲ属の1種-2 ▶▶p.88
Zanclea sp.2

前者とほぼ同じ形態。幼クラゲのため、詳細まではわかっていない。（久保田）

フチコブクラゲ科 Zancleopsidae

フタツダマクラゲモドキ（新称） ▶▶p.88
Dicnida sp.
フタツダマクラゲ属（新称）

傘頂は突出し、先端は蛍光緑色で、未成熟クラゲの傘高は3mmほど。放射管は4本。2本の長い触手は途中で4-5回分岐し、その先端に刺胞瘤がある。

日本では慶良間列島の阿嘉島から採集時に傷んだ本属の1個体が記録されていたが、今回、形態の異なる未成熟クラゲが静岡県松崎から発見された。既知種 *D. rigida* Bouillon, 1978の特徴である2本の触手のそれぞれに備わる2個の刺胞瘤よりも多くの刺胞瘤が見られ、未記載種と思われる。（久保田）

ベニクラゲモドキ科 Oceanidae

ベニクラゲモドキ ▶▶p.89
Oceania armata Kölliker, 1853
ベニクラゲモドキ属

放射管は4本。傘高は7mmほど。傘縁触手は100本ほどが2環列に並び、触手瘤の内側に眼点がある。ベニクラゲに似るが、口唇まで含めた口柄全体が紅色で、口柄基部にスポンジのような部分がないことで区別できる。生殖巣は円筒状の口柄に形成される。

日本では神奈川県三崎や静岡県大瀬崎、今回初の与那国島などで記録。世界ではインド-太平洋、大西洋、地中海に分布。

ポリプは受精卵からの初期ポリプのみ知られる。外国産のものでは群体性のものが飼育により記載され、ヒドロ花に最多で13本の糸状触手をもつ。クラゲ芽の形成方法は不明。（久保田）

ニホンベニクラゲ ▶▶p.91
Turritopsis sp.1
ベニクラゲ属

沖縄を除く南日本各地に分布。直径数mmほどの単純な形で成熟する。口柄部分は黄色く、触手が傘縁に1列に並び、82本以下。通常のクラゲのように海中に卵を産む。触手瘤の内側に紅い眼点をもつ。

ポリプの発見例は少ない。日本では昭和天皇によって初めてポリプが記載された。日本特産の未記載種の可能性が高い。本種にきわめて類似するのが南西諸島産のチチュウカイベニクラゲ *T. dohrnii* Weismann, 1883である。この種は、地中海から移入したとの意見もある。（久保田）

ベニクラゲ ▶▶p.91
Turritopsis sp.2
ベニクラゲ属

北日本で夏から秋に見られ、直径10mmほど。口柄の中心部が紅色で、触手は341本にも達し、最大4環列。口柄上で受精卵がプラヌラ幼生に育つまで保育する。放射管は4本。

ポリプは群体性で、高さは20mmに達し、棍棒状のヒドロ花に糸状触手が最多で20本散在する。クラゲ芽は1個ずつヒドロ茎に形成される。

ニュージーランド産の *T. rubra* (Farguhar, 1895) に近縁とされるが、日本特産の可能性もある。（北日本産のベニクラゲも *T. rubra* とする[2018.01記]）（久保田）

エダクラゲ科 Bougainvilliidae

コモチエダクラゲ（新称） ▶▶p.92
Bougainvillia platygaster (Haeckel, 1879)
エダクラゲ属

傘は球状で、放射管は4本。撮影個体は今までに知られていた個体よりも大きめで、傘径5.5mmに達する。口柄にクラゲ芽を複数出芽すると同時

283

刺胞動物門　ヒドロ虫綱　Hydrozoa

に、ポリプも複数の個虫を形成する特徴から和名を名付けた。口柄支持柄はない。4本の口触手は二分岐を6回程度繰り返す。傘縁触手は11本ずつ正軸の4か所に形成され、各々の触手の内側に眼点が1個ある。クラゲから生まれたばかりの幼クラゲは、傘縁触手が4本。

日本新記録種で、今回、与那国島で初めて発見された。世界の熱帯域に分布し、中国にも分布。（久保田）

| エダクラゲ属の1種　▶▶p.92
| *Bougainvillia* sp.

放射管は4本。複数の束ねた傘縁触手が、触手瘤より糸状に伸びる。口柄は単純で、その先端に分岐した複数の口触手をもつ。写真の個体はいずれも各地のプランクトンネットなどによく入るエダクラゲ属のものと思われるが、まだ幼クラゲのため、既知種のいずれの種にあたるか定かでない。また、未知種の可能性も捨てきれない。今後、飼育等によって成熟クラゲを得る必要がある。エダクラゲの仲間は分類がとても難しく、種を決定しづらいものが多い。（久保田）

| アケボノクラゲ　▶▶p.94
| *Chiarella jaschnowi*（Naumov, 1956）
| アケボノクラゲ属

傘は釣鐘形で深く、直径は傘の高さの8-9割。傘頂は平たく、傘高は30mmまで。傘の外傘は透明でゼラチン質が厚く、外傘刺胞はない。胃は赤く、口柄支持柄をもつ。口唇の直上正軸部に4本の深紅の口触手を生じる。各々の口触手は二分岐を10-11回繰り返して樹状になる。放射管は4本で幅広く、各間軸には1本の求心管が形成される。口柄上部の正軸部に計4個の生殖巣が形成される。各生殖巣は乳白色で8-10対の嚢（最大20対）で構成される。傘縁に8触手群があり、各々の触手群は11-15の糸状触手からなる。傘縁触手基部には眼点を有さない。餌や捕食者に関する知見がない。

北日本海後志海山（43°36'N, 139°33'E）の付近で6～7月には627-1550mで、秋田市沖（39°30'N, 138°47'E）では8月に1073mで観察されている。ベーリング海およびオホーツク海にも分布し、30-50mおよび100-640mの深度から多くの個体が採集されている。（Lindsay）

| ブイヨンケリカークラゲ　▶▶p.94
| *Koellikerina bouilloni* Kawamura & Kubota, 2005
| ケリカークラゲ属

傘頂は平たく、放射管は4本。傘高4mm、傘径3.5mm。外傘刺胞はない。傘縁に8触手群があり、各々の触手群は7-8本の糸状触手からなる。各触手の内側には1個の眼点がある。体の中央にある口柄の先端にある口唇は十字形で、ここから餌を取り込む。口唇より少し上のところに4本の口触手が生えている。口触手は二分岐を6回繰り返すので全体

として樹状になっている。それぞれの口触手の先端に多くの刺胞を装塡している。放射管が傘縁へと走る。胃腔正軸部に馬蹄形の生殖巣が4つ形成される。各生殖巣は3対の嚢（計6個）で構成される。口柄支持柄は短く、口柄は傘口より突出しない。

分布域北限の和歌山県田辺湾から2001年にただ1個体だけが採集され、この個体をもとに河村真理子と久保田信が新種として記載。それ以降は日本のどこからも採れていない。海外ではパプアニューギニアから複数個体が採集され、傘高と傘縁触手数は約2倍で、口触手は7回分岐し、雌の1つの生殖巣は最大で4対の嚢からなる個体が記録されている。和名は、ベルギーのクラゲ系統分類学第一人者ブイヨンと、19世紀の解剖学者のケリカーの名前を合わせた。ポリプは不明。（久保田）

| クビレケリカークラゲ　▶▶p.94
| *Koellikerina constricta*（Menon, 1932）
| ケリカークラゲ属

傘頂には突起があり、その基部はくびれ、外傘刺胞はない。放射管は4本。傘高は6.7mm。傘縁に8触手群があり、各々の触手群の最多数は正軸で7本、間軸で5本あり、ともに糸状触手からなる。各触手の内側には1個の眼点がある。口唇は十字形でその直上正軸部に4本の口触手を生じる。各々の口触手は二分岐を6回繰り返して樹状になり、各先端に刺胞塊をもつ。胃腔正軸部にV字形の生殖巣が4つ形成される。各生殖巣は4対と中央末端に1つの嚢（計9個）で構成される。口柄支持柄はあるが、口柄は傘口より突出しない。

鹿児島県口之永良部島沿岸と長崎県佐世保から採集された。世界ではインド、スリランカ、インドネシア、中国南部から記録され最大で傘高9mm。傘縁触手数は正軸・間軸ともに8本。口触手の分岐数は7回。1つの生殖巣の嚢は4対に達する。ポリプは不明。（久保田）

| ドフラインクラゲ　▶▶p.93
| *Nemopsis dofleini* Maas, 1909
| ドフラインクラゲ属

傘は丸く、傘径は40mmに達し、比較的大型になる。放射管は4本。傘縁触手は4か所で束になった触手群をなす。各触手群には糸状の触手が最多で30本ほど。各傘縁触手群の中央の2本は短く棍棒状。しかし、この機能は不明である。おのおのの触手瘤の内側には眼点が1個ずつある。口柄の先端に口触手が4本あるが、それぞれの口触手は8回まで二分岐を繰り返して全体が房状になる。先端には刺胞を装備。通常、花クラゲ目は口柄に生殖巣を形成するが、本種は口柄上部から放射管の前半部にかけて形成され、リボン状となる。

四国から北海道の日本各地の沿岸に分布。1909年に東京湾産の9個体をもとにMaasによって記録された日本特産種。和名は、相模湾の生物相を調査したドイツの博物学者・ドフラインの名前が冠されている。

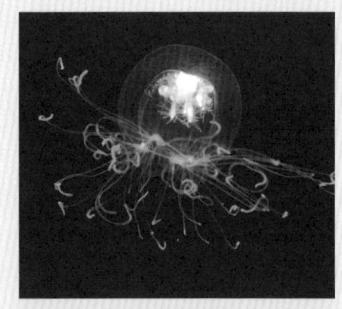

コモチエダクラゲ（新称）

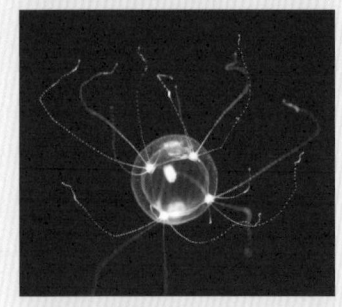

エダクラゲ属の1種

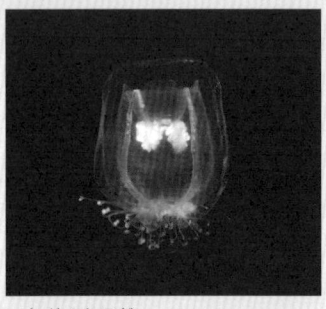

アケボノクラゲ

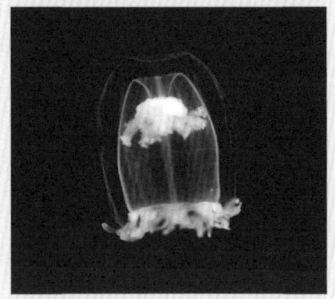

ブイヨンケリカークラゲ

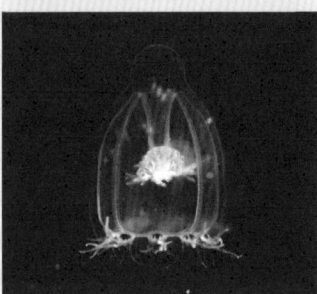

クビレケリカークラゲ

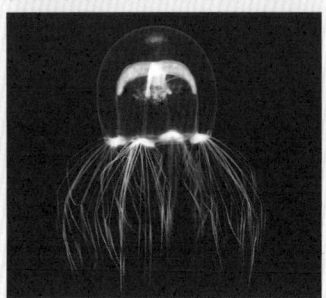

ドフラインクラゲ

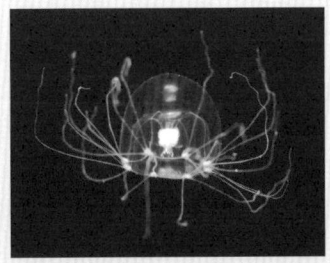

シミコクラゲ

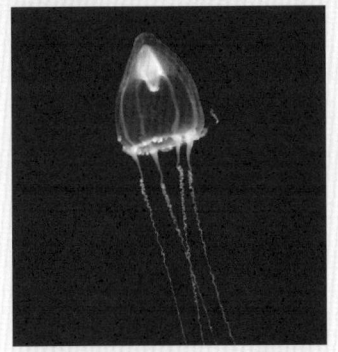

コエボシクラゲ

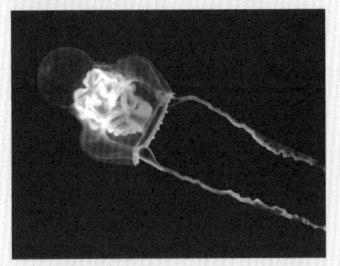

ツリアイクラゲ

ホンオオツリアイクラゲ（新称）

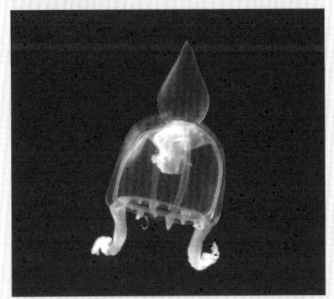

ツリアイクラゲ属の1種

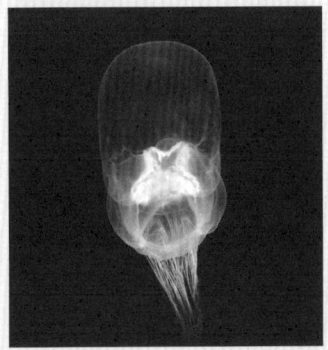

ユウシデクラゲ

クラゲの大きさに比べるとポリプは小さく、高さは1mm以下で、一生を通して単体。糸状触手が十数本ある。クラゲ芽はヒドロ茎の下部に少数が1個ずつ形成される。（久保田）

シミコクラゲ科 Rathkeidae

| シミコクラゲ ▶▶ p.94
| *Rathkea octopunctata* (M. Sars, 1835)
| シミコクラゲ属

　放射管は4本。傘径は4.5mm以下。傘縁の8か所で触手が束状となって触手群をなしている。各触手群には、糸状の触手が最多で5本見られる。触手の基部の膨らみに眼点はない。口柄を支持するゼラチン質の短い柄があるが、口柄は傘口から突き出さない。口唇の四隅が伸びるのもこのクラゲの特徴である。口唇の先端と両脇に8個の刺胞瘤があって、一見すると口触手のように見える。生殖巣は口柄上部を取り囲んで発達する。成熟する前に口柄の表面にいくつものクラゲ個体を一度に出芽して、クローンをつぎつぎとつくる。そのため急速に個体数を増やすことができ、ある時期に莫大な数になることがある。

　冬から春にかけて、日本各地の沿岸に普通。世界ではインド-太平洋、大西洋、地中海、北極海に分布。

　ポリプは外国産のものでは群体性で、ヒドロ茎は分岐せず、ヒドロ根にクラゲ芽を1個ずつ形成する。（久保田）

コエボシクラゲ科（新称）Protiaridae

| コエボシクラゲ ▶▶ p.95
| *Halitiara formosa* Fewkes, 1882
| コエボシクラゲ属

　傘頂にゼラチン質の突起があるので全体が烏帽子状になる。放射管は4本。傘高は5mm。近縁のエボシクラゲより本種はより小さなことからこの和名がついた。傘縁触手は4本で、傘縁に短く小さな触手状の突起が12個ほどある。眼点はない。生殖巣は倒立フラスコ状の口柄の間軸部に形成される。口唇は単純な形状。

　本州中部から南西諸島に分布。世界ではインド-太平洋、大西洋、地中海に分布。

　ポリプは日本からは未記録。外国産の近縁種では群体性のポリプが知られているが、クラゲ芽の形成方法は不明。（久保田）

エボシクラゲ科 Pandeidae

| ツリアイクラゲ ▶▶ p.98
| *Amphinema rugosum* (Mayer, 1900)
| ツリアイクラゲ属

　傘高は6mm以下。傘頂に突起があり、傘高3mmでは烏帽子形、大きくなるにつれて球状になる。放射管は4本。向かい合ってまるで釣り合いをとるような2本の長く伸長する傘縁触手がある。傘縁に短く小さな瘤状の突起が少数できており、最多で14個あり、これらも触手のように釣り合いがとれている。突起のうち2触手と直交する相対の2個だけが、他よりもずばぬけて大きい。眼点はない。生殖巣はフラスコ状の口柄を取り巻いて形成され、しわ状で、複雑な形をしている。口唇はシンプルで大きく広がっている。

　本州中部から九州沿岸に分布。世界ではインド-太平洋、大西洋、地中海に分布。

　外国産のポリプは群体性で、ヒドロ茎あるいはヒドロ根上にクラゲ芽を形成。日本産では未確認。（久保田・峯水）

| ホンオオツリアイクラゲ（新称） ▶▶ p.99
| *Amphinema turrida* (Mayer, 1900)
| ツリアイクラゲ属

　傘は扁平な二等辺三角形で、傘頂に突起があり、傘高は20mm以下。放射管は4本。ツリアイクラゲと同様に、向かい合う2本の長い傘縁触手があり、その間には小さな傘縁瘤が1/4円に7個程度あり、それぞれの外側に赤い眼点がある（ただしホルマリン固定標本では消失）。生殖巣は、口柄から外傘の放射線に沿って規則正しく折りたたまれ襞状に形成される。傘高10mmほどの個体では、生殖巣や触手が黄土色だが、傘高15mmを超えると全体に黄色が強くなり、触手は赤い。

　日本ではこれまでに九州の天草と、静岡県大瀬崎から記録があるのみ。世界ではインド-太平洋や大西洋、北オーストラリア、地中海に分布。

　ポリプは不明。（久保田）

| ツリアイクラゲ属の1種 ▶▶ p.98
| *Amphinema* sp.

　傘頂の中膠が擬宝珠状に突出する。傘高は5.5mm。正軸に2本の長く太い触手と間軸に4本の短く細い触手をもつ。いずれの触手瘤の外側にも1個ずつの眼点がある。正軸の2個の傘縁瘤の外側にも眼点がある。副軸には1個ずつの小さな傘縁瘤があるが1か所は欠落する。これまでに、静岡県大瀬崎から知られるのみ。（久保田）

| ユウシデクラゲ ▶▶ p.97
| *Catablema multicirratum* Kishinouye, 1910
| ユウシデクラゲ属

　エボシクラゲ科の中でも大型種で、傘全体がやわらかく、傘頂は球状で、口柄の上部の位置でくびれる。傘高70mmほど。100本以上の傘縁触手をもち、触手瘤の外側に眼点をもつ。4放射管と環状管は幅広く、小突起が多数。四角く広い胃腔をもつ口柄上に複雑なしわ状の生殖巣が形成され、口唇も複雑に刻まれる。口柄支持柄はない。

　青森県以北に分布。岸上鎌吉によって千島産の個体をもとに新種とされた。他のヒドロクラゲを食べる。傘にヤドリイソギンチャクの幼体が付着することがある。

　ポリプは不明。（久保田）

285

刺胞動物門　ヒドロ虫綱　Hydrozoa

| ズキンクラゲ　▶▶p.96
| *Halitholus pauper* Hartlaub, 1913
| ズキンクラゲ属

　傘頂のゼラチン質が厚くズキンを被ったようになっていることから和名が名づけられた。放射管は4本。傘高は10mmに達する。傘触手は8本で触手瘤の外側には眼点がある。傘縁に24個の傘縁瘤がある。口柄の間軸にしわ状の生殖巣が形成される。
　他のヒドロクラゲ類を食べる。寒流系で北海道の東海岸に見られる。世界では北太平洋や北大西洋に分布。
　ポリプはおそらくクラバ科のポリプに類似したもので、群体性でヒドロ根にクラゲ芽を形成するものと推察される。（久保田）

| カザリクラゲ　▶▶p.95
| *Leuckartiara hoepplii* Hsu, 1928
| エボシクラゲ属

　傘頂にドーム状のゼラチン質の突起がある。傘高は10mm以下。放射管は4本で、それぞれの幅は広い。傘縁触手は8本で、長く伸張し、それらの触手間に数個ずつの小触手がある。眼点は8本の傘縁触手の基部にはなく、小触手の基部にそれぞれある。突出し左右相称になった鮮紅色の生殖巣が、口柄の間軸部に形成される。
　ヒドロクラゲ類を好んで食べる。福島県産の1個体を同時期に同じ場所で捕れる北日本産ベニクラゲや、さまざまなヒドロクラゲを餌として与え、3ℓの海水下でわずかな水流をつくりながら飼育した結果、水槽内で約50日間の飼育が可能だった。
　福島県相馬や、四国、九州沿岸に分布。世界では東南アジアに分布。
　ポリプは不明。（久保田・峯水）

| エボシクラゲ　▶▶p.95
| *Leuckartiara octona*（Fleming, 1823）
| エボシクラゲ属

　傘頂にゼラチン質の円錐状の突起があり、全体が烏帽子状になる。この突起は、同一個体でもときによって基部がくびれたり、傘全体で円錐状になったり形状が変化する。放射管は4本。コエボシクラゲより大型で、傘高は30mmに達する。傘縁触手は32本まであり、触手瘤の外側に眼点を備える。しわになった生殖巣は口柄の副軸部に形成される。
　駿河湾から北海道にかけての太平洋沿岸や、若狭湾から山形県加茂にかけての日本海沿岸に分布。世界ではインド-太平洋、大西洋、地中海に分布。
　ポリプは群体性で、分岐するヒドロ茎上にクラゲ芽を1個ずつ形成する。（久保田）

| エボシクラゲ属の1種-1　▶▶p.96
| *Leuckartiara* sp. 1

　傘頂に円錐状突起がある。放射管は4本。傘高は10mm。傘縁触手は12本あり、その間には小さな触手状の突起が6つある。触手瘤の外側に眼点を備える。しわになった生殖巣は口柄の副軸部に形成される。
　未成熟のクラゲと思われ、エボシクラゲに似るが、傘縁触手の基部に近い部分のそれぞれがカールすることなどから別種の可能性があるため、今回はエボシクラゲ属の1種とした。今後、さらなる標本に基づく精査が必要。（久保田）

| エボシクラゲ属の1種-2　▶▶p.96
| *Leuckartiara* sp. 2

　傘頂には顕著な円錐状突起はなく、ゼラチン質に厚みがある程度。放射管は4本。傘高は5mm。傘縁触手が6本あるのみ。眼点はない。しわになった生殖巣は口柄の副軸部に形成される。今回はエボシクラゲ属の1種とした。今後、さらなる標本に基づく精査が必要。（久保田）

| エボシクラゲ属の1種-3　▶▶p.96
| *Leuckartiara* sp. 3

　傘頂にはわずかな突起が見られるが、形状はそのときどきで変化が見られる。放射管は4本。傘高は2.5mm。傘縁触手が4本あるのみ。眼点はない。しわになった生殖巣は口柄の副軸部に形成される。今回はエボシクラゲ属の1種とした。今後、さらなる標本に基づく精査が必要。（久保田）

| イオリクラゲ　▶▶p.101
| *Neoturris* sp.
| イオリクラゲ属（新称）

　傘はやわらかく、釣鐘形で、ハナアカリクラゲにあるような外傘上の筋はなく、幅広で縁がギザギザの放射管が4本あるのみ。触手は80本前後あり、眼点はない。しわ状の口唇をもった広い口柄に生殖巣が形成されて、全体が紅色に染まる。傘高は80mmほどまで。
　水深50mほどに設置された大型定置網で捕獲され、すくった際に丸く縮むようすから漁師の間では「梅干しのようなクラゲ」と呼ばれる。例年5～6月頃にかけて石川県の能登島沖に大量に発生する。
　本種を *Neoturris breviconis*（Murbach & Shaerer, 1902）とする意見もあるが、基産地のアラスカに生息する *N. breviconis* とは放射管や口触手の形状に相違点が見られるため、本書では未記載種として扱う。（久保田）

| ハナアカリクラゲ　▶▶p.100
| *Pandea conica*（Quoy & Gaimard, 1827）
| ハナアカリクラゲ属

　傘はやわらかく、釣鐘形で、放射管は幅が広く縁がギザギザの4本。外傘上に触手数と同数の筋が子午線状に走り、触手は44本まで。傘高は35mmを超える。小型のものほど傘頂のわずかな突起が顕著。触手瘤の外側に紅色の眼点がある。しわ状の口

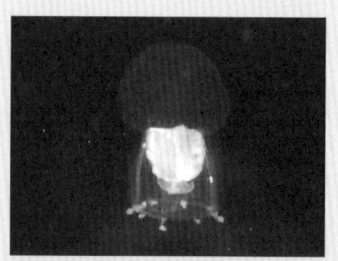

ズキンクラゲ

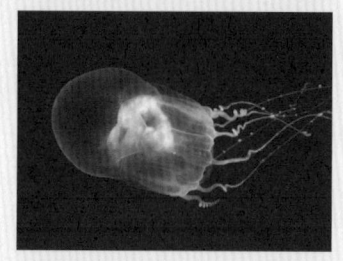

カザリクラゲ

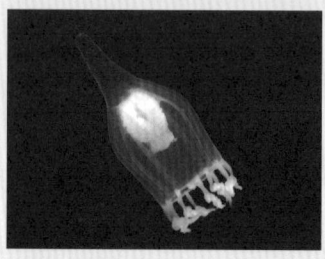

エボシクラゲ

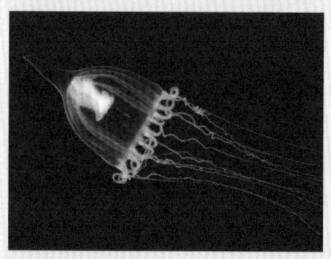

エボシクラゲ属の1種-1

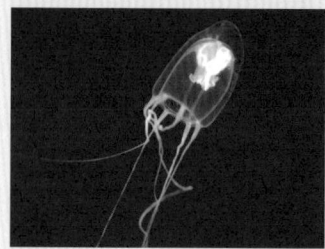

エボシクラゲ属の1種-2

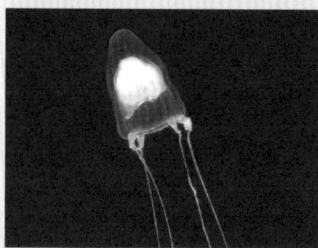

エボシクラゲ属の1種-3

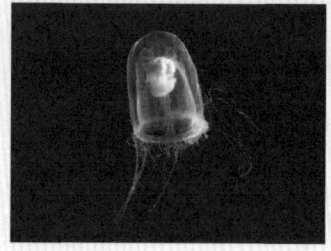

イオリクラゲ

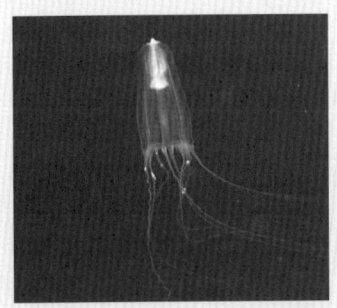

ハナアカリクラゲ

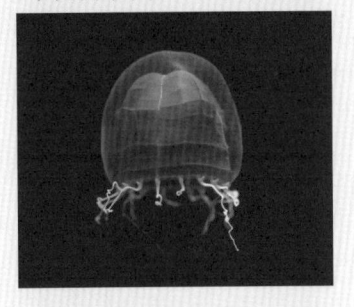

アカチョウチンクラゲ

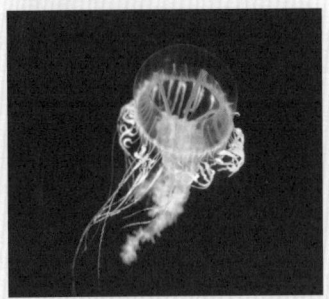

ギヤマンハナクラゲ

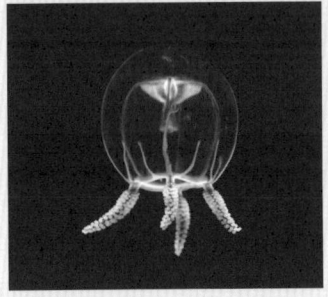

ウラシマクラゲ

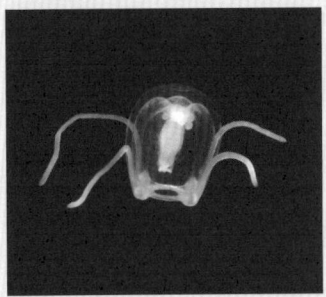

オキアイタマクラゲ

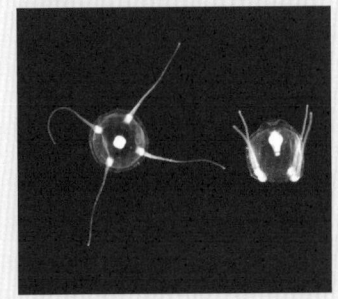

タマクラゲ

唇をもった広い口柄に、網状の生殖巣が形成されて全体が紅色。ヒドロクラゲ類を好んで食べる。
太平洋側では、神奈川県から奄美大島まで、日本海側では山形県から京都府沿岸まで知られる。世界ではインド-太平洋、大西洋、地中海に分布。
ポリプは不明だが、外国産の浮遊性巻貝類の貝殻に付着する群体性のものは、ヒドロ茎やヒドロ根にクラゲ芽を形成する。（久保田）

| アカチョウチンクラゲ ▶▶p.102
Pandea rubra (Bigelow, 1913)
ハナアカリクラゲ属

傘は釣鐘形で深く、傘高は80mmまで。外傘は透明でゼラチン質が薄く、外傘刺胞がない。下傘面は若い個体では無色透明であるが、成長とともに色素が現れ、生きている個体では赤く、ホルマリン固定された個体では濃い焦げ茶色を呈する。胃は下傘面と同色で、伸びているときには傘高の半分程度の長さに達する。唇は4つあるが、縁辺は複雑なフリル状。放射管は4本で幅広く、その縁は鋸歯状。生殖腺は網状で胃の間軸面を完全に覆う。触手は非常に長く、14-30本あり、その数は成長とともに増える。触手基部は三角形で、眼点を有しない。放射管、触手基部、触手はともに桃色を呈する。
食性に関しては報告がないが、寄生生物に関してはウミグモおよびヤドリクラゲ属の子どもが知られている（Pages et al, 2007）。ポリプ世代は軟体動物翼足類*Clio*属の貝殻に付着する*Campaniclava*属の1種と思われる。日本近海ではクラゲ世代は相模湾より北に多く、深度450-900mに出現する。全世界の中層に分布し、南大洋での報告はあるが、北極海からは出現報告がまだない。（Lindsay）

| ギヤマンハナクラゲ ▶▶p.101
Timoides agassizii (Bigelow, 1904)
ギヤマンハナクラゲ属

傘は透明な半球形。色彩が鮮やかで、生殖巣はオレンジ色、口唇は紫がかったピンク色。大型のクラゲで、傘径44mmに達する。放射管は4本。触手は最多で62本のほか、傘縁の環状管から上方へ向かって伸びる長短の求心管が62本ある。また、将来は触手に成長する擬糸状体が多数あり、最多で151本見られる。刺されるとかゆみあるいは痛みを感じる。
わが国では夏季に沖縄本島で2回のみ発見された。世界でもほとんど記録がない珍種で、モルディブ諸島、マーシャル諸島、パプアニューギニアから知られる。ポリプは不明。（久保田）

ウラシマクラゲ科 Halimedusidae

| ウラシマクラゲ ▶▶p.103
Urashimea globosa Kishinouye, 1910
ウラシマクラゲ属

外傘を子午線のように筋になって縦走する刺胞列が16本ある。傘径は13mm。放射管は4本。4本の傘縁触手の表面は平滑ではなく、多数の柄が飛び出してビロードのようになり、柄の先には刺胞が詰まっていて、球形に膨らんだマチ針状をしている。触手はリラックスすると傘高の数倍にまで伸張する。生殖巣は口柄の間軸上に囊状に発達する。
本種は北海道北見産および樺太産の個体を基に、岸上鎌吉によって新種として記載された。鹿児島県南さつま市小湊、神奈川県から北海道の太平洋沿岸と山形県加茂に分布。中国にも分布。
ポリプは成熟クラゲの飼育によって若いものだけが得られており、単体。（久保田）

タマクラゲ科 Cytaeididae

| オキアイタマクラゲ ▶▶p.104
Cytaeis tetrastyla (Eschscholtz, 1829)
タマクラゲ属

傘径は4mm以下。4放射管と傘縁触手を4本もつ。成熟個体は不明。和名は沖合の外洋性プランクトンサンプルの中に採取されることから「オキアイ」とついた。クラゲ芽は最多で26個が口柄上部に形成される。また、ポリプを同時に出芽することもあるが、その生態は不明。丸い口唇の直上に分岐しない口触手が最多で31本ある。
小笠原諸島や南西諸島で記録。世界ではインド-太平洋、大西洋、地中海などの熱帯や亜熱帯の外洋に広く分布。（久保田）

| タマクラゲ ▶▶p.104
Cytaeis uchidae Rees, 1962
タマクラゲ属

傘の頂上部がわずかに凹み、口柄の基部や触手瘤はオレンジ色。傘径3mm以下。放射管は4本。4本の傘縁触手をもち、水の中では触手を上方に上げていることが多い。丸い口唇の直上に分岐しない口触手が通常4-6本あるが、最多で7本に達する。口触手は一切分岐せず、先端が膨らみ、毒針の刺胞が多数装塡されている。短い口柄は傘口外に突き出すことはない。口柄の外側を取り囲んで生殖巣が形成される。
ポリプはムシロガイなどの生きた巻貝と共生し、特定種の宿主の貝殻上に群体を形成する。ヒドロ茎は分岐せず、ヒドロ根上にクラゲ芽を1個ずつ形成する。ヒドロ花の基部にはコップ状のキチン質の囲皮がある。北日本では、宿主の子孫とクラゲの子孫が、お互いに生まれて少し育った早い段階から一緒に生活するようになるという実験結果がある。
本種は本州太平洋沿岸から南西諸島にかけて広く分布する南方系の種である。正確に種を見極めるべき問題はあるが、一応、日本特産種で、内田亨に献名されている。（久保田）

ウミヒドラ科 Hydractiniidae

| カイウミヒドラ ▶▶p.104
Hydractinia epiconcha Stechow, 1907
ウミヒドラ属

刺胞動物門｜ヒドロ虫綱 Hydrozoa

放射管は4本で、傘縁に8本の非常に短い触手がある。ポリプは生きた巻貝のシワホラダマシの貝殻上に多形性の群体をなし、野外からは採取されがたい短命なクラゲが遊離する。口柄のまわりに生殖巣が発達し、遊離と同時に配偶子を放出して有性生殖を行い退化する。相模湾産のポリプをもとに新種とされ、ポリプは九州まで分布。日本特産。（久保田）

| コツブクラゲ　　　　　　　　　　▶▶p.108
| *Podocoryne minima* (Trinci, 1903)
| コツブクラゲ属

傘高は1mm以下。短い口柄支持柄があるが、口柄は傘口からは突出しない。口唇の四隅が伸びて一見すると口触手のように見える。放射管は4本。傘縁には4本の触手がある。触手瘤に眼点はない。未成熟時期に口柄にクラゲ芽（クローン）を一度にいくつも出芽して増殖する。生殖巣は口柄上部を取り囲んで発達する。

梅雨頃から夏にかけて日本各地の沿岸で普通に見られ、未成熟な個体ならば頻繁に見つかる。世界では中国、イギリス、地中海、ブラジルに分布。ウミヒドラ属*Hydractinia*として取り扱うこともある。

ポリプが不明なままであるが、近縁種が巻貝などを宿主とする群体性のポリプなので、同様な共生種かもしれない。（久保田）

ウミエラヒドラ科 Ptilocodiidae

| ハナヤギウミヒドラモドキクラゲ　　▶▶p.108
| *Thecocodium quadratum* (Werner, 1965)
| ハナヤギウミヒドラモドキクラゲ属

傘径も傘高も2mmほど。口唇は十字形。放射管は4本。傘縁の正軸部に溝がありポケット状になっていて、この溝の奥から触手が出る。触手の付け根には襟状の構造がある。眼点はない。外傘に13本の刺胞列が子午線のように並んでいて、刺胞列は傘縁では筋状で明瞭だが、傘頂では途切れ、単なる刺胞塊となる。刺胞塊は円形か楕円形で、127パッチある。

鹿児島県口之永良部島と長崎県佐世保から報告があるのみ。今回、静岡県大瀬崎で撮影された個体は、ハナヤギウミヒドラに類似した外国産の多形性のポリプ群体を飼育して得たクラゲの形態（成熟クラゲの傘径2.5mmで、外傘の刺胞列は20本）とほぼ一致した。（久保田）

スグリクラゲ科 Bythotiaridae

| コバンクラゲ（新称）　　　　　　▶▶p.108
| *Bythotiara depressa* Naumov, 1960
| ホヤノヤドリヒドラ属

傘は釣鐘形であるが、扁平。傘高は20mm、傘幅は16mm程度までだが、外傘の奥行きが横幅の半分強。外傘は透明でゼラチン質はとくに傘頂では非常に厚く、外傘刺胞がない。口柄は黄色を呈し、通常は傘高の1/6程度の長さにまでしか達しない。胃壁は折りたたまれたため、生殖巣も折り

たたまれている。唇は単純。放射管は4本あり、傘縁に走る環状管から生じる求心管はない。8本の触手は基部近くではほどほどに太いが、先端に近づくにともなって細くなり、先端が自体が膨らみ黄色な球状の刺胞瘤をなす。二次触手も眼点もない。餌や捕食者に関する知見がまだない。ベーリング海、オホーツク海、千島列島沖の北太平洋に分布する。深度的には1000mよりも深い層で採集されることが多いようだが、0 - 200m層においてもまれに採集される。（Lindsay）

| ホヤノヤドリヒドラ属の1種　　　　▶▶p.109
| *Bythotiara* sp.

傘高3.5mmで傘頂の中膠は厚い。与那国島沿岸で発見された未成熟個体。放射管は4本。8本の触手の先端は丸く膨らむ。触手瘤は見られない。口柄基部にクラゲ芽を複数出芽する。口唇は丸い。和歌山県田辺湾で本種と同種と推察される1個体が報告されている。

ポリプはホヤノヤドリヒドラ属の可能性が高く、日本からは単体のホヤ類の水管内に共生するポリプが島根県隠岐から一度だけ知られる。（久保田）

| キライクラゲ　　　　　　　　　　▶▶p.109
| *Calycopsis nematophora* Bigelow, 1913
| キライクラゲ属

傘は釣鐘形で深く、傘高は30mmまで。外傘は透明でゼラチン質は非常に厚く、外傘刺胞がない。傘は下傘面も含めて無色透明であるが、口柄内壁は焦げ茶色、長さは傘腔の1/3程度。口唇は襞状で無数の刺胞塊が並び、口唇の刺胞塊は黄色を呈する。放射管は4本あるが、傘縁に走る環状管から求心管が伸び、胃基部近くにて放射管に合流するため、放射管は合計で16本程度に見える。触手の数は60本までで、長い触手を6 - 16本、短い触手は16 - 41本もち、いずれも先端が膨らみ刺胞瘤をなす。長い触手の先端刺胞瘤は棒状であるが、短い触手の先端は球状。触手の先端刺胞瘤はピンク色を呈する。食性については報告も観察例もないが、カイアシ類を餌にして1か月飼育をしている間に口柄内壁の色だけは抜けて白くなったため、その色素は餌からとっていることが示唆された。親潮系の種類であると思われるが、三陸沖では200 - 600mの深度にまで運ばれて中層で観察される。（Lindsay）

| コンボウクラゲ（新称）　　　　　▶▶p.109
| *Eumedusa birulai* (Linko, 1913)
| コンボウクラゲ属（新称）

傘は縦に長く、ゼラチン質は厚みがある。傘高1.3cmほどまで。4放射管とは別に4求心管があり、傘縁を巡る環状管から放射状に発生する。若い個体の求心管は盲目的に終了するが、成体では口柄に接続する。触手は大小2つのサイズがあり、長い方は8本もしくは16本、短い方は多数ある。眼

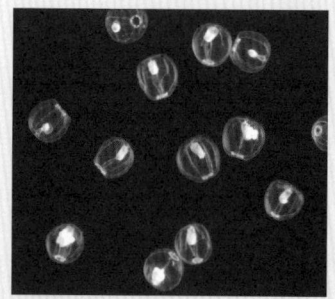

カイウミヒドラ

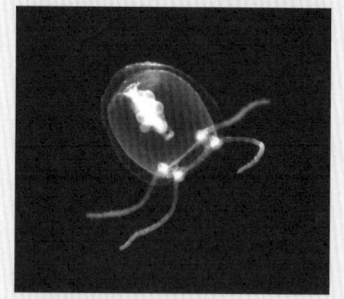

コツブクラゲ

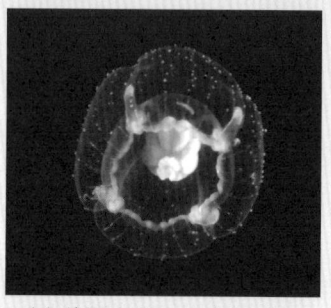

ハナヤギウミヒドラモドキクラゲ

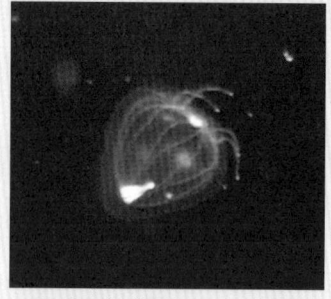

コバンクラゲ（新称）

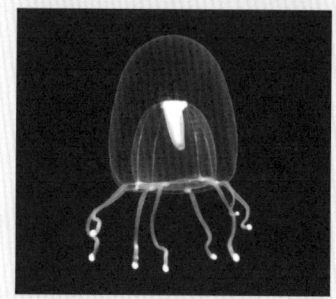

ホヤノヤドリヒドラ属の1種

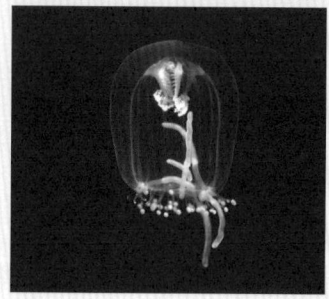

キライクラゲ

コンボウクラゲ（新称）

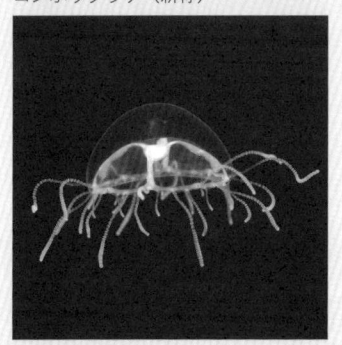

ヒルムシロヒドラ

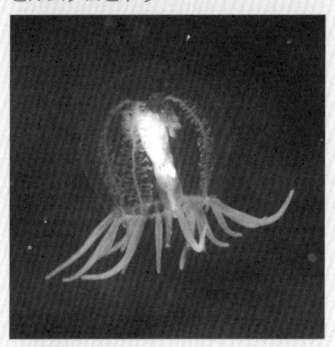

キタカミクラゲ

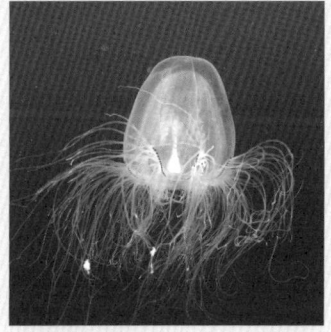

カミクラゲ

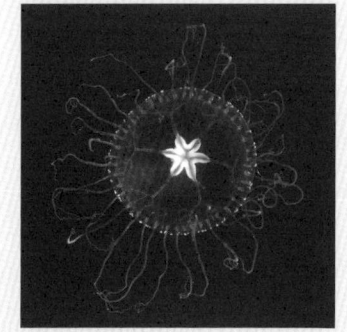

エダクダクラゲ

点はない。口柄、触手根や触手の先端はピンク色を帯びる。カナダ東岸のニューファンドランド島、北極海に面する東シベリアやチュクチ海、カラ海、ラプテフ海など、いずれも海水温－1.7－0℃前後の寒帯域の表層から200mほどに分布。日本近海からはこれまで報告がなかったが、今回、知床半島で撮影されたことによって、北日本の海に存在することがわかった。(Lindsay)

ヒルムシロヒドラ科 Moerisiidae

| ヒルムシロヒドラ　　　　　　　　　▶▶p.109
| *Moerisia horii* (T. Uchida & S. Uchida, 1929)
| ヒルムシロヒドラ属

　傘高は6mm。4放射管に沿ってリボン状に生殖巣が発達する。数珠状の傘縁触手は32本まである。触手瘤の内側に眼点がある。口唇は十字形。野外からで、しかも海からのクラゲの記録は江ノ島で採取された数個体のみ。

　通常、高さ8mmほどに達するポリプは単体性で、囲皮がヒドロ茎の基部にしかない。ヒドロ花には12本ほどの触手が散在し、触手の間にクラゲ芽が形成される。北海道から福岡県まで生息するが、近年は開発で減少していると推察される。石川県の汽水湖産のポリプを基に、内田亨と内田昇三が採集者の堀に献名して新種記載された。日本特産で生活史は解明されている。(久保田)

キタカミクラゲ科 Polyorchidae

| キタカミクラゲ　　　　　　　　　▶▶p.111
| *Polyorchis karafutoensis* Kishinouye, 1910
| キタカミクラゲ属

　大型のクラゲで円筒形の傘の高さは45mmに達する。触手は100本ほどにまでなり、傘縁で束にならずに規則的に並ぶ。触手瘤の外側には紅色の眼点が1個ある。放射管は4本で、おのおのが左右に樹枝状の管を多数派出する。環状管からも樹枝状の求心管を傘の上方に向かって派出。数十本のソーセージ状の生殖巣が束になって口柄と放射管の接続部から垂れ下がる。

　北海道東南部に分布し、夏期に出現する。樺太産の個体に基づき岸上鎌吉により新種とされた。クラゲの傘内にウミグモの1種の幼体が寄生することがある。

　ポリプは不明。(久保田)

| カミクラゲ　　　　　　　　　▶▶p.110
| *Spirocodon saltator* (Tilesius, 1818)
| カミクラゲ属

　本種はヒドロクラゲ類でありながら、珍しく縦長で箱形の傘をもち、高さ100mmにも達するほど異例な大きさである。傘の頭頂部は平たい。放射管は4本で、左右に樹枝状の管を多数派出する。また、環状管からも樹枝状の求心管を派出する。触手は多数あるが、傘縁で8群に分かれていることや、4個の生殖巣はそれぞれコイル状に巻いていることなどでキタカミクラゲと区別できる。触手瘤の外側には紅色の眼点が1個あり、それで光の強弱を感知してうまく浮沈する。傘縁の正軸と間軸部は反り返る。

　冬から春にかけて、本州から九州の太平洋岸に分布する普通種。本種は、日本産の無脊椎動物のなかではとりわけ古い時代に新種として紹介された歴史的な生き物である。チレシウスがロシア軍艦ナデジュダ号で来日した1804年に長崎港で採取した個体をもとに、1818年に命名された。採取後から2世紀にわたって、日本だけしか知られていないクラゲだったが、最近韓国でも生息しているのが確認され、日本特産ではなくなった。

　200年以上前から知られているカミクラゲだが、若い時代のポリプが、どこにどのような姿でくらしているのか、いまだに謎のままである。実験室で雌雄を交配させて得たプラヌラ幼生は、なぜか飼育容器へ付着せずに消滅してしまう。他生物との共生など、特殊な生活をしている可能性がある。1属1種。(久保田)

エダクダクラゲ科 Proboscidactylidae

| エダクダクラゲ　　　　　　　　　▶▶p.112
| *Proboscidactyla flavicirrata* Brandt, 1835
| エダクダクラゲ属

　傘高は、10mm前後。和名の「エダクダ」が意味するように、4－6本の放射管はすべて3回まで枝分かれする特徴がある。口唇は放射管の数と同数ある。未成熟期にクラゲ芽を形成することはない。平衡器もない。隣接する放射管の間の傘縁直上に複数の刺胞塊をもつ特徴がある。傘縁触手は100本に達する。生殖巣は口柄上部から放射管の基部にかけて形成される。

　日本海では山形県加茂以北、太平洋側では宮城県志津川以北、北太平洋の寒海に主として分布。

　ポリプは、多毛類のケヤリ科のやわらかい棲管入り口に群体を形成し、共生生活を送る。栄養ポリプは2本の触手しかなく、触手をもたない生殖ポリプに7個までのクラゲ芽が形成される。*P. pacifica* (Maas, 1909) は同種の可能性があるとされる。(久保田)

| ミサキコモチエダクダクラゲ　　　　　　　　　▶▶p.113
| *Proboscidactyla ornata* (McCrady, 1859)
| エダクダクラゲ属

　傘のゼラチン質には厚みがあり、口柄は蛍光緑色。傘高は7mm以下。和名の「コモチ」が意味するように、成熟前に複数のクラゲ芽を口柄の上部に形成し、出芽による無性生殖で個体数を急速に増やす。4本の放射管が途中から分岐する。隣接する放射管の間の傘縁直上に1個ずつ刺胞塊をもつ。傘縁触手の数は放射管の分岐と並行して増えるが16本までしか見られない。生殖巣は口柄上部から放射管の基部にかけて形成される。平衡器はない。

　夏から秋にかけて南日本を中心に見られるクラゲ。本州中部から南西諸島および世界中の暖海に分布。

刺胞動物門 | ヒドロ虫綱 Hydrozoa

外国産のポリプは、エダクダクラゲのように多毛類の棲管に付く群体性のもの。

以前 P. typica として報告されていた種類だが、現在は本種のシノニムとする報告もあり、今回はそれにしたがう。（久保田）

ギンカクラゲ科 Porpitidae

| ギンカクラゲ　　　　　　　　　　▶▶p.114
| Porpita porpita（Linnaeus, 1758）
| ギンカクラゲ属

カツオノカンムリやカツオノエボシと同じく、普段は沖合を漂流しながらくらしている。名前の由来は、浮き（盤）の部分が円形で銀貨に似ていることから。盤は海面より突出する部分がなく平べったい。群体はじつはクラゲでなくポリプである。直径25mmほどになる盤の下面中央部には青色の多数の触手のない個虫が見られ、中心部の1個の大型個虫を取り巻くように多数の小型の栄養個虫とクラゲ芽を形成する生殖個虫が分化し、いずれも餌を取りこむ口があいている。周辺部に見られる多数の指状個虫は、体の上半部に短い有頭触手を多数備えているが開口はない。生殖個虫に房状に多数形成されたクラゲ芽より傘径1mm程度で4本の放射管をもつ未成熟クラゲが遊離する。

本種の生活史は、飼育が難しくまだよくわかっていない。生殖個虫からは多数の小さなクラゲが遊離し、このクラゲが成熟して有性生殖をして次世代をつくる。

クラゲは成長にともない向かい合わせの2本の触手をもち、片方あるいは両方の触手だけが有頭である。放射管は8-16本と、成長とともに増加する。生殖巣は口柄上に形成される。外傘には放射管に沿って刺胞列がある。4本の放射水管の黄緑色の粒々は藻の塊である。普通のクラゲと違って、おそらく肉食ではなく、藻の光合成による栄養をもらって大きく成長する。

黒潮の影響の強い太平洋沿岸部や、対馬海流に乗って日本海にも漂着することがあるが、通常は外洋性で沖合に生息し、海流に乗って世界中の熱帯～温帯域に広く分布。まれに小型個体では全体が黄色い群体も存在する。刺されたら腫れ上がる人もいるので触らないほうがよい。（久保田）

| カツオノカンムリ　　　　　　　　▶▶p.115
| Velella velella（Linnaeus, 1758）
| カツオノカンムリ属

海面上に浮かぶ群体性のポリプである。気胞体は長径30mmほどに達する浮きのような水平板とそれより空中へ起立して帆部となる三角板からできている。この"帆"に風を受けて海面上を帆走する。カツオノエボシ同様、左右両型が見られる。気胞体の下面中央部には青色の多数の触手のない個虫が見られ、中心部の1個の大型個虫を取り巻くように、多数の小型の栄養個虫とクラゲ芽を形成する生殖個虫が分化し、いずれも餌を取りこむ口があいている。周辺部の多数の指状個虫には触手も開口も見られない。カツオノエボシと違って毒性は少ない。餌はおもに魚卵やオキアミの卵を食べている。

生殖個虫には房状に多数のクラゲ芽が形成される。小さな1mmほどのクラゲを無数に遊離させ、有性生殖する。クラゲは4本の放射管と向かい合わせに2本あるいは4本生じた有頭触手をもち、外傘には放射管に沿って刺胞列がある。口柄上に生殖巣が形成されたクラゲの記録はほとんどない。このクラゲには共生藻がすんでおり、光合成をして自力で栄養をまかなう。生態や生活史についてはカツオノエボシ同様に飼育例がまったくないので、詳しいことはわかっていない。若い時代に、どこでどう過ごしているかも不明である。

黒潮の影響の強い太平洋沿岸部や、対馬海流に乗って日本海にも漂着することがあるが、通常は外洋性で沖合に生息し、海流に乗って世界中の熱帯～温帯域に広く分布。

以前はカツオノカンムリ科に所属していたが、近年ギンカクラゲ科に入れられ、目の位置もギンカクラゲとともに盤クラゲ目から花クラゲ目に変更された。（久保田）

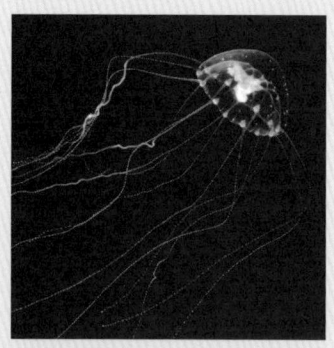

ミサキコモチエダクダクラゲ

ギンカクラゲ

カツオノカンムリ

軟クラゲ目 Leptomedusae

ウミサカズキガヤ科 Campanulariidae

| フサウミコップ　　　　　　　　　▶▶p.118
| Clytia languida（A. Agassiz, 1862）
| ウミコップ属

小皿状の透明なクラゲで、傘径は10mm以下。生殖巣は4本の放射管の後半部に形成される。傘縁触手を最多で32本もつ。平衡胞は隣接する触手間に1-2個あるので、つねに触手数よりも多い。ヒトエクラゲと類似するが、8個の平衡胞を支持する小瘤がないことで区別できる。口柄支持柄はない。放射管は4本。遊離したてのクラゲは触手が4本で、平衡胞は8個しかないが、外傘にある刺胞が帯状に広がり、他の類似したクラゲと区別できる。

日本各地に分布。世界では北太平洋と北大西洋に分布。

ポリプは高さ数mmほどの樹状の群体で、ヒドロ花を収容する透明なヒドロ莢には12個前後の歯がある。クラゲ芽は、ランタン状の生殖莢に数個ずつできる。（久保田）

| ウミコップ属の1種　　　　　　　▶▶p.118
| Clytia sp.

日本にはフサウミコップを含めてウミコップ属が現在までに11種ほど知られている。ヒメウミコップ、コザラクラゲ、ホソヒダウミコップ、エダ

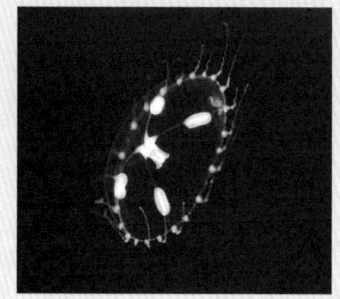

フサウミコップ

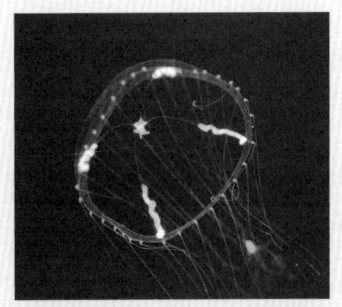

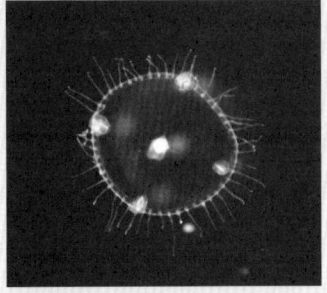

ウミコップ、コモチオキウミコップ、クルワウミコップ、フタエウミコップ、オーストラリアウミコップ、チギレコザクラクラゲなどは、いずれもまだ生活史の解明がなされていないため、現在のところフィールドで見られるクラゲだけで種類を特定するのは困難な場合が多い。今回撮影されたクラゲも、いずれかの既知種にあてはまる可能性と、それ以外の未記載種にあてはまる可能性を含んでいる。（久保田）

ヒラタオベリア ▶▶p.119
Obelia plana (M. Sars, 1835)
オベリア属

傘が円盤状で縁膜が痕跡的になったクラゲは、遊泳性のヒドロクラゲ類ではオベリア属だけが知られる。傘径は5mmに達し、傘縁触手が127本まで見られる。平衡胞は8個。4放射管の末端部で環状管と接する直前に楕円体の生殖巣を形成する。

日本では北海道に分布。生活史は解明されている。世界では北太平洋や北大西洋に分布。

ポリプは大型の樹状の群体で、高さが43cmに達する。壺形の1個の生殖莢から数十個体の若いクラゲが遊離する。*O. longissima* (Pallas, 1766) と同種の可能性もある。（久保田）

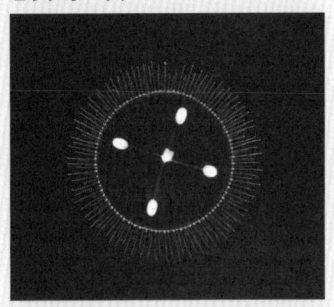

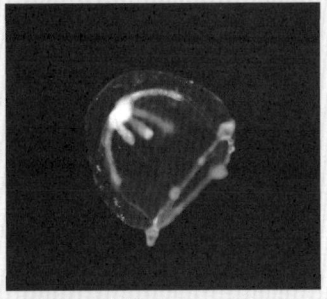

オベリア属の1種 ▶▶p.119
Obelia sp.

オベリア属には、生活史の解明されたヒラタオベリアのほかに、普通種のヤセオベリアとエダフトオベリアが知られる。ヤセオベリアは、飼育による生活史の解明によってクラゲやポリプの形態でヒラタオベリアと区別が可能だが、エダフトオベリアはポリプで同定ができても、成熟したクラゲの形態は未だ不明。ほかにも生活史の不明なフタエキザミが分布する。オベリア属はクラゲだけでの区別は困難で、写真のクラゲがどのポリプから遊離したのかが判断できないため、今回はオベリア属の1種とするにとどまった。（久保田）

コップガヤ科 Hebellidae

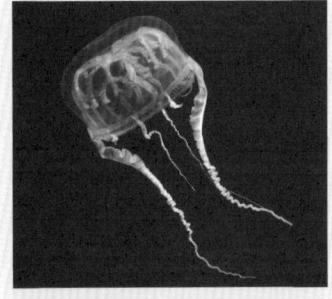

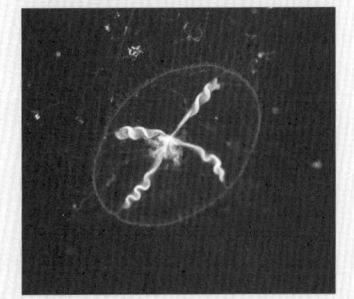

マガリコップガヤ ▶▶p.120
Hebella dyssymetra Billard, 1933
コップガヤ属

傘径は1.5mm程度。外傘全体に刺胞がパッチ状に散在する。クラゲは、ポリプより遊離時にすでに成熟していて、4本の放射管の前半部に細長い生殖巣を形成する。触手はないが、傘縁の正軸と間軸部に傘縁瘤が計8個ある。口柄は小さく口唇もなく退化的だが、口が開口し、胃腔もあり、飼育によりアルテミア幼生の肉片を食べさせると少し成長した。10日あまり生存する間に、触手状のものが正軸より伸張することがあり、刺胞も備えるようになった。さらに、副軸に傘縁瘤が形成され、傘の大きさも増大した。

クラゲが野外から採取されたことはないが、ポリプは北海道から相模湾に分布。日本では、コップガヤ属にブロックコップガヤ、ヘンゲコップガヤ、*H. corrugata* (Thornely, 1904) の3種が知られるが、いずれも生活史は不明。（久保田）

ゴトウクラゲ ▶▶p.120
Staurodiscus gotoi (Uchida, 1927)
ゴトウクラゲ属

傘径は20-22mm。4本の放射管とも2-3対の枝管を派出する。生殖巣は放射管上に形成される。口柄の横断面は四角形で4口唇をもつ。触手は8本で扁平。正軸の触手は間軸部のものより長くて太い。傘縁に感覚棍が85-88個あり、それらの内側には眼点がある。

1927年に静岡県の清水港で発見された1個体の成熟個体を基に内田亨により記載され、それ以降、記録が久しく途絶えていたが、今回、静岡県大瀬崎でも複数個体が発見された。内田亨の師である五島清太郎に献名。

日本では、これまでに駿河湾と鹿児島から報告があり、世界ではインドネシアのスンダ海峡、中国、パプアニューギニアで記録されている。

ポリプは不明。（久保田）

ヤワラクラゲ科 Laodiceidae

ヤワラクラゲ ▶▶p.121
Laodicea undulata (Forbes & Goodsir, 1853)
ヤワラクラゲ属

傘は透明な皿形で、傘径は最大で20mm。胃腔部から4本の放射管に沿って薄板状の生殖巣が形成される。成長すると触手は120本くらいになり、それらと交互に棍棒状の平衡棍が傘縁にある。触手瘤基部の内側には眼点がある。傘縁に多数の糸状体があり、成長とともに数が増える。

有性世代のクラゲは若い無性世代のポリプにもどることが可能で、近年、ベニクラゲに次いで世界で2例目の若返る種であることが、イタリア産と日本産のクラゲの飼育によって実証された。

ポリプにはヒドロ花を完全に収容できるヒドロ莢がある。ポリプはベニクラゲのように群体性でクローンをつくるが、花の部分がむき出しでなく、根の部分も茎も花もみな堅いキチン質の皮で覆われていてベニクラゲと異なる。

本州中部から南西諸島に分布。世界ではインド-太平洋、大西洋、地中海に分布。（久保田）

ツブイリスジコヤワラクラゲ ▶▶p.121
Laodicea sp.
ヤワラクラゲ属

傘径15mmに達する。傘は深い椀形で、傘頂は厚みがある。放射管は4本で、いずれも生殖巣が放射管に沿って形成される。生殖巣の中には正体不明の粒が複数入っており、これが和名の由来である。傘縁の触手瘤や生殖巣は黄緑色の蛍光色を

刺胞動物門｜ヒドロ虫綱 Hydrozoa

帯びる。12本の傘縁触手があるが、各触手瘤の間に2-3個の傘縁瘤があり、そこから短い糸状体が派生する。傘縁には平衡石を含む感覚器が多数ある。口柄支持柄は短く、口柄は垂れ下がるが傘口より突出しない。口唇は小さく開く。

　過去には西表島の白浜や、和歌山県の田辺湾で見られ、今回、静岡県の大瀬崎にて採取されている。(久保田)

| マツカサクラゲ　　　　　　　　　▶▶p.121
Ptychogena lactea A. Agassiz, 1865
マツカサクラゲ属

　傘は半球状よりやや平たく、直径が傘高の3倍程度。傘高は30mmまで。外傘は透明より少し白く濁り、ゼラチン質は非常に厚く、外傘刺胞がない。胃は短く、基部が十字状。口唇は短く、4つある。放射管は4本あり、上部1/2－2/3には水平方向に30対以内の枝管が突出する。生殖巣が乳白色で枝管を充満するように形成され、松毬状に見える。触手も白色で、数が500本程度までで非常に多い。触手間には刺胞を含まない棍棒様の平衡棍が傘縁触手と交互に存在する。若い個体では各触手間には平衡棍が1－8本（通常は4－5本）あり、成長とともにその割合が1対1に近づく。触手基部は眼点を有しない。餌や捕食者に関する知見がない。北極海、北緯40°以上の太平洋および大西洋に分布し、深度250mより深いところに多いが、表層の水温が非常に冷たいときには表層付近にも出現する報告がある。(Lindsay)

| シマイマツカサクラゲ（仮称）　　　▶▶p.121
Ptychogena sp.
マツカサクラゲ属

　本種は*Ptychogena crocea* Kramp & Damas, 1925に似ているが、触手は64本ではなく16本しかないこと、触手根は三角形状であることで区別できる。各触手間には感覚棍が3本ずつあり、4本ある太い放射管は左右に枝管を6回程度派出させる。口柄、放射管とその枝管、生殖腺は赤サフラン色を呈する。(Lindsay)

| サラクラゲ　　　　　　　　　　　▶▶p.121
Staurophora mertensi (Brandt, 1834)
サラクラゲ属

　傘は平たい皿形で、傘径は15cmに達する大型のヒドロクラゲ。4本の放射管に沿って生殖巣が形成されるが、口も長く伸張して生殖巣と同じような形に開き複雑な形状。傘縁触手が数千本あり、触手と交互に棍棒状の平衡棍が傘縁に見られる。触手瘤の内側に眼点がある。

　外国産のポリプはキタヒラクラゲと類似し、群体性で個虫にはヒドロ茎が見られず、ヒドロ莢も生殖莢もヒドロ根から直立した円筒状で、その先端は歯状の蓋で閉じられている。

　日本では北海道東岸のみ分布。世界では北極海や太平洋と大西洋の寒海に分布。(久保田)

マツバクラゲ科 Eirenidae

| マツバクラゲ　　　　　　　　　　▶▶p.123
Eirene hexanemalis (Goette, 1886)
マツバクラゲ属

　傘は透明な椀形で、傘径30mmに達する。6本の放射管と6口唇をもち、生殖巣は放射管上の後半部に沿って細長く形成される。口柄支持柄は傘口より突き出す。傘縁触手や平衡胞の数は60以上に達する。傘縁に糸状体はない。

　日本ではこれまでに駿河湾や瀬戸内海、九州から報告がある。世界ではインド－西太平洋に分布。外国産のポリプはプランクトン性の単体性のもので、浮遊生活中に1個体の若いクラゲに変態する。(久保田)

| コブエイレネクラゲ　　　　　　　▶▶p.122
Eirene lacteoides Kubota & Horita, 1992
マツバクラゲ属

　傘は透明な椀形で、傘径は30mmに達する。4本の放射管とよく刻まれた4口唇をもち、生殖巣は口柄支持柄基部から傘縁付近まで放射管上のほぼ全体に沿って細長く形成される。傘縁触手は157本に達し、ほかに小さな傘縁瘤が少数見られる。平衡胞は隣接する触手瘤の間に1個あり、通常1個の平衡石を含むが、2個のこともある。傘縁に糸状体はない。幅の広い口柄支持柄は傘口より突き出し、胃腔のすぐ上の間軸部4か所が瘤のように膨らむ特徴があり、和名の一部となっている。

　クラゲは三重県のみで野外から記録され、これを基に久保田信と堀田拓史によって新種として記載された。日本各地の水族館の水槽内で、偶発的にクラゲが発生し、その後得られたポリプからのクラゲ展示も行われている。(久保田)

| エイレネクラゲ　　　　　　　　　▶▶p.123
Eirene menoni Kramp, 1953
マツバクラゲ属

　傘は透明な椀形で、傘径は10mm前後。4本の放射管と4口唇をもち、生殖巣は口柄支持柄基部から傘縁付近まで放射管上のほぼ全体に沿って細長い形で形成される。口柄支持柄は傘口より突き出す。傘縁触手は最多で40本。平衡胞は1個の平衡石を含み、隣接する触手瘤の間に1－2個ある。傘縁に糸状体はない。

　九州天草のみで記録されていたが、今回、静岡県大瀬崎で撮影された。インド－西太平洋に分布。ポリプは不明。(久保田)

| カイヤドリヒドラクラゲ　　　　　▶▶p.122
Eugymnanthea japonica Kubota, 1979
カイヤドリヒドラクラゲ属

　短命で有性生殖を1回だけ行うクラゲ。傘径は1mm前後。放射管は4本で、楕円形の生殖巣が放

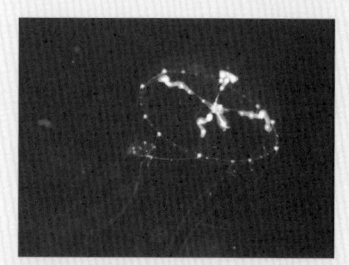

ツブイリスジコヤワラクラゲ

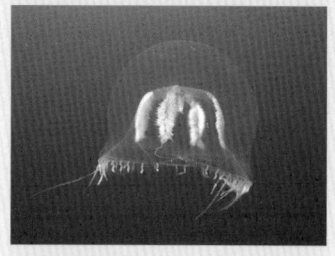

マツカサクラゲ

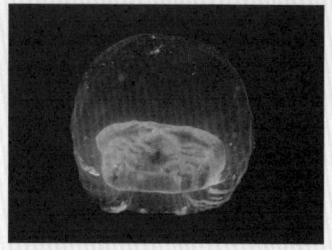

シマイマツカサクラゲ（仮称）

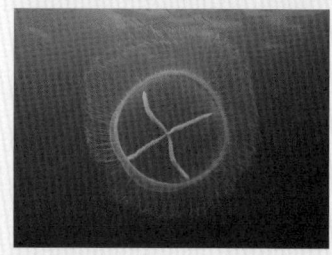

サラクラゲ

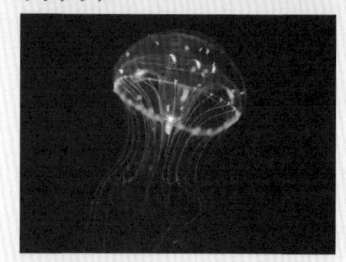

マツバクラゲ

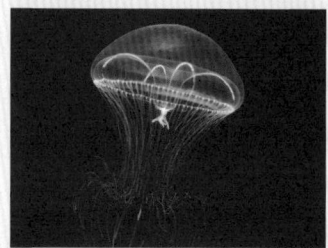

コブエイレネクラゲ

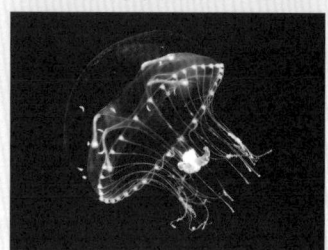

エイレネクラゲ

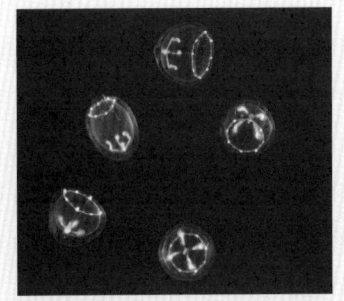

カイヤドリヒドラクラゲ

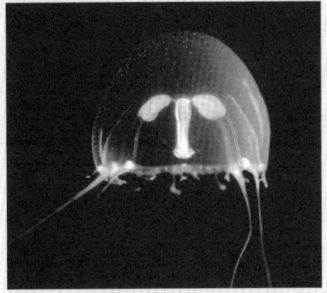

コノハクラゲ（中間型）

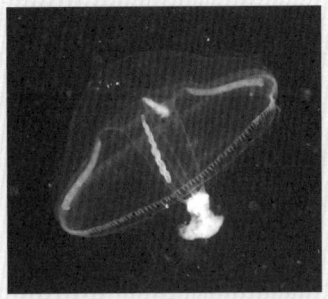

シロクラゲ

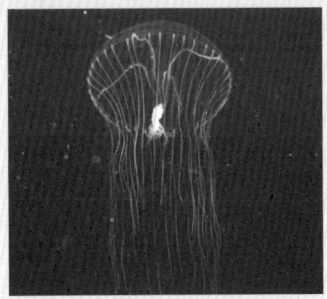

ギヤマンクラゲ

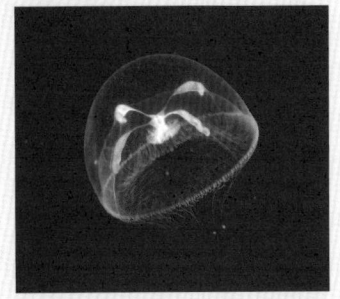

カミクロメクラゲ

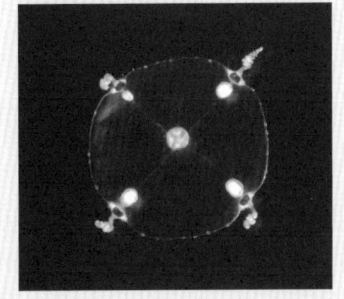

イトマキコモチクラゲ

射管上に垂れ下がる。8個の傘縁瘤と8個の平衡胞をもち、平衡胞は通常1個の平衡石を含む。糸状体や口柄支持柄はない。口柄は痕跡的で、口は開口している。染色体数は2n=30（n=15）で、性染色体は未知。

名前が示す通り、貝に宿ってくらしており、毎日、一定の時刻にクラゲが遊離する習性がある。成体は獲物を捕える触手も、それを食べて消化する胃袋もほとんど退化させており、繁殖のためだけに存在する。

ポリプのおもな宿主二枚貝は、マガキ、ムラサキイガイ、カリガネエガイなどが知られている。ポリプは、コノハクラゲとまったく同じ外観で、二枚貝共生性の単体性のもの。1つずつのポリプが貝のやわらかい体のあちらこちらにいる。このようなポリプを新鮮な海水に入れ、室温（20－28℃）で放置すると、毎日、夕方から日没後にかけて、たくさんのクラゲが泳ぎだしてくる。雌雄の区別は成熟した生殖巣を観察すれば簡単にわかり、遊離したクラゲは翌朝、辺りが明るくなるころ、卵や精子を放出して、その短い命を終える。本州中部以南から沖縄本島までのおもに太平洋岸に分布。広域にわたる生活史などの研究により、久保田信により新亜種から新種に昇格した。世界では台湾や中国厦門に分布。（久保田）

| コノハクラゲ ▶▶p.125
Eutima japonica Uchida, 1925
| コノハクラゲ属

世界一形態変異が大きなヒドロクラゲで、日本では4型に分かれる。南日本型が最大で、傘径は15mmに達する。4本の放射管と4口唇をもち、生殖巣は放射管上のほぼ全体に沿って細長く形成される。しかし、中間型は楕円形。通常は8本の傘縁触手と8個の平衡胞をもつが、ともに飼育下では最大数が21となる。小さな傘縁瘤が少数見られる。触手瘤と傘縁瘤の脇には糸状体が見られるが、北日本型では成熟すると消失する。平衡胞は最多で20個の平衡石を含む。口柄支持柄は、よく発達したものでは傘口より突き出すが、中間型は欠如し、触手は2－4本で、属の定義に当てはまらない（別科ともいえる）。

ポリプはおもにムラサキイガイやカリガネエガイなどの二枚貝共生性の単体で、吸盤状になったヒドロ根で軟体部に付着している。近年、北日本型は北海道噴火湾の養殖ホタテガイの外套膜に付着する例も報告された。北日本型では2本、南日本型は4本の触手と多数の糸状体をもった未成熟なクラゲを遊離させる。

北海道から九州にかけての太平洋岸におもに分布するが、クラゲは野外からは採集されにくい。英虞湾と対馬にも産する中間型のみは沖縄本島で一度だけ記録された。

山形県湯の浜と神奈川県三崎産の南日本型の成熟クラゲを基に、内田亨により新種記載された。（久保田）

| シロクラゲ ▶▶p.125
Eutonina indicans（Romanes, 1876）
| シロクラゲ属

傘は透明な椀形で、傘径は40mm。放射管は4本で、生殖巣は放射管に沿ってリボン状に形成される。傘縁には約100本の触手がある。平衡胞は少なく、幼クラゲのときから一定数の8個しかない。各平衡胞には最多で12個の平衡石が含まれる。口柄支持柄があり、傘口から口柄が突き出していて、4口唇は刻まれた複雑な形状となる。

東北地方以北に分布。世界では北太平洋や北大西洋の寒海に分布。

外国産のポリプは群体性で、ヒドロ根に生殖莢を形成し、1つの生殖莢から未成熟なクラゲを少数個体遊離させる。（久保田）

| ギヤマンクラゲ ▶▶p.124
Tima formosa L. Agassiz, 1862
| ギヤマンクラゲ属

傘高が30mmに達する比較的大型のヒドロクラゲで、コノハクラゲを大きく複雑にさせたような形態。放射管は4本で、生殖巣は放射管に沿って褶状に形成される。口柄支持柄が長く伸びて、口柄は傘口より突き出る。4口唇は刻まれ複雑な形状となる。傘縁に32本前後の触手をもち、平衡胞が触手と交互にある。平衡胞には10個前後の平衡石を含む。

東北地方以北に分布。世界では北太平洋と北大西洋に分布。ポリプは不明。

和名のギヤマンは、オランダ語で「ガラス製品」を意味する。（久保田）

クロメクラゲ科 Tiaropsidae

| カミクロメクラゲ ▶▶p.126
Tiaropsis multicirrata（M. Sars, 1835）
| カミクロメクラゲ属

傘は透明な椀形で、4放射管をもつ。8個の平衡胞の基部にはクッションのような膨らみがある。生殖巣は放射管を中央にその両側に分かれるように形成される。このような形質はヒトエクラゲ類に類似する。

日本では北海道、東北の日本海側で知られ、世界では北大西洋や北極海に分布。

ポリプはキタヒラクラゲやヤワラクラゲと類似し、群体性で個虫にはヒドロ茎が見られず、ヒドロ莢も生殖莢もヒドロ根から直立した円筒状で、その先端は歯状の蓋で閉じられている。（久保田）

コモチクラゲ科 Eucheilotidae

| イトマキコモチクラゲ ▶▶p.126
Eucheilota multicirris Xu and Huang, 1990

傘は平たい椀形で、放射管は4本。平衡胞には複数の平衡石を含む。蛍光緑色を帯びた生殖巣は、傘縁付近にあり、楕円形に発達する。4本の触手があり、それらの触手瘤には黒い色素がつま

刺胞動物門｜ヒドロ虫綱 Hydrozoa

り、触手瘤の両脇には多数の糸状体が見られる。
和歌山県田辺湾や今回の福島県小名浜港から知られている。（久保田）

| コモチクラゲ ▶▶p.126
Eucheilota paradoxica Mayer, 1900
| コモチクラゲ属

傘は透明な椀形で傘径4mm以下。その名の通り、4本の放射管に未成熟クラゲを小さな分身として出芽し、増殖する。成体は傘縁に触手を4本、傘縁瘤を4個、平衡胞を8個、糸状体を触手瘤や傘縁瘤の両脇に多数もつ。

日本各地に広く分布する。世界ではインド-太平洋、大西洋、地中海に広く分布。

ポリプは地中海産のものだけ記録されており、クラゲの生殖巣に突き出すように形成される。（久保田）

ハナクラゲモドキ科 Melicertidae

| ハナクラゲモドキ ▶▶p.126
Melicertum octocostatum（M. Sars, 1835）
| ハナクラゲモドキ属

傘は透明な半球形で、ぶよぶよとしていてかたくない。傘径は15mm。傘縁触手は最多で大型のものが約80本と、その間にある小型のものが約80本。放射管は通常のクラゲと異なり、2倍の8本あり、それらのほぼ全域に生殖巣が形成される。口唇の数も放射管数にあわせて8つある。

北海道、青森県、山形県、石川県で記録。世界では北太平洋や北大西洋に分布。

外国産のポリプは群体性で、ヒドロ茎は通常分岐しない。ヒドロ花を覆うヒドロ莢はなく、クラゲ芽はヒドロ茎上に1個ずつ形成され、生殖莢で覆われる。（久保田）

キタヒラクラゲ科 Dipleurosomatidae

| キタヒラクラゲ ▶▶p.126
Dipleurosoma typicum Boeck, 1866
| キタヒラクラゲ属

傘は平たい皿形で傘径は6mmほど。多数の不規則な放射管と触手をもつ。楕円形の生殖巣が放射管のほぼ中央にそれぞれ形成される。123本の傘縁触手をもち、隣接する触手瘤の間には棍棒状の感覚器があり、触手瘤の内側には眼点がある。口唇は不規則で最多で18ある。スギウラヤクチクラゲと同様、傘縁にまで伸びた放射管に沿って二分裂し、無性生殖によって増殖を繰り返す。

早春の北海道、駿河湾、能登半島、瀬戸内海で記録されている。

ポリプは群体性で個虫にはヒドロ茎が見られず、ヒドロ莢も生殖莢もヒドロ根から直立した円筒状で、その先端は歯状の蓋で閉じられている。（久保田・峯水）

スギウラヤクチクラゲ科 Sugiuridae

| スギウラヤクチクラゲ ▶▶p.127
Sugiura chengshanense（Ling, 1937）
| スギウラヤクチクラゲ属

傘は透明な皿形で傘径は10mm以下。口柄や傘縁が蛍光緑色に染まる。傘縁には多数の触手があり、これで餌を捕る。これらと交互に平衡胞がある。生殖巣は放射管の中央部付近に楕円体に形成される。一般にクラゲの無性生殖は若い時代のポリプが行うが、成体になってからも無性生殖による増殖を行う点が特徴である。通常、口柄が複数あり（「ヤクチ」の由来）、二分裂による無性生殖で増殖する。まれに口柄がない部分が分割することもあるが、この部分は生存できない。

本州から北海道まで分布。中国にも分布。

ポリプは群体性で、触手の間にみずかき状の構造がある。ヒドロ花はキチン質のさやで覆われ、保護されている。クラゲ芽の形成は不明。

本属は鉢クラゲ類の生活史についておもに研究された杉浦靖夫の研究をもとに、外見の類似する*Gastroblasta*属とは異なるものとして設立され、属名も科名も彼に献名された。（久保田）

オワンクラゲ科 Aequoreidae

| オワンクラゲ ▶▶p.128
Aequorea coerulescens（Brandt, 1838）
| オワンクラゲ属

傘は透明で、傘径20cmに達する大型のヒドロクラゲ。お椀のような形と大きさから和名がつけられた。放射管が何十本もあり、傘縁触手も放射管と同様に多く約100本ある。平衡胞も触手とほぼ同数見られる。発達した生殖巣部分がピンク色になる個体もある。

発光するクラゲとして知られ、刺激によって生殖巣が緑色に発光する。

アメリカ太平洋岸に別種のオワンクラゲ*A. victoria*（Murbach & Shearer, 1902）が分布している。下村脩博士がこのクラゲから緑色蛍光タンパク質（GFP）を発見してノーベル化学賞受賞につながった。GFPとカルシウムを感知して発光するイクオリン（aequorin）が精製され、遺伝子に組み込んでの検知マーカーとして活用されたり、カルシウムの微量定量の試薬として知られる。

傘内にヤドリイソギンチャクやウミノミ類が付着することもある。

北海道から九州にかけて広く分布。インド-太平洋や大西洋に分布。

ポリプは群体性で、触手間に刺胞を含むみずかき状の構造をもつ特徴がある。保身のために身をすっぽり覆うキチン質の囲皮が発達せずヒドロ花がむき出しになっているのが特徴。クラゲ芽はヒドロ根上に1個ずつ形成される。（久保田）

| ヒトモシクラゲ ▶▶p.130
Aequorea macrodactyla（Brandt, 1835）
| オワンクラゲ属

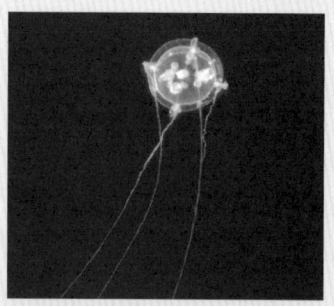

コモチクラゲ

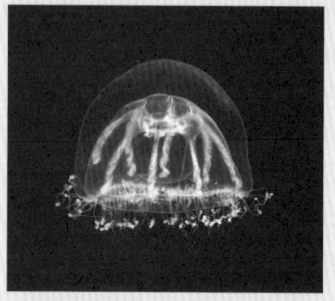

ハナクラゲモドキ

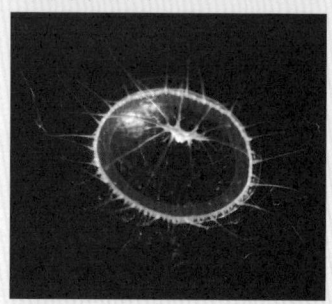

キタヒラクラゲ

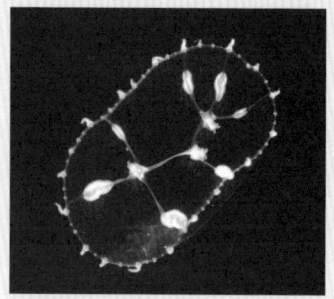

スギウラヤクチクラゲ

オワンクラゲ

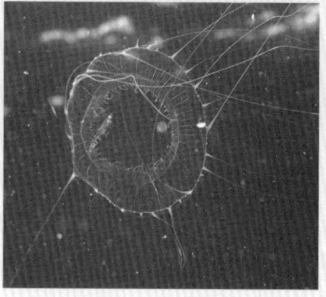

ヒトモシクラゲ

カザリオワンクラゲ（新称）

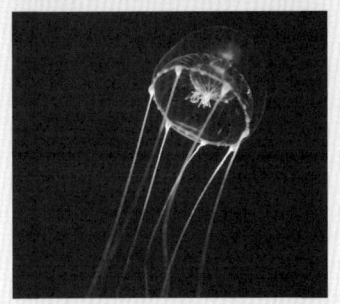

オワンクラゲ科の1種

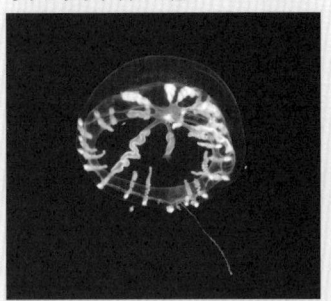

軟クラゲ目の1種-1

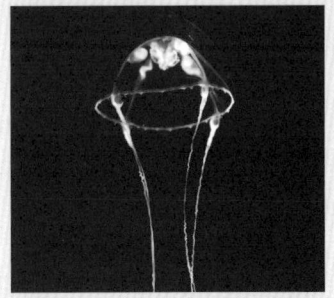

軟クラゲ目の1種-2

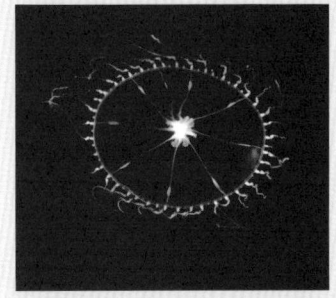

軟クラゲ目の1種-3

軟クラゲ目の1種-4

傘は透明で、傘径80mm以下とオワンクラゲほど大きくならない。傘のゼラチン質は非常に脆く、ちょっとした水流でも壊れやすい。傘に発達する生殖巣数に対し、触手数が圧倒的に少ないのが特徴で、通常20本以下まで見うけられる。成長とともに、中央で分裂して無性生殖によって増殖する。放射管上に形成された多数の生殖巣は刺激を受けて発光する。

本州沿岸から九州にかけて広く分布し、冬から春にかけて見られる。出現時期や容姿がオワンクラゲと似ているため、混同されていることが多い。世界ではインド-太平洋や大西洋に分布。

ポリプは不明。（久保田・峯水）

■ カザリオワンクラゲ（新称）　▶▶p.131
Zygocanna buitendijki Stiasny, 1928
■ カザリオワンクラゲ属（新称）

外見はオワンクラゲなどに似た椀形で、大きさは傘径13cmほどまで。傘のゼラチン質は厚みがあり、比較的しっかりしている。口は、ときに束ねた形となり、下傘中央より垂れ下がる。放射管は胃腔縁にいたるまでに約30本に分岐し、それらの多くがさらに胃腔縁の外で2-4本ずつ不規則に分岐する。その結果、放射管は最終的に80-100本ほどになり、成体では波打った形の生殖腺が放射管の1/2ほどを占めて発達する。放射管の末端にはオワンクラゲに似た蛍光発光が伺える。外傘には、中空で波状の細い隆起畝列が放射状に並び、すべてが傘頂まで達しているわけではないが、傘縁では約70-150本が形成される。加えて傘縁には、この隆起畝列3-5おきに大型の触手瘤が不規則に並び、16-50本の発達した触手を備える。

本種は本邦の沿岸海域ではかなりまれで、これまでに伊勢湾、駿河湾のほか、利島（撮影記録）から報告があるのみで、おもに外洋に生息している種と思われる。三重県鳥羽港では、1994年に14個体、2000年に37個体が8-11月に採集されたが、大型台風が通過した直後に採集されるケースが多い。日本近海から採集された標本は、傘径が7-10cm程度のものが多く、最大個体では13cmほどになる（静岡県大瀬崎産）。これらは、Stiasny（1928）が新種記載した標本の大きさ（傘径33mmまで）と比べると大型で、放射管数、触手数については記載された数値よりも多い。しかしながら、本種が他種と区別し得る特徴である放射管の分岐形状と外傘に並ぶ波状の隆起畝列については、原記載の記述とよく一致する。和名のカザリオワンクラゲは、外傘を「飾る」ように並ぶ放射状の隆起畝列に由来する。（堀田・峯水）

■ オワンクラゲ科の1種　▶▶p.129
Aequoreidae sp.

傘径15-20mm前後の幼クラゲ、形態の特徴や出現時期などから、オワンクラゲのものである可能性が高いが、オワンクラゲ属には未だ分類されていない複数の未知種が含まれている。また、生殖巣が未発達な未成熟個体のため、今のところ断定できていない。（久保田）

科・属の所属未定
Family & Genus incertae sedis

■ 軟クラゲ目の1種-1　▶▶p.132
Leptomedusae sp. 1

傘はやわらかく椀形で、傘径13mmまで。8本の放射管をもち、それぞれに生殖巣が形成されていて、淡い蛍光色を帯びる。放射管の1本が口柄から短く伸張して盲管となる。また1本の放射管は中央付近で両側に1本ずつ盲管を伸ばす。感覚棍が触手の間に少なくとも1個以上あり、基部に眼点がある。触手はカールし、傘縁に不均等に並び、最多で16本が認められる。口はフリルがまとまったような形状。ポリプは不明。

本種はハッポウヤワラクラゲMelicertissa orientalis Kramp, 1961である可能性も否定できない。（久保田・峯水）

■ 軟クラゲ目の1種-2　▶▶p.132
Leptomedusae sp. 2

傘は透明な椀形で、放射管は4本。生殖巣が波打った形で放射管の上方にのみ形成される。口や触手基部は赤褐色。駿河湾では例年5月上旬頃に傘径2mmほどの幼クラゲが見られはじめ、1か月ほどのうちに成熟個体が確認できるが、現在までにそれ以上の詳細はわかっていない。さらなる標本に基づいた調査が必要な種。（峯水）

■ 軟クラゲ目の1種-3　▶▶p.132
Leptomedusae sp. 3

8本の放射管をもつOctophialucium属のクラゲに酷似するが、この個体には変則的に9本（1本多い）の放射管があるため断定できない。40本の傘縁触手と触手瘤の間に40個の傘縁瘤が認められる。さらなる標本に基づいた調査が必要。（峯水）

■ 軟クラゲ目の1種-4　▶▶p.133
Leptomedusae sp. 4

外洋の潮が沿岸部に接近した際に、一度だけ確認できた種。傘はやわらかく、椀形。放射管は撮影個体では計13本が見受けられ、そのうち1本は伸張した直後に分岐して、その後すぐにまた合流している箇所もある。また、分岐途中と思われるものも数か所に見られる。生殖巣は放射管に沿って波打った形で形成される。先が丸くなった感覚棍が触手の間に少なくとも2-3個ずつある。触手や感覚棍の基部に眼点がある。触手はカールし、傘縁に不均等に並んだ約44本が見受けられる。口は小さく、フリルがまとまったような形状。触手や生殖巣、口などは鮮やかな黄色。ハッポウヤワラクラゲ属（新称）Melicertissaに近いと推測されるが、さらに調査が必要。（峯水）

刺胞動物門｜ヒドロ虫綱 Hydrozoa

| 軟クラゲ目の1種-5　▶▶p.133
| Leptomedusae sp. 5

傘のゼラチン質は厚みが強く、ちょうど山高帽のような形をしている。触手、放射管ともに16本。肉眼では無色透明だが、ストロボを使って撮影すると、傘の内面が緑色に光る。夏の鹿児島で複数個体観察できた。オワンクラゲ属に近いものと思われるが、さらなる標本に基づいた調査が必要な種。（峯水）

| 軟クラゲ目の1種-6　▶▶p.133
| Leptomedusae sp. 6

撮影地の大瀬崎では、外洋の潮が沿岸部に流入した際に2個体だけ確認できた種。既知種のいずれにも該当しないため、未記載種と思われる。傘はやわらかく、椀形。放射管は傘頂では4本に分かれ、その後、それぞれが3回ほど枝分かれし、傘縁にいたるまでに22本に分岐している。ただし、この分岐は個体の大きさや成長具合によって増減する可能性がある。生殖巣は放射管に沿って細く形成され、傘の半径の約3/5ほどまで伸張。触手は傘縁に沿って600本以上見受けられる。口は広がったフリル状。傘は透明で、生殖巣や触手、口は灰褐色。さらなる標本に基づいた調査が必要。（峯水）

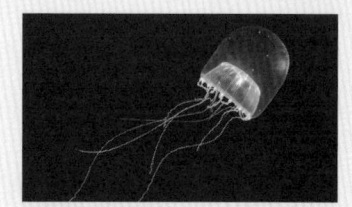

軟クラゲ目の1種-5

軟クラゲ目の1種-6

淡水クラゲ目 Limnomedusae

ハナガサクラゲ科 Olindiasidae

| マミズクラゲ　▶▶p.136
| *Craspedacusta sowerbii* Lankester, 1880
| マミズクラゲ属

傘径は22mmほどに達し、傘縁に長短の触手を最多で約700本有する。感覚器は触手数より少なく、最多で183個見られる。触手と感覚器の数は個体群によって差がある。乳白色で扁平な生殖巣が4本の放射管の中央付近に垂れ下がる。生殖巣の形状は変異が大きく、楕円形のものから細長くて先細りのものまで見られる。

1928年に日本で初めて発見されて以来、全国各地の池沼やダム湖、ため池などで記録されている淡水性のクラゲ。水温がもっとも高くなる夏から秋にかけて、日本各地のため池やダム湖などで目撃例があるが、一度現れた場所に毎年現れるとも限らず、その一方で、今まで見られなかった場所に突然現れることもあって人々を驚かせる。水中では触手を上向きに立てながら、ゆっくりと上下に鉛直移動する。

世界の温帯から熱帯にかけて分布。
ポリプは触手のない楕円体で、体長は1mm以下。
なお、1921年に三重県の古井戸から発見された日本産のもう1種イセマミズクラゲ*C. iseana*（Oka & Hara, 1922）（丘浅次郎と原孫六により新種記載）は、その後の報告がなく、絶滅種となったと推測される。（久保田）

| キタクラゲ　▶▶p.136
| *Eperetmus typus* Bigelow, 1915
| キタクラゲ属

傘は透明な椀形で、傘径は30mmほど。4本の放射管上にリボン状の生殖巣を形成する。傘縁から短い求心管を多数伸ばし、その長さに比例して求心管の末端から触手を伸張する。正軸部の触手がもっとも長く、長短あわせて全部で100本に達する。平衡胞は隣接する触手の間に1個ずつある。
北海道に分布。世界では北太平洋の寒海に分布。
ポリプは群体性だが、群体を構成する個虫数は10以下と少ない。個虫の基部にクラゲ芽が1個だけ形成される。触手は1本しかない。（久保田）

| カギノテクラゲ　▶▶p.137
| *Gonionemus vertens* A. Agassiz, 1862
| カギノテクラゲ属

各々の傘縁触手に1個の付着細胞があり、ここで海藻などに付着する。触手の付着細胞から先の部分が曲がるので「カギノテ」という和名がつけられた。触手数は100本あまりに達し、感覚器もそれと同数ある。生殖巣は4本の放射管上に襞状に形成される。4口唇は刻まれる。

プランクトン生活を送らずおもに付着生活を送るが、多少ならば遊泳はできる。波あたりのよい藻場では、海藻から離れて水面付近を浮遊していることもあり、容易にすくって採取することができる。すむ環境やおもに食べているものによっても色素に大きな個体差があり、中には傘縁が蛍光色に光る個体も見られる。以前は北方にすむ種をキタカギノテクラゲと呼んで区別していたが、現在は1種にまとめられている。

日本各地の藻場に生息する。世界ではインド-太平洋、大西洋、地中海に分布。刺胞毒が強く、刺された場合は皮膚科の治療を受けなければ危険な事例もあり、注意が必要。

ポリプは小さく単体で、わずか数本の糸状の触手をもつ。クラゲ芽は通常ポリプの出芽により形成されるが、休眠状態にあるシストの中に若いクラゲを形成した珍しい例もある。（久保田）

| ハナガサクラゲ　▶▶p.134
| *Olindias formosus*（Goto, 1903）
| ハナガサクラゲ属

カラフルで傘径が100mmに達する大型種。放射管は三重県の一部の海域のものに限り4本、通常は6本あり、そのほぼ全長に襞状になった生殖巣が形成される。傘縁には数百本もの棍棒状の触手と十数本しかない糸状の長い触手がある。感覚器は触手数の約2倍の数がある。環状管からは求

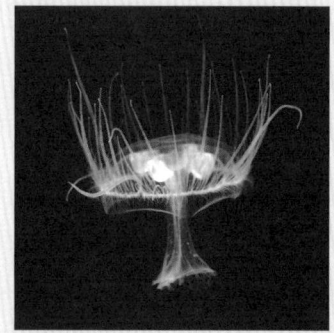

マミズクラゲ

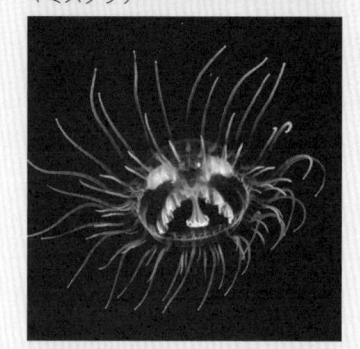

キタクラゲ

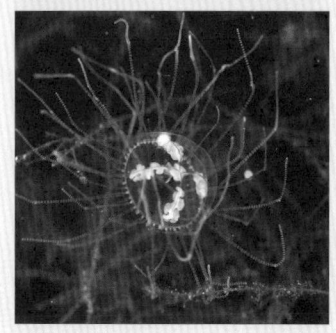

カギノテクラゲ

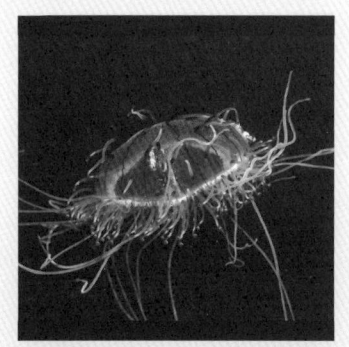

ハナガサクラゲ

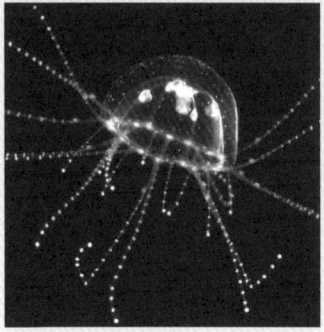

コモチカギノテクラゲ

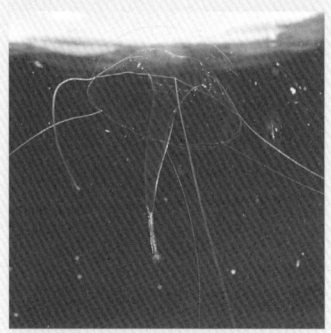

オオカラカサクラゲ

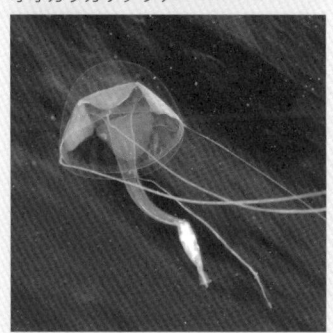

カラカサクラゲ

ツリガネクラゲ

心管が80本ほど上方へ伸張し、その末端部の外傘にカラフルな棍棒状の触手が生えている。その刺胞毒は強く、刺されるとひどく痛むが、死亡例はない。

春から夏にかけて見られ、昼間は海底付近の海藻に絡まっていて、ほとんど動かずにいることが多い。まれに潮の流れに乗って移動する姿を見かけるが、どちらかというと夜間に遊泳している個体を見かけるケースが多い。色彩は、外傘から伸張した棍棒状の触手が赤紫色・緑色・黒色に染めわけられ、口柄は赤褐色で、生殖巣は黄褐色。色鮮やかで、ネオンサインがちらついているように見える。小型魚類を食べる。また、静岡県の黄金崎海岸で見られる個体には、かなりの確率で甲殻類のタコクラゲモエビが傘の上に複数乗っているのが確認されている。

本州中部から沖縄にかけての太平洋および日本海に広く分布。日本特産。

ポリプは実験室で得られ、触手がない単体性のものだが、クラゲ芽の形成方法までは不明。

内田亨の師であった五島清太郎により三崎産の複数個体を基に新種記載された。(久保田・峯水)

| コモチカギノテクラゲ ▶▶p.137
Scolionema suvaense (A. Agassiz & Mayer, 1899)
| コモチカギノテクラゲ属

傘径は、通常、数mmだが9mmに達するものもいる。触手数は56本まで見られ、平衡胞は16個。放射管は4本で、それぞれの末端部付近に複数のクラゲ芽を形成する。楕円体の生殖巣は、クラゲ芽を形成する部分にできる。クラゲ芽を無性的に出芽する特徴があって、未成熟なクラゲの時期にたくさんのクラゲをつくる。

春から初夏にかけて藻場で見られる。小型のクラゲなので、水面に漂っていても肉眼で確認することは困難だが、波当たりのよい藻場では、流れ藻付近をプランクトンネットで曳くと入ることがある。カギノテクラゲを小さくしたような形態で、海藻などに付着し、クラゲ芽を無性的に出芽する特徴から「コモチカギノテ」の和名がつけられた。刺胞毒はカギノテクラゲほど強くない。

本州から九州にかけて分布。世界ではインド-太平洋、大西洋、地中海に分布。

外国産のポリプはカギノテクラゲに類似のもので、単体性。このポリプからクラゲを遊離させるタイミングが決まっていて、満月に合わせるとの報告もある。(久保田)

硬クラゲ目 Trachymedusae

オオカラカサクラゲ科 Geryoniidae

| オオカラカサクラゲ ▶▶p.141
Geryonia proboscidalis (Forskål, 1775)
| オオカラカサクラゲ属

傘は厚みのある椀形で、傘径は50mmに達する。放射管は6本、生殖巣が6個、長い6本の触手と、その間に傘に沿って上向きに伸びる短い6本の触手(計12本)がある。長い口柄支持柄があり、口柄が傘口から突き出す。口唇は6。カラカサクラゲに似るが、傘の大きさや長い6本の触手がある点などで水中でも容易に区別できる。太い環状管から複数の管が上へと伸びる。傘の中央にはゼラチン質の長い柄が伸びる。その下に口柄があり、口は傘口外へ突き出ている。小型魚類を捕食。各々の触手の基部には感覚器が1個ずつある。

伊豆半島では3～5月頃に、外洋性の潮が沿岸部に入ってきたときに表層付近で見られるが、カラカサクラゲに比べ漂流数は少ない。

暖海性でおもに南日本の黒潮域や世界ではインド-太平洋、大西洋、地中海に分布。本種は日本では古くから知られているが、珍しいクラゲである。生涯外洋を浮遊。(久保田・峯水)

| カラカサクラゲ ▶▶p.140
Liriope tetraphylla
(Chamisso & Eysenhardt, 1821)
| カラカサクラゲ属

傘は厚みのある椀形で、傘径は30mm。4本の放射管と多数の求心管がある。求心管は4分区に最多で7本ある。放射管上に薄くて透明な生殖巣が形成される。傘縁には長い4本の触手と、その間に傘に沿って上向きに伸びる短い4本の触手があり(計8本)、8個の感覚器がある。どの触手の根元にも膨らみがまったくなく、傘縁から糸状に伸びているのもこのクラゲの特徴である。口柄支持柄が発達し、傘の中央から長々と垂れ下がる口柄をもつ。細長くてスマートな口柄の先に4つの口唇を備える。口柄は象の鼻のように動かせるが、伸縮自在なので透明な傘の内側に収容してしまう。

伊豆半島では傘径数mm程度から、大型のものまで、ほぼ通年見られる。とくに春から初夏の個体は傘径がもっとも大きい。おもに表層付近に多く、小型魚類を捕食する。まれに大発生して養殖生簀の魚類に刺傷被害を起こした例もある。

生涯にわたってプランクトン生活を送る。本州中部以南に分布。世界ではインド-太平洋、大西洋、地中海の熱帯～温帯海域に分布。(久保田・峯水)

イチメガサクラゲ科 Rhopalonematidae

| ツリガネクラゲ ▶▶p.141
Aglantha digitale (O. F. Müller, 1766)
| ツリガネクラゲ属

和名のように傘の形は釣鐘状で、傘高は30mm以下。糸状の傘縁触手が約80本ある。放射管は8本あり、通常のヒドロクラゲの2倍。口柄支持柄があるが短く、口柄は傘口から突き出さない。口唇は4。感覚器は8個。8本のソーセージ状の生殖巣が口柄支持柄から垂れ下がる。

おもに春先に見られ、外洋の潮が入ってきた際

刺胞動物門｜ヒドロ虫綱 Hydrozoa

には沿岸部でも見られる。水中では触手を広げて漂っているが、危険を感じると素早く触手を縮め、瞬発的に逃げる。傘内の筋肉が発達し、撮影すると虹彩が美しい。

日本では石川県以北の日本海沿岸と宮城県の太平洋沿岸から北日本にかけて分布。世界では北太平洋、北極海、北大西洋、地中海に分布。外洋性のクラゲ。（久保田・峯水）

| ヒメツリガネクラゲ　▶▶p.141
Aglaura hemistoma Péron & Lésueur, 1810
ヒメツリガネクラゲ属

傘高6mm以下。傘は透明な釣鐘状で、やわらかく、ゼラチン質が薄い。最多で64本のすらりとした傘縁触手や8本の放射管および8個の棍棒状の感覚器をもつ。口柄支持柄があるが短く、口柄は傘口から突き出さない。バナナ状の8本の生殖巣が口柄直上の放射管上に発達するのが特徴で、北日本に生息するツリガネクラゲと区別できる。

水中では触手を多方向に広げて流れに身を任せていることが多いが、危険を感じると素早く触手を縮めて、一瞬の脈動で飛ぶように移動するため、見失うことも多い。とくに冬から初夏にかけての表層付近に多く見られる。

南日本各地に分布。世界ではインド-太平洋、大西洋、地中海に分布。（久保田・峯水）

| フタナリクラゲ　▶▶p.142
Amphogona apsteini（Vanhöffen, 1902）
フタナリクラゲ属

透明な皿形の傘で、傘径は5mm以下。8本の放射管上の傘縁付近に生殖巣が大きさを違えて交互に発達する特徴がある。60本に達する傘縁触手や棍棒状の感覚器を各8分区に1-3個もつ。短い口柄支持柄をもち、口唇は4。

駿河湾では例年1月頃、外洋性の潮が入ったときにのみ沿岸部でも見られるが、個体数はさほど多くない。ストレスを感じると触手を自切するので飼育には向かない。

南日本に分布。世界ではインド-太平洋、大西洋に分布。（久保田・峯水）

| ヒゲクラゲ　▶▶p.142
Arctapodema sp.
ヒゲクラゲ属

傘は半球形で、直径は25mm程度まで。外傘は無色透明で、ゼラチン質は傘頂が傘縁よりは厚いが、全体的にやや薄い。外傘刺胞がない。縁膜は幅広く、傘高の1/3強。口柄は八角形の白色から橙色で、長さは傘高の半分を超えない。口柄支持柄をもたない。口唇は単純で、固定標本では円形。下傘面の筋肉帯がよく発達するが、胃基部近くには筋肉帯が存在せず、傘頂側の縁は円形をなす。放射管は8本で全長にわたって細く、白色を呈する。環状管は幅広く、白色。生殖巣は、鮮やかな橙色から白色の豆形で、口柄に8個ある。傘縁触手は220本程度の糸状で1種類あるが、それらの直径は交互に大小をなし、ジグザグの1列に並ぶ。平衡胞は8個ある。深海の現場では細かい白色の触手を伸ばし、その長さは傘高の倍以上ある。刺激を与えるとすぐにも触手を切り捨てるので、採集された個体はもちろん、現場でも触手を有しない個体が観察される。日本における中・深層潜水調査の歴史が浅かった頃には触手のない個体と、ある個体が同じ生物種かどうかがはっきりしなかったために、「ヒゲクラゲ」と「ハゲクラゲ」の通称で区別をしていた。切り捨てられた触手はニジクラゲのと同様に発光することは確認されていないが、ヒゲクラゲを捕食しようとした魚の鰓に無数の細かい触手がかかったら、その隙にクラゲが逃げ切れることが想定される。本種は相模湾の800m以深では卓越し、ほかのどのクラゲよりも数が多いが、相模湾以外で観察される例が非常に少ない。（Lindsay）

| ニジクラゲ　▶▶p.142
Colobonema sericeum Vanhöffen, 1902
ニジクラゲ属

外傘は釣鐘形で、頂上の突出部はなく、下傘面はややコーン状。傘高は35mm程度まで。外傘は無色透明で、ゼラチン質はやや薄いが丈夫である。外傘刺胞がない。縁膜は幅広く、傘幅の1/3程度。口柄は筒形の白色で、外傘から突出しない。口柄を伸縮させることが多く、ほとんどの個体では口柄が短い。口柄支持柄をもたない。口唇は単純で4つある。下傘面の筋肉帯がよく発達するが、胃基部近くには筋肉帯が存在せず、傘頂側の縁はヤツデ形をなす。放射管は8本で細く、傘頂側に近づくにつれ幅が広くなり、傘頂近くでお互いに組織が接触し、筋肉帯との境は放物線を呈する。環状管も放射管と同様に細い。生殖巣は単純で、環状管には接近しないが、放射管のほぼ全長にわたって形成される。傘縁触手は糸状で1種類あり、成長にともなって16本・24本を経て、傘高20mm以上の成熟個体では計32本ある。間軸の触手が最後に発達するため、成熟個体でも間軸の触手が一番小さい。平衡胞は棒状で、触手と交互に傘縁に32個ある。触手を八方へ伸ばすようすはよく観察されている。そのときは触手の先端が縮み、傘に近い部分がまっすぐ伸びていることが多い。軽く刺激すると触手を引きずりながら必死に泳いで逃げようとするが、強い刺激を与えると触手を切り捨てる。その触手が発光して外敵の目を欺くといわれている。本種は地中海、南極海、北極海をのぞく世界中の海から報告されている。（Lindsay）

| フカミクラゲ　▶▶p.142
Pantachogon haeckeli Maas, 1893
フカミクラゲ属

傘は半球形よりやや深い個体から傘径と傘高がほぼ同等の釣鐘形まで。傘高は15mm程度まで。外傘は未成熟個体では透明で傘頂のゼラチン質が厚くなっているが、成熟するにともなってゼラチン質が全

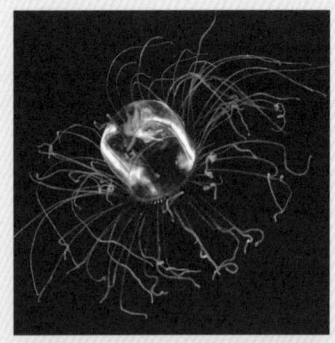

ヒメツリガネクラゲ

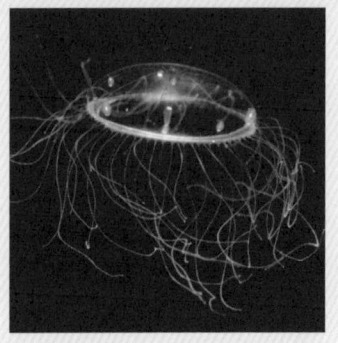

フタナリクラゲ

ヒゲクラゲ

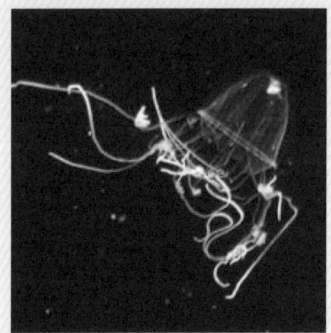

ニジクラゲ

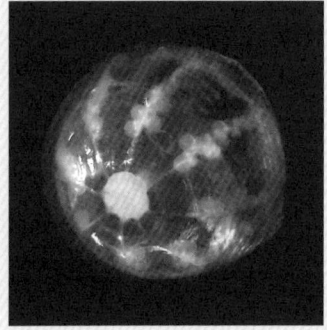

フカミクラゲ

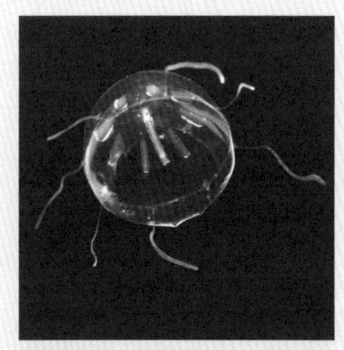

イチメガサクラゲ

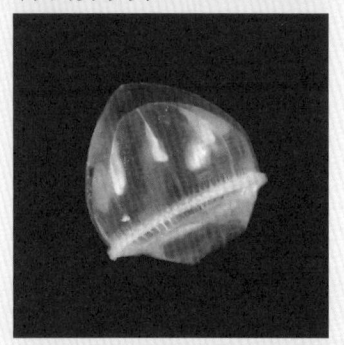

タツノコクラゲ（新称）

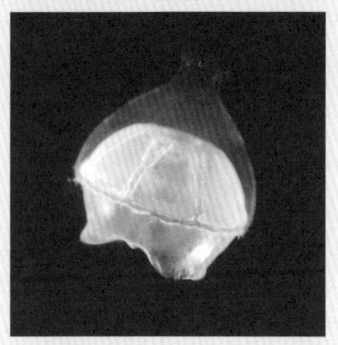

トックリクラゲ

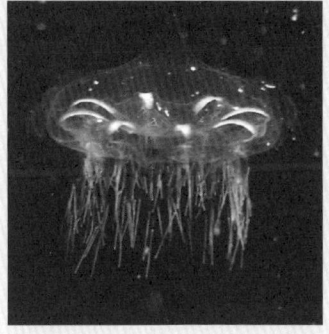

テングクラゲ

体的に薄くなり、全体的にオレンジ色に変化する。本種の原記載論文では色素をもたないことが明記されているが、色素以外の形態的な相違が認められないことで、その後記載されたオレンジ色の色素をもつ *P. rubrum* とシノニムであるとされた。外傘刺胞がない。縁膜は幅広く、傘高の1/3以上。口柄は筒形の紅色で、長さは個体差はあるが、傘高の3/4を超えない。口柄支持柄をもたない。口唇は単純で、4つある。下傘面の筋肉帯がよく発達するが、胃基部近くには筋肉帯が存在せず、傘頂側の縁は円形をなし、八角形の胃基部が外傘面からくっきり見える。放射管は8本で細く、オレンジ色を呈する。環状管も細い。生殖巣は、放射管のほぼ全長にわたって形成されるが胃基部を囲む無筋肉帯にまでは接しない。生殖巣が発達すると、乳白色の大型卵が放射管の両側に形成され、傘腔に垂れる。傘縁触手は糸状で1種類あり、成熟個体では計64本あるのは本種の特徴であるが、56本ある個体も確認されている。平衡胞は棒状で、触手と交互に傘縁に64個ある。触手を伸ばしているようすは未だ観察されておらず、深海の現場では触手を螺旋状に縮めていることが多く、刺激を与えるとすぐにも触手を切り捨てる。本種は地中海、南極海、北極海を含む世界中の海から報告されている。（Lindsay）

| イチメガサクラゲ ▶▶ p.142
Rhopalonema velatum Gegenbaur, 1857
イチメガサクラゲ属

透明な傘は成長すると昔の女性が被ったという風流な市女笠の形になる。傘径10mmまで。大型個体はイチメガサ状の外形だが、幼クラゲの傘頂に突起は見られない。縁膜がよく発達して広く、傘口を閉ざすくらいまで広がる。8本の放射管の中央付近に長楕円形の生殖巣を形成する。口柄支持柄はなく、口柄自体も長く伸張しない。口唇は4。傘縁には16本の触手と16個の感覚器をもつ。
伊豆半島では冬から早春にかけて表層付近で見られるクラゲで、外洋性の潮が入ったときのみ沿岸部でも多く見られる。筋肉は発達していて、一度の脈動で推進力も大きく、動きは素早い。ストレスを感じると触手を自切するので飼育には向かない。撮影すると虹彩が光り美しい。
本州中部以南に分布。世界ではインド-太平洋、南極海、大西洋、地中海に分布。（久保田・峯水）

| タツノコクラゲ（新称） ▶▶ p.142
Voragonema tatsunoko Lindsay & Pagès, 2010
タツノコクラゲ属

外傘は半球形よりも、真ん中部分が膨らんだコーン形をなし、頂上は尖る。傘高は16mm程度まで。外傘は無色透明で、ゼラチン質に無数の細い溝が頂点から縁へと走る。外傘刺胞がない。縁膜は幅広く、傘幅の3割程度。下傘面はサーモンピンク色、あるいは蜜柑色を呈する。口柄支持柄は同色の筒形で下傘高の1/4の長さ。口柄は四角形で長く、真紅を呈するが、外傘から突出しない。

口唇は単純で、4つある。下傘面の筋肉帯がよく発達し、口柄支持柄まで連続的に続く。放射管は8本で白く細く、各区分に傘縁の環状管より9本の求心管（計72本）が伸長する。生殖巣はクリーム色を呈し、横方向に扁平する。8つとも放射管の中間点よりやや頂点側に位置し、傘腔に垂れる。傘縁触手は6－7列あり、計1050本程度ある。平衡胞は棒状で、各区分に20個ある。
本種は4月の駿河湾、水深1967mの近底層で採集されているが、1時間に7匹観察されている。決して珍しい種類ではないようであるが、海底ぎりぎりでプランクトンネットを曳くことが困難なため、最近までは発見されていなかったのであろう。クラゲノミの仲間であるホソアシフクレノミ属の1種 *Mimonectes spandli* の未成熟個体が生殖巣の近くに付着していた。和名は深海底にあるとされる竜宮の龍の子にちなんだ。
（本種の学名は、*Pectis tatsunoko*（Lindsay & Pagès, 2010）に変更〔2018.02記〕）（Lindsay）

テングクラゲ科 Halicreatidae

| トックリクラゲ ▶▶ p.143
Botrynema brucei Browne, 1908
トックリクラゲ属

傘は半球形で、傘頂にドアノブ形の突起を有する。傘径は30mm程度まで。外傘は無色透明で、ゼラチン質は厚い。下傘面は浅く、傘頂の突出部を含む傘高の半分以下。外傘刺胞がない。縁膜は幅広く、傘幅の1/3程度。口柄は短く、支持柄をもたない。口唇はシンプルな円形。放射管は8本で幅広く、中間点から傘頂側がより幅広く、口柄付近では再び狭まる。環状管も幅広く、放射管と同様に桃色を呈する。生殖巣は幅広い楕円形で、放射管の傘頂側の半分を占める。傘縁触手は2種類を有し、放射管末端にあたる8か所からは太くて長い触手が生じ、そのほかにも計16群に分かれて短い触手が生じる。正軸の長い触手は柔軟な基方の部分とかたい先端の部分とに分けられる。短い触手は各群に7－13本あり、触手の太さが連続的に変化する。両触手とも根元から切れやすく、採集後ほとんどすべてが残っていない。平衡胞は棒状で、各触手群の間に1個と、触手群と放射管の間に触手群寄りに1個と、正軸の長い触手の近辺に1－2個存在し、傘縁に計32－40個ある。
本種は地中海およびスールー海をのぞく世界中の海から報告されており、分布の中心は1000mを超える深層にある。（Lindsay）

| テングクラゲ ▶▶ p.143
Halicreas minimum Fewkes, 1882
テングクラゲ属

傘は扁平された半球状で、傘腔は浅い。傘径は45mm程度まで。外傘は無色透明で、ゼラチン質は厚い。傘頂に発達した突起を有し、8本の幅広い放射管の末端にあたる外傘上の傘縁からやや上方に突起群を有する。それぞれの突起群は5－16個のコー

ン状突起で形成される。成熟した個体では外傘刺胞がない。縁膜は幅広く、口柄は短く、支持柄をもたない。口唇はシンプルな円形。口柄および放射管は白色からオレンジ色、または紅色を呈することがしばしばある。環状管は同色で、幅広い。生殖巣は扁平で幅広く、放射管のほとんどを占める。傘縁触手は2種類を有し、放射管末端にあたる8か所からは太くて長い触手が生じ、傘高と同等程度まで伸長する。その他の傘縁触手は成長とともに増え、傘径21mmでは約200本、44mmでは456本、最高記録は640本にも達する。両タイプとも柔軟な基方の部分とかたい先端の部分とに分けられ、数の多い細い触手は傘高の2/3程度の長さにまで伸長する。両触手とも根元から切れやすく、採集後ほとんどすべてが残っていない。平衡胞は棒状で、計24-32本ある。カッパクラゲに捕食されている場面が観察されており、外傘の突起群は体のやわらかい捕食者に対する防御機構の役割を果たしていると思われる。本種は地中海および北極海をのぞく世界中の海の中・深層から報告されている。（Lindsay）

ソコクラゲ科 Ptychogastriidae

| ソコクラゲ　　　　　　　　　　▶▶p.143
| *Ptychogastria polaris* Allman, 1878
| ソコクラゲ属

傘は半球状よりやや平たく、固定標本だとコーン状に変形することもある。傘高は25mm程度まで。外傘は透明でゼラチン質はやや厚く、固定標本だと外傘に放射状の尾根が16本できることがしばしばあり、ゼラチン質は白く濁ることもある。外傘刺胞がない。縁膜は幅広く、傘径の半分以上を覆う。胃は紅色を呈し、8本の広い放射管に沿って基部が伸長し、その胃壁は計8つの耳たぶ状突起を有する。口唇は単純で、4つあり、外傘より突出させられる。放射管は傘縁に近づくほど幅が広くなり、その間に環状管から幅広い求心管が伸び、胃基部に向かって細くなるが、基部近くまで達する。放射管および求心管の外縁には紅色の色素微粒子が存在する。下傘面の筋肉帯がよく発達するが、胃基部近くには筋肉帯が存在せず、傘頂側の縁は円形をなし、ヤツデ形の紅色の胃基部が外傘面からくっきり見える。生殖巣が乳白色で8対あり、放射管のほぼ全長にわたって形成されるが環状管とは接しない。傘縁触手は糸状で2種類ある。先端が吸盤状で無色の短い付着触手と、傘径の3倍以上に伸長させられるレモン色の普通触手があり、付着触手で岩や堆積物に付着して生活する。触手の数は成長とともに増加し、成熟個体では700-1000本に達する。触手の両タイプは3種類の刺胞（貫通刺胞／大小2型、短柄端貫刺胞）を有し、ほぼ同じ刺胞構成であると報告されている。触手基部は眼点を有しない。平衡胞は傘縁に8個ある。

日本近海では、本種は日本海の北海道道西沖後志海山の400-500mの付着生物の多い塊状溶岩やその柱状節理帯に多数確認されている。ソコクラゲは、北極海、南極海、グリーンランド沖、ノルウェー沖、バレンツ海などの10-500m程度の海底で見つかっており、冷水性のクラゲである。（Lindsay）

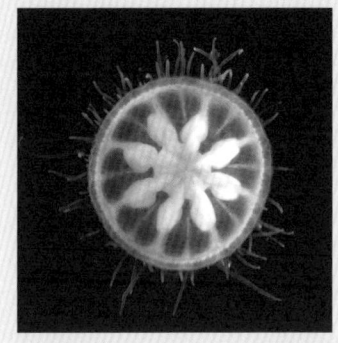

ソコクラゲ

剛クラゲ目 Narcomedusae

ヤドリクラゲ科 Cuninidae

| センジュヤドリクラゲ（新称）　　▶▶p.147
| *Cunina duplicata*（Maas, 1893）
| ヤドリクラゲ属（新称）

傘は皿形で、透明なゼラチン質は薄くて壊れやすい。傘径は58mmまで。外傘は滑らかで、外傘刺胞列がある。縁膜は傘幅の1/20以下と非常に幅が狭い。口柄は短く、支持柄をもたない。胃は傘径の6割程度と大きく、その縁部は盲嚢を形成する。胃盲嚢は胃盲嚢を入れた胃の直径の2割程度の長さであり、各胃盲嚢の幅が胃盲嚢間の幅とほぼ同等で、一次触手と同じ数ある。触手数は成長とともに増えていくが、27本が現在までの最高記録である。触手の長さは長くても傘径の4-5割程度。糸状の一次触手は楕円形、または丸みのある長方形を呈する胃盲嚢の直上に外傘より派出する。口唇はシンプルな円形を呈する。真の放射管はない。二次触手はない。触手基部はゼラチン質内に突き刺さった様態をなし、急に曲がる。触手の長さは傘径の4割程度と短い。棒状の平衡胞が隣りあう2触手間の傘縁に通常は3本ずつあるが、ときどき2本のこともある。各平衡胞より傘頂に向かって短い外傘刺胞列を有する。生殖巣は胃および胃盲嚢の縁に連続的に発達する。周縁管系があり、かなり幅広い。傘縁は触手基部を境に非常に大きな縁弁に分かれるが、縁弁帯は傘径の1/4程度。触手基線（ペロニア）が触手と同数あり、それぞれが非常に細い。外洋性。本属のクラゲは発生の途中に他のクラゲの体上やオヨギゴカイ類の体腔に寄生する報告が数多くある。右の写真は自分の子ども、または同属他種の子どもの世代が寄生しているところが撮られている。出現報告のほとんどは大西洋にあるが、日本にも出現しているため、世界中の海に広く分布していると思われる。地中海からは報告がないが、南極海で筆者は本種と思われる個体を採集している。表層・中層性で、クシクラゲ、クラゲ、サルパといったゼラチン性生物を専門に捕食すると思われる。（Lindsay）

| ヤドリクラゲ属の1種　　　　　▶▶p.146
| *Cunina* sp.

傘は透明で、傘径はかなり大きく、約150mmという。外傘刺胞列がある。縁膜は傘幅の1割程度に見え、センジュヤドリクラゲよりは広い。口柄は短く、支持柄をもたない。胃は傘径の5割程度で、その縁部は盲嚢を形成する。各胃盲嚢の間の間隔が非常に狭い。胃盲嚢は一次触手と同数で、28ある。触

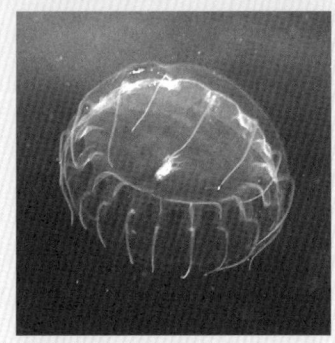

センジュヤドリクラゲ（新称）

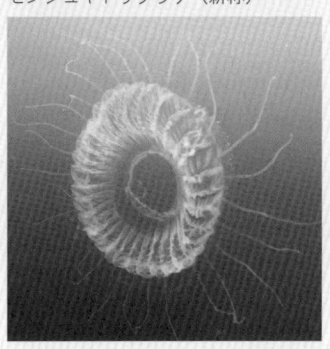

ヤドリクラゲ属の1種

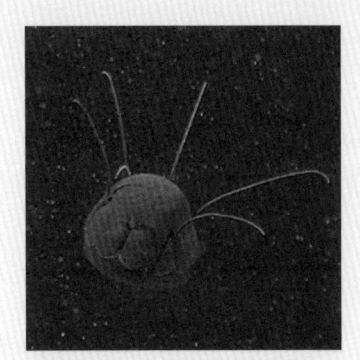

シギウェッデルクラゲ属の1種

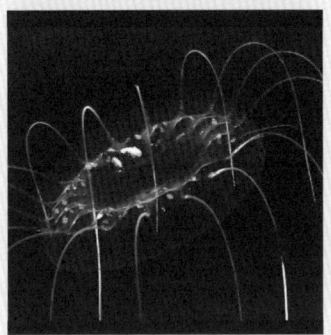

カッパクラゲ

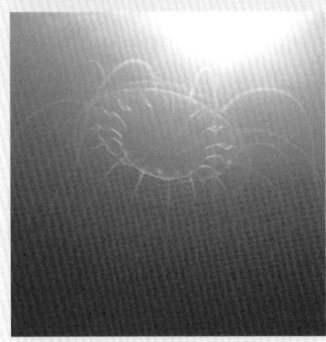

セコクラゲ

手の長さは傘径の6-7割程度。糸状の一次触手は長方形に近い形を呈する胃盲嚢の直上に外傘より派出する。口唇はシンプルな円形を呈する。真の放射管はない。二次触手はないように見える。平衡胞は確認できないが、外傘刺胞列は短く、隣りあう2触手間の傘縁に5本ずつあるように見える。こういった特徴がある種類は現在までには報告されていないので、新種として記載できる可能性が高い。(Lindsay)

シギウェッデルクラゲ属の1種　▶▶p.147
Sigiweddellia sp.

傘は半球形よりやや深く、傘頂は少し平たい。ゼラチン質は傘頂付近では非常に厚く、傘縁も厚い。傘径は38mm程度まで。外傘は濃い赤茶色を呈する。外傘刺胞がない。縁膜はよく発達し、幅広い。口柄は短く、支持柄をもたない。胃は大きく、その縁部は盲嚢を形成する。胃盲嚢は一次触手と同数で、通常は6本あるが、ごくまれに7本ある個体もある。糸状の太い一次触手は、濃い赤茶色を呈するが、長方形、または台形を呈する胃盲嚢の直上に外傘の中間点の位置より派出する。各胃盲嚢の間の間隔が非常に狭い。口唇はシンプルな六角形を呈する。真の放射管はない。

一次触手は傘高の2倍よりやや短い程度で伸長し、深海ではこれらを斜め前方へ伸ばし、遊泳する姿がしばしば観察されるが、じっと餌を待っているような姿は一度も観察されていない。触手基部はゼラチン質内に突き刺さった様態をなす。ネットで採集された個体はほとんど外皮が擦りとられ、透明なゼラチン質越しに一次触手の触手根と外傘の接点に濃い赤茶色を呈する触手根球が目立つ。また、触手基部は反口側へ伸長し、傘頂の厚いゼラチン質に突き刺さることなく、先端が横方向に曲がる。外傘には触手基部より口側へ走る溝があり、反口側は溝ではなく少し凹む程度。二次触手を有する。傘縁の6区分（または7区分）には短い二次触手が通常には各々1本、ときには2本あり、それぞれの両側にはミット状の膨らみがあり、それぞれの内側に棒状の平衡胞が1本ずつある。平衡胞は縦軸に複数のレイヤー構造を呈する。生殖巣は胃盲嚢の縁に発達し、卵は白色の楕円形（3×2mm）で非常に大きい。周縁管系があるが細い。傘縁は触手基部を境に6つまたは7つの大きな縁弁に分かれる。触手基線（ペロニア）が触手と同数で、6-7本ある。

本属は、これまでにウェッデル海から採集された*S. bathypelagica* 1種のみが記載されているが、上記の種はそれとは異なる。筆者は、鴨川沖の800-1500mの深さで春先に数多く採集しているが、相模湾ではたった1個体しか採集できていない。他の海域からの出現報告はない。(Lindsay)

カッパクラゲ　▶▶p.146
Solmissus incisa Fewkes, 1886
カッパクラゲ属

傘は皿形で、透明なゼラチン質は薄くて壊れやすい。傘径は110mm程度までで、30mm程度の若い個体では傘径が傘高の約3倍であるが、傘径60-110mmの大型個体では傘径は傘高の約7倍になる。外傘は滑らかで、外傘刺胞がない。縁膜は傘幅の3割程度。口柄は短く、支持柄をもたない。胃は傘径の5割以上と非常に大きく、その縁部は盲嚢を形成する。胃盲嚢は一次触手と同数で、通常は16-40ある。大型個体の胃盲嚢は紫色を呈することがしばしばある。糸状の一次触手は楕円形、または丸みのある長方形を呈する胃盲嚢の直上に外傘より派出する。口唇はシンプルな円形を呈する。真の放射管はない。大型になるほど傘頂のゼラチン質が触手基部周辺のゼラチン質より薄くなる傾向がある。二次触手はない。

触手基部はゼラチン質内に突き刺さった様態をなし、触手基部がいったん口側へ伸長してから、肘形に屈曲し、反口側へ尖る。触手の長さは傘径の1.3倍程度。外傘には触手基部より口側へ走る溝があるが、反口側にはその溝の延長が短く、外傘のゼラチン質に膨らみがあるので、触手を前方に伸ばすことができても、傘頂に触手が寄ることはないと思われる。棒状の平衡胞が隣りあう2触手間の傘縁にあるが、傘径30mm程度の個体では4-6個、傘径110mmの大型個体では15個。

平衡胞数は同属の*S. marshalli*と本種の形態的相違として大切とされてきたが、種の区別に混乱が起きていたことがしばしば報告されていた。極端な例ではあるが、同一個体であっても専門家によっては*S. marshalli*として同定したり、*S. incisa*として同定したりした例もあり、*S. incisa*は隠蔽種を含んでいる可能性が非常に高い。生殖巣は盲嚢内の縁に対称および局所的に発達し、隔離された楕円形の大型卵が発生する。周縁管系がない。傘縁は触手基部を境に縁弁に分かれる。触手基線（ペロニア）が触手と同数ある。外洋性で、発生の途中に他のクラゲの体上に寄生する報告はまだなく、直接成体となる可能性がある。クラゲノミの仲間の*Tryphana malmi*が付着することが報告されている。太平洋、大西洋、インド洋には確実に分布するが、地中海や極域における報告はない。中層性で、クシクラゲ、クラゲ、サルパといったゼラチン性生物を専門に捕食する。

（南極海域にも分布。隠蔽種の一種は胃内に魚が入っていた報告あり〔2018.02記〕）(Lindsay)

セコクラゲ　▶▶p.144
Solmissus marshalli A.Agassiz & Mayer, 1902
カッパクラゲ属

傘は皿形で、透明なゼラチン質は厚くて丈夫。傘径は62mmまでで、40mm程度の個体では傘径が傘高の約3.5倍弱であるが、文献では傘径が傘高の約2倍程度とかなり厚い個体も報告されている。外傘は滑らかで、外傘刺胞がない。縁膜は傘幅の2割程度。口柄は短く、支持柄をもたない。胃は傘径の5割弱と大きく、その縁部は盲嚢を形成する。胃盲嚢は一次触手と同数で、通常は16程度であるが、8-20の間で変化する。触手数は傘径が30mm程度にもなればもう成長とともには増

えない。胃盲嚢は黄色を呈することがしばしばある。糸状の一次触手は長方形、または台形を呈する胃盲嚢の直上に外傘より派出する。各胃盲嚢の間の間隔が非常に狭い。口唇はシンプルな円形。真の放射管はない。二次触手はない。触手基部はゼラチン質内に突き刺さった様態をなし、触手基部がいったん口側へ伸長してから、肘形に屈曲し反口側へ尖る。触手の長さは傘径の1.1倍程度。外傘には触手基部より口側へ走る溝があるが、反口側にはその溝の延長が短い。棒状の平衡胞が隣りあう2触手間の傘縁にあるが、成長とともに増え、21本にも達する。生殖巣は盲嚢内の縁で雄では幅広く発達し、雌では縁より内側に局所的に不規則的に発達する。周縁管系がない。傘縁は触手基部を境に縁弁に分かれる。触手基線（ペロニア）が触手と同数ある。外洋性で、発生の途中に他のクラゲの体上に寄生する報告はまだなく、直接成体となる可能性が大きい。温帯・熱帯海域を中心に、地中海や極域をのぞく世界中の海に分布。表層・中層性で、クシクラゲ、クラゲ、サルパといったゼラチン性生物を専門に捕食する。(Lindsay)

カッパクラゲ属の1種 ▶▶p.146
Solmissus sp.

傘は皿形で、透明なゼラチン質は薄くて壊れやすい。傘径は6cmほど。外傘に刺胞がパッチ上に散在する。縁膜は傘幅の1-2割程度。口柄は短く、支持柄をもたない。胃は傘径の6割以上と非常に大きく、その縁部は盲嚢を形成する。胃盲嚢は一次触手と同数で14-18ある。糸状の一次触手はのし形を呈する胃盲嚢の直上に外傘より派出する。口唇はシンプルな円形を呈する。真の放射管はない。二次触手はない。触手の長さは傘径の1.2倍程度。外傘に刺胞がパッチ上に散在するカッパクラゲ属は地中海、あるいは地中海起源の水塊が存在する北大西洋東側にのみ分布するチチュウカイカッパクラゲ（新称）S. albescens (Gegenbaur, 1856)のみが知られているが、その種は外傘刺胞が疣状の突起にあることで本種と区別ができ、本種は未記載種の可能性が高い。(Lindsay)

ツヅミクラゲ科 Aeginidae

ツヅミクラゲモドキ ▶▶p.148
Aegina citrea Eschscholtz, 1829
ツヅミクラゲ属

傘は半球形よりやや深い。傘のゼラチン質は傘頂付近でとくに厚い。傘径は30mm程度まで。外傘は透明で、外傘刺胞がない。縁膜は傘幅の2割程度。口柄は短く、支持柄をもたない。口唇はシンプルな円形。真の放射管はない。4本の太い触手は外傘の中間点よりやや反口側の位置から伸長する。触手基部はゼラチン質内に突き刺さった様態をなし、触手基部が反口側へ長く太く伸長する。触手は傘径の2倍程度と長い。外傘には触手基部より反口側へ走る溝があり、4本の触手をその溝に固定させ、前方（進行方向）に伸ばすことができる。二次触手はない。胃盲嚢は隣りあう2触手間に2つずつの計8つあり、黄色を呈することが多い。各盲嚢の傘縁側の縁に切れ込みを1つずつ有し、遠目には計16の盲嚢に分かれているように見える。生殖巣は盲嚢内に発達する。幅広い周縁管系を有する。傘縁は触手基部を境に4つの縁弁に分かれる。触手基線（ペロニア）が触手と同数で4本ある。平衡胞は棒状で、隣りあう2触手間に傘縁に約16個ずつ計64個あるようである。

外洋性で付着世代のポリプはない。地中海や極域を含む世界中の中・深層に分布するというが、北極海には類似の種がいるために再確認が必要。

本書ではツヅミクラゲA. pentanemaを同属として扱っているが、形態的にも遺伝子的にもはっきりした違いがあるため、A. pentanemaを受け入れる新属を設けるべきだと考えられる。
（本種はツヅミクラゲモドキ科 Aeginidae ツヅミクラゲモドキ属に変更。ヤジロベエツヅミクラゲやカリブツヅミクラゲ、ツヅミクラゲが2017年まで本種の隠蔽種だったためツヅミクラゲモドキの分布海域は再確認が必要〔2018.02記〕）(Lindsay)

ツヅミクラゲ ▶▶p.148
Aegina pentanema Kishinouye, 1910
ツヅミクラゲ属

傘は同属のA. citrea Eschscholtz, 1829よりやや扁平で、傘径が傘高の1.3-1.8倍程度。傘のゼラチン質は傘頂付近でとくに厚く、口側へも膨らむ。本種は分類学的に同属のカリブツヅミクラゲ（新称）A. rhodina Haeckel, 1879にもっとも近いと思われるが、カリブツヅミクラゲは傘のゼラチン質が口側へ半球形に大きく膨らむが、本種のはそこまでは膨らまない。また、カリブツヅミクラゲは傘径が50mmまで成長するが、本種は30mm程度。外傘に外傘刺胞がない。縁膜は傘幅の2割程度。口柄は短く、支持柄をもたない。口唇は生きている状態のよい個体では5つ（ときには6つ）あるが、ダメージを受けるとシンプルな円形になってしまうことが多い。真の放射管はない。5本（ときには6本）の太い触手は外傘の中間点よりやや反口側の位置より伸長する。触手基部はゼラチン質内に突き刺さった様態をなすが、触手基部が細くて短く口側へ伸長する。触手は傘径より少し長く、1.3-1.6倍程度で、根元がピンク色、先端が黄色へと変化する個体がしばしば出現する。外傘には触手基部より反口側へ走る溝がなく、触手を前方に伸ばすことが不可能と思われる。二次触手はない。胃盲嚢は隣りあう2触手間に2つずつ計8つあり、薄いピンク色を呈することがしばしばある。各胃盲嚢の傘縁側の縁に切れ込みはない。生殖巣は盲嚢内に発達する。幅広い周縁管系を有する。傘縁は触手基部を境に5つ（ときには6つ）の縁弁に分かれる。触手基線（ペロニア）が触手と同数で5-6本ある。平衡胞は棒状で、触手が5本ある個体では、隣りあう2触手間に傘縁に約18個程度の計90個あるようである。

外洋性で付着世代のポリプはない。北太平洋西側にだけ確実に分布するが、A. citreaとして本種

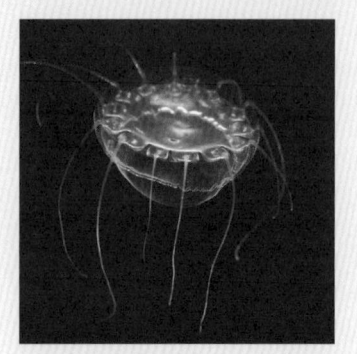

カッパクラゲ属の1種

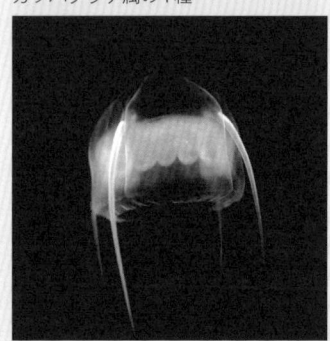

ツヅミクラゲモドキ

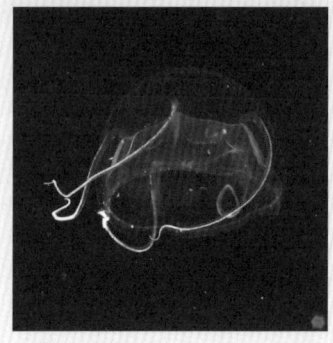

ツヅミクラゲ

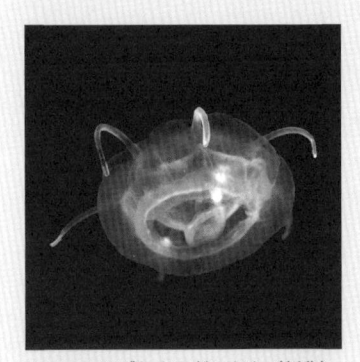

ムツアシツヅミクラゲモドキ（新称）

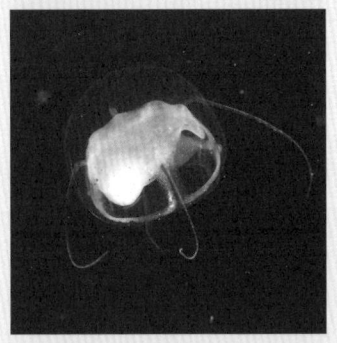

ツヅミクラゲ属の1種

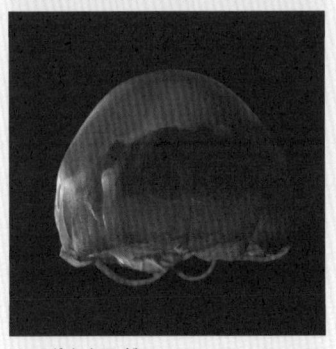

ハッポウクラゲ

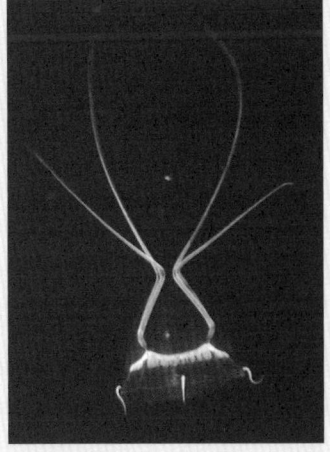

ヒジガタツヅミクラゲ（仮称）

が他海域から報告されている可能性は否定できない。本書では A. citrea と同属に扱っているが、形態的にはっきりした違いがあるために、ツヅミクラゲおよびカリブツヅミクラゲを受け入れる新属を設けるべきではないかと考えられる。また、ツヅミクラゲは古くから日本の図鑑には A. rosea として記載されてきたが、本書を準備する中で、A. rosea という学名はムツアシツヅミクラゲモドキ（新称）に対して用いるべきことが判明したため、ツヅミクラゲの学名は A. pentanema とした。

本種に寄生する生物としては、オオトガリズキンウミノミなどの他、複数のクラゲノミ類が観察されている。食性としては、とくにシダレザクラクラゲを好んで捕食する。

（本種は Pseudaegina pentanema (Kishinouye, 1910) に、科はツヅミクラゲ科 Pseudaeginidae に変更〔2018.02記〕）(Lindsay)

| ムツアシツヅミクラゲモドキ（新称） ▶▶p.148
Aegina rosea Eschscholtz, 1829
| ツヅミクラゲ属

傘径は約30mmで、傘高はその6割程度。傘のゼラチン質は厚く、口側へも大きく膨らむ。外傘に外傘刺胞がない。外傘には、ツヅミクラゲに比べては短いが深い溝がある。6本の触手をその溝に固定させ、進行方向に伸ばす。触手は全体的に刺胞に覆われている。触手基部は口側へいったん曲がった後、反口側へ向かうが、ゼラチン質内を外傘と触手の挿入点にまでしか伸長しない。体が深いピンクを呈し、触手は鮮やかな黄色を呈する。二次触手はない。縁膜は傘幅の2割程度。口柄は短く、支持柄をもたない。胃盲嚢は、隣りあう2触手間に2つずつの計8つあり、各胃盲嚢の傘縁側の縁に切れ込みはない。細い周縁管系を有する。傘縁は触手基部を境に6つの縁弁に分かれる。本種にクラゲノミの仲間が付着する観察例がある。

（本種はツヅミクラゲモドキ科 Aeginidae ツヅミクラゲモドキ属に変更〔2018.02記す〕）(Lindsay)

| ツヅミクラゲ属の1種 ▶▶p.148
| Aegina sp.

p.148の写真はツヅミクラゲに似るが、触手は4本。隣りあう2触手間に2つずつの計8つの胃盲嚢があるが、周縁管系が特殊で、輪管と胃をつなげる水管は直接胃盲嚢より派出し、傘縁へ走行する。この形態は突然変異による奇形なのか、新種なのかは、今後の調査で明らかになるであろう。
（p.149上の写真は Solmundaegina nematophora Lindsay, 2017、ヤジロベエツヅミクラゲ科 Solmundaeginidae ヤジロベエツヅミクラゲ属ヤジロベエツヅミクラゲである。〔2018.02記〕）

| ハッポウクラゲ ▶▶p.148
Aeginura grimaldii Maas, 1904
| ハッポウクラゲ属

傘は半球形よりやや深く、ゼラチン質は傘頂付近でやや厚く、傘縁で薄い。傘径は45mm程度まで。外傘は赤茶色の薄い外皮で覆われるが、透明なゼラチン質越しに傘下面の濃い赤茶色が目立ち、現場観察ではしばしば傘高の下半分の傘縁に焦げ茶色の幅広い縞状色素帯があるように見える。外傘刺胞がない。縁膜は傘幅の2割程度。口柄は短く、支持柄をもたない。胃は大きく、口唇はシンプルな円形を呈する。真の放射管はない。8本の太い赤茶色の触手は外傘の中間点よりやや口側の位置より伸長し、深海の現場ではこれらを八方、側方にまっすぐ伸ばしてじっと餌を待っている姿がしばしば観察される。触手基部はゼラチン質内に突き刺さった様態をなし、触手基部が反口側へ胃沿いで箸状に長く伸長し、胃基部の高さに達する。触手は傘高の約2倍、傘径の1.5倍の長さ。外傘には触手基部より口側へ走る溝があり、反口側にはないので、触手を前方に伸ばすことが不可能と思われる。二次触手を有する。傘縁の8区分には短い二次触手が通常には各々3本、ときには2-5本あり、それぞれの両側には棒状の平衡胞が1本ずつある。胃盲嚢は隣りあう2触手間に2つずつの計16個あり、濃い赤茶色を呈する。生殖巣は盲嚢内に発達し、楕円形の大型卵をもつ個体が年中出現する。周縁管系が退化しており、ないようにも見える。傘縁は触手基部を境に8つの縁弁に分かれる。触手基線（ペロニア）が触手と同数で8本ある。

外洋性で付着世代のポリプはないと思われる。ウミグモが付着することが報告されている。太平洋、大西洋、インド洋には確実に分布するが、地中海や北極域における報告はない。日本近海では600-1200mの間にもっとも多く観察されるが、最深では2466mの例もある。(Lindsay)

| ヒジガタツヅミクラゲ（仮称） ▶▶p.149
Bathykorus sp.
| ヒジガタツヅミクラゲ属（新称）

傘は円錐形に近い。傘のゼラチン質は傘頂付近でとくに厚い。傘径は40mm程度まで。外傘は透明で、外傘刺胞がない。縁膜は傘幅の1-2割程度。口柄は短く、支持柄をもたない。口唇はシンプルな円形。真の放射管はない。4本の太い触手は外傘の中間点よりやや口側の位置より伸長する。触手基部はゼラチン質内に突き刺さった様態をなす。触手は傘径の3-4倍程度と長い。遊泳中ではこの一次触手は傘頂に一度向かった後、鋭角に曲がり四方に広げる。二次触手はあり、隣りあう2本の一次触手の間に傘縁に1本ずつある。二次触手の長さは傘高の3割程度と長く、それぞれの二次触手の両側には棒状の平衡胞を1本ずつ有し、傘縁に計8本ある計算となる。各胃盲嚢の傘縁側の縁に顕著な切れ込みを複数有し、数も大きさも不規則ではあるが、計36以上の盲嚢に分かれているように見える個体もいる。北極海に生息するホッキョクヒジガタツヅミクラゲ（新称）Bathykorus bouilloni Raskoff, 2010は本種と異なり、その盲嚢の切れ込みは3つしかない。生殖巣は胃盲嚢内に発達するように見受けられる。周縁管系

を有する。傘縁は一次触手基部を境に4つの縁弁に分かれる。触手基線（ペロニア）が一次触手と同数で、4本ある。平衡胞は不明。

本種は三陸沖、鴨川沖、相模湾には出現しており、日本海や北海道沖では観察されていないため、北極海に出現する同属と思われる種類とは異なることを示唆している。沖縄トラフには、胃盲嚢の傘縁側の縁に切れ込みを有しない同属の未記載種と思われる種類も報告されている。(Lindsay)

| ヤジロベエクラゲ　　▶▶p.149
| *Solmundella bitentaculata*
(Quoy & Gaimard, 1833)
| ヤジロベエクラゲ属

傘高は15mm。傘の頂上付近から2本の糸状の触手が伸張する。傘縁には4つの触手基線（peronia）があり、4区画に分けられる。感覚器は16個前後ある。円形の口が中央に開口し、そのまわりに8つの扁平な嚢となった胃腔があり、ここに生殖巣が発達する。

本州中部では3〜5月頃に見られ、いずれも表層付近に多く、触手を左右上方に伸ばし、細かな脈動でピコピコと水中を泳ぐ。大部分は無色透明だが、傘や触手の先端に黄緑がかった蛍光色が部分的に見られる場合がある。外洋性のクラゲで、付着世代のポリプは見られない。

北海道以南の日本各地や、世界ではインド-太平洋、南極海、大西洋、地中海に分布。
（本種はヤジロベエツヅミクラゲ科 Solmundaeginidae に変更〔2018.02記〕）(久保田・峯水)

プラヌラクラゲ科（新称）Tetraplatiidae

| プラヌラクラゲ　　▶▶p.149
| *Tetraplatia volitans* Busch, 1851
| プラヌラクラゲ属

両端が尖った紡錘形で、体長は5−9mmほど。上部は短い円錐形、下部は長い倒円錐形で体表は繊毛で覆われ、上下の円錐形の接合部は浅い溝になっている。その溝の正軸にはそれぞれ1対の短い触手群（鰭）があり、それぞれの中心に包囲されている平衡器がある（計8個）。本種はそれぞれの触手群の間に溝をまたぐ飛び梁（計4本）があることで、同属の *T. chuni* と区別できる。プラヌラクラゲは1種類の刺胞（小膠刺胞）のみをもち、生殖巣は4つある。

本種は地中海や南極海を含む世界中の海から報告されているが、北極海ではまだ確認されていない。(Lindsay)

ニチリンクラゲ科 Solmarisidae

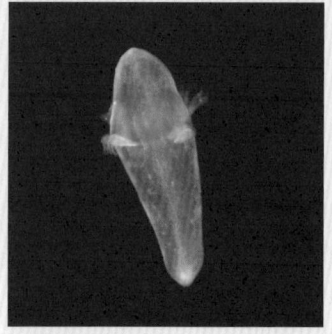

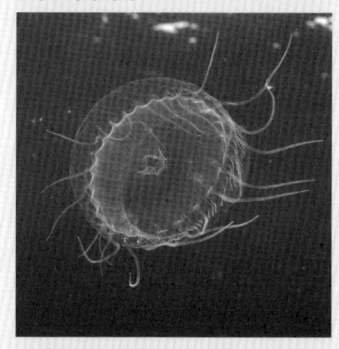

| ペガンサ属（新称）の1種-1　　▶▶p.151
| *Pegantha* sp. 1

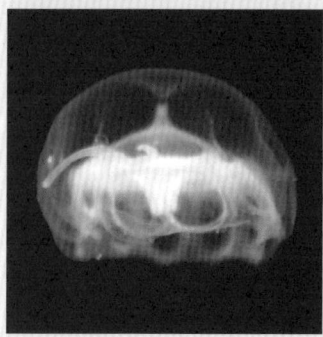

傘は透明の半球形で傘径は5cmほど。外傘刺胞列がある。胃は傘径の9割程度で、その縁部は盲嚢を形成しない。一次触手は、糸状で27本あり、外傘より派出する。その長さは傘径の6割程度。口唇はシンプルな円形を呈する。周縁管系はある。真の放射管はない。二次触手はない。平衡胞は確認できないが、外傘刺胞列が傘縁の各区分から4本ずつほぼまっすぐに伸び、長くは傘頂付近まで達している。このような特徴のある種類は現在までには報告されていないので、新種として記載できる可能性が高い。(Lindsay)

| ペガンサ属（新称）の1種-2　　▶▶p.151
| *Pegantha* sp. 2

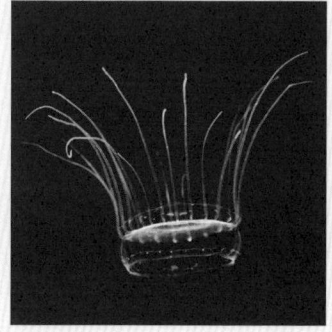

傘は透明で半球形。傘径は6mmほどの幼クラゲ。外傘刺胞列が楕円形で、傘縁の各区分に3本ずつある。胃は傘径の7割程度で、その縁部は盲嚢を（まだ？）形成しない。一次触手は、糸状で10−14本あり、外傘より派出する。その長さはまだ傘径の1−2割程度。口唇はシンプルな円形を呈する。周縁管系はある。真の放射管はない。二次触手はない。

本種は北海道釧路沖の深海調査の際に採集されたアカチョウチンクラゲに寄生していたものである。アカチョウチンクラゲの傘の内側にさまざまな段階の無性生殖個体が見られた。この個体は外傘で、アカチョウチンクラゲの内傘に付着し、口はアカチョウチンクラゲの口に向けている。おそらくアカチョウチンクラゲが集めた餌を横取りするのかもしれない。ヤドリクラゲ科 Cuninidae ヤドリクラゲ属*Cunina*のクラゲは胃盲嚢を有するが、幼クラゲ期にはこれらが目立たないことは知られている。よって、このクラゲはヤドリクラゲ属の1種*Cunina globosa*である可能性も否定できない。(Lindsay)

| ニチリンクラゲ　　▶▶p.150
| *Solmaris rhodoloma* (Brandt, 1838)
| ニチリンクラゲ属

名前のように、丸い傘の縁から太陽が放射するように触手が伸びる。傘は円盤状で、傘径は10mmまで。やや内側に窪んだ傘の縁に沿って膜が張られ、浅い凹みの内側から海水を吐き出して力強く拍動しながら遊泳する。丸い口があるが口柄とはならない。胃腔も生殖巣も環状の単純な構造。糸状の触手が30本まで傘縁付近に生える。感覚器は隣りあう触手の間に1−2個ある。

伊豆半島ではおもに1〜5月頃にかけて表層付近に多く見られる。水中では細かな脈動でチョコチョコと泳ぎ回り、すべての触手を傘の上方に伸ばしている姿が特徴的。この触手はわずかなストレスで切れやすく、プランクトンネットでは完全個体を採取するのが難しい。

函館で11月に撮影した傘径15mmに達する大型個体は、胃腔がピンク色に染まるが、ツヅミクラゲと同様、食性によるものと考えられる。

本州太平洋岸の外洋に分布。世界では太平洋の熱帯〜温帯海域に分布。(久保田・峯水)

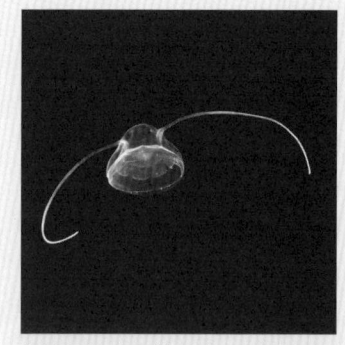

管クラゲ目 Siphonophora / 囊泳亜目 Cystonectae

カツオノエボシ科 Physaliidae

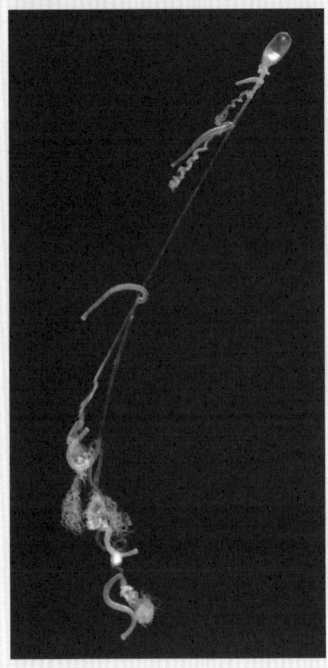

| カツオノエボシ ▶▶p.154
Physalia physalis (Linnaeus, 1758)
| カツオノエボシ属

　海面に浮かぶ藍色の透き通った浮き袋（気胞体という）の大きさは約10cmで、そこから海面下に伸びる触手は長いもので約50mにも達する。気胞体は三角形の帆に似ており、帆船と同じように風を受けて移動することができる。気胞体の中には気体（おもに一酸化炭素）が詰まっているが、気体の量を調整することで、必要に応じてしぼませたり、一時的に沈降することもできる。泳鐘をもたないため、遊泳力はほとんどない。気胞体より垂れ下がる幹はなく、気胞体の海面下側から個虫が直接かつ複雑に生えているように見える。栄養体（胃）は触手をもつタイプともたないタイプがある。1つの群体に雄と雌の生殖泳鐘が同時に存在せず、性別は群体単位で分かれる。生殖体叢は非常に複雑に枝分かれし、1つの生殖体叢には224本の枝末端が存在し、すなわち生殖感触体は448本（2本ずつ）、クラゲ型付属物は224個、生殖体は2240個（10個ずつ）にも達する。成熟した生殖体叢は海中に放され、餌を獲ることができないが、しばらくは自由生活をおくることが観察されている。
　カツオが日本にやってくる春先に出現しはじめて、形が烏帽子に似ていることに名前の由来がある。おもに仔稚魚を捕食するが、イカなどの頭足類やヤムシも捕食する。逆にアオミノウミウシやアサガオガイ、アカウミガメ、カルエボシガイ、シロカジキなどに捕食される。3cmほどにしか成長しないムラサキダコの雄はカツオノエボシの触手を短く刻み、腕の吸盤で掴み、自分の防御に使うことが知られている。最近までは本属に2種類が存在すると思われていたが、*P. utriculus*は*P. physalis*の若い個体にあたることが明確となっている。熱帯・亜熱帯海域の外洋にもっとも多い。海面性。（Lindsay）

ボウズニラ科 Rhizophysiidae

| ボウズニラ ▶▶p.155
Rhizophysa eysenhardti Gegenbaur, 1859
| ボウズニラ属

　気胞体は卵形で、長さ18mmまで。上部1/3－1/4に紫赤色の色素細胞の蓄積するものがあり、上方にいたるにしたがって密となり、上端中央気孔の周囲にもっとも濃い。気胞体より幹部が垂れ下がり、全体的に淡紅色。泳鐘を欠く。栄養体（胃）は単純型で、柄部をもたず、未成熟個体であっても両側に羽状突起を有しない。触手は栄養体の基部上側から発し、側枝はすべて円筒状の単純型。生殖体叢は、幹の1節間部に最大2か所あり、幹部より1本の柄が出て、2－3回分岐し、各末梢には生殖感触体は1本、クラゲ型付属物は1個、生殖体は5－10個付いている。1つの群体に雄と雌の生殖泳鐘が同時に存在せず、性別は群体単位で分かれる。成熟した生殖体叢は海中に放されると思われるが、現在ではそれがまだ確認されていない。
　光を浴びさせると触手を伸ばし、暗室に置くと触手を縮ませる習性があり、唯一の餌となる仔稚魚を捕食するのは昼間のみであるようである。アイオイクラゲに捕食される現場観察報告がある。本属にはもう1種のコボウズニラ*R. filiformis*が存在するが、触手の側枝が三叉型・多分岐型・嘴型の3種類あること、気胞体が12mmとボウズニラより小型であり、また卵形よりは球形に近いこと、生殖体叢は幹の1節間部に最大6か所あること、そして色がボウズニラの淡紅色に対して黄緑であることで区別できる。熱帯・亜熱帯海域の外洋にもっとも多い。表層性。（Lindsay）

管クラゲ目 Siphonophora / 胞泳亜目 Physonectae

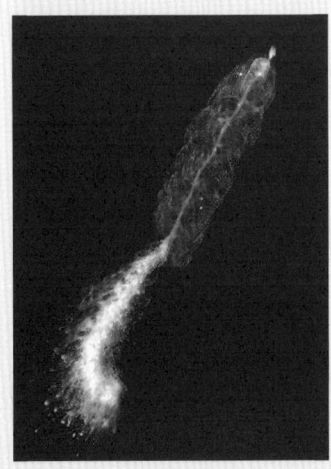

ケムシクラゲ科 Apolemiidae

| カノコケムシクラゲ ▶▶p.157
Apolemia lanosa
Siebert, Pugh, Haddock & Dunn, 2013
| ケムシクラゲ属

　群体として観察される場合には、泳鐘は計14個程度で、泳鐘部はほぼ透明、栄養部はほぼ白色であるが、栄養体は褐色。泳鐘は透明で、上方面および側面全体に鹿の子模様に刺胞の斑点が散在する。屈折細胞がこの刺胞の斑点内外に散在する。幹を挟む泳鐘両側突起の長さは泳鐘全体の1/4－1/3で、内側湾曲面に側角を有しない。泳囊壁はほぼ透明で、泳囊の長さは両側盲管を含み泳鐘の7割程度、含まずとして6割程度。泳囊両側を走る水管には盲管部を有せず、上側水管も含みほぼまっすぐ走る。泳囊の開口部の下側に位置する板状の張り出しが小さく、溝で分かれる。泳鐘部前方の若い泳鐘間では1本の泳鐘部糸状感触体がそれぞれの泳鐘間より伸長するが、泳鐘の成熟度とともに本数が増し、泳鐘部後方では4本ずつ伸長する。それらの泳鐘部糸状感触体は先端が透明で細く、中間帯は薄い茶色で膨らむ。泳鐘部の個虫（泳鐘）は、栄養部の個虫（栄養体、保護葉など）と同じ側に幹に付いている。栄養部の幹群は1つの基部より幹から派出するのではなく、発散型でそれぞれの個虫が直接幹より発生する。栄養体は各幹群に1－2個あり、全体的に褐色を呈するが、唇部分は白色。触手は側糸などを有せず、単純型の糸状。感触体は1種類のみあり、全体的には透

刺胞動物門 | ヒドロ虫綱 Hydrozoa

明であるが先端は白色で、中間には褐色の色素胞を有する。保護葉は、1タイプの涙滴形で、泳鐘と同様の刺胞の斑点が上側全体に散在する。屈折細胞が泳鐘のと同様に、この刺胞の斑点内外に散在する。保護葉下側水管の長さは保護葉全長の8割程度。1つの群体に雄と雌の生殖泳鐘が同時に存在せず、性別は群体単位で分かれる。

　本書の執筆にあたって、Margulisの原記載で扱った種、Margulisが1980年に再記載した種、そしてMapstoneが同種として2003年に再記載した種のいずれも、お互いに異なる種類であることが明らかとなった。(Mapstone, 2003) はカノコケムシクラゲと同じだが、この種は2013年に*Apolemia lanosa*として新種記載された。三陸沖の深度746mで観察・採集されている。(Lindsay)

| ケムシクラゲ　　　　　　　　　▶▶p.156
Apolemia uvaria (Lesueur, 1811)
ケムシクラゲ属

　群体として観察される場合には、全体的には白色からピンク色のふさふさのロープのように見え、ところどころに褐色が混じる。気胞体は無色で、7mm程度まで。泳鐘は計16個程度まで。本属の泳鐘にははっきりとした稜が走っておらず、丸みを帯びた角面の間に溝が走る程度。泳鐘は透明から白色で、表面に刺胞の斑点が散在する。幹を挟む泳鐘両側突起の内側湾曲面に側角を有しない。泳嚢の長さは幹と平行に走る上下軸において、両side盲嚢を含み泳鐘の3/4割程度、含まずとして6割程度。泳嚢両側を走る水管にはゼラチン質へ伸長する盲管部を有し、これらが泳鐘の上方側に集中する。上側水管はほぼまっすぐ走るが、泳嚢両側を走る水管はS字形に蛇行する。3-6本の泳鐘部糸状感触体がそれぞれの泳鐘間より伸長する。泳鐘部の個虫（泳鐘）は、栄養部の個虫（栄養体、保護葉など）と同じ側に幹に付いている。栄養体は全体的に褐色を呈する。触手は側糸などを有せず、単純型の糸状。感触体は2種類あり、透明で先端が白色の長いタイプと、褐色の短いタイプがある。両タイプが感触体触手を有する。保護葉は、1タイプで、楕円形に近く、泳鐘と同様の刺胞の斑点が上側全体に散在する。保護葉下側水管の長さは保護葉全長の2/3程度で、先端が急に曲がって、保護葉の下側面に連絡するが、保護葉下側水管に盲状の部分があり、それが幹への付着面と反対方向に向かってゼラチン質へ伸長する。生殖体に関する情報は皆無に近い。

　地中海、または大西洋の地中海系水の影響が大きい海域からの報告は本種である可能性が高いが、本属には少なくとも10種類もの未記載種が知られているため、種レベルでの同定はたいへん困難である。日本では三陸沖の深度610mにおいて栄養部の一部が採集されており、その形態からは現時点では*A. uvaria*といえる。しかし、日本近海では本種の泳鐘がまだ採集されていないため、確実に100%同じかどうかはまだ気にはなる。ケムシクラゲ属の仲間に刺されると非常に痛い。(Lindsay)

| チャケムシクラゲ（仮称）　　　　▶▶p.157
Apolemia sp.
ケムシクラゲ属

　無人探査機「ハイパードルフィン」の99回目の潜航にて三陸沖の北端にて採集されている。群体は気胞体を含み、全長にわたり濃い焦げ茶色を呈する。泳鐘は計8個程度までで、泳鐘の側面および幹を囲む面は褐色。泳鐘の表面は刺胞に覆われているが、カノコケムシクラゲのようなパッチ状ではなく、びっしり覆われている。泳嚢両側を走る水管には盲管部を有しない。泳鐘部の個虫（泳鐘）は、栄養部の個虫（栄養体、保護葉など）と同じ側に幹に付いている。触手は側糸などを有せず、単純型の糸状。(Lindsay)

| ジュズタマケムシクラゲ（仮称）　　▶▶p.157
Apolemia sp. (type, blacktip)
ケムシクラゲ属

　群体として観察される場合には、非常に細長い白色の紐に似る。泳鐘部より切り離された栄養部しか観察・採集されていないが、その栄養部だけで数mもの長さがあった。栄養体は白色でよく発達する。いかにもオキアミやエビなどが入っているかのように屈曲した栄養体が目立った。感触体は1種類のみで白色、固定標本では黒色の色素胞が先端を数珠玉のように囲む。保護葉はほぼ透明。不完全な標本にあたり、これ以上記載することは困難である。しかし、感触体が茶色のチャケムシクラゲ、感触体が茶色と白色のケムシクラゲとはすぐ区別できる。また、栄養体が褐色で、感触体は全体的に透明であるが先端は白色で、中間には褐色の色素胞を有するカノコケムシクラゲや褐色の栄養体と先端に3つのみの黒色の色素胞を飾る感触体をもつミツボシケムシクラゲ（仮称）とも区別できる。

　2013年に記載された*A. rubriversa*の感触体の先端は白色で、色素胞がないことからそれとも区別できる。可能性として残るのはMargulis (1976)、Margulis (1980) の2種類の"*Tottonia contorta*"の可能性であるが、Margulis (1980) は2種類の感触体をもつので、その種類ではないのは確実である。Margulis (1976) では泳鐘の形態しか記載されていないが、Mapstone (2003) はもとのタイプ標本を借用し、水管には赤色の色素があることを確認している。Mapstone (2009) にはもう1つの未記載種の*Apolemia* sp.が部分的に記載されているが、それも泳鐘には褐色の色素がある。泳鐘のみに色素があり、幹や栄養体に色素がないクダクラゲは現在1つも知られていないためにジュズダマケムシクラゲはどうも未記載種らしい。相模湾の深度606mで観察・採集されている。(Lindsay)

| ミツボシケムシクラゲ（仮称）　　　▶▶p.157
Apolemia sp. (type, trinegra)
ケムシクラゲ属

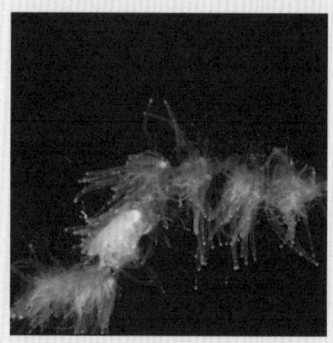

ケムシクラゲ

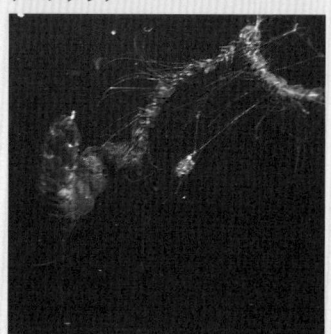

チャケムシクラゲ（仮称）

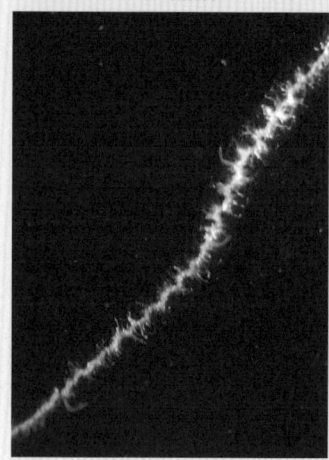

ジュズタマケムシクラゲ（仮称）

群体として観察される場合には、泳鐘は計6個程度で、泳鐘部はほぼ透明、栄養部は茶色がかった白色、栄養体は褐色、感触体や触手は白。よく見ると細長い気胞体の上端周囲に紫赤色の色素細胞が密にあり、泳鐘の間より、中間帯は薄い茶色で膨らみ、先端が白色の泳鐘部触手がそれぞれの泳鐘間より1本ずつ短く伸長することも確認できる。

泳鐘は透明で、上方面と両サイドには細かい刺胞の斑点が散在する。幹を挟む泳鐘両側突起の内側湾曲面に側角を有しない。幹との接触面の突起は溝で2つの突起に分かれず、完全な半円形である。泳嚢壁はほぼ透明で、泳嚢の長さは幹と平行に走る上下軸において、両側盲嚢を含み泳鐘の2/3程度、含まずとして5割強。泳嚢両側を走る水管には盲管部を有せず、上側水管はほぼまっすぐ走るが、泳嚢両側を走る水管はS字形に蛇行する。泳鐘部の個虫（泳鐘）は、栄養部の個虫（栄養体、保護葉など）と同じ側に幹に付いている。栄養体は現場では褐色に見えるが、ホルマリンで固定された標本では黒色に近い濃い色を呈する。

触手は側糸などを有せず、単純型の糸状。保護葉は、1タイプの涙滴形で、泳鐘と同様の刺胞の斑点が上側全体に散在する。保護葉下側水管の長さは保護葉全長の6割程度で、盲状の部分を有しない。感触体は1種類のみあり、固定された個体では全体的には白色で、先端には黒色の色素胞が3つある。ケムシクラゲ属の仲間を種同定する場合には感触体の色素胞のようすがもっとも有意義であるように思える。ミツボシケムシクラゲ（仮称）は感触体が特異的であり、そこで他種と区別できる。感触体の形態が報告されていない *Tottonia contorta sensu* Margulis, 1976と異なる点としては、後者では泳嚢の長さは両側盲嚢を含み泳鐘の8割程度と泳鐘全体をほぼ満たすところにある。相模湾の深度720mで観察・採集されている。
（Lindsay）

ヨウラククラゲ科 Agalmatidae

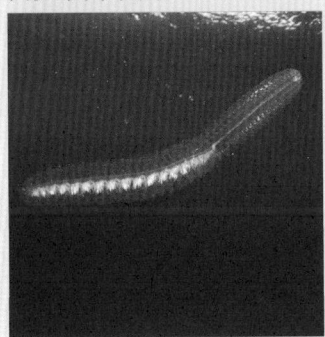

ナガヨウラククラゲ ▶▶p.158
Agalma elegans（pro parte M. Sars, 1846）
ヨウラククラゲ属

群体として観察される場合には、泳鐘部はよくまとまった形状をなすが、ヨウラククラゲと異なり、栄養部はしなやかで、葉状の保護葉がお互いに密に接触した固まった形状をなさない。泳鐘は計30個程度までで、2列に並ぶ。気胞体の上端周囲に紫赤色の色素細胞が密にあり、その直下にある泳鐘部は八角柱をなす。本種の泳鐘はY字形で、側面には縦に走る1稜があり、側面は2面に分かれるが、未成熟の場合にはその1稜が不明確な場合がある。泳鐘の上側稜（apico-lateral ridge）には泳鐘口寄りに顕著な切れ込みを有する。横から見た泳鐘は上方が盛り上がり、亜三角形をなす。泳嚢は小さく三角形に近いT字形。柄管は、幹より柄弁を通じてゼラチン質中に入り、泳嚢を走る4つの放射管の分岐点に向かう手前で、泳鐘表面直下を走る枝管を上下とも分出する。泳嚢両側を走る水管にはゼラチン質へ伸長する盲管部を有せず、上下側水管はほぼまっすぐ走るが、泳嚢両側を走る水管は複雑に蛇行する。幹に付着する泳鐘の面にも筋肉組織が連続的に付いている。

泳鐘部の個虫（泳鐘）は、栄養部の個虫（栄養体、保護葉など）と反対側の幹に付いている。栄養体は白色を呈し、触手は多数の側枝をもつ。これらの側枝は長い柄と膨出部である刺胞叢からなり、刺胞叢先端には1本の終末叢と2本の終糸をもつ。刺胞叢の刺胞帯は橙色、あるいは赤色で、螺旋状に3-4回巻かれており、全体的に被膜に包まれる。保護葉は、小舟に似て、上面は凸陥で末端寄りの反面には縦に走る3稜がある。下面は凹陥し、その面を走る保護葉管は4/5の長さにまで伸長することが多いが、まれに極細となり末端にいたることもある。保護葉の末端はほとんどの場合には中央およびその両側に顕著な突起がある。

感触体は透明で、先端は白色、感触体触手を有する。感触体は、幹の上に不規則的に配置されているように見受けられるが、基本的には大型の感触体が1本、栄養体の基部から生える感触体が数本、雌の生殖体叢の周辺にまた1本、そして雄の生殖体1塊に対して1本ずつある。雌の生殖体叢は、栄養体の直下にあり、雄の生殖体は叢を作らず、幹の節間部中央1/3のところに感触体とともに散在する。触手の側枝の形はカイアシ類を真似て、2本の終糸は触角、刺胞叢は頭胸部と、餌をおびき寄せるためのルアーの機能を果たしているという説がある。エビ類、カイアシ類、仔魚などを捕食する。

Sars（1846）の原記載は2種類のクダクラゲ（太平洋には出現しない*Nanomia cara*と*Agalmopsis elegans*としての本種）を1種類として記載していたために、原記載の著者名の前にはpro parte（部分的に）を付ける。地中海を含む世界中の熱帯・亜熱帯海域に分布する。対馬海流で日本海に運ばれることもある。表層・中層性。（Lindsay）

ヨウラククラゲ ▶▶p.158
Agalma okeni Eschscholtz, 1825
ヨウラククラゲ属

群体として観察される場合には、泳鐘部、栄養部ともに収縮しており、各パーツがお互いに密に接触し、固まった棒状をなす。泳鐘は計36個程度までで、2列に並ぶ。気胞体の上端周囲に紫赤色の色素細胞が密にあり、その直下に未成熟の泳鐘から形成される泳鐘部上部は8角柱をなし、より発達が進んだ泳鐘から形成される泳鐘部下部は12角柱をなす。一方、栄養部は保護葉が規則正しく8列に並び、泳鐘部よりもやや太い円柱状をなし、つねに収縮した状態である。本種の泳鐘はY字形で、大きい泳鐘ほど泳嚢がT字形よりY字形に近い。成熟した泳鐘の側面には縦に走る2稜があり、側面は3面に分かれるが、未成熟の場合にはそれが1稜2面である。柄管は、幹より柄弁を通じてゼラチン質中に入り、泳嚢を走る4つの放射管の分岐点に向かう手前で、泳鐘表面直下を走る枝管を上下とも分出する。泳嚢両側を走る水管にはゼラチン質へ伸長する盲管部を有せず、

ミツボシケムシクラゲ（仮称）

ナガヨウラククラゲ

ヨウラククラゲ

刺胞動物門　ヒドロ虫綱　Hydrozoa

上下側水管はほぼまっすぐ走るが、泳嚢両側を走る水管は複雑に蛇行する。幹に付着する泳鐘の面にも筋肉組織が連続的に付いている。

泳鐘部の個虫（泳鐘）は、栄養部の個虫（栄養体、保護葉など）と反対側に幹に付いている。栄養体は時に薄い橙黄色を呈するが、口の周辺はつねに透明。触手は多数の褐色、あるいは橙色の側枝をもつ。これらの側枝は、長い柄と膨出部である刺胞叢からなり、刺胞叢先端には1本の終末叢と2本の終糸をもつ。刺胞叢の刺胞帯は螺旋状に巻かれており（最高記録では17回）、全体あるいは部分的に被膜に覆われる。保護葉は、成熟すると亜三角形で末端面は縦に走る3稜があり、側面は4面に分かれる。各幹群には栄養体が1つ、保護葉は8個、雄の生殖体叢は1個、雌の生殖体叢は1個、感触体は栄養体付近の群と生殖体付近の群をあわせて15本程度まで。感触体は透明で、感触体触手を有する。触手の側枝の形はカイアシ類を真似て、2本の終糸は触角、刺胞叢は頭胸部と、餌をおびき寄せるためのルアーの機能を果たしているという説がある。エビ類、カイアシ類、小魚などを捕食する。イセエビのフィロソーマ幼生が付着するという報告がある。地中海を含む世界中の熱帯・亜熱帯海域に分布する。表層・中層性。
（Lindsay）

ノキシノブクラゲ　▶▶p.159
Athorybia rosacea（Forskål, 1775）
ノキシノブクラゲ属

群体として観察される場合には、和名の通り、ノキシノブという植物に似た形で、背丈が低く、長い葉っぱ状の保護葉が中心点から数多く密集し、放射状に伸びる。ラテン語の種名は薔薇に似るという意味をもち、保護葉は透明であるが、その他の部分はピンク色、紅色、黄色と、薔薇を確かに連想させる。他の胞泳亜目とは違って、泳鐘を有せずに、泳鐘部を完全に欠く。気胞体は紅色で非常に発達して、上端の中心点に近づくほど色が濃くなる。各幹群は気胞体の下方表面から塊状の栄養部にかけて螺旋状に配置される。保護葉は、透明で非常に細長く、気胞体下方および栄養部の周りに効率よくたくさん密集できるように、気胞体に付着する末端は縦に扁平しているが、遠ざかるにつれ、横に扁平する形へと変化する。また、葉状の保護葉は上方（背方）に向かって凸隆するが、上方に5-9本の刺胞列がほぼ全長を走る。栄養体は淡いピンク色を呈することが多い。

触手は2種類の側枝をもつ。どちらの側枝も、長い柄と膨出部である刺胞叢からなり、刺胞叢先端には1本の終末叢と2本の終糸をもつ。より小型の側枝は、刺胞叢の刺胞帯を覆う被膜を有し、刺胞帯は螺旋状に2回程度巻かれている。より大型の側枝は、小型のものに比べては数が少ないが、刺胞叢の刺胞帯を覆う被膜を有せず、あった場合のその基部にあたる箇所に指状の突起が数本枝分かれし、刺胞帯は基本的には螺旋状に巻かれていない。刺胞帯の近くに1対の色素点があるようであり、それが仔魚の眼球に似て、2本の終糸は胸びれに似るとされる。各栄養体の両側に生殖体叢を有し、その片方は雄、片方は雌のものである。生殖体叢の基部から感触体が9本程度まで生じる。感触体は先端がピンク色で、基部に感触体触手を有する。

エビ類、カイアシ類、ヤムシ、十脚類の幼生、仔魚などを捕食する。本種にクラゲノミ類のシカクタテウミノミ、マルオタテウミノミの仲間などが付着すると報告されている。（Lindsay）

シダレザクラクラゲ　▶▶p.159
Nanomia bijuga（Delle Chiaje, 1841）
シダレザクラクラゲ属（改称）

群体として観察される場合には、泳鐘部は全長の1/5以下で、栄養部はしなやかで細く、保護葉が目立たない。また、全体的に透明で、存在感があるのは気胞体と、おびただしく並ぶ白色の栄養体（胃）のみである。泳鐘は計50個までで、2列に並ぶ。気胞体の上端周囲に紫色の色素細胞がぱらぱらと散在する。

本種の泳鐘は幹への接触面と泳鐘口を結ぶ軸では非常に扁平しており、シャーレに入れて観察すると、泳鐘口が上方にきて、泳鐘全体が上から見るとほぼ正方形となり、横から観察するとL字形となる。泳嚢も正方形で、泳鐘全体を満たす。柄管は、幹より柄弁を通じてゼラチン質中に入り、泳嚢を走る4つの放射管の分岐点に向かう手前で、泳鐘表面直下を走る枝管を上下とも分出する。幹に付着する泳鐘の面にも筋肉組織が連続的に付いている。泳嚢両側を走る水管にはゼラチン質へ伸長する盲管部を有せず、上下側水管はほぼまっすぐ走るが、泳嚢両側を走る水管は蛇行する。

泳鐘部の個虫（泳鐘）は、栄養部の個虫（栄養体、保護葉など）と反対側に幹に付いている。栄養体の基部から発する触手は、多数の側枝をもつ。側枝の刺胞叢には、細長い柄部に続いて、鐘形の被蓋によってその上半を被われる赤色の刺胞帯があり、その先端に1本の単純型の長い終糸をもつ。刺胞叢の刺胞帯は螺旋状に3-4回巻かれている。感触体は、感触体触手を有する。保護葉は、2タイプを有する。大型の保護葉は、葉状で長く、末端には中央および左右両側に円筒状の突起を飾る。小型の保護葉は、葉状であっても大型の保護葉に比較して幅広くて短い形状をなし、末端の突起は不著明である。成熟した各幹群には栄養体が1つ、一次感触体は6本と二次感触体は0ないし数本、保護葉は両側に2列ずつと計4列をなし、各感触体につき4個、雄の生殖体叢は1個、雌の生殖体叢は1個ある。

シダレザクラクラゲの1つの大きな特徴は、感触体の両側にある生殖体叢の配置にあるが、性別を左右に入れ替わりながら交互に変化するところにある。つまり栄養体のすぐ前方にある感触体の左側は雄、右側は雌となっている場合には、二番目の感触体では左側は雌、右側は雄となり、三番目の感触体の場合には元に戻り、左側は雄、右側は雌となる。

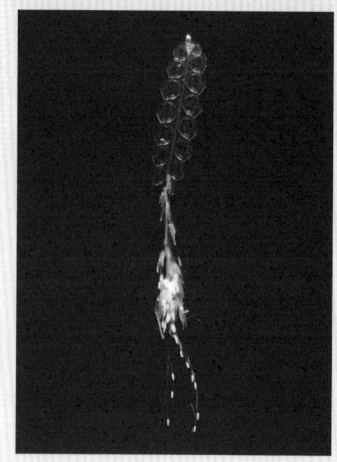

ノキシノブクラゲ

シダレザクラクラゲ

本種はササノハウミウシ、ムラサキカムリクラゲ、ケムシクラゲの仲間、カッパクラゲ等に捕食された報告があり、逆にカイアシ類、エビ類、ヤムシ、十脚類の幼生等を捕食する。

モンテレー湾では200-400mにはもっとも多いが、海面から800mの間に広く分布する。相模湾でも表層から900mの間に広く分布するが、6月の潜水調査ではほとんどの個体は650-900mの深度に分布していたため、モンテレー湾の貧酸素層が鉛直分布に影響を与えていることが示唆される。三陸沖では暖水塊にしか分布しないため、暖海性の外洋種と思われる。昼夜鉛直移動を行う。地中海を含む世界中の熱帯・亜熱帯海域に広く分布する。（Lindsay）

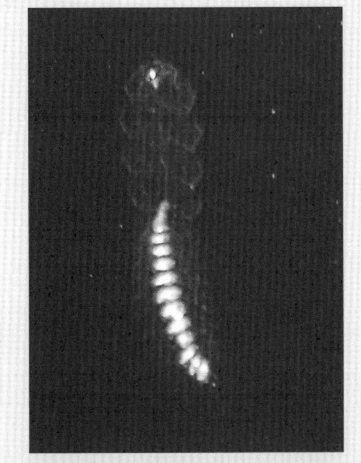

科の所属未定 Family *incertae sedis*

アナビキノコクラゲ ▶▶*p.160*
Frillagalma vityazi Daniel, 1966
アナビキノコクラゲ属

群体として観察される場合には、泳鐘部、栄養部ともに収縮しており、各パーツがお互いに密に接触し、固まった棒状をなす。泳鐘部と栄養部の長さはほぼ同等か、泳鐘部が若干短い。栄養部は、ヨウラククラゲと同様に、つねに収縮した状態である。群体は全体的に無色透明だが気胞体、幹、栄養体は白色である。泳鐘は計12個程度までで、2列に並ぶ。本種の泳鐘は最大で長さ8.6mm、幅8.0mm、厚さ7.2mmまでで、稜は顕著に尖り、固定標本で保存状態が悪いものでは、これらの稜がフリル状となるため*Frillagalma*という属名が与えられた。泳囊の長さは泳鐘の6-7割。柄管は、幹より柄弁を通じてゼラチン質中に入り、泳囊を走る4つの放射管の分岐点に向かう手前で、泳鐘表面直下を走る枝管を上下とも分出する。泳囊両側を走る水管と、上下側水管との分岐点は同一点ではなく、確実に少し離れている状態である。泳囊両側を走る水管にはゼラチン質へ伸長する盲管部を有せず、上下側水管はほぼまっすぐ走り、泳囊両側を走る水管は少しばかりしか蛇行しない。幹に付着する泳鐘の面にも筋肉組織が連続的に付いている。

泳鐘部の個虫（泳鐘）は、栄養部の個虫（栄養体、保護葉など）と同じ側に幹に付いている。成熟した各幹群には栄養体が1つ、感触体触手を有しない感触体が2本、保護葉は3ペア（計6個）、雄および雌の生殖泳鐘は両方とも数個ある。保護葉は、栄養体の上側のペアと横側のペアは非常に似ており、菱形の四面体をなす。下側のペアは、ツクシクラゲ科の保護葉で栄養体の基部より発する保護葉と形が非常に似ており、側稜の1つは鋸歯状をなし、末端は鋭く尖り、栄養部が穴引き鋸の形状をなすのが、この保護葉が並んでいるからである。触手側枝の形態が特徴的で、刺胞叢は螺旋状に巻かれておらず、刺胞も少なく、その刺胞叢の先には小型の囊状構造物が2つ連なった呈をなし、末端の囊には1本の指状突起が形成されている。この形状を考えると、側枝はルアーの機能を果たしていると思われるが、具体的には何を擬態しているかは判断し難い。泳鐘および保護葉から生物発光が確認されており、その色は青色だったり、緑色だったりするようである。

インド洋、大西洋、太平洋の熱帯・亜熱帯海域に分布し、地中海および極域での報告はない。一般的には深度600-1500mの層に分布するようであるが、日本では相模湾および鴨川沖で2月、140-600mの深度層で確認されている。（Lindsay）

ヒノオビクラゲ ▶▶*p.160*
Marrus orthocanna Totton, 1954
ヒノオビクラゲ属

群体として観察される場合には、細長く、全体的に鮮やかな橙色を呈する。粘液性が強く、栄養部が火の玉に見えることもしばしばあり、刺激されると個虫がぱらぱらと散ってしまう。気胞体は遠目でもよく目立ち、長さ5mmほどの若干湾曲したバナナ形を呈する。泳鐘は計34個程度までで2列に並ぶ。上方から見たときY字形を呈し、泳鐘側面には隆起線を有さない。泳囊はややY字に近いT字形を示し、その側面を走る橙色の水管は直進して蛇行しない。泳囊の長さは泳鐘の6-7割。柄管は、幹より柄弁を通じてゼラチン質中に入り、泳囊を走る4つの放射管の分岐点に向かう手前で、泳鐘表面直下を走る枝管は、上は分出するが、下方へ走る枝管は分出しない。また、幹に付着する泳鐘の面に筋肉組織が付いていない帯域がある。泳鐘部の個虫（泳鐘）は、栄養部の個虫（栄養体、保護葉など）と同じ側に幹に付いている。保護葉は、二等辺三角形に近いが、末端面は突き出て、縦の稜によって2面に分かれる。末端面の両側は歯形突起を飾り、末端面中央の稜にはまっすぐ伸びる刺胞列がある。感触体を有しない。ヒノオビクラゲは、側枝の刺胞叢には、細長い柄部に続いて、鐘形の被蓋はなく、刺胞帯の先端に1本の単純型の長い終糸をもつ。刺胞叢の刺胞帯はほぼまっすぐか、螺旋状に数回非常に緩く巻かれている。同属他種と異なり、1つの群体に雄の生殖泳鐘も雌の生殖泳鐘も同時に存在する。カイアシ類をおもに餌にするようである。（Lindsay）

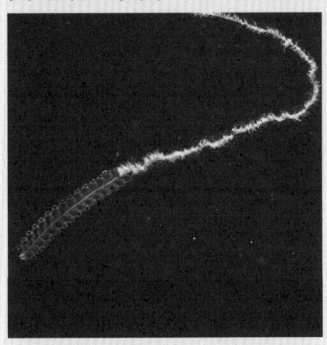

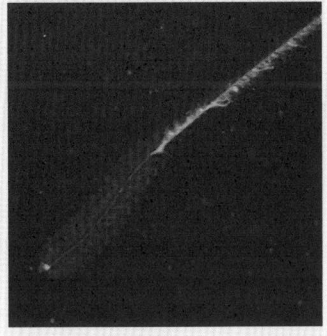

ヒノコクラゲ（仮称） ▶▶*p.160*
Marrus sp.
ヒノオビクラゲ属

泳鐘はY字形で透明。T字形の泳囊は泳鐘をほぼ充たし、泳鐘部に付着する面に筋肉組織が付いていない帯域（MFZ）がある。気胞体および幹は白色を呈する。他のヒノオビクラゲ属と同様に、柄管は、幹より柄弁を通じてゼラチン質中に入り、泳囊を走る4つのまっすぐ伸びる放射管の分岐点に向かう手前で分岐するが、泳鐘表面直下を走る枝管は、上方へ走る枝管は分出するが、下方へのものは分出しない。ヒノコクラゲの栄養体は基部のみが白色で、濃い橙色、時には濃茶色を呈する。側枝の刺胞叢には、細長い柄部に続いて、鐘形の

被蓋はなく、刺胞帯の先端に1本の単純型の長い終糸をもつ。刺胞帯のみが橙色を呈し、その他の部分は無色、あるいは白色を呈する。ヒノオビクラゲおよびカーレヒノオビクラゲと同様に、保護葉に刺胞列があるが、他種と区別するのにもっとも特徴的な点は、保護葉の両側にある歯形突起物である。これらは成熟した保護葉では両側に通常1本ずつあるが、2本ずつある保護葉も確認されている。1つの群体に雄と雌の生殖泳鐘が同時に存在せず、性別は群体単位で分かれる。

ヒノコクラゲの和名は、全体的に無色や白色の体に、橙色の栄養体や側枝の刺胞帯が散らばっているようすに由来する。(Lindsay)

| ルッジャコフクダクラゲ　　　　　▶▶p.160
| *Rudjakovia plicata* Margulis, 1982
| ルッジャコフクダクラゲ属

群体として観察される場合には、泳鐘は計14個程度で、栄養部はしなやかで細く、保護葉が目立たない。栄養体や生殖体はお互いに離れており、妙に目立つ。本種の泳鐘は、隆起線は顕著ではなく、固定状態が悪いと泳鐘全体が収縮し、しわしわになる。状態の良い泳鐘をシャーレに入れて観察すると、泳鐘口が上方にくるが、幹の接触する柄弁は尖り、幹側泳鐘両側突起も尖るが、泳鐘全体を上から見ると丸みを帯びた正方形に近い。泳鐘を横から観察するとL字形となる。泳嚢は丸みを帯びた六角形で、泳鐘全体を満たす。保護葉は、涙滴形で上側表面に刺胞の斑点がない。保護葉下側水管の長さは保護葉全長の4/7－5/6で、末端が膨張する。栄養体は通常は橙色で、油滴を含む。北極海、太平洋ならびに大西洋の寒帯・亜寒帯に分布する。現在では南極海で採集・記載された *Stepanyantsia polymorpha* Margulis, 1982が本種のシノニムとなっている。

(北極海に分布する *Rudjakovia plicata* とは別種、未記載種の可能性あり[2018.02記])(Lindsay)

| パゲスクラゲ（仮称）　　　　　　▶▶p.161
| Pagès's physonect（種名未定／英名）
| 属未定

新科新属新種であるパゲスクラゲは、浮遊性刺胞動物の分類学者として著名であったバルセロナ出身のFrancesc Pagès博士に献名され、親友だったイギリス出身の分類学者Phil Pughが現在記載論文を準備している。泳鐘上の放射管はすべてまっすぐ走ること、泳鐘が泳鐘部に付着する面に筋肉組織が付いていない帯域を有すること、感触体を欠くことはヒノオビクラゲの仲間に似るが、刺胞叢の刺胞帯は螺旋状に数回巻かれておらず、まっすぐ伸長することなどで区別できる。泳鐘部の個虫（泳鐘）は、栄養部の個虫（栄養体、保護葉など）と同じ側に幹に付いている。泳鐘は、上方から見たときハート形を呈し、泳鐘側面には隆起線を有さない。泳嚢は角が丸くなった三角形を示し、泳鐘をほぼ満たし、その側面を走る水管は直進して蛇行しない。保護葉は2種類有する。片方は三角形、もう片方は楕円形を呈する。側枝の刺胞叢には細長い柄部に続いて鐘形の被蓋はなく、刺胞帯の先端に1本の単純型の長い終糸をもつ。本種の刺胞叢は鮮やかな橙色を呈し、側枝先端側が瘤上に膨らむ。(Lindsay)

オオダイダイクダクラゲ科
Stephanomiidae

| オオダイダイクダクラゲ　　　　　▶▶p.160
| *Stephanomia amphitridis* Lesueur & Petit, 1807
| オオダイダイクダクラゲ属

群体として観察される場合には、泳鐘部と栄養部はほぼ同等の太さで、栄養部は泳鐘部の6倍以上の長さ。また、栄養部は保護葉以外が橙色を呈し、保護葉の末端に刺胞の塊が1塊ずつあり、栄養部表面全体に白色の点が散在する形態となっている。気胞体は大きく、よく目立つ。泳鐘は計64個程度までで、2列に並ぶ。泳鐘は、上方から見たときY字形を呈し、泳鐘側面には二股に分かれる隆起線を有し、分岐した片方は他の隆起線と融合せずに途中で絶える。泳嚢は、T字形で、長さは泳鐘の5割程度。柄管は、幹より柄弁を通じてゼラチン質中に入り、泳嚢を走る4つの放射管の分岐点に向かう手前で、泳鐘表面直下を走る枝管は、上は分出するが、下方へ走る枝管は分出しない。また、幹に付着する泳鐘の面に筋肉組織が付いていない広い帯域があることで、泳嚢両側を走る水管がダイダイクダクラゲ属 *Halistemma* と同じように蛇行するのにもかかわらず、すぐにもその属とは区別できる。

Mapstone (2004)は *H.(Stephanomia) amphytridis* を再記載しようとしたが、その記載論文の中で扱った個体は、泳鐘には筋肉組織が連続的であったこと、泳鐘表面直下を走る枝管は上下とも分出すること、泳鐘部の個虫は栄養部の個虫と反対側に幹に付いていたこと、保護葉の下側に顕著な稜が末端へ伸長することなどの特徴があったため、*H. (Stephanomia) amphytridis* にするのではなく、*H. foliacea* (Quoy & Gaimard, 1833) として扱うべきであった (Pugh, 2006)。本種は、1つの群体に雄と雌の生殖泳鐘が同時に存在せず、性別は群体単位で分かれるところも、ダイダイクダクラゲ属と異なる。(Lindsay)

ナンキョクオオミミクラゲ科
Resomiidae

| ナンキョクオオミミクラゲ（新称）　▶▶p.160
| *Resomia convoluta* (Moser, 1925)
| ナンキョクオオミミクラゲ属

群体として観察される場合には、泳鐘部と栄養部はほぼ同等の太さで、太く大きい白色の栄養体が非常に目立つ。また、泳鐘、保護葉、ともに無色透明であるが、保護葉の末端に刺胞の塊でできている白色の領域があり、栄養部の表面にうっす

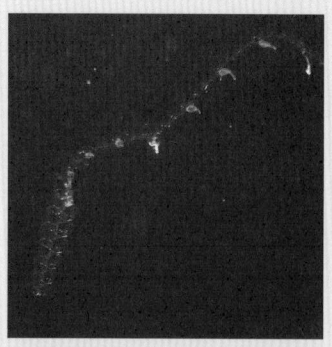

ルッジャコフクダクラゲ

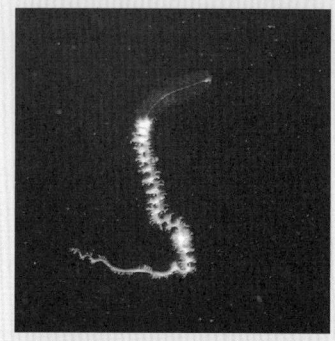

パゲスクラゲ（仮称）

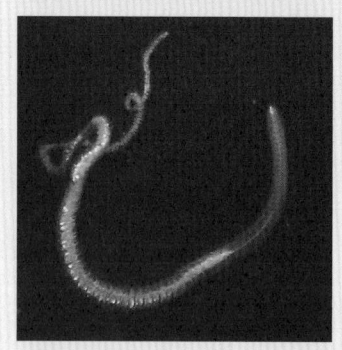

オオダイダイクダクラゲ

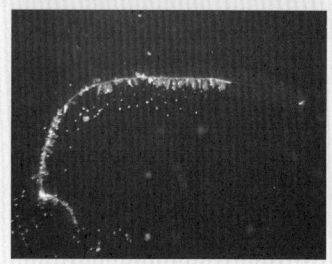

ナンキョクオオミミクラゲ（新称）

らと白色の水玉模様があるように見える。これはとくに泳鐘部に近い栄養部の部分でより顕著である。気胞体の上端周囲に色素がついているようであるが、同属のR. similisにあるような気胞体を縦に走る8本の縞模様は有しない。泳鐘は計26個程度までで、2列に並ぶ。泳鐘は、上方から見たときハート形を呈し、泳鐘側面には隆起線を有さない。泳嚢は角が丸くなった三角形を示し、その側面を走る水管は直進して蛇行しない。泳嚢の長さは泳鐘の3－5割。柄管は、幹より非常に小さな柄弁を通じてゼラチン質中に入り、泳嚢を走る4つの放射管の分岐点に向かう手前で、泳鐘表面直下を走る同長の枝管を上下とも分出する。幹に付着する泳鐘の面にも筋肉組織が連続的に付いている。成熟していない泳鐘であっても泳鐘側面より生じる指状突起を有しない。

泳鐘部の個虫（泳鐘）は、栄養部の個虫（栄養体、保護葉など）と同じ側に幹に付いている。保護葉は、すべて同じ凧形で、末端面は三角形を呈するが、大型の保護葉では末端面を形成する横断型の稜は不完全な場合も多い。保護葉を走る管は、末端にまで達し、その末端に刺胞の塊を有する。感触体は、各幹群に6本以上あり、刺胞を有しない。また、感触体触手も刺胞を有しない。

栄養体の基部より発する触手は、2種類の触手側枝を有する。栄養体に近い側枝は螺旋状に6回程度巻かれており、鐘形の被蓋は刺胞叢をほとんど、あるいは完全に覆う。栄養体から遠ざかるにつれ、側枝は螺旋状からジグザグの形状へと変態する。本種の触手側枝は、2－3回往復するジグザグの形状を呈し、チューブ形の被蓋は刺胞叢を完全に覆う。1つの群体に雄の生殖泳鐘も雌の生殖泳鐘も同時に存在する。

ナンキョクオオミミクラゲは最近まで*Moseria*属とされていたが、この属名はクシクラゲの仲間ですでに使われていたためにPugh（2006）は*Resomia*属を提案し、本報告ではそれに従う。現在では*Resomia*属として2種が記載されており、他に少なくとも3種類の未記載種が存在するようである。南極海以外の海域で採集されることが滅多にないようで、本報告の本州東沖以外にはバハ・カリフォルニア沖での報告が1つのみとなっている。
（本属には現在5種が含まれる〔2018.02記〕）
（Lindsay）

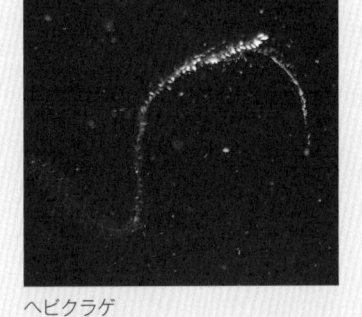

ヘビクラゲ科 Pyrostephidae

| ヘビクラゲ　　　　　　　　　　　　　▶▶p.161
| *Bargmannia amoena* Pugh, 1999
| ヘビクラゲ属

群体として観察される場合には、泳鐘部は栄養部よりはるかに太く、長さは栄養部の6割程度。栄養部は、白色の栄養体だけが目立ち、ナガヘビクラゲに比べると貧弱なようす。泳鐘は計32個程度までで、2列に並ぶ。気胞体は、遠目にも比較的目立ち、色素帯を有しない。泳鐘は、幹を挟む泳鐘両側突起を有せず、上方から見たときに先端の尖った筒状を呈する。泳鐘の幅は、長さの5割程度。泳鐘は、泳嚢の半口側末端の位置に、泳鐘側面より泳鐘の上方を口側へ走る隆起線を有する。その泳鐘上面の隆起線は、泳鐘の中央軸に達する手前で緩やかに曲がり泳鐘の側面へ再び走行する。その隆起線は盲状の短い隆起線を分岐しない。泳鐘の側面へ再び向かって走行する隆起線は二股に分かれ、片方の分岐は中央軸に向かい、泳鐘の中央軸に達する手前で泳鐘口を囲む隆起線に融合するが、もう片方の分岐は泳鐘口には向かうものの、そのかなり手前で泳鐘口部の両側にて盲状に終わる。

幹に接する柄弁は、非常に大きく発達し、先端が細くなってゆき、尖り、指状突起をなすことが多い。泳嚢は、半口末端にくり抜きがある筒形で、長さは泳鐘の0.69－0.71程度。泳鐘口は、泳鐘の上方を向く。幹に付着する泳鐘の面に筋肉組織が付いていない大きな帯域が泳嚢にあり、筋肉組織自体がナガヘビクラゲのものより透明感がある。柄管は、非常に短く、いったん泳鐘下方表面直下を走る枝管を上方のみ分出した後、泳鐘に筋肉組織が付いていない帯域の泳鐘口側境界線の位置にて、泳嚢を走る上下側放射管に連絡する。上方放射管は、筋肉組織が付いていない帯域を走行するが、その中間点において泳嚢両側を走る放射管を分出する。泳嚢を走る放射管はまっすぐで蛇行しない。

泳鐘部の個虫（泳鐘）は、栄養部の個虫（栄養体、保護葉など）と反対側に幹に付いている。感触体を有しない。保護葉は、各幹群に6枚ずつ有する。保護葉は、2種類有する。片方はほぼ対称的な形状をなし、末端の両側および保護葉の両側の中間的な位置に歯状突起を1ペアずつ有する。もう片方の保護葉は、非対称的な形状をなし、末端両側に位置する歯状突起が大きく発達し、中間的な位置にあるペアの歯状突起の片方はより大きく、幹に近い保護葉のそちら側が膨らんだ形態をなす。両タイプの保護葉とも、末端側半分の上面に斑模様を形成する発光性細胞のパッチを有しない。栄養体は、基本的には白色あるいは薄い茶色を呈するが、大型なものでは幹に付く栄養体基部が橙色を呈する。触手側枝の刺胞帯は、直線的あるいはわずかに湾曲してコイルされず、刺胞叢の先端に1本の単純型の長い終糸をもつが、それは固定された個体ではコイル状をなす。各栄養体が幹に付着する中間点に、幹より直接発生する栄養部触手を有する。

1つの群体に雄と雌の生殖泳鐘が同時に存在せず、性別は群体単位で分かれる。雌の生殖泳鐘はほとんどのクダクラゲでは卵を1個しか含まないが、本種は卵を2個含む。サインカーブを描くかのように蛇行遊泳を行う。大西洋では赤道から北60°の緯度までいることが知られていて、ナガヘビクラゲよりは高緯度寄りに分布の中心があることが示唆されている。モンテレー湾および相模湾でも出現報告がある。地中海、日本海、北極海における出現報告はない。ヘビクラゲ属は南極海から報告はされているが、南極海に生息しているというよりは、海流によって運ばれて一時的に存在しているだけではないかと思われる。（Lindsay）

ヘビクラゲ

| ナガヘビクラゲ　　　　　　　　▶▶p.161
| *Bargmannia elongata* Totton, 1954
| ヘビクラゲ属

　群体として観察される場合には、泳鐘部は栄養部より太く、長さは栄養部の6割弱。栄養部は、保護葉以外で白色で、ヘビクラゲに比べると密集しているようす。泳鐘は計42個程度までで、2列に並ぶ。気胞体は、遠目にも比較的目立ち、色素帯を有しない。泳鐘は、幹を挟む泳鐘両側突起を有せず、上方から見たときに先端の尖った筒状を呈する。泳鐘の幅は、長さの4/9弱程度。泳鐘は、泳嚢の半口側末端の位置に、泳鐘側面より泳鐘の上方を口側へ走る隆起線を有する。その泳鐘上面の隆起線は、泳鐘の中央軸に達する手前で直角に曲がり泳鐘の側面へ再び走行するが、その隆起線の直角が形成される箇所に盲状の短い隆起線を分岐する。泳鐘の側面へ向かって走行する隆起線は二股に分かれ、片方の分岐は中央軸に再び向かい、泳鐘の中央軸に達する手前で泳鐘口を囲む隆起線に融合するが、もう片方の分岐は泳鐘口には向かうものの、その手前で泳鐘口部の両側にて盲状に終わる。幹に接する柄弁は、非常に大きく発達し、先端が細くなってはゆくが、尖らずに切断された形態をなすことが多い。泳嚢は、半口側末端にくり抜きがある筒形を呈し、長さは泳鐘の約0.76程度。泳鐘口は、泳鐘の上方に少し傾いているが、基本的には大きく尖った柄弁と反対側を向く。幹に付着する泳鐘の面に筋肉組織が付いていない大きな帯域が泳嚢にあり、筋肉組織自体がヘビクラゲのものより不透明。柄管は、非常に短く、いったん泳鐘下方表面直下を走る枝管を上方のみ分出した後、泳嚢に筋肉組織が付いていない帯域の泳鐘口側境界線の位置にて、泳嚢を走る上下側放射管に連絡する。上方放射管は、筋肉組織が付いていない帯域を走行するが、その中間点において泳嚢両側を走る放射管を分出する。泳嚢を走る放射管はまっすぐで蛇行しない。

　泳鐘部の個虫（泳鐘）は、栄養部の個虫（栄養体、保護葉など）と反対側に幹に付いている。感触体を有しない。保護葉は、各幹群に5枚ずつ有する。保護葉は、すべて同じ形をなし、円形あるいは楕円形に近い形を呈するが、末端の両側に歯状突起を有する場合が多い。また、それらとは別に、保護葉の両側の中間的な位置に歯状突起を1つ、または2つ有することがしばしばある。保護葉の末端側半分の上面に斑模様を形成する発光性細胞のパッチを有する。栄養体は、基本的には白色を呈するが、7-10本おきに茶色の大型栄養体を有する。触手側枝の刺胞帯は、直線的あるいはわずかに湾曲してコイルされず、刺胞叢の先端に1本の単純型の長い終糸をもつが、それは固定された個体ではコイル状をなす。各栄養体が幹に付着する中間点に、幹より直接発生する栄養部触手を有する。

　1つの群体に雄と雌の生殖泳鐘が同時に存在せず、性別は群体単位で分かれる。サインカーブを描くように、蛇行遊泳を行う。地中海、日本海、北極海における出現報告はない。ヘビクラゲ属は南極海から報告はされているが、南極海に生息しているというよりは、海流によって運ばれてきて、一時的に存在しているだけではないかと思われる。ヘビクラゲ属は現在4種を含んでいる。(Lindsay)

ヒノマルクラゲ科 Rhodaliidae

| ヒノマルクラゲ　　　　　　　　▶▶p.161
| *Steleophysema aurophora* Moser, 1924
| ヒノマルクラゲ属

　群体は径約36mmの泳鐘部と、その下にある栄養部よりなり、触手を錨縄にして気球のように海底上に浮く。気胞体は泳鐘部の中央にあり、長さ13mm、幅8mm、高さ4.5mmの楕円形で、表面には疣状突起物を有しない。気胞体の下方の背側に長さ2.5mm、幅3.5mmほどの楕円形の気胞体孔球（aurophore）があり、その表面も突起物を飾らず、気孔は下方の背側面に開口する。気胞体、気胞体孔球とも橙色を呈する。

　泳鐘部を取り巻く泳鐘は20数個、約13mm長の卵形で、気胞体の外腹面に薄い筋膜で付着している。泳嚢は泳鐘をほぼ満たし、両側放射管は緩やかなS字形で、薄い橙色を呈する。気胞体下面から出ている共同軸茎よりは多くの幹群が放出している。幹群は共通した基部より3回以上二叉状に分岐するが、2タイプある。1タイプは、二叉状に分岐した後の枝に保護葉が付着し、その付着面末端の位置に白色で、基部より側枝を有する太い触手を発する栄養体を1つ有する。その栄養体を派出した枝は伸長し続けるが、栄養体より末端側に生殖体がその枝本体より発する。生殖体が数個集まった箇所のすぐ近くに、また枝本体より生殖感触体が発する。このパターンはしばらく続き、生殖体あるいは生殖体となる途中の発生段階にある個虫の近くに生殖感触体が枝より派出し、その枝の末端には生殖感触体が8本程度と複数集まり、保護葉より末端側の枝には計12本程度の生殖感触体を有する。生殖感触体は、末端よりの1/3の長さは橙色を呈し、その他の部分は白色を呈する。もう1タイプの幹群は、数が前者の1/18程度であるが、生殖に関係する個虫はまったく見られず、触手を有しない深紅あるいは橙色を呈する栄養体のみが数本付いている。

　保護葉はもっとも特徴的で、長さ約15mm、細長い柱状を呈し、基部は細く端部はハート形をなす。ほぼ中央両側に突出部があり、これより基部では中軸部は溝をなす。保護葉水管は、保護葉基部では1本の単純型水管であるが、保護葉末端では三叉に分岐する。保護葉が互いに密接して一塊をなさないのが本属の特徴の1つ。

　保護葉の形態から判断すると、ヒノマルクラゲは日本近海の海面で採集された *S. aurophora* Moser, 1924にするべきであり、より一般的に使われている学名の *Sagamalia hinomaru* Kawamura, 1954はそのシノニムである。保護葉の形態はかなり異なるので、*Stephalia corona* Haeckel, 1888とは別の種類であるのは間違いない。Hissman (2005) はTridensa属を設立し、2つ

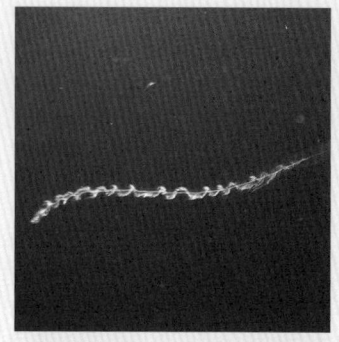

ナガヘビクラゲ

ヒノマルクラゲ

の新種を記載したが、ヒノマルクラゲの標本と照らし合わせたところ、どちらもSteleophysema属にすべきなので、S. sulawensis（Hissman, 2005）およびS. rotunda（Hissman, 2005）となる。

相模湾葉山沖の相模海丘450mの深度より知られる。ウミグモの1種が本種によく寄生し、1群体あたり、13匹が付着していることもある。(Lindsay)

アワハダクラゲ科 Erennidae

| アワハダクラゲ ▶▶p.161
| *Erenna laciniata* Pugh, 2001
| アワハダクラゲ属

群体として観察される場合には、栄養部は収縮し、長く伸長するようすは観察されない。泳鐘部は、栄養部より少しばかり細く、長さは栄養部の7割程度。また、栄養部は保護葉以外が白色、あるいは非常に薄い茶色を呈する。触手の側枝の刺胞叢を栄養部の表面を飾るかのように伸長させるために、栄養部に無数の三日月形斑点があり、粟膚に見えることに和名が由来する。泳鐘は計50－60個程度までで、2列に並ぶ。泳鐘は、幹を挟む泳鐘両側突起が対称的で、それぞれの泳鐘は、扁平で、上方から見たときY字形を呈し、泳鐘側面に泳嚢と同じ高さで隆起線を有する。その隆起線のあたりに発光すると思われる外胚葉由来細胞のパッチを有する。幹に接する両側突起の間にはゼラチン質でできた柄弁（thrust block）があるが、これに深い切り込みがあり、柄弁が2つあるようにさえ見受けられる。泳鐘の口部両側および口部上方にも発光すると思われる外胚葉由来細胞のパッチを有する。泳嚢は、T字形、長さは泳鐘の4割強程度。泳嚢の表面を走る4つの放射管は直進して蛇行しない。泳嚢両側を走る水管にはゼラチン質へ伸長する盲管部を有せず。柄管は、幹より柄弁を通じてゼラチン質中に入り、泳嚢を走る4つの放射管の分岐点に向かう手前で、泳鐘表面直下を走る枝管は、上は分出するが、下方へ走る枝管は分出しない。アワハダクラゲの仲間は、泳鐘の水管が黒色を呈することがしばしばあるが、本種に関しては無色透明、橙色、黒色と、さまざまな報告があり、個体によって異なることが示唆されている。幹に付着する泳鐘の面に筋肉組織が付いていない帯域がある。

泳鐘部の個虫（泳鐘）は、栄養部の個虫（栄養体、保護葉など）と同じ側に幹に付いている。保護葉は、2種類有し、両タイプとも、水管の末端が保護葉の尖った先端の上部にたどり着く箇所に発光すると思われる外胚葉由来細胞のパッチおよび刺胞の塊がある。保護葉の片方のタイプは、ほぼ中間の位置の片側に中央軸にまで伸長する非常に深い切り込みを有し、その切り込みが保護葉水管に隣接する保護葉上方面にまた発光すると思われる外胚葉由来細胞のパッチを有する。深い切り込みの反対側に、少しばかり保護葉末端より遠ざかった位置にまた小さな切り込みを有する。保護葉の尖った末端の両側に歯状突起を有する。保護葉のもう片方のタイプは、前者に比べて横長で、深い切り込みは保護葉水管に隣接することなく、その距離の3割程度しか切り込まないところ、保護葉末端の両側に位置する歯状突起は片方を損失することも多いところが前者とは異なる。深い切り込みを有するタイプの保護葉は、浅い切り込みのタイプの3倍ほど数が多く、1つの幹群は両タイプの保護葉をあわせて、約40枚程度有する。栄養体は、全体的に茶色を呈し、栄養体基部柄（pedicle）を欠く。触手側枝の刺胞叢は、刺胞帯基部より終末突起が生じ、その先端近くには発光する可能性が示唆されている眼点様斑紋を有する。これら触手側枝を硬直させつつすばやく振動させるようすが観察されており、遊泳するヤムシ類や稚魚を模した擬態ではないかと考えられている。感触体触手を有する感触体は、薄い茶色を呈する。

1つの群体に雄と雌の生殖泳鐘が同時に存在せず、性別は群体単位で分かれる。バハマ諸島、キューバ沖、赤道付近のブラジル沖、相模湾における出現報告がある。魚類を専門的に捕食すると思われる。中層性。
（本属には現在5種が含まれる〔2018.02記〕）
(Lindsay)

ツクシクラゲ科 Forskaliidae

| トクサクラゲ ▶▶p.162
| *Forskalia asymmetrica* Pugh, 2003
| ツクシクラゲ属

群体として観察される場合には、泳鐘部は栄養部より太くて長い。ツクシ（土筆）はトクサ属スギナ（杉菜）の胞子茎。トクサの胞子茎はツクシほど大きくない。同様にトクサクラゲの栄養部はツクシクラゲの栄養部に比べて大きく発達していない。気胞体は、泳鐘部より上方に突き出ることはほとんどなく、色は全体的に橙色であるが、上端周囲は赤っぽくなっていることが多い。泳鐘は計50個程度までで、螺旋状に並ぶ。泳鐘は、幹を挟む泳鐘両側突起が非対称的で、両方とも幅は広いが片方はより長い。泳鐘両側突起の接点に切り込みを有する。泳鐘の両側面には切り込みやポケット状の凹みもない。泳嚢は横長の楕円形に近いT字形を示し、長さは泳鐘の約半分程度。泳嚢の側面を走る水管は直進して蛇行しない。柄管は、幹より泳鐘両側突起の接点でゼラチン質中に入り、泳嚢を走る4つの放射管の分岐点に向かう手前で、泳鐘表面直下を走る枝管を上下とも分出する。柄管の途中に色素点（rete mirabile）を有しない。泳鐘の幹側よりの側稜が上下に分岐し、側面を形成する箇所に発光すると思われる外胚葉由来細胞のパッチがあるが、トクサクラゲの場合にはこれらは側稜の分岐点のすぐ内側の側面にある。泳鐘口の上方面に黄色の色素点を有しない。

泳鐘部の個虫（泳鐘）は、栄養部の個虫（栄養体、保護葉など）と同じ側に幹に付いている。成熟した個体は4つのタイプの保護葉を有する。保護葉の1種類は、栄養部の幹に直接付着する。もう1種類は、栄養体の非常に長い栄養体基部柄（basigaster）の基部に付着し、栄養部の幹とそれ

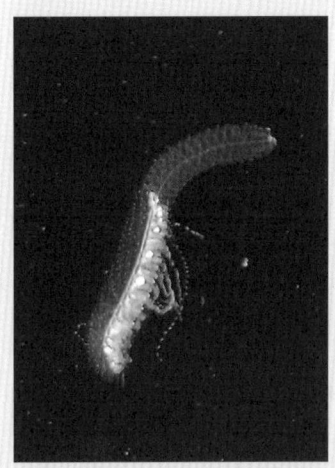

アワハダクラゲ

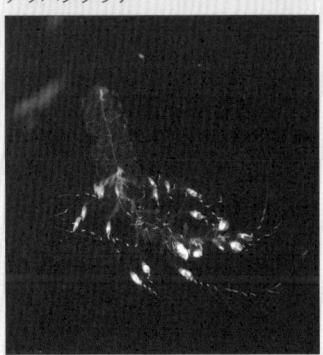

トクサクラゲ

313

が直角に近い角度で維持できるような機能を果たしているようである。残りの2種類は肘形を呈し、栄養体基部柄に付着し、栄養体を囲む形をとっている。栄養体は、全体的に橙色で、栄養体基部柄に近づくほど色は赤くなる。触手の側枝に位置する刺胞叢も橙色を呈し、螺旋状に6回程度巻かれている。感触体は未確認であるが、有すると思われる。生殖体叢は、生殖感触体を3本有し、それぞれは刺胞を有しない感触体触手を有する。生殖感触体の口周辺には刺胞が散在し、基部には雌の生殖泳鐘を有する。雄の生殖泳鐘も同時に存在するが、生殖体叢の長い柄の先端にのみ位置し、雌のものとは場所的に離れている。群体は回転しながら推進するが、刺激を受けると後進することもある。バハマ諸島、西側地中海、ニューヨーク沖、相模湾で採集されているが、極域や日本海における報告はない。中層性。（Lindsay）

基部より生じ、雌の生殖泳鐘はその他の生殖感触体の基部より生じる。

日本近海では大瀬崎、与那国、南海北部において確実に採集されている。昭和天皇が相模湾の油壺沖で採集された *Forskalia misakiensis* Kawamura, 1954も本種である可能性が高い。また、群体全体のようすから判断すると、『クラゲガイドブック』(2000)にナガヨウラククラゲとして写真が掲載されているものも本種である可能性がきわめて高いため、熊本県天草においても出現すると思われる。

サルガッソ海、カナリア諸島、カリフォルニア湾、紅海、北西大西洋などからも報告があり、世界中の海に広く分布しているようであるが、極域や日本海からは出現報告がない。本種にクラゲノミ類のシカクタテウミノミが付着すると報告されている。（Lindsay）

オオツクシクラゲ（新称） ▶▶p.162
Forskalia edwardsi Kölliker, 1853
ツクシクラゲ属

　群体として観察される場合には、泳鐘部と栄養部はほぼ同じ太さであるが、栄養部の長さは泳鐘部の3-11倍と、相対的に非常に長い。気胞体は大きくて目立つ。泳鐘は、幹に螺旋状に並び、幹に接する面は左側が小さな突起を呈し、その基部に切り込みを有しない。泳鐘の両側面にはポケット状の凹みがないが、泳鐘口部の両側にはポケット状の凹みを有する。泳鐘の右側側面に突起を有する。泳嚢は団扇形で、長さは泳鐘の4割強程度。泳嚢の側面を走る水管は直進して蛇行しない。柄管は、幹より泳鐘両側突起の接点でゼラチン質中に入り、泳嚢を走る4つの放射管の分岐点に向かう手前で、泳鐘表面直下を走る枝管を上下とも分出するが、上方の枝管は下方のものより長い。柄管の途中に色素点（rete mirabile）を有しない。泳鐘口の上方方面に、上方放射管と口部環管の合点に黄色の色素点を有する。

　泳鐘部の個虫（泳鐘）は、栄養部の個虫（栄養体、保護葉など）と同じ側に幹に付いている。成熟した個体は4つのタイプの保護葉を有する。保護葉の1種類は、栄養体の幹に直接付着する。もう1種類は、栄養体の長い栄養体基部柄（basigaster）の基部に付着し、栄養部の幹とそれが直角に近い角度で維持できるような機能を果たしているようである。残りの2種類は肘形を呈し、栄養体基部柄に付着し、栄養体を囲む形をとっている。生体写真では、栄養体の中央部あたりが橙色を呈するように見える。触手の側枝に位置する刺胞叢も同色を呈し、螺旋状に2-3回程度巻かれている。感触体は未確認であるが、有すると思われる。生殖体叢は、刺胞が散在する生殖感触体を7本程度有し、それぞれは感触体触手を有する。その感触体触手は刺胞を有しないが、ビーズが繋がったような形態をなす。生殖体叢にある生殖感触体は、基部近くには3本まで、個虫が付着しない柄の部分がしばらく伸長し、他の生殖感触体はそれに続く。雄の生殖泳鐘は柄の先端にある生殖感触体の

ツクシクラゲ ▶▶p.162
Forskalia formosa Keferstein & Ehlers, 1860
ツクシクラゲ属

　群体として観察される場合には、泳鐘部は栄養部より細く、長さも1/3程度。泳鐘部は上方に近くにつれ細くなり、気胞体は明らかに突き出る。泳鐘は、幹に螺旋状に並び、幹を挟む泳鐘両側突起が非対称的で、両方とも幅は広いが片方はかなり長く、尖る。泳鐘両側突起の接点に切り込みを有する。泳鐘の両側面にはポケット状の凹みがあるが、泳鐘口部の両側にはポケット状の凹みを有しない。その凹みの内側には生物発光に使われる外胚葉由来細胞のパッチを有する。泳嚢は横長の楕円形に近いT字形を示し、長さは泳鐘の4割強程度。泳嚢の側面を走る水管は直進して蛇行しない。柄管は、幹より泳鐘両側突起の接点でゼラチン質中に入り、泳嚢を走る4つの放射管の分岐点に向かう手前で、泳鐘表面直下を走る枝管を上下とも分出するが、上方の枝管は下方のものよりはるかに長い。柄管の途中に色素点（rete mirabile）を有しない。泳鐘口の上方方面に黄色の色素点を有しない。

　泳鐘部の個虫（泳鐘）は、栄養部の個虫（栄養体、保護葉など）と同じ側に幹に付いている。成熟した個体は4つのタイプの保護葉を有する。保護葉の1種類は、栄養体の幹に直接付着する。もう1種類は、栄養体の長い栄養体基部柄（basigaster）の基部に付着し、栄養部の幹とそれが直角に近い角度で維持できるような機能を果たしているようである。残りの2種類は肘形を呈し、栄養体基部柄に付着し、栄養体を囲む形をとっている。栄養体は、栄養体基部柄に近づくほど色は鮮やかな橙色となる。触手の側枝に位置する刺胞叢は赤っぽい橙色を呈し、生きている状態では螺旋状に2回半程度、ホルマリン固定された状態では3-4回ほど巻かれている。感触体触手を有する感触体を各幹群に1本ずつ有し、栄養体基部柄と生殖体叢の間に位置する。生殖体叢は、生殖感触体を4本以上有し、それぞれは刺胞を有しない感触体触手を有する。生殖感触体の口周辺には刺胞が散在

オオツクシクラゲ（新称）

ツクシクラゲ

し、基部には2房の雌の生殖泳鐘を有する。雄の生殖泳鐘も同時に存在するが、生殖体叢の長い柄の先端に付いているのではなく、柄の途中に並び、雌のものとは場所的に少しばかり離れている。群体は回転しながら推進し、刺激を受けても後進することはない。また、栄養部個虫を切り捨てることもほとんどない。

　バハマ諸島、西側地中海、日本近海で採集されているが、地中海ではもっとも卓越するツクシクラゲ科の種類である。中層性であるが、表層においても採集されている。(Lindsay)

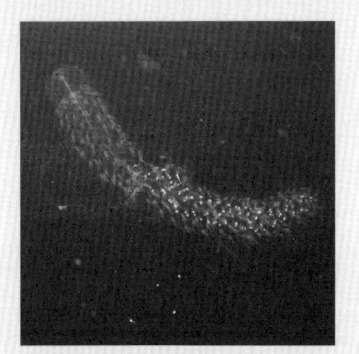

ネギボウズクラゲ（新称） ▶▶p.163
Forskalia tholoides Haeckel, 1888
ツクシクラゲ属

　群体の泳鐘部と栄養部はほぼ同じ太さだが、栄養部の長さは泳鐘部の1－8倍ほどになる。泳鐘部の全体は球形をなす。気胞体は赤色を帯び、泳鐘部からわずかに顔を出す程度。泳鐘は、同属多種と異なり、左右対称にて矢尻形で、幹に接する面は尖る。泳鐘の両側面にはポケット状の凹みがあり、泳鐘口部の両端にも小さな凹みを有する。泳嚢は団扇形で、長さは泳鐘の1/3程度。泳嚢の側面を走る水管は直進して蛇行しない。柄管は、非常に長く、幹との接点となる泳鐘の尖った先端でゼラチン質中に入り、泳鐘表面直下を走る枝管を上下とも分出するが、上方の枝管は下方のものより長い。柄管は、途中に色素点（rete mirabile）を有せず、泳嚢を走る4つの放射管の分岐点に連絡する。泳鐘部の個虫（泳鐘）は、栄養部の個虫（栄養体、保護葉など）と同じ側に幹に付いている。成熟した個体は2種類の肘形保護葉を含み、計4種類の保護葉を有する。どのタイプの保護葉も末端面に細かい指状突起を飾り、保護葉水管の末端が膨張する。栄養体は、赤色で口側末端に縦状の縞模様を呈する。触手の側枝に位置する刺胞叢も同色を呈し、螺旋状に3－4回程度巻かれている。生殖体叢は刺胞が散在する生殖感触体を少なくとも4本有し、それぞれは感触体触手を有する。その感触体触手は刺胞を有しないが、ビーズが繋がったような形態をなす。雌の生殖泳鐘は、雄の生殖泳鐘よりも幹寄りに位置する。

　北大西洋、カリフォルニア湾、インド洋などからも報告があり、世界中の海に広く分布しているようであるが、極域や日本海からは出現報告がない。本種にクラゲノミ類の幼体がよく付着すると報告されている。(Lindsay)

バレンクラゲ科 Physophoridae
バレンクラゲ ▶▶p.163
Physophora hydrostatica Forskål, 1775
バレンクラゲ属

　体は上下の2部に分かれ、上方の泳鐘部は頂端に1個の気胞体を有し、泳鐘は2列をなし、幹を取り囲む。下部の栄養部は膨大し、螺旋状にねじれた幹の上に多数の感触体・栄養体・触手および雌雄両生殖体叢が付着したものである。気胞体の上端周囲に赤い色素がついており、下端周囲にも色素の濃い領域がある。泳鐘は、上方から見たとき、先端が内側に凹んだハート形を呈し、泳鐘口部の両側にポケット状の凹みを有しない。泳嚢両側を走る水管にはゼラチン質へ伸長する盲管部を有せず、上下側水管は少し蛇行することもあり、泳嚢両側を走る水管は複雑に蛇行する。柄管は幹より柄弁を通じてゼラチン質中に入り、泳嚢を走る4つの放射管の分岐点に向かう手前で、泳鐘表面直下を走る枝管を上下とも分出する。幹に付着する泳鐘の面にも筋肉組織が連続的に付いている。泳鐘部の個虫（泳鐘）は、栄養部の個虫（栄養体、感触体など）と同じ側に幹に付いている。成熟した個体は保護葉を有しない。感触体は非常に大きく、青がかった紫、桃色、橙色など、個体によってはさまざまな色を呈し、先端はほとんどの場合には白色を呈する。感触体の基部には刺胞細胞を含む大型細胞のパッチがあるが、その中央部より感触体触手が伸長する。バレンクラゲモドキ *P. gilmeri* Pugh, 2005の場合には、このパッチの中央部ではなく、すぐ横から感触体触手が伸長すること、成熟した個体であれば保護葉を2種類有することなどで区別できる。両種類とも感触体は、幹の捩じれのために転位して規則正しい環列をなして並び、他の幹群個虫を被って保護葉の代わりを務めている。触手の側枝は膨張した太い基部柄と、刺胞帯を含む卵形の嚢状構造物からなる。嚢の末端には指状突起が形成され、発生途中の刺胞叢であれば、両側にも指状突起が形成される場合もある。生殖体叢は、基部で二股に分かれ、片方には雄の生殖泳鐘、もう片方には雌の生殖泳鐘を有する。

　バレンクラゲの群体は、浮いているか、つねに推進し、後進ができないようである。地中海を含む世界各地の海に生息するが、極域からの報告はない。本種にクラゲノミ類のテングウミノミが付着すると報告されている。(Lindsay)

管クラゲ目 Siphonophora / 鐘泳亜目 Calycophorae

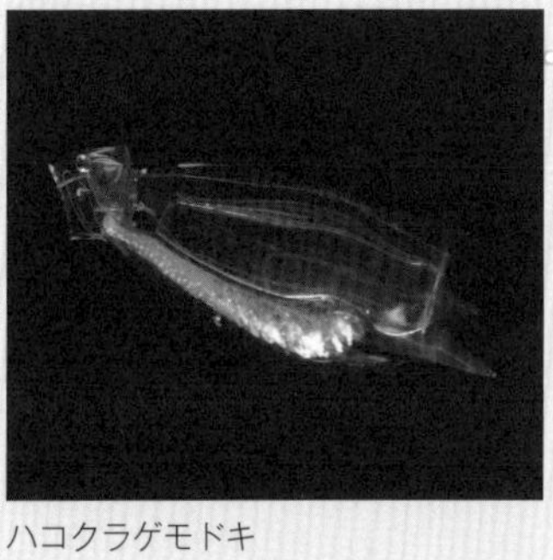

ハコクラゲ科 Abylidae
ハコクラゲモドキ ▶▶p.165
Abylopsis tetragona (Otto, 1823)
ハコクラゲモドキ属

　上泳鐘の長さは5mm程度で、下泳鐘に比べてきわめて小さく、その2割以下が普通。上泳鐘は7面あるが、頭頂に平面がなく、両横側面が合一して形成される稜がある。短い五角形を斜めにして、その腹側下隅をさらに四角柱に引き伸ばした状態をなし、そこに幹室の開口部がある。幹室は、細い円筒状で深く、泳鐘のほぼ中間点で終わる。泳嚢の開口部は下面にあるが、五角形面を呈する背側面と、幹室の開口部の間にある長方形の面の中央部に細く開

く。泳囊は、細い円筒状で、泳嚢両側面の水管が蛇行し、いったん上方へ走ってから急に曲がり、開口部へ直進する。体嚢は、楕円形で指状盲嚢があり、その上方端は泳嚢の上方端と同じ高さに位置する。下泳鐘の泳嚢口周縁にある歯状突起の4つのうち、2つはかなり大きい。ユードキシッドは、保護葉が4mm程度の立方体で、背側面は五角形を呈する。保護葉体嚢は上方へ細長く伸長し、幹室の上方端で2本の太い盲嚢を横に派出させ、保護葉上方面へ伸長し続ける。1つの群体に雄の生殖体をもつユードキシッドと、雌の生殖体をもつユードキシッドが同時に存在するが、各ユードキシッドのもつ生殖体は雄か雌のいずれかである。

本種は、世界中の海の表層および中・深層に広く分布するが、北極海および南極海からは報告例がない。（Lindsay）

ハコクラゲ属の1種　▶▶ p.165
Abyla sp.

上泳鐘は10‒11面あり、上面は大きくは尖らず、泳嚢、体嚢、幹室は上下に細長い。体嚢は単純な長楕円形。泳嚢は細い円筒状で、泳嚢両側面の水管が蛇行せず、直進する。幹室も細い円筒状で深い。下泳鐘は大きく尖り、隆起線は4本、泳嚢口周縁に鮫の歯形突起を5つ有する。写真にあるのは無性生殖世代（ユードキシッド）であるが、現時点ではユードキシッドの形態だけではどのハコクラゲ属の種かを判断することが困難である。一般的に保護葉は6面あり、上方面は長方形。保護葉体嚢は大きく、上方の腹側両方に細い管が保護葉の腹側上方の隅角へ走る。（Lindsay）

トウロウクラゲ　▶▶ p.166
Bassia bassensis (Quoy & Gaimard, 1834)
トウロウクラゲ属

上泳鐘は下泳鐘の1/3くらい。低い五角柱状、泳嚢はまったく横に倒れ下泳鐘に対して直角に位置している。体嚢は真球状。下泳鐘は上方がやや狭い四角柱、泳嚢口周縁に形成されている4歯状突起は多少その大きさを異にしている。泳嚢は大きく、中央の膨らんだ円筒形。幹室を抱く左右両翼は、上方2/3が癒着して完全な円い腔管をなしている。1つの群体に雄の生殖体をもつユードキシッドと、雌の生殖体をもつユードキシッドが同時に存在するが、各ユードキシッドのもつ生殖体は雄か雌のいずれかである。ユードキシッドの保護葉は、左右相称的な多角形体で、上下両半ともに楔形をなし、したがってその背側面は菱形を呈している。保護葉体嚢は簡単な紡錘形で、まっすぐに上方に向かう。上下両泳鐘を合わせて長さ9mm内外。ユードキシッドの保護葉は長さ3‒5mm、生殖体は長さ約3mmまで。傘の色は肉眼では無色透明だが、ストロボを使って撮影すると内面が緑色に反射する。

本種は、世界中の海の表層に広く分布するが、北極海および南極海からは報告例がない。（Lindsay）

シカクハコクラゲ（新称）　▶▶ p.164
Ceratocymba leuckartii (Huxley, 1859)
シカクハコクラゲ属（新称）

上泳鐘の長さは6mm程度。上泳鐘は7面あり、同属他種と異なって、上泳鐘の上面は尖らず、長い六角形を呈し、ほぼ平たい。背側面は長方形で、その両側の稜は下方に強い角錐形突起に終わる。左右の横側面は上方大部分においては長方形であるが、体嚢側の下縁に泳嚢口よりやや上側の高さの位置に弱い突起があり、隅角をなすため、全形は五角形である。下方にそれぞれの稜が強い角錐形突起に終わり、下縁は凹み形に弧を描く。腹側面は、上方大部分においては長方形であるが、泳嚢口に向かって少しずつ両側が離れていき、長さ6割程度の途中からその両側稜が再び近づき、下端において左右相合し、弱い突起となる。泳嚢、体嚢、幹室は上下に細長い。体嚢に指状盲嚢がなく、単純な長楕円形。泳嚢は、細い円筒状で、泳嚢両側面の水管が蛇行せず、直進する。幹室も細い円筒状で深く、その開口部は多少喇叭状に広がり、かつ少し腹側に向かって曲がる。ユードキシッドは、保護葉が鮫の歯形で、中央上背側稜があり、左側側稜は上背側稜にはっきり連合し、また下縁にも走り届くことで、同属の他の種類と区別できる。保護葉体嚢は、上方の腹側両側方に細い管が保護葉の腹側上方の隅角へ走り、保護葉体嚢の下方端より指状の盲嚢が背側面へ走る。傘の色は肉眼では無色透明だが、ストロボを使って撮影すると内面が緑色に反射する。

本種は、世界中の海の表層に分布するが、北極海、南極海、地中海および紅海からは報告例がない。（Lindsay）

ヤジルシシカクハコクラゲ（新称）　▶▶ p.164
Ceratocymba sagittata
Quoy & Gaimard, 1827
シカクハコクラゲ属（新称）

上泳鐘の長さは40mm程度で、上方が鋭く尖る。泳嚢は、細い円筒状で、泳鐘上方先端近くまで伸長しながら、少しずつ細くなる。泳嚢両側面の水管が蛇行せず、直進する。幹室も深いが、長さは泳鐘の1/3で泳嚢の長さの半分程度。体嚢は、単純な長楕円形。下泳鐘は、長さ50mm程度までで、上方が尖り、泳嚢口周縁にある鮫の歯形突起の1つが非常に大きい。下泳鐘の左側面に鋸状の歯が6‒7個並ぶ。保護葉は、上方面が凹形の三角形。保護葉体嚢は長楕円形に、上方の腹側両側方に細い管が保護葉の腹側上方の隅角へ走る。種小名の *sagittata* はラテン語で矢印を意味する。（Lindsay）

カワリハコクラゲモドキ（新称）　▶▶ p.164
Enneagonum hyalinum Quoy & Gaimard, 1827
カワリハコクラゲモドキ属（新称）

ハコクラゲ科では唯一、下泳鐘を有しない。上泳鐘は、幼生泳鐘でもあるが、ピラミッド形で、横幅は15mm程度まで。上泳鐘の背側面は、縦の稜

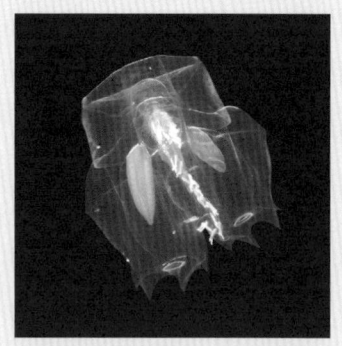

ハコクラゲ属の1種

トウロウクラゲ

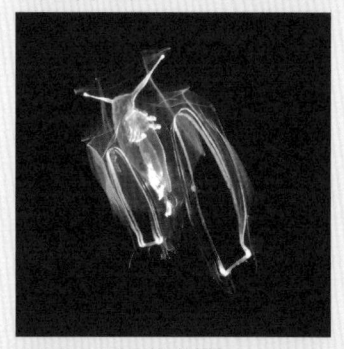

シカクハコクラゲ（新称）

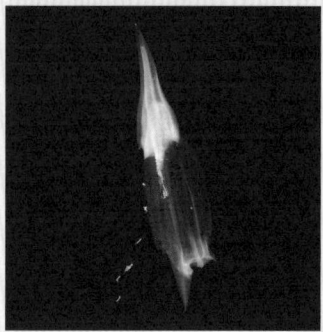

ヤジルシシカクハコクラゲ（新称）

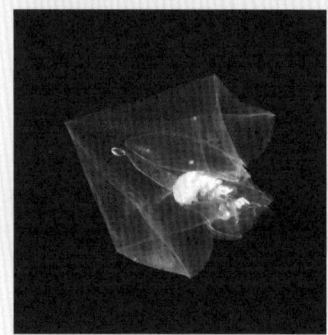

カワリハコクラゲモドキ（新称）

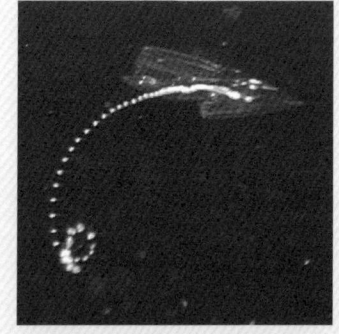

によって2面を呈するが、他のハコクラゲ科では背側面にはそのような稜は見られない。上泳鐘は、上方（頂上）から見たとき、背側2面、両側2面の計4面のみが観察できる。体嚢は、にんじん形で、泳嚢より上方に伸長する。泳嚢両側面の水管が蛇行し、いったん上方へ走ってから急に曲がり、開口部へ直進するが、曲がる箇所に上方へ短く伸長する盲状管を有する。1つの群体に雄の生殖体をもつユードキシッドと、雌の生殖体をもつユードキシッドが同時に存在するが、各ユードキシッドのもつ生殖体は雄か雌のいずれかである。ユードキシッドの保護葉は高さ4mm程度で、立方体を呈する。上面、背側面、腹側面、両側面のどれもわずかに凹み、下面は存在せず、そこに大きな幹室が形成される。保護葉体嚢は、上方へ伸長する指状盲嚢と、その両側から派出される玉状盲嚢からなる。生殖体は、尖った頂端部が全長の1/3を占める。

Enneagonum searsae Alvariño, 1968は本種のシノニムである。本種は肉眼では無色透明だが、ストロボを使って撮影すると内面が緑色に反射する。世界中の海の表層に分布するが、北極海、南極海、紅海からは報告例がない。（Lindsay）

フタツタイノウクラゲ科 Clausophyidae

| オネワカレクラゲ　▶▶p.167
Chuniphyes moserae Totton, 1954
オネワカレクラゲ属

　上泳鐘は、先端が鋭く尖り、長さは30mm程度まで。上泳鐘の頂上には4稜があるが、それぞれが二股に分かれ、途中から8稜となり、これらは泳鐘下端にいたる。上方（背側）の稜は、泳鐘全長の4/5の高さで二股に分かれ、下方（腹側）の稜は、泳鐘全長の7/10の高さで二股に分かれる。また、両側の稜は、泳鐘全長の約19/20の高さで二股に分かれる。上泳鐘の下端には大型突起を有しない。上泳鐘の幹室および泳嚢は深く、幹室は泳鐘全長の7/10程度、泳嚢は泳鐘全長の3/5程度。上泳鐘の体嚢上端は、泳鐘頂端近くに達し、基部末端のやや上方ではいったん膨張し、幹室の上端の高さの位置で再び細くなるが、左右には大きく膨出しない。下泳鐘は、上泳鐘よりも大きいが、同じように頂上には4稜があるが、それぞれが二股に分かれ、途中から8稜となる。オネワカレクラゲの下泳鐘の場合には、その両側の稜は下泳鐘体嚢がゼラチン質中に入る位置とほぼ同じ位置にて二股に分かれる。また、幹室内に上泳鐘を抱える板状突起を有するが、その右側突起が生じる位置は、下泳鐘の泳嚢口からの長さの13/20、左側突起は9/20の位置より生じる。本種のユードキシッドはまだ記載されていない。フタツタイノウクラゲ科のオネワカレクラゲ属、フタツタイノウクラゲ属とも、幼期最初に生ずる1泳鐘は、脱落せずに永存し、下泳鐘は他の鐘泳亜目でいう上泳鐘にあたると考えられており、そのために泳鐘は上下とも体嚢を有するとされる。オネワカレクラゲは、世界中の海の中・深層に広く分布するが、北極海、地中海、紅海からは報告例がない。（Lindsay）

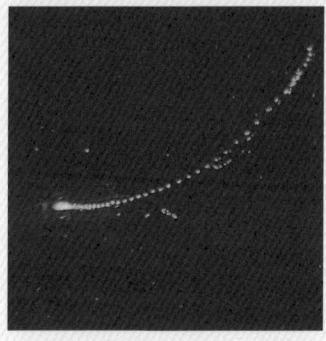

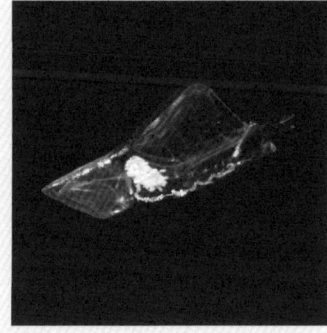

| ジュウジタイノウクラゲ　▶▶p.167
Chuniphyes multidentata Lens & Van Riemsdijk, 1908
オネワカレクラゲ属

　上泳鐘は、先端が鋭く尖り、長さは36mm程度まで。上泳鐘の頂上には4稜があるが、それぞれが二股に分かれ、途中から8稜となり、これらは泳鐘下端にいたる。上方（背側）の稜は、泳鐘全長の7/10の高さで二股に分かれ、下方（腹側）の稜は、泳鐘全長の3/5の高さで二股に分かれる。また、両側の稜は、泳鐘全長の約4/5の高さで二股に分かれる。上泳鐘の側面下端には1対の大型突起を有する。上泳鐘の幹室および泳嚢は深く、ともに泳鐘全長の3/5程度。上泳鐘の体嚢上端は、泳鐘頂端近くに達し、基部末端のやや上方では左右に大きく膨出するため、全体として十字形を呈する。下泳鐘は、上泳鐘よりも大きく、同じように頂上には4稜があるが、それぞれが二股に分かれ、途中から8稜となる。ジュウジタイノウクラゲの下泳鐘の場合には、その両側の稜は下泳鐘体嚢がゼラチン質中に入る位置より、はるかに下方の位置にて二股に分かれる。また、幹室内に上泳鐘を抱える板状突起を有するが、その右側突起が生じる位置は、下泳鐘の泳嚢口からの長さの1/2、左側突起は2/5の位置より生じる。ユードキシッドの保護葉は、長さが3mm程度で、全体的に薄い。保護葉体嚢は、ブーメラン形に近い三角形で、栄養部の幹に付着する点よりさらに2本の保護葉管を派出し、それらが両側に縦長く伸長する。生殖体は、長さ9mm程度まで。生殖体の頂上より5稜が二股に分かれることなく、生殖体下端にいたる。1つの群体に雄の生殖体も雌の生殖体も同時に存在する。本種は、オネワカレクラゲより高緯度に分布する傾向がありそうだが、世界中の海の中・深層に広く分布する。ただし、北極海、地中海、紅海からは報告例がない。（Lindsay）

| カブトフタツタイノウクラゲ（新称）　▶▶p.167
Clausophyes galeata Lens & van Riemsaijk, 1908
フタツタイノウクラゲ属

　上泳鐘は先端が尖り、長さは21mmまでだが、通常は16mm程度まで。泳鐘下端に走行する稜を有しない。上泳鐘の泳嚢は泳鐘全長の3/4程度。泳嚢の開口部を囲む歯状突起を有しない。幹室は泳嚢口の下方（腹）端より泳鐘全長の1/2–2/3程度の高さの位置まで腹側に開口する。上泳鐘の体嚢末端は泳鐘頂端近くに達し、末端が不規則的に膨出する。柄管は幹室中央にある顕著なゼラチン質瘤より、泳嚢全長の1/4–1/3の高さで、泳嚢両側面を走る放射管に連絡する。それらの放射管は上下両水管との合流点から発して、泳嚢頂端へ走行した後、泳嚢口へ向かうが、達するやや手前に再び頂端側へ蛇行した後に環状管に達する。下泳鐘は長さは40mmまでだが、通常は30mm程度まで。泳鐘の開口部へ走行する稜を有しない。下

オネワカレクラゲ

ジュウジタイノウクラゲ

カブトフタツタイノウクラゲ（新称）

317

泳鐘の泳嚢は泳鐘全長の3/4程度。下泳鐘の開口部を囲む歯状突起を有しないが、幹室の背側には分岐しない板状の張り出しは有する。また、幹室は泳鐘の下側（腹側）の全長にかけて開口する。幹室内に栄養部の幹が付着するゼラチン質の瘤状突起より、やや泳嚢口側に指状突起を有する。下泳鐘の体嚢は、かなり複雑な形状を呈する。ユードキシッドの保護葉は、本属他種と同様に存在しない。フタツタイノウクラゲ属には現在4種が含まれるが、そのうちの1種ナンキョクフタツタイノウクラゲ（新称）*C. laetmata* Pugh & Pagès, 1993は、幼期最初に生ずる1泳鐘は脱落し、上泳鐘は他の同属他種でいう下泳鐘にあたることが推定されている。

カブトフタツタイノウクラゲは世界中の海の中・深層に広く分布するが、北極海、日本海、地中海、紅海、スールー海からは報告例がない。(Lindsay)

フタツクラゲ科 Diphyidae

フタツクラゲ　▶▶*p.168*
Chelophyes appendiculata (Eschscholtz, 1829)
フタツクラゲ属（改称）

上泳鐘の長さは12mm程度まで。上泳鐘は、5つの稜をもつ長円錐形であるが、頂上には稜が3つしか到達しない。腹面の稜が2つ頂上に届き、上泳鐘の上方部において右側横稜（sensu Bigelow）がねじれて背側に位置する。左側横稜は頂上に到達しない。また、背側稜は上泳鐘の下方部にのみ存在する。泳嚢の開口部を囲む歯状突起を有しない。幹室は、泳嚢の開口部より上方にまで伸長するが、カギヅメ状を呈し、腹面へ曲がる。体嚢は紡錘形で長く、泳嚢の長さの2/3〜3/4程度。幹室の背側は分岐し、2つの四角形の羽状となり、合わさった下方縁が凹み、弧を描く。下泳鐘は稜を4つ有し、頂点は尖る。幹室の背側には2つの頑丈な不均等な歯状突起があり、左の歯状突起が右より長い。ユードキシッドは、保護葉が円錐形で、下縁は丸みを帯び、保護葉腔は深い。保護葉体嚢は紡錘形で、保護葉の頂点近くまで到達する。生殖体も稜を4つ有する。

1つの群体に雄の生殖巣をもつユードキシッドと、雌の生殖巣をもつユードキシッドが同時に存在するが、各ユードキシッドのもつ生殖巣は雄か雌のいずれかである。本種にクラゲノミ類のタンソクタルマワシ、ホソアシウミノミ、フタヅメウミノミ、ホオカムリウミノミが付着すると報告されている。サルガッソ海では、本種は夜間に介形類をかなり捕食すると報告されている。フタツクラゲは、世界中の海の表層に分布するが、北極海、南極海、紅海からは報告例がない。(Lindsay)

トガリフタツクラゲ　▶▶*p.168*
Diphyes bojani (Eschscholtz, 1829)
フタツクラゲモドキ属（改称）

上泳鐘は細長い五角錐形、5稜はいずれも明瞭で著しく、泳鐘頂端部は鋭く尖る。泳鐘の上端は引き伸ばされたように細くなっている。幹室は四角錐形、上泳鐘全長の約1/3とやや深くて、かなり広い。体嚢は円筒形、やや弧状に曲がり、幹室の頂端に連なる。泳嚢の開口部を囲む歯状突起は3つとも同じ長さか、背側突起がやや短い。幹室の背側は分岐しない。下泳鐘は上泳鐘よりもやや細く、その泳嚢は上泳鐘に比べて非常に小さい。下泳鐘の泳嚢の開口部を囲む歯状突起は鋸状を呈する。幹群は長く伸びた幹上に非常に多くのものが懸垂しているのが一般である。ユードキシッドの保護葉は、他のフタツクラゲモドキと異なり、楯状で生殖巣を含まない特別泳鐘の腹側に密着する。本種の生殖巣は、同属のタマゴフタツクラゲモドキおよびフタツクラゲモドキと異なり、小型のクラゲ型生殖体の内側に付着する。ちなみに、同属のナンキョクフタツクラゲモドキ（新称）*D. antarctica* Moser, 1925は特別泳鐘を欠き、クラゲ型の生殖体のみを有する。上泳鐘の大なるものは長さ15mmを超え、大型種である。地中海を含む世界中の海に分布するが、極域からは報告例がない。泳鐘の色は肉眼では無色透明だが、ストロボを使って撮影すると内面が緑色に反射する。(Lindsay)

タマゴフタツクラゲモドキ　▶▶*p.169*
Diphyes chamissonis Huxley, 1859
フタツクラゲモドキ属（改称）

上泳鐘は、長さ10mm程度までで、強く中央部で膨れた卵円形、表面に5稜あり。泳嚢は、紡錘形で大きい。幹室は、上泳鐘全長の約半分と深くて非常に広く、したがって体嚢は小さく、上泳鐘全長の1/6に過ぎない。泳嚢の開口部を囲む歯状突起は3つとも同じ長さ。幹室の背側は分岐しない。下泳鐘は発生しない。幹群は比較的に大型、保護葉、栄養体、触手および生殖巣の外に四角柱形の大きな特別泳鐘を備えている。ユードキシッドの保護葉は、頂端が尖って桃実状を呈し、紡錘形の体嚢をもっている。ユードキシッドの保護葉の長さ約5mm。本種の生殖巣は、クラゲ型の生殖体の内側に付着するのではなく、生殖体を欠くために、裸で特別泳鐘の外側に存在する。泳鐘の色は肉眼では無色透明だが、ストロボを使って撮影すると内面が緑色に反射する。

本種は太平洋およびインド洋を中心に表層に分布する沿岸種とされている。北極海、南極海、地中海からは報告例がなく、大西洋における報告は南アフリカの南西海岸のみで、西方へ流れるアグラハス海流によってたまたま運搬されたとみる。(Lindsay)

フタツクラゲモドキ　▶▶*p.169*
Diphyes dispar Chamisso & Eysenhardt, 1821
フタツクラゲモドキ属（改称）

上泳鐘は、トガリフタツクラゲに酷似するが、

フタツクラゲ

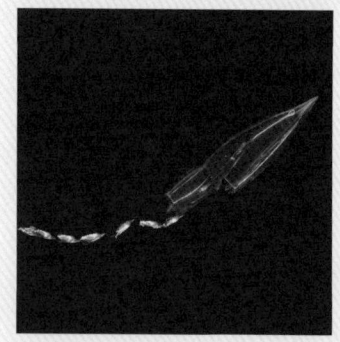

トガリフタツクラゲ

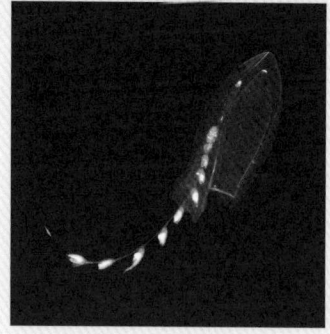

タマゴフタツクラゲモドキ

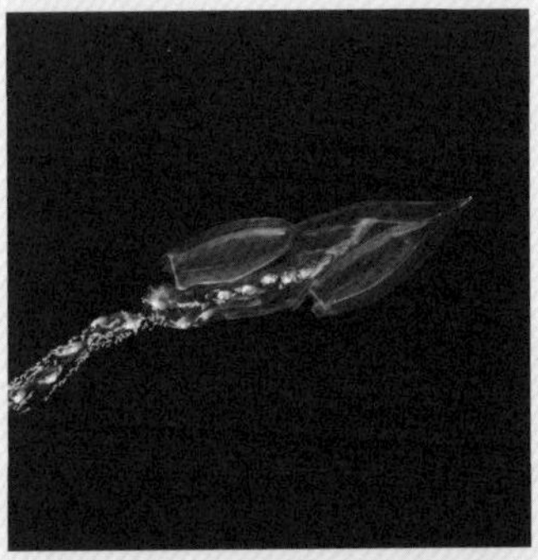

泳鐘頂端部の細まった部分はさらに著しく細管状を呈し、幹室もトガリフタツクラゲよりはやや広い。泳嚢の開口部を囲む3つの歯状突起は、背側にある突起が両側にある突起より著しく長い。幹室の背側は分岐しない。下泳鐘は上泳鐘とほとんど等長、やや細く、トガリフタツクラゲと形態を異にする。すなわち下半部は一般の五角柱状を呈しているが、幹室内に収まる上半部は5稜の外に各側にさらに1稜を加えて七角錐状を呈する。下泳鐘の泳嚢の開口部を囲む歯状突起は鋸状を呈しない。上下泳鐘を合わせて長さ13－17mm程度。幹ははなはだ長く、多数の幹群を有す。1つの群体に雄の生殖巣をもつユードキシッドと、雌の生殖巣をもつユードキシッドが同時に存在するが、各ユードキシッドのもつ生殖巣は雄か雌のいずれかである。ユードキシッドの保護葉は後方にて下方に伸びたヘルメット形、その腹側には切り取ったように扁平な細長い部分がある。その体嚢は円筒状で先端が細くなって、直立している。保護葉の下に狭い保護葉腔をはさんで大きな特別泳鐘が密接している。本種の生殖巣は、クラゲ型の生殖体の内側に付着するのではなく、生殖体を欠くために、裸で特別泳鐘の外側に存在する。ユードキシッドは特別泳鐘と合わせて開長6.5－11mm程度。泳鐘の色は肉眼では無色透明だが、ストロボを使って撮影すると内面が緑色に反射する。本種にクラゲノミ類のスベスベボウズ、ホソアシウミノミ、マルオタテウミノミの仲間、イセエビのフィロソーマ幼生などが付着すると報告されている。サルガッソ海では、本種は夜間におもに介形類を捕食するとの報告がある。フタツクラゲモドキは、世界中の海の表層に分布するが、北極海および南極海からは報告例がない。(Lindsay)

ヒトツクラゲ ▶▶p.171
Muggiaea atlantica Cunningham, 1892
ヒトツクラゲ属

上泳鐘は、長さ7mm程度までで、中央が膨らんだ五角錐形、5稜はいずれも完全で、分岐せずに下縁まで達する。泳嚢は大きく、泳嚢の開口部を囲む歯状突起を有しない。幹室は、上泳鐘全長の1/3程度で、釣鐘状、長さの半分程度が泳嚢口を上に超える。幹室の背側は分岐する。体嚢は円筒状で、泳嚢壁のすぐ近くを走り、その頂点は泳嚢の頂点とほぼ同一。体嚢の頂点には油滴が貯蔵される。下泳鐘は発生しない。

ユードキシッドの保護葉は、コーン状で小さく、保護葉腔は浅い。保護葉の下方にある尾状突出部は非対称的で、その体嚢は棍棒状。1つの群体に雄の生殖巣をもつユードキシッドと、雌の生殖巣をもつユードキシッドが同時に存在するが、各ユードキシッドのもつ生殖巣は雄か雌のいずれかである。泳鐘の色は肉眼では無色透明だが、ストロボを使って撮影すると内面が緑色に反射する。サムクラゲ、オワンクラゲの仲間に捕食されるとの報告がある。他の生物が本種に付着するという報告は、今のところない。本種は、世界中の海の表層に分布し、沿岸種とされている。北極海および南極海からは報告例がない。(Lindsay)

トゲナラビクラゲ（新称） ▶▶p.170
Sulculeolaria quadrivalvis Blainville, 1834
ナラビクラゲ属（改称）

本属は、2個のほとんど同大円滑の泳鐘が引き続き連なって体を構成していることが多いが、片方の泳鐘が3回まで取れてしまっても再生する。再生された泳鐘は、最初に発生する泳鐘と形態を異にすることが多い。トゲナラビクラゲの泳鐘は上下とも稜を有せず、円滑である。また、どの上泳鐘も泳嚢は大きく、多少曲がった形態をなし、泳鐘頂点近くにまで達する。体嚢は、泳嚢壁と泳鐘腹側面（下面）の中間的な位置を、泳嚢壁とほぼ平行に走行し、泳鐘下面に達する手前で泳鐘頂点方向に曲がり、まもなく棍棒状に終わる。最初に発生する上泳鐘は、泳嚢の開口部を背側には2つ、横側には1つずつと、計4つの歯状突起が囲む。再生した第2上泳鐘には、横側突起が多少退化し、第3上泳鐘として再生した上泳鐘はこれらの横側突起を有せず、背側突起の2つは有するものの、かなり退化した形で残っている。幹室は極端に浅く、事実上存在しない。通常幹室の背側にあたる板状の張り出しは分岐する。幹室の代わりに、ゼラチン質の山形突出部を有し、体嚢の基部はこれに連なる。柄管は、体嚢の基部で上下に分かれ、ゼラチン質中に入らずして表面直下を走るが、上方（背側）に走る管は、泳嚢を走る3つの放射管と泳嚢口を囲む環管との分岐点に連なる。下方（腹側）放射管は有しない。上方放射管と横側管との間に、体嚢の末端の高さにおいて、1本の連絡管 (commissural canal) がある。

下泳鐘はその上面をもって、上泳鐘の幹室に相当する位置に密着している。第1下泳鐘の泳嚢には環状緊縮帯が2つほど、不完全に発達しており、第2下泳鐘となると環状緊縮帯がなくなり、普通の形状となる。下泳鐘の泳嚢の開口部を囲む計4つの歯状突起が、再生した第2下泳鐘には横側突起が多少退化し、第3下泳鐘となると欠くか、かなり退化した形で残っている。下泳鐘の通常幹室の背側にあたる板状の張り出しは大きく分岐する。幹群は脱離することなく幹上で成熟し、生殖巣を有する特別泳鐘（生殖体）のみを脱離させる。

1つの群体に雄の生殖体も雌の生殖体も同時に存在する。上泳鐘は長さ25mm、下泳鐘は長さ33mm程度まで。本種は、世界中の海の表層に分布するが、北極海および南極海からは報告例がない。ナラビクラゲには日本では古くから *Galeolaria truncata* (Sars, 1846) という学名がついているが、それは *Sulculeolaria turgida* (Gegenbaur, 1853) の第2上泳鐘と下泳鐘か、*S. biloba* (Sars, 1846) の泳鐘であると思われる。*Galeolaria truncata* という学名は、現在ではゴリョウナガタイノウコフタツクラゲ（新称）*Lensia conoidea* (Keferstein and Ehlers, 1860) として知られている種類に相当する。(Lindsay)

フタツクラゲモドキ

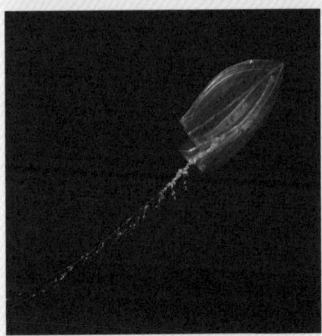

ヒトツクラゲ

トゲナラビクラゲ（新称）

バテイクラゲ科 Hippopodiidae

バテイクラゲ　▶▶p.172
Hippopodius hippopus (Forskål, 1776)
バテイクラゲ属

　群体は、泳鐘が16個までで、2列に並び、尖端の円い紡錘体を少しく側扁したような円筒形をなしている。最大泳鐘は長さ10mm、幅8mm程度。泳鐘は、上のものを下のものが抱いているように配列され、各泳鐘は前面より見れば蹄鉄形、側面より見れば楔形を呈する。泳鐘の上方に4個の鈍い突起があり、泳嚢は浅く皿状、その4放射管中の腹側管には軍扇形の膨大部がある。泳嚢表面を走行する放射管のうち、下放射管の途中には色素点（rete mirabile）を有するが、泳鐘が大きくなるにつれ、退化する。幼期最初に生ずる1泳鐘は球形で放射管を2本のみ有するが、その泳鐘は脱落して永存しない。幹は細長く、各泳鐘の柄弁の間を螺旋状に潜りながら体の中央を下降して下方に現れる。幹群は栄養体、触手および雌か雄かの生殖巣よりなり、保護葉、感触体、生殖体、特別泳鐘を欠く。幹群は、脱離することなく成熟する。1つの群体に雄の生殖巣も雌の生殖巣も同時に存在する。介形類を専門に捕食するとされている。発光性。驚かせると、ゼラチン質が一時的に白色となる。本種にクラゲノミ類のオオトゲアシノコギリが付着すると報告されている。本種は、世界中の海の表層および中層に分布するが、北極海、南極海、紅海からは報告例がない。(Lindsay)

マツノミクラゲ　▶▶p.172
Vogtia serrata (Moser, 1925)
マツノミクラゲ属

　群体全体の形が松毬に似ることに和名が由来する。気胞体をもたず、泳鐘が2列に並び、幹には栄養体、触手および雌雄生殖巣はあるが、保護葉、感触体、生殖体、特別泳鐘を欠く。本属の仲間は、バテイクラゲと同属にするべきであると考える研究者もいる。マツノミクラゲ属の仲間が、バテイクラゲと異なる点として、幼期最初に生ずる球形の1泳鐘には、放射管が2本ではなく、4本あることが挙げられる。また、驚かせても、ゼラチン質が一時的に白色となることは報告されていない、泳鐘が五角形の、の3点のみかもしれない。後者の2つは種間レベルでの相違とも考えられるが、前者は属レベルにおける相違と考え、ここでは別属として扱うこととする。マツノミクラゲ属の仲間は、バテイクラゲと同じく、幼期最初に生ずる球形の1泳鐘は脱落して永存せず、幹群も脱離することなく成熟する。泳鐘に複数の突起を有する種類も存在する。本属は、現在5種類を含む。Alvariñoは1967年に*V. kuruae*を記載しているが、現在では*V. serrata* (Moser, 1925)のシノニムとされている。本種の泳鐘は大まか三角形をなし、泳嚢側表面はなめらかで突起などがない。マツノミクラゲ属の仲間は、バテイクラゲと同じく、介形類をおもに捕食するという報告がある。発光性。南極海を含む世界中の海に出現するが、北極海、日本海、スールー海からはまだ出現報告がない。(Lindsay)

アイオイクラゲ科 Prayidae

コアイオイクラゲ（改称）　▶▶p.173
Desmophyes annectens Haeckel, 1888
タマアイオイクラゲ属

　2つある無色透明な同形のやわらかい泳鐘は、お互いに相対し、その中間から多数の幹群を担っている幹が垂下する。両泳鐘の柄管は、体嚢となる部分はいったん頂端部へ幹室内の泳鐘表面直下を走行してから、ゼラチン質中に入り、卵形の膨大部が分岐せずにゼラチン質中に終わる。幹室内の泳鐘表面直下を、泳鐘の口側へ走行する柄管は、ゼラチン質中に入り、泳嚢上にある4つの放射管へ連なるが、ゼラチン質中に入るところに泳鐘表面直下を口側へ走行し続ける枝管を分岐しない。4放射管は等長で屈曲することなく直走して環管にいたり、その合着点には暗紅色の色素点を備えている。保護葉に関しては、ゼラチン質中に計6本の管を有する。1個の卵形の「保護葉体嚢」があり、その上方から保護葉の上面に達する極細の管が伸長する。「保護葉体嚢」の下方より3技に分岐した小管が走行し、左右にある管は再び2つの管に分岐する。幹に生殖巣を含まない特別泳鐘を備えると古くからされていたが、最近では生殖巣を含む泳鐘（生殖体）のみが見つかり、生殖巣を含まない特別泳鐘がないとされている。大泳鐘は長さ25mm、幅18mm、保護葉の最大なものは長さ5mmを超える。

　川村多實二は正しく、現在では*Desmophyes annectens* Haeckel, 1888として知られている種類を*Rosacea plicata* Quoy & Gaimard, 1827として報告している (Kawamura, 1915)。しかし、多くの研究者はBigelowが1911年に報告した別の種類を*R. plicata*として扱ってきているため、現在では分類を安定させるべく、*R. plicata*という学名はBigelow, 1911の種類を指し、コアイオイクラゲは*D. annectens*となっている (Mapstone & Pugh, 2004; Lindsay, 2005)。筆者は2006年には*D. annectens*の和名としてタマアイオイクラゲを提案したが、コアイオイクラゲとするのが正しいと思われ、「タマアイオイクラゲ」という和名を取り下げることとする。(Lindsay)

アカタマアイオイクラゲ　▶▶p.173
Desmophyes haematogaster Pugh, 1992
タマアイオイクラゲ属

　2つの無色透明で同形の薄い泳鐘が互いに相対し、その間から多数の幹群を担う幹が垂下する。両泳鐘の柄管は、体嚢となる部分はいったん頂端部へ幹室内の泳鐘表面直下を走行してから、ゼラチン質中に入り、分岐も膨らみもせずにすぐにゼラチン質中に終わる。幹室内の泳鐘表面直下を、泳鐘の口側へ走行する柄管は、ゼラチン質中に入

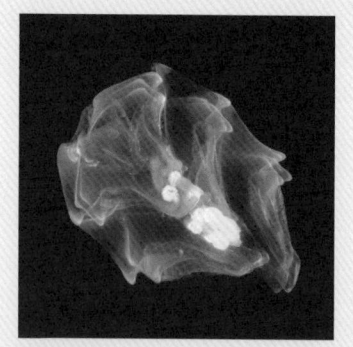

バテイクラゲ

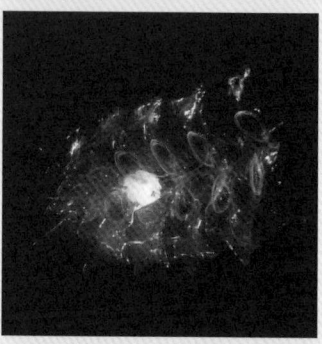

マツノミクラゲ

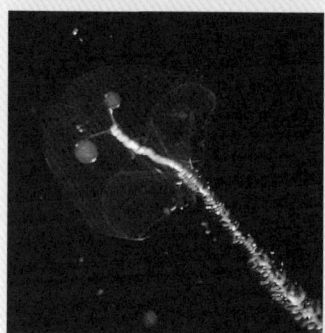

コアイオイクラゲ（改称）

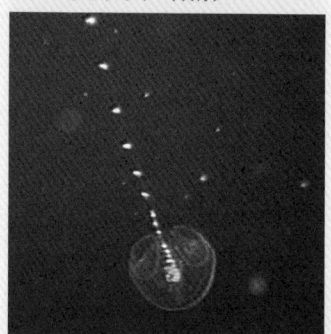

アカタマアイオイクラゲ

り、泳嚢の頂点よりも幹室側で泳嚢上にある4つの放射管へ連なるが、ゼラチン質中に入るところに泳鐘表面直下を口側へ走行し続ける枝管を分岐しない。4放射管は等長で屈曲することなく直走して環管にいたり、その合着点には色素点を備えない。泳嚢は泳鐘の約2/5の高さを占め、幹室は泳鐘のほぼ頂点まで伸長する。

保護葉に関しては、ゼラチン質中に計6本の管を有する。保護葉の上面に達する極細の管は、前方へ走行する小管より分岐する左右の小管の右側小管に連絡する。生殖体泳嚢を走る4つの、まっすぐ走行する放射管へ連絡する水管は、生殖体頂端で二叉に分岐する。また、生殖体の頂点の片側に近い位置に、2つの小さな翼状フラップがある。幹に生殖巣を含まない特別泳鐘はない。和名または種小名の haematogaster は胃にあたる栄養個虫（gaster）が血液（Haemato）のような赤色であることに由来する。これまで、大西洋のバハマ海域と三陸沖の日本海溝より知られるのみ。(Lindsay)

タマアイオイクラゲ属の1種　▶▶p.173
Desmophyes sp.

両泳鐘が無色透明で、泳嚢は小さく、栄養部は色を除けばアカタマアイオイクラゲに似る本種は、タマアイオイクラゲ属の1種と思われる。コアイオイクラゲは卵形の膨大部を有する体嚢をもつが、本種にはそれが確認できないところ、栄養部の幹群が互いに大きく離れているところなどもコアイオイクラゲと異なり、栄養体が赤くないところはアカタマアイオイクラゲと異なる。本属3種目の Desmophyes villafrancae (Carré, 1969) の可能性があるが、標本が採集されるまでは詳細が不明である。(Lindsay)

フタマタアイオイクラゲ　▶▶p.174
Lilyopsis medusa (Metschnikoff, 1870)
フタマタアイオイクラゲ属

泳鐘は無色透明でやわらかく、長さは2cmほど。2つとも同形で、互いに相対し、その中間から多数の幹群を担う幹が垂下する。両泳鐘の柄管は、体嚢となる部分はいったん頂端部へ幹室内の泳鐘表面直下を走行せずに、直接ゼラチン質中に入り、しばらく伸長した後、二叉に分岐し、両枝管が卵形の膨大部をなし、ゼラチン質中に終わる。ただし、幼期最初に生ずる1泳鐘の体嚢は、二叉に分かれず、卵形の膨大部が分岐せずにゼラチン質中に終わる。したがって、フタマタアイオイクラゲは群体の成長段階によっては、両泳鐘の体嚢が二叉状である成熟した群体、そして片方の泳鐘は体嚢が二叉状で、もう片方の泳鐘は体嚢が分岐せずに二叉状を呈しない未熟の群体の両方に出会うことができる。幹室内の泳鐘表面直下を、泳鐘の口側へ走行する柄管はなく、柄管は幹より直接ゼラチン質中に入り、泳嚢を走る上下側放射管に連絡する。上方放射管は、まっすぐ走行するが、泳嚢頂端において泳嚢両側を走る放射管を分出してから、環管にいたるまで走行し続ける。その両側放射管は、幼期最初に生ずる1泳鐘では蛇行せずにまっすぐ走行して、環管にいたるが、体嚢が二叉に分岐する泳鐘においては、これらの両側放射管はS字形に屈曲して環管にいたる。いくつかの放射管上には赤い色素点を有するが、海域によってその位置が異なるようである。どこの海域においても、幼期最初に生ずる1泳鐘では、両側放射管および上方放射管と環管が連絡するやや上の位置に色素点があり、下方放射管と環管が連絡するやや上の位置に色素点がない。しかし、体嚢が二叉に分岐する泳鐘においては、海域によって異なるようである。Carré (1969) は地中海で採集されている個体では、上方放射管と環管が連絡するやや上の位置に色素点があるが、両側放射管にはないとはっきり述べている。筆者がカリブ海で採集している個体では、上方放射管の色素点のほかには、4つの色素点を確認している。その個体は、両側放射管と環管が連絡するやや上の位置に1点ずつ赤い色素点を有していた。泳嚢を走る両側放射管は、泳嚢頂端より派出し、いったん泳嚢口側へ走行した後に、泳嚢口面と平行してしばらく走行し、再び泳嚢頂端へ向かい、最後には下方放射管に向かいつつ、緩やかに環管へ走行するが、その平行している部分の中間点にはもう1対の赤い色素点を有していた。

大瀬崎で撮影されている個体は、両側放射管に色素点を有しないようである。各幹群は、保護葉が1つ、栄養体が1つ、生殖巣を含まない特別泳鐘が1つ、そして小型のクラゲ型生殖体が3つ4つからなる。1つの群体に雄の生殖体と、雌の生殖体が同時に存在するが、各幹群のもつ生殖体は雄か雌のいずれかである。特別泳鐘は、退化した触手瘤と深紅の色素点が泳鐘口を囲む。また、特別泳鐘の放射管には1つ（カリブ海）、または2つ（地中海）の深紅の色素点を有する。保護葉は、ゼラチン質中に計6本の管を有し、保護葉上側水管（背面側水管）が保護葉縦水管の中間点より派出する。本属は現在では2種を含む。本種は、最近までは L. rosacea Chun, 1885 として知られていたが、Metschnikoff が1870年に記載した種類と同じであると考え、より古い学名を用いるべきである。

北大西洋、カリフォルニア沖、オーストラリア東沖、マレーシア東沖、地中海から報告されており、本報告における大瀬崎やカリブ海での出現も考慮すると、世界中の温暖海域に分布すると思われる。(Lindsay)

アイオイクラゲ　▶▶p.175
Rosacea cymbiformis (Delle Chiaje, 1841)
アイオイクラゲ属（改称）

2個の無色同形の泳鐘がその腹側をもって相対し、その中間から多数の幹群を担っている幹が垂下しているので、アイオイの名を得た。両泳鐘は大きさおよび形状をやや異にしている。すなわち、1鐘の腹側角は左右に翼状部をなして相対する泳鐘の腹側角部を抱き、後者はその部分で幹の基部を完全に包んでいる。大泳鐘は長さ53mm、小泳鐘は48mm

タマアイオイクラゲ属の1種

フタマタアイオイクラゲ

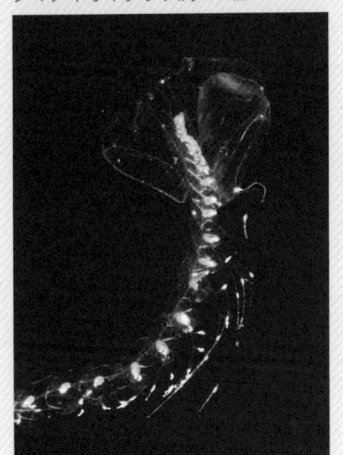

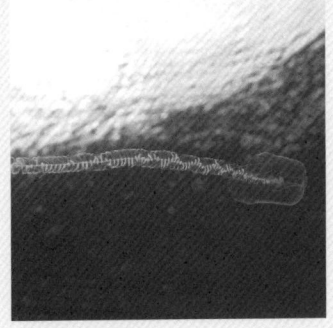

アイオイクラゲ

まで。泳鐘の幹室は深く、泳鐘下方末端にかけて開口しない。コアイオイクラゲ属の1つの特徴は、両泳鐘の柄管は、体嚢となる部分は頂端部へ幹室内の泳鐘表面直下を走行するが、ゼラチン質中に入らず、盲管に終わる。幹室内の泳鐘表面直下を、泳鐘の口側へ走行する柄管は、ゼラチン質中に入る柄管と、泳鐘表面直下を口側へ走行し続ける枝管に分岐する。本種の泳嚢上にある4つの放射管は3回屈曲して環管に連絡する。アイオイクラゲではニイコアイオイクラゲ *R. plicata* Bigelow, 1911と同様にその泳嚢上にある4つの放射管へ1点で連なる。

本属には、この2種以外には他4種類が記載されているが、アラビアアイオイクラゲ（新称）*R. arabiana* Pugh, 2002では、泳鐘が保護葉よりも小さく、両泳鐘の柄管は上下の放射管に連なり、下方放射管は環管に直接連なり、上方放射管より左右の放射管が別々の分岐点より環管に向かう特徴があり、すぐ区別できる。レパンダアイオイクラゲ（新称）*R. repanda* Pugh & Youngbluth, 1988では、泳嚢上にある両側の放射管は単純なS字形を呈せず、柄管に近い部分のS字の湾曲部分の端にはそれを横断する水管が連絡する。また、S字の最後の湾曲部分はさらに内側へ湾曲してから環管に繋がり、S字の中にS字があるような形態をなす。リンバタアイオイクラゲ（新称）*R. limbata* Pugh & Youngbluth, 1988の泳鐘は、頂端部の背側に耳上の大きなゼラチン質の張り出しがあること、泳嚢上にある両側の放射管は単純なS字形を呈しながら、環管に連絡する手前でいったん泳鐘の頂端部へ走行すること、そして両泳鐘とも相対する泳鐘の腹側角部を抱くか幹を抱く幹室の左右に位置する翼状部はフリル状をなすことで区別ができる。

ヤワラアイオイクラゲ（新称）*R. flaccida* Biggs, Pugh & Carré, 1978は、現在ではアイオイクラゲ属（改称）に含まれているが、他種では生殖体泳嚢を走る4つの放射管へ連絡する水管は、生殖体頂端で二叉に分岐するが、ヤワラアイオイクラゲでは分岐しないこと、保護葉は上下に扁平であり、保護葉水管の分岐・連絡構造が他種と大きく異なることなどで、将来的には別属にされる可能性がある。*R. villafrancae* Carré, 1969は、現在では*Desmophyes*属に配属されている。

ニイコアイオイクラゲは、泳鐘の幹室は泳鐘のほぼ全長にかけて浅く開口すること、泳嚢上にある両側の放射管はW字形を呈することなどで区別できる。栄養部の幹は生時長く伸びて、ときには3mを超える。各幹群には、長さ9mmまでの腎臓形の保護葉が1個ずつ存在し、幹を挟み込む腹側角部はマヨイアイオイクラゲ属のように完全に相対しない。もっとも酷似するニイコアイオイクラゲは、保護葉の後方幹室水管より保護葉上方水管が派出するが、本種の保護葉の上方水管は保護葉後方の縦水管より、保護葉の後方幹室の水管が分岐する手前で派出する。保護葉の下方に、基半部が鮮紅色の栄養体があり、その基部に黄色の刺胞叢を備えた側枝をもつ触手が付く。また、各幹群は左右非対称形のクラゲ型生殖体の雄か雌かを有する。幹の基端部にある幼幹群では、栄養体のみが見ら

れることもあり、この基端部に予備泳鐘が付いていることがある。幼期最初に生ずる1泳鐘はバテイクラゲ科のものに似る。クラゲノミ類のスベスベボウズやネコゼウミノミが付着すると報告されている。地中海を含む世界の温暖海域の上・中層に分布するが、極域からは報告がない。（Lindsay）

| ハナワクラゲ ▶▶*p.174*
Stephanophyes superba Chun, 1888
| ハナワクラゲ属

背側を外にして並ぶ4個の泳鐘に囲まれた中央から、多数の幹群を担っている長い幹が垂下する。各泳鐘は頭巾形、泳嚢は比較的に小さく、外下方に向かって開いている。その4放射管の中、各側管はS字状の屈曲を2度も行いすこぶる複雑である。幹室は上方に通り抜け、左右に翼状部をつくっている。各幹群には非常に大きな鞍状の保護葉があって、特別泳鐘、栄養体、触手および雌雄生殖巣を完全に包被している。これとは別に、幹の節間部には異形の栄養体と別種の触手が付着している。幹は伸縮することが少なく、各節の保護葉および生殖巣を含まない特別泳鐘は、それぞれ前後の節の保護葉、特別泳鐘と密に接着している。最大泳鐘の長さ8.5mm、幹は十数cmに達する。大型ではないが、紅、橙黄、黄の色斑をちりばめた複雑な構造は、まことに美麗である。傘の色は肉眼では無色透明だが、ストロボを使って撮影すると内面が緑色に反射する。本種にクラゲノミ類のマルオタテウミノミの仲間が付着すると報告されている。

本種は、報告例が少なく、今のところはまだ北太平洋と北大西洋からしか報告例がない。（Lindsay）

フウリンクラゲ科（新称）
Sphaeronectidae

| ヤワラフウリンクラゲ（新称） ▶▶*p.177*
Sphaeronectes fragilis Carré, 1968
| フウリンクラゲ属（新称）

幼期最初に生ずる1泳鐘は少し変形した球形をなし、その泳鐘は脱落せずに永存し、固有泳鐘は発生しない。泳鐘は高さが5mm、直径が5-6mm程度で、泳嚢は泳鐘をほぼ満たす。泳嚢上にある4つの放射管は、泳鐘頂端より泳嚢開口部にやや近い位置、すなわち幹室の上端の1か所から分岐する。両側放射管は上方放射管に対して45°の角度で分岐し、大きく屈曲しながら環管にいたる。泳嚢の柄管は、確認できないほど短い、もしくはない。体嚢は長い柄を有し、上端はくっきりした球状を呈し、全体的な長さは泳鐘の高さの3割程度。幹室は小さく、三角形をなし、その上端より体嚢の細い柄が泳鐘頂端方向へ伸長する。ユードキシッドは、まだ報告されていない。

本種は地中海、チリ沖、そして駿河湾でしか出現報告がまだない。駿河湾で見られるフウリンクラゲ属の中では、もっとも普通なのはフウリンクラゲで、本種はフウリンクラゲにくらべて圧倒的に個体数は少ない。大瀬崎では例年1～3月頃に

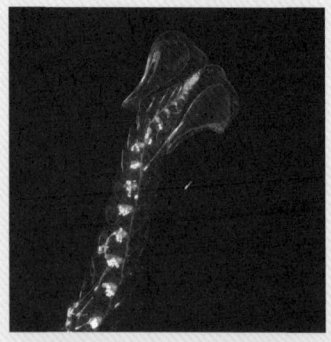

ハナワクラゲ

ヤワラフウリンクラゲ（新称）

表層付近で見られる。(Lindsay)

| フウリンクラゲ（新称） ▶▶ p.176
Sphaeronectes koellikeri Huxley, 1859
フウリンクラゲ属（新称）

　幼期最初に生ずる1泳鐘は球形で、その泳鐘は脱落せずに永存し、固有泳鐘は発生しない。泳鐘は高さが6mm程度で、泳嚢はその高さの半分弱程度。泳嚢上にある4つの放射管は、1か所から90°の角度で分岐し、屈曲することなく直走して環管にいたる。泳鐘の柄管は放射管の分岐点より前方へ伸長し、泳鐘のほぼ中心点で体嚢の基部へ連絡し、幹を発する。体嚢は柄を有せず、紡錘形をなし、泳嚢開口面とほぼ平行において、泳鐘上方面近くまで達する。幹室は円筒形で長く、泳鐘直径の7割程度。幹室は体嚢上末端と泳鐘の反対側に細く開口する。ユードキシッドの保護葉はヘルメット形で、保護葉の体嚢は、直立した円筒状を呈し、保護葉上面近くまで達する。保護葉の下に狭い保護葉腔をはさんで、栄養体が1つ、そして稜を有せずに放射管を4つ有する生殖体が密接している。保護葉は、生殖体より大きく、保護葉水管を有しない。1つの群体に雄の生殖体も雌の生殖体も同時に存在する。

　川村多實二は *Sphaeronectes* をタマクラゲ属、Sphaeronectidaeをタマクラゲ科として和名を提案しているが、花クラゲ目のCytaeididaeは現在ではタマクラゲ科、*Cytaeis* はタマクラゲ属として広く親しまれているため、*Sphaeronectes* に新たな属和名を付けるべきであろう。久保田(2011)、(2014)では、本種の和名にジェリーボールクラゲを提案しているが、和名としてよりふさわしいフウリンクラゲ（風鈴水母）属をここで提案したい。本種にクラゲノミ類のノコギリウミノミの仲間が付着すると報告されている。世界中の海のおもに表層に分布するが、極域における報告はない。(Lindsay)

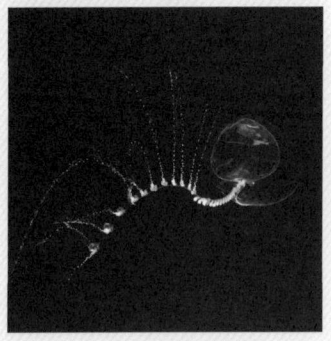

| パゲスフウリンクラゲ（新称） ▶▶ p.177
Sphaeronectes pagesi Lindsay, Grossmann & Minemizu, 2011
フウリンクラゲ属（新称）

　幼期最初に生ずる1泳鐘は半球形をなし、その泳鐘は脱落せずに永存し、固有泳鐘は発生しない。泳鐘は高さが2.1mm、直径が1.8mmで、泳嚢の高さは泳鐘の7割程度。泳嚢上にある4つの放射管は、泳嚢開口部により近い泳嚢の高さの6割の位置、すなわち幹室の上端の1か所から分岐する。両側放射管は上方放射管に対して30°の角度で分岐し、泳嚢の高さの約8割の位置まで伸長、屈曲しながら環管にいたる。泳鐘の柄管は確認できないほど短い、もしくはない。体嚢は柄を有せず、逆さの洋梨形をなし、長さは泳鐘の高さの14%程度で、泳嚢の高さを超えない。幹室は、泳鐘の高さの14%から50%まで開口、泳鐘直径の4割まで伸長し、その上端より体嚢が泳鐘頂端方向へ伸長する。ユードキシッドは遊離する前の段階の情報しかないが、保護葉は縁の付いた帽子形で、保護葉体嚢は逆さの洋梨形をなし、直立し、保護葉の直径の2割ほどとかなり太い。保護葉は生殖体の約半分の高さ。フウリンクラゲ科の泳鐘はフタマタアイオイクラゲの幼期最初に生ずる1泳鐘にきわめて似るが、後者の放射管は1か所から分岐しないことで区別できる。*S. bougisi* は、放射管分岐パターンが後者に似るため、分類学的な再検討が必要であり、フタマタアイオイクラゲ属の幼期泳鐘にあたるかもしれない。

　日本に1年間滞在したバルセロナ出身の管クラゲ分類学者フランチェスク・パゲスに名前が由来するパゲスフウリンクラゲは、現在では日本近海からの出現報告しかない。(Lindsay)

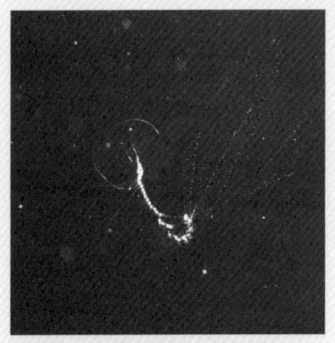

有櫛動物門 | **無触手綱 Atentaculata**

ウリクラゲ目 Beroida

ウリクラゲ科 Beroidae

| シンカイウリクラゲ ▶▶ p.179
Beroe abyssicola Mortensen, 1927
ウリクラゲ属

　体は瓜形を呈し、横断面も側面も楕円形で、両端は丸みを帯びる。体長は70mm程度まで。触手を欠く。8本の櫛板列は、ほぼ長さが等しく、体長の1/2 – 2/3程度。各櫛板の間隔は櫛板の横幅よりもかなり狭く、3割程度。各櫛板の長さはその個々の間隔の5倍程度。咽頭は非常に大きく、体の内部の大部分を占める。大繊毛歯は、口周辺の幅狭い範囲にしか分布しないように見受けられるが、実体顕微鏡による観察しか実施していないので、はっきりしたことはいえない。正輻管を有せずに、4本の間輻管が胃から直接生じる。各々の間輻管は2分岐し、子午管に反口端に接続する。子午管は、その全長にわたって多数の枝管を派出させるが、これらは互いに連絡しないことが多い。咽頭管は、その全長にわたって多数の枝管を派出させる。これらはまた複雑に枝分かれするが、沿触手面子午管枝管とは連絡しない。咽頭管枝管は大型の個体であればお互いに連絡することもあり、咽頭面子午管枝管とも連絡することもある。生殖巣は子午管自体には発生せず、反口側の子午管枝管の子午管寄りの先端が膨らんでおり、そこに卵が発生する。咽頭は鮮やかな赤色を呈し、櫛板の直下、極板、また口の周辺に同色の色素点が散在するが、固定後に色彩は残らないことが多い。この色は鞭毛藻によるものとされている

が、少なくとも色素点に関してはそう見えない。極板の指状突起は、32本ずつの計64本あり、それぞれの指状突起の両側に2次突起を複数有する。

サルシアクラゲモドキを北海道沖の深海の現場で捕食しているところの観察例がある。鞭毛虫のウーディニウム *Oodinium* sp. に寄生されるという報告がある。

日本近海では通常は450－750mに多いが、三陸沖に親潮系水が表層近くに流れて来た時には深度30mでも観察されている。夜間の表層曳きプランクトンネットでも捕獲されているので、日周鉛直移動の可能性が示唆されている。(Lindsay)

カンパナウリクラゲ（新称）　▶▶ p.181
Beroe campana Komai, 1918
ウリクラゲ属

体は扁平で反口側面は緩やかに狭まり、口側は幅広い。極板は体の反口側末端から突出し、指状突起が目立つ。体長は原記載論文では62mmだが、写真の個体は長さ12cmほど。色は半透明で目立つ色素は見られない。櫛板は、原記載論文では1列に200個、本個体は170－177個ほど並ぶ。大型個体では櫛板列はほぼ同長。子午管から派出させる枝管は、細くて多く、途中で枝分かれをするが、そのほとんどは互いに連結しない。咽頭管からは、枝管を派出させない。咽頭は非常に大きく、体の内部の大部分を占める。咽頭の口側にある大繊毛歯は長さ25μm、直径2.5μmと小さい。(峯水・Lindsay)

ウリクラゲ　▶▶ p.180
Beroe cucumis sensu Komai, 1918
ウリクラゲ属

体は瓜形を呈し、横断面も側面も楕円形で、両端は丸みを帯びる。体の最大幅は中間点より反口側に近い。体長は150mm程度まで。触手を欠く。8本の櫛板列は、ほぼ長さが等しいが、咽頭面の櫛板列が沿触手面の櫛板列よりわずかに短い。櫛板列は、体長の3/4－5/6程度。各櫛板の間隔は櫛板の横幅よりもかなり狭い。咽頭は非常に大きく、体の内部の大部分を占める。大繊毛歯は短く、同属のアミガサウリクラゲやサビキウリクラゲに比べて1/3程度しかない。正幅管を有せずに、4本の間幅管が胃から直接生じる。各々の間幅管は2分岐し、子午管に反口端で接続する。子午管は、その全長にわたって多数の枝管を派出させる。これらは互いに連絡しないことが多いが、大型になるほど連絡する割合が高くなる傾向がある。咽頭管は基本的には枝管を派出しないが、大型の個体では枝管の数は少ないがお互いに連絡することもある。生殖巣は子午管自体の櫛板列下口側寄りにだけ発生する。卵の直径は約0.5mmで、同種とされていた *B. cucumis sensu* Mayer 1912 (*B. ovata sensu* Chun 1880と同一の種類) の卵の直径の半分にも満たない。*B. cucumis* (Fabricius, 1780) は咽頭が鮮やかな赤を呈すると原記載論文に記されているため、日本で親しまれているウリクラゲはおそらく *B. cucumis* (Fabricius, 1780) でも、*B. cucumis sensu* Mayer 1912でもない。日本近海からは同属 *B. hyalina*、*B. campana*、*B. ramosa* がほかに記載されているが、それらとも異なる。*B. hyalina* は子午管から派出する枝管の数が多種よりかなり少なくお互いに連絡しないことと、咽頭管から枝管を派出させないことで、区別できる。*B. ramosa* は逆に枝管はかなり多くて細かいのと、咽頭管から多くの枝管を派出させることで区別できる。*B. campana* については、咽頭管から枝管を派出させないこと、子午管から派出させる枝管の数が多いが連絡しないことで他と区別できるとされるが、筆者は *B. hyalina* と同種であるように考えている。(Lindsay)

アミガサウリクラゲ　▶▶ p.180
Beroe forskalii H. Milne Edwards, 1841
ウリクラゲ属

体は極度に扁平で、反口端が尖り、潰れた円錐形に近い。体長は150mm程度まで。触手を欠く。8本の櫛板列は、ほぼ長さが等しく、体長の3/4－5/6程度。各櫛板の間隔は櫛板の横幅よりもかなり狭く、3－4割程度。口が非常に大きく、口部において体幅は最大となる。咽頭は非常に大きく、体の内部の大部分を占める。大繊毛歯は長さ80－100μm、直径12－15μmと非常に大型で、その先端に3列の歯が12本ずつと、計36程度並ぶ。大繊毛歯は、口から反口側へ走り、細くなりつつ、縞模様をなす。正幅管を有せずに、4本の間幅管が胃から直接生じる。各々の間幅管は2分岐し、子午管に反口端で接続する。子午管から派生する枝管は分岐し、互いに連絡し合い、口周辺の環状管ともよく連絡し、全体的に網目状を呈する。咽頭管から生じる枝管も子午管の枝管と連絡する。生殖巣は各枝管の基部に発生する。体色は透明から、全体的に淡紅色が多い。櫛板付近に紅褐色の小点が散在することも多い。生物発光は網目状の管全体に広がり、誠に美しい。

螺旋状に泳ぎながら、もっとも餌として好まれる他のカブトクラゲやフウセンクラゲの仲間を探す。遊泳力は非常に強い。表層性と言われるが、相模湾の深度600mにおいても観察例がある。太平洋、大西洋、地中海、南極海から報告されている。本種の和名は、従来までアミガサクラゲとされてきたが（久保田、2014）によってアミガサウリクラゲに改称されたため、本書ではそれに従った。(Lindsay)

サビキウリクラゲ　▶▶ p.181
Beroe mitrata (Moser, 1907)
ウリクラゲ属

体は瓜形を呈し、やわらかい。横断面は扁平な楕円形、側面は反口端は丸みを帯びるが、先端が多少尖ることもある。口側は幅広く、平らよりは丸みを帯びる。咽頭面幅が触手面幅の2倍程度で、体長は約50mmまで。触手を欠く。8本の櫛板列は、長さが異なり、咽頭面の櫛板列は体長の1/3程度、沿触手面の櫛板列は体長の5－6割程度。各櫛板の間隔は櫛板の横幅よりも狭く、2－3割程度。各櫛板の

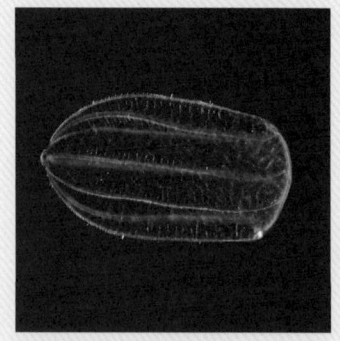

カンパナウリクラゲ（新称）

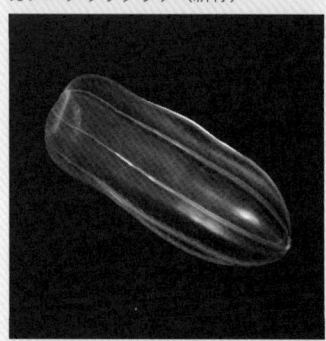

ウリクラゲ

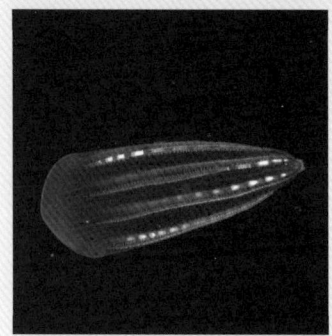

アミガサウリクラゲ

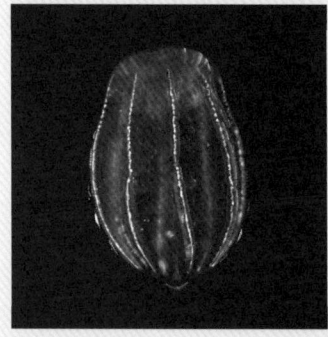

サビキウリクラゲ

長さはその個々の間隔の4倍程度。咽頭は非常に大きく、体の内部の大部分を占める。大繊毛歯は、口周辺の幅狭い範囲のほかには、咽頭管周辺と触手面の中間点の大繊毛歯が分布しない範囲を境に、口周辺から体長の3割程度までの4つの幅広い範囲にほぼ均一に分布する。大繊毛歯は長さ80−100μm、直径12−15μmと非常に大型で、その先端に3列の歯が12本ずつと、計36程度並ぶと報告されている。正輻管を有せずに、4本の間輻管が胃から直接生じる。各々の間輻管は2分岐し、子午管に反口端で接続する。子午管はその全長にわたって太い枝管を多数派出させる。これらは体の表面では子午管の枝管同士では、ごくまれな例外を除いては、互いに連絡しない。これらの枝管は枝分かれもするが、そのほとんどが口側へ向かって曲がることが本種のもっとも目立つ特徴である。また、それぞれの枝管の幅が櫛板の5−7割と非常に幅広いのも1つの大きな特徴といえる。体が扁平なために触手面の子午管がかなり隣接するが、これらの枝管も体の表面では連結しない。咽頭管から太い枝管が派出し、咽頭近くを触手面へ走りながら、咽頭面の子午管あるいは子午管の枝管に連絡し、また、触手面の子午管あるいは子午管の枝管にも連絡する。生殖巣は子午管自体に口側寄りのごく一部を除いて全長に発生する。極板の指状突起は、約36本ずつの計72本ほどあり、それぞれの指状突起の両側に2次突起を複数有する。

体色は全体的には透明であるが、咽頭管が体の中間点を中心にオレンジ色を呈し、体の表面にも同色の色素斑が細かく散在する。

表層性で、日本近海では北海道沖、三陸沿岸、日本海の沿岸で夏に採集されており、ハワイ沖でも本種と思われる個体も確認されている。極域では報告例がなく、地中海、南アフリカ、カリブ海などからは出現報告があり、それらの報告を信じれば、世界中の温帯・熱帯海域に分布すると思われる。カブトクラゲの仲間を捕食しているところは観察されている。(Lindsay)

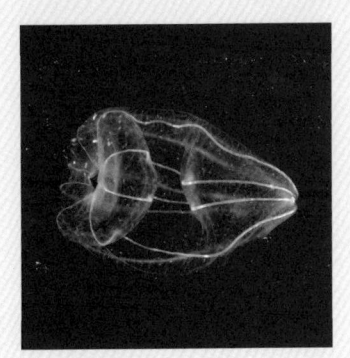

| ウリクラゲ属の1種 ▶▶ p.181
Beroe sp.

体長30−40cmほどのものがほとんどで、本属の中では最大種。ゼラチン質は半透明で、赤褐色の色素が散在し、全体的にはやゃピンク色に見える。体長30cmほどの個体で櫛板は1列に420個ほどが並ぶ。子午管の枝管は細く、途中で枝分かれするが、そのほとんどは互いに連絡しない。体はぶよぶよとしていて、水中では櫛板で泳ぐというよりつねに潮流に流されて漂っている感じが強い。

春の静岡県大瀬崎や山口県青海島で観察されている。夜間は外部刺激による生物発光が確認できる。(峯水)

有櫛動物門 | 有触手綱 Tentaculata

フウセンクラゲ目 Cydippida

トガリテマリクラゲ科 Mertensiidae

| トガリテマリクラゲ ▶▶ p.182
Mertensia ovum Fabricius, 1780
トガリテマリクラゲ属

体は咽頭面方向に極度に強く扁圧され、全体的に無色透明。口端はわずかに尖り、反口端側には2つの翼状突起が伸長する。体長は60mm程度まで。8本の櫛板列は、長さが異なり、扁圧された咽頭面の4本の櫛板列は、口端近くから反口端の平衡胞付近までのほぼ全長にある。触手面の4本の櫛板列は、口端近くから翼状突起の先端を経由し、反口端の平衡胞付近までのほぼ全長にある。これら8本の櫛板列の下に茶色からピンク色の色素帯が走る。また各櫛板列は盛り上がったゼラチン質の尾根の上に位置する。各櫛板の間隔は櫛板の横幅よりも狭く、4割程度。体表にある各櫛板列の下に沿って走る計8本の子午管は、単純型で側方に枝管を多数派生させない。咽頭は透明で、翼状突起を含まない体長の7/9程度。沿咽頭面の従輻管は胃から直接派出し、子午管に連絡する。沿触手面の従輻管は触手根を挟み、胃から生じる正輻管に連絡する。胃の口側各正輻管の基部からは、咽頭の扁平面に沿って口端に進み、口の近くに盲管状に終わる咽頭管が出る。触手根がピンク色からオレンジ色で、体長のほぼ中間点に1対存在する。触手根は三角形からL字形で長さは翼状突起を含まない体長の5割強程度。触手根は咽頭上部近くから発達し、側方および口側へいったん広がってから、咽頭と平行に口端へ走りながら細くなる。咽頭上部では咽頭にきわめて近いが、口端に近づくにつれ、咽頭よりも外皮に近い中間的な位置に移行し、咽頭管と触手鞘が互いに離れていく。触手鞘は胃の上部の位置より開口するが、深い溝が反口側へ翼状突起の外側に走るため、触手は翼状突起の反口側先端より伸長するように見えることが多い。触手は赤色、あるいはオレンジ色がかったピンク色で、側枝を有する。

オキアミを食べた個体がよく観察される。北極海の種類で、北海道では流氷の下などでよく観察されるが、三陸沖の北部に親潮の影響が強い時期・深度帯で観察されることもある。(Lindsay)

プーキアテマリクラゲ科 Pukiidae

| プーキアテマリクラゲ(新称) ▶▶ p.183
Pukia falcata Gershwin, Zeidler & Davie, 2010
プーキアテマリクラゲ属

体はリンゴ形で無色透明。体長は17mm程度まで。8本の櫛板列はほぼ長さが等しく、体長の大

部分を占める。各櫛板列が櫛板を30－35備える。口が進行方向に大きく突き出る。咽頭は体長の1/2程度。胃より4本の間輻管と2本の触手管が出る。触手管は触手基部に盲状に終わり，各間輻管はさらに2分して従輻管となり，体表にある各櫛板列の下に沿って走る計8本の子午管のうち，同一の1/4半球中にある2本のそれぞれに連なる。触手は短く，三日月形を呈し，咽頭の反口側末端を囲むように配置される。触手鞘は45°の角度で反口端へ走り，体長の1/4程度の位置で開口する。触手の側枝がすべて同形の糸状。

2010年にオーストラリア大陸北部沖から新種記載されたが，わが国での記録は今回が初となる。
（Lindsay）

テマリクラゲ科 Pleurobrachiidae

ウリフウセンクラゲ（新称）　▶▶p.184
Hormiphora cucumis (Mertens, 1833)
フウセンクラゲ属

体は瓜形を呈し，横断面も側面も楕円形で，両端は丸みを帯びるが，反口側は少し平たい。体の最大幅は中間点より反口側に近い。体色は全体的に無色透明で，体長は100mm程度まで。8本の櫛板列は，ほぼ長さが等しく，体長の9割を超える。咽頭は，体長の1/2強程度。胃の触手面上両側からは，それぞれ1本の太い正輻管が出て，これは直ちに各側に間輻管を分出した後，触手管となって触手基部に盲状に終わる。各間輻管はさらに2分して従輻管となり，体表にある各櫛板列の下に沿って走る計8本の子午管のうち，同一の1/4半球中にある2本のそれぞれに咽頭の反口側端の高さで連なる。胃の口側各正輻管の基部からは，咽頭の扁平面に沿って口端に進み，口の近くに盲管状に終わる咽頭管が出るが，その咽頭管からは枝管が派出しない。触手根が白色で，長さは体長の1/4強程度。触手根は咽頭に添うきわめて近い位置にあり，触手根の反口側寄り末端は咽頭の上部の位置まで伸長する。触手鞘はいったん反口側へまっすぐ伸長してから，急に曲がり，反口側端より体長の1/3程度の位置より開口する。触手は白色で，成熟した個体であれば1種類の糸状側枝を有するが，未熟個体の触手は糸状側枝と袋状側枝の2種類を有するようである。

北太平洋と北大西洋からの報告がある。遊泳力が強い。外洋性，表層性と思われる。（Lindsay）

フウセンクラゲ　▶▶p.184
Hormiphora palmata Chun, 1898
フウセンクラゲ属

体は細身の涙滴形で，口端は突出し，反口端は丸みを帯びるが，少し平たい。横断面は円形よりは楕円形に近い。体の最大幅は中間点より反口側に近く，体長の4割程度。体色は無色透明で，体長は45mm程度まで。8本の櫛板列は，ほぼ長さが等しく，体長の2/3－4/5程度。各櫛板の長さはその個々の間隔より倍以上長い。各櫛板列の下に沿って走る計8本の子午管は，櫛板列の口側寄り末端より伸長し，口より数mm程度手前ぐらいまで伸長することもあるが，櫛板の口側寄り末端で終わることもある。咽頭は体長の2/3程度。胃の触手面上両側からはそれぞれ1本の太い正輻管が出て，これは直ちに各側に間輻管を分出した後，触手管となって触手基部に盲状に終わる。各間輻管はさらに2分して従輻管となり，体表にある各櫛板列の下に沿って走る計8本の子午管のうち，同一の4分の1半球中にある2本のそれぞれに咽頭の反口側端の高さで連なる。胃の口側各正輻管の基部からは咽頭の扁平面に沿って口端に進み，口の近くに盲管状に終わる咽頭管が出るが，その咽頭管からは枝管が派出しない。触手根が白色か黄色で，触手根の長さは体長の1/3強程度。触手根は咽頭に沿うきわめて近い位置にあり，触手根の反口側寄り末端は咽頭の上部の位置まで伸長し，触手根の口側寄り末端が，櫛板列の口側寄り末端よりは口側に近いが，子午管の口側寄り末端よりは伸長しないことが多い。触手鞘は反口側端より体長の1/6程度の位置より開口する。これは正輻管の派出位置と体の反口側端のちょうど中間点にあたるが，固定標本の状態によっては2/5－2/3の範囲で変化する。触手は生きているときは白色か黄色で，1種類の糸状側枝を有する。フウセンクラゲ属は少なくとも未成熟期には，触手に糸状側枝と袋状側枝の2種類を有するとされている。しかし，本種は体長8mmほどの未熟個体であっても触手の側枝は1種類のみの糸状側枝であるという報告がある。

フウセンクラゲ属は餌としてカイアシ類よりはオキアミを好むという報告がある。外洋性，表層性，暖水性と思われる。（Lindsay）

フウセンクラゲ属の1種　▶▶p.184
Hormiphora sp.

体は細身の涙滴形で，口端は突出し，反口端は丸みを帯びる。体の最大幅は中間点より反口側に近く，体長の4割弱程度。体色は無色透明で，体長は25mm程度まで。8本の櫛板列は，ほぼ長さが等しく，体長の5－6割程度。各櫛板の長さはその個々の間隔より倍以上長い。各櫛板列の下に沿って走る計8本の子午管は，櫛板列の口側寄り末端より伸長するが，口よりは体の4割以上の距離までにしか伸長しないようである。咽頭は体長の7割程度。触手根が白色で，触手根の長さは体長の1/3強程度。触手根はその全長にかけて咽頭に添うきわめて近い位置にあり，触手根の反口側寄り末端は咽頭の上部の位置を超えるように見受けられる。触手根の口側寄り末端が櫛板列の口側寄り末端とほぼ同じ位置にあるようであり，触手根の形状は波打たずに滑らかである。触手鞘は反口側端より体長の1割弱の位置より開口する。触手は生きているときは白色で，2種類の側枝を有する。糸状側枝は白色で，袋状側枝は黄色を呈する。袋状側枝は指状突起を飾らないが，その袋状側枝の先端が尖り，先端より4割程度の位置に両側に色素の顕著な塊があるように見受けられる。

フウセンクラゲの仲間で袋状側枝をもつものは

ウリフウセンクラゲ（新称）

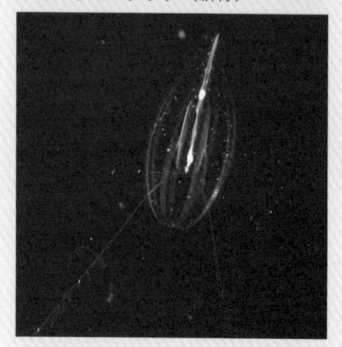

フウセンクラゲ

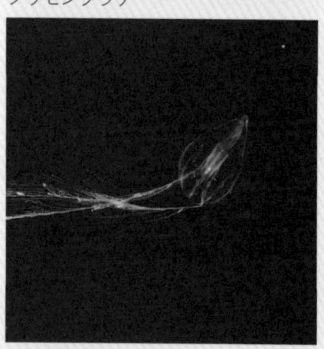

フウセンクラゲ属の1種

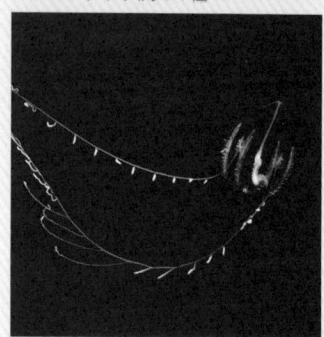

テマリクラゲ属の1種

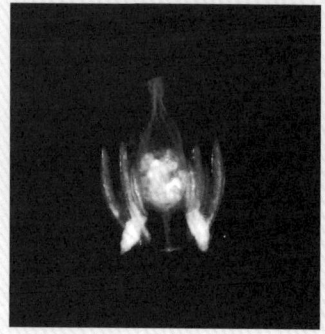

テマリクラゲ科の1種

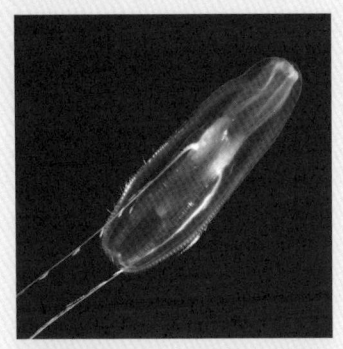

サジフウセンクラゲ（新称）H. spatulataを除いて、すべてが袋状側枝に指状突起を有する。本種は体長25mmでも2種類の側枝を有するが、サジフウセンクラゲは体長12mmですでに側枝はすべて単純な糸状側枝となる。また、サジフウセンクラゲの触手根は口側に近づくにつれ、咽頭より離れていくことで本種と区別できる。本種は10－1月に大瀬崎の表層にて出現している。（Lindsay）

| テマリクラゲ属の1種　　　▶▶p.183
Pleurobrachia sp.

秋の駿河湾の表層で見られる。体長15mmほどまで。フウセンクラゲに似るが、体長7mmの幼クラゲでも触手の側枝は1種類で、側枝を螺旋状に縮める特徴がある。写真の個体にはゴカイの1種が寄生している。（峯水）

| テマリクラゲ科の1種　　　▶▶p.183
Pleurobrachiidae sp.

体長7mmほどまで。櫛板列はすべて同長で、体長の1/2－3/4を占める。触手は多数の細かい側枝をともなう糸状で、ピンク色を帯びる。秋から冬に南日本の表層で見られる。（Lindsay）

ヘンゲクラゲ科 Lampeidae

| ヘンゲクラゲ　　　　　　　▶▶p.185
Lampea pancerina（Chun, 1879）
| ヘンゲクラゲ属

体は長卵形で、長さ7cmほどまで。側枝のある1対の触手をもつ。触手は体側のほぼ中央から横向きに開口する触手鞘を通じて伸縮する。体形が似るフウセンクラゲは、触手鞘が反口側に向かって開口しているので両者は区別できる。胃管構造は簡素で、子午管は互いに接続せず口側と反口側の両端に盲状に終わる。

咽頭を大きく広げて大型のサルパ類を捕食する。水槽などに入れた際、咽頭を広げた状態で水面やガラス面に付着して匍匐する奇妙な生態をもつ。咽頭はほぼ水平にまで広げることができ、体形の変化が著しいことからヘンゲの名がついた。幼体はサルパ類（とくにトガリサルパ）に寄生し、食しながら生活する。従来報告されていたサルパ類に寄生生活するヤドリクシクラゲGastrodes parasiticumは本種の幼体。東部太平洋、西部大西洋に分布。（堀田）

フウセンクラゲモドキ科 Haeckeliidae

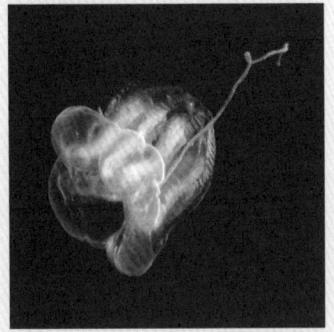

| ゴマフウセンクラゲモドキ（新称）▶▶p.185
Haeckelia bimaculata C. Carré & D. Carré, 1989
| フウセンクラゲモドキ属

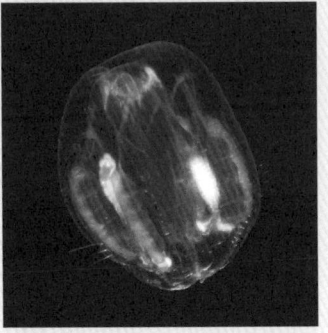

体は釣鐘形で、横断面はほぼ円形。長さは5mmほどまで。全体的には半透明だが、櫛板列の左右と口腔内に赤褐色の斑点が並ぶ。8本ある櫛板列は15－30枚の櫛板からなり、長さはほぼ等しく、体長の5割を占める。体の反口側末端にゼラチン質の疣が触手軸に1対ある。通常のクシクラゲでは、各櫛板列の下に子午管が走るが、本属は胃より派出する4本の間輻管が2分して従輻管となる手前の形状をなし、櫛板列に向けた膨らみを有しながら、他の水管を派出せずに口側方向へ曲がり、体長の7割を走行する。咽頭管はない。体が小さいフウセンクラゲモドキ属は、この水管構造でも栄養が身体中を循環できることを示唆している。触手根は短いが、触手鞘が長く、この子午管の機能をも背負う水管の口側末端の高さにて開口する。触手は側枝のない単純な糸状。

口を大きく開ける行動が見られ、ニチリンクラゲの仲間を捕食し、盗刺胞が触手を飾ることも報告されている。生物発光もするが、緑色は蛍光タンパク質のストロボに対する蛍光。地中海やカリフォルニア沖から出現報告があり、南日本各地の表層で冬から春に見られる。（Lindsay）

| フウセンクラゲモドキ　　　▶▶p.185
Haeckelia rubra（Kölliker, 1853）
| フウセンクラゲモドキ属

全長15mmほど。本種は、一見するとフウセンクラゲという通常種に類似している。決定的な違いは触手の形が櫛状でなく糸状をしており、その中に餌をからめとる膠胞ではなく、毒針を仕込んだ刺胞がある点である。普通の小型のクシクラゲ類は膠胞をとりもちのように使って餌を捕らえるが、フウセンクラゲモドキは呑み込んだヒドロクラゲ類がもっていた刺胞を自身の触手に装填し、餌を捕ったり、護身に使ったりする。これを盗刺胞と呼び、この行為はウミウシ類が有名である。

日本で本種が最初に記載されたのは田辺湾であり、京都大学瀬戸臨海実験所（白浜町）初代所長の駒井卓と七代目所長の時岡隆が共著で1942年に報告している。（久保田）

ウツボクラゲ科 Dryodoridae

| ウツボクラゲ　　　　　　　▶▶p.185
Dryodora glandiformis（Mertens, 1833）
| ウツボクラゲ属

体は瓜形を呈し、横断面はほぼ円形、側面は楕円形で、体長は体幅の1.2－1.5倍程度。体色は全体的に無色透明で、体長は15mm程度が多いが北極海では50mmにもなるという。8本の櫛板列は、ほぼ長さが等しく、体長の5割程度。各櫛板列は盛り上がったゼラチン質の尾根の上に位置する。各櫛板の間隔は櫛板の横幅よりも狭く、6－7割程度。各櫛板の長さはその個々の間隔の2倍程度。咽頭は、体長の1/5－1/4程度で、咽頭前室が体長の7割程度を占める。胃の触手面上両側からは、それぞれ1本の太い正輻管が出て、これはただちに各側に間輻管を分出したあと、触手管となって体の表面近くにある触手基部に盲状に終わる。各間輻管はさらに2分して従輻管となり、体表にあ

る各櫛板列の下に沿って走る計8本の子午管のうち、同一の1/4半球中にある2本のそれぞれに咽頭の反口側端すなわち櫛板列の反口端の高さで連なる。子午管は各櫛板列の口端末端より伸長し、口端では触手根から遠ざかる方向へ咽頭面に向かってL字形に曲がり、咽頭面子午管が口端で連絡することもしばしばあるが、咽頭面子午管と触手面子午管はお互いに連絡しない。子午管は赤茶色の色素を含むこともしばしばある。胃の口側各正輻管の基部からは、咽頭の扁平面に沿って口端に進み、口を越え、咽頭前室に沿って伸長し、体の口端近くに盲管状に終わる咽頭管が出るが、その咽頭管からは枝管を派出しない。触手根が赤色の色素塊を含む白色で、長さは体長の1/20程度と非常に短い。触手根は体の表面にきわめて近い位置にあり、触手根の反口側寄り末端は体の反口側端の2/3－3/4程度の高さに位置し、櫛板列の口側端より口側の位置まで伸長する。触手鞘は非常に短く、側枝をもたない白色の細い触手を完全に引き込むことができない。尾虫類（オタマボヤ）を専門に捕食するといい、咽頭前室でオタマボヤをハウスごと囲み、本体が脱出する時に口で摂餌するという。鞭毛虫のウーディニウム Oodinium sp.に寄生されることもある。和名は、ウツボは第2の顎（咽頭顎）をもち、第1の顎で捉えた獲物を第2の顎で口の中へ引き込むことができ、それがウツボクラゲの咽頭前室の「口」と本当の口の構造に類似していることに由来する。この種の原記載はベーリング海峡で、日本では北海道の羅臼、米国ではカナダ沖やモンテレー湾からの出現報告がある。南極からも出現報告があるが、写真や線画は示されていないために本当に同種かどうかはまだ定かではない。ホワイト・シーやスヴァールバル諸島にも本属が出現するが、同種かどうかはまだ明確でない。カナダの北西沖の北極海では0－50mに分布するが、南に行くにつれ出現深度が深くなるようである。冷水性。(Lindsay)

ホオズキクラゲ科 Aulacoctenidae

| ホオズキクラゲ ▶▶p.186
Aulacoctena acuminata Mortensen, 1932
ホオズキクラゲ属

体は扁平で全体的に薄いオレンジ色。反口端は細く尖る。体長は4－5cm程度。触手鞘開口面は反口端から口にかけて深い溝が形成される。子午管から側方に枝管を多数派生させる。これら枝管はオレンジ色で、太くてよく目立ち、互いに連絡しない。沿咽頭面の従輻管は胃から直接派出し、子午管に連絡する。沿触手面の従輻管は触手根を挟み、胃から生じる正輻管に連絡する。触手鞘は反口へ向かって伸びるが、反口端突起の先端から全長の4－5割の位置で開口する。触手は側枝をもたないが、先端は膨らむ。生物発光をするが、その波長は458nmに中心をもつ。

ホオズキクラゲ科は現在1属1種だけが含まれているが、同科には反口端突起を有しないより大型の種類が少なくとも2種類未記載種として存在する。ホオズキクラゲは触手に側枝がないことから、大型のゼラチン質生物を捕食することが予想されるが、確認されてはいない。

ホオズキクラゲは北太平洋の相模湾の959m、ハワイ沖の1200m、北大西洋の1500m以浅から報告されており、極地海域では未確認であるが、全世界にかなり広く分布していると思われる。(Lindsay)

シンカイフウセンクラゲ科 Bathyctenidae

| シンカイフウセンクラゲ属の1種 ▶▶p.186
Bathyctena sp.
シンカイフウセンクラゲ属

体は球形で、咽頭と触手根を除いて無色透明。体長および直径は10mm程度。ダメージを受けると、球形の体がやや咽頭面方向に扁圧されることもある。8本の櫛板列は、ほぼ長さが等しく、体長の7－8割程度。各櫛板の間隔は櫛板の横幅よりも狭く、7－8割程度。各櫛板の長さはその個々の間隔の2倍程度。各櫛板列の口側寄り末端および反口側寄り末端にも生物発光に関係があると思われる顕著な白色組織体が確認されるが、ネットで採集された個体ではこれらが摩擦によってなくなっていることが多い。咽頭は濃い焦げ茶色を呈し、体長の6割弱。胃の触手面上両側からは、それぞれ1本の太い正輻管が出て、これはただちに各側に間輻管を分出したあと、触手管となって触手基部に盲状に終わる。各間輻管はさらに2分して従輻管となり、体表にある各櫛板列の下に沿って走る計8本の子午管のうち、同一の1/4半球中にある2本のそれぞれに咽頭の反口側端の高さで連なる。胃の口側各正輻管の基部からは、咽頭の扁平面に沿って口端に進み、口の近くに盲管状に終わる咽頭管が出るが、その咽頭管からは咽頭面に枝管が派出する。触手根が白色で、体長のほぼ中間点に1対存在する。触手根はL字形で長さは体長の1/5－1/6程度。触手根は咽頭よりも外皮に近い中間的な位置にあり、咽頭管と触手鞘が互いに離れている。触手鞘は、櫛板列口側末端からやや反口側寄りの高さに開口し、触手は1種類の単純な糸状側枝を有する。反口端突起もなく、反口側に深い凹みもなく、平衡器は反口側の体のほぼ表面の位置にある。浮遊時には体軸を傾けていることが多い。本種は相模湾の深度500－1000mに分布することが報告されている。胃内容物からは介形類が出ているが、咽頭の濃い色素はこういった発光する餌生物を捕食するための適応であると思われる。本種は三陸沖や駿河湾にも、数は相模湾に比べては少ないが、出現する。論文の写真には別の学名が付いているが、この種類と思われる個体が西大西洋のバハマ諸島沖でも採集されている。(Lindsay)

科の所属未定 Family *incertae sedis*

| キョウリュウクラゲ（仮称） ▶▶p.186
属未定

ホオズキクラゲ

シンカイフウセンクラゲ属の1種

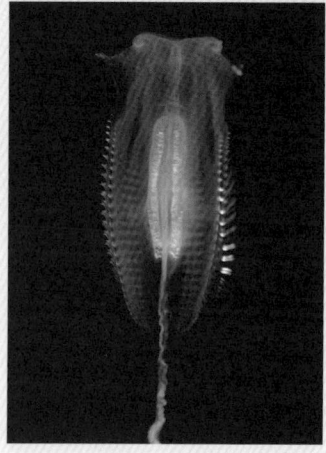

キョウリュウクラゲ（仮称）

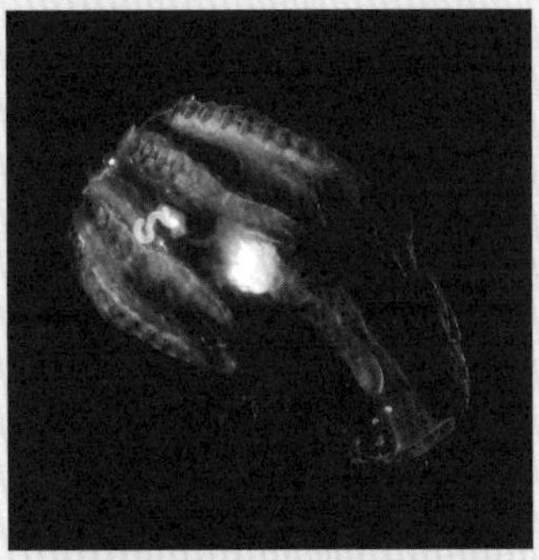

体は細身の涙滴形で、口端は突出し、反口端は丸みを帯びる。体色は全体的にオレンジ色で、体長は50mm程度まで。8本の櫛板列は、ほぼ長さが等しく、体長の6-7割程度。各櫛板の間隔は櫛板の横幅よりも狭く、1/3程度。各櫛板の長さはその個々の間隔の3倍程度。各櫛板列の下に沿って走る計8本のオレンジ色の子午管は、櫛板列の口側寄り末端の位置より口へ向かってゼラチン質に潜り、櫛板列の口側寄り末端と口端突出部先端との中間点まで伸長する。その咽頭面の子午管の口側寄り末端の位置より、水平方向に張り出す鉤状の突起を計4個有することがこの種の最大の特徴と言えよう。咽頭はオレンジ色を呈し、体長の2/3程度。胃の触手面上両側からは、それぞれ1本の太い正輻管が出て、これは直ちに各側に間輻管を分出した後、触手管となって触手基部に盲状に終わる。各間輻管はさらに2分して従輻管となり、体表にある各櫛板列の下に沿って走る計8本のオレンジ色の子午管のうち、同一の1/4半球中にある2本のそれぞれに咽頭の反口側端の高さで連なる。胃の口側各正輻管の基部からは、咽頭の扁平面に沿って口端に進み、口の近くに盲管状に終わるオレンジ色の咽頭管が出るが、その咽頭管からは枝管が派出しない。触手根が黄色からオレンジ色で、扁平したへの字形を呈し、長さは体長の3/7程度、幅は体の直径の3-4割程度。触手根は咽頭に添うきわめて近い位置にあり、触手根の口側寄り末端が櫛板列の口側寄り末端とほぼ同等の位置にあり、触手根の反口側寄り末端は胃の上部よりやや反口側まで伸長する。触手鞘は胃の上部の位置より開口するが、深い溝が反口側へ走るため、触手は反口端の平衡器のすぐそばより伸長するように見える時もある。触手は黄色あるいは白色で、きわめて細かい側枝を有する。深海の現場では、2本の触手のうち1本のみを長く伸ばし、もう1本は短く縮めていることが多く、前者は大きな弧を描いていることが多い。体が薄いオレンジ色を呈する個体のほかには無色の個体が存在するが、これらはまだ採集されていないために同種かどうかは不明である。本種は未記載種であるが、米国北東のメーン湾、米国南西のモンテレー湾、南西インド洋から本種にきわめて類似する個体の出現が確認されているため、世界中の海に広く分布する可能性がある。地中海や極域における出現報告は皆無である。(Lindsay)

フウセンクラゲ目の1種-1　　▶▶ p.186
Cydippida sp. 1

体長5mmほど。冬の大瀬崎の表層から2個体が発見されているだけの稀種。8本の櫛板列はほぼ同長で、体長の1/2程度までである。各櫛板列には10-12個の櫛板が並ぶ。体のほぼ真ん中（櫛板列の終縁付近）に8個の瘤状突起があり、それぞれが赤褐色を帯びる。咽頭や触手鞘、櫛板の下も同様の赤褐色の色素がある。このような色素をもつ特徴のクラゲは深海性の種に多いが、これまでにこのような既知種はいないため、新種の可能性が高い。口側の体半分を内側に折りたたんで体を縮める行動が見られる。触手に側枝をもたない。(峯水)

フウセンクラゲ目の1種-2　　▶▶ p.186
Cydippida sp. 2

体は咽頭面方向に扁圧され、全体的に無色透明。体長は20mm程度の楕円形で、体長は体幅の1.4-1.5倍。8本の櫛板列はほぼ同長で、全長の8-9割。各櫛板の間隔は櫛板の横幅よりも狭い。咽頭は透明で体長の2/3程度。触手根がピンク色から深紅で、体長のほぼ中間点に1対存在し、長さは体長の5割程度。触手根は口端に近づくにつれ、咽頭よりも外皮に近い中間的な位置に移行する。触手鞘は櫛板列の中間点にて開口するが、開かれた深い溝が反口側末端まで走るため、触手が反口側より伸長するように見えるときもある。触手はピンク色から深紅で、細かい側枝を有する。形態からはキョウリュウクラゲに近い仲間だと思われる。

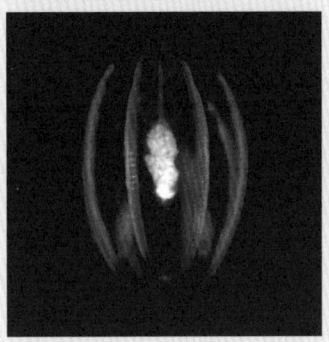

クラゲノミ類およびカイアシ類、また飼育中においてはブラインシュリンプも食べる。北の海の種類のようで、北海道や三陸沖で観察されている。カナダの西海岸のフィヨルドでは深度100-600m、冬季には表層にも出現するとの報告がある。モンテレー湾およびサンタバーバラでは表層からの報告がある。(Lindsay)

フウセンクラゲ目の1種-1

フウセンクラゲ目の1種-2

カブトクラゲ目 Lobata

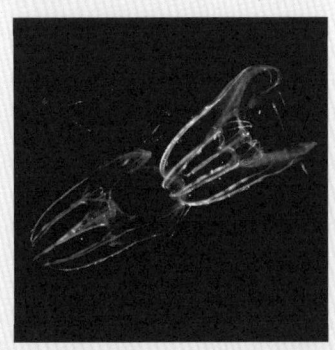

カブトクラゲ科 Bolinopsidae
キタカブトクラゲ　　▶▶ p.189
Bolinopsis infundibulum (O. F. Müller, 1776)
カブトクラゲ属

カブトクラゲ目の仲間は少数の例外をのぞくすべての種類で、口の両側に袖状突起と呼ばれる拡張部をもち、その基部に耳状突起と呼ばれる4つの突起をもつのが特徴。

本種の大きさは15cmまで。カブトクラゲに非常によく似ているが、カブトクラゲよりやや大型となり冷水性。また、沿咽頭面櫛板列が袖状突起基部までしか伸びないこと、袖状突起内の子午管はより複雑に迷走する点で異なる。成体は、口に沿って伸びる1対の二次触手と1対の短い一次触手をもつ。この短い一次触手は、フウセンクラゲ型の幼生時代に有した触手の名残である。色彩はほぼ無色透明だが、袖状突起と体の反口側頂部に黒色素斑をもつ個体が知られている。有人潜水艇を用いた調査では、北海道道東沖の水深1200mの海底付近から本種の濃密群が見つかっている。太平洋と大西洋の北極域から温帯域に分布。表層から深海に生息。(堀田)

キタカブトクラゲ

有櫛動物門　有触手綱 Tentaculata

| カブトクラゲ　　　　　　　　　　▶▶ p.188
| *Bolinopsis mikado* (Moser, 1907)
| カブトクラゲ属

　日本沿岸でもっとも普通に見られるクシクラゲの1種で、夏から秋季にかけて大群となることがある。大きさは10cmまで。体は触手軸方向に弱く扁平する。体形は卵形であるが、袖状突起を大きく拡げた姿が兜形に見える。おもに小型甲殻類を袖状突起内に粘着して捕え、口周辺に配置された側枝のある二次触手と繊毛溝が餌生物を口まで運ぶ。耳状突起は長三角形でやや長く、口端を越える。袖状突起内を巡る子午管はそれほど複雑に迷走せず、比較的簡素である。体表に並ぶ8本の櫛板列は不等長で、成熟した個体では、櫛板列は沿咽頭面で袖状突起の中央部を越えて伸び、沿触手面では耳状突起基部で止まる。色彩は、胃管系に若干認められるが、ほぼ無色透明。幼生はフウセンクラゲ型、体長15mmほどで成体形に変態することが知られている。日本近海に分布、暖海表層性。(堀田)

| アカホシカブトクラゲ　　　　　　▶▶ p.189
| *Bolinopsis rubripunctata* Tokioka, 1964
| カブトクラゲ属

　体はややずんぐりとした短卵形で、大きさは6cmまで。カブトクラゲに酷似しているが、鮮赤色、褐色、黒褐色の斑点が袖状突起の外縁部分を巡る子午管に沿って整列する。この色素斑が本種最大の特徴である。色素斑の数は変異があり、原記載では袖状突起の二分割円周ごとに4-5個と記述されている。耳状突起はカブトクラゲと比較してやや短く、その先端は口縁まで達しない。本種以外に、アカダマクラゲが子午管に沿って整列する鮮赤色の色素斑をもつ。しかし、アカダマクラゲは体の反口側頂部に鞭状の糸状突起を有すること、体が触手軸方向に強く扁平する点で本種と容易に区別できる。日本近海に分布。暖海性。(堀田)

アカカブトクラゲ科 Lampoctenidae

| アカカブトクラゲ　　　　　　　　▶▶ p.190
| *Lampocteis cruentiventer* Harbison,
| Matsumoto & Robison, 2001
| アカカブトクラゲ属

　体はやや扁平で、体長は反口極から袖状突起下端まで16cm程度まで。体は全体的に透明に近いものもあるが一般的には赤、ときには薄いオレンジ色から紫紺にまで色彩的にはさまざま。咽頭は必ず濃い赤色。袖状突起の長さは体長の1/3-1/2程度。袖状突起の基部は口のレベルよりやや反口側に位置する。比較的短くて肉厚の袖状突起をもち、それらより反口側の漏斗あたりの位置で沿触手面の櫛板列の間に顕著な凹みが見られる。反口側から観察すると体に16本の隆起線が走ることが確認できる。8本の上には櫛板列が走り、残りの8本は櫛板列の間に位置し、沿咽頭面の隆起線が沿触手面の隆起線よりも発達する。沿触手面の櫛板列は耳状突起の基部よりやや反口側まで伸長するが、沿咽頭面の櫛板列は耳状突起基部のやや口側にまで伸び、袖状突起内へまで伸長する。櫛板自体は大きく顕著で、光をよく反射する。櫛板の間隔は櫛板の長さと同等。漏斗(胃)から4本の間輻管が直接派出し、2分岐してそれぞれの従輻管が各子午管に漏斗よりやや反口側の位置で接続する。子午管はどれも反口端では盲管状。咽頭管は太く、盲管状の側突起を多数有する。触手管も太く、間輻管の分岐点より分岐し、口の両側にある大きな白色の触手根に連絡する。沿触手面の子午管は耳状突起の周縁を走った後、袖状突起の周縁を走り続けて互いに連絡しあう。沿咽頭面の子午管は袖状突起内を複雑に走り、袖状突起の中で互いに連絡しあう。咽頭管は袖状突起周縁の中央部で沿触手面から生じた子午管と連絡する。

　袖状突起を羽ばたいて遊泳することは1回も観察されたことなく、櫛板もよく発達していることから、このクラゲは櫛板を使って水を漕ぐように進む遊泳形式をとっていると考えられる。捕食する餌生物に関しては情報が皆無。アカカブトクラゲは北太平洋のモンテレー湾では300-1012m、相模湾では607-1244mから観察されている。深層には体が透明な同属未記載種も観察されている。(Lindsay)

チョウクラゲ科 Ocyropsidae

| チョウクラゲ　　　　　　　　　　▶▶ p.190
| *Ocyropsis fusca* (Rang, 1828)
| チョウクラゲ属

　大きさ10cmほどまで。袖状突起以外の体は、触手軸方向に強く扁平する。大型で筋肉質の袖状突起をもち、刺激を与えると袖状突起を蝶羽のように振り動かして力強く泳ぐ。この行動から他種と容易に区別できる。クシクラゲ類でこのような遊泳行動は深海に生息するチョウクラゲモドキにも見られるが、沿岸部で見られるのは本種の仲間だけである。耳状突起はやや長く幅の狭い長三角形状で、その先端は突出した口端に達する。櫛板列は短く、沿咽頭面の長いものでも袖状突起基部まで。袖状突起内の子午管は複雑に迷走する。触手根や触手などの器官をもたず、袖状突起内に囲った餌生物を突出した口で直接食べる。日本近海からは、無色透明のもの、袖状突起の内側や先端に黒褐色の斑点を有するもの、また、大小さまざまな個体が見られるが、本属には、*O. pteroessa* および *O. maculata* の2亜種 *O. maculata maculata*、*O. maculata immaculata*、そして *O. crystallina* の2亜種 *O. crystallina guttata*、*O. crystallina crystallina* が知られている。とくにこれらの4亜種は、触手器官の有無と色素斑の有無の組み合わせで区別されており、本種は分類するうえで、注意を要する種類である。日本近海に分布。暖海表層性。(堀田)

カブトクラゲ

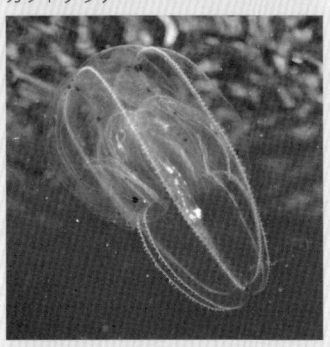

アカホシカブトクラゲ

アカカブトクラゲ

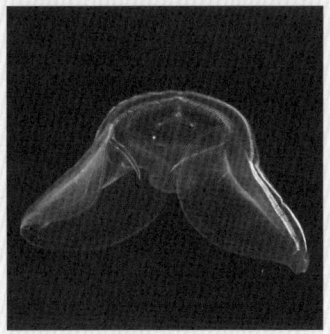

チョウクラゲ

チョウクラゲモドキ科 Bathocyroidae

チョウクラゲモドキ ▶▶p.191
Bathocyroe fosteri Madin & Harbison, 1978
チョウクラゲモドキ属

体は全体的に無色透明であるが、咽頭は濃い赤茶色。体長は反口極から袖状突起下端まで3-4cm程度。袖状突起は大きく発達し、高さは体長の4/5にもおよぶ。袖状突起の基部は口のレベルとほぼ同じ高さに位置する。櫛板は短く、触手根を超えない。耳状突起は幅広。生殖腺は櫛板下に位置し、袖状突起内にまで伸長しない。間輻管は胃からではなく漏斗管から生じる。漏斗管は長く、平衡胞から唇までの長さの4割程度。間輻管から分岐した従輻管は、8本の子午管の反口端に連絡する。沿触手面の子午管は耳状突起の周縁を走った後、袖状突起の周縁を走り続けて単純な弧を描き、互いに連絡しあう。沿咽頭面の子午管は袖状突起内をS字状に走り、袖状突起の周縁で沿触手面から生じた子午管と連絡する。咽頭管はシンプルな形状をなし、袖状突起周縁の中央部で沿触手面から生じた子午管と連絡する。触手管は同属他種と同様、漏斗管の口側端の位置より伸長し、胃の両脇に位置する白色の触手根に連絡すると思われる。

本種は、浮遊時には袖状突起を上に大きく開きセジメントトラップを思わせる格好だが、遊泳時には袖状突起を大きく羽ばたいて推進する。チョウクラゲが遊泳するとき、袖状突起が固く基部のみで曲がるのに対して、チョウクラゲモドキの袖状突起は開くときには水の抵抗を受けにくいように波打つ。両者とも続けて強く遊泳できる。

チョウクラゲモドキ属は、自ら発光するオキアミや発光物質を出すことで知られるカイアシ類を捕食することが報告されている。咽頭壁が濃い赤茶色をしているのはこれらの生ずる光が外に漏れないようにするための適応と思われる。

チョウクラゲモドキ属は現在3種を含むが、未記載種が少なくとも他に3種類存在すると筆者は考えている。たとえばチョウクラゲモドキの代謝速度や摂餌生態をある論文で報告しているが、その論文に記載されている写真は明らかにチョウクラゲモドキ属には属するものの別種であるのは間違いない。したがって、この種の分布を考えるときには過去の報告には頼ることができず、新種として初めて記載された北大西洋と日本近海だけは確かなものである。

チョウクラゲモドキの仲間は鉛直的にすみわけているように思うが、それを証明するのには徹底した解析がまだ必要である。相模湾では少なくとも457-868mにおいて観察されている。クシクラゲ類は一般的には雌雄同体だが、本種は雌雄異体であると報告されている。チョウクラゲモドキ（蝶水母擬き）の和名は、チョウクラゲ属の1種として筆者らが誤って報告したことに由来する。
（Lindsay）

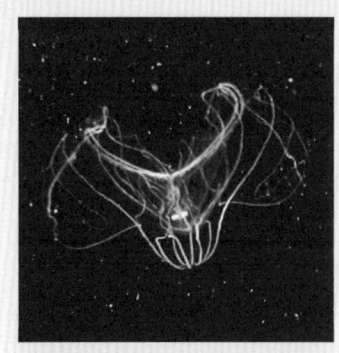

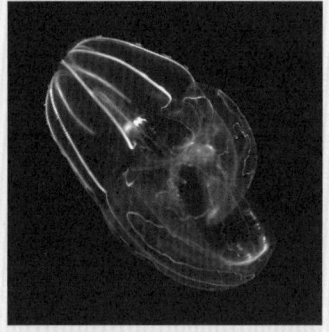

アゲハチョウクラゲモドキ（仮称） ▶▶p.191
Bathocyroe sp.
チョウクラゲモドキ属

体は全体的に無色透明であるが、咽頭は濃い赤茶色。体長は反口極から袖状突起下端まで5cm程度。袖状突起は大きく発達し、高さは体長の1/2-3/5にもおよぶ。袖状突起の基部は触手根より口側に近く、濃い赤茶色を呈する咽頭のほぼ中間点に位置する。8本の櫛板列は長く、触手根を超え、全体的に体長の2/5-1/2程度。沿咽頭面櫛板列の櫛板数は80枚を超え、同属のナガノドチョウクラゲモドキ（新称）*B. longigula*の30-32枚、ニセチョウクラゲモドキ（新称）*B. paragaster*の23枚、またはチョウクラゲモドキの13枚をはるかに超える。各櫛板の間隔は櫛板の横幅よりも狭く、5割程度。各櫛板の長さはその個々の間隔の2.5倍程度。生殖腺は櫛板下に位置する。沿触手面の櫛板列の口端先端は急に触手根の方向へ曲がってから、幅広の耳状突起に繋がる。体の反口側端に大きな凹みがあり、その中心点に平衡胞を有する。漏斗管は短く、平衡胞から唇までの長さの2割程度。体の反口側端の凹みの深さは漏斗管の長さとほぼ同等。間輻管は胃からではなく、漏斗管から生じる。間輻管から分岐した従輻管は8本の子午管の反口端に連絡する。沿触手面の子午管は耳状突起の周縁を走った後、袖状突起の周縁を走り続けで、単純な弧を描き互いに連絡しあう。沿咽頭面の子午管は袖状突起内を激しいS字状に走り、袖状突起の周縁で沿触手面から生じた子午管と連絡する。咽頭管は袖状突起周縁の中央部で沿触手面から生じた子午管と連絡する。咽頭より反口側に位置する透明な胃は、漏斗管の長さの3-3.5倍あり、表面に盲管状の枝管が多数あるように見受けられる。胃の上部の位置より、胃に沿ってゼラチン質がトンネル状に掘り貫かれている。触手管は透明な胃の口側端の位置より伸長し、胃の両脇に位置する白色の触手根に連絡し、ゼラチン質を走るトンネルの開口部より触手が伸長する。

同属のニセチョウクラゲモドキの場合には、このトンネルは触手根の反口側の位置より掘り貫かれているようであり、チョウクラゲモドキの場合にはこの構造はまだ未確認である。沿触手面の櫛板列の間に顕著な凹みが見られる構造はアカカブトクラゲも示すが、チョウクラゲモドキ属は間輻管が漏斗管から生じること、従輻管が子午管の反口端に連絡すること等で、アカカブトクラゲとさまざまな点で異なる。本種はチョウクラゲモドキと同様に、遊泳時には袖状突起を大きく羽ばたいて推進する。（Lindsay）

アカダマクラゲ科 Eurhamphaeidae

アカダマクラゲ ▶▶p.192
Eurhamphaea vexilligera Gegenbauer, 1856
アカダマクラゲ属

体は扁平で透明。体長50mm程度まで。反口端

に顕著な三角錐状の突出部が2つあり、その先端は枝のない鞭状の触手様突出となって終わる。その触手様突出は体長の1/3にも達する。袖状突起の高さは体長の1/3を超えない。袖状突起の基部は口のレベルよりやや反口側に位置する。反口端の突出部の先端から沿触手面櫛板列が伸長するが、それらは耳状突起まで届かず、本体中央部付近で終了する。耳状突起は短く、幅は全長にわたり均一。沿咽頭面櫛板列は、反口端の突出部の口側端から口側へ伸長するが、耳状突起の反口側端の高さで終了する。咽頭は透明で非常に長く、反口端と口の間の長さの8-9割程度。胃から4本の間輻管が直接派出し、二分岐してそれぞれの従輻管が各子午管に接続する。このうち、沿咽頭面の従輻管は子午管の反口端と連絡する。一方、沿触手面の従輻管は、沿触手面櫛板列の中間点の高さ、すなわち感覚器より多少反口側の位置に子午管に接続する。それらの子午管の反口端は三角錐状突出部の先端へ向かって盲管状に終わる。咽頭管はシンプルな形状をなし、枝管を派出させない。触手管が漏斗部と胃の合点から派出し、口方向へ伸長し、口の両側にある触手根に連絡する。触手根より側枝ある触手が伸長する。これらの触手は、触手根より耳状突起の基部にまで伸長する溝の中のほぼ全長に伸びる。各子午管に沿って、櫛板列の間隔ごとに鮮紅色の小腺が縦列し、これらの小腺は沿触手面櫛板列の口側端より口側には分布しないが、沿咽頭面の子午管には袖状突起の先端にまで分布する。本種が刺激を受けると、この小腺からヨードチンキ様の分泌液を噴出する。本種にクラゲノミ類 *Oxycephalus clausi* が付着する報告はある。地中海を含む世界中の温帯・熱帯海域の表層に分布する。(Lindsay)

| キヨヒメクラゲ ▶▶ *p. 193*
Kiyohimea aurita Komai & Tokioka, 1940
キヨヒメクラゲ属

　無色透明の扁平な体で、最大幅10.3cm。水中では袖状突起を咽頭側に丸めたクリのような姿でいることが多く、潮の流れにまかせて波間を漂っており、櫛板で積極的に泳いでいるような感じはない。特徴的な1対の三角状突起を反口側に有する。三角状突起から口までは最長で8.8cm。三角状突起から平衡器までは最長18mm。沿咽頭面は最長74mm。袖状突起は最長30mmで、1対のこの突起内の水管は屈曲する。耳状突起は最長35mm。触手根を有する。沿触手面の櫛板数は最多で40枚。扁形動物の吸虫類と甲殻動物のクラゲノミ類が寄生する。冬から夏にかけて、長崎県の佐世保（1-2月）や上五島沿岸（7月）、山口県青海島（4-5月）の表層に例年現れる。
　本種は和歌山県白浜町沿岸で1939-1940年の冬季に採集された数個体の標本を基に、新科（キヨヒメクラゲ科）の新属新種として京都大学瀬戸臨海実験所の駒井卓博士と時岡隆博士により1940年に記載された。それ以来、長らく報告が途絶えていたが、64年ぶり（2004年2月初旬）に1個体が模式産地で発見され、続いて長崎県佐世保市沿岸で、2008年以降の冬季に最大個体を含む多くの個体が採集された。脆弱な体なので、固定標本として模式標本はじめ1個体も残せていない。
　姿は深海性のウサギクラゲに酷似しており、近年では両者は同一種ではないかとも考えられている。ただし原記載によると、キヨヒメクラゲは触手根はあるものの触手がないとされていて、ウサギクラゲとの精査が必要である。詳しくは下記のウサギクラゲを参照のこと。(久保田・Lindsay・峯水)

| ウサギクラゲ ▶▶ *p. 192*
Kiyohimea usagi Matsumoto & Robison, 1992
キヨヒメクラゲ属

　体は扁平で透明。体長70cmに達する。反口端に顕著な三角錐状の突出部が2つあるが、鞭状付属部はない。袖状突起の高さは体長の1/2を超えることはなく、大型個体では3-4割程度。口は袖状突起の基部のレベルに位置する。耳状突起は細長く、よく発達する。咽頭は透明で、反口端と口の間の長さの3/4程度。胃から4本の間輻管が直接派出し、二分岐してそれぞれの従輻管が各子午管に接続する。このうち、沿咽頭面の従輻管は子午管の反口端と連絡する。一方、沿触手面の従輻管は感覚器と同じ高さで子午管の途中に接続して、子午管の反口端は三角錐状突出部の先端へ向かって盲管状に終わる。各櫛板列の櫛板枚数は原記載論文にははっきり記されておらず、図で数えると体長約32cmの個体ではそれぞれが30枚程度あるという。しかし、体長70cmの個体では沿咽頭面櫛板列の櫛板枚数は125枚を超え、成長とともに増えることが明確である。また、原記載論文では各櫛板の幅はその個々の間隔とほぼ同等であったように見受けられるが、体長70cmの個体ではそれが約2倍であった。筆者は本種を相模湾の中層340mにおいて採集しており、体長が13cmで櫛板枚数が沿触手面櫛板列では15枚、沿咽頭面櫛板列では25枚あった。この個体は反口端の2つの突出部が三角錐状よりは丸みを帯び、体全体も丸みを帯び、同属のキヨヒメクラゲにきわめて近い形をしていた。この個体は触手があったが、キヨヒメクラゲは触手根はあるものの、触手がないとされている。駒井と時岡の原記載によると、キヨヒメクラゲでは反口端から口までの長さが8cmである個体（体長約13cm）においては沿咽頭面櫛板列の櫛板枚数は40-50枚、沿触手面櫛板列では30-40枚であり、相模湾で採集された同長の個体の2倍の枚数がある。原記載は完全なる形の1個体をもとにしていると記されており、触手根がなんらかのダメージを受け、触手が取れてしまっている可能性もあるように思う。本種は沿触手面の子午管は耳状突起の周縁を走った後、耳状突起の基部で口縁に向かって盲嚢状に終わるものと、袖状突起の周縁を走り続けて、互いに連絡しあうものに分岐する。沿咽頭面の子午管は袖状突起内を複雑に走り、袖状突起の中で互いに連絡する。袖状突起内の管の走り方は個体が大きくなるほど複雑になる。咽頭管は、枝管を派出させず、口端

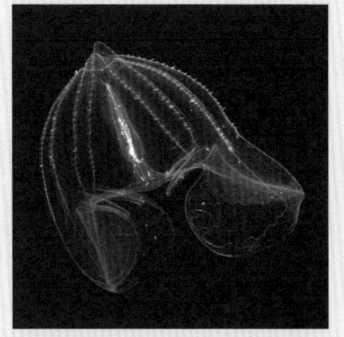

キヨヒメクラゲ

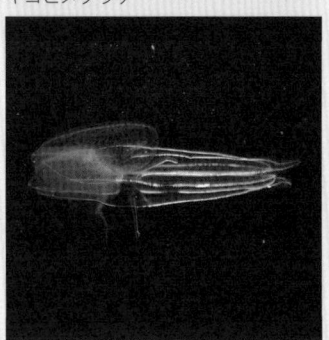

ウサギクラゲ

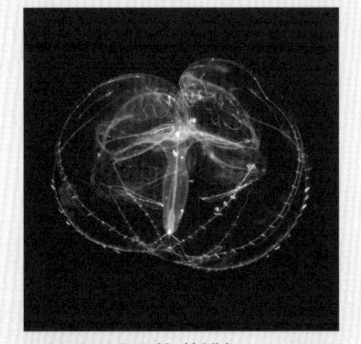

に盲嚢状に終わる。触手管が漏斗管と胃の合点から派出し、まっすぐ外側へ伸びた後に、口方向へ伸長し、口の両側にある触手根に連絡する。触手根より側枝ある触手が伸長する。これらの触手は、触手根より耳状突起の基部にまで伸長する溝の中のほぼ全長に伸びる。生殖腺は子午管内に発生する。

　ウサギクラゲとキヨヒメクラゲが同種であるかどうかに決着を付けるためには、田辺湾の表層で触手を有しないキヨヒメクラゲが存在するかどうかを調査することでしか否定できないために、ここではあえて別種として扱い、ウサギクラゲとして記載した。

　本種は遊泳能力が乏しく、浮いているだけの姿しか観察されていないが、オキアミを捕食することが観察されている。ウサギクラゲは北太平洋の相模湾では400-850mの中層でしばしば観察されるが、カリフォルニアのモントレー湾ではより小型な個体が200-310mの深度で観察される。南インド洋では大型個体が974mと998mから報告されており、成長とともに棲息深度が深くなることが示唆されている。筆者は大西洋の516-527mでもウサギクラゲを採集しているため、極地海域では未確認であるが、全世界にかなり広く分布していると思われる。ウサギクラゲ（兎水母）は、体の反口端に顕著な突出部が2つあり、それらがウサギの耳に似ることにより、種名のusagiが付いたという。
（Lindsay）

| コキヨヒメクラゲ（新称） ▶▶p.193
Deiopea kaloktenota Chun, 1879
コキヨヒメクラゲ属（新称）

　体は扁平で透明。体長45mm程度まで。反口端に顕著な三角錐状の突出部がなく、丸みを帯びる。袖状突起の高さは体長の2-3割程度。袖状突起の基部は口のレベルより多少反口側に位置する。耳状突起は短く、長楕円形に近い。咽頭は透明で、反口端と口の間の長さの8割程度。胃から4本の間輻管が直接派出し、二分岐してそれぞれの従輻管が各子午管に接続する。このうち、沿咽頭面の従輻管は子午管の反口端と連絡する。一方、沿触手面の従輻管は沿触手面櫛板列の子午管の途中に接続して、子午管の反口端は反口端へ向かって盲嚢状に終わる。大瀬崎で採集された体長43mmの個体では、その接続位置は反口端より沿触手面櫛板列の3-4枚目の櫛板の高さにあり、また、胃から間輻管が派出する高さは反口端より沿触手面櫛板列の7枚目の櫛板の高さにあった。その個体の沿触手面櫛板列の櫛板枚数は11-12枚で、沿咽頭面櫛板列の櫛板枚数は14-15枚であったが、その櫛板のそれぞれの幅が交互に大小となり、発達途中であったような姿をなし、櫛板枚数が成長とともに増える時は倍数で増えることを示唆している。本種の各櫛板の間隔は櫛板の最大横幅よりも多少広いのが1つの大きな特徴である。各櫛板の長さはその個々の間隔の半分以下。沿触手面の子午管は耳状突起の周縁を走った後、

耳状突起の基部で口縁に向かって盲嚢状に終わるものと、袖状突起の周縁を走り続けて、互いに連絡しあうものに分岐する。沿咽頭面の子午管は袖状突起内を複雑に走り、袖状突起の中で互いに連絡せず、盲状に終わる。咽頭管は、枝管を派出せず、口端に盲嚢状に終わる。触手管が漏斗管と胃の合点から派出し、まっすぐ外側へ伸びた後に、口方向へ伸長し、口の両側にある触手根に連絡する。触手根より側枝ある触手が伸長する。これらの触手は、触手根より耳状突起の基部にまで伸長する溝の中のほぼ全長に伸びる。

　生殖腺は体長43mmの個体でも確認できず、本種は同科別種の未熟個体ではないかと疑える。たとえば、コキヨヒメクラゲが成長し、キヨヒメクラゲになり、最後にはウサギクラゲになることは十分考えられるように思う。生物発光をするが、その波長は489nmに中心をもつ。カイアシ類および小型のクダクラゲ類を捕食する観察例がある。地中海、アフリカ沖の大西洋熱帯域、モントレー湾から出現報告があり、数は少ないが、世界中に広く分布していると思われる。（Lindsay）

ツノクラゲ科 Leucotheidae

| ツノクラゲ ▶▶p.194
Leucothea japonica Komai, 1918
ツノクラゲ属

　大型で20cmほどまで。体の断面は四角形に近い。体表には角状の小さな突起が多数存在しており、容易に他種と区別できる。この突起は触れると伸長し、体全体に角を生やしたようになる。袖状突起は非常に大きく拡張し、その先端部は凹状。体の上側の真ん中の落ち込んだ箇所に1個の感覚器があり、これで8列の櫛板の運動の制御をしている。櫛板はセロハンのように、光を受けてあちらこちらが光っている。8列の櫛板をシンクロナイズになびかせながら、ゆっくりと海中を移動する。耳状突起は長く、細い筒状で、しばしばコイル状となる。櫛板列は不等長で、沿咽頭面の長いものは袖状突起の中央部に達する。よく発達した一次触手と口周辺部に配置される二次触手の両方をもち、前者は体の先端部を超えて伸びる。これほど長い一次触手を残しているのは、日本近海で見られるカブトクラゲ目の中でも本種だけである。体は非常に脆弱で、採集時に起こる水流でも簡単に崩れてしまう。雌雄同体で自家受精はしないが、有性生殖により小さな若いツノクラゲが誕生する。幼体時に角はなく、成長につれてできてくる。袖状突起も、ある程度大型の体にならないとできてこない。日本近海に分布し、冬から春に出現する。（堀田）

| ツノクラゲ属の1種 ▶▶p.195
Leucothea sp.

　駒井が1918年に神奈川県三崎で採集したツノクラゲ属の仲間を *Leucothea japonica* として新種記載して以来、日本近海に出現するツノクラゲにはこの学名が使用されてきた。しかしながら、こ

コキヨヒメクラゲ（新称）

ツノクラゲ

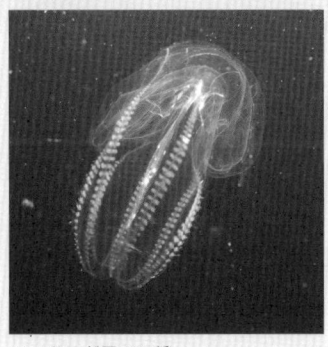

ツノクラゲ属の1種

333

有櫛動物門　有触手綱 Tentaculata

の種類とは明らかに異なるツノクラゲの仲間が日本近海に出現する。駒井の記載した種類と比較すると、小さいサイズで生殖腺が出現すること、また体表に角状突起が出現する体サイズが大きいことが挙げられる。(堀田)

カブトヘンゲクラゲ科（新称）
Lobatolampeidae

- カブトヘンゲクラゲ（新称） ▶▶ p.196
- *Lobatolampea tetragona* Horita, 2000
- カブトヘンゲクラゲ属（新称）

背腹に扁平な体形で口側を大きく広げ、海底に貼り付いていることが多い。刺激を与えると浮遊・遊泳するが、すぐに海底に降りる。最大直径は47mmで、肉眼で十分に確認できる。どの個体にも耳状突起は一切できていない。沿咽頭面の子午管は、生涯、先端が行き止まりになっており、口側の4か所にC字状の生殖巣ができる。本種はベニクラゲムシのようにもっぱら海底で生活する体制には進化しきっていない。東京のお台場、三重県鳥羽、瀬戸内海、鹿児島県、沖縄島や石垣島沿岸など関東以南の各所で報告されている。

長らく日本特産種であったが、2015年に紅海から報告された。本種の系統的位置や詳細な生態は未知である。(堀田・久保田)

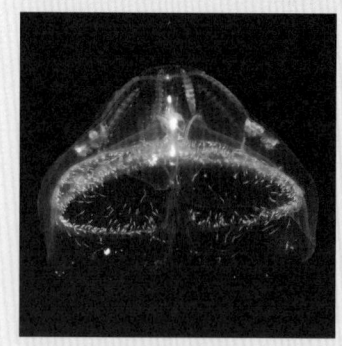

カブトヘンゲクラゲ（新称）

カメンクラゲ目 Thalassocalycida

カメンクラゲ科 Thalassocalycidae

- カメンクラゲ ▶▶ p.197
- *Thalassocalyce inconstans* Madin & Harbison, 1978
- カメンクラゲ属

大西洋北サルガッソー海の水深30m以浅から潜水採集で得られた大きさ30-50mmの標本に基づいて、1978年に報告された。クシクラゲ類では珍しいクラゲ型の種類である。その体形や内部の胃管接続構造が、それまでに報告されてきたクシクラゲ類に見られない形質であったために、新目・新科・新属・新種として発表された。袖状突起や耳状突起はない。櫛板列は短く、すべてが等長。沿触手面子午管に卵巣が観察されている。体は非常にやわらかく脆弱。外的刺激により収縮して大きく体形を変え、皿形から椀形、ときに大型の袖状突起をもったカブトクラゲ類に近い形または2つのボクシンググローブを向かい合わせたような形になる。

学名は、「形の変わりやすい海のコップ」という意味。潜水艇による深海調査で、本種が日本近海にも生息することが判明した。深海で発見されるものは直径15cmほどの大型で、海中に漂う仮面のようにみえる。記載された個体と比べると、胃管系水管が複雑に迷走し、一部の水管から生じる多数の枝管も観察されるなど記載にはない形質が見られ、これを別種類とする意見もある。各大洋の表層から深海、おもに中層域に生息。(堀田)

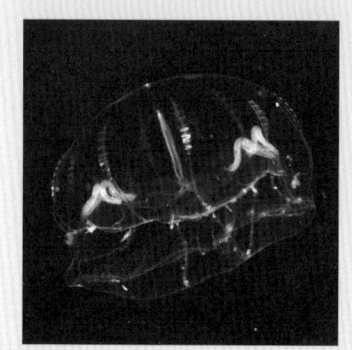

カメンクラゲ

オビクラゲ目 Cestida

オビクラゲ科 Cestidae

- オビクラゲ ▶▶ p.198
- *Cestum veneris* Lesueur, 1813
- オビクラゲ属

体は極度に扁平で、咽頭軸の方向に強く引き伸ばされている帯状をなす。長さは口端から反口端ではそれほどないが、横方向には1.5mに達することもある。通常は80cmより小さい。体は全体的に透明であるが、黄色または紫色の斑点が体の両端にできることもある。また、水管や触手も同色を呈することがある。沿咽頭面櫛板列は、肉薄の体の反口側の縁全体にわたって走る。沿触手面の櫛板列は、感覚器の近くに位置するが、極端に短く痕跡的である。漏斗（胃）から4本の間輻管が直接派出し、二分岐してそれぞれの従輻管が各子午管に接続する。沿触手面子午管は、沿触手面櫛板列の直下で間輻管から派出し、沿触手面の櫛板列の下を走る部分と、いったん口側へ向かったあと、体の中央の高さを縁と平行して水平方向に走る部分に分かれ、後者は帯状の体の両端の中央点で沿咽頭面櫛板列の下を走る子午管と連絡する。生殖腺は、櫛板列の下を走る子午管の全長にわたり連続的に発達する。

本科には大型のオビクラゲのほかに、20cm程度と小型のコオビクラゲ（新称）*Velamen parallelum* (Fol, 1869) が含まれる。区別される点として、コオビクラゲは沿触手面の櫛板列を完全に欠き、体の中央の高さを縁と平行して水平方向に走る管が湾曲することなく、直接間輻管より体の中央点において派出することが挙げられる。両者とも口側の縁を走る溝全体に触手が伸長し、多数の二次触手を飾る。カイアシ類や他の小型甲殻類を摂餌する。遊泳は、摂餌するときには口側の方向に水平的に進み、逃げる時には蛇のように波打ちながら横方向に素早く進む。子午管が発光する。熱帯・亜熱帯海域の世界中の海に分布する。表層で観察されることが多いが、小笠原海域では深度300mにおける観察例もある。(Lindsay)

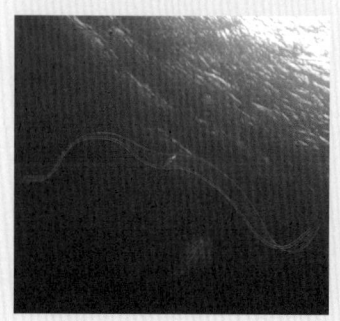

オビクラゲ

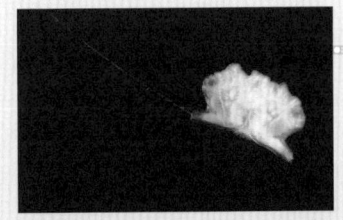

クシヒラムシ目 Platyctenida

クシヒラムシ科 Ctenoplanidae

オオクシヒラムシ ▶▶p.201
Ctenoplana muculosa Yoshi, 1933
クシヒラムシ属

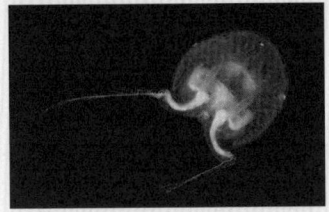

　大きさ5-8mmほど。体は肌色のような半透明で、足盤の周縁に沿って不鮮明な茶褐色の色素斑が14個ほど並ぶ。櫛板は1列あたり8-9個が認められる。胃管系は細かい網目状に互いが連絡して足盤全体に広がる。原記載では流れ藻から発見されている。(峯水)

クシヒラムシ属の1種 ▶▶p.200
Ctenoplana sp.
クシヒラムシ属

　大きさ1cmほど。春の大瀬崎や山口県青海島の表層に現れる。体を閉じた形は団扇形。体色は黄色を帯びた半透明で、褐色の細かい斑点が散在している。櫛板は1列あたり12-13個が認められる。背突起は大きく瘤状に隆起する。胃管系は樹枝状に足盤の周縁まで広がる。本邦から報告されているもう1種のクシヒラムシ*Ctenoplana maculo-marginata* Yoshi, 1933は、体長4mmほどで、櫛板列が7-8個とされているなど、本種とは異なるため、現段階では本種を未記載種としておく。(峯水)

クラゲムシ科 Coeloplanidae

ルソンヤドリクラゲムシ（新称） ▶▶p.202
Coeloplana astericola Mortensen, 1927
クラゲムシ属

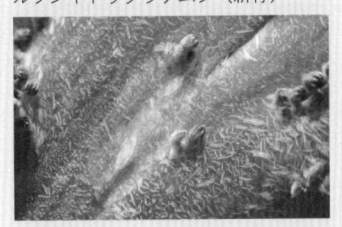

　本種は決まってルソンヒトデの体表に付着している。体色は宿主の地の色に似た赤褐色と淡色のまだら模様。大きさ5-13mmほどまで。インドネシアのアンボンやケイ島から1914-16年の調査で報告された種類だが、国内では西表島などに分布していることが判明した。(峯水)

クラゲムシ ▶▶p.204
Coeloplana bocki Komai, 1920
クラゲムシ属

　本種は決まってキバナトサカに付着している。体長3cmほどまで。体は淡桃色や淡黄色を帯びた半透明で、宿主の柄の地色によって多少の色彩変異が見られる。宿主の柄の骨片によく似た多数の条線が併走する。背突起はない。(峯水)

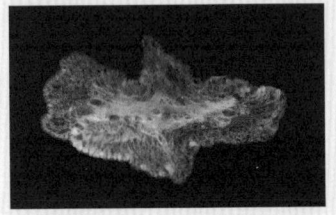

コマイクラゲムシ ▶▶p.203
Coeloplana komaii Utinomi, 1963
クラゲムシ属

　本種は決まってユビノウトサカに付着している。体長3cmほどまで。体は白色や桃色を帯びた半透明だが、宿主の地色によって多少変異がある。多数の白色の斑点をともなう。角状の背突起が15-25個ほどある。ポリプの密集部にいる個体ほど、その突起と触手鞘が宿主の焦げ茶色のポリプに酷似した色を帯びる。(峯水)

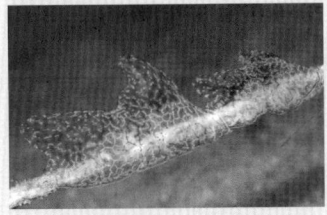

ソコキリコクラゲムシ（新称） ▶▶p.205
Coeloplana meteoris Thiel, 1968
クラゲムシ属

　亜熱帯～熱帯域の内湾の砂泥底に生息する。国内では琉球列島の水深3-25mほどで確認されている。大きさ4cmほどまで。水中では両端の腕状部を猫の耳のように上方にもち上げ、昼夜を問わず触手を漂わせていることが多い。海底に直接付着するのが普通だが、そこに空き缶やロープなどの人工物があれば、好んで付着する傾向が見られる。(峯水)

ベニクラゲムシ ▶▶p.204
Coeloplana willeyi Abbott, 1902
クラゲムシ属

　潮間帯付近の石の裏側や海藻などに付着している。大きさ7cmほどまで。体色は赤・茶・オレンジ・ピンクなどさまざまで、足盤の周縁部に白い斑点が並ぶのが本種の特徴。同じく岩の表面に被覆する紅藻類のイワノカワにそっくりで、よく凝視しないと一見して区別がつかない。これは、他のクラゲムシ類同様、環境に溶け込むような体色をもつことによる擬態方法と思われる。雌雄同体で、分裂による無性生殖のほか、有性生殖も行う。フウセン形幼生に限っては、櫛板列をもち浮遊生活をする。(峯水)

ガンガゼヤドリクラゲムシ（仮称） ▶▶p.202
Coeloplana sp. 1
クラゲムシ属

　南日本各地のガンガゼやアオスジガンガゼの棘上に大きさ1cmほどまでの大小多数が付着している。触手を除く体全体が一様に赤紫色を帯びる。潮の流れがあるときや夜間は、粘着性のある触手を伸ばし、頻繁にゴカイ類や端脚類を捕えて食べる。近縁のウニヤドリクラゲムシ*Coeloplana echinicola* Tanaka, 1932はラッパウニの体表から報告されている。(峯水)

サクラフブキクラゲムシ（仮称） ▶▶p.203
Coeloplana sp. 2
クラゲムシ属

　水深10-30mほどに生息するウミトサカの1種の幹に付着している。体は半透明で、鮮赤色の斑

点が無数に散在する。胃管系は網目状に互いが連絡して足盤全体に広がるが、周縁部は細かく樹枝状に終わる。クラゲムシ類は寄生するホストによって明らかに種が異なるため、本邦海域だけに限っても、相当数の未記載種が存在している。(峯水)

トサカノモヨウクラゲムシ (仮称) ▶▶p.203
Coeloplana sp. 3
クラゲムシ属

水深10-30mほどに生息するウミトサカの1種の幹に付着している。体は半透明で、赤褐色の不規則なまだら模様で覆われ、中央部はとくに濃く密集する。胃管系は太く、大雑把に連結しながら広がり、周縁部では急激に細かい。日中でも潮の流れがあるときや、夜間は頻繁に触手を伸ばして微小なプランクトンを捕えている。(峯水)

クラゲムシ属の1種 ▶▶p.204
Coeloplana sp. 4

潮下帯付近に生息する緑藻の1種、モツレミルに付着している。体長1.5cmほどまで。体は半透明で、茶褐色を帯びる。体表には多数の棘状の背突起があり、その縁が黄金色を帯びる。同じように藻類から報告されているミツクリクラゲムシ *Coeloplana mitsukurii* Abbott, 1902（体長1cm以下）である可能性も排除できない。(峯水)

コトクラゲ科 Lyroctenidae

コトクラゲ ▶▶p.205
Lyrocteis imperatoris Komai, 1941
コトクラゲ属

定着性のクシクラゲで、大きさは15cmほど。竪琴またはU字状の体形をしている。竪琴の支柱のようにみえるのは、本種の口唇にあたる咽頭外半部がせり上がったもので腕部と呼ぶ。その頂点近くから側枝のある触手を伸ばして索餌する。着面から各腕部にかけて深い溝があり、触手で捕えられた餌はその溝に移され、体の内部中央にある胃へ運ばれて消化される。また、体部から腕部にかけて8筋の縦襞が見られる。これらは子午管に沿った襞で、子午管の側面には精巣と卵巣ができる。卵巣は体の正軸側に、精巣は間軸側にできるため、腕部ではつねに精巣が向き合って並んでいる。卵巣の外側には保育嚢があり、その中で幼生は発生する。色彩は、白色、黄色、褐色、灰色の体に鮮紅色、小豆色などが散在して美しい。とくに生殖腺は鮮やかに縁取られていることが多い。成体では櫛板が退化消失している。一見するとクシクラゲの仲間には見えないが、保育嚢中に櫛板をもった幼生が見られること、またフウセンクラゲ目と同様の触手を有することなどでクシクラゲの仲間であることがわかる。

本種は、1941年に相模湾の水深70mから採集された個体に基づいて新種として発表された。その45年前にも採集されたことがあったが、所属不明の「奇妙な動物」として話題になった記録が残っている。2005年、無人潜水艇により鹿児島県野間岬沖水深228mで再発見され、64年ぶりに採集されて話題となった。近似種に、南極海から採集された *Lyrocteis flavopallidus* がある。日本近海の水深70-300mに生息。(堀田)

コトクラゲ属の1種 ▶▶p.205
Lyrocteis sp.

コトクラゲの仲間は現在のところ世界で2種類、コトクラゲと *Lyrocteis flavopallidus* Robilliard & Dayton, 1972が記載されている。しかし、近年では潜水艇による深海調査やダイバーらによって、色彩や大きさの異なる個体が発見されており、たいへん興味深い。

本書に掲載の個体は陽炎をともなう洋紅色斑が美しく、発見時は海藻に座着しており、匍匐行動や体形の大きな変化は見られなかったという。腕部は短いが着面から両腕部にかけて深い溝があること、腕頂部付近から触手が伸びること、体側から腕部に向かう各面に4条の隆起が見られることから、コトクラゲの1種であるとわかる。また、体側に無色透明の突起が多数見られ、この突起は部分的に乳頭状の瘤をもち、子午管に沿って分布する。これとよく似た突起が、南極海に産するL. *flavopallidus* にも観察されている。本個体の最大長は5cmほどと小さく、コトクラゲの若個体である可能性もあるが、日本近海でコトクラゲの仲間がこれほどの浅い海（静岡県大瀬崎湾内水深20m）で発見されるのは初めてのことである。今後、体構造や体内部の胃管構造、生殖方法などの詳細を比較検討する必要がある。

クシクラゲ類は標本に残せない場合が多く、コトクラゲを含む扁櫛類やウリクラゲ類などは比較的標本に残りやすいとはいえ、時間経過とともに内部構造の観察は困難となる。できるだけ生時における内部構造の観察と、飼育による生態観察を行うことが必要となる。そのためには、ダイバーたちの多くの眼と研究者、水族館施設等での飼育観察といった連携プレーの充実が不可欠となる。
(堀田)

サクラフブキクラゲムシ (仮称)

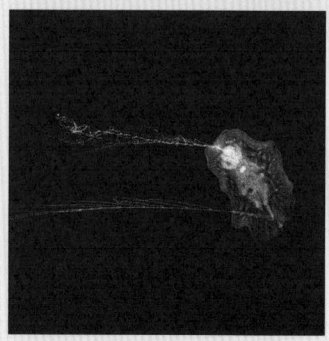

トサカノモヨウクラゲムシ (仮称)

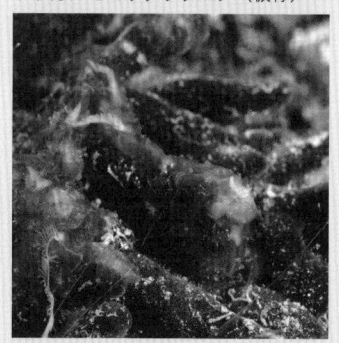

クラゲムシ属の1種

コトクラゲ

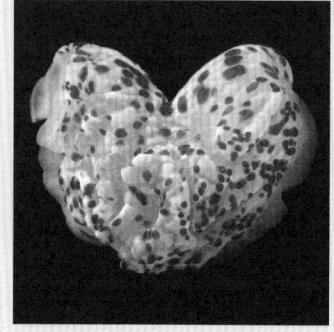

コトクラゲ属の1種

脊索動物門 | タリア綱 Thaliacea

ヒカリボヤ目 Pyrosomatida

ヒカリボヤ科 Pyrosomatidae
● ヒカリボヤ亜科

本亜科の種は群体開口部に隔膜をもつ。また、横走筋は個虫の出水腔上に位置する。壺状卵生個虫は4個の芽生個虫（四分個虫 tetrazooid とも呼ばれる）を形成する。ヒカリボヤ属とワガタヒカリボヤ属からなる。（西川）

コブヒカリボヤ ▶▶ p.206
Pyrosoma aherniosum Seeliger, 1895
ヒカリボヤ属

群体は小型で透明。外皮は著しく隆起した瘤状の突起で覆われる。群体の長さは2.5cm、幅1.5cm以下。個虫の形態はヒカリボヤに類似するが、幅広く大きい入水腔（鰓嚢の幅とほぼ等しい）と著しく短い出水腔をもつ点で異なる。個虫の長さは4.1mm以下。入水腔は2.0mm以下、出水腔は0.3mm以下、鰓嚢は1.8mm以下。鰓裂数30以下、縦走血管数17以下。暖海性で北緯30°以南、太平洋に分布。（西川）

ヒカリボヤ ▶▶ p.206
Pyrosoma atlanticum Péron, 1804
ヒカリボヤ属

本属の種では個虫の配列は規則性を欠く。群体の外皮は長短の突起をもつ。本種の群体は円筒形で桃または桜桃色。外皮は固く半透明で、多数の長短の三角形状の突起をもつ。群体は指状で開口部から閉口部への先細りは少ない。群体の長さは60cm以下、幅4-6cm。開口部には隔膜をもつ。個虫は基本的には輪状に配列するが、規則性は明瞭ではない。個虫は丸みを帯びるかやや角ばる。個虫の長さは8.5mm以下。入水腔は2mm以下（ただし、外皮の突起を突き抜けて伸びる場合は15mm以下）、出水腔は3.5mm以下、鰓嚢4.0mm以下。入出水腔の幅は鰓嚢より明らかに狭い。鰓裂数50以下、縦走血管数26以下。もっとも一般的に見られる種。全世界に分布し、日本近海でもごく普通に採集される。（西川）

ワガタヒカリボヤ ▶▶ p.206
Pyrosomella verticillata (Neumann, 1909)
ワガタヒカリボヤ属

本属の種では、個虫は輪状に規則正しく配列する。群体の外皮表面は全体的に平滑。群体閉鎖端に向かうほど個虫は大きくなる。群体は指状または卵形で、しばしば平たくつぶれる。外皮は透明でやわらかく、表面は平滑。群体の長さは5cm以下、幅は3cm以下。個虫はやや横が膨らんだ円形で長さ3.9mm以下、幅2.8mm以下。入出水腔は短く、とくに出水腔は鰓嚢の長さの1/3を超えることはない。出水孔は大きい。鰓裂数33以下、縦走血管数17以下。暖海性。西部太平洋。（西川）

● ナガヒカリボヤ亜科

本亜科の種は群体開口部に隔膜をもたない。また、横走筋は個虫の鰓嚢上に位置する。壺状卵生個虫は30-80個の芽生個虫を形成する。ナガヒカリボヤ属のみからなる。（西川）

ナガヒカリボヤ ▶▶ p.207
Pyrostremma spinosum (Herdman, 1888)
ナガヒカリボヤ属

群体は円筒形で不透明かやや赤みを帯びる。開口部から閉口部に向けて幅が狭くなり、開口部には細長い長大な鞭状の突起をもつ。外皮は厚いがやわらかく、きわめて破損しやすい。群体の長さは20m、幅は1.2mを超えるといわれ、海洋に存在するもっとも巨大な生物体の1つである。個虫は斜め方向に規則正しく配列する。個虫の長さは14.3mm以下。入水腔は0.5mm以下、出水腔は5.2mm以下、鰓嚢は7.0mm以下。横走筋は著しく発達し、中央部が盛り上がる。鰓裂数53以下。縦走血管数35以下。北緯40°以南に出現するが、まれ。破損した群体の一部が採集されることが多い。（西川）

サルパ目 Salpida

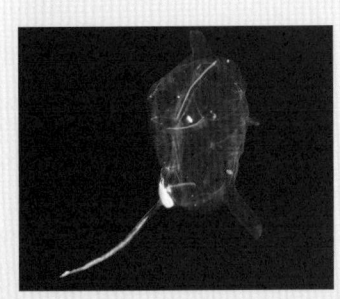

サルパ科 Salpidae
● サルパ亜科

有性世代、無性世代ともに消化管は完全に鰓と分離している。発光器をもたない。ほとんどの種で消化管は、体核と呼ばれる球状の塊を形成する。（西川）

クチバシサルパ ▶▶ p.212
Brooksia rostrata (Traustedt, 1893)
クチバシサルパ属

〔単独個体〕体長5-60mm。被嚢はやわらかい。円柱形の体の前方に大きな突起をもつ。突起内部には前後方向に筋肉が走る。筋肉帯は7本。第1筋は中間筋とつながり、第1筋から第3筋までと第4筋から第7筋までは背中線上で互いに接近、

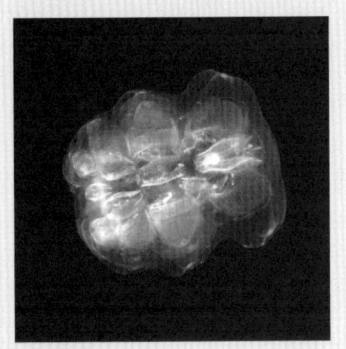

コブヒカリボヤ
ヒカリボヤ
ワガタヒカリボヤ
ナガヒカリボヤ
クチバシサルパ

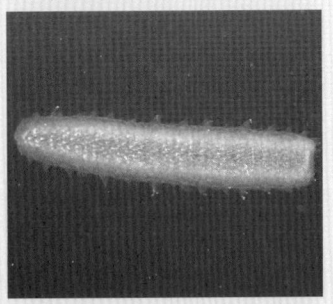

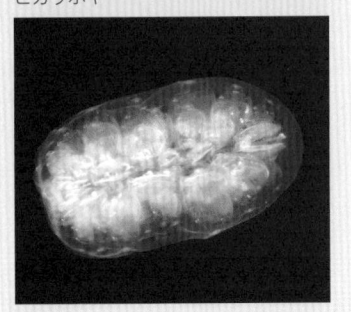

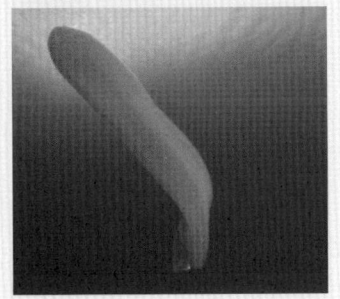

接触または癒合する。腹面では第7筋から2本の縦走筋が腹中線を挟んで前方に向かいそのまま突起部に入り込む。消化管はゆるく巻き体核を形成する。芽茎はほぼまっすぐに前方へ向かう。

〔連鎖個体〕体長0.8 − 8 mm。被嚢は非常に薄く、固定標本では容易に脱落する。体は楕円形。筋肉帯は左右非相称で、断絶することなく体をとりまく。右個体と左個体に分かれる。消化管は体の後端にあり、体核を形成する。胚は第3筋と第4筋の間に位置する。おのおのの個体は約60°に傾き2列に交互につながる。

本州東方海域から報告がある。(西川)

| フトスジサルパ　　　　　　　　　▶▶p.213
| *Iasis zonaria* (Pallas, 1774)
| フトスジサルパ属

〔単独個体〕体長16 − 51mm。被嚢は円柱形で固い。後端は消化管の後部で短く尖る。後端部の両側も短く尖る場合がある。筋肉帯は5本で幅広い。第1筋の前に太さのほぼ変わらない中間筋が存在する。筋肉帯はすべて平行に位置し、背腹両面で断絶する。消化管は体核を形成する。芽茎は体核をとりまく。

〔連鎖個体〕体長19 − 37mm。被嚢は紡錘形で固い。前後端に短い突起をもつ。後端の突起は先が尖る場合がある。筋肉帯は5本で幅広く、互いに接することはない。すべて腹面で断絶するほか、第1筋のみ背中線上でも断絶する。第5筋は右側面で二股に分かれる。消化管は体核を形成する。胚は第4筋と第5筋の間に位置する。群体は直線型。

日本近海で普通に見られる。本州太平洋沿岸(瀬戸、須崎、三崎、駿河湾)、親潮域、混合域、本州東方海域から報告がある。(西川)

| ツノダシモモイロサルパ　　　　　▶▶p.210
| *Pegea bicaudata* (Quoy & Gaimard, 1826)
| モモイロサルパ属

〔単独個体〕体長70mm以下(Madin & Harbison 1978)。被嚢はモモイロサルパに比べて丸形で厚い。第1筋と第2筋は背中線上で癒合するが、第3筋と第4筋は接するが癒合しない。

〔連鎖個体〕体長80mm以下。被嚢は円柱状で長さは幅の2倍を超える。被嚢は厚く、後端に2本の突起をもつ。第1筋と第2筋、第3筋と第4筋はどちらも背中線上で接するが癒合しない。

モモイロサルパに比べるとややまれ。太平洋の八丈島沖からP. confoederata bicaudataの報告がある。(西川)

| モモイロサルパ　　　　　　　　　▶▶p.210
| *Pegea confoederata* (Forskål, 1775)
| モモイロサルパ属

〔単独個体〕体長90mm以下。被嚢はツノダシモモイロサルパに比べて細く薄い。ただし体核と芽茎のまわりは厚い。第1筋と第2筋、第3筋と第4筋はどちらも背中線上で癒合する。

〔連鎖個体〕体長40 − 110mm。被嚢は丸形で、体核のまわりを除いて薄い。突起はない。第1筋と第2筋、第3筋と第4筋はどちらも背中線上で癒合する。体核は被嚢の後端に突出し周辺を厚い被嚢に包まれる。

日本近海で普通に見られる。本州太平洋沿岸(紀伊半島沿岸、須崎、下田、親潮域、混合域、本州東方海域から報告がある。(西川)

| トガリサルパ　　　　　　　　　　▶▶p.209
| *Salpa fusiformis* Cuvier, 1804
| トガリサルパ属

〔単独個体〕体長52mm以下。被嚢は全体的に平滑。第1筋から第3筋までは背中線上で著しく癒合する。第8筋と第9筋も著しく癒合する。体核は比較的小さく、被嚢は体核周辺で隆起しない。

〔連鎖個体〕体長52mm以下(突起部を除く)。被嚢は典型的な紡錘形で、前後端の突起は細長く伸びる。被嚢は全体的に平滑。第1筋から第4筋までは背中線上で著しく癒合する。第4筋と第5筋は側面で癒合する。第5筋と第6筋は背中線上で著しく癒合する。

サルパ類の中でもっとも広い範囲に分布するといわれる。日本近海でも一般的で、しばしば優占種となる。本州太平洋沿岸、黒潮域、外房海域、豆南海域、外房沖、鹿島灘、本州東方海域、日本海、日本海対馬暖流系水、忍路湾から報告がある。(西川)

| オオサルパ　　　　　　　　　　　▶▶p.211
| *Thetys vagina* Tilesius, 1802
| オオサルパ属

〔単独個体〕体長306mm以下。被嚢は固く表面は短い棘で覆われる。被嚢の後端に1対の尾状突起をもつ(しばしば黒色または濃緑色を呈する)。筋肉帯は16 − 22本。筋肉帯はすべて腹面には達しない。背面では背中線上で断絶する。筋肉帯の一部は側面でも断絶する。各々の筋肉帯は平行に位置するか背中線に向かうにつれ接近するが、接触しない。消化管は体核を形成する。芽茎はまず前方に伸び、途中で曲がり後方に向かう。

〔連鎖個体〕体長190mm以下。被嚢は固く表面は多くの短い棘で覆われる。被嚢の一部は黒色または濃緑色を呈する場合がある。背中線に沿って凹みが見られる場合がある。筋肉帯は5本。すべて背腹両面で断絶する。第1筋から第3筋までは背中線に向かうにつれ接近するが背中線上で断絶し接触しない。第4筋と第5筋は平行に位置する。消化管は体核を形成する。胚は第4筋と第5筋の間に位置する。群体は直角型。

本州太平洋沿岸(瀬戸、須崎、三崎)、親潮域、混合域、本州東方海域、三陸(大槌湾)から報告がある。(西川)

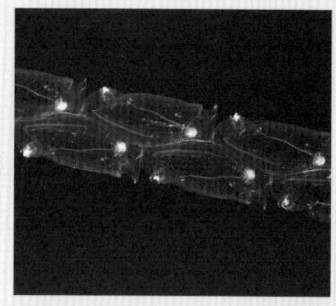

フトスジサルパ

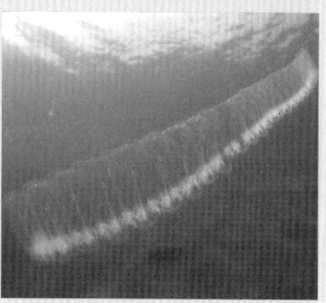

ツノダシモモイロサルパ

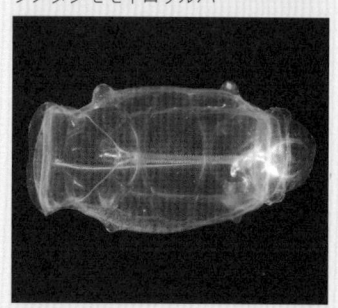

モモイロサルパ

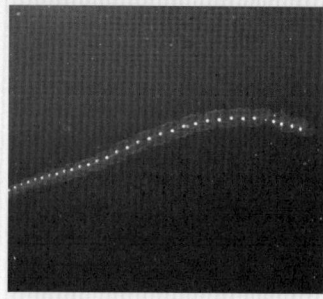

トガリサルパ

オオサルパ

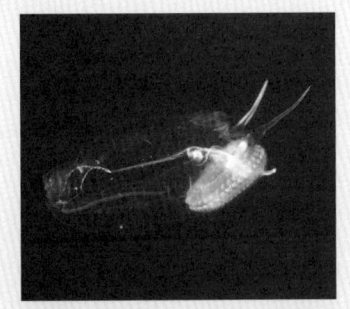

ホンヒメサルパ

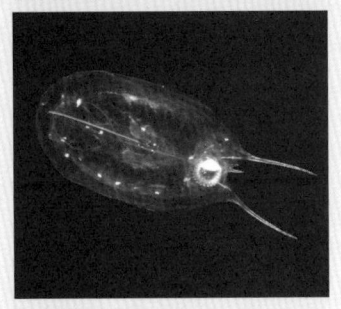

| ホンヒメサルパ ▶▶ p.213
Thalia democratica (Forskål, 1775)
| ヒメサルパ属

〔単独個体〕体長2.3－11.7mm（後部突起を除く）。被囊は平滑。出水孔突起は単純で直線形。側突起は短い。腹中突起は短く、前方のものがもっとも小さい。突起部は棘で覆われる。第2筋から第4筋、第5筋と第6筋は背中線上でわずかに接触または癒合する。

〔連鎖個体〕体長1.8－18.2mm。被囊は後端でやや角ばる。体核の後端に突起（核突起）をもつ。

日本近海で普通に見られる。本州太平洋沿岸（瀬戸、須崎、三崎（*T. democratica* var. *orientalis*））、日本海、親潮域、混合域、本州東方海域から報告がある。（西川）

ヒメサルパ

| ヒメサルパ ▶▶ p.213
Thalia orientalis (Tokioka, 1937)
| ヒメサルパ属

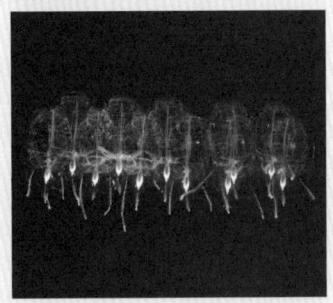

〔単独個体〕体長3.0－6.8mm（後部突起を除く）。被囊は全体的に棘に覆われ、8本の棘の隆起線が認められる。後部突起は長い（被囊の長さを超える場合もある）。出水孔突起は二股に分かれる。側突起はない。腹中突起は著しく発達し、前方のものがもっとも小さい。筋肉帯は他種と比べて細い。第2筋と第3筋は背中線上でわずかに接触または癒合する。第3筋と第4筋、第5筋と第6筋は著しく癒合する。

〔連鎖個体〕体長2.1－4.5mm。被囊後部は尖る。核突起はない。個体どうしをつなぐ付着器は被囊の外に突き出る。

本種はTokioka (1937) によりホンヒメサルパの変種として記載され、van Soestにより種に格上げされた。日本近海で普通に見られる。本州太平洋沿岸（瀬戸、須崎、三崎）、豆南海域、外房沖、鹿島灘、本州東方海域から報告がある。（西川）

センジュサルパ

| センジュサルパ ▶▶ p.212
Traustedtia multitentaculata
(Quoy & Gaimard, 1834)
| センジュサルパ属

〔単独個体〕体長37mm以下。被囊は丸形でやわらかい。表面に多くの細長い突起（触手）をもつ。触手の先端はわずかに丸く膨らむ。触手は体が大きくなるにつれて長くなり数が増えると言われるが、個体差も大きい。筋肉帯は5本、背面には達しない。筋肉帯の配列も個体によって異なるが、概して第1筋から第3筋まで、第4筋と第5筋がそれぞれ1つのグループをなす。消化管は卵形。芽茎は消化管のまわりを取り巻く。

〔連鎖個体〕体長20mm以下（突起部をのぞく）。被囊は丸形でやわらかい。後端に3本の突起をもち、2本は背側面から、1本は消化管の後部から伸びる。筋肉帯は4本。筋肉帯は背面には達しない。消化管は丸形だが後方にやや尖る。胚は第3筋と

シャミッソサルパ

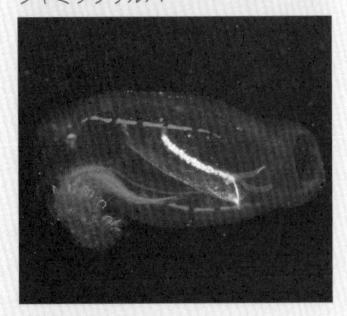

フタオサルパ

第4筋の間に位置する。おのおのの個体は群体の軸に対して直角方向に繋がる。

太平洋沖合、本州太平洋沿岸、親潮域、混合域、本州東方海域から報告がある。（西川）

● ワサルパ亜科

単独個体では、消化管と鰓はともにまっすぐに伸び大部分結合する。連鎖個体においても、消化管はまっすぐ伸びるかゆるく巻き体核を形成することはない。ほとんどの種で発光器をもつ。van Soestにより種の見直しと整理が行われた。（西川）

| シャミッソサルパ ▶▶ p.214
Cyclosalpa affinis (Chamisso, 1819)
| ワサルパ属

〔単独個体〕体長74mm以下。被囊は厚く、比較的固い。筋肉帯は通常、背中線上で断絶する第1筋と第2筋を除き、背面では連続する。ただし他の筋肉帯も背中線上で断絶する個体が存在するためこの形質は一定とは言い難い。本種の最大の特徴は発光器がないことで、これは他のワサルパ亜科の種には見られない。背節は非常に入り組む。肛門は脳節の直下に開く。

〔連鎖個体〕体長46mm以下。被囊はやわらかく薄い。後背部に大きな隆起をもつ。筋肉帯は背面では接しない。発光器はない。背節はやや入り組む。柄は短く体長の1/5を超えない。消化管（腸）はゆるくコイルし後方へ大きく飛び出る（内柱に沿って前方に伸びない）。

本州太平洋沿岸（瀬戸、三崎）、黒潮域、本州東方海域から報告がある。（西川）

| フタオサルパ ▶▶ p.214
Cyclosalpa bakeri Ritter, 1905
| ワサルパ属

〔単独個体〕体長47mm以下。被囊は球形で、半透明。筋肉帯は第7筋を除いて背腹両面で断絶する。第7筋は背面で連続する場合がある。第6筋は第3筋付近まで前方に伸びるが背中線上でつながらない。すなわち、背中線を挟んで平行に縦走する。第1筋は腹面で断絶するところでしばしば中間筋とつながる。発光器は6対、5対はよく発達し、第1筋から第6筋の間に位置する。1対は小型で、中間筋と第1筋の間に位置する。なお、発光器はしばしば筋肉帯により半分に分断され、11対にみえることがある（小型の1対は分断されない）。背節はG字形。

〔連鎖個体〕体長26mm以下。被囊はやわらかく薄い。後端で二股に分かれる。筋肉帯の配列は左右不相称。個体は右個体と左個体に分かれる。筋肉帯の配列様式は複雑だが、カスミサルパと区別できない。発光器はないか1対第2筋と第3筋の間に位置する。背節はC字形で、カスミサルパに比べて大きく湾曲する。柄はやや長く、体長の1/3程度。消化管（腸）は後方でゆるくコイルし、被囊を飛び出す。

脊索動物門 | タリア綱 Thaliacea

忍路湾、親潮域、混合域、本州東方海域から報告がある。（西川）

カスミサルパ ▶▶p.215
Cyclosalpa foxtoni Van Soest, 1974
ワサルパ属

〔単独個体〕体長37mm以下。被嚢は完全に透明で厚く、球状。筋肉帯の配列は *C. bakeri* とまったく同じ。ただし、筋肉帯の幅は本種のほうが明らかに細い。発光器は小型で3-4対。他のすべての種と異なり第2筋から第5筋の上に位置する（他種は筋肉帯の間に発光器が位置する）。背節は単純なG字形。透明な被嚢と筋肉帯上に位置する発光器によって、フタオサルパ *C. bakeri* と容易に区別される。

〔連鎖個体〕本種の記載を行ったvan Soestによれば、連鎖個体はフタオサルパと完全には区別することができない。ただし、背節の形状により2つのタイプに分かれ、背節が強く湾曲しC字状のものがフタオサルパ、ゆるく湾曲するものがカスミサルパであろうとしている。また、後者のタイプは筋肉繊維の数が前者に比べてやや少ない。その他の特徴はまったく同じ。

太平洋から報告がある。（西川）

タテスジワサルパ ▶▶p.215
Cyclosalpa quadriluminis forma *parallela* (Kashkina, 1973)
ワサルパ属

〔単独個体〕体長37mm以下。エナガワサルパ *C. polae* と非常に類似する。被嚢はやや厚く透明。第6筋は両側から背中線上で1つになり前方へ伸びるが、融合は完全ではなく筋肉帯の所々に隙間が見られる。発光器は5対でよく発達する。第1筋と第6筋の間に位置する。背節はエナガワサルパと比べてやや入り組む。肛門は脳節直下に開く。本種は縦走する2本の第6筋の間に隙間がある点でエナガワサルパと区別することができる。

〔連鎖個体〕体長45mm以下。被嚢は厚いがやわらかい。第1筋と第2筋は背面で癒合する。第3筋と第4筋は接近（あるいは時として接触）するが癒合しない。発光器は2対で第2筋と第3筋、第3筋と第4筋の間にそれぞれ位置する。前方の発光器のほうが約2倍長い。背節はC字形、わずかに入り組む。柄は短く、体長の1/3を超えない。

本州太平洋沿岸では瀬戸、須崎から *C. pinnata*、瀬戸から *C. pinnata* subsp. *polae* の報告があるが、van Soestは従来、日本近海で模式種 *C. pinnata* として報告されている種を本種に含め、*C. pinnata* は大西洋に分布が限られるとした。（西川）

ネジレサルパ属の1種 ▶▶p.215
Helicosalpa sp.

〔単独個体〕被嚢表面は平滑で、前後端に入出水孔が開く。筋肉帯は7本。配列は左右相称で背腹両面で断絶する。腹面縦走筋をもつ。消化管の一部は脳節を超えて前方へ伸び、ループを描いて後方へ向かう。芽茎は腹中線上を第1筋まで伸び、そこでループを描いて後方へ向かう。

〔連鎖個体〕被嚢は平滑で後端に突起をもつ。左個体は右側に、右個体は左側に曲がる。筋肉帯の配列は左右非相称。右個体では第1筋、第2筋、中間筋が背中線の右側で癒合し、第2筋、第3筋、第4筋は背中線の左側で癒合する。第4筋は出水孔のまわりを取り囲み、一部枝分かれして背面を前方に伸長する。左個体の筋肉帯の配列は右個体のそれと鏡像関係にある。発光器、柄はもたない。

本州東方海域、太平洋沿岸から報告がある。（西川）

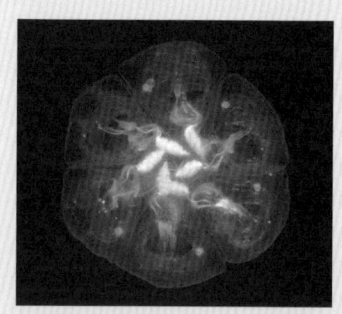

カスミサルパ

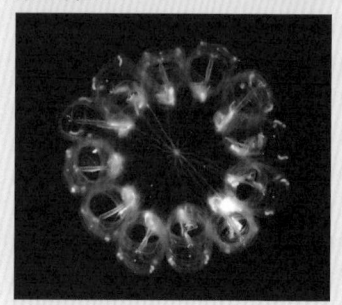

タテスジワサルパ

ネジレサルパ属の1種

ウミタル目 Doliolida

ウミタル科 Doliolidae

オオウミタル ▶▶p.216
Dolioletta gegenbauri Uljanin, 1884
マキウミタル属

本属の有性生殖個体（育体も同様）は消化管が螺旋状に巻く。本種の有性生殖個体（育体も同様）は体長3-15mm。消化管は第5筋と第6筋の間に位置し、螺旋状に巻く。肛門は第6筋と第7筋の間の半分より後方に開く。脳節は第3筋と第4筋の間に位置する。内柱は第2筋と第3筋の間から伸び、第4筋と第5筋の間で終わる。鰓壁は背側（消化管のない側）の第3筋からはじまり第6筋付近まで伸び、腹側の第5筋で終わる本種のほかに、第5筋と第4筋の間まで伸びるトリトンウミタル *D. gegenbauri* var. *tritonis* がある。トリトンウミタルは有性生殖個体と育体に見られるオオウミタルの変種で、オオウミタルとの明らかな差異は、この鰓壁末端の腹側の位置だけである。

両種とも日本近海で普通に見られる。オオウミタルは親潮域、混合域、瀬戸内海から、トリトンウミタルは本州太平洋沿岸、関東近海、瀬戸内海、黒潮域、東京湾、大阪湾、大村湾から報告がある。（西川）

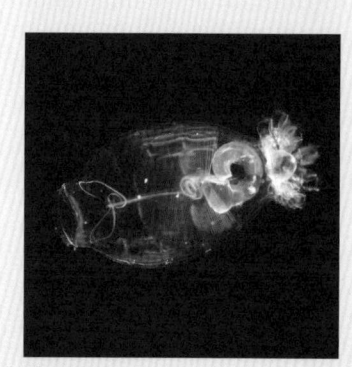

オオウミタル

軟体動物門 | 腹足綱 Gastropoda

新生腹足目 Caenogastropoda 翼舌亜目 Ptenoglossa

アサガオガイ科 Janthinidae

アサガオガイ　▶▶p.218
Janthina janthina (Linnaeus, 1758)
アサガオガイ属

　殻は薄く右巻きの蝸牛形で青藍色。足の裏から分泌する粘液でできた泡を連結してイカダ（浮嚢）をつくり、その下に吊り下がって浮遊する。殻高・殻径とも25mmくらいが普通。ときには背の高い個体（以前コシダカアサガオガイと呼ばれていた）もある。縫合はくびれず浅い。体層の周辺は鋭く角立つ。殻上面は蒼白色で、やや平坦な殻底は濃紫色。本種は卵胎生なので、同科のルリガイ*J. globosa*やヒメルリガイ*J. umbilicata*のようにイカダの下面に卵嚢を産みつけることはない。本種はカツオノエボシ、ギンカクラゲ、カツオノカンムリなどの浮漂性の刺胞動物を食べ、歯舌はほぼ同形の歯が並ぶ。本書に掲載の写真では、本種のほか浮遊性の裸鰓類のアオミノウミウシ*Glaucus atlanticus*も共通の食餌であるカツオノエボシに蝟集している。全世界の温熱帯海域に分布し、わが国の黒潮の影響のある太平洋沿岸にしばしば漂着する。（奥谷）

新生腹足目 Caenogastropoda 異足亜目 Heteropoda

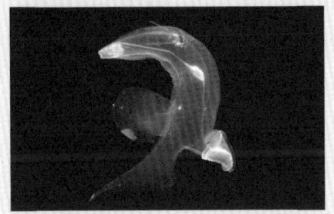

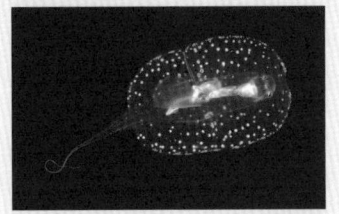

クチキレウキガイ科 Atlantidae

クチキレウキガイ　▶▶p.218
Atlanta peroni Lesueur, 1817
クチキレウキガイ属

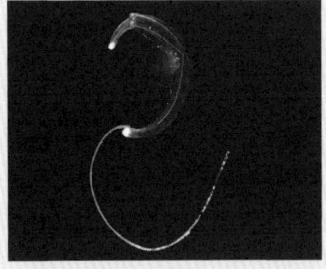

　殻径10mmくらいになる扁平な蝸牛形で体層周縁に竜骨板をめぐらす。殻は透明で内臓が透けて見える。螺層周辺は淡褐色を呈する。5回ほど巻き、成長すると竜骨板は次体層まで深く巻き込まれる。撮影された個体は腹びれの一部が毀損しているが、後縁に大きな吸盤が見える。尾部には不透明斑があり、薄い蓋を担う。殻口外唇には切れ込みがある。殻口正面から見ると螺塔の頂部がわずかに見える。蓋は亜方形で核は偏る。近似種ウスヒラクチキレウキガイと形態・色彩とも酷似するが、各螺層径の比、殻口幅との比などのほか、蓋の核の位置などで区別できる。全世界の温熱帯海域に分布し、わが国の黒潮の影響のある太平洋側で見られる。（奥谷）

ゾウクラゲ科 Carinariidae

カエデゾウクラゲ　▶▶p.219
Cardiopoda placenta (Lesson, 1830)
カエデゾウクラゲ属

　体長8cmくらい。吻は中庸で、眼は小さく、網膜部は狭い三角形。皮層はときに鮮やかな橙褐色。内臓核は卵円形で長い柄がある。頂端には殻をもつが、螺旋形の約3回巻きの原殻に亜三角形の鍔状の後生殻が付く。20条あまりの鰓糸は内臓核のまわりに鶏冠状に配列する。尾冠はないが、後端は掌状に広がる。全世界の温熱帯海域に分布し、わが国の黒潮の影響のある太平洋側に分布するが、きわめてまれ。同属の別種ムチオゾウクラゲ*C. richardi*は小型（体長2cm）で鰓糸は8条、尾部腹面に黒色葉片があり、尾部は長い付属糸で終わる。（奥谷）

ヒメゾウクラゲ　▶▶p.219
Carinaria japonica Okutani, 1955
ゾウクラゲ属

　体長8cmほど。殻は側面から見ると二等辺三角形で、殻高は殻口長径の約80%で竜骨板は低い。吻は太く、眼の網膜部は底辺の広い三角形。尾冠は三角形で、内臓核と同じくらいの高さに聳える。黒潮域と親潮の間の混合域にすみ、カリフォルニア海流域では体長15cmほどで尾冠の背縁が褐色となる個体が見つかる。太平洋の温熱帯域に分布するゾウクラゲ*C. cristata*と似ていて、その亜種または型（forma）として扱っている文献もあるが、ゾウクラゲはさらに大型となる（体長60cm）ほか、殻が後ろに緩く反ることや、尾冠が半月形で褐色の波形模様がある点で異なる。また体長5cmくらいの小型のカブトゾウクラゲ*C. glaea*の殻は後方に強く反り、竜骨板は高く、尾冠は低いので識別できる。（奥谷）

コノハゾウクラゲ　▶▶p.220
Pterosoma planum Lesson, 1827
コノハゾウクラゲ属

　体長7cmほど。体は円筒形であるが、頭部から尾部の基部まで楕円板形のゼラチン質の皮層で覆われ、その上には微顆粒と小白斑点を散らす。吻は細く、尾部の断面は多角形で後端に付属糸がある。殻は浅い皿形で透明、中央にゾウクラゲ属では竜骨板に相当する稜が走り、後部には巻いた原殻がある。すなわち幼若体の殻はいまだに螺旋状をなす。インド-太平洋の温熱帯海域に分布し、わが国の黒潮の影響のある太平洋側で見られる。（奥谷）

ハダカゾウクラゲ科 Pterotracheidae

シリキレヒメゾウクラゲ　▶▶p.220
Firoloida desmaresti Lesueur, 1817
シリキレヒメゾウクラゲ属

軟体動物門｜腹足綱 Gastropoda

体長4cm。一見、小型のハダカゾウクラゲ属のようであるが、内臓核の後方の尾部は発達していない。雄には頭部触角があり、体後端は短い鞭状の尾糸で終わる。雌には頭部触角はなく、体の後端は二葉に分かれ、つねに糸状の卵紐を引いている。全世界の温熱帯海域に分布し、わが国の黒潮の影響のある海域で見られる。（奥谷）

| ハダカゾウクラゲ　　　　　　　　▶▶p.221
Pterotrachea coronata Niebuhr, 1775
| ハダカゾウクラゲ属

体長15cm。体は円筒形で、体表にはゼラチン質の皮層が発達して小棘が密生し、腹部の皮層下に白点斑がある。吻は細長く象の鼻のよう。眼は円筒形の網膜をもつ。ゾウクラゲ属のような頭部触角はないが、数個の額棘がある。後方の尾部に向かって側扁し、尾部には縦畝があり、その断面は縦長の六角形で後端は二股に分かれた水平の舵状のひれになる。腹びれは団扇形で、雄では吸盤がある。内臓核の長さは径の4－5倍で数本の鰓糸がある。全世界の温熱帯海域に分布し、わが国の黒潮の影響のある太平洋側で見られる。

図鑑によってはヒメゾウクラゲの和名もあるが、それは*Carinaria japonica*と異物同名となる。（奥谷）

| チュウガタハダカゾウクラゲ　　　▶▶p.220
Pterotrachea hippocampus Philippi, 1836
| ハダカゾウクラゲ属

体長7cm。体は円筒形で、体表にはゼラチン質の皮層が発達し、腹びれの基部付近の皮層下に白点斑がある。体表はハダカゾウクラゲほど棘立たない。吻は細く長い。眼は三角形の網膜をもつ。額棘はあっても顕著でない。後方の尾部に向かって側扁し、尾部後端は二股に分かれた水平舵状のひれに終わる。腹びれは団扇形。内臓核の長さは径の1.5－2倍であることで細長い内臓核をもつハダカゾウクラゲと見分けられる。この仲間はときに長い尾糸をもつ。全世界の温熱帯海域に分布し、わが国の黒潮の影響のある太平洋側で見られる。*P. minuta*は本種の幼若体に与えられた名。（奥谷）

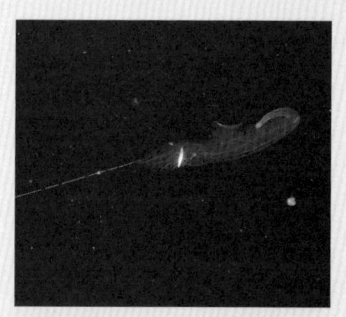

ハダカゾウクラゲ

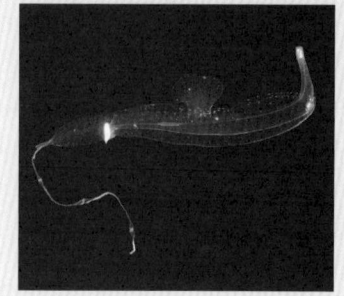

チュウガタハダカゾウクラゲ

真後鰓目 Euopisthobranchia 有殻翼足亜目 Thecosomata

カメガイ科 Cavoliniidae

| マサコカメガイ　　　　　　　　　▶▶p.223
Cavolinia inflexa（Orbigny, 1836）
| カメガイ属

殻長8mm。殻表は平滑で光沢に富む。背殻は平滑、ひさしは反らず匙状。前縁に褐色点がある。初生殻は尾状で強く反る。腹殻はあまり膨れず、側部翼状突起は後方に向かう。世界の南緯40°－北緯40°くらいまでの範囲に分布するが、日本近海に多い型はforma *labiata*とされる。（奥谷）

| マルカメガイ　　　　　　　　　　▶▶p.223
Cavolinia globulosa（Rang, 1828）
| カメガイ属

殻はよく膨れ、殻頂6mm。背殻のひさしは強く曲がる。殻はガラス様で無色。まれに殻口周辺が褐彩する。クリイロカメガイより小型で、側葉は張り出さず、また原殻は反らない。インド-太平洋の温熱帯海域に分布する。（奥谷）

| クリイロカメガイ　　　　　　　　▶▶p.223
Cavolinia uncinata（Rang, 1828）
| カメガイ属

殻長・殻幅とも10mmくらい。殻は濃い飴色で光沢が強い。腹殻は強く膨れて丸い。背殻にはかなり明瞭な縦畝がある。後方には強く背方に反る初生殻が残っている。ひさしは強く曲がり殻口を覆う。世界の温熱帯に分布し、2亜種5型に分けられるが、わが国近海を含むインド-太平洋海域に分布する型はforma *pulsata*とされる。遊泳時は背殻と腹殻の隙間から3部分に分かれる外套膜葉が広がり、長い付属糸を出しているばかりではなく、懸濁物を集めるため大きな粘液トラップをつくることが知られている。（奥谷）

| マルセササノツユ　　　　　　　　▶▶p.224
Diacavolinia angulosa（Gray, 1850）
| ササノツユ属

殻長4mm、殻幅3.5mmくらい。殻は透明で淡黄緑色を帯びる。背殻のひさしは嘴状に突出し、背殻は前縁に沿って明瞭なくびれがある。腹殻は丸く膨れる。殻の左右にはわずかに上反する三角形の翼状突起がある。初生殻は残っていない。インド－西太平洋の熱帯海域に分布するが、わが国近海でも黒潮の影響のある太平洋側でしばしば見られる。モエギササノツユという別称もある。（奥谷）

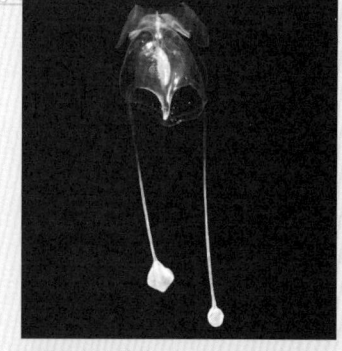

マサコカメガイ

マルカメガイ

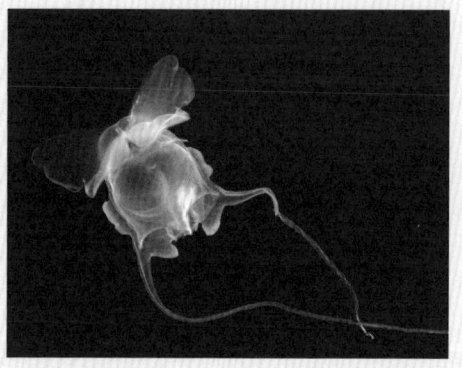

クリイロカメガイ

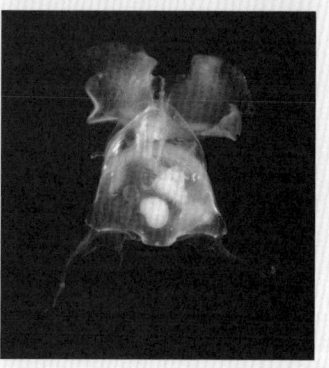

マルセササノツユ

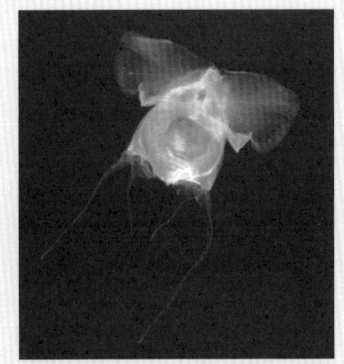

ササノツユ

| ササノツユ ▶▶p.224
Diacavolinia longirostris (Blainville, 1821)
ササノツユ属

　他のカメガイ類のように原殻は残らず、後端は丸い。側部突起は広い三角形。ひさしは長く、嘴状。背殻前縁にマルセササノツユのような段差がないばかりでなく、殻色は淡紫色。
　ササノツユ属は粗分類法では全世界に分布するササノツユ *D. longirostris* 1種のみとされていたが、この属は最近の研究によって24種に細分されている。（奥谷）

| マダラヒラカメガイ ▶▶p.224
Diacria maculata Spoel, 1958
ヒラカメガイ属

　外形も大きさもヒラカメガイ *D. trispinosa* に似ていて、側棘はほぼ水平。殻口から殻の側縁－後縁は褐色で縁取られ、側棘の基部も同様。腹殻上に大きな褐色斑があり、尾部の基部にも小斑がある。本種は南シナ海などの海底から採集された死殻に基づいて記載された。本書に掲載の写真は与那国島近海で撮影されたが、本種の生態写真は初めてである。（奥谷）

| ヤジリヒラカメガイ ▶▶p.224
Diacria major （Boas, 1886）
ヒラカメガイ属

　殻の本体は背殻も腹殻もあまり膨らまずレンズ形で、左右に後方に向かう棘状突起がある。後方に原殻と扁圧された初生殻が付いているが、脱落している個体が多い。殻長は初生殻を含めて20mmくらいで、殻幅は側棘を含めて15mm程度である。背殻の外唇は腹殻よりわずかに突出する。ヒラカメガイ *D. trispinosa* では殻口縁と殻前縁は褐色で縁取られ、側棘はほとんど後方に反らない。熱帯海域に分布しているとされるが、本書に掲載の写真によってわが国の黒潮の影響のある海域で見られることがわかった。（奥谷）

| キヨコカメガイ ▶▶p.224
Diacria quadridentata （Blainville, 1821）
ヒラカメガイ属

　殻はよく膨れ、小型。殻長4mm。背殻のひさしは短い。ひさし周縁が褐彩する。背殻には3対の縦溝があるが、それが強い型はforma *costata* と呼ばれる。原殻は残らない。黒潮水系を含む世界の温熱帯海域に分布する。（奥谷）

ウキビシガイ科 Clioidae

| ウキビシガイ ▶▶p.222
Clio pyramidata Linnaeus, 1758
ウキビシガイ属

　殻長20mm。殻は菱形。透明でガラス様。腹殻はほぼ平らであるが、背殻は中央に縦走する稜で盛り上がり、殻口は亜三角形。後方に向かって細まり、水滴形の原殻の間は弱くくびれた境界が認められる。本種も他種同様多くの型（forma）に分けられているが、殻幅がやや狭く、原殻の丸いのが典型（forma *pyramidata*）とされ、殻が側方に張り出し、原殻がやや細長い型（forma *lanceolata*）との2型は明瞭である。全世界の温熱帯海域から南北の極前線付近まで分布し、わが国の沿岸でも普通に見られる。（奥谷）

| ウキヅノガイ ▶▶p.222
Cresies acicula （Rang, 1828）
ウキヅノガイ属

　殻長3cm。殻口は円形で、殻は透明で、表面には微細な成長線が認められ光沢がある。細長い水滴形の原殻との境界はわずかにくびれる。翼足は横長の方形で、前縁に触角葉がある。針状に長い型を典型的なforma *acicula* とし、短小の型をforma *clava* と呼ぶが、連続的で亜種的分化は見られない。全世界の温熱帯海域に分布。わが国の黒潮の影響のある海域で見られ、ときにはシラスに混ざっている。（奥谷）

| ガラスウキヅノガイ ▶▶p.222
Hyalocylis striata （Rang, 1828）
ガラスウキヅノガイ属

　殻長10mm。殻は薄質透明で円錐形。強い輪肋が規則的にある。円錐形の原殻は通常残っていないので、殻頂は鈍端で終わる。殻口は卵円形。翼足は亜楕円形。東太平洋をのぞく全世界の温熱帯海域に分布し、わが国の黒潮の影響のある海域で見られる。（奥谷）

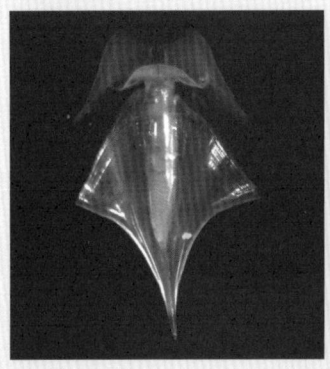

マダラヒラカメガイ

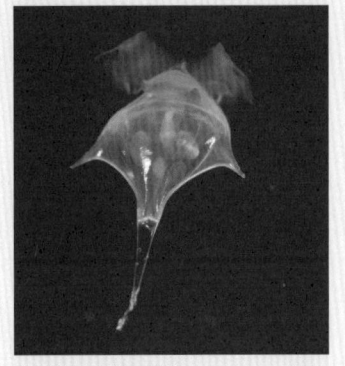

ヤジリヒラカメガイ

キヨコカメガイ

ウキビシガイ 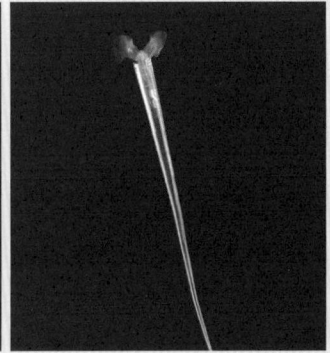　　ウキヅノガイ 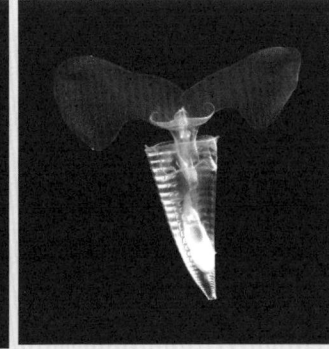　　ウキツツガイ 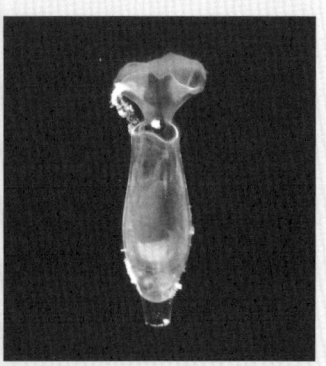　　ガラスウキヅノガイ

ウキヅツガイ科 Cuvierinidae

| ウキヅツガイ ▶▶p.223
| *Cuvierina columnella* Boas, 1886
| ウキヅツガイ属

　殻は瓶形で、殻口は亜三角形。殻長15mm前後。原殻は円錐形であるが、たいてい失われ、殻頂部に襟状に残る。太くずんぐりとした型（forma *urceolaris*）をツボウキヅツと呼ぶ。黒潮水系を含む世界の温熱帯海域に分布する。（奥谷）

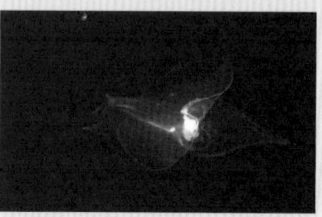

ヤジリカンテンカメガイ科 Cymbuliidae

| カンテンカメガイ ▶▶p.225
| *Corolla ovata*（Quoy & Gaimard, 1832）
| カンテンカメガイ属

　擬殻は丸く、やや扁圧され浅く、ウチワカンテンカメガイのようにスリッパ形ではない。疣状突起は粗い。遊泳板は格子状の筋肉系のみで、輪郭は蝶の翅形で、前葉は区画され3葉区に分かれる。周縁には腺細胞が並ぶ。吻は長く、遊泳板を超えるくらいに伸張可能。大西洋に分布するとされるが、わが国近海の黒潮の影響のある海域にも出現する。（奥谷）

| ウチワカンテンカメガイ ▶▶p.225
| *Corolla spectabilis* Dall, 1871
| カンテンカメガイ属

　擬殻は楕円形のスリッパ形で長さは40mmくらい。表面には疣状突起を散らす。翼足は丸みを帯びた矩形の遊泳板になり、幅は65mmくらい。交差した筋肉系と横に走る筋肉系が見える。前縁は擬殻の腹端よりはるかに超える。背縁中央には中足葉の変形した吻があり、両側に短い触角がある。アメリカ東西岸に分布するとされるが、わが国近海の黒潮の影響のある海域にも出現する。この和名に *C. intermedia* をあてていることがあるが、こちらは擬殻がやや長く、遊泳板の前縁は擬殻腹端のレベルに近い別種である。（奥谷）

| ヤジリカンテンカメガイ ▶▶p.225
| *Cymbulia sibogae* Tesch, 1903
| ヤジリカンテンカメガイ属

　擬殻長 65 mm。硬い寒天質の擬殻は船形で、背端は尖り、数縦列の棘列がある。吻は小さい。遊泳板（翼足）は中央のくびれた亜菱形で、後縁に鞭状の付属糸をもつ。危険を感じると、翼足を羽ばたきロケットのようにすばやく移動する。全世界の温熱帯に分布する。（奥谷）

コチョウカメガイ科 Desmopteridae

| コチョウカメガイ ▶▶p.225
| *Desmopterus papilio* Chun, 1889
| コチョウカメガイ属

　体長2mm、遊泳板幅4mmほど。殻も擬殻も外套腔もない。体はソーセージ形で前端部は腹側に強く曲がる。遊泳板の筋肉繊維は中央で癒合している。後側縁に湾入があり、鞭状の上足突起は長い。全世界の温熱帯に分布し、わが国周辺でも暖流の影響のある海域に現れる。インドー西太平洋には近似種 *Philinopsis gardineri* も分布するが、こちらは遊泳板の筋肉繊維が明瞭な網目状模様を示す。（奥谷）

アミメウキマイマイ科 Peraclididae

| アミメウキマイマイ ▶▶p.225
| *Peraclis reticulate*（Orbigny, 1836）
| アミメウキマイマイ属

　擬殻高 6mm。螺層は3.5階。上層の螺層の殻表は飴色で細密な六角形からなる網目彫刻に覆われ、縫合下では放射状の稜状になる。網目彫刻は体層に向かって消失する。成殻の外唇には肩角が生じる。軸唇は強くねじれ、底部に透明な半月形膜がある。全世界の温熱帯。（奥谷）

ミジンウキマイマイ科 Limacinidae

| ミジンウキマイマイ ▶▶p.225
| *Limacina helicina*（Phipps, 1774）
| ミジンウキマイマイ属

　殻高・殻径とも7mm程度。殻は丸みのある蝸牛形で左巻き。殻表にはやや規則的な成長脈を現す。殻軸はまっすぐで軸唇は反転する。臍孔は広く、周囲には弱い角がある。翼足は方形で大きな褐色斑があり、前縁に触角葉がある。北部太平洋と北大西洋のみならず環南極域にも分布し、地方的な亜種または5型（forma）に細分する場合、日本近海を含む北西太平洋に分布する型はforma *acuta* とされているが、北東太平洋の型forma *pacifica* とはそれぞれの分布域の末端においては入り交じる。（奥谷）

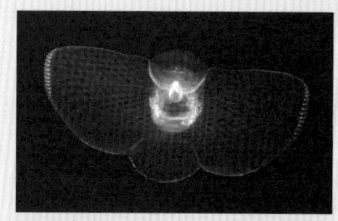

真後鰓目 Euopisthobranchia 裸殻翼足亜目 Gymnosomata

ハダカカメガイ科 Clionidae

| ハダカカメガイ ▶▶p.226
| *Clione limacina elegantissima* Dall, 1887
| ハダカカメガイ属

　体長40mm。体は円筒形で後端が尖る。外套膜は半透明で、縦走する筋肉と内臓が透視できる。足の中葉と側葉は短小。翼足はほぼ三角形。前部触角は棘状、口円錐は3対。鰓はない。環北極圏に分布し、わが国近海では北海道－東北地方沖まで普通に見られる。海況によっては常磐付近まで出現することがある。ミジンウキマイマイを常食とし、それを口円錐で捕えると頭部から鉤脚を翻出させて軟体部を食べる。
　マスメディアではもっぱら属名から「クリオネ」と呼ぶ。（奥谷）

カンテンカメガイ

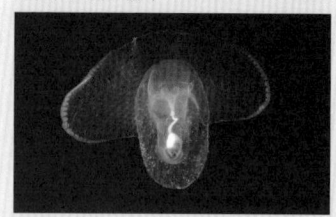

ウチワカンテンカメガイ

ヤジリカンテンカメガイ

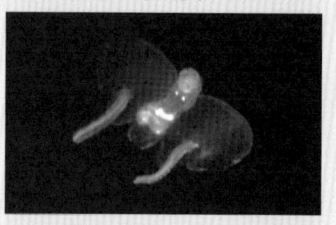

コチョウカメガイ

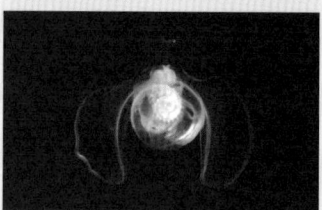

アミメウキマイマイ

ミジンウキマイマイ

ハダカカメガイ

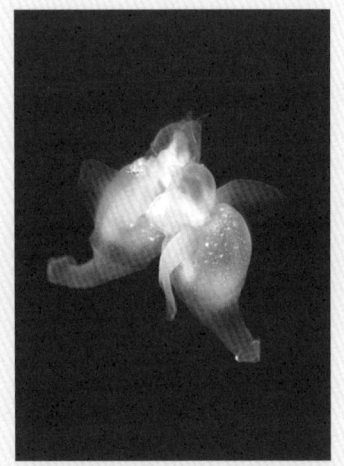

| イクオハダカメガイ ▸▸p.227
Paedoclione doliiformis Danforth, 1907
| イクオハダカメガイ属（新称）

体長5mm。頭部は丸く、短い触角がある。翼足は丸みのある方形で、後縁に繊毛が生えている。頭部の後半、体幹中央付近および体後部（尾部）に明瞭な繊毛帯をもつ。口円錐は非対称。大西洋と太平洋の温帯から冷水域にまれに産する。
中村征夫氏が日本近海では初めて生態写真を撮影し、ハダカメガイに似ているところから「イクオネ」と呼んだが、イクオハダカメガイと改称した。（奥谷）

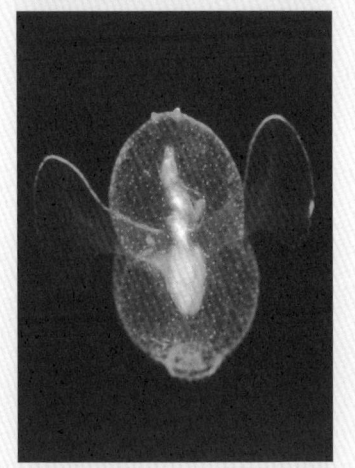

イクオハダカメガイ

| ヒョウタンハダカメガイ ▸▸p.226
Thliptodon akatukai Tokioka, 1950
| ジュウモンジハダカメガイ属

体長10mm。体は丸みがあり皮層は透明で白点を散らす。吻は太く前部触角は短小。頭部はくびれ中足葉は小さい。翼足は末端が丸く広がりへら状。固定標本では翼足はポケットに退縮する。胴部は膨れ透視できる内臓塊は体後端に達していない。体後端には繊毛状の鰓が輪状をなす。和歌山県沿岸と伊豆半島。*T. gegenbauri* との差は微妙。（奥谷）

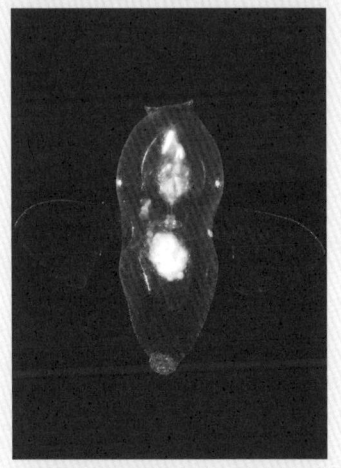

ヒョウタンハダカメガイ

| ジュウモンジハダカメガイ ▸▸p.226
Thliptodon diaphanus（Meisenheimer, 1902）
| ジュウモンジハダカメガイ属

体長8mm。体は透明で内臓が透けて見える。吻は太く口は漏斗状。頭部は弱くくびれる。中足葉は小さく不明瞭。翼足は長くへら形。胴部は水滴形で、後端は鈍く尖り環状の後鰓がある。全世界の温熱帯に見られる。（奥谷）

ニュウモデルマ科 Pneumodermatidae

| ヤサガタハダカメガイ ▸▸p.227
Pneumodermopsis canephora（Pruvot-Fol, 1924）
| ヤサガタハダカメガイ属（新称）

ジュウモンジハダカメガイ

体長25mm。体は淡紫色で、翼足後縁は凹む。側鰓は皮層の襞につながる。後鰓は体後端にあり、4放射状で襞がある。中足葉は舌形。吸盤腕をもつ。歯舌の中歯を欠き、側歯は4個。北太平洋の温帯に分布。（奥谷）

マメツブハダカメガイ科 Hydromylidae

| マメツブハダカメガイ ▸▸p.227
Hydromylus globulosa（Rang, 1825）
| マメツブハダカメガイ属

体長8mmほど。卵球形の体に白点が散在し、半透明の皮層を通して内臓器官が見える。体を伸ばすと後足葉と側足葉は伸張し、触角とも呼ばれる。体周に2本の繊毛帯がある。刺激されると頭部も翼足もすべての足葉も、外套膜によって前部にある横裂に退縮収納され、全体が楕円体になる。また終腸盲嚢からインク（褐色の液体）を吐く。他の裸殻翼足類を捕食しているらしい。インド-太平洋に広く南緯・北緯50°くらいの範囲に分布する。（奥谷）

クリオプシス科 Cliopsidae

| タルガタハダカメガイ ▸▸p.228
Cliopsis krohni Troschel, 1854
| クリオプシス属

体長25-40mm。後鰓は6片に分かれるが襞はない。吸盤腕はなく、口円錐も欠く。歯舌中歯は三角形で側歯は4-6個。ウチワカンテンカメガイなどを捕食するという。北太平洋の温帯、表層から水深1500mほどに分布。危険を感じると、頭部と翼足を体内に退避させることが可能で、胴部を縮ませてボール状になる。（奥谷）

ヤサガタハダカメガイ 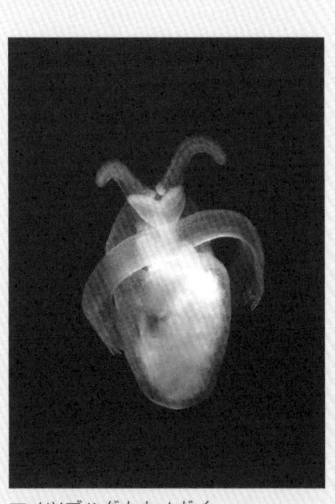　　マメツブハダカメガイ 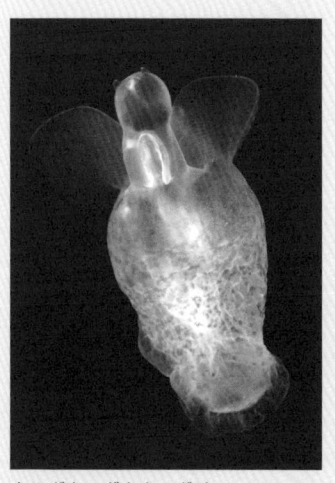　　タルガタハダカメガイ

345

裸側目 Nudipleura 裸鰓亜目 Nudibranchia

アオミノウミウシ科 Glaucidae

|アオミノウミウシ　　　　　　　▶▶p.229
|*Glaucus atlanticus* Forster, 1777
|アオミノウミウシ属

　体は細長く、体長は40mmほどになる。頭部には、それぞれ1対の非常に短い触角と口触手がある。体側縁に沿って鰓突起群が左右対称、すなわち対生的に3対生じる。まれに4対目の小さな突起群をもつものがある。第1群の基部は大きく張り出し、明瞭な柄を形成する。各群の鰓突起は1層に並び、成長にともなって、その数が増す。肛門は第2群と第3群の間、右体側の鰓突起群の高さに位置する。

　より青く見える腹側を上にし、銀粉をまぶしたような背側を下にして海面を漂ってくらす。いわば、ほとんどの時間は仰向けの状態にあるわけである。これはカウンターシェイディングの1種と考えられる。空からの外敵には青い海水中に紛れ、下から狙ってくる魚たちには降り注ぐ光の一部となって捕食者の目に曖昧な情報を与える。雌雄同体で、配偶相手を見つけるのも、産卵も海面で行われる。十分な浮力を確保するために体内に飲み込んだ空気を利用している。

　気泡で海面に浮かぶアサガオガイ科の巻貝と同様、刺胞動物のギンカクラゲ、カツオノカンムリ、カツオノエボシなどを捕食する。食べた刺胞動物から刺胞を取り込み、鰓突起の先端の刺胞嚢に蓄え、自衛の道具とする。とくに、強力なカツオノエボシの刺胞を選択的に貯蔵することができるという。オーストラリアでは、海水浴客がカツオノエボシの刺胞をもった本種に触れて被害を受けた事例がある。世界の熱帯から温帯まで広い範囲に生息する。（平野義明）

コノハウミウシ科 Phylliroidae

|ササノハウミウシ　　　　　　　▶▶p.229
|*Cephalopyge trematoides* (Chun, 1889)
|ササノハウミウシ属

　体は透明で左右に扁平。体長は約40–50mmに達する。頭端に口が開き、その背側に1対の触角をもつ。触角の直下はわずかに張り出す。口の奥には口球があり、そこからはじまる消化器は食道を経て、体の前端から1/3ほどの位置にある胃に続く。胃から後方へは2本の長い肝盲嚢が伸びる。胃から前方には短い1本の肝盲嚢と、頭部に開く肛門にいたる腸がある。

　足は退化して小さく、口のすぐ後ろに短い足腺溝を形成するのみ。雄雌同体で、成熟すると胃の後方と腹側に房状の両性生殖巣が発達する。

　浮遊性のウミウシで、シダレザクラクラゲにとりつき、これを捕食することが知られる。浮き藻に着生していることもある。世界の熱帯から温帯まで広い範囲に生息する。（平野義明）

|コノハウミウシ　　　　　　　▶▶p.229
|*Phylliroe bucephala* Lamark, 1816
|コノハウミウシ属

　前種ササノハウミウシ同様、体は透明で左右に扁平だが、体の輪郭、肝盲嚢の配置などの違いでササノハウミウシとは容易に区別できる。体長は約50mmまで。ササノハウミウシよりも体高が高く、尾端側は縮まり、木の葉というより魚のように見える。頭端には1対の長い触角をもつ。その直下の短い筒状突起の先端に口が開き、その奥に口球がある。胃からは背側に2本、腹側に1本の肝盲嚢が出る。背側の2本は1本ずつ体の前と後に向かって伸びる。腹側の肝盲嚢は胃から出てしばらくして分岐し、やはり前後に伸びるため、肝盲嚢全体はX字状になっている。肝盲嚢に加えて胃からは短い腸が出て、体の右側、前端から1/2ほどのところに開く肛門にいたる。雌雄同体で、成熟すると胃の後方と腹側に丸い両性生殖巣が発達する。ササノハウミウシよりも足の退化が著しく、明瞭な足部を欠く。

　幼体はスズフリクラゲ属のクラゲの傘内に付着し、クラゲの体を食べながら育つ。成体は自由生活を送り、ヒドロクラゲ類やオタマボヤ類などを捕食する。体表に顆粒状の発光器が散在し、数少ない発光するウミウシの1種として知られる。世界の熱帯から温帯まで広い範囲に生息する。（平野義明）

アオミノウミウシ

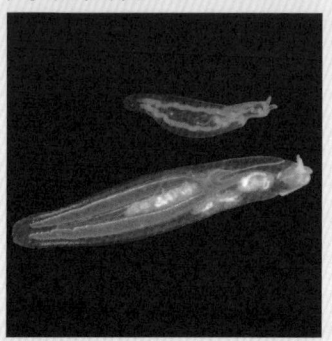

ササノハウミウシ

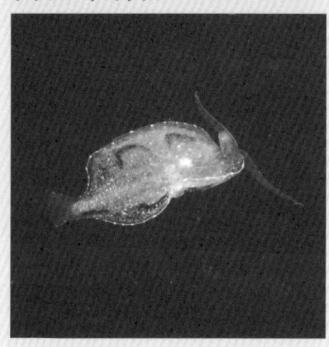

コノハウミウシ

和名索引

(ページ番号264以降は解説ページを示す)

ア

アイオイクラゲ	175, 321
アオミノウミウシ	229, 346
アカカブトクラゲ	190, 330
アカクラゲ	24, 30, 31, 267
アカタマアイオイクラゲ	173, 320
アカダマクラゲ	192, 331
アカチョウチンクラゲ	102, 151, 287, 304
アカホシカブトクラゲ	189, 330
アゲハチョウクラゲモドキ	191, 331
アケボノクラゲ	94, 284
アサガオガイ	218, 341
アサガオクラゲ	21, 265
アナビキノコクラゲ	160, 309
アマガサクラゲ	39, 270
アマクサクラゲ	33, 268
アミガサウリクラゲ	180, 324
アミメウキマイマイ	225, 344
アラビアアイオイクラゲ	322
アワハダクラゲ	161, 313
アンドンクラゲ	70, 72, 276

イ

イオリクラゲ	101, 286
イガグリガイウミヒドラ	107
イクオネ	345
イクオハダカメガイ	227, 344
イザリクラゲ	282
イチメガサクラゲ	138, 142, 299
イトマキコモチクラゲ	126, 293
イボクラゲ	69, 275
イルカンジクラゲ	76

ウ

ウキヅツガイ	223, 344
ウキヅノガイ	222, 343
ウキビシガイ	222, 343
ウサギクラゲ	192, 332
ウチダシャンデリアクラゲ	19, 264
ウチワカンテンカメガイ	225, 344
ウツボクラゲ	185, 327
ウニヤドリクラゲムシ	335
ウミコップ属の1種	118, 119, 290
ウラシマクラゲ	102, 103, 287
ウリクラゲ	180, 324
ウリクラゲ属の1種	181, 325
ウリフウセンクラゲ	184, 326

エ

エイレネクラゲ	123, 292
エダアシクラゲ	86, 281
エダウミコップ	291
エダクダクラゲ	107, 112, 289
エダクラゲ属の1種	92, 284
エチゼンクラゲ	53, 54, 56, 273
エナガワサルパ	340
エビクラゲ	68, 275
エフィラクラゲ	46, 271
エフィラクラゲ属の1種	44, 271
エボシクラゲ	95, 286
エボシクラゲ属の1種	96, 286

オ

オオウミタル	216, 340
オオウミヒドラ	106
オオウミヒドラ科の1種	81, 278
オオカラカサクラゲ	141, 297
オオクシヒラムシ	201, 335
オオサルパ	211, 338
オオダイダイクダクラゲ	160, 310
オオタマウミヒドラ	85, 105, 281
オオツクシクラゲ	162, 163, 314
オキアイタマクラゲ	104, 287
オキクラゲ	32, 268
オーストラリアウミコップ	291
オーストラリアウンバチクラゲ	76
オトヒメノハナガサ	106
オネワカレクラゲ	167, 317
オビクラゲ	198, 334
オベリア属の1種	119, 291
オワンクラゲ	28, 116, 128, 129, 294
オワンクラゲ科の1種	129, 295

カ

カイウミヒドラ	104, 107, 287
カイヤドリヒドラクラゲ	122, 292
カエデゾウクラゲ	219, 341
カギノテクラゲ	137, 296
カザリオワンクラゲ	131, 295
カザリクラゲ	95, 286
カスミサルパ	215, 340
カタアシクラゲ	78, 79, 278
カタアシクラゲ属の1種	80, 81, 278
カタアシクラゲモドキ	82, 278
カタアシクラゲモドキ属の1種	82, 279
カツオノエボシ	76, 154, 155, 305
カツオノカンムリ	115, 290
カッパクラゲ	146, 301
カッパクラゲ属の1種	146, 302
カノコケムシクラゲ	157, 305
カブトクラゲ	188, 330
カブトフタツタイノウクラゲ	167, 317
カブトヘンゲクラゲ	196, 334
カミクラゲ	110, 111, 289
カミクロメクラゲ	126, 293
カメンクラゲ	197, 334
カラカサクラゲ	140, 297
カラージェリー	63, 275
ガラスウキヅノガイ	222, 343
カリブツヅミクラゲ	302
カーレヒノオビクラゲ	310
カワリハコクラゲモドキ	164, 316
ガンガゼヤドリクラゲムシ	202, 335
カンテンカメガイ	225, 344
カンパナウリクラゲ	181, 324

キ

キタカブトクラゲ	189, 329
キタカミクラゲ	111, 289
キタクラゲ	136, 296
キタノアカクラゲ	267
キタヒラクラゲ	126, 294
キタミズクラゲ	35, 269
キタユウレイクラゲ	26, 266
ギヤマンクラゲ	124, 125, 293
ギヤマンハナクラゲ	101, 287
キョウリュウクラゲ	186, 328
キヨコカメガイ	224, 343
キヨヒメクラゲ	193, 332
キライクラゲ	109, 288
ギンカクラゲ	114, 290

ク-ケ

クシヒラムシ属の1種	200, 335
クダウミヒドラ	105
クチキレウキガイ	218, 341
クチバシサルパ	212, 337
クビレケリカークラゲ	94, 284
クラゲムシ	204, 335
クラゲムシ属の1種	204, 336
クリイロカメガイ	223, 342
クリオネ	344
クルワウミコップ	291
クロカムリクラゲ	47, 272
ケムシクラゲ	156, 306

コ

コアイオイクラゲ	173, 320
コエボシクラゲ	95, 285
コオビクラゲ	335
コキヨヒメクラゲ	193, 333
コザラクラゲ	291
コシダカアサガオガイ	340
コチョウカメガイ	225, 344
コツブクラゲ	108, 288
ゴトウクラゲ	120, 291

347

コトクラゲ	205, 336
コトクラゲ属の1種	205, 336
コノハウミウシ	229, 346
コノハクラゲ	125, 293
コノハゾウクラゲ	220, 341
コバンクラゲ	108, 288
コブエイレネクラゲ	122, 292
コブヒカリボヤ	206, 337
コボウズニラ	305
コマイクラゲムシ	203, 335
ゴマフウセンクラゲモドキ	185, 187, 327
コモチウチコブヨツデクラゲ	83, 279
コモチエダクラゲ	92, 283
コモチオキウミコップ	291
コモチカギノテクラゲ	137, 297
コモチカタアシクラゲ	80, 278
コモチクラゲ	126, 294
ゴリョウナガタイノウコフタツクラゲ	319
ゴールデン・マスティギアス	64
コンボウクラゲ	109, 288

サ

サカサクラゲ	63, 66, 67, 275
サカナヤドリヒドラ	107
サクラフブキクラゲムシ	203, 335
ササキクラゲ	21, 266
ササノツユ	224, 343
ササノハウミウシ	229, 346
サジフウセンクラゲ	327
サビキウリクラゲ	181, 324
サムクラゲ	28, 266
サラクラゲ	121, 292
サルシアクラゲ	84, 280
サルシアクラゲモドキ	82, 279

シ

シカクハコクラゲ	164, 316
シギウェッデルクラゲ属の1種	147, 301
シダレザクラクラゲ	159, 308
シマイマツカサクラゲ	121, 292
シミコクラゲ	94, 284
シャミッソサルパ	214, 339
シャンデリアクラゲ	264
ジュウジタイノウクラゲ	167, 317
ジュウモンジクラゲ	21, 265
ジュウモンジハダカメガイ	226, 345
ジュズクラゲ	84, 280
ジュズタマケムシクラゲ	157, 306
ジュズノテウミヒドラ	88, 283
シラスジアサガオクラゲ	20, 264
シリキレヒメゾウクラゲ	220, 341
シロクラゲ	52, 125, 293

シンカイウリクラゲ	178, 179, 323
シンカイフウセンクラゲ属の1種	186, 328

ス～ソ

スカシヒガサクラゲ	20, 264
スギウラヤクチクラゲ	127, 294
ズキンクラゲ	96, 286
スズフリクラゲ属の1種	88, 283
スナイロクラゲ	49
セコクラゲ	144, 301
センジュサルパ	212, 339
センジュヤドリクラゲ	147, 300
ソコキリコクラゲムシ	205, 335
ソコクラゲ	143, 300

タ

ダイオウクラゲ	41, 270
タコクラゲ	61, 62, 274
タツノコクラゲ	142, 299
タテスジワサルパ	215, 340
タマアイオイクラゲ	320
タマアイオイクラゲ属の1種	173, 321
タマクラゲ	104, 287
タマゴフタツクラゲモドキ	169, 318
タルガタハダカメガイ	228, 345

チ

チギレコザラクラゲ	291
チゴハイクラゲ	86, 282
チチュウカイカッパクラゲ	302
チチュウカイベニクラゲ	283
チャケムシクラゲ	157, 306
チュウガタハダカゾウクラゲ	220, 342
チョウクラゲ	190, 191, 330
チョウクラゲモドキ	191, 331

ツ～テ

ツクシクラゲ	162, 314
ツヅミクラゲ	148, 302
ツヅミクラゲ属の1種	148, 149, 303
ツヅミクラゲモドキ	148, 302
ツノクラゲ	194, 195, 333
ツノクラゲ属の1種	195, 333
ツノダシモモイロサルパ	210, 338
ツブイリスジコヤワラクラゲ	121, 291
ツリアイクラゲ	98, 285
ツリアイクラゲ属の1種	98, 285
ツリガネクラゲ	141, 297
ディープスタリアクラゲ	41, 269
テマリクラゲ科の1種	183, 327
テマリクラゲ属の1種	183, 327
テングクラゲ	143, 299

ト

トウロウクラゲ	166, 167, 316
トガリサルパ	208, 209, 338
トガリテマリクラゲ	182, 183, 325
トガリフタツクラゲ	168, 318
トクサクラゲ	162, 313
トゲナラビクラゲ	170, 319
トサカノモヨウクラゲムシ	203, 336
トックリクラゲ	143, 299
ドフラインクラゲ	93, 285
トリトンウミタル	340
ドングリガヤ	105

ナ

ナガノドチョウクラゲモドキ	331
ナガヒカリボヤ	207, 337
ナガヘビクラゲ	161, 312
ナガヨウラククラゲ	158, 307
ナラビクラゲ	319
ナンキョクオオミミクラゲ	160, 310
ナンキョクフタツクラゲモドキ	318
ナンキョクフタツタイノウクラゲ	318

ニ～ネ～ノ

ニイコアイオイクラゲ	322
ニジクラゲ	142, 298
ニセチョウクラゲモドキ	331
ニチリンクラゲ	150, 304
ニチリンヤナギクラゲ	29, 267
ニホンサルシアクラゲ	85, 280
ニホンベニクラゲ	90, 91, 283
ニンギョウヒドラ	107
ネギボウズクラゲ	163, 315
根口クラゲ目の1種	62, 63, 275
ネジレサルパ属の1種	215, 340
ノキシノブクラゲ	159, 308

ハ

ハイクラゲ	86, 281
パゲスクラゲ	161, 310
パゲスフウリンクラゲ	177, 323
ハコクラゲ属の1種	165, 316
ハコクラゲモドキ	165, 315
ハシゴクラゲ	83, 280
ハダカメガイ	226, 344
ハダカゾウクラゲ	221, 342
バツカムリクラゲ	47, 271
ハッポウクラゲ	148, 303
ハッポウヤワラクラゲ	295
バテイクラゲ	172, 320
ハナアカリクラゲ	100, 101, 286
ハナガサクラゲ	134, 135, 296

ハナクラゲモドキ	126, 294	
ハナヤギウミヒドラ	107	
ハナヤギウミヒドラモドキクラゲ	108, 288	
ハナワクラゲ	174, 322	
バヌティークラゲ	81, 278	
ハネウミヒドラ	83, 280	
ハブクラゲ	74, 76, 277	
バレンクラゲ	152, 163, 315	
バレンクラゲモドキ	315	

ヒ
ヒガサクラゲ	20, 264
ヒカリボヤ	206, 337
ヒクラゲ	73, 277
ヒゲクラゲ	142, 298
ヒジガタツヅミクラゲ	149, 303
ヒゼンクラゲ	52, 273
ビゼンクラゲ	49, 50, 273
ビゼンクラゲ属の1種	51, 274
ヒトツアシクラゲ	83, 279
ヒトツクラゲ	171, 319
ヒトモシクラゲ	130, 131, 294
ヒノオビクラゲ	160, 309
ヒノコクラゲ	160, 310
ヒノマルクラゲ	161, 312
ヒメアンドンクラゲ	73, 277
ヒメウミコップ	291
ヒメサルパ	213, 339
ヒメゾウクラゲ	219, 341
ヒメツリガネクラゲ	141, 298
ヒメハイクラゲ	87, 282
ヒメムツアシカムリクラゲ	46, 271
ヒョウタンハダカカメガイ	226, 345
ヒラタオベリア	119, 291
ヒルムシロヒドラ	109, 289

フ
ブイヨンケリカークラゲ	94, 284
フウセンクラゲ	184, 326
フウセンクラゲ属の1種	184, 326
フウセンクラゲ目の1種	186, 329
フウセンクラゲモドキ	185, 187, 302, 327
フウリンクラゲ	176, 323
フカミクラゲ	142, 298
プーキアテマリクラゲ	183, 325
フクロクジュクラゲ	72, 276
フクロストエリクラゲ	83, 279
フサウミコップ	118, 290
フタエウミコップ	291
フタオサルパ	214, 339
フタツクラゲ	168, 318
フタツクラゲモドキ	169, 318

フタツダマクラゲモドキ	88, 283
フタナリクラゲ	142, 298
フタマタアイオイクラゲ	174, 321
フトスジサルパ	213, 338
プラヌラクラゲ	149, 304
ブロックコップガヤ	291

ヘ
ペガンサ属の1種	151, 304
ベニクダウミヒドラ	105
ベニクラゲ	90, 91, 283
ベニクラゲムシ	204, 335
ベニクラゲモドキ	89, 90, 283
ベニマンジュウクラゲ	47, 272
ヘビクラゲ	161, 311
ベルスリーガ・アナディオメネ	62
ヘンゲクラゲ	185, 327
ヘンゲコップガヤ	291

ホ
ボウズニラ	155, 305
ホオズキクラゲ	186, 328
ホソヒダウミコップ	291
ホッキョクヒジガタツヅミクラゲ	303
ホヤノヤドリヒドラ属の1種	109, 288
ホンオオツアイクラゲ	99, 285
ホンヒメサルパ	213, 339

マ
マガリコップガヤ	120, 291
マサコカメガイ	223, 342
マダラヒラカメガイ	224, 343
マツカサクラゲ	121, 292
マツノミクラゲ	172, 320
マツノミクラゲ属の1種	172
マツバクラゲ	123, 292
マミズクラゲ	136, 296
マメツブハダカカメガイ	227, 345
マルカメガイ	223, 342
マルセササノツユ	224, 342

ミ—ム—モ
ミウラハイクラゲ	87, 282
ミサキコモチエダクダクラゲ	113, 289
ミジンウキマイマイ	225, 344
ミズクラゲ	34, 35, 36, 268
ミツクリクラゲムシ	336
ミツデリッポウクラゲ	65, 72, 277
ミツボシケムシクラゲ	157, 306
ムシクラゲ	21, 265
ムツアシツヅミクラゲモドキ	148, 303
ムラサキカムリクラゲ	47, 272

ムラサキクラゲ	60, 274
ムラサキクラゲ属の1種	60, 274
モエギササノツユ	343
モモイロサルパ	210, 338

ヤ—ユ—ヨ
ヤサガタハダカカメガイ	227, 345
ヤジリカンテンカメガイ	225, 344
ヤジリヒラカメガイ	224, 343
ヤジルシシカクハコクラゲ	164, 316
ヤジロベエクラゲ	149, 304
ヤジロベエツヅミクラゲ	302, 303
ヤドリクシクラゲ	327
ヤドリクラゲ属の1種	146, 300
ヤナギクラゲ	28, 29, 267
ヤマトサルシアクラゲ	85, 280
ヤワラアイオイクラゲ	322
ヤワラクラゲ	121, 291
軟クラゲ目の1種	132, 133, 295
ヤワラフウリンクラゲ	177, 322
ユウシデクラゲ	97, 285
ユウレイクラゲ	27, 266
ユビアシクラゲ	41, 270
ヨウラククラゲ	158, 159, 307

リ—ル—レ—ワ
リュウセイクラゲ	276
リンゴクラゲ	39, 40, 270
リンバタアイオイクラゲ	322
ルソンヤドリクラゲムシ	202, 335
ルッジャコフクダクラゲ	160, 310
レパンダアイオイクラゲ	322
ワガタヒカリボヤ	206, 337
ワカレオタマボヤ	217

学名索引

(ページ番号264以降は解説ページを示す)

A

Abyla sp.	165, 316
Abylopsis tetragona	165, 315
Aegina citrea	148, 302
Aegina pentanema	148, 302
Aegina rosea	148, 303
Aegina rhodina	302
Aegina sp.	148, 149, 303
Aeginura grimaldii	148, 303
Aequorea coerulescens	128, 294
Aequorea macrodactyla	130, 294
Aequorea victoria	294
Aequoreidae sp.	129, 295
Agalma elegans	158, 307
Agalma okeni	158, 307
Aglantha digitale	141, 297
Aglaura hemistoma	141, 298
Alatina moseri	72, 276
Amphinema rugosum	98, 285
Amphinema turrida	99, 285
Amphinema sp.	98, 285
Amphogona apsteini	142, 298
Apolemia lanosa	157, 305
Apolemia rubriversa	307
Apolemia uvaria	156, 306
Apolemia sp.	157, 306
Arctapodema sp.	142, 298
Asyncoryne ryniensis	88, 283
Athorybia rosacea	159, 308
Atlanta peroni	218, 341
Atolla vanhoeffeni	47, 271
Atolla wyvillei	47, 272
Atorella vanhoeffeni	46, 271
Aulacoctena acuminata	186, 328
Aurelia aurita	34, 268, 269
Aurelia coelurea	269
Aurelia japonica	269
Aurelia limbata	35, 269
Aurelia sp.	65

B

Bargmannia amoena	161, 311
Bargmannia elongata	161, 312
Bassia bassensis	166, 316
Bathocyroe fosteri	191, 331
Bathocyroe longigula	331
Bathocyroe paragaster	331
Bathocyroe sp.	191, 331
Bathyctena sp.	186, 328
Bathykorus bouilloni	303
Bathykorus sp.	149
Beroe abyssicola	179, 323
Beroe campana	181, 324
Beroe cucumis	180, 324
Beroe forskalii	180, 324
Beroe hyalina	324
Beroe mitrata	181, 324
Beroe ovata	324
Beroe ramosa	324
Beroe sp.	181, 325
Bolinopsis infundibulum	189, 329
Bolinopsis mikado	188, 330
Bolinopsis rubripunctata	189, 330
Botrynema brucei	143, 299
Bougainvillia platygaster	92, 283
Bougainvillia sp.	92, 284
Brooksia rostrata	212, 337
Bythotiara depressa	108, 288
Bythotiara sp.	109, 288

C

Calvadosia	266
Calycopsis nematophora	109, 288
Cardiopoda placenta	219, 341
Carinaria japonica	219, 241
Carukia barnesi	76
Carybdea brevipedalia	72, 276
Cassiopea andromeda	275
Cassiopea ornata	275
Cassiopea aff. *ornata*	65
Cassiopea sp.	66, 67, 275
Catablema multicirratum	97, 285
Catostylus mosaicus	63, 276
Catostylus perezi	275
Cavolinia globulosa	223, 342
Cavolinia inflexa	223, 342
Cavolinia uncinata	223, 342
Cephalopyge trematoides	229, 346
Cephea cephea	69, 275
Ceratocymba leuckartii	164, 316
Ceratocymba sagittata	164, 316
Cestum veneris	198, 334
Chelophyes appendiculata	168, 318
Chiarella jaschnowi	94, 284
Chironex fleckeri	76
Chironex yamaguchii	74, 277
Chrysaora fuscescens	267
Chrysaora helvola	29, 267
Chrysaora melanaster	29, 267
Chrysaora pacifica	30, 267
Chuniphyes moserae	167, 317
Chuniphyes multidentata	167, 317
Cladonema pacificum	86, 281
Clausophyes galeata	167, 317
Clausophyes laetmata	318
Climacocodon ikarii	83, 280
Clio pyramidata	222, 343
Clione limacina elegantissima	226, 344
Cliopsis krohni	228, 345
Clytia languida	118, 290
Clytia sp.	118, 119, 290
Coeloplana astericola	202, 335
Coeloplana bocki	204, 335
Coeloplana echinicola	335
Coeloplana komaii	203, 335
Coeloplana meteoris	205, 335
Coeloplana mitsukurii	336
Coeloplana willeyi	204, 335
Coeloplana sp.	202-204, 335
Colobonema sericeum	142, 298
Copula sivickisi	73, 277
Corolla intermedia	344
Corolla ovata	225, 344
Corolla spectabilis	225, 344
Corymorphidae sp.	81, 278
Craspedacusta sowerbii	136, 296
Cresies acicula	222, 343
Ctenoplana maculomarginata	335
Ctenoplana muculosa	201, 335
Ctenoplana sp.	200, 335
Cunina duplicata	147, 300
Cunina globosa	151, 304
Cunina sp.	146, 300
Cuvierina columnella	223, 344
Cyanea capillata	26, 266
Cyanea nozakii	27, 266
Cyclosalpa affinis	214, 339
Cyclosalpa bakeri	214, 339, 340
Cyclosalpa foxtoni	215, 340
Cyclosalpa pinnata	340
Cyclosalpa pinnata subsp. *polae*	340
Cyclosalpa polae	340
Cyclosalpa quadriluminis	215, 340
Cydippida sp.	186, 329
Cymbulia sibogae	225, 344
Cytaeis tetrastyla	104, 287
Cytaeis uchidae	104, 287

D

Deepstaria enigmatica	41, 269
Deepstaria reticulum	269
Deiopea kaloktenota	193, 333
Desmophyes annectens	173, 320
Desmophyes haematogaster	173, 320
Desmophyes villafrancae	321
Desmophyes sp.	173, 321

Desmopterus papilio	225, 344
Diacavolinia angulosa	224, 342
Diacavolinia longirostris	224, 343
Diacavolinia trispinosa	343
Diacria maculata	224, 343
Diacria major	224, 343
Diacria quadridentata	224, 343
Dicnida rigida	283
Dicnida sp.	88, 283
Diphyes antarctica	318
Diphyes bojani	168, 318
Diphyes chamissonis	169, 318
Diphyes dispar	169, 318
Dipleurosoma typicum	126, 294
Dipurena ophiogaster	84, 280
Dolioletta gegenbauri	216, 340
Dolioletta gegenbauri var. *tritonis*	340
Dryodora glandiformis	185, 327

E

Ectopleura sacculifera	83, 279
Eirene hexanemalis	123, 292
Eirene lacteoides	122, 292
Eirene menoni	123, 292
Enneagonum hyalinum	164, 316
Enneagonum searsae	317
Eperetmus typus	136, 296
Erenna laciniata	161, 313
Eucheilota multicirris	293
Eucheilota multicirrus	126
Eucheilota paradoxica	126, 294
Eugymnanthea japonica	122, 292
Eumedusa birulai	109, 288
Euphysa aurata	82, 278
Euphysa japonica	82, 279
Euphysa sp.	82, 279
Euphysilla pyramidata	83, 279
Euphysora bigelowi	78, 278
Euphysora gemmifera	80, 278
Euphysora sp.	80, 81, 278
Eurhamphaea vexilligera	192, 331
Eutima japonica	125, 293
Eutonina indicans	125, 293

F

Firoloida desmaresti	220, 341
Forskalia asymmetrica	162, 313
Forskalia edwardsi	162, 314
Forskalia formosa	162, 314
Forskalia misakiensis	314
Forskalia tholoides	163, 315
Frillagalma vityazi	160, 309

G

Galeolaria truncata	319
Gastrodes parasiticum	327
Geryonia proboscidalis	141, 297
Glaucus atlanticus	229, 346
Gonionemus vertens	137, 296

H

Haeckelia bimaculata	185, 327
Haeckelia rubra	185, 302, 327
Haliclystus auricula	265
Haliclystus borealis	20, 264
Haliclystus inabai	265
Haliclystus monstrosus	264
Haliclystus salpinx	20, 264
Haliclystus stejnegeri	20, 264
Haliclystus tenuis	21, 265
Halicreas minimum	143, 299
Halistemma amphytridis	310
Halistemma foliacea	310
Halitholus pauper	96, 286
Halitiara formosa	95, 285
Hebella corrugata	291
Hebella dyssymetra	120, 291
Helicosalpa sp.	215, 340
Hippopodius hippopus	172, 320
Hormiphora cucumis	184, 326
Hormiphora palmata	184, 326
Hormiphora spatulata	327
Hormiphora sp.	184, 326
Hyalocylis striata	222, 343
Hybocodon prolifer	83, 279
Hydractinia epiconcha	104, 287
Hydrocoryne miurensis	85, 281
Hydromylus globulosa	227, 345

I·J·K

Iasis zonaria	338
Janthina janthina	218, 341
Kishinouyea nagatensis	21, 265
Kiyohimea aurita	193, 332
Kiyohimea usagi	192, 332
Koellikerina bouilloni	94, 284
Koellikerina constricta	94, 284

L

Lampea pancerina	185, 327
Lampocteis cruentiventer	190, 330
Laodicea undulata	121, 291
Laodicea sp.	121, 291
Lensia conoidea	319
Leptomedusae sp.	132, 133, 295

Leuckartiara hoepplii	95, 286
Leuckartiara octona	95, 286
Leuckartiara sp.	96, 286
Leucothea japonica	194, 333
Leucothea sp.	195, 333
Lilyopsis medusa	174, 321
Lilyopsis rosacea	321
Limacina helicina	225, 344
Liriope tetraphylla	140, 297
Lobatolampea tetragona	196, 334
Lyrocteis flavopallidus	336
Lyrocteis imperatoris	205, 336
Lyrocteis sp.	205, 336

M

Manania distincta	264
Manania uchidai	19, 264
Marrus orthocanna	160, 310
Marrus sp.	160, 310
Mastigias papua	61, 274
Mastigias cf. *papua etpisoni*	64
Mastigias cf. *papua remengesaui*	64
Mastigias cf. *papua nakamurai*	64
Mastigias cf. *papua saliii*	64
Mastigias cf. *papua remeliiki*	64, 65
Melicertissa orientalis	295
Melicertum octocostatum	126, 294
Mertensia ovum	182, 325
Meteorona kishinouyei	277
Moerisia horii	109, 289
Morbakka virulenta	73, 277
Muggiaea atlantica	171, 319

N

Nanomia bijuga	159, 308
Nanomia cara	307
Nausithoe cf. *punctata*	46, 271
Nausithoe sp.	44, 45, 271
Nemopilema nomurai	53, 272
Nemopsis dofleini	93, 284
Neoturris breviconis	286
Neoturris sp.	101, 286
Netrostoma setouchianum	68, 275

O

Obelia longissima	291
Obelia plana	119, 291
Obelia sp.	119, 291
Oceania armata	89, 283
Ocyropsis crystallina crystallina	330
Ocyropsis crystallina guttata	330
Ocyropsis fusca	190, 330

Ocyropsis maculata immaculata 330
Ocyropsis maculata maculata 330
Ocyropsis pteroessa 330
Olindias formosus 134, 296

P
Paedoclione doliiformis 227, 344
Pandea conica 100, 286
Pandea rubra 102, 287
Pantachogon haeckeli 142, 298
Pantachogon rubrum 299
Parumbrosa polylobata 39, 270
Pectis tatsunoko 299
Pegantha sp. 151, 304
Pegea bicaudata 210, 338
Pegea confoederata 210, 338
Pegea confoederata bicaudata 338
Pelagia noctiluca 32, 268
Pelagia panopyra 268
Pennaria disticha 83, 280
Peraclis reticulate 225, 344
Periphylla periphylla 47, 272
Periphyllopsis braueri 47, 272
Periphyllopsis galatheae 272
Phacellophora camtschatica 28, 266
Philinopsis gardineri 344
Phylliroe bucephala 229, 346
Physalia physalis 154, 305
Physalia utriculus 305
Physophora gilmeri 315
Physophora hydrostatica 163, 315
Pleurobrachia sp. 183, 327
Pleurobrachiidae sp. 183, 327
Pneumodermopsis canephora 227, 345
Podocoryne minima 108, 288
Polyorchis karafutoensis 111, 289
Poralia rufescens 39, 270
Porpita porpita 114, 290
Proboscidactyla flavicirrata 112, 289
Proboscidactyla ornata 113, 289
Proboscidactyla typica 290
Pseudaegina pentanema 303
Pterosoma planum 220
Pterotrachea coronata 221, 342
Pterotrachea hippocampus 220, 342
Pterotrachea minuta 342
Ptychogastria polaris 143, 300
Ptychogena crocea 292
Ptychogena lactea 121, 292
Ptychogena sp. 121, 292
Pukia falcata 183, 325
Pyrosoma aherniosum 206, 337

Pyrosoma atlanticum 206, 337
Pyrosomella verticillata 206, 337
Pyrostremma spinosum 207, 337

R
Rathkea octopunctata 94, 284
Resomia convoluta 160, 310
Rhizophysa eysenhardti 155, 305
Rhizophysa filiformis 305
Rhizostomeae sp. 275
Rhopalonema velatum 142, 299
Rhopilema esculentum 49
Rhopilema hispidum 52, 273
Rhopilema sp. 51, 273
Rhopilema esculentum 273
Rosacea arabiana 322
Rosacea cymbiformis 175, 321
Rosacea flaccida 322
Rosacea limbata 322
Rosacea plicata 320, 322
Rosacea repanda 322
Rosacea villafrancae 322
Rudjakovia plicata 160, 310

S
Sagamalia hinomaru 312
Salpa fusiformis 209, 338
Sanderia malayensis 33, 268
Sarsia japonica 85, 280
Sarsia nipponica 85, 281
Sarsia tubulosa 84, 281
Sasakiella cruciformis 21, 266
Scolionema suvaense 137, 297
Sigiweddellia bathypelagica 301
Sigiweddellia sp. 147, 301
Soestia zonaria 213
Solmaris rhodoloma 150, 304
Solmissus albescens 302
Solmissus incisa 146, 301
Solmissus marshalli 144, 301
Solmissus sp. 146, 302
Solmundaegina nematophora 303
Solmundella bitentaculata 149, 304
Sphaeronectes fragilis 177, 322
Sphaeronectes koellikeri 176, 323
Sphaeronectes pagesi 177, 323
Spirocodon saltator 110, 289
Staurocladia acuminata 86, 281
Staurocladia bilateralis 86, 282
Staurocladia oahuensis 87, 282
Staurocladia vallentini 87, 282
Staurodiscus gotoi 120, 291
Staurophora mertensi 121, 292

Steleophysema aurophora 161, 312, 313
Steleophysema rotunda 313
Steleophysema sulawensis 313
Stenoscyphus inabai 21, 265
Stepanyantsia polymorpha 310
Stephalia corona 312
Stephanomia amphitridis 160, 310
Stephanophyes superba 174, 322
Stygiomedusa gigantea 41
Sugiura chengshanense 127, 294
Sulculeolaria biloba 319
Sulculeolaria quadrivalvis 170, 319
Sulculeolaria turgida 319

T
Tetraplatia chuni 304
Tetraplatia volitans 149, 304
Thalassocalyce inconstans 197, 334
Thalia democratica 213, 339
Thalia democratica var. *orientalis* 339
Thalia orientalis 213, 339
Thaumatoscyphus distinctus 264
Thecocodium quadratum 108, 288
Thetys vagina 211, 338
Thliptodon akatukai 226, 345
Thliptodon diaphanus 226, 345
Thliptodon gegenbauri 345
Thysanostoma cf. *loriferum* 60, 274
Thysanostoma thysanura 60, 274
Tiaropsis multicirrata 126, 293
Tiburonia granrojo 41, 270
Tima formosa 124, 293
Timoides agassizii 101, 287
Tottonia contorta 306, 307
Traustedtia multitentaculata 212, 339
Tripedalia cystophora 72, 275
Turritopsis dohrnii 283
Turritopsis rubra 283
Turritopsis sp. 91, 283

U-V-Z
Urashimea globosa 103, 287
Vannuccia forbesi 81, 278
Velamen parallelum 335
Velella velella 115, 290
Versuriga anadyomene 62, 276
Vogtia kuruae 320
Vogtia serrata 172, 320
Voragonema tatsunoko 142, 299
Zanclea sp. 88, 283
Zygocanna buitendijki 131, 295

おもな参考文献

(著者名の50音順／ABC順)

秋山 仁・堀之内 詩織・山崎悠介・辻田明子・久保田 信．2010．わが国で確認されたキヨヒメクラゲ（有触手綱，カブトクラゲ目，キヨヒメクラゲ科）の飼育と観察および最大個体について．日本生物地理学会会報，65：129-134．

岩国市ミクロ生物館（監修）．2013．日本の海産プランクトン図鑑 第2版．共立出版，東京．268pp．

岩間靖典（著）・江ノ島水族館（監修）．2001．クラゲーその魅力と飼い方．誠文堂新光社，東京．

奥泉和也・久保田 信．2003．日本海産ハナクラゲモドキ *Melicertum octocostatum*（軟クラゲ目，ハナクラゲモドキ科）の成熟クラゲ．日本生物地理学会会報，58：39-41．

大城直雄・岩永節子．2000．沖縄の危険な海洋生物．阿嘉島臨海研究所 みどりいし，(11)：12-14．

大森 信．1986．オトヒメノハナガサ（腔腸動物ヒドロ虫目）の観察 (Observation of the giant hydroid, *Branchiocerianthus imperator*, in Sagami Bay, Japan)．JAMSTEC, J. Deep Sea Res., (2)：43-45．

久保田 信．1996．被嚢体を形成するヒドロ虫類の生活史．海洋と生物，18（2）：104-107．

久保田 信．1998．日本産ヒドロ虫綱(8目)目録．南紀生物，40(1)：13-21．

久保田 信．2003．日本産の花クラゲ目と軟クラゲ目（ヒドロ虫綱）のクラゲの目録．南紀生物，45（1）：27-32．

久保田 信．2004．和歌山県白浜町番所崎の通称"北浜"へ漂着した大形クラゲ類の異例な季節変化－前報との比較を含めた続報．漂着物学会誌，2：25-28．

久保田 信・田名瀬 英朋．2006．和歌山県中南部域で採集されたマミズクラゲ（ヒドロ虫綱，淡水クラゲ目，ハナガサクラゲ科）の成熟クラゲの生物学的記録．日本生物地理学会会報，61：75-79．

久保田 信．2007．日本産ベニクラゲモドキ（ヒドロ虫綱，花クラゲ目）の生物学的記録．日本生物地理学会会報，62：67-71．

久保田 信・Gravili Cinzia．2007．日本産ヒドロクラゲ類（管クラゲ類，アナサンゴモドキ類，アクチヌラ類を除く）目録．南紀生物，49（2）：189-204．

久保田 信．2009．クラゲ類のふしぎな形態と生活史．科学，79(4)：386-392．

久保田 信．2010．ベニクラゲ（刺胞動物門，ヒドロ虫綱）の不老不死の生活史．海洋化学研究，23（1）：20-28．

久保田 信・河村 真理子・上野 俊士郎．2011．エチゼンクラゲの長崎県対馬沿岸への漂着．漂着物学会誌，10：45-46．

久保田 信．2012．吸虫の幼生が寄生した田辺湾産フウセンクラゲ型幼体．南紀生物同好会 くろしお，(31)：33．

久保田 信・渡辺葉平・奥泉和也．2012．山形県沿岸産の日本新記録の *Meliceritissa* 属のクラゲ（ヒドロ虫綱，軟クラゲ目，ヤワラクラゲ科）．日本生物地理学会会報，67：227-230．

久保田 信・斎藤伸輔．2013．茨城県産ヒルムシロヒドラ（ヒドロ虫綱 花クラゲ目）の巨大クラゲ．Kuroshio Biosphere，9：27-30．+ 1 pl．

久保田 信・山田守彦・築地 新光子・峯水 亮・多留聖典・奥田和美．2013．*Lobatolampea tetragona*（クシクラゲ類）は南日本に広く分布する．Kuroshio Biosphere，9：35-39．

久保田 信．2014．魅惑的な暖海のクラゲたち－田辺湾（和歌山県）は日本一のクラゲ天国．紀伊民報，和歌山．

倉沢栄一．2000．クラゲ－海の神秘．コアラブックス，埼玉．

ジェーフィッシュ．2006．くらげのふしぎ（知りたい！サイエンス）．技術評論社，東京．

千原光雄・村野正昭（編著）．1997．日本産海洋プランクトン検索図説．東海大学出版会，神奈川．

戸篠 祥．2013．日本産立方クラゲ類の分類学的再検討と生活史に関する研究．北里大学．学位論文要旨．

永井宏史．2002．刺胞動物のたんぱく質毒素（特に立方クラゲの毒素について）．阿嘉島臨海研究所 みどりいし，(13)：15-18．

並河 洋（著）・楚山 勇（写真）．2000．クラゲガイドブック．阪急コミニケーションズ，東京．

三宅裕志・Dhugal J. Lindsay．2003．深海性ヒドロ虫類の採集と飼育（Sampling and rearing of deep sea hydroids）．JAMSTEC J. Deep Sea Res., (22)：71-76．

三宅裕志・Dhugal J. Lindsay・久保田信．2004．北海道道西沖後志海山南側斜面で見られた中・深層および近底層生物 (Midwater and bentho-pelagic animals on the south slope of Shiribeshi Seamount off the west coast of Hokkaido)．JAMSTEC J. Deep Sea Res., (24)：37-42．

三宅 裕志・Dhugal J. Lindsay．2013．最新 クラゲ図鑑 110種のクラゲの不思議な生態．誠文堂新光社，東京．

日高敏隆・奥谷喬司・武田正倫・今福道夫．1997．日本動物大百科7 無脊椎動物．平凡社，東京．

藤倉克則・丸山 正・奥谷喬司．2012．潜水調査船が観た深海生物－深海生物研究の現在 第2版．東海大学出版会，神奈川．

宮脇敦史．2002．刺胞動物と蛍光タンパク質．阿嘉島臨海研究所 みどりいし，(13)：1-4．

安田 徹（編）．2003．海のUFOクラゲ 発生・生態・対策．恒星社厚生閣，東京．

安田 徹（著）．2007．エチゼンクラゲとミズクラゲ－その正体と対策．成山堂書店，東京．

山口正士．1982．立方クラゲ類とその生活史．海洋と生物 4，(4)：248-254．

リンズィー, ドゥーグル・J., 三宅裕志．2009．日本近海に出現する中・深層性刺胞動物ならびに有櫛動物の目録 潜水調査船及び無人探査機を用いた潜水調査で観察，採集された種類 1993-2008年)．月刊海洋，41（8）：417-438．

Bouillon, J. et al., 2004. Fauna of the Mediterranean Hydrozoa. Scientia Marina, 68 (Suppl. 2). 1-454.

Bouillon, J. et al., 2006. An Introduction to Hydrozoa. Mémoires du Muséum national d'Histoire naturelle, 194: 1-591.

Burnett, J. W.（大森 信・藤田和彦訳）．2001．クラゲ刺傷によって引き起こされる症候群とその処置方法．阿嘉島臨海研究所 みどりいし，(12)：1-5．

Burnett, J.W. et al. 1987. Recurrent eruptions following unusual solitary coelenterate envenomations. J. Amer. Acad. Dermatol., 17: 86-92.

Burnett, J. W. et al. 1994. Mononeuritis multiplex after coelenterate sting. Med. J. Aust., 161: 320-322.

Dawson, M. 2005. Five new subspecies of *Mastigias* (Scyphozoa: Rhizostomeae: Mastigiidae) from marine lakes Palau Micronesia. Journal of the Marine Biological Association of the U. K., 85 3: 679-694.

Esser, M. et al. 2004. Effects of temperature and the presence of benthic predators on the vertical distribution of the ctenophore *Pleurobrachia pileus*. Research Article Marine Biology, 145: 595-601.

Freudenthal, A. R. & Joseph P. H. 1993. Seabather's eruption. New England J. Medicine, 329: 542-544.

Gasca, R. & Haddock S. H. D. 2004. Associations between gelatinous zooplankton and hyperiid amphipods (Crustacea: Peracarida) in the Gulf of California. Kluwer Academic Publishers Hydrobiologia, 530/531: 529-535.

Gili, J. M. & Bouillon J. et al. 1998. Origin and biogeography of the deep-water Mediterranean Hydromedusae including the description of two new species collected in submarine canyons of Northwestern Mediterranean. Scientia Marina, 62: 113-134.

Glaser, D. B et al. 1992. Ocular jellyfish stings. Ophthalmology, 99: 1414-1418.

Hand, C. 1961. A new species of athecate hydroid *Podocoryne bella* (Hydractiniidae) living on the pigfish *Congiopodus leuco paecilus*. Continued from Transactions Royal Society of N.Z., Volume 88 Part 4.

Hansson, H.G. 1998. NEAT (North East Atlantic Taxa): South Scandinavian marine Cnidaria + Ctenophora Check-List.

Hirano, Y. et al. 2000. Life in tidepools distribution and abundance of two crawling hydromedusae *Staurocladia oahuensis* and *S. bilateralis* on a rocky intertidal shore in Kominato central Japan. SCL. MAR., 64 (Supl.1): 179-187.

Hirose, E. et al. 1999. Tunic Morphology and Cellulosic Components of Pyrosomas, Doliolids and Salps (Thaliacea, Urochordata) Reference: Biol. Bull., 196: 113-120.

Hunt, James C.・橋本 惇・藤原義弘・Dhugal J. LINDSAY・藤倉克則・土田真二・山本智子. 1997. 日本近海における潜水艇及び無人探査機を用いる中層・近底層生物調査プログラムの開発実施及び設立について. JAMSTEC J. Deep Sea Res., (13): 675-685.

Namikawa, H. & S. Kubota, S. F. Mawatari. 1990. Redescription of *Stylactaria uchidai* (YAMADA 1947) comb. nov. (Hydrozoa: Hydractiniidae) in Hokkaido, Japan. Proceedings of the Japanese Society of Systematic Zoology, 42: 2-9.

Ikeda, I. 1909. On a New Species of *Corymorpha* From Japan (*Corymorpha tomoensis*). Reprinted from the Annotationes Zoologicae Japonenses., Vol. Part3.

Kelmo, F. & Vargas R. 2002. Anthoathecatae and Leptothecatae hydroids from Costa Rica (Cnidaria: Hydrozoa). International journal of tropical biology and conservation, 50 (2): 599-627.

Kishinouye, K. 1902. Some new scyphomedusae of Japan. Journal of the College of Science Imperial University, 17 (7): 1-17.

Kitamura, M. & Omori M. 2010. Synopsis of edible jellyfishes collected from Southeast Asia with notes on jellyfish fisheries. Plankton Benthos Res., 5 (3): 106-118.

Kramp, P. L. 1961. Synopsis of the medusae of the world. Cambridge at the university press., Vol.40.

Kubota, S. 1979. Morphological notes on the polyp and medusa of *Climacocodon ikarii* Uchida (Hydrozoa Margelopsidae) in Hokkaido. J. Fac. Sci. Hokkaido Univ. Ser. VI Zool., 22 (1) : 122-136.

Kubota, S. 1991. Crossing-experiments between Japanese populations of three hydrozoans symbiotic with bivalves. Hydrobiologia, 216/217: 429-436.

Kubota, S. 1996. Timing of medusa release in a hydroid *Eugymnanthea japonica* (Cnidaria Leptomedusae Eirenidae) commensal with a mussel. Scientia Marina, 60 (1): 85-88.

Kubota, S. 2011. Repeating rejuvenation in *Turritopsis*, an immortal hydrozoan (Cnidaria, Hydorozoa). Biogeography, 13: 101-103.

Kubota, S. 2012. Evolutionary meaning of non-synchronousmedusa release and spawning in the most advanced bivalveinhabiting hydrozoan *Eugymnanthea japonica*. Zoological Science, 29 (8): 481-483.

Kubota, S. & Y. Hirano. et al. 2012. Wide geographical distribution of *Atorella vanhoeffeni* (Cnidaria Scyphozoa Coronatae) in Japan. Biogeography, 14: 83-86.

Lewis, C. & Long T. A. F. 2005. Courtship and reproduction in *Carybdea sivickisi* (Cnidaria: Cubozoa). Marine Biology, (2005) 147: 477-483.

Lindner, A. & Migotto A. E. 2002. The life cycle of *Clytia linearis* and *Clytia noliformis*: metagenic campanulariids (Cnidaria: Hydrozoa) with contrasting polyp and medusa stages. Journal of the Marine Biological Association of the United Kingdom, 82: 541-553.

Lindsay, D. J. et al. 2011. *Sphaeronectes pagesi* sp. nov. a new species of sphaeronectid calycophoran siphonophore from Japan with the first record of *S. fragilis* Carre 1968 from the North Pacific Ocean and observations on related species. Plankton and Benthos Research, 6 (2): 101-107.

Marques, A. C. & Otto O. M. P. 2003. *Eudendrium caraiuru* sp. n. (Hydrozoa; Anthoathecata; Eudendriidae) from the southeastern coast of Brazil. Zootaxa 307: 1-12.

Mayer, A. 1910. Medusae of the World: The Scyphomedusae. Washington D. C.: Carnegie institution of Washington.

Mills, C. E. & Miller, R. L. 1984. Ingestion of a medusa (*Aegina citrea*) by the nematocyst-containing ctenophore *Haeckelia rubra* (formerly *Euchlora rubra*): phylogenetic implications. Mar. Biol., 78: 215-221.

Morandini, A. C. & A. C. Marques. 2010. Revision of the genus *Chrysaora* Peron & Lesueur 1810 (Cnidaria: Scyphozoa). Zootaxa, 2464: 1-97.

Norman, M. D. et al. 2002. First encounter with a live male blanket octopus: the world's most sexually size-dimorphic large animal. New Zealand Journal of Marine and Freshwater Research, Vol. 36: 733-736.

Omori, M. & M. Kitamura. 2004. Taxonomic review of three Japanese species of edible jellyfish (Scyphozoa: Rhizostomeae). Plankton Biology and Ecology, 51 (1): 36-51.

Poupin, J. 1999. Anne-Sophie Cussatlegras Patrick Geistdoerfer Plancton Marin Bioluminescent. Inventaire documente des especes et bilan des formes les plus communes de la mer d'Iroise. Rapport Scientifique Du Loen, Brest.

Puertas, S. et al. 2003. A checklist of the Medusae (Hydrozoa Scyphozoa and Cubozoa) of Mexico. Zootaxa, 194: 1-15.

Schuchert, P. 2003. Hydroids (Cnidaria Hydrozoa) of the Danish expedition to the Kei Islands. Steenstrupia, 27 (2): 137-256.

Schuchert, P. 2004. Revision of the European athecate hydroids and their medusae (Hydrozoa Cnidaria) Families Oceanidae and Pachycordylidae. Revue Suisse de zoologie, 111 (2): 315-369.

Straehler-Pohl, I. et al. 2011. Characterizations of juvenile stages of some semaeostome Scyphozoa (Cnidaria) with recognition of a new family (Phacellophoridae). Zootaxa, 2741: 1-37.

Swanson, R. L. et al. 2004. Induction of Settlement of Larvae of the Sea Urchin Holopneustes purpurascens by Histamine From a Host Alga. Marine Biological Laboratory. Biological Bull., 206: 161-172.

Togias, A. G. et al. 1985. Anaphylaxis after contact with a jellyfish. Allergy Clin. Immunol., 75: 672-675.

Uchida, T. 1954. Distribution of scyphomedusae in Japanese and its adjacent waters. Journal of the faculty of Science Hokkaido University Series VI Zoology, 12: 209-21

Watson, J. E. 2003. Deep-water hydroids (Hydrozoa: Leptolida) from Macquarie Island. Memoirs of the Museum Victoria, 60 (2): 151-180.

Williams, T. T. et al. 2002. Jellies Living Art. Monterey Bay Aquarium Foundation.

Williamson, J. A. et al. 1986. Venomous and poisonous marine animals. A medical and biological handbook. University of New South Wales Press, Sydney.

Williamson, J. A. et al. 1988. Acutte regional vascular insufficiency after jellyfish envenomation. Med. J. Aust., 149: 698-701.

Wong, D. E. et al. 1994. Seabather's eruption: clinical histological and immunological features. J. Amer. Acad. Dermatol., 30: 399-406.

Wrobel, D. & C. E. Mills. 1998. Pacific Coast Pelagic Invertebrates. A Guide to the Common Gelatinous Animals. A Sea Challengers and Monterey Bay Aquarium Publication.

Young, C. M. et al. 2002. Atlas of Marine Invertebrate Larvae. Academic Press.

Zhang, M. I. & Li M. 1988. Study on the jellyfish *Stomolophus nomurai* stings in Beidehel. Med. J. China, 68 (9): 449.

あとがき

　私がクラゲの本をまとめようと思ったのは1998年のことです。フリーの写真家としてスタートしたその年は、まだデジタルカメラなどはなく、一眼レフカメラの銀塩フィルムによる撮影の時代でした。クラゲの撮影は他の海洋生物の場合とは大きく異なり、傘の透明感によってそれぞれ適正な露出が違うため、最初はそれに戸惑って失敗の連続でした。しばらくして、ようやく満足な撮影ができるようになって、上がったフィルムを眺めたとき、輝く傘のガラス細工のような美しさ、触手の流れの個性的な美しさなどにあっという間に魅了されました。

　こんなに美麗な生き物なのに、世間でのクラゲのイメージは、海水浴場での邪魔者、大量発生の被害など、ネガティブなものが先行していました。しかし、一方で、水族館の水槽の前でクラゲを眺める人も多く、クラゲにはなぜか人を引き寄せる魅力があることがわかります。それはクラゲ独特のリズムや、自由で優雅に見えるその姿や泳ぎ方にあるのかもしれません。私はこの生き物をもっとたくさんの方に知ってもらいたいと思い、本としてまとめようと思いました。

　しかし、たくさんのクラゲに出会うのは簡単ではありません。収録種数の目標を立て、いざ撮影に向かっても、クラゲは多くの魚のようにいつもそこにいるわけではありません。また、海に入ったからといって、いつ出会えるかもわかりません。ひたすら海に入る回数を増やし、出会う確率を上げる方法しかありませんでした。また、〇〇クラゲを撮ろうと思って、その生息情報を誰かに尋ねようにも、〇〇クラゲとは何かというところからはじまるのが普通でした。最初は情報収集でさえ順調ではありませんでした。季節を問わず、日本国中の沿岸を旅し、ときには雪をかきわけて海に入ったり、車で寝泊まりしながら丸一日プランクトンネットを引いたり、試行錯誤の連続でした。しかし、国内の水族館に所属するクラゲ好きの飼育員の方々からの情報も得ることで、撮影は徐々に進みはじめました。情報提供してくださった方々、国内外の取材で協力してくださった多くの方々に感謝しております。とくに西伊豆の大瀬崎にある大瀬館の安田幸則社長には、長年にわたってご協力いただきましたこと、あらためてお礼を申し上げます。

　本書の制作にあたっては、企画を快諾していただき、監修や執筆をしてくださいました久保田信先生、平野弥生先生、ドゥーグル・リンズィー先生に深く感謝いたします。また、写真を提供してくださった方々、各コラムなどを担当してくださった先生方にも御礼申し上げます。そして、企画から10年という歳月のなか、本書の編集に携わっていただきました平凡社の大石範子さん、くまりた工房の小野蓉子さん、デザイナーの蛮ハウス・日高達雄さんにこの場を借りて御礼申し上げます。そして、私の撮影をいつも陰ながら見守り、応援してくれた大切な家族にも心から感謝を述べたいと思います。

　取材開始から18年を経て、ようやくこの集大成を発表できることをしみじみうれしく思います。クラゲは海の中ではあまり誰の気にも留められないような存在なのかもしれません。しかし、クラゲを知れば知るほど、海の中にいるどんな小さな生き物たちにも、それぞれの役割があり、存在する意義があることを知ることができました。地球に生きる同じ仲間として、小さな生き物すべてが、なくてはならない存在であることを深く感じることができました。私にとって、海はいつも教えてくれることばかりです。

　最後に、本書の制作の後押しをしていただき、生前、ダイビングは誰もが自由に学ぶことができる科学だよ、と教えてくださった、伊豆海洋公園の創設者である故益田一先生に本書を捧げたいと思います。

2015年7月

峯水 亮

【コラム等執筆者】（50音順）
　池口新一郎（のとじま臨海公園水族館）
　石浜佐栄子（神奈川県立生命の星・地球博物館）
　奥泉和也（鶴岡市立加茂水族館）
　奥谷喬司（東京水産大学名誉教授）
　武田正倫（国立科学博物館名誉研究員）
　永井宏史（東京海洋大学学術研究院海洋環境科学部門）
　西川 淳（東海大学海洋学部海洋生物学科）
　平野義明（理学博士）
　藤倉克則（国立研究開発法人海洋研究開発機構）
　堀田拓史（東海大学海洋学部教養教育センター博物館学研究室）
　水谷精一（環境水族館アクアマリンふくしま）

【協力】（50音順）
　河村真理子（京都大学瀬戸臨海実験所）
　小松美英子（富山大学名誉教授）
　瀬能 宏（神奈川県立生命の星・地球博物館）
　戸篠 祥（琉球大学熱帯生物圏研究センター瀬底研究施設）
　西栄二郎（横浜国立大学教育人間科学部）
　林 健一（水産大学校名誉教授）

【写真協力】（50音順）
　岩永節子
　大塚幸彦
　海遊館
　国立研究開発法人海洋研究開発機構
　片野 猛
　加藤昌一
　倉沢栄一
　佐藤長明
　新江ノ島水族館
　関 勝則
　外舘淳一
　土田真二
　鶴岡市立加茂水族館
　中川淳江
　中村征夫
　西川 淳
　堀田拓史
　真木久美子
　政本進午
　三宅裕志
　村上龍男
　柳 研介
　矢野維幾
　渡辺宏之
　James W. Hagadorn
　James C. Hunt

【取材協力】（地域ごとに50音/ABC順）
　沖縄県　　　石垣島ダイビングスクール
　沖縄県　　　ダイビングサービスMARLIN
　沖縄県　　　ダイブサービスYANO
　沖縄県　　　松村知彦
　鹿児島県　　いおワールド かごしま水族館
　鹿児島県　　海案内
　鹿児島県　　屋久島ダイビングライフ
　佐賀県　　　鹿島市 庄徳丸 中村健二
　佐賀県　　　鹿島市漁業協同組合 梶山喜代志
　長崎県　　　西海国立公園 九十九島水族館「海きらら」
　山口県　　　青海島キャンプ村船越
　山口県　　　青海島ダイビングセンター
　山口県　　　シーアゲイン
　山口県　　　水産大学校 生物生産学科教授 上野俊士郎
　愛媛県　　　釣島 大成丸 山岡建夫
　和歌山県　　串本海中公園センター
　和歌山県　　串本ダイビングパーク
　和歌山県　　ダイビングサービス 潜水中毒
　和歌山県　　南紀シーマンズクラブ
　和歌山県　　福田照雄
　兵庫県　　　株式会社かね徳
　大阪府　　　赤木正和
　大阪府　　　海遊館
　京都府　　　伊根町漁業協同組合
　京都府　　　舞鶴市漁業協同組合野原支所
　愛知県　　　株式会社ユー・ツアー・サービス
　福井県　　　越前町漁業協同組合（米ノ支所）山本明男
　福井県　　　ダイビングセンターログ
　福井県　　　ダイビングハウス Sea More
　石川県　　　能登島ダイビングリゾート
　石川県　　　のとじま臨海公園水族館
　静岡県　　　安良里ダイビングサービス TATSUMI
　静岡県　　　あわしまマリンパーク
　静岡県　　　浮島サンセットリゾートダイブセンター
　静岡県　　　大瀬館マリンサービス
　静岡県　　　櫻井季己
　静岡県　　　ソリク
　静岡県　　　ダイバーズプロ アイアン
　静岡県　　　東海アクアノーツ
　静岡県　　　沼津市 冨久豊丸 久保田豊昭
　静岡県　　　ブルーコーナージャパン
　静岡県　　　DAN'S DIVE SHOP
　神奈川県　　国立研究開発法人 海洋研究開発機構
　神奈川県　　新江ノ島水族館 足立 文、杉村 誠
　神奈川県　　新江ノ島水族館
　神奈川県　　株式会社中国貿易公司 任 賢治
　東京都　　　日本放送協会（NHK）河野英治
　東京都　　　八王子市立長池公園
　新潟県　　　佐渡ダイビングセンター
　福島県　　　環境水族館アクアマリンふくしま 水谷精一
　山形県　　　鶴岡市立加茂水族館
　北海道　　　グラントスカルピン（旧宮城県）
　北海道　　　知床ダイビング企画
　Australia　Diving Plaza（Perth, WA）
　Australia　高佐 薫
　Australia　中川貴司
　Palau　　Day Dream PALAU
　USA　　Monterey　Cypress Charters
　USA　　Monterey　Monterey Bay Aquarium
　USA　　Monterey　Monterey Bay Aquarium Research Institute
　USA　　Monterey　Phil Sammet（Underwater Company）
　USA　　Monterey　Sachiko Yokota

【機材協力】
　有限会社アンティス（撮影機材）
　有限会社イノン（撮影機材）
　株式会社エーオーアイ・ジャパン（撮影機材）
　株式会社ゼロ（ダイビング機材）

装丁・本文レイアウト
　日高達雄＋伊藤香代（蛮ハウス）
編集
　大石範子（平凡社）
　小野蓉子（くまりた工房）

著者略歴

●**峯水 亮**（みねみずりょう）

1970年大阪府枚方市生まれ。西伊豆大瀬崎にある大瀬館マリンサービスでのダイビングガイド・インストラクター経験を経た後、1997年に国内外の海のフィールド撮影をする峯水写真事務所を設立。以来、主に浮遊生物を中心とした海洋生物の撮影に取り組んでいる。数多くの書籍やテレビ番組などに写真および映像を提供している。主な著書に『ネイチャーガイド──海の甲殻類』『日本の海水魚466（ポケット図鑑）』『サンゴ礁のエビハンドブック』（以上、文一総合出版）、『デジタルカメラによる水中撮影テクニック』（誠文堂新光社）、『世界で一番美しいイカとタコの図鑑』（共著、エクスナレッジ）がある。また、豊富な海洋経験を生かし、自然番組の企画提案なども行っている。現在はさまざまな浮遊生物をフィールドで観察できるダイブイベント「Black Water Dive」を国内外で開催中。

●**久保田 信**（くぼたしん）

1952年愛媛県松山市生まれ。愛媛大学理学部生物学科卒業。北海道大学大学院理学研究科動物学専攻博士課程修了。理学博士。1992年より京都大学理学部附属瀬戸臨海実験所准教授、2003年より京都大学フィールド科学教育研究センター瀬戸臨海実験所准教授。日本生物地理学会、漂着物学会、南紀生物同好会、黒潮貝類同好会、和歌山昆虫研究会、日本動物学会などに所属。『宝の海から──白浜で出会った生き物たち』『神秘のベニクラゲと海洋生物の歌』（ともに不老不死研究会）、『魅惑的な暖海のクラゲたち』（紀伊民報）、『クラゲのふしぎ』（共著、技術評論社）など多数の著書のほか、「ベニクラゲ音頭」「世界の動物40門」ほかCDにて70曲をリリース。日本プランクトン学会論文賞（2005年・共同研究）、日本生物地理学会賞（2011年）を受賞。ベニクラゲ再生生物学体験研究所所長。

●**平野弥生**（ひらのやよい）

1957年岡山県津山市生まれ。岡山大学理学部生物学科卒業。岡山大学大学院理学研究科修士課程修了。北海道大学大学院理学研究科後期博士課程修了。理学博士。千葉大学海洋バイオシステム研究センター協力研究員、千葉大学大学院理学研究科博士研究員などを経て、現在は千葉県立中央博物館分館・海の博物館共同研究員ならびに東邦大学理学部東京湾生態系研究センター訪問研究員として、主に底生性クラゲ類の分類や生活史の研究を行っている。また、国内外の共同研究者とともに嚢舌類ウミウシやミノウミウシ類などの摂餌生態や発生に関する研究にも携わっている。

●**ドゥーグル・リンズィー**（Dhugal Lindsay）

1971年オーストラリア北東部ロックハンプトン市生まれ。東京大学大学院農学生命科学研究科博士課程修了。農学博士。海洋研究開発機構（JAMSTEC）の主任研究員として、クラゲ類を代表とするプランクトンの生態学および分類学を通じた多様性を研究する。国際ヒドロ虫学会会長、*Plankton and Benthos Research*（日本プランクトン学会）副編集長、北里大学客員教授、横浜市立大学教授などのほか、*Scientia Marina* の編集員、*World Register of Marine Species*（WoRMS）の編集者などを務め、国際的に活躍する。主な著書に『潜水調査船が観た深海生物──深海生物研究の現在』（共著、東海大学出版会）、『深海』（共著、晋遊舎）など。俳句にも造詣が深く、『むつごろう』（第7回中新田俳句大賞受賞、芙蓉俳句会）、『出航』などの句集も著す。

●**奥谷喬司**（おくたに たかし）

1931年生まれ。東京水産大学増殖学科卒業。理学博士（東京大学）。国立科学博物館動物研究部動物室長、東京水産大学資源育成学科教授を歴任。東京水産大学名誉教授。日本大学生物資源科学部教授、海洋科学技術センター（現・独立行政法人海洋研究開発機構）研究顧問、海洋生態・環境研究プログラムアドバイザーなども務めた。日本貝類学会名誉会長。国際頭足類諮問委員会（CIAC）名誉委員。

●**西川 淳**（にしかわ じゅん）

1967年山口県光市生まれ。北海道大学水産学部卒業。東京大学大学院農学生命科学研究科博士課程修了。農学博士。東京大学大気海洋研究所助教を経て、現在は東海大学海洋学部海洋生物学科教授。サルパ類、クラゲ類などゼラチン質動物プランクトンの生態学を主に研究している。日本プランクトン学会評議委員、日本プランクトン学会誌、Plankton and Benthos Research誌、Aquatic Ecosystem Health & Management誌編集委員。主な著書や共著に、『クラゲ類の生態学的研究』（生物研究社）、『日本産海洋プランクトン検索図説』（被嚢動物亜門タリア綱）（東海大学出版会）、『海の生き物100不思議』（ゼラチン質のプランクトン？他）（東京書籍）、『駿河湾学』（駿河湾でみられるプランクトン〈東海大学出版部〉などがある。

日本クラゲ大図鑑
A Photographic Guide to the Jellyfishes of Japan

発行日	2015年9月25日　初版第1刷
	2023年6月2日　初版第4刷

著者　峯水亮、久保田信、平野弥生、ドゥーグル・リンズィー
発行者　下中美都
発行所　株式会社平凡社
　　　　〒101-0051　東京都千代田区神田神保町3-29
　　　　電話 03-3230-6583［編集］　03-3230-6572［営業］
　　　　振替 00180-0-29639
　　　　ホームページ https://www.heibonsha.co.jp/
印　刷　株式会社東京印書館
製　本　大口製本印刷株式会社

©Ryo Minemizu, Shin Kubota, Yayoi Hirano, Dhugal Lindsay　2015 Printed in Japan
ISBN 978-4-582-54242-4　NDC分類番号 483.37
A4変型判（28.7cm）　総ページ360
落丁・乱丁本はお取り替えいたしますので、小社読者サービス係まで直接お送りください
（送料小社負担）。

東京湾の魚類

加納光樹・横尾俊博＝編　河野 博＝監修

「江戸前」と呼ばれた東京湾は、多様な海洋環境を擁し、魚類の種数も多く、
仔稚魚のゆりかごともなっている。約350種の魚類の紹介と、
チリモン（チリメンモンスター）、釣り、漁業、透明標本などトピックスも満載。
［A5変型判　376ページ］

【最新】日本の外来生物

一般財団法人 自然環境研究センター＝編著

旧版より10年を経て、最新情報を盛り込んだ大幅改訂版。
我が国の生態系等に被害を及ぼすおそれのある外来種429種類を写真で紹介。
在来種との区別や防除の方針、国内由来の外来種、海外の事例などについても解説。
［A5変型判　592ページ］

【新装版】世界大博物図鑑
魚類

荒俣 宏＝著

おなじみのコイやアユから、目撃例が一度しかない深海魚まで、
魚の自然誌をもれなく記す。ルナールによる世界最初の原色図譜ほか、
貴重な図版を満載した驚天動地の1冊。
［B5判　532ページ］

世界大博物図鑑
別巻2 水生無脊椎動物

荒俣 宏＝著

イカ、タコ、貝類やクラゲ、サンゴなど、水中を生きる多彩な無脊椎動物について、
古今東西の博物誌を渉猟して語る。眼をうばう美しい図譜のオンパレード。
［B5判　400ページ］

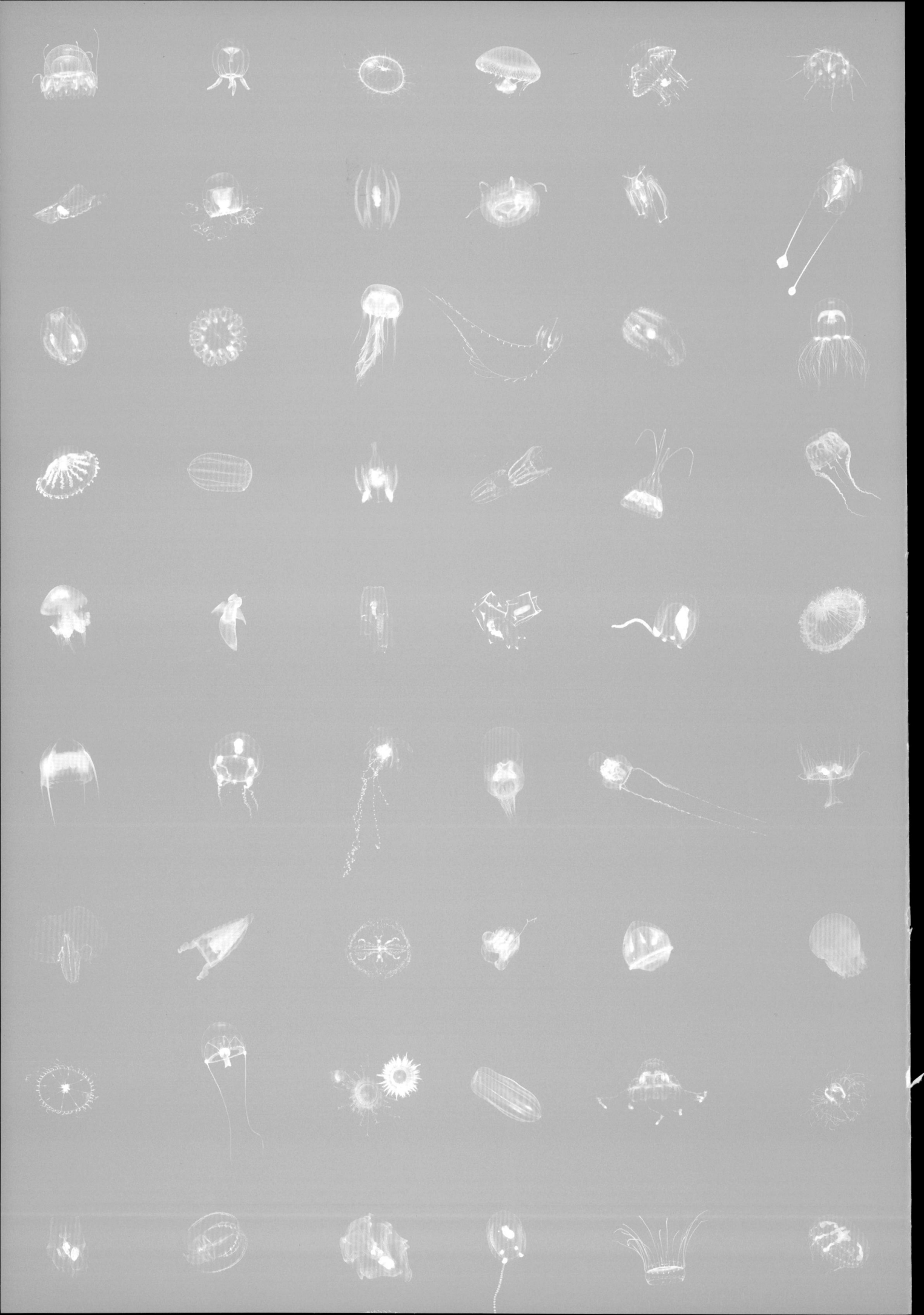